Handbook of Thermoplastic Elastomers

Second Edition

热塑性弹性体手册

（原著第二版）

（捷克）乔治·德罗布尼 著
(Jiri George Drobny)
游长江 译

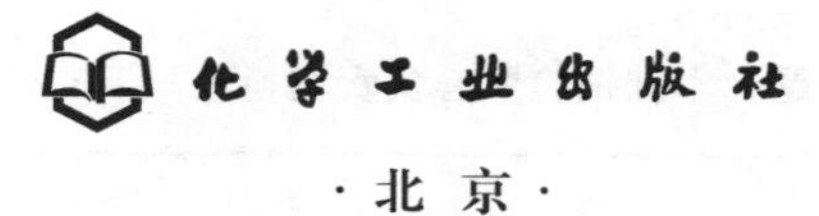

·北京·

本书首先对热塑性弹性体用添加剂与加工方法等基础知识进行了介绍；然后重点论述了苯乙烯类嵌段共聚物、动态硫化热塑性弹性体、聚烯烃类热塑性弹性体、含卤素聚烯烃热塑性弹性体、热塑性聚氨酯弹性体、聚酰胺类热塑性弹性体、聚醚酯热塑性弹性体、离聚体型热塑性弹性体、其他热塑性弹性体、再生橡胶和塑料类热塑性弹性体的合成、特性及加工；最后对热塑性弹性体的应用进行了介绍。

本书可供从事热塑性弹性体研究、生产和应用的各类技术人员参考。

图书在版编目（CIP）数据

热塑性弹性体手册/（捷克）乔治·德罗布尼（Jiri George Drobny）著；游长江译. —北京：化学工业出版社，2018.3（2023.6重印）

书名原文：Handbook of Thermoplastic Elastomers

ISBN 978-7-122-31520-5

Ⅰ.①热… Ⅱ.①乔… ②游… Ⅲ.①热塑性-弹性体-手册 Ⅳ.①TQ334-62

中国版本图书馆 CIP 数据核字（2018）第 026574 号

责任编辑：赵卫娟　　　　装帧设计：韩　飞

责任校对：吴　静

出版发行：化学工业出版社（北京市东城区青年湖南街 13 号　邮政编码 100011）

印　　装：涿州市般润文化传播有限公司

787mm×1092mm　1/16　印张 25¾　字数 593 千字　　2023年 6 月北京第 1 版第 5 次印刷

购书咨询：010-64518888　　　　售后服务：010-64518899

网　　址：http://www.cip.com.cn

凡购买本书，如有缺损质量问题，本社销售中心负责调换。

定　　价：150.00 元　　　

前言

《热塑性弹性体手册》的第一版于 2007 年出版。从那时起，热塑性弹性体（TPEs）行业发生了巨大变化，许多新技术已经涌现，新产品和新应用已经被开发和商业化，一些产品已经停产，一些公司被出售、购买、重组或更名。热塑性弹性体产品在过去几年以年均 4% 的速度增长，而且增长速度不断提高，未来将达到 5.5%以上。

热塑性弹性体（TPEs）行业的动态增长是各种因素作用的结果，包括市场全球化、经济转型、行业内部竞争日益激化。创新的增长速度令人吃惊，例如在第一版发布的 40 个美国 TPEs 技术专利，大约是四个月的时间（2006 年 10 月初至 2007 年 1 月底）。而后来，仅一个多月的时间内（2013 年 11 月中旬至 2013 年 12 月中旬）就发布了相同数量的美国专利。

显然，所有这些变化和发展都必须体现在此版本的书中。本书在各章中作了许多改动和扩充，特别是在新产品和新应用方面。在附录 2 中添加或更改了几家公司。附录 5 中的产品及其性能已大大修改和扩充。此外，词汇表已修订和扩充，并添加了新的缩略语和首字母缩略词，修改或更换了几个插图和表格。这些改动和扩充的一个非常重要的来源是会议、研讨会（包括网络研讨会）上收到的信息，以及同事、学生、客户和各种研讨会与培训会的参加者对作者进行的反馈。

特别鸣谢 TPE Magazine International 杂志总编辑 Stephanie Wachbuschsch 博士的持续支持和鼓励。Robert Eller Associates 总裁 Bob Eller 审阅了原稿的部分内容，并提供了有价值的评语和建议。Elsevier 的 Sina Ebnesajjad 博士、Matthew Deans 和 David Jackson 自始至终对手稿的准备工作给予了非常有力的帮助和鼓舞，也值得特别感谢。最后，要特别称赞 Elsevier 的 Jason Mitchell 及其制作团队，使本著作能圆满完成。

Jiri G. Drobny
麦立马加，新罕布什尔州和布拉格，捷克共和国
2013 年 12 月

第一版前言

本书总结了热塑性弹性体（TPEs）的化学合成、加工工艺、力学性能等基础知识及TPEs的应用。

绪言（第1章）涵盖了适用于所有TPEs的一些普通理论，如橡胶弹性原理、嵌段共聚物的相结构和相分离的热力学原理，还介绍了TPEs合成的一般方法、TPEs的分类，以及与常规硫化橡胶材料相比TPEs的优缺点。绪言之后，介绍了TPEs的简要历史，并且单列一章论述热塑性塑料的常用添加剂。

TPEs通常采用的加工方法在第4章有相当全面的论述。该章将对读者有所帮助，因为在阅读关于个别热塑性弹性体的加工部分以及要了解具体加工过程更详细的信息时，可参见提供的参考文献。在某些情况下，个别TPEs的工艺条件在相应的章节内。大多数商业TPEs的补充工艺数据在附录4中。

由于TPEs数量众多，涉及的化学品种类繁多，设置不同章节描述各种TPEs是非常有必要的，内容包含每一类TPEs的工业制造过程、性能、加工方法和条件。而TPEs的应用单列一章，包括每类TPEs应用的大量插图。

本书的重要组成部分是为加工厂家和这些材料用户提供的有用的工程数据。我们力图尽可能多地把这些内容包括在内，主要制造商提供的最新信息列在各自的附录中。应该指出的是，大量不同等级的TPEs不断发展，目前一些等级的TPEs也在更换，因此我们的数据表只能包括有限数量的信息。然而，即使信息数量有限，它们也将成为读者的宝贵资源。

附录包括参考文献，主要制造商名单和相应的商业名称、ISO命名和最近的专利，最后是一个相当全面的词汇表。

为了使本书对世界各地的读者都适用，SI单位和美国普遍使用的单位都尽可能并列使用。

本书的实践多于理论，目的是提供有用的参考文献和资源，为进入该领域的人员提供基础知识，并为已经参与聚合、加工和零件制造的人员提供最新的参考文献。本书也为最终用户提供丰富的资源，以及成为专门从事聚合物科学和技术或材料科学研究的学生的综合性教科书。每章的末尾列出进一步深入研究该学科的详细参考文献。参考文献、主要研讨会和关于热塑性弹性体的主要评论文件列于附录1。

在此，感谢William Andrew Publishing团队，特别感谢Sina Ebnesajjad博士、Valerie Haynes博士、Betty Leahy、Martin Scrivener和Millicent Treloar帮助我圆满完成本书。罗厄尔马萨诸塞大学的Geoffrey Holden博士、Nick Schott教授，布拉格技术大学的Vratislav Duchacek教授和斯洛伐克科学院的Ivan Choda'k博士在编写本书期间提供了有益的意见。

Jiri G. Drobny
麦立马加，新罕布什尔州和布拉格，捷克共和国
2006年11月

目录

第1章 绪言

第2章 热塑性弹性体发展简史

第3章 添加剂

第4章 热塑性弹性体加工方法

第 5 章 苯乙烯类嵌段共聚物

第6章 动态硫化热塑性弹性体

第7章 聚烯烃类热塑性弹性体

第8章 含卤素聚烯烃热塑性弹性体

第9章 热塑性聚氨酯弹性体

第10章 聚酰胺类热塑性弹性体

第 11 章 聚醚酯热塑性弹性体

第 12 章 离聚体型热塑性弹性体

第 13 章 其他热塑性弹性体

第 14 章 再生橡胶和塑料类热塑性弹性体

第 15 章 热塑性弹性体的应用

第16章 热塑性弹性体的回收

第17章 最新发展趋势

附 录

缩写与首字母缩略词

第1章 绪言

1.1 弹性和弹性体

橡胶类材料由具有高度柔顺性和运动性的聚合物长链构成。橡胶的分子链可以交联成网络结构，交联后的橡胶受外力作用发生变形时，具有迅速复原的能力。

因为橡胶分子链运动性高，当受到外部应力时，分子链可能会相当快地改变它们的构象。

当分子链连接成网络结构的时候，体系呈现固体的特征，在外部压力下，分子链不能相对运动。

橡胶常常可以拉伸到其原始长度的 10 倍。除去外力后，又迅速地恢复到其原始尺寸，基本上没有残留的或不可恢复的应变。

当受到外力时，普通的固体，如结晶或玻璃化的材料，两个原子之间的距离可能仅改变几个埃（符号为 Å，$1Å=10^{-10}m$），变形是可以恢复的。在更高的变形下，这种材料会流动或断裂。

橡胶的反应完全是在分子内，即外部施加的力通过链节传递到长链，改变长链的构型，像弹簧一样对外力做出反应，除去外力后能恢复原状[1]。

高分子量聚合物通过分子相互交织形成缠结［参见图 1.1（a）］，在本体状态下，具有特定的分子结构的空间特征。

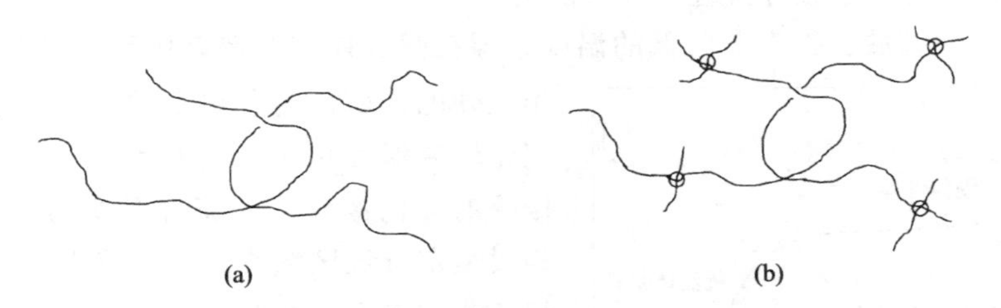

图 1.1 （a）高分子量聚合物的缠结和（b）通过交联的分子缠结

空间特征用缠结点之间的分子量（M_e）表示，几种弹性体分子量（M_e）也见表 1.1。因此，即使没有任何永久分子间键，高分子量聚合物熔体也将显示瞬间的橡胶状行为[2]。

在交联的弹性体中，这些缠结被永久锁定［参见图 1.1（b）］，在交联度足够高时，它们可以视为完全等同于交联键，因此它们有助于该材料的弹性响应。在冷却到足够低的温度时，热塑性塑料表现出硫化胶的性能。

表 1.1 聚合物熔体缠结之间的平均分子量（M_e）

聚合物	平均分子量(M_e)	聚合物	平均分子量(M_e)
聚乙烯	4000	聚异丁烯	17000
顺式-1,4-聚丁二烯	7000	聚二甲基硅氧烷	29000
顺式-1,4-聚异戊二烯	14000	聚苯乙烯	35000

注：数值由黏度测量获得[1]。

1.2 热塑性弹性体

在上一节中，介绍了物理交联的概念，并提出热可逆交联材料可以作为热塑性塑料来加工（即可以采用熔融方法加工），而且它们表现出的弹性行为类似硫化或化学交联的传统弹性体。这些材料代表一大类聚合物，称为热塑性弹性体（TPEs）。

1.2.1 相结构

大多数热塑性弹性体基本上属于相分离体系。目前已知唯一例外的是 Alcryn® （高级聚合物合金的注册商标），它是一种单相可熔融加工的橡胶（MPR），是一类含离子键的聚合物材料。

一般，热塑性弹性体其中一相在室温下是硬而坚实的硬相，而另一相是弹性体（软相）。在通常情况下，两相通过嵌段或接枝进行化学键合。在其他情况下，相的分散要足够精细[3]。

硬相赋予热塑性弹性体强度，并起物理交联键的作用。没有硬相，弹性体相会在应力下自由流动，该聚合物实际上无法使用。另外，弹性体相为体系提供了柔顺性和弹性。当硬相被熔融或溶解在溶剂中时，该材料可以流动，通过常用的加工方法进行加工。在冷却或溶剂挥发后，硬相变硬，材料恢复其强度和弹性。

构成相应相的各聚合物保留它们的大部分特性，因此，每一个相显示其特定的玻璃化转变温度（T_g）或晶体熔融温度（T_m）。T_g和 T_m可用来确定特定弹性体的物理性质的转变点。图 1.2 表示在很宽的温度范围内测量的弯曲模量。

有三个不同的区域：①在非常低的温度，即在弹性体相的玻璃化转变温度以下，这两个相是硬的，所以材料刚而脆；②在弹性体相的玻璃化转变温度以上，材料变软并具有弹性，类似传统的硫化橡胶；③随着温度的升高，模量保持相对恒定（该区域称为“橡胶平坦区”），直到硬相软化或熔融，在此刻，材料变成黏性的流体。

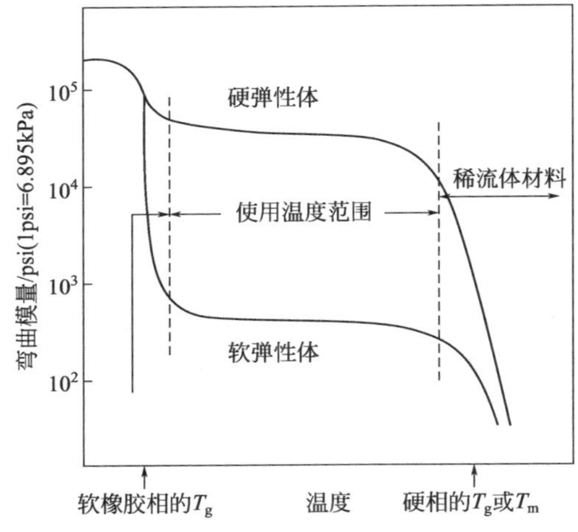

图 1.2 典型的热塑性弹性体的刚性对温度的依赖性（经 Hanser Publishers 许可）

显然，材料的最低使用温度与最高使用温度的范围介于弹性体相的 T_g与硬相的 T_g或 T_m之间。确切的数值取决于最终产品的使用条件，例如，最终产物对硬化或施加的应力的承受力。因此，实际的最低使用温度要高于弹性体的 T_g，最高使用温度要低于硬相的 T_g或 T_m。主要的热塑性弹性体的玻璃化转变温度和结晶熔融温度见表 1.2。

表 1.2 主要的 TPEs 的玻璃化转变温度和结晶熔融温度

热塑性弹性体类型	软相 T_g/℃	硬相 T_g或 T_m/℃
苯乙烯类嵌段共聚物		
S-B-S	−90	95(T_g)
S-I-S	−60	95(T_g)
S-EB-S	−55	95(T_g)和 165(T_m)①
多嵌段共聚物		
聚氨酯弹性体	−40～−60	190(T_m)
聚酯弹性体	−40	185～220(T_m)
聚酰胺弹性体	−40～−60	220～275(T_m)
聚乙烯-聚(α-烯烃)	−50	70(T_m)
聚(醚酰亚胺)-聚硅氧烷	−60	225(T_g)
硬聚合物弹性体组合		
聚丙烯-烃类橡胶②	−60	165(T_m)
聚丙烯-丁腈橡胶	−40	165(T_m)
PVC-(丁腈橡胶+DOP③)	−30	80(T_g)和 210(T_m)

① 含聚丙烯的共混物。
② 三元乙丙橡胶、乙丙橡胶、丁基橡胶、天然橡胶。
③ 邻苯二甲酸二辛酯（增塑剂）。
注：摘自 Holden G，Kricheldorf HR，Quirk RP 编著 . Thermoplastic elastomers. 3rd ed. Hanser Publishers，2004（第19 章）。

某些类型的热塑性弹性体在室温附近有尖锐的玻璃化转变温度，在温度高于 T_g后，刚度显示高达三个数量级的可逆变化。这种材料称为Ⅰ型记忆聚合物。它们非常适合一些重要的特殊用途，如导管，室温下（约 25℃）在人体外由外科医生处理时呈刚性，而当插入人体（约 35℃）时会变得柔软。

1.2.2 热塑性弹性体的合成方法

1.2.2.1 嵌段共聚物的合成方法

大部分工业化生产的热塑性弹性体是嵌段共聚物，它由两个或多个聚合物链在其末端连接而成。线型嵌段共聚物由两种或多种聚合物链依次连接，而星形嵌段共聚物由两个以上的线型嵌段连接到一个公共分支点。

大多数嵌段共聚物是通过以下的控制聚合方法制备。嵌段共聚物结构如图 1.3 所示。

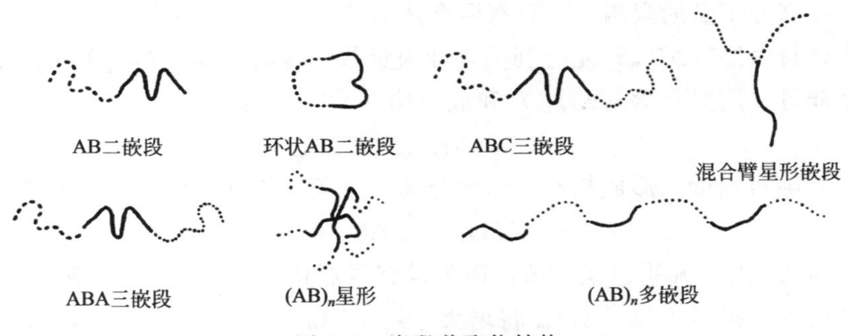

图 1.3 嵌段共聚物结构

阴离子聚合是公认的用于合成特定嵌段共聚物的方法。要制备特定的聚合物，技术要求高，且起始试剂纯度要求也高，并使用高真空度，防止由于杂质的存在而意外终止聚合。

在实验室，可以通过阴离子聚合实现多分散性（$M_w/M_n<1.05$）。在工业上，阴离子聚合用于制备几种重要类型的嵌段共聚物，包括 SBS 型 TPEs。在第 5 章会详细讨论阴离子聚合。

阳离子聚合（有时称为碳阳离子聚合）用于聚合不能采用阴离子聚合的单体，尽管其仅用于有限范围的单体。有关阳离子聚合应用于含 S-IB-S 型异丁烯单体的苯乙烯类热塑性弹性体的合成，更多细节将在第 5 章的第 5.3 节中详细介绍。

控制/活性自由基聚合（CLRP）是最近开发的方法，可以用于合成 TPEs[4]。

CLRP 的原理是在小部分生长的自由基与大多数休眠物质之间建立动态平衡。例如在常规自由基聚合中，尽管仅存在小部分的自由基防止聚合过早终止，但会产生自由基增长和终止[5]，详细内容将会在第 16 章中中介绍。

用于几种嵌段聚烯烃基热塑性弹性体合成的齐格勒-纳塔催化剂的聚合[6]见第 7 章。

通过加成聚合方法，采用二异氰酸酯、长链二醇和扩链剂，可以合成多嵌段热塑性聚氨酯[7]，详细内容将会在第 9 章中介绍。

1.2.2.2 其他热塑性弹性体的合成方法

用于合成热塑性弹性体的其他方法（通过形态而不是嵌段）：

① 动态硫化，用于热塑性塑料硫化橡胶（第 6 章）；

② 酯化和缩聚，用于聚酰胺弹性体（第 10 章）；

③ 酯交换，用于共聚酯弹性体（第 11 章）；

④ 烯烃的催化聚合，用于热塑性聚烯烃（RTPOs)(第 7 章)；

⑤ 直接共聚，例如乙烯和甲基丙烯酸的共聚，产生某些离聚体型热塑性弹性体（第 12 章)。

1.2.3 相分离

为了开发具有优良力学性能的双组分聚合物体系，组分既不能完全不相容，也不能完全互容而形成一个均相[8]。大多数目前已知的体系都有一定程度的相容，发生轻度的混合或直接形成界面黏合，例如接枝或嵌段[9]。

聚合物的不相容性是由于混合不同种类的长链时，熵非常小。

事实上，在高分子量的限制下，只有混合热为零或负值的聚合物对才能形成单相。一般来说，如果混合自由能（ΔG_m）是有利的，即为负数，材料混合会形成单相体系。

这种自由能可以用混合焓（ΔH_m）和混合熵（ΔS_m）表示：

$$\Delta G_m = \Delta H_m - T\Delta S_m \tag{1.1}$$

式中，T 是绝对温度。形成相畴（即相分离）的条件是混合自由能为正值，因此：

$$\Delta H_m > T\Delta S_m \tag{1.2}$$

烃类聚合物的 ΔH_m 几乎总是正值，因为没有强烈相互作用的基团，随着形成链段的两种聚合物的结构越来越不相似，ΔH_m 将增大[10]。T 和 ΔS_m 始终为正值，因此 $-T\Delta S_m$ 项始终为负值。然而，随着链段的分子量变大或温度降低，该项将接近零。

有利于相分离的条件（或形成相畴）是：①链段的结构差别大；②链段分子量高；③低温。

在聚合物共混物中，构成的聚合物形成宏观分离；而嵌段共聚物由于共价键连接不同聚合物的嵌段，迫使它们重组成较小的相畴，可能只有微观均匀分离。

共聚物两个嵌段分离的原因与低分子量液体分层的原因是相同的。对于聚合物的共混或在嵌段共聚物中，当分子链非常长或构成的聚合物结构差别相当大时，分离起主要作用。两个或多个相异和不相容的部分为嵌段共聚物提供独特的固态和溶解性质，使之能用于各种各样的用途。

在嵌段共聚物中的微相分离导致在固态中形成不同类型的微相畴，包括球形、圆柱形、片状等。除此之外，在合适的溶剂中，它们显示胶束化和吸附特性[11]。

当二嵌段共聚物与均聚物 A 混合时，混合物会以有序或无序的单相存在或经历微相分离。因此，含有一种嵌段共聚物和一种均聚物的混合物其相图极其复杂，涉及宏观相分离或微观相分离[11]。

未稀释的块状 $(A-B)_n x$（支化）嵌段共聚物的相行为主要由三个实验可控因素决定[12]：①总的聚合度；②结构限制和组成（A 组分的总体积份数）；③A 链段-B 链段（Flory-Huggins）相互作用参数 x。

前两个因素由聚合化学计量控制并影响转化和构型熵，而大部分焓 χ 的大小主要由 A-B 单体对确定。

嵌段共聚物的热力学问题以及在嵌段共聚物中的有序-无序转变分别在参考文献［12，13］中详细讨论。

1.2.4 热塑性弹性体的分类

目前已知的热塑性弹性体可以分为以下七类：①苯乙烯类嵌段共聚物；②结晶多嵌段共聚物；③其他嵌段共聚物；④硬聚合物/弹性体的组合；⑤硬聚合物/弹性体接枝共聚物；⑥离聚体；⑦具有核-壳形态的聚合物。

这么多种类的材料，兼具橡胶和热塑性塑料的特性，性能范围很宽，接近弹性体与柔性热塑性塑料之间的不明确界限。所选热塑性弹性体的性能范围如表 1.3 所示。

表 1.3 所选热塑性弹性体的性能范围②

热塑性弹性体	相对密度	硬度(邵尔 A 或 D)
苯乙烯类嵌段共聚物		
S-B-S(纯嵌段共聚物)	0.94	65～75(A)
S-I-S(纯嵌段共聚物)	0.92	32～37(A)
S-EB-S(纯嵌段共聚物)	0.91	65～71(A)
S-B-S(已配合)	0.9～1.1	40(A)～45(D)
S-EB-S(已配合)	0.9～1.2	5(A)～60(D)
聚氨酯/弹性体嵌段共聚物	1.05～1.25	70①(A)～75(D)
聚酯/弹性体嵌段共聚物	1.15～1.40	35～80(D)
聚酰胺/弹性体嵌段共聚物	1.0～1.15	60(A)～65(D)

续表

热塑性弹性体	相对密度	硬度(邵尔 A 或 D)
聚乙烯/聚(α-烯烃)嵌段共聚物	0.85～0.90	65(A)～85(A)
聚丙烯/EPDM 或 EPR 共混物	0.9～1.0	60～65(D)
聚丙烯/EPDM 动态硫化胶	0.95～1.0	35(A)～50(D)
聚丙烯/丁基橡胶动态硫化胶	0.95～1.05	50(A)～80(D)
聚丙烯/天然橡胶动态硫化胶	1.0～1.05	60(A)～45(D)
聚丙烯/丁腈橡胶动态硫化胶	1.0～1.1	70(A)～50(D)
PVC/丁腈橡胶/DOP 的共混物	1.20～1.33	50～90(A)
卤化聚烯烃/乙烯共聚物的共混物	1.10～1.25	50～80(A)

① 塑化后硬度可低至 60（A）。

② 该表改编自 Holden G. Understanding thermoplastic elastomers. Munich：Hanser Publishers，2000。

大多数热塑性弹性体是嵌段共聚物或接枝共聚物，由具有不同化学和物理结构的链段组成，通常由大写字母 A、B、C 等表示。这些链段具有一定的分子量，即使链段被分离仍具有聚合物的特点。这些链段排列的方式定义了嵌段共聚物的类型。

因此，二嵌段共聚物由 A—B 表示，表明 A 组分的链段连接 B 组分的链段。三嵌段共聚物可以表示为 A—B—A 或 A—B—C。其他可能是 $(A—B)_n$ 或 $(A—B)_nx$。A—B—A 型的三嵌段是由两个末端嵌段 A 连接到中心嵌段 B，而 A—B—C 三嵌段由三个嵌段组成，每个嵌段来自不同的单体。$(A—B)_n$ 是交替嵌段共聚物 A—B—A—B，而 $(A—B)_nx$ 是具有 n 个支链的支化嵌段共聚物，n＝2、3、4，x 表示多官能连接点。n＝3 以上的支化嵌段共聚物称为星形嵌段共聚物或星形支化嵌段共聚物。

采用该术语，接枝共聚物可以表示为：

```
A—A—A—A—A—A—A
    |     |
    B     B
```

在接枝共聚物中，一个或多个聚合物链段 B 连接（接枝）到由聚合物 A 组成的主链上。

习惯上，采用单体单元的第一个字母表示聚合物嵌段，例如 S 表示聚苯乙烯嵌段，B 为聚丁二烯嵌段。因此，聚（苯乙烯-*b*-丁二烯-*b*-苯乙烯）嵌段共聚物写为 S-B-S。同样，如果一个嵌段本身是共聚物（乙烯-丙烯共聚物），聚（苯乙烯-*b*-乙烯-*co*-丙烯-*b*-苯乙烯）嵌段共聚物写成 S-EP-S[6,14,15]。

1.2.5 热塑性弹性体的优缺点

热塑性弹性体提供了优于常规硫化橡胶材料的各种优点，如下所示。

① 加工步骤更少、更简单，因为热塑性弹性体可以采用热塑性塑料的加工方法，因此可显著降低成本，成品的最终成本较低。

② 制造时间更短，这也使成品的成本降低。由于热塑性弹性体的成型周期通常为几秒钟，而硫化橡胶需要几分钟，因此设备的生产效率大大提高。

③ 少配料或没有配料。大多数热塑性弹性体是完全配方供应，随时可以制造。

④ 如热塑性塑料一样，废料可以再利用。而硫化橡胶的废料利用效率低。在某些情况下，热固性橡胶的废料量可能与模制部件的重量相当。热塑性弹性体废料可以再粉碎，再次

生产的材料具有原始材料相同的性能。

⑤ 由于成型周期更短，降低了能耗，加工更简便。

⑥ 由于配方更简单、加工更简便，可以更好地控制质量，更接近成品部件的公差。

⑦ 因为热塑性弹性体树脂的重复性和性能的一致性更好，因此质量控制成本更低。

⑧ 因为大多数热塑性弹性体的密度低于常规橡胶胶料，因此其体积成本通常较低。

与常规橡胶材料相比，热塑性弹性体的缺点如下。

① 在高温下熔融。这固有的特性限制了热塑性弹性体部件的使用温度远低于其熔点。热固性橡胶可能适合于短暂暴露于该温度。最近开发了一些热塑性弹性体材料，使用温度高达 150 ℃或更高。

② 低硬度热塑性弹性体的数量有限。许多热塑性弹性体的邵尔 A 硬度为 80 或更高。目前，邵尔 A 硬度低于 50 的材料的数量已经大大增加，并且一些现有的材料是凝胶状的。

③ 大多数热塑性弹性体材料在加工前要干燥。常规橡胶材料几乎从来不需要干燥，但在热塑性塑料的制造时干燥却相当普遍。

1.2.6 热塑性弹性体的需求及其增长

2013 年 8 月报道（来自 2012 年的数据），全球需求（表观消费）的热塑性弹性体为 4462000t[16]。在 2012 年，汽车应用占热塑性弹性体总消耗的 33%，是最大的市场。其次是消费品（见表 1.4）。表 1.4 列出 2002 年以来全球需求的增长，预测 2022 年热塑性弹性体的需求为 7375000t。另一分析[17]估计，2013 年全球热塑性弹性体市场需求为 3751300t，到 2022 年增长到 5070000t。亚太地区需求 1560500t，占市场的最大份额（占总量的 42%），详情见表 1.5。中国代表了世界最大的市场，主要是由于其庞大的鞋业市场。

表 1.4 世界热塑性弹性体的市场需求 单位：1000t

市场	2002 年	2007 年	2012 年	2017 年	2022 年(预测)
机动车	920	1226	1469	1917	2390
消费品	597	775	902	1120	1384
沥青和屋顶	430	555	622	840	1051
胶黏剂、密封剂和涂料	288	400	501	673	890
工业产品	252	361	432	567	731
其他市场	320	443	536	713	929
总需求	2807	3760	4462	5830	7375

注：摘自 The Freedonia Group，Inc，August 2013。

表 1.5 估算的全球各地区热塑性弹性体市场 单位：1000t

市场	2012 年	2013 年	2014 年	2018 年
亚洲/太平洋地区	1450.2	1560.5	1681.1	2251
NAFTA	909.8	944.2	985.7	1186.4
欧洲	689.2	717.2	753.8	948.1
世界其他地区	503.4	529.3	557.3	684.5
总计	3552.6	3751.2	3977.9	5070.0

注：全球热塑性弹性体的未来市场，预测到 2018 年。Smithers Rapra，2013 年 9 月 2 日。

直到2009年，基于在国家层次的重要地位，许多重要产品的制造采用热塑性弹性体零部件和组件，中国的热塑性弹性体市场将快速扩张和多样化。

但是，除中国之外，全球热塑性弹性体销售将仍然集中在美国、西欧和日本等发达国家市场，特别是高性能材料，如共聚酯弹性体（COPEs）以及一流的热塑性硫化胶（TPVs）。

估算的全球应用市场如表1.6所示。汽车应用占最大的份额（42.7%），其次是建筑和施工。

预计沥青和屋面市场的增长最快，因为发达国家建筑消耗反弹，并且世界上越来越广泛接受苯乙烯类嵌段共聚物作为铺路和沥青的性能改性剂[16]，以及采用聚烯烃弹性体（TPO）单层屋顶膜。预计未来鞋类[17]和消费品[16]有强劲的需求增长。这两项研究预测热塑性弹性体市场的年增长率分别为5.5%[16]和5.6%～6.0%[17]。

表1.6 估算的全球热塑性弹性体应用市场 单位：1000t

应用	2012年	2013年	2014年	2018年
汽车应用	1503.0	1599.2	1701.5	2180.8
建筑和施工	432.0	453.9	476.8	580.9
鞋类	370.0	384.4	399.3	465.2
电器和家庭用品	295.0	312.3	330.5	414.9
医疗卫生	225.0	240.8	257.7	337.9
电线电缆	210.0	222.9	236.6	300.4
运动/休闲/玩具	154.0	162.3	171.0	211.0
包装	150.0	158.0	166.5	205.1
其他①	213.6	217.6	238.0	373.8

① 脚轮、液体处理、纤维、非包装膜。

注：全球热塑性弹性体的未来市场，预测到2018年。Smithers Rapra，2013年9月2日。

热塑性弹性体的应用份额见表1.7。目前，苯乙烯类SBCs是使用最广泛的热塑性弹性体材料，达到1245000t（33%），预计2018年为1597100t。这表示年增长率从4.0%增至5.9%。位于消耗量第二位的目前为TPO化合物（26%），当前年增长率为6.4%，预测年增长率会增至7.8%。其他详细信息见表1.8。

表1.7 目前应用的份额（2013年）

应用	份额/%
汽车应用	42.7
建筑和施工	12.1
鞋类	10.2
电器和家庭用品	8.3
医疗卫生	6.4
电线电缆	5.9
运动/休闲/玩具	5.8
包装	4.3
总计	100.0

注：全球热塑性弹性体的未来市场，预测到2018年。Smithers Rapra，2013年9月2日。

表 1.8 估算的全球热塑性弹性体市场（已加配料） 单位：1000t

TPEs 种类	2012 年	2013 年	2014 年	2018 年
SBC	1197.2	1245.4	1306.8	1597.1
TPO	937.5	997.5	1070.5	1389.2
TPV	599.0	636.2	686.6	908.0
TPU	497.4	534.6	568.8	740.7
COPE	142.1	150.1	163.1	218.0
COPA	71.1	75.0	78.8	95.3
其他	108.4	112.5	103.4	121.7
总计	3552.6	3751.3	3978.0	5070.0

注：全球热塑性弹性体的未来市场，预测到 2018 年。Smithers Rapra，2013 年 9 月 2 日。

2013 年各种 TPE 的比例概述于表 1.9。2012～2013 年以及 2013～2018 年的年增长率见表 1.10。

表 1.9 各种热塑性弹性体的比例（2013 年）

热塑性弹性体类型	份额/%
SBC	33.2
TPO	26.6
TPV	17.0
TPU	14.2
COPE	4.0
COPA	2.0
其他	3.0
总计	100.0

注：全球热塑性弹性体的未来市场，预测到 2018 年。Smithers Rapra，2013 年 9 月 2 日。

表 1.10 各种热塑性弹性体应用的年增长率

热塑性弹性体类型	年增长率/%	
	2012～2013 年	2013～2018 年
SBC	4.0	5.6
TPO	6.4	7.9
TPV	6.2	8.5
TPU	7.5	7.7
COPE	5.6	9.0
COPA	5.8	5.4
其他	3.8	1.6

注：全球热塑性弹性体的未来市场，预测到 2018 年。Smithers Rapra，2013 年 9 月 2 日。

热塑性弹性体行业的强劲增长来自各种动力。市场的全球化和需求的转移提升了经济增长的重要性，特别是在亚洲[18]。另一个因素是一些类型的热塑性弹性体的商品化在该领域产生竞争压力，导致人们选择最低成本的解决方案。其他因素是制造过程的创新、新供应商的进入以及价格压力[18]。

技术发展通常会提供具有吸引力的性能和工艺的新材料。主要增长的市场是 SEBS、COPEs 、TPUs 和烯烃类 TPVs 的新应用。

最强的需求驱动力来自汽车生产，消耗热塑性弹性体约占总量的 50%。在汽车工业中主要在密封系统、外部和内部应用、安全气囊外层和车盖下的部件使用新等级的 TPV、SBC 和 TPO[19,20]。

在汽车中应用的主要挑战包括[20]：

① 降低成本。

② 减重（有助于满足减少排放要求）。

③ 简化零件的制造：在包覆成型部件的层间具有足够的黏合性。

④ 控制声音（主要是降噪）。

⑤ 在热塑性弹性体材料中使用可再生资源。

参考文献

[1] Erman B, Mark JE. In: Mark JE, Erman B, Eirich FR, editors. Science and technology of rubber. 2nd ed. San Diego (CA): Academic Press; 1994.

[2] Gent AN. In: Mark JE, Erman B, Eirich FR, editors. Science and technology of rubber. 2nd ed. San Diego (CA): Academic Press; 1994. p. 1.

[3] Holden G. Understanding thermoplastic elastomers. Munich: Hanser Publishers; 2000. p. 9.

[4] Matyjaszewski K, Spanswick J. In: Holden G, Kricheldorf HR, Quirk RP, editors. Thermoplastic elastomers. 3rd ed. Munich: Hanser Publishers; 2004. p. 365 [chapter 14].

[5] Hamley IW. In: Hamley IW, editor. Developments in block copolymer science and technology. Chichester (UK): John Wiley & Sons, Ltd; 2004. p. 3.

[6] Heggs TG. In: Allport DC, Janes WH, editors. Block copolymers. Applied Science Publishers; 1973.

[7] Meckel W, Goyert W, Wieder W, Wussow H-G. In: Hamley IW, editor. Developments in block copolymer science and technology. Chichester (UK): John Wiley & Sons, Ltd; 2004. p. 15 [chapter 2].

[8] Tobolsky AV. Properties and structure of polymers. New York: John Wiley & Sons; 1960.

[9] Manson JA, Sperling LH. Polymer blends, and composites. New York: Plenum Press; 1976. p. 59 [chapter 2].

[10] Halper WM, Holden G. In: Walker BM, Rader CP, editors. Handbook of thermoplastic elastomers. 2nd ed. New York: Van Nostrand Reihold; 1988. p. 17.

[11] Bahadur P. Curr Sci April 25 , 2001;80(8):1002.

[12] Bates FS, Fredrickson GH. In: Holden G, Kricheldorf HR, Quirk RP, editors. Thermoplastic elastomers. 3rd ed. Munich: Hanser Publishers; 2004. p. 401 [chapter 15].

[13] Hashimoto T. In: Holden G, Kricheldorf HR, Quirk RP, editors. Thermoplastic elastomers. 3rd ed. Munich: Hanser Publishers; 2004. p. 457 [chapter 18].

[14] Hamley IW. In: Hamley IW, editor. Developments in block copolymer science and technology. Chichester (UK): John Wiley & Sons, Ltd; 2004. p. 1.

[15] Holden G. Understanding thermoplastic elastomers. Munich: Hanser Publishers; 2000. p. 14.

[16] World thermoplastic elastomer demand by market, report. Cleveland (OH): The Freedonia Group, Inc.; August 2013.

[17] The future of global thermoplastic elastomers: market forecasts to 2018. Leatherhead (Surrey, UK): Smithers Rapra; September 2013.

[18] Eller R. "The TPE industry: maturity, growth and regional dynamics", Paper #2 at the Thermoplastic elastomers

2013 conference, October 15-16, 2013 in Düsseldorf, Germany.
[19] Vroomen GL. "TPV contra styrene block copolymers (SBC)", Paper #8 at the Thermoplastic elastomers 2013 conference, October 15-16, 2013 in Düsseldorf, Germany.
[20] Eller R. "Thermoplastic elastomers meeting automotive challenges", Paper at the 15th Annual SPE TPO conference, October 6-9, 2013, Troy, MI, Society of Plastics Engineers, Detroit Section.

第2章 热塑性弹性体发展简史

具有或多或少弹性的热塑性材料的发展始于20世纪30年代初，当时B. F. Goodrich公司发明了聚氯乙烯（PVC）塑化[1]。这一发明引起了人们对柔软性塑料进一步研究的兴趣，并最终开发了聚氯乙烯（PVC）/丁二烯-丙烯腈橡胶（NBR）共混物[2,3]。当配方合适时，PVC/NBR共混物具有类似橡胶的外观和手感，弥补了液体增塑PVC与常规固化弹性体之间的缺陷。

正如我们今天所知道的，PVC/NBR共混物可以被认为是热塑性弹性体的先驱。

1937年发生了一个重大的突破[4]，当时发现了二异氰酸酯加聚反应，并首先应用于生产聚氨酯纤维，然后Du Pont和ICI公司开发了一些弹性聚氨酯[5~7]。

Du Pont公司研究工作的重点是弹性纤维，但最终发明了弹性线型共聚酯，它是通过在两种熔融共聚聚合物之间的熔体-酯交换来制备的[8]。这种合成弹性体的强度比硫化天然橡胶更高，并具有很好的回弹性。弹性线型共聚酯通过熔融挤出或溶液纺丝用于制造纤维，被认为是第一个热塑性弹性体。1954年的Du Pont专利[9]将其描述为具有优异弹性的嵌段聚氨酯纤维。20世纪50年代到60年代，热塑性聚氨酯得到进一步发展。

1962年，B. F. Goodrich公司的一个团队发表了一篇关于“实质交联聚合物”Polyurethane VC的论文。Polyurethane VC是可溶的，拉伸强度高，弹性好，耐磨性优异，可作为热塑性塑料加工[10,11]。

商业化的聚氨酯热塑性弹性体于20世纪60年代由美国的B. F. Goodrich、Mobay和Upjohn以及欧洲的Bayer A. G. 和Elastogran等公司引入市场。

Shell（壳牌）公司首先利用苯乙烯与丁二烯（S-B-S）、苯乙烯与异戊二烯（S-I-S）进行阴离子嵌段共聚，开发了苯乙烯-二烯嵌段共聚物，并于1966年商品化，称为Kraton®。

1968年，Phillips石油公司以星形苯乙烯嵌段共聚物进入这个领域。

1972年，Shell公司又添加了S-EB-S共聚物，其中EB是乙烯-丁烯共聚物链段。S-EB-S共聚物是通过聚丁二烯中心嵌段氢化制备的，因此消除了双键，提高了产品抗氧化断裂和臭氧攻击能力[12]，该产品称为Kraton G®。

聚醚酯热塑性弹性体是在20世纪60年代开发的，在1972年由Du Pont公司商业化，商品名称为Hytrel。该无规嵌段共聚物含有聚（四氢呋喃）对苯二甲酸酯软段以及多个对苯二甲酸丁二醇酯硬段。这种材料的特性是高强度、高弹性，并具有优异的动态性能和抗蠕变性。

GAF公司于1970年年底、Eastman Chemical公司于1983年、General Electric（通用电气）公司于1985年分别推出类似的产品Pelprene®、Ecdel®和Lomod®。

热塑性聚烯烃共混物（TPOs）开发于20世纪60年代。记录的第一个专利是Hercules公司的结晶聚丙烯/乙烯-丙烯共聚物（EPM），其中丙烯含量超过50%[13]。

聚丙烯和氯化丁基橡胶的动态硫化共混物在1962年获得专利[14]。

部分动态硫化的 EPM 或 EPDM（乙烯-丙烯-二烯单体橡胶）与聚丙烯的共混物采用过氧化物硫化，是 1974 年发表的两个 Uniroyal 专利[15,16]的主题。

Uniroyal 公司推出 TPR 热塑性橡胶材料，商品名为 Uniroyal TPR，它由部分动态硫化的 EPDM 与聚丙烯的共混物组成。

热塑性硫化橡胶（TPV）是 Monsanto 公司在 20 世纪 70 年代至 80 年代广泛研究的材料。这些材料是弹性体与热塑性塑料的机械共混物[17~30]。在 1981 年推出的第一个商业化产品 Santoprene® 是 EPDM 与聚丙烯的共混物（或合金）。1985 年推出丁腈橡胶（NBR）与聚丙烯的共混物，称为 Geolast®[31]。

聚酰胺热塑性弹性体于 1982 年由 ATO Chemie 公司引入市场，随后推出的同类产品有 Emser Industries 生产的 Grilamid® 和 Grilon® 以及 Dow 化学公司的 Estamid®[32~34]。

聚酰胺类热塑性弹性体的性能取决于聚酰胺硬嵌段以及聚醚、聚酯、聚醚酯软嵌段的化学组成。

单相可熔融加工橡胶（MRP）是 Du Pont 公司在 20 世纪 80 年代初做的研究工作，专有产品在 1985 年商业化，商品名为 Alcryn®。

在 20 世纪 90 年代和 21 世纪，人们开发了许多新产品，例如功能化苯乙烯类 TPEs[35,36]、新型 TPVs 和改进的 TPVs、更软的 MPRs、物理性能改善的 MPRs、天然橡胶/聚丙烯共混物类 TPEs[37]、热塑性氟弹性体[38,39]等。

许多公司已经开发了新产品并推广应用。以上主题将在有关章节中讨论，会涉及各种 TPEs 及其应用，并概述最新的发展趋势。

参考文献

[1] Semon WL. U. S. Patent 1,929,453 (1933, to B. F. Goodrich Co.).

[2] Henderson DE. U. S. Patent 2,330,353 (1943, to B. F. Goodrich Co.).

[3] Wolfe Jr JR. In: Legge NR, Holden G, Schroeder HE, editors. Thermoplastic elastomers-a comprehensive review. Munich: Hanser Publishers; 1987 [chapter 6].

[4] Bayer O, Siefken W, Rinke H, Orthner R, Schild H. German Patent 738,981 (1937, to I. G. Farben, A. G.).

[5] Christ AE, Hanford WE. U. S. Patent 2,333,639 (1940, to Du Pont).

[6] British Patents 580,524 (1941) and 574,134 (1942) (both to ICI Ltd.).

[7] Hanford WE, Holmes DF. U. S. Patent 2,284,896 (1942, to Du Pont).

[8] Snyder MD. U. S. Patent 2,632,031 (1952, to Du Pont).

[9] U. S. Patent 2,629,873 (1954, to Du Pont).

[10] Schollenberger CS, Scott H, Moore GR. Paper at the Rubber Division Meeting; September 13, 1957; Rubber Chem Technol 1962;35:742.

[11] Schollenberger CS. U. S. Patent 2,871,218 (1959, to B. F. Goodrich Co.).

[12] Gergen WP. In: Legge NR, Holden G, Schroeder HE, editors. Thermoplastic elastomers-a comprehensive review. Munich: Hanser Publishers; 1987. p. 507 [chapter 14].

[13] Holzer R, Taunus O, Mehnert K. U. S. Patent 3262992 (1966, to Hercules Inc.).

[14] Gessler AM, Haslett WH. U. S. Patent 3,307,954 (1962, to Esso).

[15] Fisher WK. U. S. Patent 3,806,558 (1974, to Uniroyal).

[16] Fisher WK. U. S. Patent 3,835,201 (1972, to Uniroyal).

[17] Coran AY, Patel RP. U. S. Patent 4,104,210 (1978, to Monsanto).

[18] Coran AY, Patel RP. Paper presented at the international rubber conference, Kiev, USSR; October 1978.

[19] Coran AY, Patel RP. U. S. Patent 4,130,534 (1978, to Monsanto).

[20] Coran AY, Patel RP. U. S. Patent 4,130,535 (1978, to Monsanto).

[21] Coran AY, Patel RP. Rubber Chem Technol 1980;53:141.

[22] Coran AY, Patel RP. Rubber Chem Technol 1980;53:781.

[23] Coran AY, Patel RP. Rubber Chem Technol 1981;54:91.

[24] Coran AY, Patel RP. Rubber Chem Technol 1981;54:892.

[25] Coran AY, Patel RP. Rubber Chem Technol 1982;55:116.

[26] Coran AY, Patel RP. Rubber Chem Technol 1982;55:1063.

[27] Coran AY, Patel RP. Rubber Chem Technol 1983;56:210.

[28] Coran AY, Patel RP. Rubber Chem Technol 1983;56:1045.

[29] Coran AY, Patel RP, Williams-Headd D. Rubber Chem Technol 1985;58:1014.

[30] Coran AY. In: Legge NR, Holden G, Schroeder HE, editors. Thermoplastic elastomers-a comprehensive review. Munich: Hanser Publishers; 1987. p. 132 [chapter 14].

[31] Rader CP. In: Walker BM, Rader CP, editors. Handbook of thermoplastic elastomers. 2nd ed. New York: Van Nostrand, Reinhold Company; 1988. p. 85 [chapter 7].

[32] Nelb II RG, Chen AT, Farrissey Jr WJ, Onder KB. Paper at the SPE 39th annual technical conference (ANTEC), Proceedings Boston; May 4e7, 1981. p. 421.

[33] Deleens G. In: Legge NR, Holden G, Schroeder HE, editors. Thermoplastic elastomers-a comprehensive review. Munich: Hanser Publishers; 1987. p. 215 [chapter 9B].

[34] Farrisey WJ, Shah TM. In: Legge NR, Holden G, Schroeder HE, editors. Thermoplastic elastomers-a comprehensive review. Munich: Hanser Publishers; 1987. p. 258 [chapter 8].

[35] Modification of thermoplastics with Kraton polymers, Shell Chemical Publ 5C:165-187, 11/87.

[36] Kirkpatrick JP, Preston DT. Elastomerics 1988;120(10):30.

[37] Tinker AJ, Icenogle RD, Whittle I. Paper no. 48, presented at the Rubber Division of ACS Meeting, Cincinnati, OH; October 1988.

[38] Daikin America, Inc. , DAI-EL Thermoplastic,www. daikin. com.

[39] Park EH. Dynamic vulcanization of elastomers with in situ polymerization. U. S. Patent 7,351,769 (December 19, 2006, to Freudenberg NOK General Partnership).

第 3 章 添加剂

实际上，所有热塑性树脂都含有必需的稳定剂。稳定剂可以在聚合过程中添加或在聚合后立即添加，以防止热塑性树脂在单体回收、干燥和混合过程中，甚至在存储期间发生降解。采用稳定剂的种类和用量主要依赖于聚合物的类型。

其他添加剂可以在加工过程的不同阶段加入，为材料在加工和应用期间提供特定的性能。

以下将简要介绍用于大多数热塑性树脂的最常用的添加剂。这些添加剂的实际数量非常大，可在一些出版物中找到更详细的描述[1~3]。

3.1 抗氧剂

许多有机材料（包括聚合物）会与氧发生反应。当聚合物氧化时，它们的力学性能如拉伸强度会下降，表面可能会变得粗糙，产生裂纹或变色。这些典型的氧化现象称为“老化”，氧化对聚合物化学结构的影响称为“降解”[4]。使用称为“抗氧剂”的化学物质可以抑制或延缓老化和降解。

大多数抗氧剂用于聚烯烃、苯乙烯类和冲击改性的苯乙烯类，在聚碳酸酯、聚酯、聚酰胺和聚缩醛中使用较少。所使用抗氧剂的种类与用量取决于树脂的类型和用途，典型的用量范围是聚合物质量分数的 0.05%～1%[4]。

抗氧剂在加工条件下的效果必须在聚合物熔体中进行评估。通常的方法是在热料筒或在注塑机中多次挤出或延长停留时间。评价的性能是熔体流动指数的变化以及是否可能变黄。

评估抗氧剂在实际使用条件下的效果可在热老化箱中进行，在低于聚合物熔点的温度下，测量暴露于高温时聚合物所发生的变化。

在远远高于产品使用温度下进行加速老化试验可以快速获得结果，但一般这样做没有实际意义。理想的烘箱老化试验是在接近产品使用温度下进行的[5]。通常，抗氧剂通过与自由基结合或通过与氢过氧化物反应来抑制氧化反应。

主抗氧剂例如芳香仲胺和受阻酚是自由基消除剂。最常见的简单受阻酚抗氧剂是丁基化羟基甲苯（BHT）或 2,6-二叔丁基-4-甲基苯酚[6]。高分子量的受阻酚抗氧剂较不易挥发，在必须高温加工或产品在高温下应用时使用。受阻酚抗氧剂的优点是不容易变色。

此外，某些高分子量的酚类抗氧剂是美国食品及药物总局（FDA）批准的[7]。芳香仲胺在高温应用方面优于酚类，但芳香仲胺容易变色，因此只能与颜料或炭黑结合使用，这样可以掩盖变色。但这些抗氧剂不允许用于接触食品[7]。

辅助抗氧剂（过氧化物分解剂）[7]通过分解氢过氧化物抑制聚合物的氧化。亚磷酸酯类和硫代酯类抗氧剂是最常见的辅助抗氧剂，其中亚磷酸酯类抗氧剂是使用最广泛的辅助抗氧剂。亚磷酸酯类和硫代酯类抗氧剂是不变色的，FDA 已批准用于很多间接接触食品的用途[7]。辅助抗氧剂通常与主抗氧剂并用以获得协同效应。

3.2 光稳定剂

通常，聚合物在阳光下会发生劣化，导致开裂、脆化、粉化、变色和力学性能（如拉伸强度、伸长率和冲击强度）下降。当聚合物暴露于波长约为290～400nm紫外光时，会发生光氧化降解。不同的波长可能产生不同类型的降解，这取决于聚合物的类型[8]。

称为“光稳定剂”或“UV稳定剂”的特种化学品，可用于影响光诱导聚合物降解的物理和化学过程。

通过使用吸收UV辐射的添加剂（防止聚合物分子吸收紫外光）、自由基消除剂、分解过氧化物的添加剂、猝灭剂（它可以接受发色团所吸收的能量，并将这些能量转化为热量）[9]可以获得稳定聚合物。

3.2.1 UV吸收剂

UV吸收剂作为光的过滤器可以吸收紫外光，并以热的形式释放多余的能量。最广泛使用的紫外线吸收剂是2-羟基二苯甲酮、2-羟基苯基苯并三唑、有机镍化合物和空间受阻胺光稳定剂（HALS）。其他添加剂，例如炭黑和某些颜料（例如二氧化钛，氧化锌）可以在某些应用中作为UV吸收剂，在这些应用中，颜色或透明度损失并不重要[10]。

3.2.2 猝灭剂

猝灭剂是从激发态发色团接受能量的分子。在转移其能量之后，发色团恢复其基态（一种稳定的能态）。猝灭剂以热、荧光或磷光形式将能量消散，因此不会导致聚合物降解。

最广泛使用的猝灭剂是有机镍配合物、硫代双(4-辛基苯酚)-正丁胺镍（Ⅱ）、硫代氨基甲酸镍盐以及与烷基化苯酚膦酸盐的镍螯合物[11]。猝灭剂通常与UV吸收剂并用。

3.2.3 自由基消除剂

自由基消除剂类似于辅助抗氧剂，用于抑制热氧化。自由基消除剂与塑料材料中的自由基反应，将它们还原成稳定的、非活性的产物。空间受阻胺光稳定剂（HALS）主要是作为自由基消除剂，尽管HALS也可用作猝灭剂和过氧化物分解剂。

现有的HALS具有各种各样的分子量。它们在高温下呈现出低挥发性和良好的稳定性。它们可以提供表面保护，并且可以单独使用或与UV吸收剂、猝灭剂并用。HALS的用量取决于基材厚度、着色和应用要求，用量通常在0.1%～1.5%[12～14]。

3.2.4 紫外光稳定性的评价

紫外光稳定性的最准确测试是在预期的最终应用环境中使用该材料一段时间。因为户外测试需要很长时间，所以使用人造光源（氙弧灯、日光碳灯、水银弧光灯）进行加速测试是常见的。

经过滤的氙弧灯能最精确地再现阳光的光谱能量分布，与长期室外耐候试验获得的光源相比，低于290nm的有效发射光源可产生不同结果。由于加速测试产生非常高剂量的UV辐射，可能会低估HALS的有效性[14]。

在过去几十年，新型人工耐候设备已经得到发展，一些设备把荧光灯的高UV强度与在试样上的水凝结结合起来（例如QUV、UVCON）[15]。

3.3 成核剂

聚合物在以下的条件下从熔体结晶[16]。

① 聚合物的分子结构必须足够规则以允许晶体排序。

② 结晶温度必须低于熔融温度，但不接近聚合物的玻璃化转变温度。

③ 成核必须在结晶之前发生。

④ 结晶速率必须足够快。

由于分子链的连接性，以这样的方式结晶的聚合物仅获得有限的结晶度。因此，聚合物通常被称为半结晶材料。这种分子链的连接性也是聚合物在明显低于其熔融温度下结晶的主要原因。

当聚合物从熔体中结晶时，聚合物晶体（薄片）从初级核排列，形成称为“球晶”的复杂球形宏观结构。球晶包含薄片以及薄片之间的无定形区域。球晶继续生长成熔体，直到它们的生长前缘碰撞到相邻球晶的生长面上。

新相出现非常小的颗粒表明相变开始。最终会发生初级成核，接着发生晶体生长[17]。成核速度强烈依赖于温度。核形成是均质还是非均质决定形成的球晶数量和尺寸。通过添加外来物质——成核剂可以大大增强核的形成。

由于在成核剂的存在下会形成非常多的核，在相同的冷却条件下，与没有加入成核剂的材料相比，所得到的球晶会小得多。

与无核的聚合物相比，成核聚合物具有更精细的颗粒结构，这反映在其物理和力学性能上。因此，与结晶率相同、球晶结构精细的塑料相比，球晶粗的塑料更脆，而且比较不透明或半透明。

成核提高了结晶温度和结晶速率。因此，部件可以在更高的温度下脱模，减少了模压周期。成核材料具有较高的拉伸强度、刚度、弯曲模量和热变形温度，但是冲击强度通常较低。

增大冷却速率可以提高透明度并减小球晶尺寸，因此减少光通过材料时的散射[18]。

成核剂可以大致按如下分类[19]。

① 无机添加剂，例如滑石、二氧化硅和黏土。

② 有机化合物，例如单羧酸或多羧酸的盐（例如苯甲酸钠）和某些颜料。

③ 聚合物，例如乙烯/丙烯酸酯共聚物。

在热塑性塑料中，成核剂的用量可以高至0.5%，再提高成核剂的用量，并不能提高成核效率。成核剂可以粉末/粉末混合物、悬浮液或溶液、母料的形式掺入。

为了获得最佳效果，无论采用哪种方法，成核剂必须预分散良好[19]。

3.4 阻燃剂

许多热塑性树脂特别是具有高碳含量的热塑性树脂，由于它们源自石油化学产品，因此易燃。聚烯烃在与火焰接触时会点燃，即使在点火源被移除之后，仍会在微弱火焰下燃烧。

由于火焰的高温而发生熔化，产生燃烧滴。

含有卤素的热塑性树脂不易燃烧，其中一些根本不燃烧，主要因素是卤素的含量。

用于阻止、延缓或终止火焰的添加剂称为“阻燃剂”。阻燃剂通常在冷凝相或气相中赋予聚合物阻燃性能。在冷凝相中添加剂可以起散热器作用而从基底中除去热能，或通过参与成碳阻隔热和质量传递。

添加剂也可以通过传导、蒸发或质量稀释，或通过参与吸热反应提供阻燃性。

成碳体系，也称为“膨胀体系”，在聚合物材料上形成泡沫状多孔保护屏障，以防止其进一步热解和燃烧。

大多数膨胀体系需要酸源（催化剂）、成碳化合物（碳化物）以及气体化合物（喷雾剂）。在典型的体系中，磷化合物能促进底物（通常为碳-氧化合物或含氧聚合物）的碳化，这些碳通过在氮化合物分解期间释放的气体形成泡沫。酸通常是磷酸或合适的衍生物（例如，多磷酸铵）。典型的碳源包括季戊四醇和其他多元醇。常见的喷雾剂包括尿素、三聚氰胺和双氰胺。含有催化剂、碳化物和烟雾剂的商业膨胀体系可以在市场上买到[20]。

其他阻燃剂在冷凝相中起作用，不是通过形成膨胀层，而是通过沉积一层表面覆盖层，使聚合物与热源隔绝，并阻止可燃气体向外逸出。

一些有机硅阻燃剂是在聚合物表面沉积二氧化硅（砂）[21]。

最广泛使用的阻燃剂氧化铝三水合物（ATH）在冷凝相中起的作用，不是作为成碳剂或保护层，而是作为散热器以及不可燃气体（H_2O）的来源，将可燃物分解出来的可燃气体浓度冲淡。ATH 在 230℃开始分解，最终作为水蒸气失去 34.5%的质量。氢氧化镁在 340℃分解，最终失去 31%的质量。ATH 和氢氧化镁吸热分解并从冷凝相中除去热量，降低了聚合物分解速度。对于可燃聚合物，需要大量的 ATH 和氢氧化镁才能赋予阻燃性。通常树脂配方中 ATH 含量为 40%～60%（质量分数）。

在气相中起作用的阻燃剂是中断火燃烧的化学过程。在燃烧过程中，聚合物链段在链反应中与氧和其他高度反应性物质相互作用形成氧自由基、羟基自由基和氢自由基。某些添加剂，主要是含有卤素或磷的添加剂可以与这些自由基起化学作用，形成较少能量的物质，并中断链增长，使之不能起燃或再继续燃烧[22]。这种阻燃体系的典型例子是三氧化锑，其在卤化聚合物体系中是有效的。一些含磷阻燃剂在气相中也可以是有效的。硼酸锌主要用于烯烃部分或完全替代氧化锑。硼酸锌比氧化锑便宜，并且也起抑烟剂、余辉抑制剂和抗起弧剂的作用[23]。

含有卤素（氯或溴）的有机化合物能消除燃烧过程中形成的自由基，在燃烧反应的气相中起作用。为获得协同效应，三氧化锑通常加入到卤系阻燃剂中[23]。

由于溴化二苯醚可能引起的环境和健康风险，在一些条件下可能形成溴化二噁英和呋喃，因此溴系阻燃剂受到越来越多的限制。

在纳米复合材料领域已经获得阻燃添加剂，它是有效和环境友好的。插层型聚合物-黏土纳米复合材料已应用于几种聚合物，发现其峰值热释放速率低于纯聚合物[24]。这种体系的优点是仅添加少量（3%～6%）就可以赋予阻燃性，而不影响所用树脂的物理性能[25]。

另一种方法是使用双羟基脱氧苯偶姻（BHDB）单体，它能产生具有高达 70%碳化率的聚合物。这种单体释放水蒸气而不是有害气体[26]。

可燃性测试是在特定条件下测量材料的燃烧参数，例如燃烧时间、滴落、烟雾排放和火焰蔓延，以便预测材料在实际火灾中的性能。许多方面的应用都要求在可燃性试验中达到一定的阻燃级别。最常见的测试是美国安全检测实验室的 UL-94 燃烧速度测试。在该试验中，试样垂直悬挂在本生灯和手术棉上方，用规定的气体火焰从下面燃烧样品 10s。如果移开点火火焰后，样品熄灭，再点火一次，点燃样品 10s。

(1) V-0 等级

① 续燃时间<10s。

② 没有燃烧物掉下点燃棉花。

③ 样品没有完全燃烧到夹具。

④ 移开点火后，余辉≤60s。

(2) V-1 等级

① 续燃时间<30s。

② 总燃烧时间（燃烧 10 次）≤250s。

③ 没有燃烧物掉下点燃棉花。

④ 样品没有完全燃烧到夹具。

⑤ 移开点火后，余辉≤60s。

(3) V-2 等级

① 续燃时间<30s。

② 总燃烧时间（燃烧 10 次）≤250s。

③ 燃烧物掉下点燃棉花。

④ 移开点火后，余辉≤60s。

极限氧指数（LOI）是保持蜡烛状持续燃烧≥3min 所必需的最低氧浓度。LOI 试验获得的是数值数据，一般与阻燃剂的浓度成正比。LOI 的数值越高，表明需要更多的氧支持燃烧。空气含有约 21%的氧气，所以，低于此等级通常表示在正常大气条件下会燃烧[27]。

美国测试材料协会已将 LOI 方法作为标准（ASTM D2863），国际标准化组织也以 LOI 方法作为标准（ISO 4589-2）[28]。

在欧洲，德国的 DIN 4102，英国的 BS476 Part 7 以及法国的 NF P 92-501 等标准也用于测试建筑材料，并确定易燃性等级[28]。

3.5 着色剂

塑料中使用的着色剂是颜料或染料。染料是可溶于树脂的有机化合物，能形成分子溶液。染料能产生明亮、强烈的颜色，并且透明，易于分散和加工。

颜料通常不溶于树脂，颜色来自在整个树脂中分散的细颗粒（约 0.01～0.1μm）。颜料使最终产品不透明或半透明。颜料可以是无机化合物或有机化合物，它们可以以各种形式获得，例如干粉、色母料、液体和预着色树脂。

3.5.1 着色剂的光学性能

颜料和染料在树脂中选择性吸收波长 380（紫色）～760nm（红色）的可见光而产生颜色。感觉到的颜色是透过着色剂的光的颜色，不是吸收的光。互补色是红色-绿色、蓝色-橙色以及紫色-黄色。

人眼可以检测波长约 1nm 的色差。

吸收所有波长将产生黑色；没有吸收会出现无色[29]。因为染料处于溶解状态，仅从光吸收产生颜色，而材料是透明的。颜料颗粒在树脂中分散也可以反射或散射光。如果颜料颗粒的折射率与聚合物微观结构中的球晶不同，光将会被反射，并且颗粒分散体将在所有方向散射光。光反射和散射在原本透明的树脂中产生不透明性。如果光仅在某些波长被吸收，树脂可能是着色的和不透明的；如果所有的光都被反射（没有吸收），树脂是白色或不透明的。

色调受颜料粒径的影响。群青蓝颜料是非反射的，因为其折射率与树脂的折射率相似[30]。

3.5.2 着色剂的特性

颜料必须充分分散在聚合物中才能获得最佳散射；分散不充分会引起斑点和着色不均匀。如果颜料存在聚集体可能对所得产物的力学性能产生不利影响，主要是拉伸强度、冲击强度和屈挠疲劳强度。颜料应与聚合物相容，相容性差可能是部件失效的原因之一。

一些颜料可部分溶于树脂中，并可能迁移到聚合物的表面而被擦掉。颜料还必须与配方中的其他任何添加剂相容。加工过程中的高温会损坏或破坏颜料，导致色调变化或脱色。

热敏性与注射成型温度和注射周期的长时间暴露有关，并且旋转模塑可能比高速挤出更不利。

一些颜料可以起成核剂的作用，会改变树脂力学性能和改善透明度[31]。

3.5.3 无机颜料

最常见的无机颜料包括氧化物、硫化物、氢氧化物、铬酸盐以及其他基于金属如镉、锌、钛、铅和钼的配合物。

无机颜料通常比有机颜料的热稳定性更好，更不透明，并且更耐迁移、耐化学品和更不易褪色。它们可能导致加工设备例如挤出机的螺杆和机筒的磨损。

由于毒性问题，重金属（例如镉）化合物的使用受到限制。

白色颜料：氧化钛（金红石）是最广泛使用的白色颜料。氧化钛通常单独使用或与其他着色剂组合使用，以控制不透明性并产生粉彩色调。

其他白色颜料是氧化锌、硫化锌和碳酸铅（铅白）。

黑色颜料：炭黑基本上是纯碳，是迄今为止最广泛使用的黑色颜料。当炭黑与白色颜料组合时，会产生不同的灰色调，这取决于不同炭黑等级的颗粒尺寸和着色强度。氧化铁（Fe_3O_4）是另一种黑色颜料，氧化铁具有较低的热稳定性和着色强度。

其他有色颜料：种类繁多的无机化合物用于热塑性塑料的着色。

以下是最常见的颜料。

① 黄色颜料：铬黄、镍-钛黄、铬-钛黄、铁氧化物、铅铬酸盐。

② 橙色颜料：钼酸橙和镉橙。

③ 棕色颜料：氧化铁或铬/氧化铁的组合。

④ 红色颜料：氧化铁、硫化镉/硒化物。

⑤ 蓝色颜料：群青（具有钠离子和硫离子基团的铝硅酸盐）、混合金属氧化物（主要是铝酸钴）。

⑥ 绿色颜料：氧化铬、钴类混合氧化物。

3.5.4 有机颜料

有机颜料通常比无机颜料更亮、更坚固、更透明，但不耐光。它们可以部分溶于许多热塑性树脂中，具有更大的迁移趋势。

偶氮颜料是最大的一类有机颜料，它们含有一个或多个偶氮（—N═N—）发色团，并形成黄色、橙色和红色颜料。单偶氮颜料仅具有一个发色团，显示较低的热稳定性和光稳定性，并且具有渗色的倾向，它们通常不用于塑料。具有多于一种发色团的多偶氮填料没有渗色倾向，并且具有更好的热稳定性和优异的化学稳定性。非偶氮颜料具有不同的结构，通常是多环的，并且有时与金属配合。

酞菁蓝和酞青绿大多数是与铜配合的，对光、热和化学品高度稳定，并且高度透明，颜色强烈，着色强度高。

其他有机颜料还有喹吖啶酮（红、紫、橙）、二噁嗪（紫）、异吲哚啉（黄、橙、红）和苝、黄烷等[32]。

3.5.5 特效颜料

一些着色剂在塑料中产生特效，例如珠光或磷光。颜料必须很好地分散在树脂中，并且在加工过程中必须小心处理。珠光颜料用于产生珍珠光泽、虹彩色的树脂，并具有柔软、丝滑或多色的外观。

光泽是通过由平行层取向的薄小片（$<1\mu m$）反射光而产生的。珠光颜料包括二氧化钛涂覆的云母（白云母），氧化铁涂覆的云母和氯氧化铋。金属片状粉末用于产生银色光泽或金青铜效果。通常使用的是铝、铜以及铜与锌的合金（青铜）。铝可在 310～340℃（600～650℉）的温度下加工，填充量为 0.5%～4%。铜容易在 120℃（250℉）开始氧化，并且可能变色，这取决于温度和暴露时间，用于室外时会慢慢变色[33,34]。

荧光颜料会在白天发光；它们吸收可见光和紫外光，然后发射波长更长的光。当这些光与塑料的反射颜色结合时，会发光。

磷光颜料还在比吸收时更长的波长下发光，但是黄-绿光仅出现在黑暗中。通过添加掺杂的硫化锌会产生磷光[35]。

3.5.6 着色剂形式

着色剂形式有干颜料、色母料剂或粒料浓缩物、液体颜料和预着色树脂。

预着色树脂含有的着色剂已分散在聚合物中，所有其他形式的着色剂需要通过树脂处理装置进行分散。

干着色剂是由一种或多种颜料或染料组成的粉末。干着色剂以预先称重的包装形式提供，并且必须与树脂混合并分散在树脂中。干着色剂是最经济的形式，可选择颜色最多，使用仓储空间最小。干着色剂的缺点是它们易产生灰尘并引起交叉污染。

色母料是分散在树脂载体中的着色剂，这些树脂载体通常用于配制特定类型的聚合物。色母料可含 10%～80%的着色剂，这取决于应用要求、所用颜料和混合设备。色母料是自身着色的最常见形式。色母料通常以粒料形式提供，以便于流动和计量。

液体着色剂由在非挥发性液体载体中的颜料组成。液体载体包括矿物油和复合脂肪酸衍生物，并且可能包含表面活性剂以改善分散和清洁。黏度范围从枫糖浆到凝胶状稠度，并且在高颜料含量（10%～80%）下，仍可获得良好的分散。液体载体可能影响聚合物性能及其加工行为。

参考文献［1～3］是有关着色剂的综合处理、类型、化学性质和技术。

3.6 抗静电剂

一般来说，热塑性树脂是良好的绝缘体。因此，它们不导电，并且电荷可能在部件表面积累，导致灰尘积聚，在膜和织物中产生静电黏附。放电可能产生电击或着火，损害电子元器件。

静电或静电电荷是在未接地或绝缘表面上产生的电子的不足或过量。它由摩擦电荷产生，即由两个表面摩擦产生的电荷，例如纸张通过复印机或打印机产生的运动。

材料释放静电的能力是根据其表面电阻率、直流（DC）电压与穿过正方形单位面积的电流的比率（Ω/m^2）进行分类（见表 3.1）。表面电阻率与正方形大小或其单位无关。具有抗静电性能的材料的表面电阻率在 $10^9\sim10^{12}\Omega/m^2$ 之间。

表 3.1 表面电阻率

表面电阻率/(Ω/m^2)	分类
$\leqslant10^5$	导电
$>10^5,\leqslant10^9$	静电消散
$>10^9,\leqslant10^{14}$	抗静电
$>10^{14}$	绝缘

绝缘聚合物的静态衰减速率可以判断接地材料消散在其表面上感应的电荷能力。绝缘材料的衰减速率远远慢于由耗散材料处理的材料。

3.6.1 抗静电剂的类型

抗静电剂可以是离子型或非离子型的。离子抗静电剂包括阳离子化合物，例如季铵盐、鏻盐或锍盐以及阴离子化合物，通常是磺酸钠盐、磷酸钠盐和羧酸钠盐。非离子抗静电剂包括酯类，例如脂肪酸的甘油酯和乙氧基化叔胺。

抗静电剂的用量通常为 0.5%～1%，主要取决于树脂加工温度、存在的其他添加剂以及应用要求，如透明度、可印刷性和美国食品药品管理局（FDA）的合规性（约定、认可、协议）[36]。

一般来说，抗静电剂可根据应用方法分为内部抗静电剂和外部抗静电剂[37]。内部抗静电剂是作为表面活性剂，在加工（例如模压）之前或加工过程加入到聚合物中。内部抗静电剂与聚合物的相容性有限，并且会不断迁移到部件表面。内部抗静电剂必须与给定聚合物有适当的相容性，以控制抗静电剂向表面的迁移。外部抗静电剂是将水溶液或醇溶液（浓度通常为 1%～2%）以喷雾或浸渍的方法直接施加到成品的表面上。内部和外部抗静电剂可用作润滑剂和脱模剂[37,38]。

3.6.2 导电材料

静电可以通过添加导电填料来消除，例如特殊导电等级的炭黑或石墨。添加导电填料后，电子通过聚合物传导，获得的电阻率可小于 $10^8\Omega/m^2$[39]，在导电炭黑或石墨填充量高的情况下，通常电阻率可低至 $10^2\sim10^3\Omega/m^2$[38]。

其他较少使用的导电材料是各种金属材料（银、铜、铝、铁、黄铜、钢丝）和金属涂覆的颗粒（云母、玻璃片、玻璃珠）。

3.7 爽滑剂

爽滑剂用于塑料膜和片材中，在加工期间和加工后提供表面润滑。爽滑剂与聚合物具有有限的相容性，并渗出到表面，提供降低摩擦系数的涂层。

爽滑剂通过将黏性最小化，减少塑料与塑料的表面相互黏附，有助于在高速包装设备上的加工。爽滑剂还可以改善抗静电性能、降低塑性，并起脱模剂的作用[38]。爽滑剂通常是改性脂肪酸酯，浓度为每百份聚合物中含 1～3 份脂肪酸胺，特别是芥酸酰胺和油酰胺[38]。

3.8 防粘剂

防粘剂是防止塑料膜由于冷流或静电积聚而粘在一起。防粘剂可以内部添加或外部添加。当内部添加时，防粘剂必须与聚合物部分不相容，使得防粘剂可以慢慢渗出到表面。防粘剂包括天然蜡和人工制造蜡，脂肪酸的金属盐，二氧化硅化合物，聚合物如聚乙烯醇、聚酰胺、聚乙烯、聚硅氧烷和氟塑料[38]。

3.9 加工助剂

加工助剂是通用术语，是指用于改进高分子量聚合物的加工性和操作性的几种不同类型的材料。加工助剂主要在聚合物的熔融和加工阶段起作用[40]。

两种主要的加工助剂是润滑剂和氟类聚合物添加剂。每种都对聚合物熔体具有不同的影响，并且它们的使用方式不同。润滑剂用于降低熔体黏度或防止聚合物黏附到金属表面。内部润滑剂在分子间起作用，使得聚合物链更易彼此滑动。降低黏度可提高聚合物流动性。润滑剂包括金属皂、烃类蜡、聚乙烯、聚酰胺蜡、脂肪酸、脂肪醇和酯[38]。氟类聚合物加工助剂主要是偏二氟乙烯和六氟丙烯的共聚物。这种材料通常被称为“氟弹性体”，它在用作加工助剂时没有交联，因此没有弹性体性质[41]。含氟聚合物加工助剂最显著的效果是在聚合物挤出过程中消除熔体断裂。

3.10 填料和补强剂

填料是相对便宜的固体物质，其加入到聚合物中可以调节体积、质量、成本、表面、颜色、加工行为（流变性）、收缩、膨胀系数、电导率、渗透性和力学性能等。

填料可以粗略地分为无活性填料或增量填料、活性填料或功能填料、补强填料。

非活性填料主要用于降低成本，而活性填料能导致性能的特殊变化，使胶料满足要求。然而在现实中，没有填料是完全非活性的并仅仅只是降低成本的[42]。

一些补强填料通过与聚合物形成化学键而起作用。其他填料通过调整体积使力学性能提高，填料与附近的聚合物链结合，降低聚合物链的运动性，并增加聚合物在填料表面的取向。增加定向可增大刚性，降低可变形性和增加强度。降低聚合物链的运动性可使玻璃化转变温度更高[43]。一些填料可以通过促进成核作用对结晶度产生影响[44]。

粒子尺寸和形状以及衍生的性质，如比表面积和颗粒堆积，是影响胶料力学性能的最重要因素。此外，孔隙率和聚结趋势（弱结合）或聚集对加工性能和力学性能都可能有重要影响[45]。填料的真密度取决于化学组成和形态。轻质填料，例如中空玻璃球，可以降低胶料的密度，而重质填料会增加胶料的密度，可用于消音等方面。

大多数商业填料的密度在1.5～4.5g/cm^{3}之间。因为大多数填料以粉末形式使用，所以堆积密度或松散密度显著影响加工过程的处理和进料。

因为截留的空气和静电荷，精细填料的堆积密度低于0.2g/cm^3，因此限制了它们在常规加工设备上的使用。通过分流进料、改进脱气以及填料的表面处理或压实填料可以部分解决这些问题[46]。

比表面积定义为每单位质量填料的总表面积。最普遍使用的测定比表面积的方法是氮吸附（BET）法。获得与比表面积相关图形的简单方法是测定油的吸收。得到的结果是每克填料中的液体量（单位为mL），可以粗略估计分散填料所需的聚合物的最小用量[47]。

填料和补强剂也影响胶料的其他特性：光学性能、硬度和磨损性、电性能和磁性能、酸溶解度、灼烧损失、pH值、水分含量。

可以采用偶联剂提高填料的性能。偶联剂通常是硅烷和钛酸盐，可以改善填料与树脂之间的界面结合。偶联剂是双官能分子，其中一端与极性无机材料反应，而另一端与有机非极性基体反应。偶联剂在填料和树脂之间起分子桥的作用。市场上出售的偶联剂具有不同的官能团以适合特定的树脂。

加入偶联剂的最终效果是改善填料与聚合物之间的黏合，提高力学性能，例如拉伸强度、弯曲模量、冲击强度和热变形温度。

3.10.1 立方填料和球形填料

天然碳酸钙取决于原料来源，可以以白垩、石灰石或大理石的形式获得。天然碳酸钙降低了胶料的成本，而在性能上没有明显的变化。沉淀碳酸钙通常由煅烧石灰石（CaO）和二氧化碳制备。沉淀碳酸钙是非常纯和精细的，但比天然产品更昂贵，这限制了沉淀碳酸钙的应用。

沉淀碳酸钙通常用脂肪酸进行表面处理。由于其比表面积高（20～40m^2/g），对流变性能和吸附性能有重大影响[48]。

市场上可以买到的硫酸钡有天然矿物（如重晶石）和合成产品（如硫酸钡粉）。在商品填料中硫酸钡密度最大，而且是惰性的，非常明亮，易于分散。

硫酸钡广泛应用于隔音材料（如泡沫、管道）、地毯背衬、地砖、运动用品、制动和离合器衬里、辐射屏蔽，也可以用作白色颜料。

玻璃和陶瓷珠被广泛用于树脂体系中。它们通常用硅烷处理以增强树脂和颗粒之间的结合，或用金属（银、铜）涂覆用作导电填料。

球形填料赋予胶料撕裂强度和压缩强度、尺寸稳定性、耐刮擦性和刚性。中空玻璃珠能降低胶料的密度，可用于泡沫、人造海绵和汽车部件。实心球用于保险杠配方、电视外壳、计算机外壳、连接器等。

合成白炭黑基本上是无定形二氧化硅，初级颗粒直径为10～100nm，并且形成尺寸为1～10μm的聚集体（次级颗粒）。白炭黑产品以其生产工艺命名：热解法、熔融法和沉淀法[45]，其表面积取决于所采用的生产工艺，可以在 50～800m²/g 之间变化[49]。合成白炭黑用作热塑性塑料、弹性体的半补强填料，也可以作为膜的防粘添加剂、黏度调节剂和消光剂。为了提高合成白炭黑的补强性能，可用硅烷偶联剂进行处理。总之，白炭黑在热塑性树脂中起以下作用[50]。

① 减少收缩，减少裂纹形成。

② 补强。

③ 防止胶片结块（如胶片互粘成块）。

④ 改善加热时的尺寸稳定性。

⑤ 降低线膨胀系数。

⑥ 改善电性能。

⑦ 提高硬度。

⑧ 减少口型膨胀。

⑨ 影响流变行为。

炭黑主要用作弹性体的补强剂，炭黑在热塑性树脂中的用途限于着色、UV 保护和导电。

炭黑在热塑性弹性体中的具体用途将在有关各类型热塑性弹性体章节中讨论。

3.10.2 片状填料

滑石粉在所有矿物质中最软，莫氏硬度为 1，化学结构是硅酸镁水合物。大多数滑石粉用于汽车工业的聚丙烯混合物。滑石粉对许多性能有正面的影响，包括热变形温度（HDT）、抗蠕变性、收缩率和线膨胀系数（CLTE）。滑石粉对韧性、拉断伸长率、融合线强度（注塑制品）、长期热老化和抗紫外光性有不利影响[51]。

云母像滑石粉一样，是具有优异片晶结构的片状硅酸盐。最重要等级的云母是白云母和金云母。白云母和金云母都具有 20～40 的纵横比，用于热塑性树脂中可提高刚性、尺寸稳定性和热变形温度（HDT）。云母还呈现出良好的电性能和耐酸性[52]。白云母呈白色至几乎无色，而金云母的固有颜色是金棕色。云母相对难以分散。因此，其表面用氨基硅烷、蜡或氨基乙酸盐处理。云母的另一个缺点是（注塑制品）融合线强度差。

高岭土和黏土是具有不同纯度的各种水合硅酸铝。这些矿物是六角形的片状晶体结构，纵横比最大为 10，颜色淡，具有优异的耐化学性和良好的电性能。商业产品的平均粒度在 1～10μm 之间，表面积在 10～40m²/g 之间[53]。高岭土在橡胶工业中主要作为填料，并分为硬黏土和软黏土（根据其增强效果）。高岭土通常以煅烧形式使用，并且表面经过特殊处理（例如用硅烷）。在热塑性树脂中，高岭土有助于改善耐化学性和电性能并减小吸水性。高岭土还可以降低成品中的裂纹趋势，并改善抗冲击性能和表面质量。层状结构可以提高成品的表面硬度[54]。

3.10.3 纤维填料

玻璃纤维（短切纤维）常用作热塑性树脂的增强材料。玻璃纤维具有成本效益，在很多应用方面能大幅度提高物理性能。增强的玻璃纤维通常拉制成直径在 3.8～18μm 之间的长丝束。

根据所需的性能，可以改变每束丝的丝数、丝的构型以及纤维长度与质量的比例[55]。

短切和连续的玻璃纤维用于注塑，用量为5%～30%。增强塑料毡片可以由切碎的或连续的玻璃纤维制成。

玻璃纤维增强树脂具有高拉伸强度、高刚度和挠曲模量、高抗蠕变性、高抗冲击性能和高热变形温度。此外，它们表现出优异的尺寸稳定性和低线膨胀系数。

使用偶联剂（如硅烷偶联剂）可以进一步提高玻璃纤维的增强效率。

在注射成型过程时，玻璃纤维是以流动方向取向，所以在流动方向上的收缩大大减少，在横向方向上的收缩也没那么大。

玻璃纤维的缺点是变形，（注塑制品）融合线强度低，表面质量低。

由于玻璃纤维的磨损性，它们可能损坏设备和刀具，但是机筒、螺杆和刀具上的硬化涂层可以使磨损最小化[56]。

碳纤维和芳族聚酰胺纤维具有优异的增强性能，但是由于它们成本高，仅用于特殊用途如航空航天、船舶、军事和医疗方面。

3.10.4 纳米填料

纳米填料通常指粒径在1～100nm范围内的填料[57]。

炭黑、合成白炭黑和沉淀碳酸钙已经存在了很长时间。然而，它们的初级颗粒会通过聚结形成更大、更稳定的次级颗粒，因此最终它们不能被分类为纳米填料。

最近，不同的纳米填料，如纳米黏土（蒙脱土、蒙脱石）和针状纳米晶须，已经商品化[58]。纳米黏土可以剥离（分离成单独的片层），形成的补强初级粒子具有极大的高宽比（大于200）[58]。通过表面处理可以提高剥离效果，如用含有铵或磷官能团的化合物进行所谓的插层。这样可将表面从亲水性转化为亲有机物[59]。这种填料的优点是在用量少时产生非常好的力学性能，其耐刮擦和阻隔性能优异，阻燃性能提高，热变形性能优于纯聚合物。

当前纳米黏土主要应用于包装膜、刚性容器、汽车和工业部件[59]。

3.11 增塑剂

3.11.1 增塑剂种类

增塑剂是指添加到聚合物材料中改善其柔性、可延展性和可加工性的物质。增塑剂的特点是降低聚合物的熔融温度、熔体黏度、玻璃化转变温度和弹性模量，而不改变聚合物的化学性质[60]。

在技术上，增塑剂满足几个功能。

增塑剂作为加工助剂，与聚合物发生物理相互作用，并使材料能够“定制”或非常接近特定的性能要求。

商业增塑剂通常以液体的形式提供，黏度范围从低至高，以固体产品提供的形式不常见。

由于许多热塑性塑料需要高的加工温度，因此所用的增塑剂必须具有足够的耐热性，以防止加工过程中变色、分解或挥发速度太快。

聚合物材料在高温下长时间使用时，也要求增塑剂挥发性低。满足低挥发性要求的典型增塑剂有从C10～C13脂族醇以及偏苯三酸酯制备的邻苯二甲酸酯和己二酸酯[61]。

对于受复杂气候影响的制品，不仅要求低挥发性，而且要求耐光、耐水抽提和真菌侵蚀。

寻找增塑剂或增塑剂的组合并不容易，通常必须进行综合考虑。

多层制品例如人造革和薄膜在不利环境下可能发生增塑剂迁移，导致降解，或由于不含增塑剂使层间过黏。在这种情况下，选择聚合物增塑剂可能是正确的。

在许多应用中，可燃性可能是另一个问题。在这种情况下，可使用磷酸酯（例如磷酸三甲苯酯或磷酸三氯乙酯）以及高氯含量的氯化石蜡。这类增塑剂组都是有刺激性的，当通过皮肤摄入或吸收时可能引起健康问题。因此，在处理这类增塑剂时必须有足够的保护。

对暴露于低温（通常低于40℃或40°F）的极性聚合物（如PVC、丙烯腈及其共聚物）制成的产品，特殊的增塑剂例如邻苯二甲酸二丁酯、邻苯二甲酸二辛酯和己二酸二辛酯是合适的。低温脆性随着增塑剂用量的增加而降低。对于不同的聚合物，增塑剂的用量也不同，增塑剂用量可高达聚合物的45%[62]。

现有许多类型的增塑剂，每种类型的增塑剂与特定类型的聚合物具有相容性。

增塑剂可以按以下方式分类[63]：

① 邻苯二甲酸酯；

② 磷酸酯；

③ 己二酸、壬二酸和癸二酸酯；

④ 柠檬酸酯；

⑤ 偏苯三酸酯；

⑥ 卤代烃；

⑦ 烃（脂族、环烷和芳族）；

⑧ 苯甲酸酯；

⑨ 脂肪酸酯（油酸酯、硬脂酸酯、蓖麻醇酸酯）、季戊四醇；

⑩ 脂肪酯（环氧化）；

⑪ 聚酯（聚合物增塑剂）；

⑫ 聚合物（缩聚物）。

3.11.2 增塑剂的混合方法

增塑聚氯乙烯化合物、塑料溶胶需要相对大量的增塑剂。它们可以在行星式混合器、密炼机和溶解装置中制备。实际上所有的热塑性塑料和弹性体可以在间歇式和连续式混合器中，与增塑剂和其他配料混合。特种或敏感性胶料是小批量制备，通常在开炼机上混合。增塑剂可以液体形式或分散在载体的形式（干混物）加入。

3.12 其他添加剂

其他专用添加剂在某些聚合物应用中具有不同的功能，包括抗微生物剂、荧光增白剂和聚氯乙烯稳定剂。

抗微生物剂是天然或合成的，主要是杀死或抑制病毒、细菌或真菌（即酵母和霉菌）生长的低分子量物质。

除了医疗装置例如导管之外，抗病毒活性对于聚合物加工工业是次要的。主要兴趣是控制细菌和真菌生长的抗微生物剂。根据靶生物体，该活性被描述为抑菌（抑制细菌的生长）或抑真菌的（抑制真菌的生长）。相反，杀死细菌或真菌的活性被称为杀菌或杀真菌活性。每种抗微生物物质具有特定的活性谱，对微生物质敏感[64]。

塑料材料由于微生物攻击而劣化的表现为：

① 染色；

② 电性能，特别是绝缘性能的劣化；

③ 力学性能劣化；

④ 增强污垢吸收；

⑤ 气味。

有关该主题的详细报道和商业抗菌剂的综合说明见参考文献［64］。

荧光增白剂具有改善或掩盖塑料初始颜色的主要效果，通常略带淡黄色。此外，荧光增白剂可以使某些制品产生亮白色，或增加有色和黑色着色制品的亮度。

许多热塑性塑料吸收自然日光的蓝色光谱范围内的光，因此被称为“蓝色缺陷”，或多或少会引起明显黄色外观。有三个基本方法来补偿它，即漂白、补偿蓝色和增加反射[65]。

只有少数已知类型的荧光增白剂具有增白塑料和纤维所需的性能，即双苯酮噁酮、苯基香豆素和双-(苯乙烯基)联苯[65]。

PVC 热稳定性低是公认的。尽管这样，通过添加特定的热稳定剂，还是可以在高温下加工聚氯乙烯及其共混物。当聚氯乙烯在高温下加工时，由于脱氯化氢作用降解，脱氯化氢实质是大分子的断链和交联。游离氯化氢（HCl）放出，树脂变色，然后树脂物理和化学性质发生重要变化。这种降解可以通过添加稳定剂来控制。热稳定剂必须防止脱氯化氢反应，因为脱氯化氢反应是降解的主要过程。

目前，市售的用于聚氯乙烯的热稳定剂种类有：

① 烷基锡稳定剂；

② 混合金属稳定剂（钾、钙、钡、镉）；

③ 有机亚磷酸酯；

④ β-二酮稳定剂；

⑤ 环氧化脂肪酸酯稳定剂；

⑥ 有机锡硫醇盐和有机锡硫化物；

⑦ 铅稳定剂；

⑧ 非金属稳定剂。

该主题的详细讨论见参考文献［66］。

3.13 添加剂的选择

要根据其功能选择添加剂，不仅考虑添加剂赋予胶料的预期性能，而且还要考虑添加剂可能对其他性能以及对整个胶料整体加工性能的影响。

热塑性树脂添加剂种类很多，其性能常常会重叠[3]。

矿物填料越来越多地采用表面处理以改善它们与聚合物基体的结合，改善最终产品的力学性能，并在混合期间改善混合。

一些颜料（例如二氧化钛、炭黑或氧化锌）可对 UV 辐射进行屏蔽。

润滑剂可以增塑胶料，但也可以充当脱模剂，在一些情况下，还会在产品使用期间增加抗静电性能[3]。

目前的趋势是使用多功能添加剂或混合体系，或利用两种或更多种添加剂之间的协同效应。这种发展趋势在紫外光稳定和阻燃技术的开发中是很明显的[3]。

添加剂的形式（液体、粉末、糊状物、颗粒）和微观结构是很重要的，因为这可能对混合过程，特别是各配料加入到混合物中的先后顺序有影响。

在选择和使用配料时，健康、卫生和对环境的影响都是非常重要的（见第3.14节）。

3.14 健康、卫生和安全

在人类与化学品接触的所有情况下，都必须考虑健康风险。这当然也适用于任何聚合物材料的添加剂。在添加剂使用期间，以下各阶段是非常重要的[1]：

① 生产；

② 加入添加剂以及将聚合物材料加工成其最终用途；

③ 使用成品；

④ 废旧物品的处置。

适用于本章的阶段是添加剂的选择、处理以及在胶料中的掺入。然而，也必须考虑个别添加剂在成品的使用和废弃期间对健康、卫生和环境的影响。

添加剂制造商有义务通过发布特定文件，例如材料安全数据表（MSDS）来评估其产品在储存、处理和制造过程中对健康和环境的影响，这些资料必须与材料一起提供，包括实验室样品。

由于不同的添加剂具有不同分子结构，其各自的生物活性可以从无活性至高活性，或无毒至有毒。与食品接触、制药装置和包装、玩具、饮用水管道等对添加剂有具体的规定，详细讨论超出了本章的范围，本书只强调基本原则。

在生产设施中的产品处理需要特别注意，重点是避免可能对人类的有害污染。这种可能性通常存在于填充装置、辊筒或其他包装等要打开和清空的地方。

当处理固体添加剂时，最安全的方法是将其储存在料仓中并使用单组分计量装置。但实际上，该系统没有预期的灵活，因为配量系统必须单独地调整到每个组分的固体流动性能。

聚合物、颜料和其他添加剂的粒料形式对于这种处理和称重系统是最好的，因为基本上消除了粉尘。如果有粉尘，必须使用适当的保护装置，例如面罩或呼吸器。

液体添加剂，特别是有毒添加剂和挥发性溶剂是主要危害。有毒添加剂可能导致健康问题，挥发性溶剂可能是可燃的、有毒的或二者兼有。某些溶剂，如己烷和庚烷，可能会引起爆炸。许多液体物质可能对皮肤、眼睛和呼吸系统有害。这里再次强调需要有足够的保护，例如手套、护目镜、面罩、呼吸器或防护服。

操作运输传送、混合和加工设备是导致受伤或在极端情况下导致死亡的另一种危险。要采取合理的预防措施，包括安全培训，尽量减少或消除这种危险。

一般来说，在使用爆炸性溶剂的地方，良好的管理、通风、照明、防爆开关，以及使用警告标志、地板和墙壁标记可以减少或完全消除许多危害。

紧急淋浴和用于冲洗眼睛的淋浴装置是保障安全和良好卫生的其他重要设备。

这一主题的更详细的报道见参考文献［1］的第22章和参考文献［3］的第21章。

参考文献

[1] Zweifel H, editor. Plastics additive handbook. 5th ed. Munich: Hanser Publishers; 2001.
[2] Gächter R, Müller H, editors. Plastics additive handbook. 2nd ed. Munich: Hanser Publishers; 1987.
[3] Murphy J. Additives for plastics, handbook. Oxford (UK): Elsevier Science, Ltd; 1996.
[4] Schwarzenbach K, Gilg B, Müller D, Knobloch G, Pauquet J-R, Rota-Graziosi P. In: Zweifel H, editor. Plastics additive handbook. 5th ed. Munich: Hanser Publishers; 2001. p. 1.
[5] Schwarzenbach K. In: Gächter R, Müller H, editors. Plastics additive handbook. 2nd ed. Munich: Hanser Publishers; 1987. p. 18.
[6] Maier C, Calafut T. Polypropylene: the definitive users guide and handbook. Norwich (NY): Plastics Design Library/William Andrew Publishing; 1998. p. 27.
[7] Maier C, Calafut T. Polypropylene: the definitive users guide and handbook. Norwich (NY): Plastics Design Library/William Andrew Publishing; 1998. p. 28.
[8] Gugumus F. In: Gächter R, Müller H, editors. Plastics additive handbook. 2nd ed. Munich: Hanser Publishers; 1987. p. 102.
[9] Maier C, Calafut T. Polypropylene: the definitive users guide and handbook. Norwich (NY): Plastics Design Library/William Andrew Publishing; 1998. p. 30.
[10] Gugumus F. In: Zweifel H, editor. Plastics additive handbook. 5th ed. Munich: Hanser Publishers; 2001. p. 141.
[11] Maier C, Calafut T. Polypropylene: the definitive users guide and handbook. Norwich (NY): Plastics Design Library/William Andrew Publishing; 1998. p. 32.
[12] Maier C, Calafut T. Polypropylene: the definitive users guide and handbook. Norwich (NY): Plastics Design Library/William Andrew Publishing; 1998. p. 33.
[13] Light stabilizers for polyolefins, Technical Report A-349B7M92, Ciba Geigy Corporation, 1992.
[14] Maier C, Calafut T. Polypropylene: the definitive users guide and handbook. Norwich (NY): Plastics Design Library/William Andrew Publishing; 1998. p. 34.
[15] Gugumus F. In: Zweifel H, editor. Plastics additive handbook. 5th ed. Munich: Hanser Publishers; 2001. p. 239.
[16] Jansen J. In: Gächter R, Müller H, editors. Plastics additive handbook. 3rd ed. Munich: Hanser Publishers; 1990. p. 102 [chapter 18].
[17] Kurja J, Mehl N. In: Zweifel H, editor. Plastics additive handbook. 5th ed. Munich: Hanser Publishers; 2001. p. 946 [chapter 18].
[18] Maier C, Calafut T. Polypropylene: the definitive users guide and handbook. Norwich (NY): Plastics Design Library/William Andrew Publishing; 1998. p. 34.
[19] Jansen J. In: Gächter R, Müller H, editors. Plastics additive handbook. 2nd ed. Munich: Hanser Publishers; 1987. p. 674 [chapter 17].
[20] Ranken PF. In: Zweifel H, editor. Plastics additive handbook. 5th ed. Munich: Hanser Publishers; 2001 [chapter 14].
[21] Huber M. A paper at the Falmouth Associates International Conference on the Global Outlook for Environmentally Friendly Flame Retardant Systems, St. Louis, Missouri, December 1990.
[22] Ranken PF. In: Zweifel H, editor. Plastics additive handbook. 5th ed. Munich: Hanser Publishers; 2001. p. 683 [chapter 14].
[23] Maier C, Calafut T. Polypropylene: the definitive users guide and handbook. Norwich, NY: Plastics Design Library/William Andrew Publishing; 1998. p. 37.
[24] Gilman JW, et al. Paper on the 6th European Meeting on Fire Retardancy of Polymeric Materials, Lille, France, September 1997.
[25] Betts KS. New thinking on flame retardants. Environ Health Perspect 2010;118(5):A210e3.
[26] Ranken PF. In: Zweifel H, editor. Plastics additive handbook. 5th ed. Munich: Hanser Publishers; 2001. p. 695 [chapter 14].
[27] Maier C, Calafut T. Polypropylene: the definitive users guide and handbook. Norwich (NY): Plastics Design Library/

William Andrew Publishing; 1998. p. 38.

[28] Ranken PF. In: Zweifel H, editor. Plastics additive handbook. 5th ed. Munich: Hanser Publishers; 2001. p. 690 [chapter 14].

[29] Fundamentals of physics, reference book. John Wiley & Sons; 1981. ISBN: 0-471-03363-4.

[30] Herrmann E, Damm W. In: Gächter R, Müller H, editors. Plastics additive handbook. 2nd ed. Munich: Hanser Publishers; 1987. p. 475.

[31] Maier C, Calafut T. Polypropylene: the definitive users guide and handbook. Norwich (NY): Plastics Design Library/William Andrew Publishing; 1998. p. 40.

[32] Scherrer R. In: Zweifel H, editor. Plastics additive handbook. 5th ed. Munich: Hanser Publishers; 2001. p. 826.

[33] Scherrer R. In: Zweifel H, editor. Plastics additive handbook. 5th ed. Munich: Hanser Publishers; 2001. p. 835.

[34] Maier C, Calafut T. Polypropylene: the definitive users guide and handbook. Norwich (NY): Plastics Design Library/William Andrew Publishing; 1998. p. 42.

[35] Maier C, Calafut T. Polypropylene: the definitive users guide and handbook. Norwich (NY): Plastics Design Library/William Andrew Publishing; 1998. p. 43.

[36] Maier C, Calafut T. Polypropylene: the definitive users guide and handbook. Norwich (NY): Plastics Design Library/William Andrew Publishing; 1998. p. 44.

[37] Fink HW. In: Gächter R, Müller H, editors. Plastics additive handbook. 2nd ed. Munich: Hanser Publishers; 1987. p. 567.

[38] Maier C, Calafut T. Polypropylene: the definitive users guide and handbook. Norwich (NY): Plastics Design Library/William Andrew Publishing; 1998. p. 45.

[39] Wylin F. In: Zweifel H, editor. Plastics additive handbook. 5th ed. Munich: Hanser Publishers; 2001. p. 627.

[40] Amos SE, Giacoletto GM, Horns JH, Lavallée C, Woods SS. In: Zweifel H, editor. Plastics additive handbook. 5th ed. Munich: Hanser Publishers; 2001. p. 553.

[41] Amos SE, Giacoletto GM, Horns JH, Lavallée C, Woods SS. In: Zweifel H, editor. Plastics additive handbook. 5th ed. Munich: Hanser Publishers; 2001. p. 557.

[42] Hohenberger W. In: Zweifel H, editor. Plastics additive handbook. 5th ed. Munich: Hanser Publishers; 2001. p. 901 [chapter 14].

[43] Maier C, Calafut T. Polypropylene: the definitive users guide and handbook. Norwich (NY): Plastics Design Library/William Andrew Publishing; 1998. p. 49.

[44] Hohenberger W. In: Zweifel H, editor. Plastics additive handbook. 5th ed. Munich: Hanser Publishers; 2001. p. 902 [chapter 14].

[45] Hohenberger W. In: Zweifel H, editor. Plastics additive handbook. 5th ed. Munich: Hanser Publishers; 2001. p. 921 [chapter 14].

[46] Hohenberger W. In: Zweifel H, editor. Plastics additive handbook. 5th ed. Munich: Hanser Publishers; 2001. p. 909 [chapter 14].

[47] Hohenberger W. In: Zweifel H, editor. Plastics additive handbook. 5th ed. Munich: Hanser Publishers; 2001. p. 910 [chapter 14].

[48] Hohenberger W. In: Zweifel H, editor. Plastics additive handbook. 5th ed. Munich: Hanser Publishers; 2001. p. 916 [chapter 14].

[49] Bosshard AW, Schlumpf HP. In: Gächter R, Müller H, editors. Plastics additive handbook. 2nd ed. Munich: Hanser Publishers; 1987. p. 424.

[50] Bosshard AW, Schlumpf HP. In: Gächter R, Müller H, editors. Plastics additive handbook. 2nd ed. Munich: Hanser Publishers; 1987. p. 425.

[51] Hohenberger W. In: Zweifel H, editor. Plastics additive handbook. 5th ed. Munich: Hanser Publishers; 2001. p. 927 [chapter 14].

[52] Hohenberger W. In: Zweifel H, editor. Plastics additive handbook. 5th ed. Munich: Hanser Publishers; 2001. p. 928 [chapter 14].

[53] Hohenberger W. In: Zweifel H, editor. Plastics additive handbook. 5th ed. Munich: Hanser Publishers; 2001. p. 929 [chapter 14].
[54] Bosshard AW, Schlumpf HP. In: Gächter R, Müller H, editors. Plastics additive handbook. 2nd ed. Munich: Hanser Publishers; 1987. p. 422.
[55] Maier C, Calafut T. Polypropylene: the definitive users guide and handbook. Norwich (NY): Plastics Design Library/ William Andrew Publishing; 1998. p. 54.
[56] Maier C, Calafut T. Polypropylene: the definitive users guide and handbook. Norwich (NY): Plastics Design Library/ William Andrew Publishing; 1998. p. 55.
[57] Poole CP, Owens FJ. Introduction to nanotechnology. New York: John Wiley & Sons; 2003 [chapter 1].
[58] Hohenberger W. In: Zweifel H, editor. Plastics additive handbook. 5th ed. Munich: Hanser Publishers; 2001. p. 935 [chapter 14].
[59] Nanocor, Technical Report, Nanocor Inc. , Arlington Heights, IL, www. nanocor. com/nanocomposites. asp.
[60] ASTM D833, Part 27, p. 381.
[61] Sommer W. In: Gächter R, Müller H, editors. Plastics additive handbook. 2nd ed. Munich: Hanser Publishers; 1987. p. 254.
[62] Sommer W. In: Gächter R, Müller H, editors. Plastics additive handbook. 2nd ed. Munich: Hanser Publishers; 1987. p. 266.
[63] Sommer W. In: Gächter R, Müller H, editors. Plastics additive handbook. 2nd ed. Munich: Hanser Publishers; 1987. p. 288.
[64] Ochs D. In: Zweifel H, editor. Plastics additive handbook. 5th ed. Munich: Hanser Publishers; 2001 [chapter 11].
[65] Oertli AG. In: Zweifel H, editor. Plastics additive handbook. 5th ed. Munich: Hanser Publishers; 2001. p. 935 [chapter 16].
[66] Bocolagulu R, Fisch MH, Kaufhold J, Sander HJ. In: Zweifel H, editor. Plastics additive handbook. 5th ed. Munich: Hanser Publishers; 2001 [chapter 3].

第4章　热塑性弹性体加工方法

4.1 概述

聚合材料有多种形式，可以是不同硬度的固体、液体，可以在溶液中或作为胶乳、悬浮液分散在水中。

一些聚合物无需处理，没有改性直接用于生产制品。一些聚合物需要改性、溶解、共混或混合，以便获得令人满意的加工性能和使用性能。

热塑性树脂通常是在熔融状态下成型为所需形状和尺寸。这种方法通常称为熔融加工方法。

大多数热塑性树脂没有交联，这意味着它们可以再熔融和再成型。因此，生产废料或用过的零件可以再次利用，至少可以作为原始材料的部分替代品。

热塑性弹性体（TPEs）通常是可以采用塑料的熔融加工方法进行加工的材料。

以下章节将详细描述热塑性材料产品的加工方法。

由于热塑性弹性体的种类很多，仅部分热塑性材料的加工方法适用于热塑性弹性体。另外，有一些技术专门用于热塑性弹性体。个别热塑性弹性体的具体加工方法和条件以及相关细节将在相应章节中讨论。

4.1.1　性能对加工的影响

4.1.1.1　流动性能

热塑性弹性体如任何其他热塑性材料一样，几乎都是通过高温下熔融材料的流动，进行熔融加工形成制品。注塑、吹塑、挤出和旋转模塑都是熔融加工的实例。

最广泛使用的熔融加工方法及其优缺点列于表4.1。要成功用好这些加工方法，有必要理解熔融流动。

材料流动包括聚合物流动的研究被称为“流变学”。热塑性熔体的流变学是复杂的，非常依赖于温度和剪切速率。这意味着熔体黏度（流动容易或困难的特性）在熔融条件下变化很大。热塑性树脂流动的两个关键是其行为是非牛顿的，而且黏度非常高。这些特性是由材料的长聚合物链分子结构决定的。实际上需要相当大的力来使塑料熔体流入模具或通过口模。这就是为什么塑料加工机械和模具必须非常坚固，而且昂贵。

与混合有关的流动行为在第4.2.1.2节中讨论。

为了理解和控制熔融过程，有必要定义熔融黏度随温度和剪切速率变化的方式。剪切速率是熔体通过机筒或口模的速度的量度。

简单的流体如水具有恒定的黏度值，而与剪切速率无关，这种行为称为牛顿行为，其中流体可以完全由单一常数——黏度来描述。相反，在恒定温度下，塑料熔体的黏度随着剪切速率的变化而显著变化，这是非牛顿行为，没有唯一黏度值。这种熔体的黏度值与测定时的剪切速率相关，严格地说，它应该称为表观黏度，虽然这条件通常是假设的，而不是明确规定的。

重要的是：如果要使黏度真正用于指导材料的生产过程，黏度的测量就应该选择与材料生产过程的剪切速率大约相同的条件（见表 4.2）。可惜，最流行和广泛使用的熔体黏度的测量方法——熔体流动速率（MFR）或熔体流动指数（MFI）并不是这样。

熔体流动速率试验是在低剪切速率下进行的，因此熔体流动速率数值对于中等至低剪切速率的加工方法如吹塑和热成型不准确，而对于注射成型就更不准确。

熔体流动速率（MFR）数值是在特定条件下流出口模的聚合物熔体的质量，因此 MFR 值越高，熔体黏度越低，材料越容易流动。

即使在不切实际的低剪切速率下测量熔体流动速率值，似乎该测试会准确地对不同材料进行排序，以比较不同材料的流动性。遗憾的是，由于材料和等级不同，对剪切的依赖程度也不同，因此还不能保证准确地对不同材料的流动性进行排序。

熔体流动速率测试之所以能继续使用的主要原因是惯例，事实上它便宜而且容易执行[1]。

表 4.1 热塑性聚合物的成型技术和挤出技术的比较

加工技术	优点	缺点
注射成型	形状和尺寸控制最精确，过程高度自动化，循环快，材料选择范围广	投资成本高，只适合大量生产的零部件，模具压力大（通常为 140MPa 或 20305psi）
模压成型	模具压力较低（通常为 7MPa 或 1015psi），对增强纤维（复合材料）伤害最小，有可能成型大部件	需要更多劳动力，周期比注塑成型长，形状的灵活性比注塑成型少；每次要手工填料
传递模塑成型	有利于封装金属部件和电子电路	每个部件都带一些废边，每次要手工填料
吹塑成型	可制作中空部件（如瓶子），拉伸作用改善力学性能，循环快，需要劳动力少	无法直接控制部件壁厚，不能高精度模制小细节，要求聚合物熔体强度高
旋转成型和旋转衬里	用于防碎裂的实验室用具，不会污染样品；从小到非常大的器皿、阀衬、伸缩软管，具有复杂几何形状的物品，容器	加工过程缓慢，需要劳动力，涉及许多移动部件，需要大量的清洁和表面处理
挤出	用于薄膜、片材、包装或连续的长部件（如管、电线和电缆绝缘）	必须冷却到其玻璃化转变温度之下以保持稳定

注：摘自 Ebnesajjad S. Fluoroplastics，volume 2，Melt processible fluoropolymers：the definitive user's guide and databook. Norwich（NY）：Plastics Design Library；2003。

表 4.2 加工过程剪切速率范围

加工过程	典型加工剪切速率/s^{-1}
注射成型（见第 4.4 节）	1000～10000
挤出（见第 4.3 节）	100～1000
传递模塑成型（见第 4.6 节）	1～100
滚塑成型和旋转衬里（见第 4.8 节）	<100
模压成型（见第 4.5 节）	<1
吹塑成型（见第 4.7 节）	—

注：摘自 Maier C，Calafut T. Polypropylene：the definitive user's guide and databook. Norwich（NY）William Andrew Publishing；1998。

可以使用高剪切流变仪进行更可靠的黏度测量。材料测试在类似于挤出成型或注射成型过程所经历的剪切速率下进行，因此获得的数值与加工条件有直接关系（图 4.1）。即使这样，描述流动行为也不是一件简单的事情。

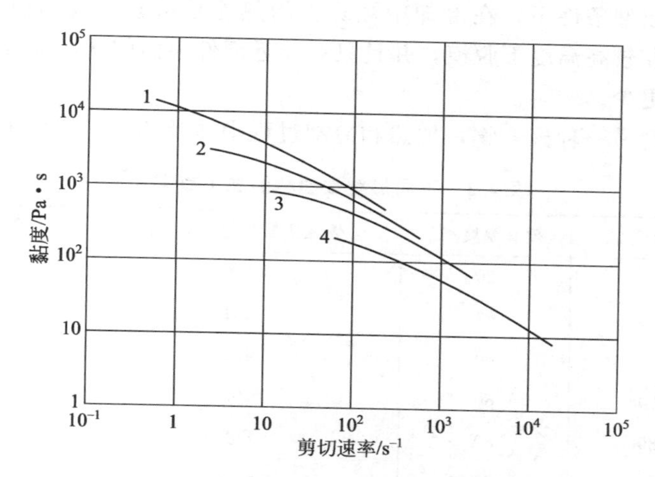

图 4.1　在 260℃下的聚丙烯黏度曲线

1—吹塑成型级（MFR＝0.4）；2—压延膜级（MFR ＝ 1.1）；
3—嵌段共聚物模压成型级（MFR＝5.0）；4—薄壁成型级（MFR＝19.0）

人们已经开发了许多黏度模型来描述流动行为，尽管详细的讨论超出了本书的范围，但是也要简单了解其中一些模型，因为它们常被用在过程模拟计算机程序中。这些程序可预测产品的效果以及控制参数对最终产品的影响。

最简单的版本称为幂律（Power law）模型。更复杂和更准确的模型是根据幂律的更高版本、Carreau 模型、Cross 模型或 Ellis 模型改良的。

对应于这些模型的流动数据仍然没有广泛公布，但通常可以从材料供应商那获得。流动模拟软件开发人员保存了范围很宽的塑料流动数据库，但这些数据库不能自由访问[1]。

随着 Campus 的发展，情况有所改善。Campus 是包括流变数据在内的免费行业标准材料数据库（www.campusplastics.com）。

其他类型的流动测量有时是可用的，但是普及程度似乎正在下降。

螺旋流动方法试图将流动信息直接关联到注射成型过程，它采用工业成型设备和测试模具进行测试，在长的流动通道布置成螺旋形。其缺点是不同压机和模具之间的重现性很低。热塑性材料的螺旋流动特性可以简单地由规定的温度、压力和流动速率下所观察到的流动长度来表征。但是流动长度测量特定于测试条件，不能外推到其他情况。然而，因为该测试是在常用的加工剪切速率下进行的，所以它可将各种材料在测试条件下的流动难易程度进行排序。另一个缺点是螺旋流动方法测试相当困难，而且耗时。

4.1.1.2　热性能

热塑性树脂的熔融加工是首先将材料加热到可使其流动的温度，然后降温冷却，直至成型的制品稳定。

温度是成型过程的主要能量需求，并且影响熔融加工的效率和经济性。

人们普遍认为热塑性树脂难以加热，甚至难以冷却，热塑性弹性体尤其如此。这种感觉是合理的，热性能的研究表明了为什么会这样。

系统的热能或热含量与材料的质量、比热容和温度变化有关，这些量通常称为焓。

熔化热塑性树脂的热能与其熔融温度和室温之差成正比。

理论上，模压成型条件下，在冷却中被除去的热能是熔融温度与模具温度之差。实际上，部件通常可以在较高温度下脱模，并且只有靠近部件表面的区域需要冷却到该温度，因此排出的热量明显更少。

从一种聚合物到另一种聚合物，加热和冷却过程中涉及的热能变化很大（表 4.3）。

表 4.3　不同热塑性塑料的加工热需求

聚合物	熔融温度/℃	模具温度/℃	熔融所需热量/(kJ/kg)	冷却排出热量/(kJ/kg)
聚苯乙烯	200	20	310	310
ABS	240	60	451	369
PMMA	260	60	456	380
尼龙 6	250	80	703	520
尼龙 66	280	80	800	615
聚丙烯	260	20	670	670
HDPE	260	20	810	810

注：1. 摘自：Maier C，Calafut T. Polypropylene：the definitive user's guide and databook. Norwich（NY）：William Andrew Publishing；1998。

2. ABS—丙烯腈-丁二烯-苯乙烯共聚物；PMMA—聚甲基丙烯酸甲酯；HDPE—高密度聚乙烯。

另一个考虑因素是无定形塑料与半结晶塑料的根本区别。对于半结晶塑料，熔融所需的热量包括用于熔融结晶结构的额外热量，这被称为晶体结构的熔化潜热。例如，聚丙烯具有670J/g 或 570kJ/kg 的熔化热，是聚苯乙烯熔化热的两倍以上，并且比熔融温度高得多的材料如聚碳酸酯（PC）、聚苯醚（PPO）和聚醚砜（PES）的能量需求明显大得多。

对 PP 和 HDPE 的冷却要求甚至更高。这些热特性与加工有直接关系。这意味着聚丙烯模具的冷却效率必须比大多数其他塑料高得多。

这种对热量和冷却效率的需求经常被忽略，导致模具芯孔和销过热。

塑料的比热容和热导率随温度变化很大。塑料的密度也随温度变化很大。这些变化没有列于性能数据表中，并且不被塑料加工厂家广泛认可。

目前，仍然难以获得关于塑料在熔融状态下的热性能的信息，即使这些信息对于塑料加工过程计算是非常重要的。

焓对温度作图的曲线显示了焓随温度变化的程度，在无定形材料与半结晶材料之间也有明显的区别[2]。半结晶聚合物的焓曲线显示明显的突变性或“拐点”。在该点处，焓的快速增大对应于结晶熔融的潜热。无定形材料的曲线没有显示这种突变性。

焓曲线给出了当加热或冷却塑料材料时，要被添加或去除的近似热能的直接数据。这些数据应该被更广泛地发布。

表 4.4 给出了热塑性树脂熔体热性能的指导值。

实际上，密度、比热容和热导率是与温度相关的变量。对于无定形聚合物，结晶熔融潜热为零。冻结温度是材料变成固体的温度。

无流动温度是在流动计算中引入的一个有用的概念，以补偿在接近凝固的低温下的黏度模型的缺点。事实上，在此温度下，不完全冻结的聚合物的黏度是不稳定的。

补强剂和填料倾向于降低聚丙烯的比热容和焓，但效果不是很大[2]。

如果没有补强等级的数据，使用基本等级的数据比较合理，但安全系数较小。

表 4.4　热塑性塑料的近似热熔融特性

聚合物	熔融密度/(g/cm³)	熔融比热容/[kJ/(kg·K)]	熔体热导率/[W/(m·K)]	无流动温度/℃	冻结温度/℃	结晶熔融潜热/℃
聚苯乙烯	0.88	1.8	0.13	130	95	0
ABS	0.89	2.1	0.15	140	105	0
PMMA	1.01	2.0	0.15	140	110	0
尼龙 6	0.95	2.7	0.12	220	215	200
尼龙 66	0.97	2.7	0.13	250	240	250
聚丙烯	0.85	2.7	0.19	140	120	235
LDPE	0.79	3.2	0.28	110	98	180
HDPE	0.81	3.3	0.29	120	100	190

注：1. 摘自：Maier C，Calafut T. Polypropylene：the definitive user's guide and databook. Norwich（NY）：William Andrew Publishing；1998。

2. ABS—丙烯腈-丁二烯-苯乙烯共聚物；PMMA—聚甲基丙烯酸甲酯；LDPE—低密度聚乙烯；HDPE—高密度聚乙烯。

4.1.1.3　收缩和翘曲

收缩和翘曲是熔体加工的复杂后果。对于半结晶塑料如聚丙烯，情况特别复杂。结晶区域的收缩比周围无定形区域更大，因此半结晶材料的收缩程度通常比无定形材料更大和更可变。

塑料熔体是可压缩的，特别是在注射成型和挤出的高压下。基本性质是压力、体积和温度之间的关系。

描述材料的这种关系的测量结果称为 PVT 数据，并且通常以 PVT 图的形式表示。

聚丙烯 PVT 图（图 4.2）显示了对应于结晶熔融区域的突变性或“拐点”。相比之下，无定形材料的 PVT 图显示对应于玻璃化转变温度的那一点斜率的简单变化。

PVT 曲线清楚地表明，熔融加工发生的收缩不仅仅与热膨胀和收缩有关，而且还与熔体的可压缩性有关。在实践中，这种关系是复杂的，因为工艺条件将决定熔体压缩的程度。此外，工艺条件在整个部件中不可能是均匀的。例如，聚丙烯收缩率与材料的结晶度有关，因此与冷却速率有关。

较大的结晶度导致较高的收缩率，并且导致在流动方向上的收缩与垂直于流动方向的收缩有更大的差异。差异效应是长链分子的黏弹性质的另一个结果。

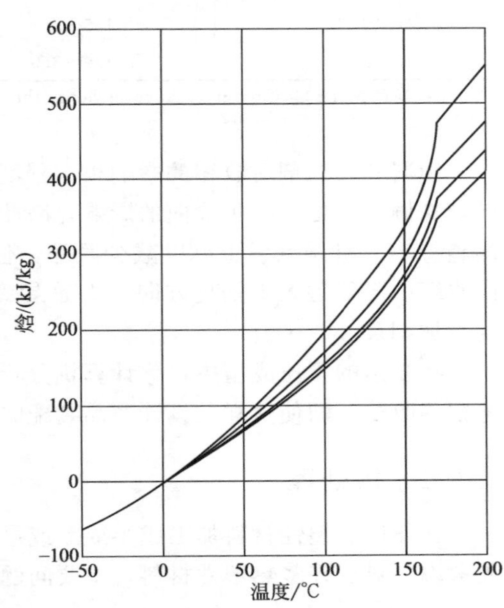

图 4.2　在加热过程中测量的聚丙烯均聚物的 PVT 图的实例

在流动过程中，分子在流动方向以有限的程度排列，拉伸的程度与剪切速率成比例。在冷却时，拉伸得到部分恢复，产生较高的收缩值。这种效果在分子量分布宽的材料中更明显。

正是收缩的差异造成了翘曲，翘曲是指在冷却期间和冷却之后，部件发生的变形。

另一个困难是在一段时间内发生收缩。在注射成型过程中，较大部分收缩发生在制品从模具脱模后，而且收缩很明显，且收缩会持续 24h 以上。在此期间，进一步结晶和内应力松弛导致尺寸发生较小的变化。

此后，进一步的尺寸变化发生得非常缓慢，但是效果取决于温度，并且如果部件暴露于升高的温度下，则尺寸变化会更快。

所有这些问题表明，不能简单和精确地描述收缩。提高黏度、控制流变性或采用非成核类型的聚合物可以最大限度地降低收缩。使用分子量分布窄的材料，特别是可控流变的材料，可以限制翘曲。

虽然收缩是体积现象，但收缩率通常表示为线性量，以百分比或者线性比表示（例如 mm/mm），见表 4.5。

表 4.5 不同热塑性塑料的近似收缩范围

聚合物	收缩率/%	收缩/(mm/mm)	范围/%
SAN	0.4～0.6	0.004～0.006	0.2
ABS	0.4～0.7	0.004～0.007	0.3
聚苯乙烯	0.4～0.7	0.004～0.007	0.3
PVC-U	0.4～0.8	0.004～0.008	0.4
PET	1.6～2.0	0.016～0.020	0.4
PMMA	0.3～0.8	0.003～0.008	0.5
尼龙 6	0.2～1.2	0.002～0.012	1.0
尼龙 66	0.8～2.0	0.008～0.020	1.2
聚丙烯	1.2～2.5	0.012～0.025	1.3
HDPE	1.5～3.0	0.015～0.030	1.5
LDPE	1.0～3.0	0.010～0.030	2.0

注：摘自 Maier C，Calafut T. Polypropylene：the definitive user's guide and databook. Norwich (NY)：William Andrew Publishing；1998。

填料和补强剂对收缩的影响很大程度上取决于添加剂的物理形状。颗粒填料如滑石粉或玻璃珠倾向于抵消分子取向的影响，因此不仅减少收缩，而且减少收缩差异，因此降低翘曲的趋势[3]。纤维增强也可以减少收缩，但因为在流动过程中纤维变得部分取向，在流动方向收缩的降低远大于垂直方向[3]。这导致收缩差异的增大，增加翘曲趋势与补强材料的刚度增加相反。

在复杂的模压成型中，除计算机分析之外，流动形式的变化难以通过任何其他手段准确地预测收缩。即使这样，设计产品装配时，允许一定程度的变形和误差是明智的。

4.1.2 预处理

在任何热塑性材料加工成半成品或最终产品之前，不论采用任何方法，一些事项需要事先考虑。对于许多热塑性材料，主要问题是与干燥和着色有关。

4.1.2.1 干燥

大多数热塑性弹性体的吸水倾向低，在加工前通常不需要干燥。如果存在任何潮湿，其将作为水冷凝或吸附在聚合物表面上。例如，如果材料从相对较冷的仓库移动到加工车间温暖和潮湿的环境中，则会发生这种情况。因为影响完全是表面的，所以可通过常规干燥器容易地除去水分，但是最好注意储存条件以避免潮湿。

一些热塑性弹性体倾向于吸收水分，它们需要彻底干燥（参见各自材料的加工细节）。简单的料斗干燥器通常足以从颗粒中除去表面水分。

然而，如果材料是粉末状，则问题将更严重，这是因为大大增加了吸附的表面积。粉末状材料可能构成爆炸危险，不应该在用于干燥颗粒的常规设备中干燥。相反，要避免发生危险，应在稳定的温度下将生产商干燥的粉末储存在密封容器中。

4.1.2.2 着色

大多数热塑性弹性体基本上是无色的材料，从乳白色到接近透明，这取决于热塑性弹性体的结构和类型。这意味着加入合适的染料或颜料可以将这些热塑性弹性体着色至几乎任何色调。

最终着色的质量主要取决于着色剂在整个熔体中是否均匀和完全分散，生产商采用各种处理手段来实现这一目标。

着色可以大致分为加工过程着色和预处理着色。预处理着色涉及在成型处理之前进行独立的着色处理。预处理着色能获得非常好的着色结果，但是相对昂贵并且增加了材料的热应变。加工过程着色方法正如其名称所暗示的，是在加工过程中以整体进行着色。这些方法（注塑、吹塑、挤出）涉及使用挤出机螺杆作为熔体塑化器，在此情况下，挤出机螺杆的作用是将着色剂分散在整个熔体中。

加工螺杆并非专门为着色设计的，不能针对着色进行优化。相反，设备设计人员必须综合考虑，使生产的螺杆和机筒能够很好地用于一系列聚合物，同时在生产能力、传热、混合、压力和成本的矛盾要求之间进行合理的平衡。

工艺条件也必须是最好的分散和最好的物理产品之间的平衡。因此，加工过程着色的主要考虑如何实现着色剂的均匀分布以及分散的重复性。

改善着色剂混合可以添加筛网组件或分流器喷嘴，但是代价是压力下降更大以及生产量可能减少。从正面考虑，加工过程着色方法没有给材料增加额外的热应变，并且设备、能量和时间实际上都不受约束。加工商也不需要拥有大量着色材料的库存，并且可以快速应对不断变化的需求和规格。

最常见的加工过程着色方法是使用色母料和液体颜料或干色料。加工厂家得到的彩色混合聚合物已经以标准颜色着色或定制的颜色着色。

热塑性弹性体制造商采用专业混合机生产这些材料，或者在熔融过程加入颜料，通常是使用挤出机或螺杆混合机的连续法。也可以在密炼机或辊磨机中进行间歇加工，但对于热塑性树脂不方便，混合也不均匀。

颜色混合过程最后是造粒，获得的着色粒料或颗粒准备用于注塑、挤出和其他成型工艺。

混合设备可以针对混合进行优化，使着色剂均匀地分散在整个材料中。现有的专业颜色配方和颜色测量设备，使人们可以获得一致和高质量的产品，但是还有一些缺点。

某些热塑性弹性体在熔融温度下易于氧化，因此必须稳定以减少氧化。由于增加了熔融操作，颜色混合过程增加了热应变，或者人们所称的材料的热历史。增加了操作也增加了额外的成本，但是获得的效率部分抵消了成本。有必要限制标准颜色范围，并且定制颜色的最小订购量可能要提高。

加工厂家完全可以像使用普通的热塑性弹性体一样使用颜色混合材料。因为颜色分散已经完成，因此工艺条件和设备不需要考虑这方面。如果胶料已经过质量检查，则可以认为成品的色调是没有问题的。

当从普通材料变化到颜色混合材料时，可能需要对工艺参数进行小的调节，但是颜色添加剂对聚合物基体的流变学和热效应的影响很小。

色母料或母料结合了预处理和在加工过程着色的一些优点。色母料是以预处理方式加工的、着色剂含量非常高的热塑性树脂。将少量色母料加入到普通（未着色的）聚合物中，塑化螺杆的任务是将色母料混合并分布在整个聚合物中。这对工艺的要求相对不那么苛刻，因为分散的主要任务已经在色母料的制造期间完成。因此，即使是相对低效的混炼机，颜色也没有聚结形成的机会。

稀释程度即添加的色母料与待着色的聚合物的比例，也称为稀释比。色母料制造厂家的目标是获得尽可能大的稀释比，但是受到转化设备的混合效率和色母料配混的可行性的限制。

目前，色母料是着色聚丙烯最广泛使用的方法。加工厂家仅需要简单的计量设备来控制稀释比，而且增加的热应变可忽略不计。

缺点是，用于生产色母料的载体聚合物对加工和成品的性能可能有一定的影响。这是因为用于聚丙烯色母料的载体聚合物不太可能具有与被着色的聚合物完全相同的特性。事实上，载体聚合物可能是聚乙烯而不是聚丙烯。如果稀释比保持较大，那么这影响通常是微不足道的。

4.2 混合和共混

在许多情况下，用于生产热塑性树脂产品的材料未经处理就可以使用。然而，其中一些材料需要进行预处理，加入其他成分以获得特定的加工特性、物理机械性能，然后再进一步加工。该过程通常称为配混，实质上是通过共混或混合制备均匀的混合物。

制备均匀混合物的方法取决于各组分的性质。如果所有组分都是固体，则它们在混炼机中使用桨、螺杆、螺旋叶片或螺旋桨共混，并且该方法称为干混。如果它们都是液体，则使用某种螺旋桨通过简单搅拌来进行混合。如果在混合物中有液体和固体组分，则混合方法的选择取决于体积最大的组分。虽然在聚合物加工中所有上述混合和共混方法都有使用，但以下部分的主要焦点将在于聚合物熔体。

在许多情况下，聚合物固体在熔融阶段进行共混或混合。通常，在混合过程中加入各种添加剂，例如粉末、蜡、树脂、颜料、补强剂、液体或固体增塑剂、抗降解剂、着色剂或其他特殊化学品。

在熔融阶段的混合需要专门的设备，例如间歇式混炼机或连续式混炼机，并且消耗大量能量。最终混合物通常称为胶料或混炼胶，可以是颗粒状、片状、板状或条状，这取决于制造过程中下一步的需求。

在将不同的材料组合在一起以形成混合物时，有两个主要问题值得关注：其一是如何生产均匀的混合物。混合过程中，混合物各组成均匀性要通过分布混合来实现；其二是尽可能使配料精细和均匀分散。在混合过程中分散相尺寸的减少被描述为分散混合。

混合过程另一个要考虑的问题是被混合的物质是否完全相容、部分相容或完全不相容。混合的物质可以全部是液体（例如熔融聚合物）或液体与颗粒的组合，即固体与液体混合。

如果混合物是液体，重要的是知道相对黏度（或黏度比）以及各相之间的界面张力[4]。

4.2.1　混合的基本概念

4.2.1.1　熔融

固体聚合物在加热时会发生熔融，转变为流体。许多聚合物具有结晶分子结构，因此具有明显的熔点（结晶熔点，通常表示为 T_m）。“橡胶状”且无结晶的材料称为无定形材料。当这些聚合物熔融时，它们从玻璃态到熔融态的转变发生在玻璃化转变温度（T_g）。由于该转变是逐渐的，所以玻璃化转变温度的精确值可能不总是能很好确定。

一些聚合物是半结晶的即部分结晶的和部分无定形的，并且不显示明显的熔融温度。

4.2.1.2　与混合有关的流变学和流动

流变学通常是涉及流体流动的科学学科。聚合物流体（主要是熔体）的流变性相当复杂，因为这些材料表现出许多与其分子结构有关的不寻常的特征。聚合物通常是黏弹性的，这意味着它们表现出黏性和弹性两种特征。当聚合物流体稍微移位然后去除作用在其上的所有的力时，流体稍微流回但不完全流回，这些特征显而易见。材料的弹性是其缩回到其原始尺寸的能力。如果没有表现出弹性，则流体是完全黏稠的。

纯弹性材料（虎克弹性）以这样的方式表现，其变形与所施加的应力成正比，即遵循虎克定律。可以给流体的流动施加剪切力或拉伸力。把流体放置在两块平行板之间，其中一块板比另一块板移动得更快时会施加剪切力。当流体从孔口落下并且变细到较小的直径时，会发生纯拉伸流动。

量度流体变形（即其形状或运动的变化）的量是剪切应变。牛顿流体显示出剪切速率（其流动的量度）对施加的剪切应力的线性依赖关系。因此，牛顿流体的剪切应力对剪切速率（称为流动曲线）作图呈线性关系，直线通过原点并具有一定的斜率。斜率表示其流动阻力，即黏度（参见图 4.3）。

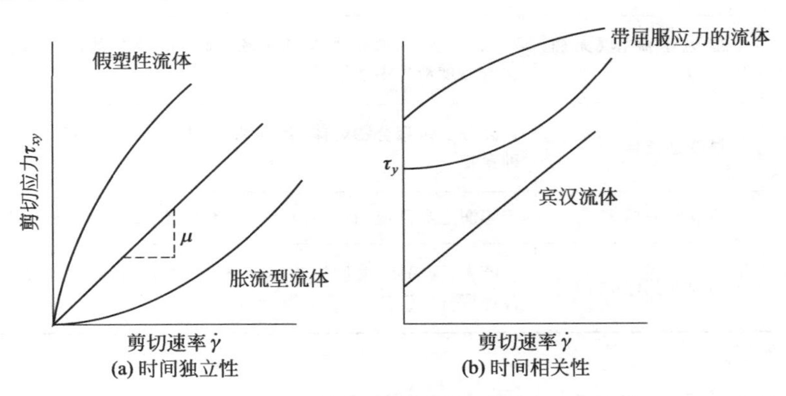

图 4.3　非牛顿流体的流动曲线

非牛顿流体大致分为时间独立性流体、时间相关性流体和黏弹性流体[5]。时间独立性非牛顿流体在任何点的剪切速率只是瞬时剪切应力的函数（见图 4.3）。时间相关性非牛顿流体的剪切速率取决于施加的剪切的幅度和持续时间。该种流体还显示剪切速率与连续施加的剪切应力之间的时间间隔的关系（图 4.4）。

黏弹性流体显示在移除变形剪切应力时部分塑性恢复的行为。

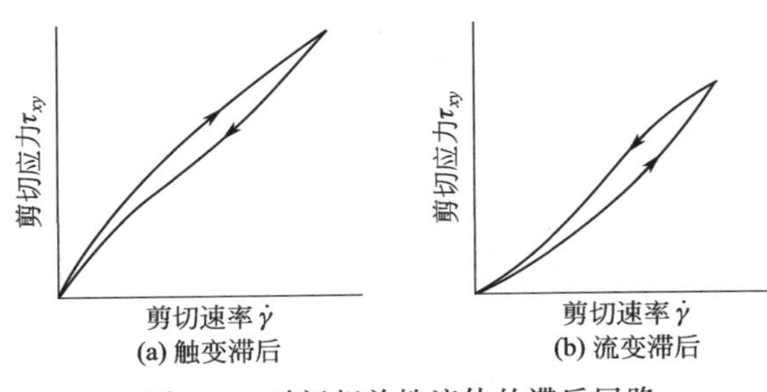

图 4.4 时间相关性流体的滞后回路

时间相关性非牛顿流体可以表现为屈服应力，表示为 τ_y，可以被认为是发生变形必须要超过的最小应力值。这种流体的流动曲线如图 4.3（b）所示。图 4.3（b）显示了理想化的时间相关性流体，其通常被称为宾汉流体。

许多工业上的流体状材料可以被描述为假塑性的。假塑性流体的流动曲线如图 4.3（a）所示。假塑性流体的表观黏度随着剪切速率的增加而降低，并且这样的流体被称为剪切变稀流体。

胀流型流体是时间独立性流体，随着剪切速率增加表观黏度增大。胀流型流体的流动曲线也显示在图 4.3（a）中。

时间相关性的非牛顿流体可以分类为触变性流体和流变性流体。

在恒定剪切速率下，触变性流体的剪切应力随时间可逆降低［图 4.4（a）］。

流变性流体有时被称为抗触变流体，因为它们在等温条件和恒定剪切速率下表现出剪切应力随时间的可逆增加，见图 4.4（b）[4]。

非牛顿流体的实例见表 4.6。

表 4.6 非牛顿流体的例子

流体类型		例子
时间独立性流体	具有屈服应力的流体	各种塑性熔体、油、水中的砂悬浮液、蛋黄酱、起酥油、油脂、牙膏、肥皂、洗涤剂浆、纸浆
	假塑性流体（无屈服应力）	橡胶溶液、胶黏剂、聚合物溶液和熔体、淀粉悬浮液、乙酸纤维素、蛋黄酱、涂料、各种生物流体
	胀流型流体（无屈服应力）	二氧化钛的水分散体、玉米粉/糖溶液、水中的阿拉伯胶、湿海滩沙、悬浮在低黏度液体中的铁粉
时间相关性流体	触变性流体	高分子量聚合物熔体、各种油脂、人造黄油、起酥油、印刷油墨、涂料、各种食物
	流变性液体	膨润土悬浮液、石膏悬浮液、各种油、油酸胺的稀释悬浮液
	黏弹性流体	沥青、面粉团、凝固汽油、各种胶冻、聚合物和聚合物熔体（例如聚酰胺）、各种聚合物溶液

注：见参考文献［5］。

聚合物熔体被迫通过圆形开口（例如通过挤出口模）时，流出料的直径通常比开口的直径大得多。

虽然有时可能发生收缩，但是在这种情况下，大多数聚合物熔体会膨胀，有时膨胀会高达 8 倍[6]。这种现象称为压出膨胀。

在聚合物的熔融混合过程中，混合设备中的流动可以由拉伸（拉伸流动）或正位移引起。虽然其中一个或另一个可能占主导地位，但通常两者同时发生[5]。

拉伸流动最简单的形式是一块板在另一块板上滑动，而聚合物在这两块板中间[7]。

如果没有压力，速率分布曲线是直线，则称为纯拉伸流动。如果压力迫使熔体在相同方向或在其流动的相反方向上移动，则速率分布曲线是弯曲的[7]。如果用机械方法从熔体中取走一小块熔体包，速率分布曲线会发生正位移。在带两根啮合螺杆的混合设备中可能形成这样的熔体包。因此聚合物被迫沿着螺杆轴线运动[7]。

4.2.1.3　停留时间

停留时间是进料流中任意选择的小体积元素在混合设备内消耗的时间。通常，为了有效地混合，必须知道整个停留时间分布。可以在混合白色材料的时候，将几颗黑色颗粒放入混炼机中粗略估计。起初在出口没有变化，但之后材料变黑，最终再变白。如果黑色的强度与黑色着色剂的浓度成正比，则该密集度可以作为时间的函数作图，提供停留时间分布的信息[8]。

4.2.1.4　比机械能

混合聚合物所需的能量通常由所需的混合量决定。

尽管期望更好混合，但是聚合物在高温下可以耐受的暴露时间是有限制的。

如果知道最佳混合需要多少能量，就可以决定混炼机和传动装置的大小以及设备运行时的能量消耗[9]。

为了比较不同的混合机械，并以此扩大规模，使用比机械能（SME）的概念。比机械能实际上是由特定设备混合的每单位质量聚合物的驱动能量消耗。能量消耗通常通过测量通过电动机的电流（I）（安培）来确定。

对于直流电动机，功率（P）用公式（4.1）计算，单位是瓦特。

$$P = IV \tag{4.1}$$

式中，I 为以安培为单位的电流；V 为以伏特为单位的电压。

将功率除以质量流率 $\dot{m}_{\mathrm{r}}$（kg/h）并乘以电动机效率 η，获得比机械能（SME）。

$$\mathrm{SME} = \eta P / \dot{m}_{\mathrm{r}} = \eta VI / \dot{m}_{\mathrm{r}} \tag{4.2}$$

对于直流（DC）和交流（AC）传动装置，转矩与施加在传动装置上的电流成正比。转矩乘以转速可以计算功率[9]。

4.2.2　聚合物共混物

新型商品聚合物的开发已经减少，人们更多关注聚合物共混物，利用性能的协同作用来满足新的应用需求[10]。事实上，在使用纯聚合物之前已有开发商业共混物，因为早期的聚合物不能提供所需要的性能[10]。

最近的统计数据表明，共混物占所有聚合物的 30%以上，年增长率估计为 9%[11]。但只有少数聚合物是可混溶的，即相互溶解的。相容性的量度通常是两种材料之间的界面张力的大小。理论上，当界面张力为零时，两种材料彼此溶解。在热力学意义上，随着界面张力增加，两种材料彼此越来越不相容和不混容。

不同聚合物熔体对的界面张力值的实例见表 4.7。已发现两种均聚物熔体之间的界面张力主要由结构单元的极性差异决定。极性差越大，界面张力越大。因此，从表 4.7 可见，在聚合物熔体中，聚乙烯与聚酰胺 6 之间的界面张力最大[12]。

表 4.7 不同聚合物熔体对的界面张力值

聚合物熔体对	熔融温度/℃	界面张力/(mN/m)
聚乙烯-聚丙烯	—	1.2
聚乙烯-聚苯乙烯	180	4.1
	290	4.0～5.0
聚乙烯-聚砜	290	6.5～7.0
聚乙烯-聚苯硫醚	290	7.2～7.9
聚乙烯-聚甲基丙烯酸甲酯	180	9.0
聚乙烯-聚对苯二甲酸乙二醇酯	290	9.2～9.4
聚乙烯-聚碳酸酯	290	12.5～13.0
聚乙烯-聚酰胺 6	290	12.8～13.2
聚丙烯-聚苯乙烯	220	5.8
	250	3.7
聚苯乙烯-聚甲基丙烯酸甲酯	180	1.2

注：见参考文献 [4]。

在混合过程中，不混溶聚合物形成相分离。如果仅由两种不混溶的聚合物共混，则可能在最终产物中形成液滴[11]。当两种聚合物的相对体积接近，可能形成共连续形态而不是液滴。在聚合物共混物中，相共连续性可以提供性能的最佳平衡。如果需要阻隔性能时，可以选择层状结构[11]。

在共混的早期阶段，分散相的聚合物被剪切成片，通过形成圆柱形或孔穴而逐渐破碎。然后，孔穴逐渐增大直到它们聚集，材料从片状成为带状和不规则碎片[13]。进一步流动，这些碎片可能变成液滴，并可能进一步分裂成更小的液滴。这些液滴又可能最终聚结成更大的液滴。液滴聚结和破裂之间的动态互换可能发生，经过足够长的时间后，将建立平衡[14]。

确定液滴尺寸的主要因素是其表面张力，其不仅取决于液滴内聚合物的性质，而且取决于液滴周围材料的性质[15]。界面张力基本上是将液滴保持在一起的力。同时，液滴存在于混合设备内的熔体流中，受到黏性力的作用，黏性力要将液滴拉开。两个力的比率称为韦伯数。如果液滴处于韦伯数大于某一临界值的条件下，则液滴将破碎。该临界值与分散相和基质的黏度比有关[16]。当两种聚合物的黏度一致时，分散颗粒的直径显示最小值[16]。

界面张力的降低通常导致混合材料分散相的粒子更小并且物理性能更好。通常，在聚合物共混物中使用相容剂来改善聚合物之间的相容性，加入相容剂主要是降低界面张力。相容剂具有与液体体系（例如油/水混合物）中的表面活性剂类似的效果。这些试剂不赋予热力学相容性，但会使聚合物以单一分子混合的均相存在[17]。相容剂会将自身锚定在两个聚合物的界面上。相容剂分子的链段可分别溶于两相。相容剂具有嵌段或接枝结构[18～20]，嵌段相容剂被认为比接枝结构更有效率。然而，出于成本原因，更常用的是接枝增容剂。

4.2.3 混合设备

混合设备用于制备浓度梯度最小，即具有高均匀性的材料。在一些情况下，涉及热产生或转移的过程中，可能伴随着热梯度的降低。

如前所述，适用于给定体系的混合设备的设计，取决于要混合的组分的物理性质。非牛顿流体材料的混合基本上是通过机械装置来进行，它将各成分混合并强烈搅拌。常见的装置是曲拐叶片式搅拌器、开炼机、锚式搅拌器、离心盘式混炼机等。如果需要相对短的周期，间歇式混合通常是合适的[21]。

浓浆和聚合物熔体需要重型机械才能获得令人满意的混合。这样的材料可以在间歇式或连续式操作中混合。

间歇式混合过程常在混合装置的封闭容器中进行。在混合过程中，混合物的性能可能发生显著变化，并且材料在混合周期结束时完全排出。

连续式混合操作要求各组分连续装料和卸料。在入口处，组分的浓度存在急剧变化。当适当地执行操作时，连续混合会将这些变化减小到期望的最小值。连续式混合的主要优点是它提供了一个稳定的过程。此外，连续式混合的功率消耗比间歇式混合更低并且更稳定。连续式混合的混合时间比间歇式混合长，这是它的主要缺点[21]。

4.2.3.1　间歇式混炼机

间歇式混炼机是最古老的和最简单的混炼机，并且如前所述，混合发生在单个隔离的容积内，不同的相通过旋转搅拌器或转子实现均匀分散。

有些橡胶与塑料的共混仍然在这样的混炼机中进行。间歇式混炼机可以分为通向大气的设备（例如开炼机）和具有密封混合室的设备［例如本伯里（Banbury）密炼机］。

（1）开炼机

开炼机是最简单的间歇式混合设备。开炼机设计有两个水平的辊筒，通常辊筒尺寸相同、并排布置，并且以不同的速度相对转动。

两个辊筒的圆周速度的比率，称为摩擦比，范围为 1～2，通常在 1.2 左右。较高的摩擦比导致在材料处理中产生更高的热。

摩擦、速度和辊筒的尺寸影响材料的冷却及对其处理的强度。根据处理材料的性质及其所需的温度，辊筒可以通过使用循环冷却水或合适的加热介质在内部冷却或加热。

基本混合操作如图 4.5 所示。材料以团、颗粒、块状或粉末的形式加入两辊筒之间。作为旋转、黏附和摩擦的结果，材料被拖入两辊筒之间的辊距中，并且在排料时，依赖辊筒之间的温度差和速度，黏附到其中一个辊筒上。

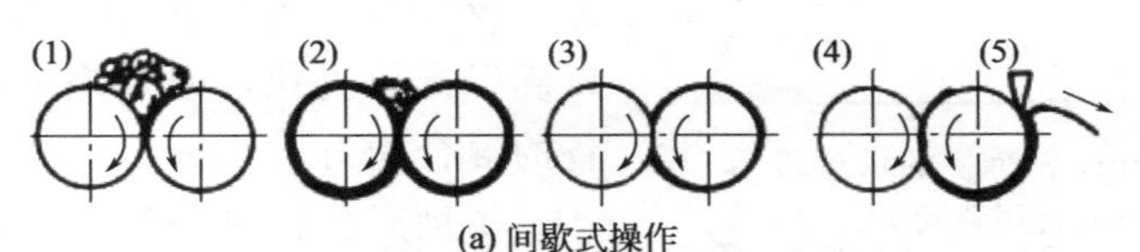

(a) 间歇式操作
(1) 装料；(2) 捏炼；(3) 捏炼结束；(4) 物料剪切；(5) 刀

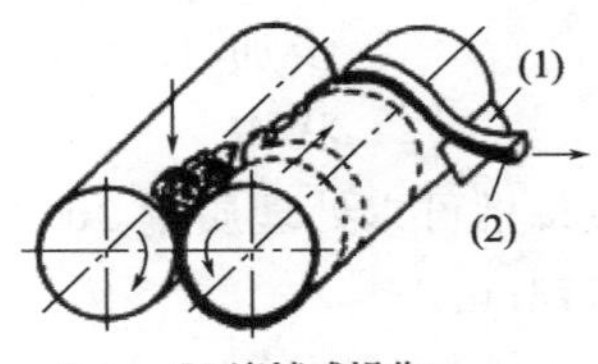

(b) 连续式操作
(1) 刀；(2) 连续移去材料

图 4.5　开炼机的操作

另一个因素是两辊筒之间的辊距。在间歇式混合中，加入的材料在两辊筒之间的辊距通过几次，并且混合作用是由于两辊筒的不同速度。在混合过程以及通过设备输送材料的过程中，剪切作用以及将材料拖入到辊筒间距中非常重要。辊筒之间的间距可以通过螺杆机构来调节。在开炼机操作过程中，对辊筒上的片材（“毯子”）切割、折叠和滚压，可以增加各组分的均匀性。如果要加入的添加剂为粉末、液体或糊状，则将它们加在辊筒之间形成的滚动“堆积胶”中。

开炼机也用作加热准备，用于压延或挤出的材料。在这种情况下，温热的材料通常被切成条连续进料到压延机或挤出机中。开炼机的另一个用途是冷却从间歇式密炼机排出的块状材料。然后以胶条的形式传送到压延机或挤出机，或作为胶片从辊筒上下片。

开炼机混合的详尽的理论分析见参考文献［22］和［23］。

德国的 Werner&Pfleiderer 公司已经开发和制造了具有开放式混炼室的双转子混炼机。

(2) 密炼机

密炼机通常有两个转子，转子封闭在混炼室中。最广泛使用的设计之一是如图 4.6 所示的本伯里（Banbury）密炼机。在该设计中，两转子 1 以稍微不同的速度相对转动。每个转子的表面有叶片，它沿着转子的长度呈螺旋状延伸。每个转子是空心的，可以通水或适当的加热剂进行冷却或加热。

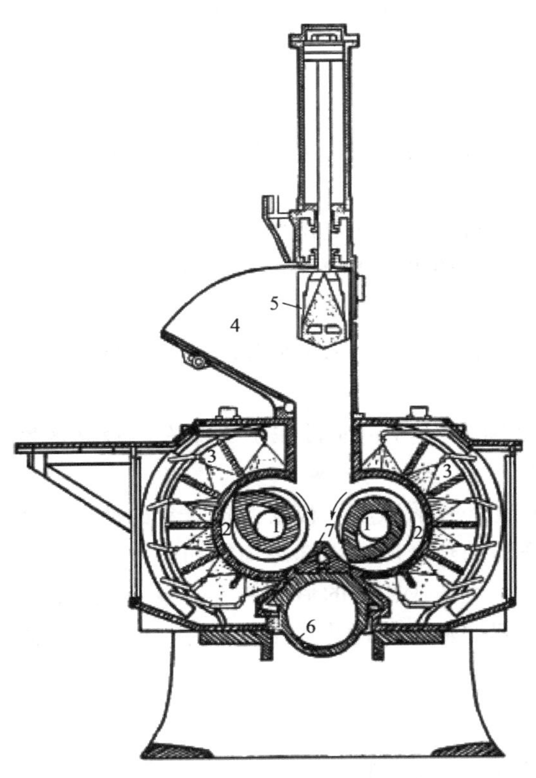

图 4.6　Banbury 密炼机的示意图
(经 Farrel 公司许可)
1—转子；2—混合室；3—喷雾器；
4—进料斗；5—上顶栓；
6—滑动排出机构；7— 下顶栓

图 4.7 是本伯里设计中广泛使用的双凸棱转子的示例。密炼机的混合室 2 也可以通过喷雾器 3 冷却或加热。待混合的材料通过进料斗 4 进入混炼室。上顶栓 5 由压缩空气操作，并且停靠在进料的顶部上，用于将材料限制在混炼空间并对材料施加压力。已混炼材料通过图中所示的滑动排出机构 6 排出。下顶栓 7 位于两转子中间并与滑动机构连接，下顶栓从转子下面滑动拉开，留出排料口，胶料从排料口排出。

较新的设备使用吊门来排放混合的胶料，以确保排放更快，通过缩短混合周期增加了设备的混合能力。

每批混合料总是卸到开炼机或大型单螺杆或双螺杆挤出机中部分冷却，并将其转成进一步加工所需的形状，例如片材、颗粒或块状物。

这类设计的密炼机的生产规模每批可以处理质量 1000lb (450kg) 以上，电动机为 4000 马力 (2985kW)，转子直径 29in (74cm)[24]。

混炼循环期间密炼机电机的功率消耗见图 4.8。间歇式密炼机的其他设计包括具有包含单个转子或两个转子的单个混炼室的密炼机。转子可以是独立的、相切的或相互啮合的，并且具有不同的旋转方向（反向旋转和同向旋转）。Banbury 设计的另一些方案在参考文献［25］中有详细讨论。

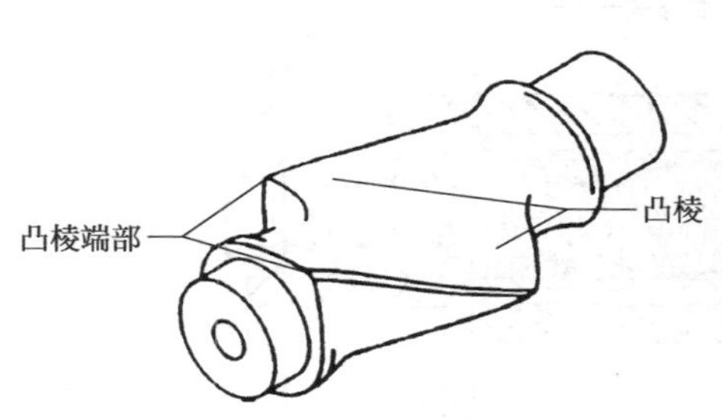

图 4.7　本伯里（Banbury）密炼机的双凸棱转子（经 Farrel 公司许可）

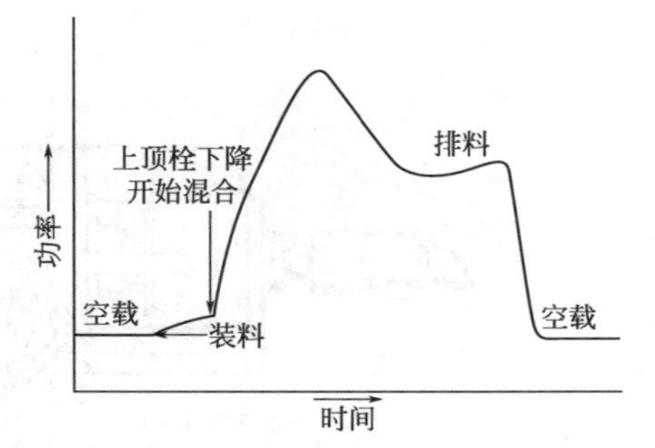

图 4.8　生产周期内密炼机电动机功率消耗（经 Farrel 公司许可）

4.2.3.2　连续混炼机

有许多混合设备是连续操作的。它们主要包括长的圆柱形或矩形柱状钢制的混合室，在混合室中进料器监测加入的各种成分。它们包含一个或多个能够泵送和混合的旋转构件。这种构件通常是螺杆或螺旋形状。

许多连续混合设备特别是单螺杆和双螺杆挤出机是加压设备，它们具有挤出线材的口模，然后将该线材连续切割成粒料。其他连续混合设备在其出口处不加压。实例是由 Buss AG 制造的 KO 式单螺杆连续塑炼机（或捏炼机），各种设备由带螺杆和转子部件的非啮合反向转轴组成。后者的实例是 Farrel 连续混炼机（FCM）以及由 Japan Steel Works，Kobe Steel 以及 Techint Pomini 制造的类似设备。

熔融的胶料通过门或其他连接构件排卸到装有造粒口模的辅助加压螺杆挤出机中[26]。各种连续混炼机的内部运行不同。它们可能包含具有螺杆形状的单个旋转构件和泵送构件，但是具有特殊的混合部分。

Buss AG 的 KO 式单螺杆连续塑炼机（捏炼机）包含一个螺杆构件，它在机筒中旋转和往复运动，机筒内壁上装有混炼销钉[26]。其他设计可能使用同向旋转或反向旋转的组合式螺杆、啮合螺杆或切向螺杆。

这些设备的设计和运行细节的讨论超出了本书范围，更多信息请参见参考文献［27］。

Farrel 连续混炼机（FCM）是一种非啮合式反向旋转设备（图 4.9）。其独有的特征是螺纹与机筒之间的间隙比双螺杆挤出机小得多。这导致螺杆端部与机筒之间的剪切增加[28]。运行中的典型 FCM 的截面图如图 4.10 所示。

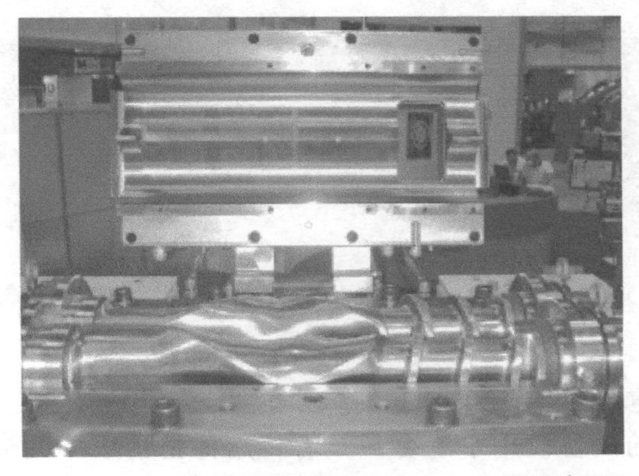

图 4.9　Farrel 连续混炼机（经 Farrel 公司许可）

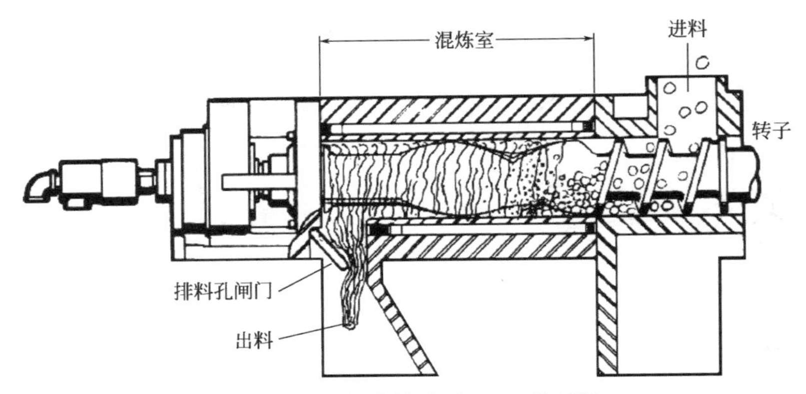

图 4.10　运行中的典型 FCM 截面图

Farrel 连续混炼机最初是为连续混合粉末/粒状橡胶而开发的[29]。

这种混炼机推出市场后应用很少，然而，后来发现它适用于聚烯烃的后聚合加工以及用于混合填料含量高的胶料[30]。

KoKneter，Ko-Kneader 或 Kneader 是由瑞士公司 Buss AG 制造的往复式单螺杆混炼机。这些混炼机的螺杆每旋转一周，就进行一次完整的轴向往复运动。在混合段，螺杆的往复运动使之完全自动摩擦。在设备的机筒壁上，从主进料口到排料口有三排混炼销钉（见图 4.11）。混炼销钉的行间隔开 120°。这些混炼销钉增强了螺杆施加的混合，但也使每个混炼销钉的位置成为通向混炼室的一个口。布斯（Buss）混炼机的尺寸为 46～200mm，适用于加工聚合物和聚合物共混物[31]，一般生产能力范围为 10～6000kg/h。它主要应用于分散分布混合。

专门用于工程塑料的混炼机设计装有电加热和双螺杆侧向进料装置[32]。图 4.12 是典型的 Buss 混炼机。

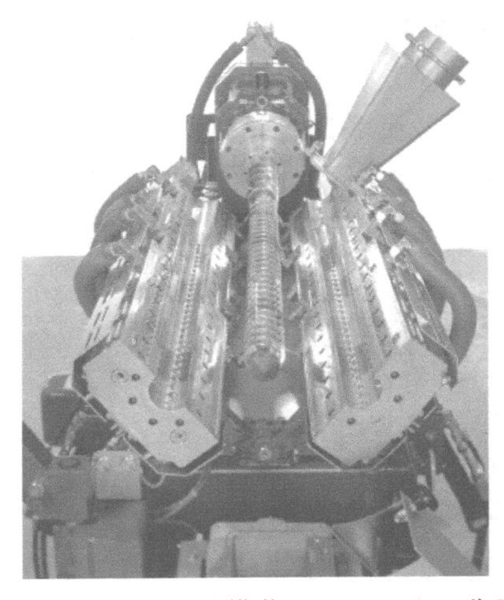

图 4.11　Buss 混炼机的横截面（经 Farrel 公司许可）

图 4.12　Buss 混炼机（经 Buss AG 公司许可）

4.2.3.3　其他混合设备

在前面章节中讨论的设备仅用于混合。具有将熔体挤出成不同形状的功能的其他设备有时也可以用于连续混炼。单螺杆和双螺杆挤出机是具有挤出线材口模的加压设备，如果需要也可以用于连续切割粒料。

(1) 单螺杆挤出机

单螺杆挤出机是最广泛使用的聚合物挤出机。虽然它们作为混炼设备的效果有限，但在许多混炼工序中至少有一台单螺杆挤出机[33]。它们的主要优点是成本相对低，设计简单，坚固以及性价比高。

单螺杆挤出机基本上是一台输送泵，准确、定量地输送高黏度流体如聚合物熔体。

通常的螺杆构造具有 20 个或更多的螺距，其螺距与直径接近，使这窄长设备可以维持和控制纵向温度梯度。较长的停留时间有可能保证物料从头到尾的混炼效果。

除了这种分布混合之外，在螺纹面上的高剪切应力能提供一定程度的分散混合，用于破碎结块，例如颜料、蜡和其他类似的添加剂[34]。

典型的单螺杆挤出机如图 4.13 所示。其主要组成部分如下：

① 机筒和进料段；

② 机筒加热和冷却机构；

③ 机筒和口模温度控制系统；

④ 电动机和传动装置；

⑤ 齿轮箱；

⑥ 止推轴承；

⑦ 进料螺杆。

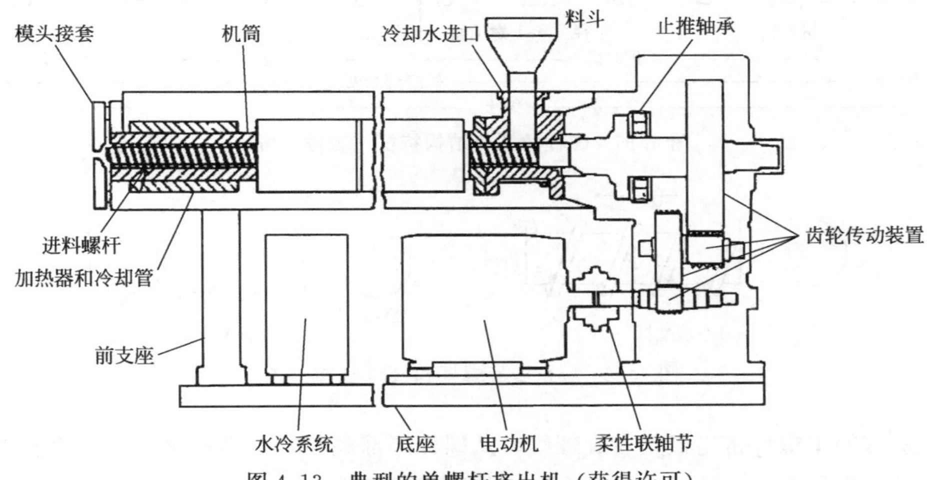

图 4.13 典型的单螺杆挤出机（获得许可）

机筒容纳进料螺杆，并装有加热、冷却和排气的传递介质。它由特殊双层金属的坚固内衬制成，在挤出机运作期间可以耐磨损和耐高压。

机筒内径（D）和机筒长度（L）以及长径比（L/D）是用于表示挤出机尺寸的参数。将进料入口到机筒末端的机筒长度除以机筒直径获得长径比（L/D）。长径比（L/D）与可用的机筒表面积以及材料在挤出机内的停留时间有密切的关系[35]。进料口位于机筒的端部，靠近齿轮箱。待处理的材料从料斗进料，料斗通常用螺栓紧固在进料口上。一般进料口是圆形的并且与螺杆的直径相同[36]。材料在大多数情况下通过重力从进料斗向下流入机筒，并进入在挤出机螺杆和机筒体之间形成的环形空间。

大多数挤出机螺杆有一条金属螺齿绕着圆柱形根部，像大的螺纹。

螺杆各部位的命名如图 4.14 所示。图 4.15 是螺杆的几何结构特征。大多数单螺杆挤出机具有单螺纹螺杆，这意味着螺杆具有单螺旋螺纹。一些螺杆是多螺纹设计的，也就是说，它们具有一个以上螺旋螺纹，通常是两个或三个。当从螺杆的端部观察时，螺杆旋转沿顺时针方向，螺杆螺纹可以是右旋或左旋（参见图 4.16）。

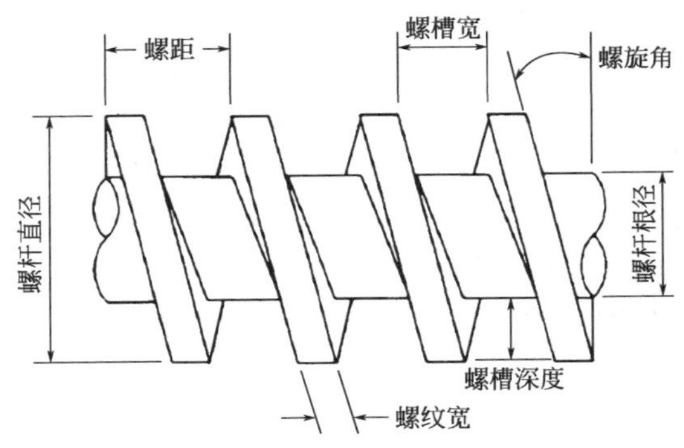

图 4.14 进料螺杆各部位的命名（版权所有：Spirex 公司，1979～2006 年）

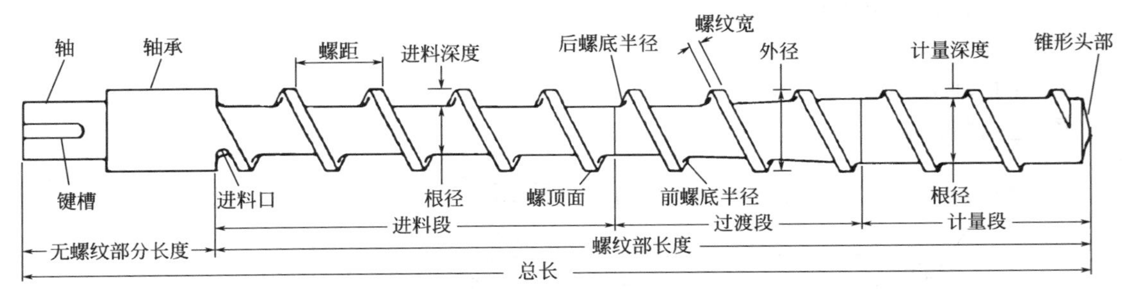

图 4.15 螺杆的几何结构特征（获得许可）

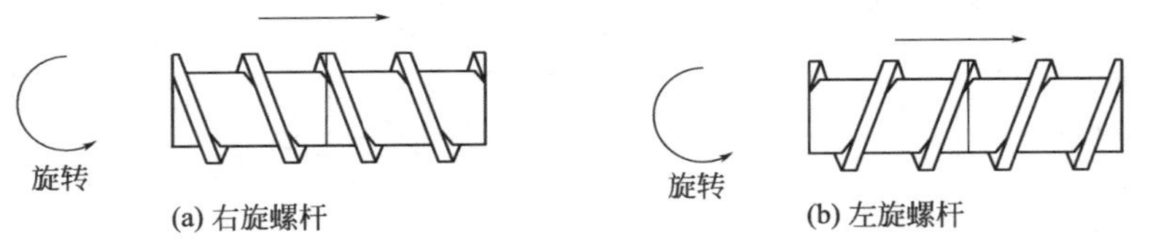

图 4.16 （a）右旋螺杆和（b）左旋螺杆

几乎所有的单螺杆挤出机是右旋螺纹，从螺杆端部观察时是沿顺时针方向旋转[37]。机筒是固定的，螺杆是转动的。结果是摩擦力作用在材料上，使材料向前运动。

产量由进料螺杆的进料量控制。在大多数情况下，加料段螺纹是充满料的。这种情况称为满溢进料。当材料向前移动时，由机筒加热器产生并传导的热量加热材料。当材料超过其熔点时，在机筒表面形成熔体膜。在向前运动过程中，熔融组分的量增加，并且在某个位置全部熔化。

挤出机的最后部分是输送部分，聚合物熔体被加压并送入口模中。

虽然单螺杆挤出机从开始到末端提供一定程度的混合，但是熔体的停留时间仅为 10s 数量级。

另外，特别是在高背压下，单螺杆挤出机作为小规模的分布式混炼机是非常有效的。因此，对于进料含有母料（预混物）的共混物，或者进料经过高速粉末混合器强力混合后的粉末，单螺杆挤出机是有效的混炼装置[38]。

目前已经开发了进料螺杆混合装置，例如混炼销钉、Dulmage 段、Dray 混炼机和 Maddock 混炼机，以克服单螺杆挤出机设计中固有的问题[38]。它们大部分体现了对螺杆进行的各种各样的改良。这些局部螺杆改良的实例见图 4.17。

(2) 用于热塑性树脂和弹性体材料混炼的双螺杆挤出机，有许多不同的设计。实际上，双螺杆挤出机可以分为两种基本设计，即模块式同向双螺杆挤出机和模块式反向双螺杆挤出机。

① 模块式同向双螺杆挤出机　模块式同向双螺杆挤出机已经成为最重要的工业设备，它用于热塑性树脂混合料的连续混合。

双螺杆挤出机也是在第二次世界大战后发展的设备[39]。双螺杆挤出机有两条芯轴，装有各种螺杆元件和混合模块，每个都具有特定功能。这些通常是右旋和左旋螺杆元件、捏炼盘块、分布混合元件、转子和多边形元件以及阀。

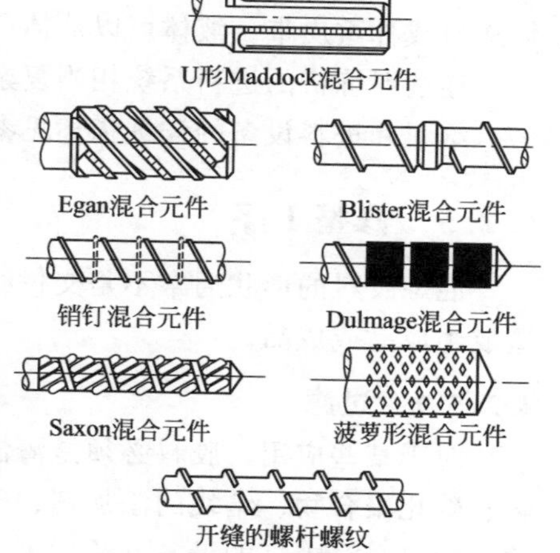

图 4.17　各种局部螺杆改良以增强混合效果

模块式同向双螺杆挤出机广泛用于聚合物的共混以及将填料、着色剂、油和其他添加剂掺入聚合物基料中。

此外，它们用于排除液体（脱挥发分），也用于反应性挤出、聚合和接枝[40]。

模块式同向双螺杆挤出机是用于热塑性聚烯烃（TPO）、热塑性硫化胶（TPV）和苯乙烯-乙烯-丁烯-苯乙烯嵌段共聚物（SEBS）胶料的合适的混合设备。

每种胶料都需要特定的工艺条件。通常，TPV 需要转矩大和停留时间长。高填充 TPO 和 SEBS 的低堆积密度材料需要改善进料，例如采用喂料增强技术（FET）。这种高转矩挤出技术是通过增加材料与机筒壁之间的摩擦系数来提高输送效率，对于难以输送的材料可以提高其在进料/喂料区的通过能力。双螺杆挤出机的这种设计还能够使反应物获得良好的均化，并提供足够大的自由体积，以精确调节反应所需的停留时间[41]。

② 模块式反向双螺杆挤出机　模块式反向旋转双螺杆挤出机用于混合、共混、脱挥发分和反应挤出。有两种类型的挤出机已经工业化，即切向螺杆挤出机和啮合螺杆挤出机[42]。啮合螺杆挤出机已经用于解决混合困难的问题，包括难以分散的着色剂、填料和润滑剂。切向螺杆挤出机使处理后的材料的应力更温和，因此与相互啮合的螺杆设备相比，不太能够破碎难分散的颗粒团聚体。因此，切向螺杆挤出机主要应用于脱挥发分和反应性挤出[43]。

4.2.4 给料和进料设备

散装原材料通常储存在大型储藏室或储罐中。一些液体例如高黏性油需要加热，以便于它们流入进料系统。其他原料例如蜡和某些化学品必须在加入混炼机之前熔化，并且通常储存在加热的罐中。

所有混炼设备必须有一些装置或系统将材料输送到加工工序中。它们的设计取决于设备的类型、加工材料的类型及其物理性质以及流动行为。这种装置或系统被称为进料设备。进料设备有很多类型，例如单螺杆进料器、双螺杆进料器、旋转进料器、带式进料器和振动进料器。

进料器可以按体积（体积进料器）或重量（重量进料器）排放原料。重量进料器需要称重系统和精确可靠的控制。用于间歇式混合的进料系统相对简单。它们可能包括秤、简单的输送带或称重皮带。液体可以从体积进料器或重量进料器直接引入混炼室。

连续混炼机的进料系统相当复杂，通常具有复杂的控制。

给料和进料设备的详细描述见参考文献［44］。

4.2.5 修整工序

混炼胶料的形状通常不是交付给使用者的形状。热塑性材料大多数要减小尺寸以适于制造成半成品或成品。

4.2.5.1 过滤

对于某些应用，胶料必须是清洁的，没有固体污染物，例如颗粒、凝胶、未转化的聚合物、碳化聚合物、结块的添加剂、碎屑（如金属颗粒）、污垢或灰尘。这些必须经过熔体过滤。带有混合螺杆的设备几乎总是有一个内置的过滤器，包括一块滤胶板和一个滤网组合（见图 4.18）。

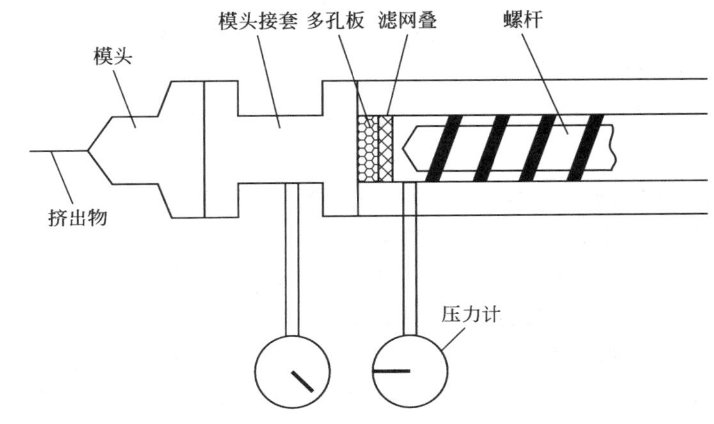

图 4.18　挤出机中筛网组合和滤胶板的位置

为了保持连续的熔体流动，使用不同设计的筛网转换器。筛网转换器的示例见图 4.19。

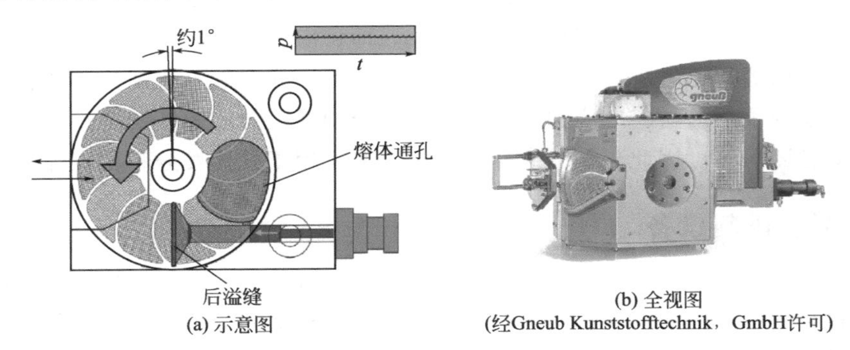

图 4.19　筛网转换器的示例

通过间歇式混炼设备混合的胶料必须在下游设备中清洁，可以是装有上述过滤装置的简单单螺杆挤出机或装有筛网转换器的专用过滤器。

4.2.5.2 尺寸缩小

通常，已混合的胶料可以作为块、条和板从混炼设备中排出。

在一些情况下，胶料的形状和尺寸不适用于生产设备例如注塑机、挤出机、吹塑和旋转模塑设备。为了制备用于下一个生产工序的混合胶料，它们必须减小尺寸。尺寸减小的方法包括造粒、切块和轧碎。造粒和切片所用的工艺和设备列于表4.8中。

表4.8 造粒和切片所用的工艺和设备

骤冷、固化和切割	切割、骤冷和固化
切片机	模面造粒机
线材造粒机	干面造粒机 湿法造粒机 水下造粒机 旋转刀造粒机 离心造粒机

对于混合后或准备重复利用的热塑性胶料，减小尺寸最常见的方法和设备描述如下。

（1）造粒

造粒是用于将热塑性材料（包括聚合物原料和已混合的混合料）尺寸减小的最广泛使用的方法。造粒是通过口模挤出，将挤出物冷却至固化，然后切割成粒料，或者当熔融挤出物从挤出口模排出时将其切割，随后将粒料冷却。在后一种情况下，切割和冷却可以在空气或水中进行，或者切割可以在空气中进行，随后在水中骤冷[45]。

热塑性树脂以熔体而不是固体的形式切割会产生更少的碎屑，刀具的磨损更少[46]。

将产品转化成不同形状和尺寸的粒料的造粒装置经常连接到挤出机或齿轮泵。

颗粒形式与其他形式相比，有几个加工优点。它易于称重，可以使用带有较少进料器的简单进料系统，能均匀自由流动进料，有利于随后的使用。

要采用何种切割方法通常取决于产品黏度、热应变、均匀性、所需产量和其他因素。

以下是热塑性树脂最广泛使用的造粒机。

线材造粒机是过去最广泛使用的热塑性聚合物和混合料造粒的设备[47]。目前的趋势是使用水下造粒机。线材从挤出机或齿轮泵的口模出来，被传送并通过带有凹槽辊的冷却水浴，凹槽辊使线材隔开直到它们固化。然后将线材空气干燥并送进到夹辊中，多刀片转子紧靠着固定刀片旋转切割线材。颗粒的横截面可以是圆形、椭圆形或接近正方形[48]，一般直径为2～4mm，长度为1～5mm。

参考文献［49］详细讨论了几种冷却和干燥粒料的方法。

图4.20是线材造粒机的示意图。模面造粒机是通过在多孔模板上快速旋转的刀片切割线材来生产颗粒。颗粒在空气以及水雾中冷却，或随后浸入水浴中冷却[50]。热模面造粒机的示意图见图4.21。

干式偏心造粒机具有一个偏心安装的多臂切割器，转速高达2500r/min。

对于黏度范围宽，并要求产量高、颗粒尺寸范围大的材料，水下造粒机可能是最适用的设备。水下造粒机的模面和旋转刀具完全浸入水中运作。所产生的颗粒悬浮在水中被带走，运输中进一步冷却，然后到脱水、筛选和干燥设备[51]。

水下造粒机头的一个实例见图4.22（a）。切割刀细节如图4.22（b）所示。

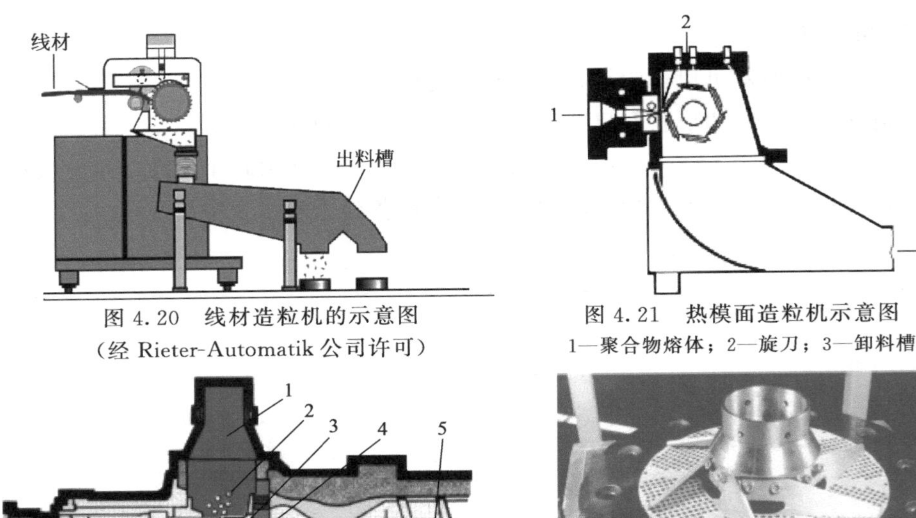

图 4.20 线材造粒机的示意图
（经 Rieter-Automatik 公司许可）

图 4.21 热模面造粒机示意图
1—聚合物熔体；2—旋刀；3—卸料槽

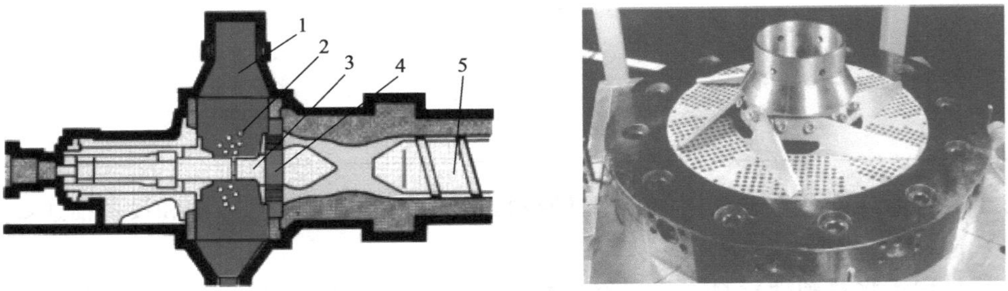

(a)

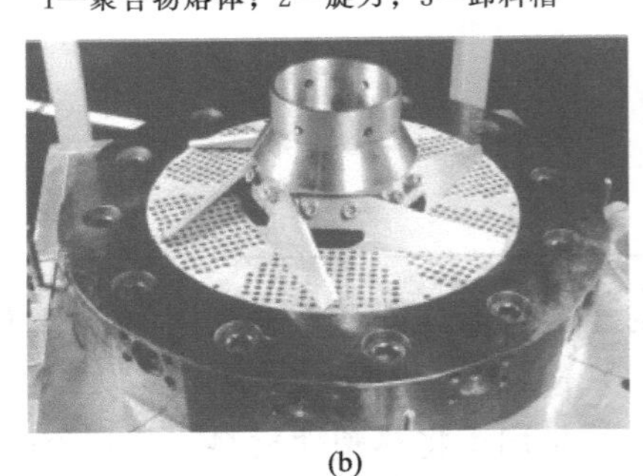

(b)

图 4.22 (a) 水下造粒机头的示意图和 (b) 水下造粒机的切割头的细节
（经 Pomini，Davis-Standard LLC，Black Clawson Converting Machinery 许可）
1—水室；2—颗粒；3—刀架；4—压出板；5—挤出机进料螺杆

在水环造粒机中，从口模流出的熔融线材，用中心安装的切割器切割。将新切的颗粒投入约 20mm（0.8in）深的螺旋形旋转的水中。颗粒在水中冷却，然后过筛、干燥。

图 4.23（a）是水环造粒机的示意图，图 4.23（b）是水环造粒机的口模刀具布置（切割头细节）示意图。

在离心造粒机中，熔体在大气压下被送到旋转的口模腔体中。口模内的离心力产生的压力将聚合物挤出口模孔，而不是通过挤出机或齿轮泵的力。流出的线材由单个固定刀片切割[51]。离心造粒机曾一度出现过，但后来不再制造。

旋转刀造粒器采用的口模类似于线材的口模，但是旋转切割器几乎靠近刚流出的线材进行切割，刀具是完全封闭的[52]。

热塑性弹性体基本上可以采用以上任何一种设备进行加工；机种的选择主要取决于给定材料的熔体表观黏度。大多数热塑性弹性体的一般造粒系统的布局见图 4.23（c）。

（2）切块

切块机用于生产方形、长方形、平行四边形或八面体颗粒[53]。来自挤出机的条材或来自压延机或辊式碾磨机的片材在进入切块机之前骤冷，然后以恒定速率通过夹辊送进旋转刀，旋转刀靠着固定床刀进行切割。刀的形状、带材进给速率、转子速度和旋转刀的数量决定了颗粒的尺寸、形状和产量。

（3）轧碎

虽然轧碎方法主要用于热塑性树脂的回收和再循环利用，但轧碎机对于少量生产或难以造粒的混合料是有用的。轧碎机在室内装有两个或多个旋转刀以及固定刀。轧碎机直接从挤出口模的热熔体造粒，并在造粒机中冷却固化[54]。轧碎机的应用非常有限。图 4.24 是轧碎机示意图。

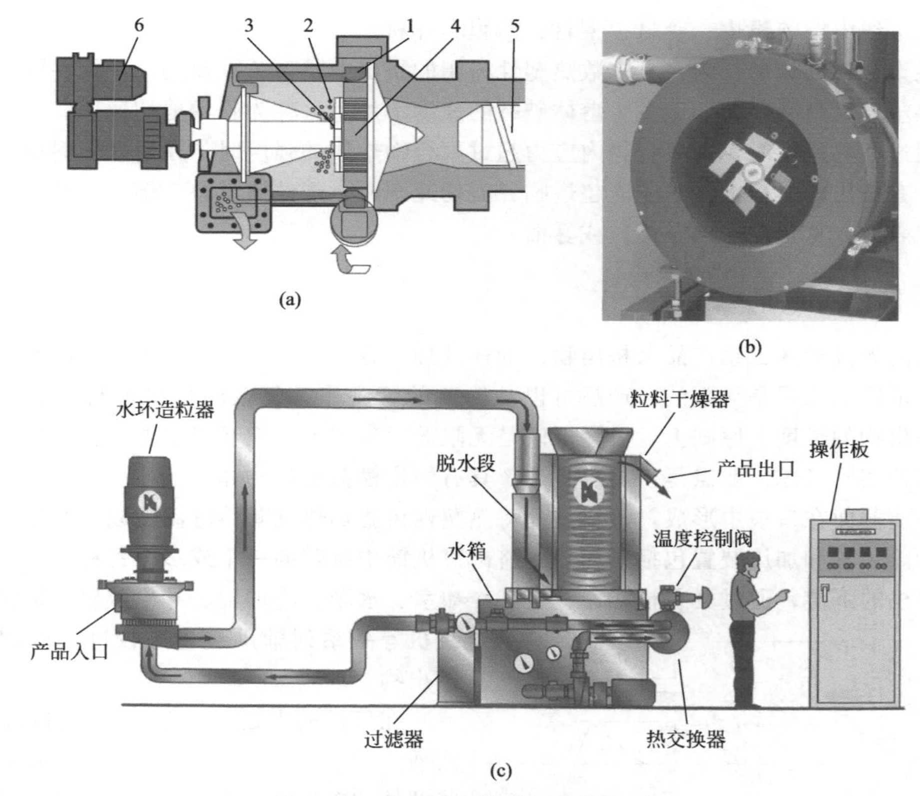

图 4.23　(a) 水环造粒机的示意图；
(b) 水环造粒机切割头的细节；(c) 热塑性弹性体造粒系统的一般布局
(经 Pomini；Xaloy Extrusion；Davis-Standard LLC，Black Clawson Converting Machinery 许可)
1—水环室；2—颗粒；3—刀架；4—口模板；5—挤出机进料螺杆；6—电动机

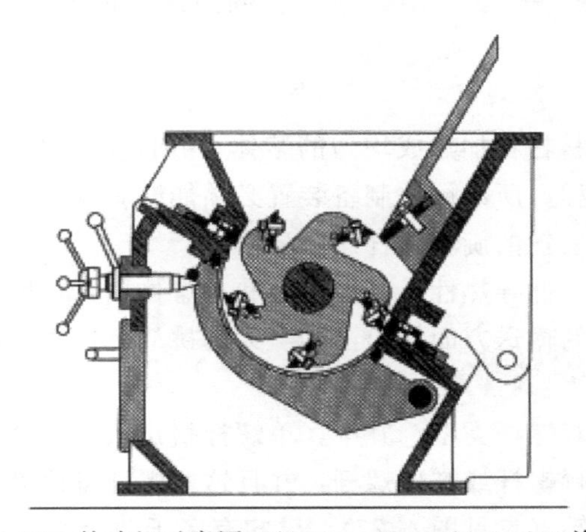

图 4.24　轧碎机示意图（经 Neue Herbold GmbH 许可）

4.3 挤出

挤出是制造热塑性弹性体部件广泛使用的方法之一。与注射成型（第 4.4 节）不同，挤出通常是生产半成品或中间制品，它们需要进一步加工以获得最终产品。通过挤出生产的主要产品有电线电缆绝缘皮、管材、型材、薄膜和片材。

熔融聚合物的流动行为在大多数热塑性树脂的挤出中是至关重要的。热塑性弹性体以及常用的热塑性材料必须在低于发生熔体破裂的速度下加工，称为临界剪切速率。当树脂流入的速度超过临界速度时，即聚合物内应力超过聚合物熔体的强度时，在熔融塑料中会发生熔体破裂。在挤出的过程中，当速度超过临界剪切速率时，部件质量差。熔体破裂的典型症状包括粗糙表面（鲨鱼皮）以及泛白或雾面。

4.3.1 挤出工艺的基础

挤出是涉及形成二维产品（挤出物）的连续加工方法。x-y 尺寸决定了挤出物的横截面形状，在范围上几乎是无限的，产品可以从简单的管到非常复杂的挤出型材。第三维（z）尺寸是挤出物的长度。原则上，长度可以是无限的。事实上，它受限于卷绕、卷取、存储和运输方面的实际考虑。要点是挤出总是生产具有恒定横截面的物体。

产品横截面在口模中形成，挤出过程将热塑性树脂加热到其熔融温度以上并迫使其通过口模。加热装置和加压装置包括在加热的挤出机机筒中运转的一个或多个螺杆。

在口模的下游，通过真空校准器、空气冷却室、水箱、冷却辊、导出装置、切割机和卷绕机等一系列辅助装置来校准、冷却和包装挤出物。

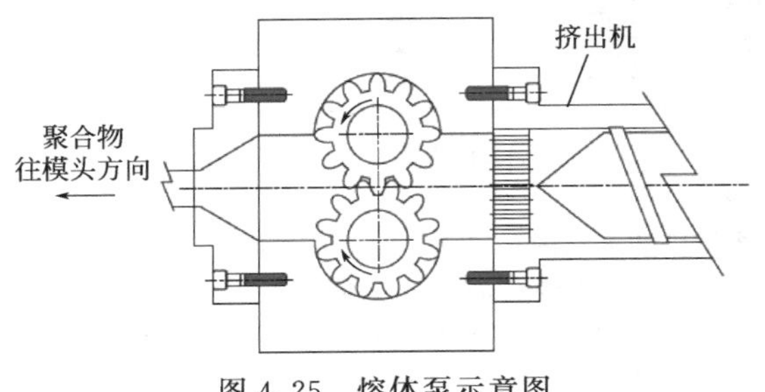

图 4.25　熔体泵示意图

在口模的上游，可以在挤出机和口模之间插入熔体泵[55]（图 4.25）。挤出系统的这些部件的精确选择和布置取决于最终产品。

生产不同挤出产品的具体过程将在本章详细讨论。挤出的原理对于所有这些过程是共同的，因此将首先讨论。

4.3.2 挤出机

挤出机的功能是将塑料材料加热成均匀的熔体，并以恒定速率将其输送通过挤出口模。因为塑料的挤出是连续过程，所以熔体制备装置必须能够具有恒定的输出。热塑性挤出几乎完全取决于作为熔体输送装置的旋转螺杆。

热塑性塑料一般特征是低导热性、高比热容和高熔体黏度，因此对均匀熔体的制备以及在足够压力和恒定速率下的输送方面提出了相当大的挑战。这些已经通过开发各种类型的挤出机来补偿。

主要改良是单螺杆和双螺杆类型。其中，单螺杆挤出机（图 4.26）是目前最受欢迎的。双螺杆挤出机可以具有平行螺杆或锥形螺杆，并且这些螺杆可以沿相同方向（同向旋转）或相反方向（反向旋转）旋转（参见图 4.27）。已知有多于两个螺杆的挤出机，例如四螺杆挤出机，但是没有得到广泛使用[55]。

当熔体的混合和均化非常重要，特别是要加入添加剂时，通常使用双螺杆挤出机。热塑性弹性体通常使用单螺杆挤出机挤出。

单螺杆挤出机基本上由一条螺杆组成，螺杆与机筒的腔体紧密配合，并在轴向固定位置中旋转。螺杆通过齿轮减速机组由电动机驱动，并由推力轴承支撑，推力轴承对抗施加在塑料熔体上的力。螺杆上的螺旋螺纹提供了传送力。

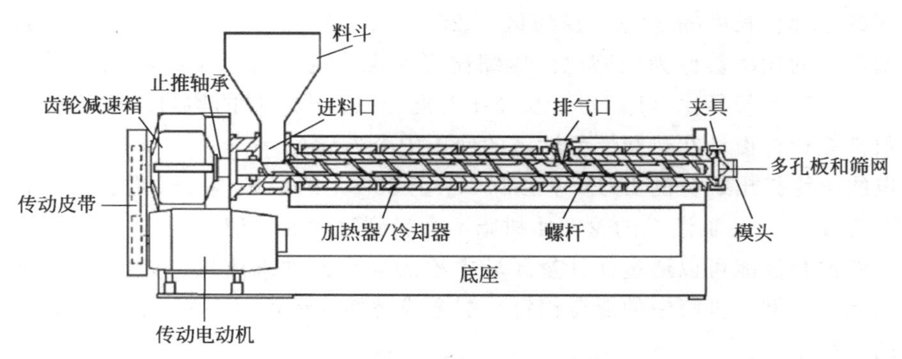

图 4.26　装有排气机筒的典型单螺杆挤出机

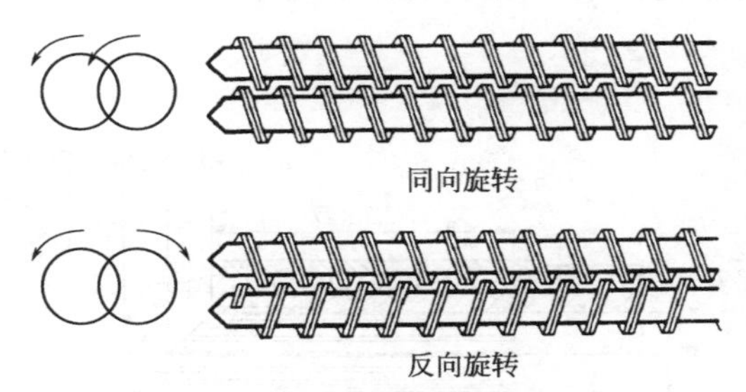

图 4.27　同向旋转和反向旋转双螺杆

机筒装有加热和冷却装置，机筒下游端由连接装置连接成型口模，成型口模确定了挤出产品的横截面。在机筒上游或入口端的机筒壁装有进料口或孔，塑料材料通常以颗粒或丸的形式进料。

在材料沿着螺旋形螺杆螺纹传递期间，所受的热是机筒接收的传导热以及源自螺杆的混合和捏合作用的机械剪切热的组合。

挤出机的输出速率与螺杆速度、螺杆几何形状和熔体黏度有关。在挤出机系统中产生的压力与熔体黏度、螺杆设计以及机筒和口模阻力有关。挤出压力低于注塑中受到的压力，通常小于 35MPa (5000psi)[56]。

挤出机性能的关键决定因素是螺杆。螺杆具有三个功能：进料和输送固体热塑性材料(最常见的是颗粒)；熔融、压缩和均化材料；计量熔体或输送熔体到口模。

一般的挤出机螺杆（图 4.28）采取单一恒定螺距螺纹的形式，从输入端到输出端螺槽深度减小。螺距通常等于螺杆直径，有时称为方螺距螺纹，所得到的螺旋角为 17.8°。螺杆按顺序有三个区域，分别对应于进料、压缩和计量三个功能。螺槽深度在进料区和计量区通常是恒定的，而在压缩区螺槽深度以恒定速率减小。

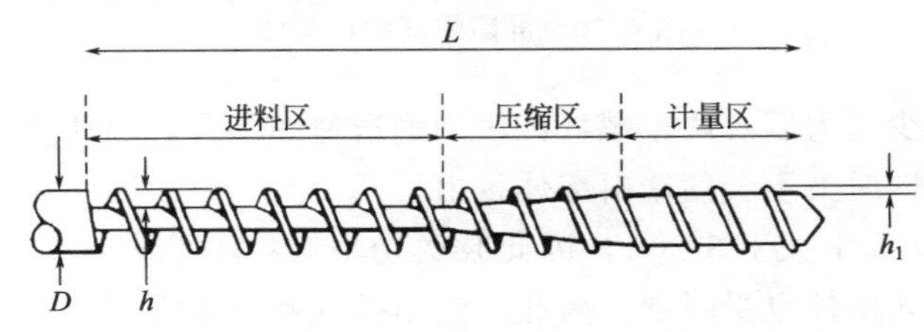

图 4.28　典型挤出螺杆的特征

L—螺杆长度；D—直径；h—初始长度；h_1—最终螺槽深度；h/h_1—压缩比

进料区约占螺杆长度的50%，压缩区占25%～30%，剩余部分为计量区。进料和计量区中的螺槽深度的比率被称为压缩比。压缩比影响螺杆的混合以及剪切-加热特性。螺杆长度与其直径的比称为长径比（L/D）。长径比对混合以及出料量的均匀性有影响。

大多数常规螺杆设计在热塑性弹性体的使用中令人满意。

用于电线绝缘挤出螺杆的L/D应在24∶1至30∶1的范围内。长进料段螺杆的压缩比最好选择大约3∶1（芯轴渐进的轮廓使树脂不会受到过度的剪切）。

单螺杆的混合性能可以通过在计量区域中添加混合元件来改进，如图4.17所示。有时可以与静态元件（例如机筒中的混合销钉）配合或替换。还可以在机筒入口处改善材料输送性能，提高生产率。

在机筒壁上的一系列轴向凹槽（图4.29）延伸至少相当于三个螺杆直径的长度才是有效的。

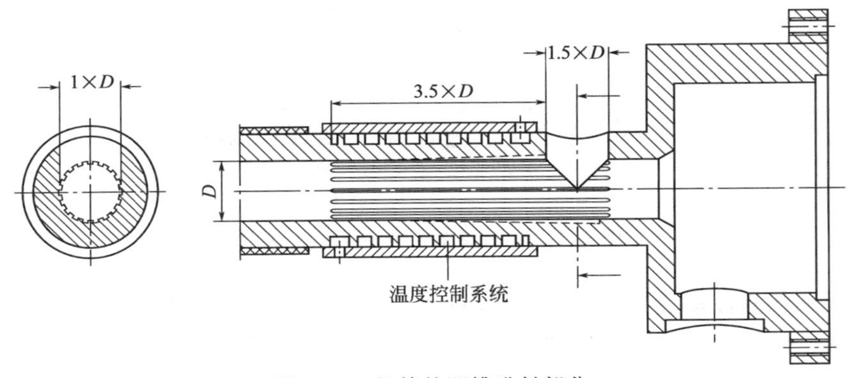

图4.29　机筒的凹槽进料部分

单螺杆上的改进包括屏障螺杆或熔体抽出螺杆（图4.30）以及排气螺杆。屏障螺杆有独立的导入螺纹和导出螺纹，两条螺纹在螺杆中部重叠，在此塑料材料仅部分熔融。屏障式螺纹的直径略小于主螺纹。熔融材料通过间隙进入计量区，同时固体进一步加热。屏障螺杆能降低熔融温度或提高生产率，但是难以设计和优化。排气螺杆有时称为释压螺杆或两级螺杆，实际上是串联放置的两条螺杆，其中第二螺杆或下游螺杆的输送速率比第一螺杆更高。螺杆的上游端设置有常规的进料、压缩和计量区，其后螺纹深度突然增加，然后是另一个压缩区和计量区。螺杆中部的螺纹深度增加，导致熔融塑料中的压力突然下降，使得溶解的挥发性物质能挥发。

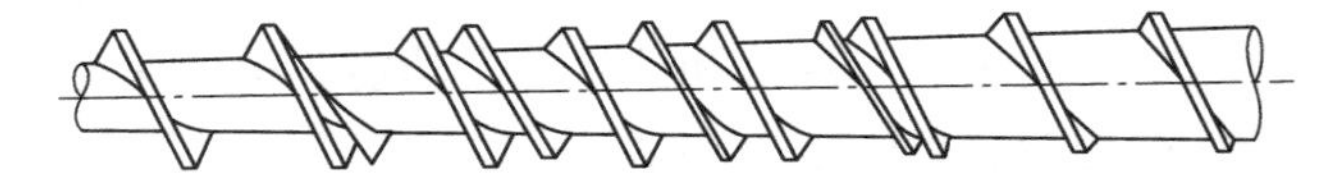

图4.30　屏障螺杆的截面图

由于这个部位缺少压力以及两个螺杆区段的输送速率差异，因此能够从挤出机机筒的开口排出挥发性物质，同时又不会使塑料熔体排出。

排气螺杆的L/D通常大于30∶1，因此泵送功率有些不稳定性。由于要确保排气口不被塑料熔体堵塞，工艺条件也受限制。因此，使用排气螺杆通常限于含有水分、挥发性物质或夹带空气的材料。一般热塑性弹性体不容易出现这些问题，因此在热塑性弹性体的加工中一般使用排气螺杆。

4.3.2.1 挤出方法

根据用途使用相应的挤出方法。每种方法都需要特定的设备和工艺条件。通常采用的方法和聚合物等级必须匹配，以确保获得令人满意的产品。最常见的挤出方法是薄膜和片材挤出、硬管和软管挤出以及线材涂布和型材挤出。

热塑性树脂薄膜可以通过挤出流延或挤出吹塑方法制备，两种方法各有优缺点。这些基本方法导致薄膜的分子主要沿挤出方向取向。不管工艺如何，薄膜生产线包括常见的下游设备，例如牵引、张力和卷绕装置。高纯度熔体不含杂物，对于薄膜生产是必不可少的。为此，要将熔体通过位于口模上游的筛网组件进行过滤。

① 挤出流延膜　从缝形口模挤出的熔体通过与冷却辊筒接触，或在水浴中骤冷来制备流延膜。这两种方法的特点在于相对高的熔体温度和薄膜快速冷却，获得的薄膜雾度低、透明度好和光泽度高。流延薄膜级的熔体流动指数通常在5.0～12.0g/10min的范围内。

在冷却辊流延薄膜工艺中，将塑料幅材从缝形口模（图4.31）挤出，靠在水冷冷却辊的表面上。口模布置成垂直或倾斜向下挤出，使得薄膜幅材大致切向地输送到辊筒表面。薄膜口模在原理上类似于片材口模，但通常没有限制挡板。薄膜厚度部分由口模唇口之间的间隙调节，还通过冷却辊的旋转速度调节，冷却辊把熔体薄膜往下拉使薄膜变薄。因此，口模设定的间隙要超过膜要求的厚度。对于大多数热塑性塑料，厚度为0.25mm的薄膜的口模间隙一般设定为0.4mm，厚度为0.25～0.6mm薄膜的口模间隙为0.75mm。

口模唇口调节器使得沿口模宽度的每个调节点都可以改变口模的间隙，以便控制膜的横向厚度。如果横向厚度公差超过目标厚度的5%，薄膜卷取质量将受影响。

整个口模的温度应当保持恒定，使整片薄膜向下拉的速度和物理性能保持稳定。试图通过改变口模上的温度分布来控制膜厚度将会干扰这些因素，降低薄膜质量。如果调节的步骤正确，冷辊流延膜的厚度均匀性基本上优于吹塑膜。

口模与冷却辊要非常接近（通常为40～80mm），使得低强度熔体膜没有受到支承的距离最短和时间最少（图4.32）。但是如果口模与冷却辊太近，则没有足够的空间稳定地使熔体薄膜向下拉和宽度颈缩。薄膜通过第二冷却辊筒之前以240°或以上的角度卷绕到水冷冷却辊筒上，然后继续进入修边、张力和卷绕装置。

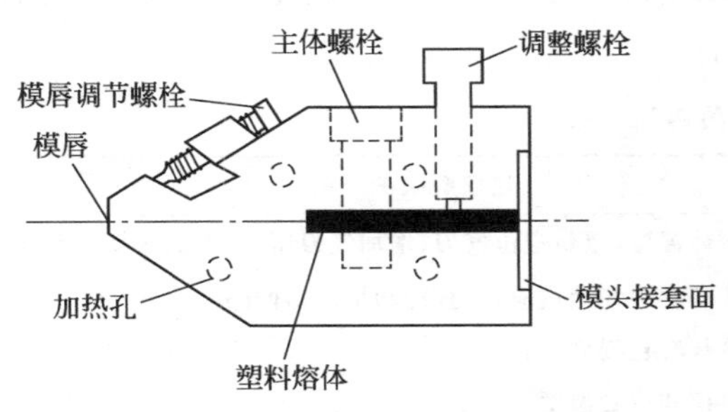

图4.31　典型的流延膜缝形口模

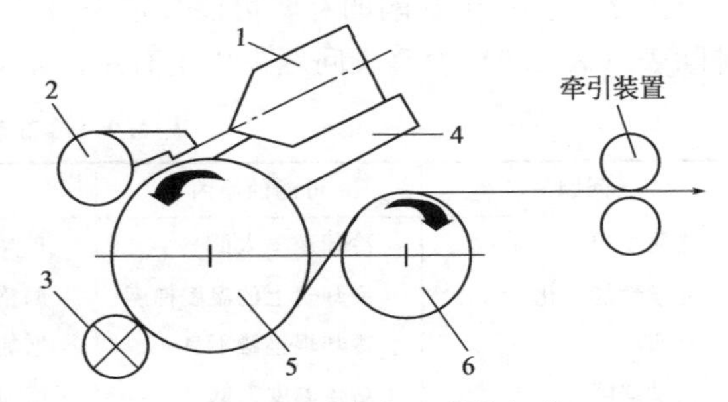

图4.32　冷却辊工艺的细节

1—口模；2—气刀；3—清洁辊；4—真空室；5—冷却辊Ⅰ；6—冷却辊Ⅱ

第一冷却辊对于加工质量至关重要。冷却能力必须足以在高生产率下冷却薄膜，在辊的整个宽度上的温度梯度不应超过±1℃。实际辊温取决于薄膜厚度、线速度和辊筒直径。必须非常精确地调节冷却辊驱动速度，以控制薄膜向下拉伸和成品厚度。在大于30m/min

(98ft/min) 的线速度下，会有薄的空气层夹在薄膜与冷却辊之间。这将导致冷却缓慢且不均匀，影响薄膜的外观和性能。

可以采取两种措施来解决这个问题（图 4.32)。第一种措施是由气刀提供过滤空气的流线射流，它紧紧接触在薄膜上，在刚刚超过薄膜与冷却辊第一次接触的位置将薄膜压靠在冷却辊上。提供的空气通过约 1.5mm 的狭窄缝口，并且控制压力稍高于大气压。最佳的空气刮板设置可以提高膜的清晰度和光泽度，但过高的压力会导致熔体振动并破坏薄膜表面。第二种措施是提供与口模结合的真空箱，它紧靠冷却辊表面，位于挤出的熔体膜前面一点。真空箱除去附着在辊筒上的冷凝物，并抽出薄膜与辊筒界面的空气。

在薄膜卷绕装置中，薄膜温度应该接近室温；否则薄膜卷在冷却后将继续收缩，产生拉伸条纹和波纹，并加大厚度的变化。卷绕张力应足以确保薄膜卷的完整性，否则应保持较低的张力，使之有少量卷绕后的收缩，因此会收紧薄膜卷。

典型冷辊流延膜生产线如图 4.33 所示。

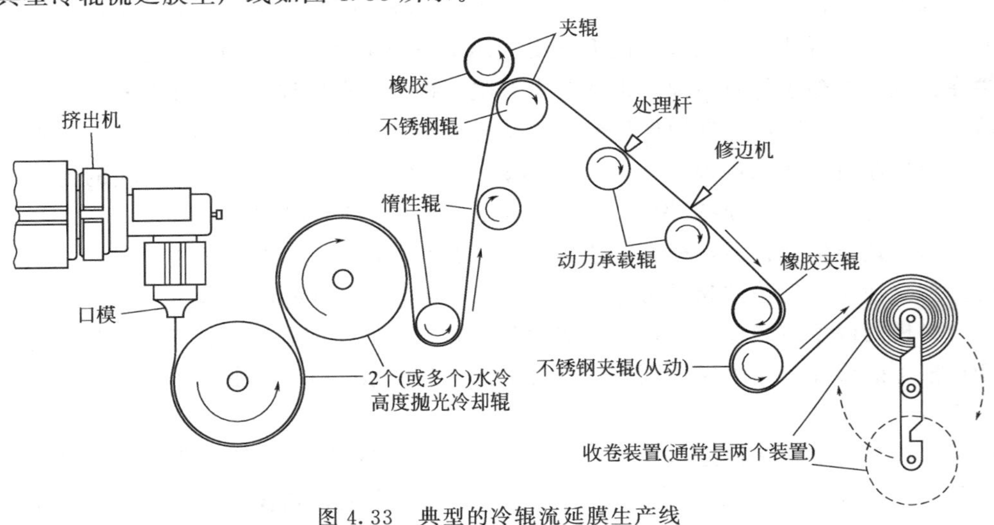

图 4.33 典型的冷辊流延膜生产线

正如其他塑料工艺一样，流延膜工艺取决于许多相互作用的变量，因此任何缺陷都可能是原因之一。一个缺陷的补救可能会带来另一个缺陷，因此工艺问题的解决并不简单。故障排除表（表 4.9）为解决问题提供了有用的指导。

表 4.9 冷却辊故障排除表

问题	可能的原因	建议解决的方法
透明度差	冷却速率太低	提高熔体温度，重新定位气刀，增加气刀压力，降低冷却辊温度
光学性能变化	冷却辊上的温度梯度	调整冷却辊冷却液供应，检查冷却辊冷却回路
打褶	冷却辊接触不良	增加冷却辊包辊度，调整气刀
流动缺陷	熔体温度太低	增加口模和接套温度
脆性和纤维状热封合	熔体温度太高	降低口模和接套温度

注：摘自 Maier C，Calafut T. Polypropylene，the definitive user's guide and databook. Norwich (NY)：William Andrew Publishing；1998。

水骤冷流延薄膜工艺（图 4.34）在概念上与冷却辊工艺类似，并使用类似的下游设备。水浴代替冷却辊用于薄膜冷却，并且均匀地冷却薄膜的两侧，其生产的薄膜与冷却辊流延膜相比性能略有不同。

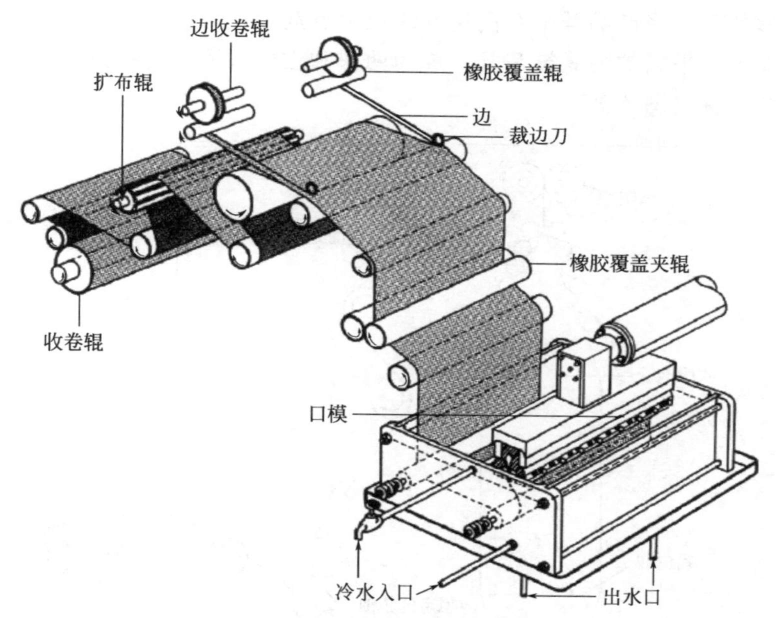

图 4.34　典型的水骤冷流延薄膜生产线

挤出机的缝形口模垂直布置，熔体膜直接挤出到近范围的水浴中。薄膜在给定的挤出速率下通过水浴中的一对空转辊，下游的牵引速度调节薄膜牵伸和最终厚度。此方法的速度受到限制，因为速度太快时薄膜会从骤冷浴中把水带走。

水浴中的波纹也可能使薄膜表面产生缺陷。

由于水浴的快速骤冷会降低结晶度，因此产生坚韧的薄膜。

② 吹膜　吹塑薄膜工艺包括挤出相对较厚的管，然后通过内部空气压力将其膨胀或吹制，以产生相对薄的薄膜。空气吹塑薄膜方法广泛应用于聚烯烃膜。此方法需要的熔体强度大于流延薄膜法所要求的熔体强度，因此使用较低的熔体温度。

口模应设计成在环形口模间隙周围的每个点处具有恒定的输出速率和厚度。这需要流线型的内部熔体流动路径，并采用精确多点方法定位口模环内的芯轴。口模间隙通常约为 0.4mm，台阶长度短，口模进入角约为 10°。

用吹塑薄膜工艺难以实现很小的厚度公差，泡管周围的变化可限制为目标薄膜厚度的大约 10%。为了均匀地分布这些变化，吹塑薄膜生产线可能要考虑施加到口模、挤出机或牵引装置的旋转或振荡运动。

当软管从口模中露出后通过空气环，在泡管外表面上覆盖大体积的低速冷却空气。同时，提供的空气内部压力使软管通过口模芯轴。

空气被下游夹持辊封闭，吹胀仍然软的管，形成扩大的泡管。吹胀比是指吹胀后泡管的直径与未吹胀的软管直径之间的比值（BUR），通常在 2∶1 至 4∶1 的范围内。

泡管在其直径增加之前向上行进的距离称为注道高度。大多数材料的注道高度短，泡管直径在离开模唇后不久就增大到最终尺寸[57]。

线速度实际上受有效冷却的泡管长度的限制。下游设备包括泡管校准、伸缩框架、牵引、张力、拉伸和卷绕装置。

薄膜厚度和工艺控制是冷却速率、泡管长度、吹胀比和薄膜张力之间的平衡。在泡管冷却并塌成扁平形状后，将产品铺平在高速卷绕机上卷起。

在一些情况下，平铺的薄膜被裁开，成为两块独立的薄膜，卷绕到各自的辊上，因此需要两个独立的卷绕轴（图 4.35）。

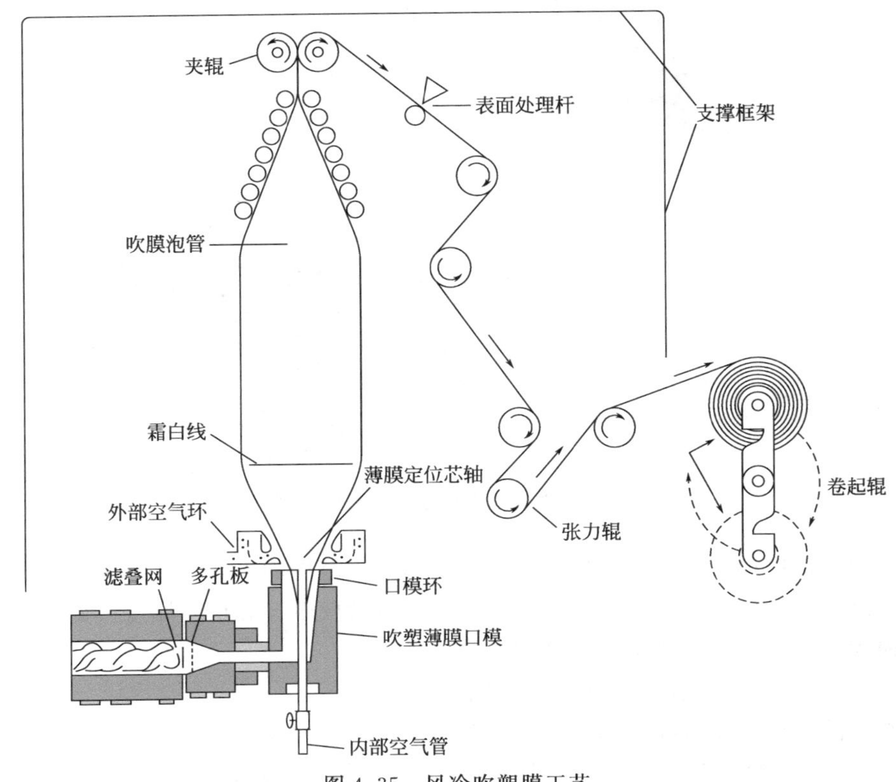

图 4.35　风冷吹塑膜工艺

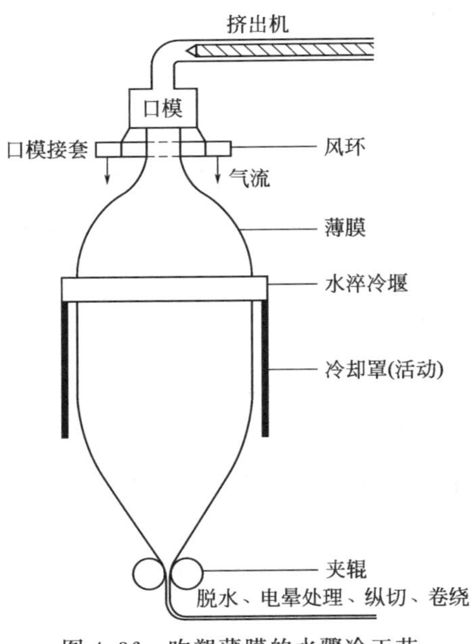

图 4.36　吹塑薄膜的水骤冷工艺

水骤冷吹膜法也被称为管式水骤冷法，通常软管口模垂直向下挤出（图 4.36）。泡管尺寸由环形水淬冷堰限定和校准，并用冷却水流覆盖泡管的外表面。由环形柔性挡板导引和控制泡管与水的接触[56]。

由于水流导致泡管快速冷却，限制了结晶度，所生产的薄膜比空气冷却吹制方法制备的薄膜更透明。冷却后，薄膜通过伸缩框架，然后继续进入脱水、牵引和卷绕装置。

③ 片材挤出　片材通常定义为厚度大于 0.25mm，厚度小于此尺寸都归类为薄膜。许多热塑性板材的挤出厚度达到 30mm，宽度达到 2500mm。片材可以热成型也可以通过冲切、打孔、机械加工和焊接制造。挤出片材的生产采用狭缝口模。

内部流动的几何形状设计是将来自挤出机的圆柱形熔体转变成狭缝状，同时确保在狭缝出口处整个宽度的熔体流动速度是恒定的。这个目标的实现比较困难，特别是比较宽的片材口模。目前，已经设计出多种解决方案来处理该问题。通常的方法是采用所谓衣架形口模，这是因为内部流动通道从口模中心向边缘呈锥形（图 4.37）[58]，在口模中心流动产生更大的阻力，这有助于平衡整个口模的流速。

大多数片材口模还包括两个调节装置。

内部可调节流棒（又称为限制杆或阻塞杆）位于口模出口的流动路径上。节流棒起着粗调节器的作用。通过调节出口狭缝的口模唇可实现精细调节。间隙由两块金属平板形成，也称为成型段面积。口模上唇比较薄，它可以通过手动或自动调节螺栓改变口模出口间隙[59]。口模间隙应比目标片材厚 0～10%。片材从口模直接传送到冷却和整理装置，冷却辊通常采用垂直排列的形式。

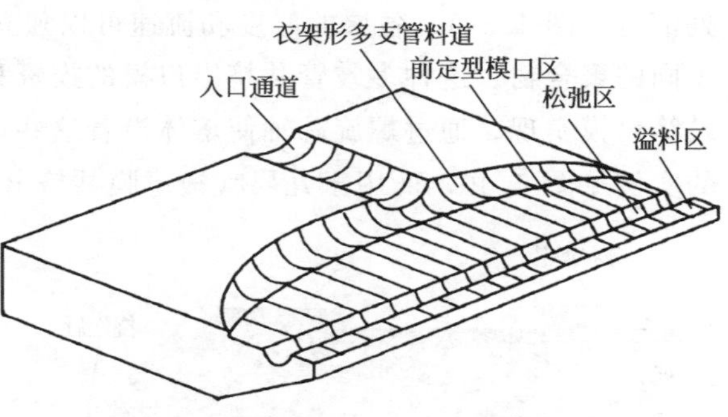

图 4.37　衣架形口模（经许可）

通常的构型是三辊垂直排列，其中片材在上部两辊之间的辊隙进入。构型变化包括辊筒排列方式，片材从下部两辊之间进入，一个带有垂直口模的水平辊用于低黏度熔体，两个辊筒组用于较薄片材。辊筒组的功能是冷却和抛光片材。采用压花辊可以使片材有表面纹理。

辊筒温度的控制是关键，整个辊筒温度变化应不大于 1.5℃。

辊筒温度取决于片材厚度和生产速率以及是否需要光滑的表面。如果需要表面光滑，片材表面温度必须保持在至少 110℃，片材要接触抛光辊。

表 4.10 总结了口模和辊的变量对片材特性的影响。

表 4.10　口模和辊筒工艺变量对片材特性的影响

变量	定向	透明度	光泽度	刚度	耐冲击性
口模隙距	>	—	—	—	—
熔融温度	<	—	>	—	—
辊筒温度	—	<	>	>	<
辊筒转速	>	<	>	>	<

注：摘自 Ebnesajjad S. Fluoroplastics，volume 2：Melt processible fluoropolymers，the definitive user's guide and databook. Norwich（NY）：William Andrew Publishing；2003。

4.3.2.2　共挤出

共挤出是由一种以上的热塑性熔体流形成挤出物的加工方法。

采用共挤出方法是因为单一聚合物不能满足一些使用需求，特别是包装工业的一些使用需求，两种以上聚合物结合可能满足这些使用要求。共挤出方法开始是用于流延膜的生产，现在也用于吹塑膜和片材挤出。

共挤出的目的是产生层状结构，每层都对整体产品贡献关键的性能。共挤出膜的结构可能非常复杂，由许多不同功能层组成，并把各层结合在一起，黏合相容性较差的相邻层。五层结构并不罕见，并排共挤出也是可能的。

在共挤出中，每种不同的材料都需要独立的挤出机。共挤出方法有两种改良方式，这取决于分开的熔体流汇合的位置。

在进料头共挤出中，各熔体流在进料头（图 4.38）中汇合成单层熔体流，进料头的位置紧靠挤出口模的上游。该方法要求塑料熔体黏度高，以防止各层在通过挤出口模时相互迁移。各层的流速可以由进料头中的阀控制，并且投资成本相对较低。

而另一种方法是口模共挤出，它采用复杂的口模结构，各路熔体歧管在靠近口模的出口处汇合（图 4.39）。各层的厚度和流速可以独立控制，并且还可以处理黏度和熔融温度显著不同的聚合物。这种多歧管共挤出口模的投资和维护成本高。吹塑薄膜的共挤出可以通过多歧管口模实现。通过螺旋芯轴使熔体沿着这些口模的圆周分布[58]。用于三层膜共挤出口模的实例见图 4.40，而用于九层吹塑薄膜共挤出的装置见图 4.41。

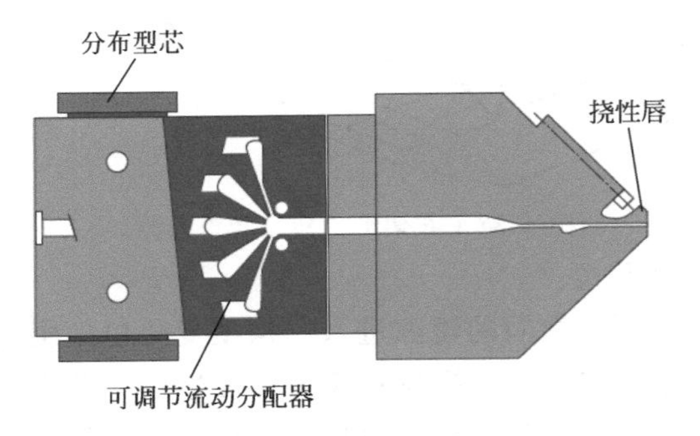

图 4.38　共挤出进料头示意图

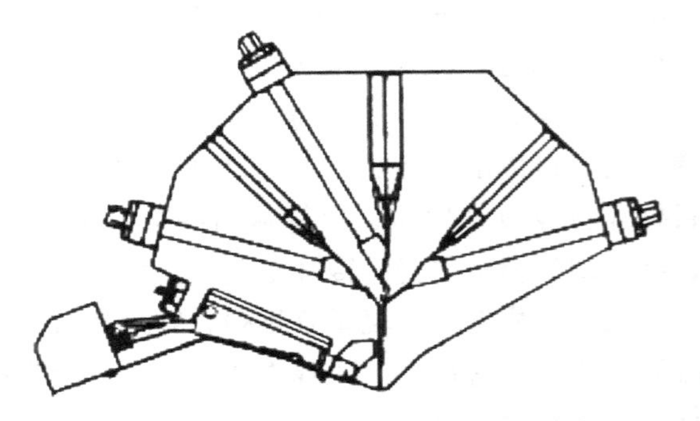

图 4.39　三层多歧管共挤出口模

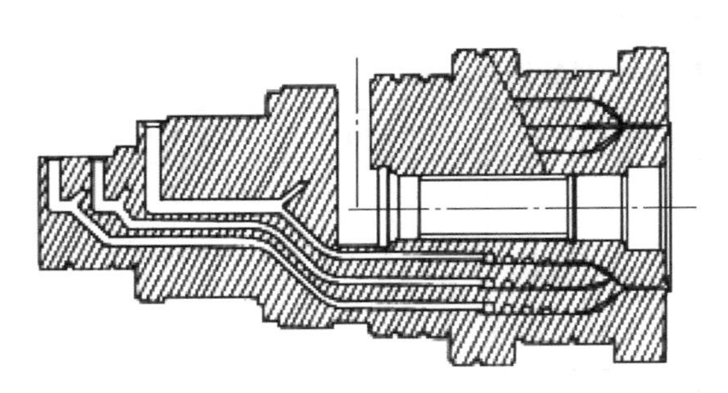

图 4.40　吹塑薄膜的三层共挤口模（经许可）

图 4.41　九层吹塑薄膜共挤出设备
（经 Battenfeld Gloucester Engineering Company 许可）

4.3.2.3　电线包覆

通过挤出包覆电线电缆的工艺已经存在了相当长的一段时间。

熔融塑料被挤压到直角机头口模中，被包覆的线材通过该直角机头口模。在离开口模后，已包覆的线材在空气或水浴中冷却，同时连续测试火花和同心度（包覆层的圆度）。

在电线电缆包覆工艺中，初级绝缘被定义为用塑料直接包覆金属线，使之绝缘。

夹套（或护套）可用作单根电线外套或一组已包覆塑料的电线的外套，也可以用于非电气保护。

夹套通常套在主要电线上。典型的电线包覆层生产线有几种设备，如表 4.11 所示。设计的长径比（L/D）为 20∶1 至 30∶1，用特殊结构材料制造的标准热塑性挤出机可用于挤出大多数热塑性弹性体。

表 4.11 电线绝缘生产线设备和部件

设备/部件	功能
料斗(进料)	干燥以及给挤出机供树脂
放卷机	将未包覆的金属线送到直角机头口模
张力控制装置	调节送进的金属线的张力
预热器	加热未包覆的金属线
挤出机	熔融和加热树脂,并给直角机头口模供料
直角机头口模	将熔融树脂重新定向 90°以包覆金属线
冷却槽	急冷已包覆的电线
绞盘	带动电线达到生产线速度
火花测试器	检测已包覆电线的故障
卷取装置	卷起已包覆电线

注：摘自 Ebnesajjad S. Fluoroplastics，volume 2：Melt processible fluoropolymers，the definitive user's guide and databook. Norwich (NY)：William Andrew Publishing；2003。

为了获得足够的接触表面积进行热传递以熔化树脂，需要长径比高的挤出机。长径比低会导致产率低，并且辊筒温度必然升高，这可能增加聚合物的降解。

表 4.12 列出了不同挤出机的直径、产量和电动机功率之间的关系。

表 4.12　挤出机最大产量与主电动机最大功率之间的关系

挤出机直径/mm	最大产量/(kg/h)	主电动机最大功率/kW
30	15	3.7～7.5
50	45	11.1～18.6
65	75	26.1～37.3

注：摘自 Ebnesajjad S. Fluoroplastics，volume 2：Melt processible fluoropolymers，the definitive user's guide and databook. Norwich (NY)：William Andrew Publishing；2003。

定径口模会限制流动，通常会降低挤出机生产率。在挤出过程中应避免水分，因为它可能在绝缘层中形成气泡，这可能形成介质击穿故障点。大多数热塑性弹性体是疏水的，但是可能由于凝结而吸收水分（浓色料中的颜料可能会吸湿）。干燥树脂的最佳方式是将暖空气吹入进料斗中，以顺流的方式使颗粒流动。在 120～160℃的温度范围内，以<1cm/s 的速度吹送空气 1～2h 足以干燥树脂[11]。也可以在树脂装入料斗之前在烘箱中干燥树脂。有关干燥的更多细节可以在关于各热塑性弹性体加工的章节中找到。

聚合物熔体通过口模接套从挤出机进到机头。口模接套的内部设计应该流线化，使熔体平滑流动。因此，锥度减小应当在最大角度 30°处进行。口模接套应该配备有加热带，以防止熔体冷却，并且还缓和了对挤出机中的熔体过热的需求。

挤出速率（每单位时间挤出的树脂体积）随黏度而变化，因此熔体黏度的任何变化将反映在挤出速率中。

重要的是使用加热带来预热口模接套，以防止初始熔体在其内表面上的凝固，这可能导致累积过度的压力。

直角机头口模是转换部件，它通常将熔体流动的方向改变 90°以包覆线材。直角机头口模的设计应该流线化，使熔体停留时间最短。图 4.42 和图 4.43 显示了直角机头口模的两种设计。

其中一种设计（图 4.42）是手动调节口模的同心度，而在另一种设计中，口模是固定的，并且同心度是自动调节的。

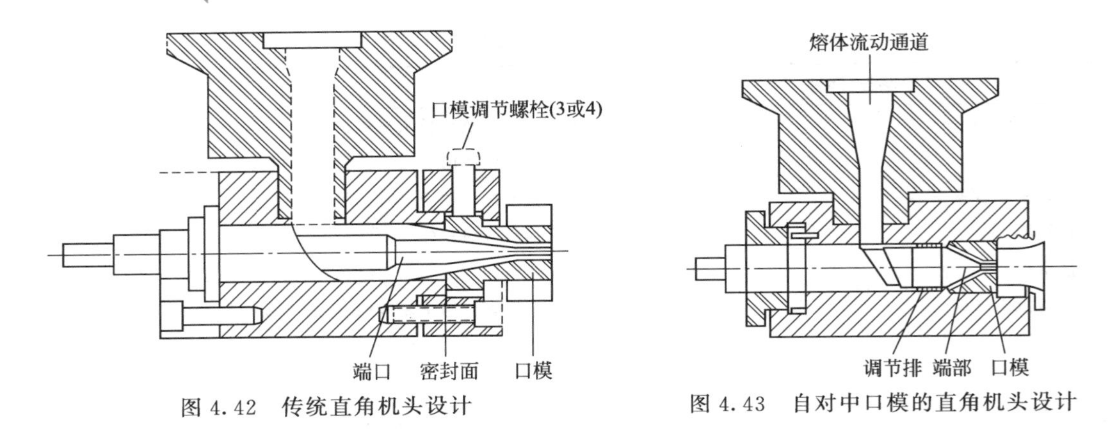

图 4.42　传统直角机头设计

图 4.43　自对中口模的直角机头设计

用于热塑性挤出的最常见类型的口模是软管口模，见图 4.44（a）。软管口模在金属线的外围挤出一条软管，在离开口模之后，通过真空把软管吸在金属线上。真空在导体与通往直角机头的通道之间的间隙引入。

另一种类型是压力口模，熔体在离开口模之前与金属线接触，同时，熔体处于压力下[图 4.44（b）]，通过压力把熔体包覆在金属线上。

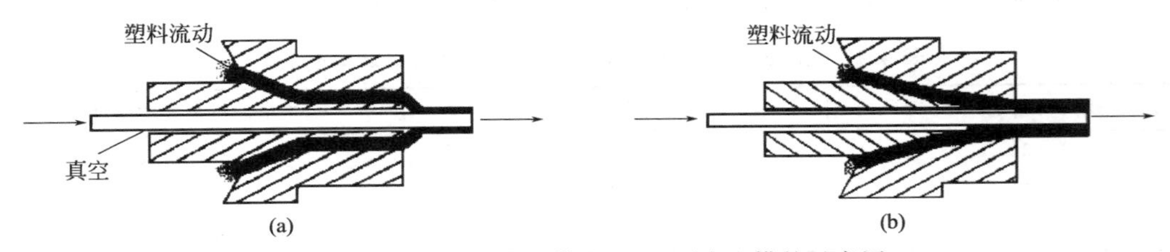

图 4.44　(a) 软管口模和 (b) 压力口模的示意图

4.3.2.4　挤出管（系、材、工）、管道（系统）、导管（装置）

用于硬管和软管生产的口模基本上由形成管外径的阴模环和形成内径的阳芯模构成。困难的是支撑芯模与口模环刚性和精确对中而不损害产品。

蜘蛛型管模（图 4.45）使用三个或四个蜘蛛脚（肋）来支撑芯模，但是在熔体围绕这些脚流动时，它们产生轴向熔合线[56]。另一种替代方案是多孔板设计，其中芯模由许多小孔贯穿的盘支撑。

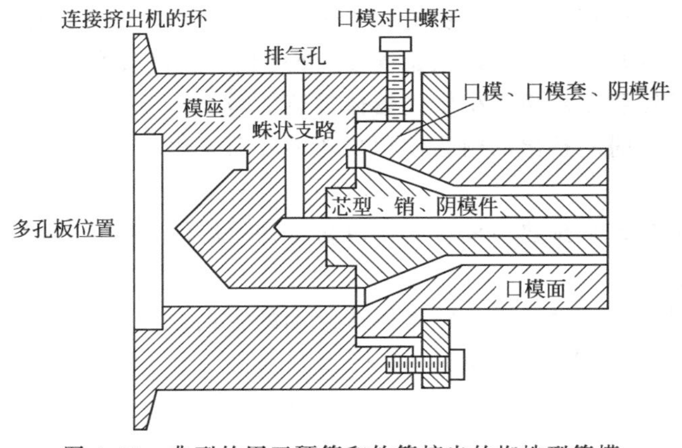

图 4.45　典型的用于硬管和软管挤出的蜘蛛型管模

更好的解决方案，特别是对于较大的管口模，是采用螺旋芯模。在螺旋芯模中，芯模被刚性支撑，并且熔体开始时以螺旋形式围绕芯模流动，其通过流动通道和平台的几何形状转换成轴向流动。这样消除了熔合线，但难以确保在口模出口的所有各点流速均匀[56]。

当熔体离开口模时，会略微膨胀。因此它需要调整尺寸，即校准。硬管或软管的外径可以通过 1.3～2.0bar（1bar＝10^5Pa)(19～29psi）的内部空气压力校准，或者在 0.3～0.5bar (4.5～7psi）的压力下在真空定径罐（图 4.46）中进行外部校准。

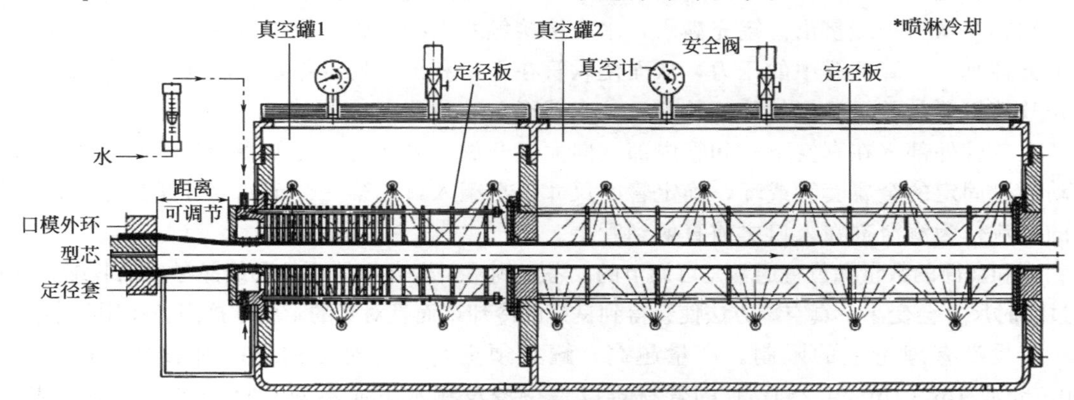

图 4.46　用于硬管和软管挤出的真空定径罐

为了进行内部压力校准，口模环的直径近似等于成品管的内径。对于真空槽校准，口模环增大 25%，并且牵引的设置要使管壁厚减少高达 30%。

下面是热塑性塑料硬管和软管定径方法的详细描述。热塑性树脂硬管和软管尺寸通过以下四种技术之一定径：真空罐、延伸（内部）芯模、定径套筒和定径板（图 4.47）。

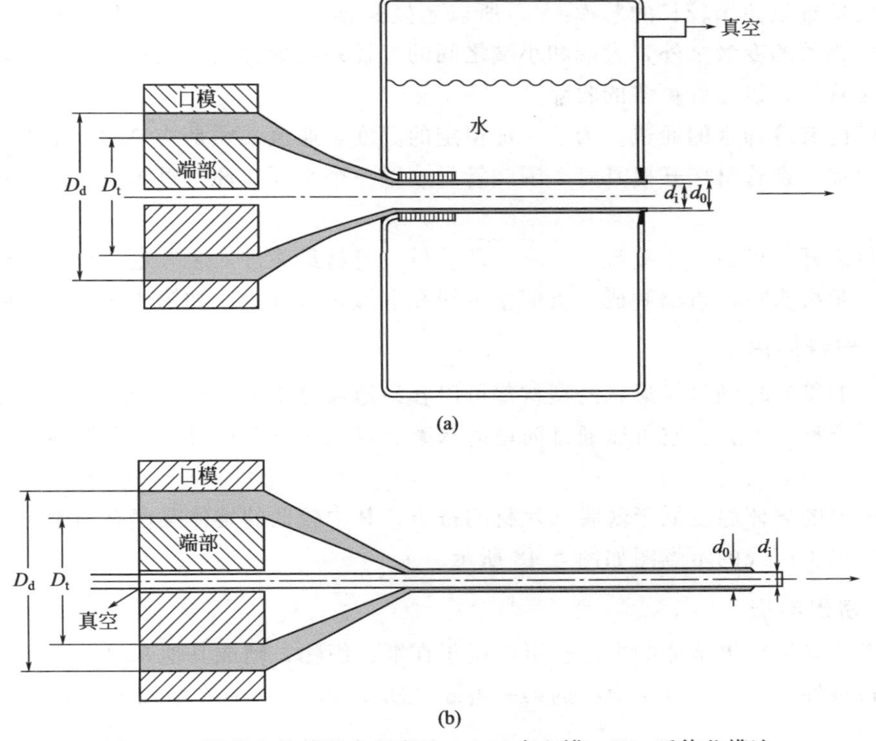

图 4.47　硬管和软管的定径方法：(a) 真空罐；(b) 延伸芯模法

真空罐和延伸芯模是在急冷浴中保持硬管和软管尺寸的常用装置。这两种方法在下面详细描述。在定径套筒方法中，软管的外径在与水冷金属套管（通常为黄铜）接触时被固定。它们的接触是通过软管内的空气压力或通过套筒的打孔内表面抽真空来实现。

定径板方法早于真空罐技术。在定径板方法中，当软管被拉动，穿过一系列黄铜或不锈钢板时，软管的尺寸就可以确定，这种方法与从金属棒拉出金属丝的方式类似。内部空气压力迫使软管通过定径板。真空罐方法如图 4.47（a）所示，软管（或硬管）进入封闭的长槽的一端，并从另一端挤出。罐充满水，水直接接触并围绕软管，提供有效的冷却。在罐内的水上方抽真空，降低罐中的压力，从而使软管在入口和出口处抵靠套环膨胀。这种机构可以防止软管塌陷，并且确保软管的外部尺寸和圆形。

在软管外部（在真空下）和管内部（向大气开放）之间的压力差将会产生膨胀力。软管移动通过固定的金属套管或环，确定管的尺寸，在罐入口的第一个金属套环是最重要的。细小的水流作为润滑剂在入口之前直射到管上。

环和套筒的数量和位置通常是可调节的。考虑到由于聚合物的冷却和结晶导致的收缩，管在通过罐时尺寸会变小。真空罐方法使管得到良好的冷却，而且对管的牵引摩擦阻力作用很小。

产量没有理论上的限制。产量越高，罐必须更长，这对可用空间有影响。外径大于 100mm 或 4in（1in＝0.254m）的管材难以保持浸没在水下而不使管材变形或损坏其表面。在这些情况下，罐不是充满水，而是在管材通过时水在管材周围阶式喷洒。罐的整个内部空间保持在真空下。

直径较小的管材（外径 12.5mm）的定径通常不使用真空[57]。如图 4.47（b）所示，延伸芯模技术为管材提供内部冷却和支撑。冷却的结果是使塑料收缩，管材和金属芯模紧密接触，金属芯模可以延伸超出口模达 30cm。

由于设备难以使用较长的芯模[56]，所以芯模是锥形的，较大端靠近口模。除了与管材类型和尺寸相关的变量之外，大端和小端之间的直径差与聚合物类型有关。芯模端部的直径稍大于最终管材，以允许更多的收缩。

在芯模内有冷却水的通道。为了保证恒定的温度，通道必须是均匀的。水喷流在管材上进行补充冷却。在管材离开模具时，围绕管材放置一个小开口环，以防止水的振荡，否则可能有水迹。

在管材离开芯模后，水喷流进一步冷却管材。管材最终进入装有定径板的水槽。管材也可以通过直角机头口模挤出制成，类似于电线和电缆包覆方法，如第 4.3.3.3 节中所述[57]。

4.3.2.5 型材挤出

从简单的管或杆到复杂形状的型材都可以容易地通过挤出生产。最终产品的冷却和成型方法随型材类型而变化。它可以通过简单的水罐、复杂真空定径设备，在熔体固化期间保持外表面固定。

型材挤出的熔体温度低于薄膜和片材的挤出，其中较低的熔体黏度有助于形成产品[57]。简单型材挤出生产线的示意图如图 4.48 所示。

4.3.2.6 挤出涂层

通过平片口模挤出熔体的方法也可以用于在纸、织物、箔或其他基材上覆胶。待覆胶的基材从进料辊导出，并通过辊筒组的第一辊隙（图 4.49）。有时在覆胶前处理基材以增强黏附性[57]。

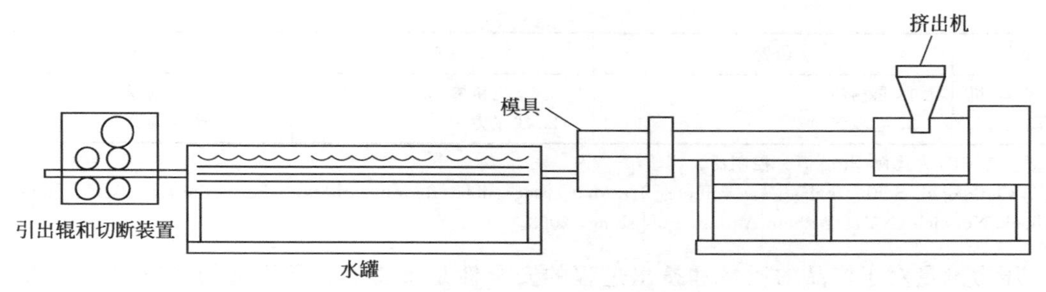

图 4.48　简单型材挤出生产线示意图

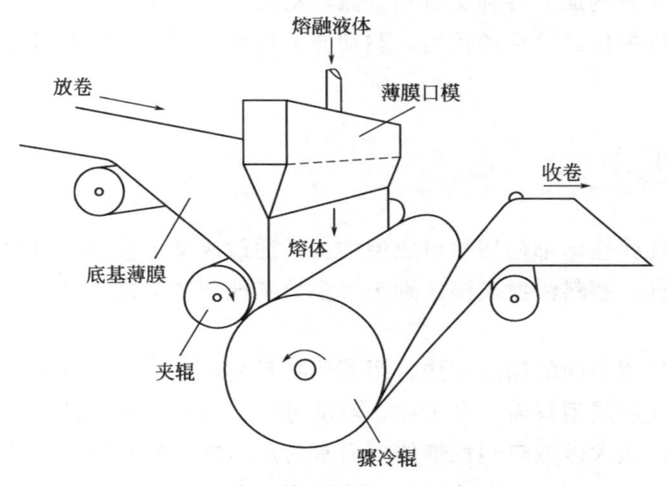

图 4.49　挤出覆胶工艺示意图

4.3.3　挤出过程控制

重要的是为挤出生产线配备足够的仪器以生产高质量的产品。常规控制或监测的过程变量是温度变化、挤出机内的熔体压力和电动机的驱动速度。

表 4.13 列出了过程变量、每个变量的位置、每个变量的影响及其控制方法。因为黏度对温度的敏感性，因此温度控制是关键。热电偶套管可以内置在机筒壁中以测量温度。应该直接测量熔体温度以避免对机筒温度的依赖，机筒温度可能与熔体明显不同。

热电偶放置在机筒中，其尖端浸入熔体中，并延伸到流动通道的中部。温度控制器应配备限位开关或其他机构，以检测热电偶、加热器或控制器本身的故障。电流表可以检测可能导致树脂降解的故障。如果控制器控制多条加热带，所有装置应有相同的电通量。

表 4.13　挤出过程控制变量

变量	位置	影响	控制方法
温度	1. 挤出机筒：3～4 区域 2. 加热带	熔体黏度、树脂降解	1. PID 控制机筒区 2. 开关控制不太理想
压力	机筒内部	恒定流量需要一致的压力	1. 熔体温度 2. 螺杆转速 3. 滤胶板 4. 安全片减轻过压

续表

变量	位置	影响	控制方法
电动机驱动	1. 挤出机 2. 卷取绞盘	1. 挤出机输出 2. 线张力	1. 固体控制器 2. 电子控制器

注：1. PID为比例-积分-微分控制器。

2. Ebnesajjad S. Fluoroplastics, volume 2: Melt processible fluoropolymers, the definitive user's guide and databook. Norwich (NY): William Andrew Publishing; 2003。

压力测量对于产品的质量和挤出过程的安全性是重要的。最优选的传感器是压力传感器。高背压可能会损坏设备，特别是有滤网组合或高压排胶时。压力传感器与熔体热电偶类似，也应由耐腐蚀材料构成。各种交流和直流驱动装置可用于挤出机。装有固体控制器和电源的直流电动机可以提供最灵活的控制。驱动器上速度控制反馈回路将使挤出机输出变化减至最小。

4.4 注射成型

很大部分热塑性弹性体都使用注射成型加工。注射成型工艺是在单次快速和自动操作中生产复杂的成品部件。塑料注射成型区别于大多数其他制造工艺，尽管注射成型与金属铸造特别是与压铸相似。

一般来说，如果用不同的制造方法，用其他材料复制注模制品将需要一系列的成型、接合和精加工工序。注射成型只需一个工序，经济可行，尽管机器和模具成本高。注塑机和模具非常昂贵是因为注塑大多数热塑性熔体（通常为热塑性塑料）以及工艺控制的复杂性需要高压力。

但是高速生产完整成品的能力抵消了注塑机和模具的高成本，使得注塑制品性价比高。

4.4.1 一般注意事项

如前所述，几个因素将影响热塑性塑料的加工，包括注射成型。这些因素是黏度、热、温度、热稳定性、热导率、结晶度和水分。黏度是塑料流动的量度，即在施加力作用下给定质量的塑料流动多快。塑料流动与黏度成反比。黏度随着温度的升高而降低。较低的黏度有助于注塑，因为它减少了塑料流动时间，使得生产率较高和几何清晰度良好。

温度必须提高到超过材料的熔点使塑料流动。在熔点以上，黏度的降低应该与塑料的热降解平衡。实际上，黏度可以由聚合物熔体流动速率代替，熔体流动速率在标准条件下测量。熔体流动速率越低，聚合物的黏度越高。热量必须传递到塑料，以提高其温度并将其熔化。注塑成型设备应能够传递足够的热量，以熔化正在处理的聚合物。

要将热传递到材料，通常的方法是控制塑料的传热速率（热通过材料传递的速度）。结晶度是注射成型的重要考虑因素，因为部件的结晶含量对其性能和外观有影响。大多数聚合物是半结晶的，这意味着随着聚合物熔融，变成完全无定形，会存在相对大的体积增加。

在部件成型后，对其冷却的速率（冷却部件的速度）将确定其重结晶的程度。例如，当结晶度降低时，屈挠疲劳寿命和透明度增加。而随着结晶度提高，机械强度和各种模量增大。最后，聚合物在注射成型开始之前应该没有水分，在给设备投料前聚合物应干燥。因为在聚合物熔化过程中水分蒸发并在部件中形成缺陷。如果水分留在部件内会成为气泡，而逸出部件表面会成为空洞。这两种类型的缺陷都是不可接受的质量问题。

4.4.2　基本技术

注射成型是大规模生产热塑性树脂部件最重要的方法之一，通常不需要额外的精加工。如今，大多数注塑机都是通用型的，可以在极限范围内接受所有类型的模具。对于具有复杂几何形状的制品，注塑方法是非常经济的。

尽管注塑机的初始成本相当大，但是随着生产规模增大，每次成型的成本会降低。注射成型的原理非常简单。塑料材料被加热到变成黏稠的熔体。然后将其注入闭合模具中，模具确定了要生产制品的形状。将材料在模具中冷却，直到其恢复为固体，然后打开模具并取出成品部件。虽然原理可能很简单，但注射成型的做法并不简单。

这涉及塑料熔体的复杂行为以及要完成复杂产品的加工能力。注射成型的基本机理是热传递和压力流动。基本设备是注射成型机，有时称为压机；模具也称为工具，或称为模子。

注射成型方法的产品是模制部件或模制件，有时被称为模压件。注射成型是将热塑性聚合物加热到其熔点以上，使固体聚合物转化为具有适当黏度的熔融流体的方法。

熔体被强制注入到所需最终物体形状的模具中。由于熔融聚合物黏度低，使之完全填充模具，制品留在模具内直至其冷却到低于聚合物的凝固点。对于半结晶聚合物，物体的结晶度（结晶度影响力学性能和外观性质）通常受模内物体的冷却速率所控制。在最后一个步骤，打开模具，将部件顶出，然后又重新开始。

4.4.3　工艺过程

注塑机（图 4.50）可分为五个部分：塑化/注塑部分、合模装置、模具（包括浇道系统）、控制系统和用于模具的调温装置[60]。注射成型最重要的部分是模具，它由至少两个部件制成，以使模制部件可以顶出（脱模）。注塑工艺可分为六个步骤。表 4.14 介绍了每个步骤的主要功能。

表 4.14　注塑成型的加工步骤

步骤	功能
1. 开始塑化	螺杆将熔体输送到加热的熔体储料器
2. 塑化结束	在储料器充满后关闭螺杆
3. 关闭模具	合模装置驱动模具的闭合
4. 开始注射	螺杆向前轴向运动，熔体流入模具直到填满模具
5. 模具冷却和注射结束	模具开始冷却，补充注射熔体以补偿部件收缩
6. 模制部件的顶出	顶出部件，并且螺杆回退进行新的周期

注：摘自 Ebnesajjad S. Fluoroplastics，volume 2：Melt processible fluoropolymers，the definitive user's guide and databook. Norwich (NY)：William Andrew Publishing；2003。

4.4.4　注射成型机械

注塑机种类许多，但都执行相同的基本功能，包括熔化或塑化塑料，将其注入模具中，保持模具闭合，冷却注入的材料。注塑机由两个装置组成。在注射装置中将塑化和注射组合，由合模装置执行模具操作。这两个装置安装在共同的机座上，并通过电源和控制系统成一体化。一般注射装置应位于操作者的右侧，合模装置在左侧（图 4.50）。

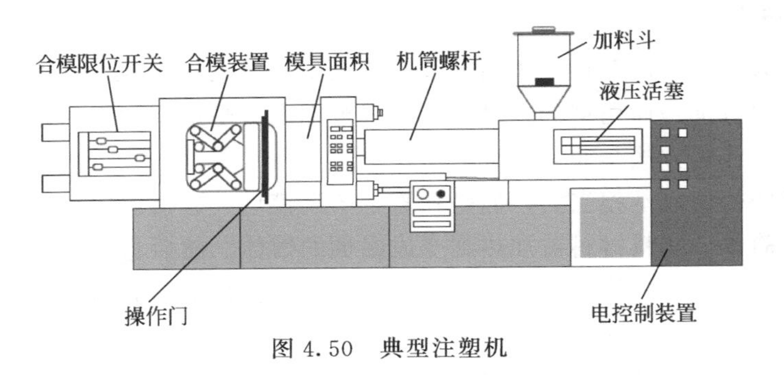

图 4.50 典型注塑机

4.4.4.1 合模装置

合模装置的功能是打开和关闭半模，特别是在塑料熔体注射期间保持模具闭合。由于塑料熔体黏度高，注射压力必须高，因此保持模具闭合所需的力非常大。模具内的熔体压力施加在模具分模线上的空腔和进料系统的整个区域上。

有效面积是投影到垂直于合模系统开口轴线平面上的面积范围，也称为模具的投影面积。在注射期间保持合模所需的夹持力是注射压力和投影面积的函数，但并不是简单的函数。注入压力在整个模腔和进料系统中变化，并且也是诸如熔体和模具温度以及注射速率等工艺参数的复杂函数。模腔压力也是部件厚度的函数，其完全独立于投影面积，因此试图根据投影面积本身确定合模力是不准确的。这意味着，每单位投影面积分配 χ 单位合模力的旧经验法并不十分可取，这可能是导致设备利用不足的原因之一，因为需要大的安全系数来弥补该方法的缺陷。根据经验法则，含氟聚合物的合模数值为 0.79tons/cm^2 的投影面积应足以满足所有类型的含氟聚合物。

对力的要求是确保合模装置设计非常坚固，但这与快速打开和关闭模具以及将生产时间减至最少的需求有矛盾。

各种合模机构在不断发展，以寻找合适的折中方案。两种最常见的类型是直接液压合模装置（图 4.51）和肘杆式合模装置（图 4.52）。其他变型包括肘杆式/液压混合型合模装置、锁紧-封闭系统和机电系统。无论如何变化，合模装置总是有固定压板和可移动压板，其中半模用螺栓固定或以其他方式连接。固定压板固定安装在机座上，并且位置与注射装置的喷嘴相邻。

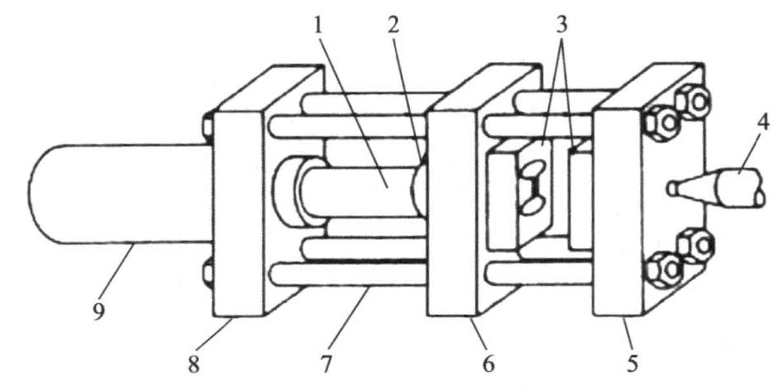

图 4.51 典型的直接液压合模装置

1—驱动柱塞；2—可移动隔板；3—模具；4—注射喷嘴；5—固定压板；
6—活动压板；7—拉杆；8—油缸底座；9—合模油缸

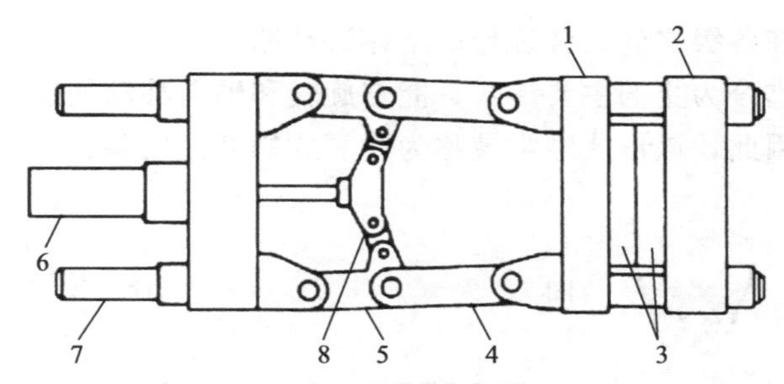

图 4.52　典型的肘杆式合模装置
1—活动压板；2—固定压板；3—模具；4—前连肘机构；5—后连肘机构；
6—驱动油缸；7—拉杆；8—十字头连杆

注射半模连接到固定台板，而移动压板装有顶出半模。在一些复杂模具中，这些术语通常表示为固定半模和移动半模。合模装置还包括压力装置反作用的后座板或相当装置，以便将移动压板和固定压板之间的两个半模夹紧在一起。

为此，固定压板和后座板由拉杆连接在一起，拉杆也用作可移动压板的导向件。当合模装置在压力下锁模时，拉杆被弹性拉伸。但是由于拉杆限制了操作人员接近模具区域，并阻碍模具更换，因此近年来已开发了无拉杆设备。

无拉杆设备使用相同的合模概念，但采用更坚固的机座将固定压板和后座板连接在一起。因此，形成一个完全无阻碍的模具区域，操作人员可自由进行自动装置、辅助设备和模具更换等操作。在合模压力下，机架和压板弹性弯曲。无拉杆设备使用各种方法来抵消这种弯曲的趋势并保持压板平行。然而，这些方法又限制了无拉杆设备所设计的合模力，尽管无拉杆设备的数量逐渐增多。

另一个趋势，特别是在大型注塑机中，是朝双压板合模系统的方向发展。这些系统取消了后座板，并且在闭合位置使用各种机构将拉杆锁定到活动压板。双压板合模的优点是可以节省高达 35%的占地面积。合模装置根据其能够施加到模具的最大闭合力进行计算。该数值可以表示为千牛顿（kN），公吨（t）或美吨[61]。

4.4.4.2　注射装置

注射装置的功能是将塑料材料加热成均匀的熔体，并在受控的压力和流速条件下将其注入模具中。由于热塑性弹性体热导率低，比热容高，熔体黏度高，因此对注射装置的要求很苛刻。目前已经有许多不同的设计来解决所涉及的难题。

这些可以大致分为四个主要的注射装置概念：

① 单级活塞或柱塞；

② 两级活塞；

③ 单级螺杆；

④ 两级螺杆/活塞。

单级活塞装置在加热、混合和压力传输方面效率低，虽然这形式在非常小的设备和一些专用设备中还继续存在，但基本上是过时的。它的优点是简单，成本低。

两级活塞也是过时的。两级活塞试图通过分离加热和压力流的功能来改进单级活塞，但是活塞仍然是低效的混合器和加热器。

两级螺杆/活塞装置也分离加热和压力流的功能，用螺杆加热和混合，用活塞来注射。对于相应的任务，螺杆和活塞都是相对有效的装置，因此该概念是有吸引力的。然而，单位成本较高，并且难以在各级之间设计理想的熔体流动路径。

单级螺杆概念是迄今为止的主要形式。能够旋转和轴向移动的螺杆将加热和混合功能与注射功能结合起来。因此，该形式经常被称为往复式螺杆注射装置（图 4.53）。

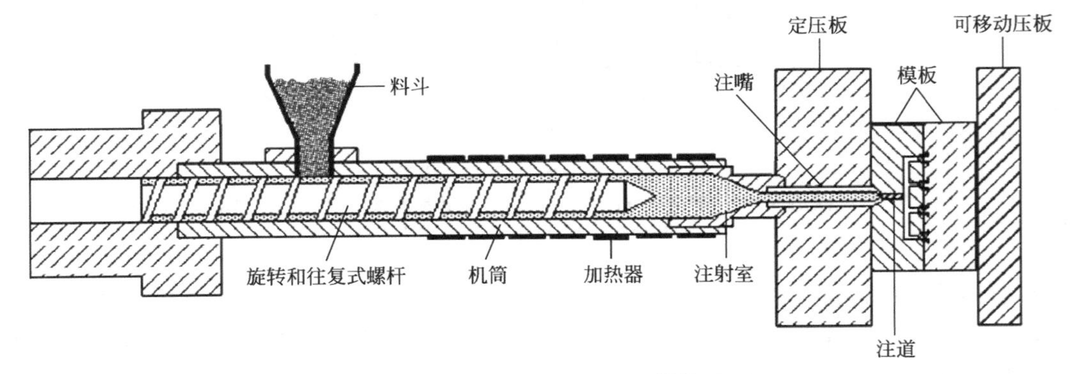

图 4.53　典型往复式螺杆注射装置

螺杆挤出机在加热的机筒内运转，并具有轴向区域，用于连续进给、熔化和计量塑料材料。目前已经有许多不同的螺杆设计，以获得塑化和生产率之间的最佳折中方案，特别是因为计算机数字控制（CNC）设备已经可以切割先前做不到的形状。挤出模拟软件加速了设计过程，可以预测螺杆设计的性能。

理论上，螺杆应当优化用于特定的含氟聚合物，但注射成型机在整个使用期间专用于用途很窄的范围。实际上，几乎所有的注塑机都有螺杆，螺杆的设计综合了大多数热塑性树脂的要求，这称为通用螺杆。通常为注塑机提供额外的螺杆选择。其他选择有排气螺杆，它包含减压区以及用于去除水蒸气或其他挥发性物质的相关排气口。

大多数通用螺杆采用单一恒定螺距的螺纹，螺纹深度从输入端（上游端）到输出端（下游端）逐渐减小（见图 4.54）。

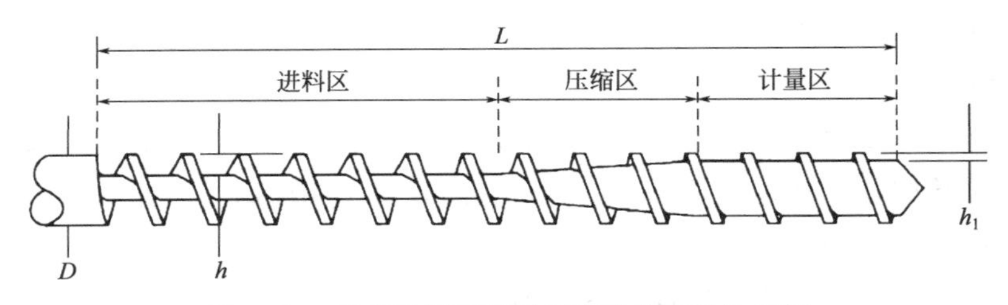

图 4.54　热塑性塑料注射成型的螺杆设计示例

螺距通常等于螺杆直径，螺旋角为 17.8°。螺纹深度在进料和计量区中通常基本恒定，而在压缩区上螺纹以恒定速率降低。进料区通常占据螺杆长度的一半，其中压缩区和计量区各自构成长度的 1/4。这种螺杆的关键参数是长径比（L/D）和压缩比。L/D 影响混合和熔融均匀性，L/D 值越高，结果越好。20∶1 的 L/D 被认为是注射成型的最小值。一些制造商提供 L/D 高达 28∶1 的长螺杆。

压缩比对混合和剪切加热有影响。常用值的范围为（2∶1）～（3∶1）或更大。真正区别在于半结晶和无定形聚合物之间。在加热至熔融温度时，半结晶材料比无定形材料经历更大的体积增加，因此需要的压缩比更低。注射成型装置中的基本顺序是：螺杆旋转，由此加热和熔化材料，该材料沿着螺杆螺纹输送到螺杆的下游端。

可以通过热或机械阀关闭机筒喷嘴，或是由于先前的模制品的存在而关闭机筒喷嘴。积聚的熔体顶着背压，推着仍然旋转的螺杆向后，直到足够的熔体已经积聚，以进行下一次注模。此时，螺杆旋转停止，这是熔体制备阶段。机筒喷嘴打开，螺杆受活塞推动，沿轴向向前移动，但不旋转。

这迫使在螺杆下游端之前积聚的熔体通过喷嘴注入模具中。螺杆的下游端可以配备有阀装置，以防止熔体沿着螺杆回流，这是模具填充或注射阶段。在模具填满后，短时间维持螺杆压力，以补偿在模具中的冷却熔体的体积收缩，这是填密和保持阶段。

在保持阶段结束时，模具保持闭合以使模制件冷却至顶出温度，注射成型装置循环重新开始，同时恢复螺杆旋转和熔体制备。注射装置根据最大注射压力和可用的注射量进行计算。注射压力是在螺杆的下游端可以获得的理论最大值。注射压力随螺杆直径及作用在其上的力而变化。注射压力不应该被混淆（因为经常被混淆）为作用在向螺杆提供力的注射油缸上的液压压力，也不应该被视为可用于填充模腔的压力。

由于喷嘴和模具进料系统中的压力损失，注射压力会更少。注入压力通常以兆帕（MPa）、大气压（bar）或 psi/in^2 表示[60]。最大注射体积或扫过体积是在塑化过程中螺杆直径和其最大回缩行程的乘积。该值以立方厘米（cm^3）、立方英寸（in^3）表示，有时可注入的塑料材料质量以盎司（oz）或克（g）表示。质量计算是不太准确的测量，质量计算与所讨论的塑料材料密度有关。用于换算的数值应该是熔融态的密度而不是固态的密度。

大体上，整个理论注塑体积可用于注射。实际上，体积受停留时间概念的约束。停留时间是塑料材料一个单元穿过螺杆和机筒系统的时间，它随循环时间和注射行程而变化。停留时间的重要性在于，在认为是安全的加工温度下暴露时间多长，塑料材料可能开始发生降解。停留时间本身不依赖于材料，但是材料对停留时间的敏感性会变化，当材料在接近其降解温度下加工时敏感性最大。将接近其降解温度的聚合物在注射装置中长时间暴露是特别不明智的。设备大而注塑量小也很可能出故障，特别是周期长的情况下。

图 4.55 显示了一系列循环时间下的停留时间。注料行程以 D（螺杆直径）表示。例如，如果希望将停留时间限制为 5min，这意味着注料行程对于 50s 循环不应小于约 $1D$，或对于 30s 循环不应小于约 $0.6D$。这两个值分别等于约 25%和 15%的最大注塑体积。一般注塑螺杆的最大注料行程约为 $4D$。优选的注塑体积在 $(1\sim3)D$ 的范围内，或者是最大可用注塑体积的 25%～75%。热塑性弹性体的允许停留时间取决于材料温度。温度应随着停留时间的增加而降低。

欧洲塑料和橡胶工业机械制造商委员会为注塑机制定了标准分类，即 Euromap 国际尺寸分类，由格式为 xxx/xxx 的两组数字组成。第一组数字表示以千牛顿（kN）为单位的合模力。第二组数字是通过将最大注射压力（bar）乘以注塑体积（cm^3）并除以 1000 而得到的注射装置规格。该组数字对于注射成型机分类是有用的。

由注塑机施加在螺杆上的最大注射力保持恒定，因为只有螺杆和机筒配置会更换。这意味着注塑体积与螺杆直径成比例，但与最大注射压力成反比。Euromap 注塑装置规格不受螺杆直径的影响。换句话说，对于某台设备的每个替代螺杆和替代机筒组件，会恢复相同的规格，因此简化了分类的任务。

这个分类对注塑机的详细说明没有多大帮助，详细说明必须有最大注塑体积和注射压力数据[61]。塑料熔体通过注射喷嘴、模具进料系统和模腔时会产生较大的压力降。这些压力损失不能用简单的规则量化。压力损失随流动路径的物理形式、塑料熔体的条件、热交换速

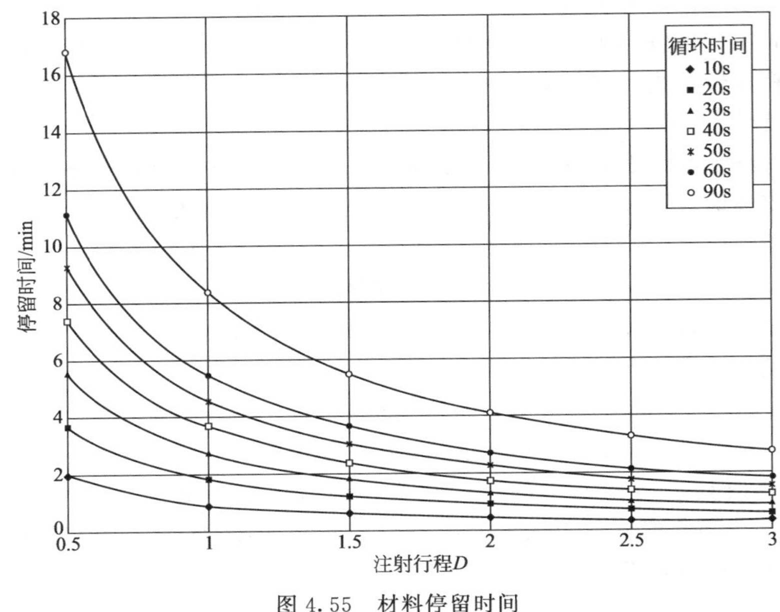

图 4.55　材料停留时间

率、聚合物的类型、注射速率和压力而变化。具体数值可以通过计算机模拟的成型过程[62]提供足够精确的计算。

4.4.4.3　电力系统

注塑机执行各种不同特性的机械运动。开模是一种低力高速运动，合模是一种高力低速运动。塑化涉及高扭矩和低旋转速度，而注塑需要高的力和中等速度。现代注塑机几乎都是一个独立的装置，装有自己的电源。早期的注塑机时常由中央电源运行，中央电源要为整个商店或工厂服务。

在这方面，注塑机已经经历了与机床相同的变化。油压液压已经成为绝大多数注塑机的驱动系统，它们作为动力源，至今几乎没有受到挑战。简而言之，注塑机包含液压油储存器，其通过电驱动泵以高压（通常高达 14MPa）泵送到驱动油缸和电动机。

高压和低压线性运动由液压油缸驱动，并且液压马达用于螺杆驱动和其他旋转运动。在混合装置中，螺杆由电动机驱动，而线性运动仍然靠液压动力，这是常见的。近年来，液压设备的优势已受到全电动设备的挑战。

全电动设备使用新的无刷伺服电动机技术为各种机械运动提供动力。全电动设备的投资成本高于常规设备，但生产中的能耗低得多。这是因为电动机仅在需要时才运行，并且没有由于能量转换、管道或节流而损失。不需要液压油使得全电动机本身更清洁，因此全电动设备对于无菌或无尘室是有吸引力的。还有证据表明，全电动设备运动的问题可以解决，因此它比液压系统精度更高、可重复性更好。

4.4.4.4　控制系统

在现代注塑机中，整个操作顺序和必要的选择是非常复杂的（图 4.56），参数和调整范围也很复杂，因此需要精确和自动地控制加工过程（表 4.15）。控制最终由阀、调节器和开关来执行，现在很少单独手动控制。目前都是不同程度的电子控制，从可编程逻辑控制器的简单部分控制到完全集中计算机控制。

	在多模腔具中的不平衡腔体	调整注道和浇口的尺寸
	过薄的区域	重新设计部件
凹痕	熔体温度过高	降低机筒温度
	注射材料不足	增大进料 提高机筒温度 提高模具温度 扩大浇口

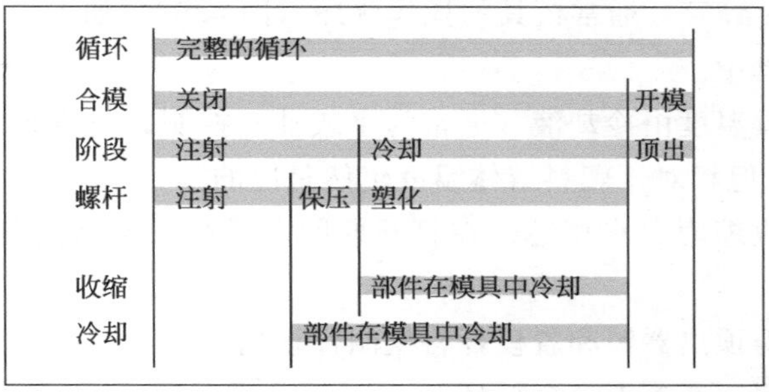

循环　完整的循环
合模　关闭　开模
阶段　注射　冷却　顶出
螺杆　注射　保压　塑化
收缩　部件在模具中冷却
冷却　部件在模具中冷却

图 4.56　注塑成型周期的主要要素

表 4.15　一些注塑成型工艺因素

温度	时间	距离	速度	压力或力	分布
熔体	保持转换	保持转换	螺杆转动	保持转换	注射压力
模具	打开	快速打开	注射行程	注射	注射速度
喷嘴	滑座向前延迟	慢速打开	滑座	峰值	保压
机筒区	保持	顶出	慢开模	保压	
进料口	滑座返回延迟	注道残料断脱	快速打开	返回	
粒料	螺杆启动延迟 冷却 顶出 周期延迟	反吸 注射 缓冲	慢速打开 顶出	喷嘴保持 闭模 开模	

注：摘自 Maier C，Calafut T. Polypropylene，the definitive user's guide and databook. Norwich (NY)：William Andrew Publishing；1998。

通常为注塑机提供各种控制选项，以适应各种最终用途和预算。由于对注射螺杆程序等引入了闭合反馈回路控制，注射成型机的精度和重复性得到了很大改善。闭合反馈回路控制原理是使用传感器去测量要控制的机构的速度、位置和压力等重要参数。读数由控制系统处理，控制系统产生控制信号至调节机构的伺服阀。该过程通常被称为反馈。实际上，系统监测器自身检查其是否按照指示执行，如果不是，则根据偏差进行调整。

4.4.5　注塑模具

注塑模具执行两个重要功能：它限定模制部件的形状，并且起热交换器的作用，将热塑性材料从熔体温度冷却至顶出温度；它必须设计非常坚固，以承受注射和合模力；它必须以高速自动操作。注塑模具的制造必须高度精准。模具对成品部件也有一定的影响，但并不明显。模制品的尺寸和性能极大地受剪切速率、剪切应力、流动模式和冷却速率的影响。其中一些因素受模具和设备的影响，其他因素几乎完全随模具变化。这些因素的结合使得注塑模具成为昂贵的物品。以并行工程、流动和冷却的计算机辅助分析以及高速和计算机控制等形式的现代技术有助于降低成本。因此，标准模具部件的规模经济化和专业化也有助于降低成本。即使如此，模具成本常常使模具的购买者失望，他们可能通过降低模具质量来降低成本。这是一种错误办法，这只能使模制品更昂贵。高品质的模具是不可替代的[63]。

4.4.5.1 注塑模具部件

注塑模具结构的主要部件见图 4.57。通常模具的操作顺序（图 4.58）如下。

① 将塑料材料注入封闭的模具中。

② 模具冷却时保持关闭。模具温度由冷却液（通常为水或油）控制，由冷却通道泵送。即使模具相对于环境温度是热的，但相对于塑料熔体温度仍然是冷的。

③ 模具打开，留下的模制件收缩附着在型芯。在打开期间，通过凸轮缩回侧面的机械装置，释放模制件上的凹陷。

④ 顶出器平板向前移动，使得顶出器销和脱模杆将模制件顶出型芯。

⑤ 顶出器平板返回，模具关闭，准备下一个循环。

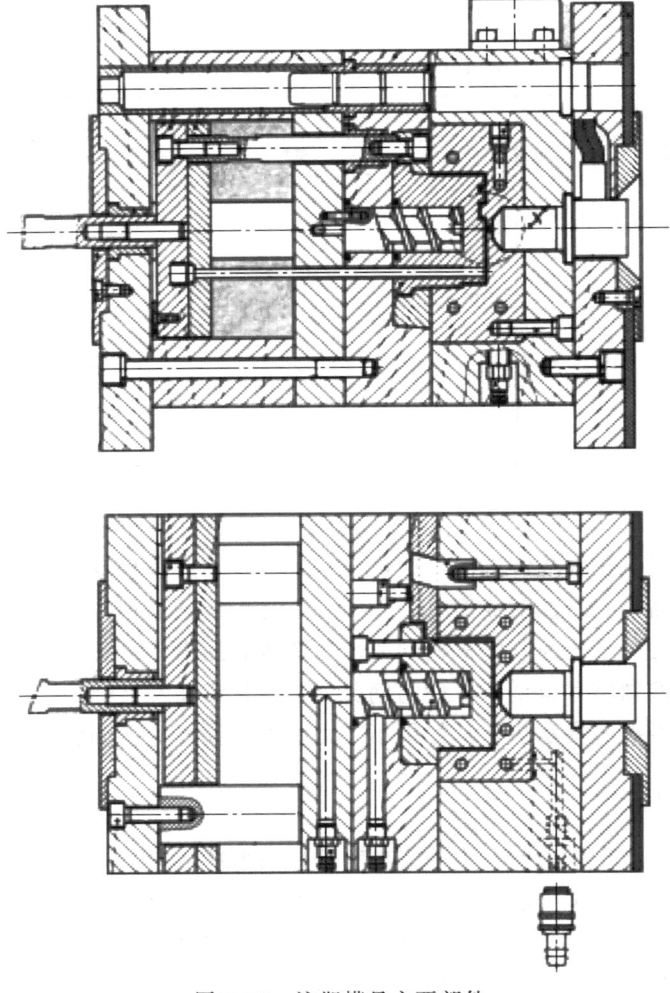

图 4.57 注塑模具主要部件

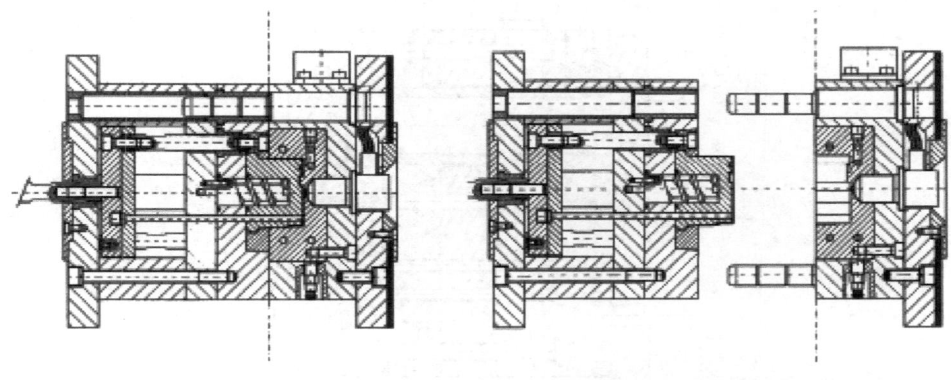

(a) 将塑料材料注入封闭的模具中　　(b) 模具打开，使模制品收缩附着于模具的型芯

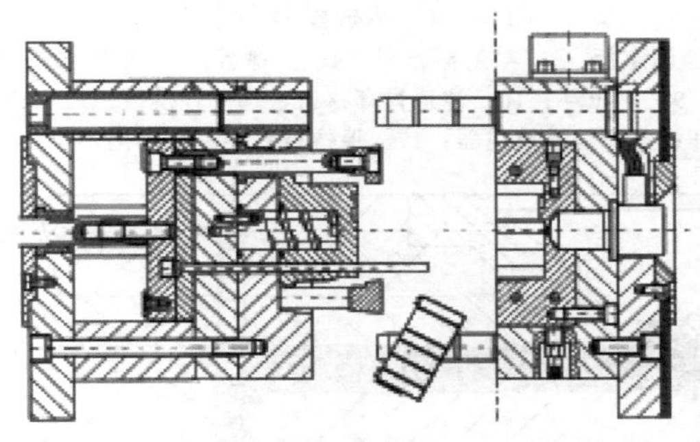

(c) 顶出器平板向前移动，使推出销和脱模杆推动模制品从型芯脱离

图 4.58　模具操作顺序

4.4.5.2　注塑模具类型

每种模制部件都不同，因此每个模具都是独一无二的。然而，还是可以区分一些标准特征和类型。所有模具通常都适用于热塑性弹性体。模具主要类型有两板、三板和组合模具。也可以通过进料系统进一步区别，分为冷流道或热流道。这些分类有时会重叠。三板模具有冷流道进料系统，组合模具有热流道进料系统。双板模具可以有冷进料系统和热进料系统[60]。

(1) 两板模具

两板模具在其结构中有两块板以上。从图 4.59 可见，该模具打开或分成两个主要部分。固定半模或注射半模连接到设备的固定压板，而移动或顶出半模连接到移动压板。这是最简单的一类注塑模具，可适用于几乎任何类型的模制品。限定模制件形状的模腔和模芯（有时称为型腔）是这样安排的，当模具打开时，模制件保持在顶出半模。在最简单的情况下，这是由收缩引起的，收缩使模制件夹紧在型芯上。有时，可能需要采取积极措施，例如凹陷结构或模腔鼓风，以确保模制件保持在顶出半模。

(2) 三板模具

之所以称为三板模具是因为当注塑机开模时，它分成三个主要的连接件（图 4.60）。除了像两板模一样，有固定压板和移动压板之外，中间还有一块活动模腔压板。

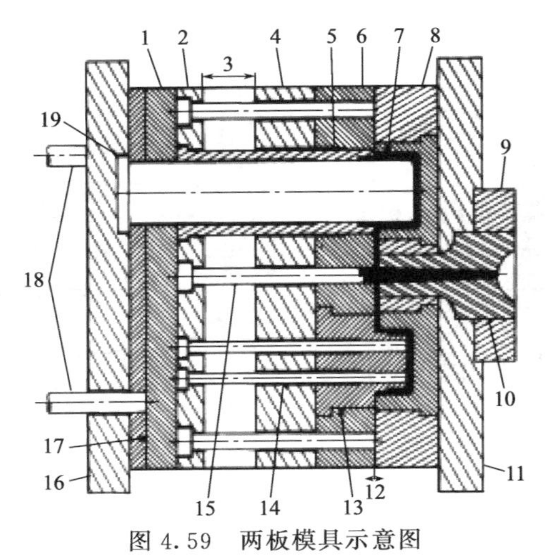

图 4.59　两板模具示意图

1—顶板；2—喷射器固定板；3—喷射器行程；4—支撑板；5—套筒式喷射器；6—后模腔板；7—模腔；8—前模腔板；9—定位环；10—注道衬套；11，16—合模板；12—分模线；13—型芯或阳模；14—顶出器杆；15—浇道拉拔器；17—保持板；18—顶出销；19—型芯或阳模杆

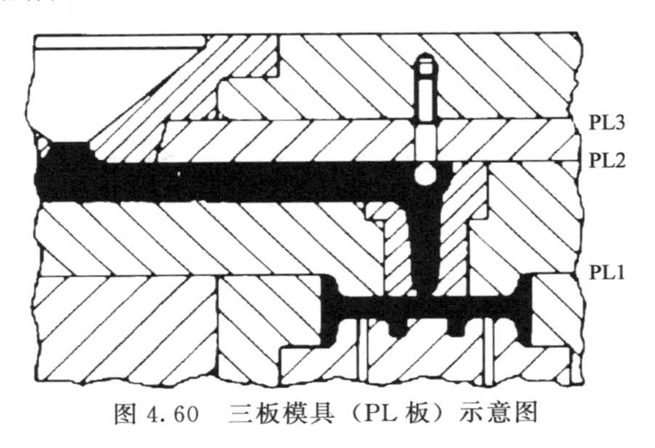

图 4.60　三板模具（PL 板）示意图

进料系统放置在固定注射半模与活动模腔压板之间。

模腔和型芯放置在活动模腔压板的另一侧与移动顶出半模之间。当这两块板分开时，从中取出制品。

三板模具需要单独的进料顶出系统和模制品顶出系统。通过各种连接装置，从开模行程获得进料系统顶出器的动力以及活动模腔压板的运动的动力。模制品顶出系统通常由注塑机顶出系统提供动力。

当需要在中心而不是边缘位置注入多个模腔时，通常使用三板模具。这是出于流动原因：避免夹气，由不均匀收缩造成椭圆，或由不平衡流动引起的偏芯。这种类型模具的优点是自动切除模制件上的浇口料。缺点是对于相同部件，三板模具进料系统的体积大于双板模具的体积，并且模具构造更复杂、价格更昂贵。

(3) 组合模具

组合模具的特点是在打开位置有两个或多个压板开距。两个压板开距是正常的（图 4.61)，但也有多达四个的。组合模具的目的是增加模具中的模腔数量，而不增加投影面积，因此不增加注塑机所需的合模力。这是通过在每个压板开距之间提供空腔和型芯来实现的。如果每个压板开距的投影面积相同，则来自每个压板开距的开启推力的反作用力会消除，使得总开模力不大于在单个压板开距下形成的开模力。

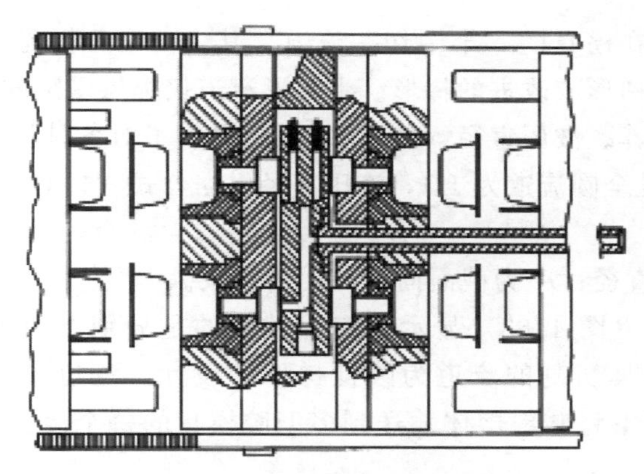

图 4.61　组合模具的示意图

由位于活动模腔压板中的热流道系统给模腔进料。每个压板开距需要单独的顶出系统。模具工程和热流道控制系统是复杂的，并且当多于两个压板开距时变得更为复杂。组合模具通常用于相对小且薄部件的大批量生产，例如包装用的瓶盖等。

4.4.6　注射成型进料系统

进料系统是模具中流动熔体通道的名称，它位于注射成型机的喷嘴与模腔之间。这种显而易见的功能对模制过程的质量和经济性具有相当大的影响。进料系统必须在合适的温度下将塑料熔体传送到模腔，不得给进料施加过大的压降或剪切，并且不应使多型腔模具中各模腔条件不均匀。其实，进料系统是注射成型不期望的副产物，因此进一步的要求是将进料系统的量保持在最小，以减少塑料材料使用量。

最后的考虑是冷流道系统和热流道系统之间的主要区别。冷流道进料系统与模具的其余部分保持相同的温度。换句话说，它相对于熔体温度是冷的。冷流道与模制件一起固化，并且在每个循环中作为废料顶出。热流道系统保持在熔体温度，冷模具内作为单独的热系统。热流道系统内的塑料材料在整个循环中保持为熔体，并且最终用于下一个或随后的循环。

因此，热流道系统的进料系统废料很少或没有。热流道系统将设备塑化系统和与模具之间的界面有效地移动到模腔处或其附近。在冷流道系统中，界面位于模具的外表面，处于注塑机喷嘴与注道衬套之间[63]。

4.4.6.1　冷流道

冷流道进料系统包括三个主要部件：注道、流道和浇口。

注道是与注射装置的轴线对齐的锥形孔，它将熔体输送到模具的分模线。流道是在模具的分模面中切割的通道，以将熔体从注道输送到非常接近模腔的位置。浇口是将流道连接到模腔的相对小且短的通道。浇口是熔体进入模腔的入口点[62]。流道有多种截面构型（图 4.62)，但并非所有流道都具有相同的性能。流道本身的最佳形状是全圆形截面，分别在模具的两半切割。这是熔体流动的最有效的形式，它不会使熔体过早冷却。

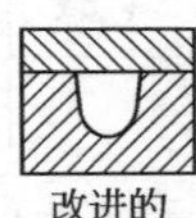

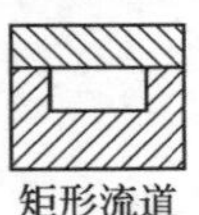

图 4.62　常见流道形状

在某些情况下，仅在模具的一半中切割流道，其中一个原因是为了降低加工成本。此时，首先选择的流道是梯形或改进的梯形。半圆形流道仅提供受限的流动通道，并且冷却的表面积较大，因此不推荐。液压直径（D_H）的概念提供了对各种流道形状的流动阻力进行排名的定量方法[64]。设全圆流道为1D，液压直径根据公式（4.3）计算：

$$D_H = 4A/P \tag{4.3}$$

式中，D_H 为流道直径；A 为截面面积；P 为周长。

等效液压直径结果（图4.63）显示具有优越性的是分别在两个半模切割全圆流道的设计以及在其中一半模具切割的流道为改良梯形的设计。流道布局应设计成在相同的时间、温度、压力和速度下将塑料熔体输送到多型腔模具的每个腔。这种布局称为平衡流道（图4.64）。

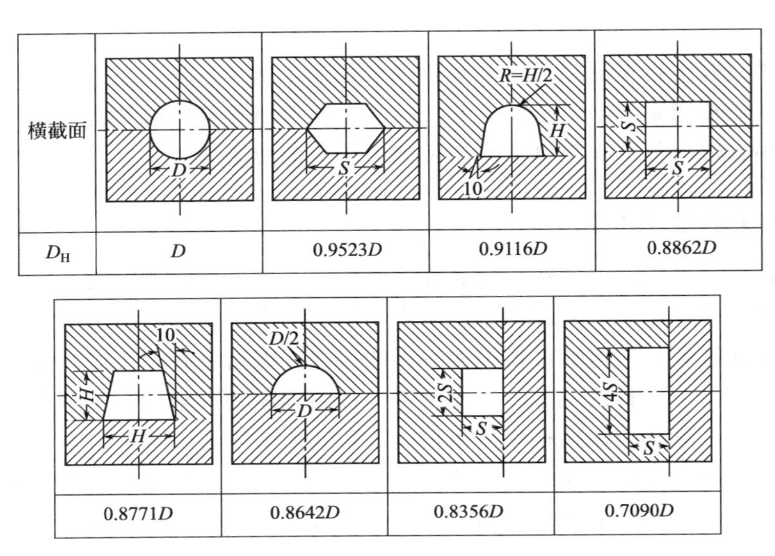

图4.63　常见流道形状的等效液压直径

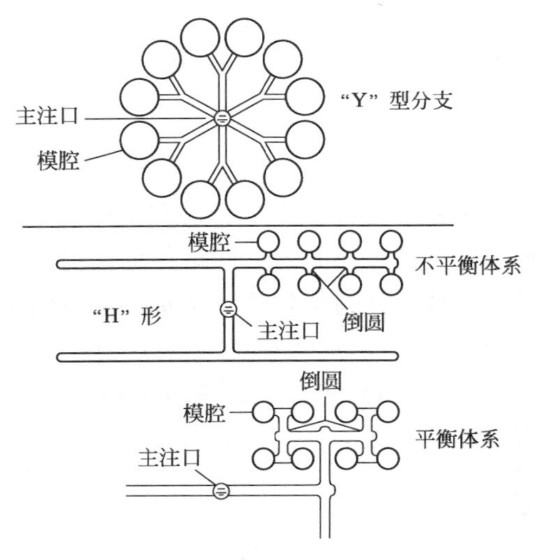

图4.64　平衡和不平衡流道布局

平衡流道通常比不平衡流道消耗更多的材料，但是由于模制件的均匀性和质量得到改善，平衡流道的缺点显得不太重要。在模腔不相似的多腔模具（称为家族模具）中的平衡可以通过仔细改变流道直径来实现，以便在每个流动路径中产生相等的压力降。这种平衡只能通过计算机流动模拟有效地实现，现在这种方法应该是注射模具设计的规范。如果使用流动模拟软件，则将精确计算流道尺寸，然后将其调整为标准切割器尺寸。

4.4.6.2　注道

注道通常是注射成型过程中最厚的部分，并且在极端情况下可能影响周期时间。由于注道是一个废料部分，本来不应该让其产生。为什么有时还采用注道，原因是几乎无法控制注道的尺寸。注道长度由固定半模的厚度确定，而直径主要随注塑机喷嘴孔和释放锥形销变化。有时，注道可以起自动注射处理系统的控制点的作用，但是在大多数情况下，解决的方法是取消冷注道，采用加热的注道衬套（图 4.66，图 4.65）作为热流道装置。在这种情况下，注道衬套中的材料保持为熔体，而冷流道系统要通过残留注道注入。

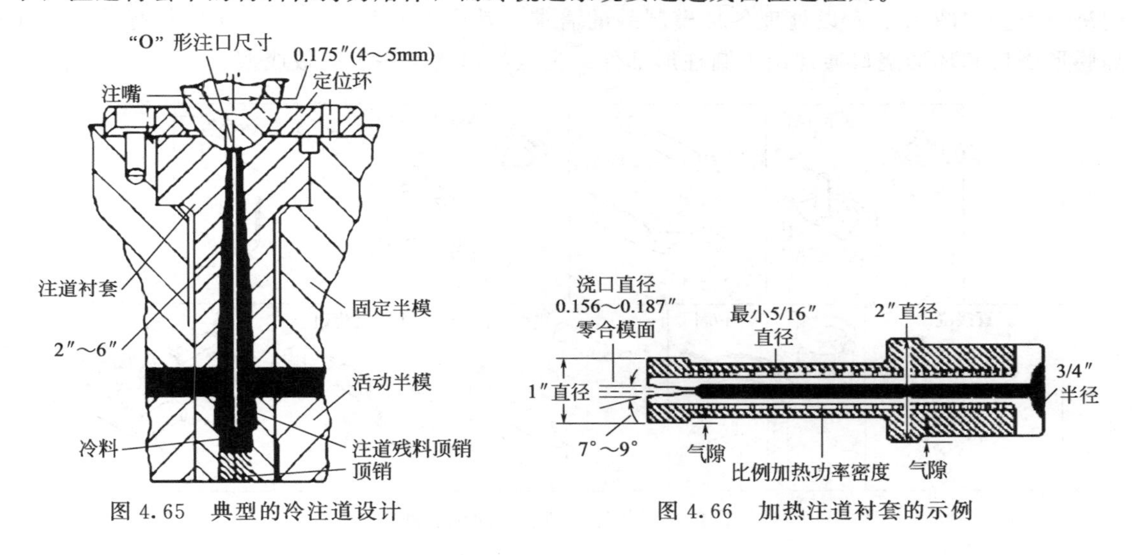

图 4.65　典型的冷注道设计

图 4.66　加热注道衬套的示例

4.4.6.3　浇口

浇口是流道与模腔之间的进料系统的区域。它是塑料熔体进入模腔的入口点，并且是模具的重要构件。其位置和尺寸对模制成品具有相当大的影响。一个或多个浇口的位置直接影响模腔中的流动路径，因此对填充压力、熔合线质量和夹气等问题具有主要影响。对于每个模制品，必须分别判断浇口位置。有经验的实践者通常可以针对几何形状相对简单的零件评估最佳浇口位置，但是对于复杂零件，最好通过计算机辅助流动分析浇口位置。

浇口的位置选择的一些建议：

① 浇口要靠近厚的部位，以确保它可以顶出；

② 浇口的位置要使浇口疤痕或迹印不影响外观；

③ 将浇口定位在容易切削的位置；

④ 对于对称零件，浇口的定位要流动对称；

⑤ 浇口要最大限度减少夹气和熔合线；

⑥ 浇口不能使模芯周围发生不平衡流动；

⑦ 浇口的位置不能引起高应力或高填密问题；

⑧ 浇口的定位要使液流注到模具面，而不是空隙中；

⑨ 浇口的定位要使收缩差最小化。

相对于模制件和上游进料系统，浇口通常较小。这主要有两个原因。浇口用作将填充的模腔与进料系统隔离的热阀。当浇口冻结时，不再发生流动。非常大的浇口将冻结缓慢，并且可能使压缩的熔体从模腔回流进入进料系统，因此浇口设计的一个目的是获得浇口尺寸，使之在注射-填充期间保持打开，之后立即冻结。

浇口尺寸小的另一个原因是，进料系统可以容易地从模制品中去除，留下的痕迹很少。浇口中的流动条件非常苛刻。熔体被加速到高速，会经受高剪切速率。这是保持浇口短的主要原因。浇口长度通常被称为合模面长度。如果浇口合模面非常短，则在浇道和模腔之间的模具中将存在弱的部分，并且将没有足够的间距使用切割器去除浇口。

在熔体通过浇口期间，可能发生摩擦加热，在热敏材料的进料系统设计时会考虑此问题。对策是保持机筒低温，并在进料系统的最后时刻产生额外的热量。目前已开发了许多不同浇口类型（图 4.67）以处理各种模制品的需求。其中一些与特定的几何形状有关。例如隔膜形浇口和环形浇口通常用于圆柱形部件。尖点浇口通常用于三板成型。

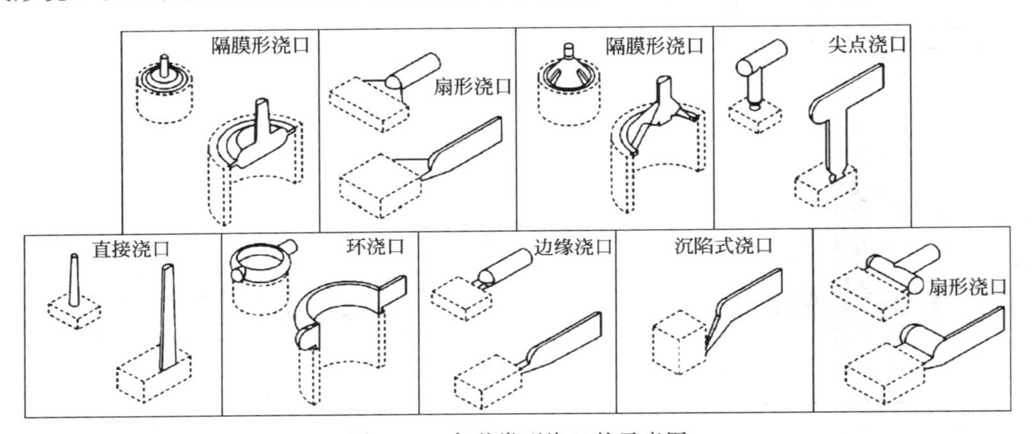

图 4.67　各种类型浇口的示意图

最常见的浇口类型是边缘浇口。边缘浇口通常横截面为正方形或矩形，并且只在模具的一个分模面上切割。有时也使用圆形截面浇口，但必须在两个分模面上均等地切割。不建议使用半圆形截面浇口。浇口尺寸取决于产品几何形状，并且在新模具的测试期间经常要反复试验来调整。

唯一可行的方法是浇口开始时尺寸小，然后尺寸逐渐增大。单模腔模具中的简单大面积部件的浇口可以直接从注道到模腔，这被称为注道-浇口或直接注道-浇口。必须在随后的加工操作中去除浇口，但会留下迹印。注道-浇口可能是处理这类模制品的最简单方法。

相对大面积的薄壁部件最好选用扇形浇口。溢料式浇口是扇形浇口的改良，用于在任何点难以从各个浇口填充的薄壁部件。溢料式浇口非常宽且浅，流动面积大而且凝固时间短。环形浇口和隔膜形浇口在概念上与溢料式浇口类似。它们通常用于生产没有熔合线的部件以及因为不平衡流动引起芯移位的圆柱形部件。

沉陷式浇口，也称为隧道式浇口，在模具的一半切割，而不是在分模面上切割。这构成了凹陷，它由流道和浇口顶出时被分离。沉陷式浇口的优点是通过切断浇口时的顶出动作，使进料系统自动与模具分离。腰果形浇口是一种改良，浇口加工成弯曲形状，仅适用于软质类部件。另一种浇口称为柄形浇口，在防止喷射到开放的空腔中或者当预料在浇口附近会存在一些缺陷时采用。柄是模制品上的一个小延伸，加料时，边缘浇口与其轴线成直角，随后从成品零件中去除柄。

4.4.6.4 热流道

热流道系统的一个优点是将进料通道保持熔融状态，并去除与冷进料系统相关的废物。另一个优点是进料系统的压力降小于冷流道装置的压力降[62]。主要缺点是需要在模具内保持两种完全不同的温度状态。这引起温度控制和差动膨胀的问题。热流道模具的成本也远大于冷流道模具。然而，重要的不是模具的成本，而是模制品的成本，在这里热流道模具仍然有优势。除非订单数量低或需要频繁的颜色变化，否则人们更喜欢热流道模具。热流道还存在一些控制和工程的问题，但是在这一领域已经取得了巨大的进步，现在已经有非常先进和可靠的设计。

大多数热流道部件制造商能够提供完全设计的系统，使得制模工和模具制造商免于设计责任。传统上，冷流道模具已经成为常规，热流道是例外，但现在的发展理念正好相反。热流道系统的中心（图 4.68）是歧管，这是分配构件，流动通道保持在熔融温度。通道将熔体从浇道的单个入口处分配到喷嘴的多个出口，在多腔模具中供料给各个模腔，或作为多路浇口供料给单个大模腔。

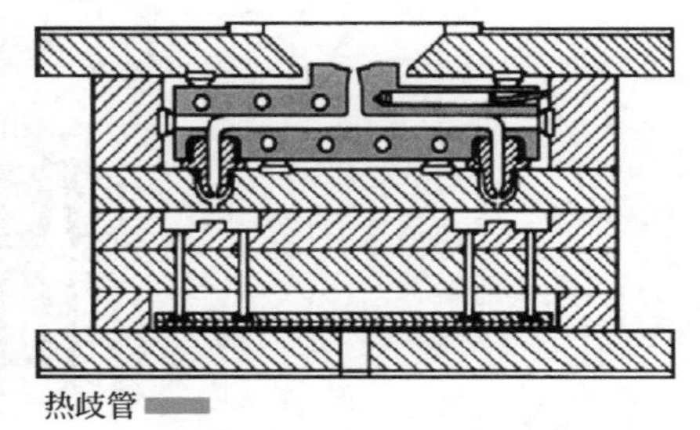

图 4.68 热流道模具示意图

多路浇口是热流道最重要的应用之一，它使大部件中的流动长度处于容易控制的范围内。相同的对策也限制了必要的合模力。热歧管与冷却模具的其余部分之间的接触必须保持最小，以防止热流动。这一般通过使用气隙来实现，气隙可以膨胀，但是在设计中必须小心确保模具的机械强度，保持足够的合模力。

使用内部加热的热流道减少了热传递问题，但缺点是环形流动通道相对效率低。这些通道的压力降比未阻塞的通道更大，并且还易于成为“缓慢流动”区域，材料可能不流动并分解。热流道最初称为保温流道。保温流道使用流道直径很大（直径约 20～35mm）的未加热歧管，由于塑料导热性差，能够确保大直径流道中心的流动通道总是保持熔融状态。

保温流道不能精确和一致地控制模具，现在已很少采用。热流道歧管与模腔之间通过热喷嘴连接，热喷嘴可与周围衬套结合运行。有各种喷嘴类型供浇口选择（图 4.69 和图 4.70)，如有迹印或没有迹印的。热流道喷嘴可以设置截流阀来精确控制流量。图 4.71 是分别在内部和外部加热的热流道中的速度分布。

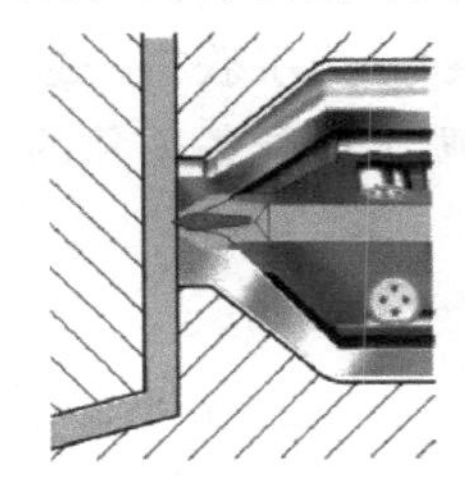

带环状印标(直径可变)的尖点浇口

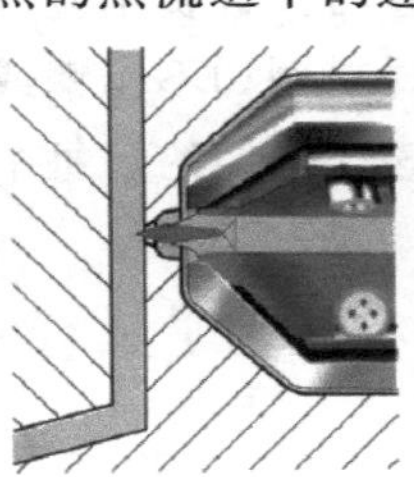

不带环状印标(直径可变)的尖点浇口

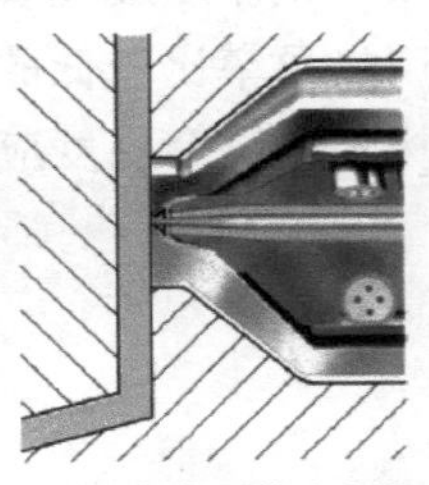

由截流阀修平的尖点浇口，在模制品上留有环形印标

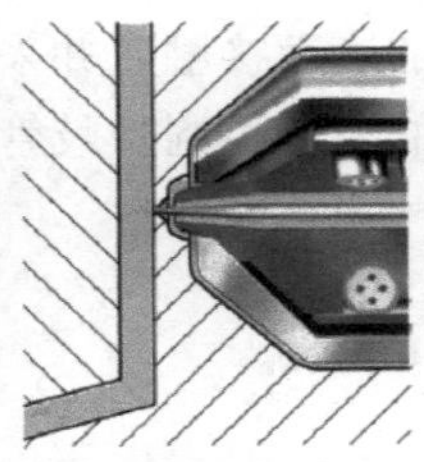

由截流阀修平的尖点浇口，在模制品上没有环形印标

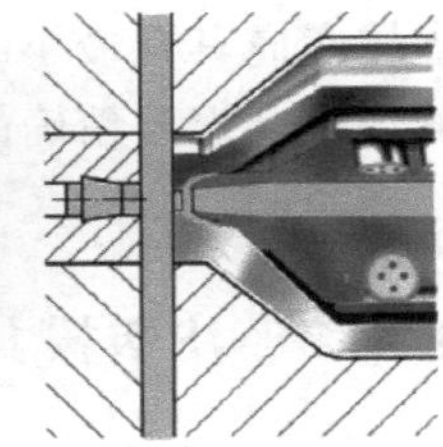

流道上的宽浇口，用于特殊用途

图 4.69 某些类型的直接热流道浇口

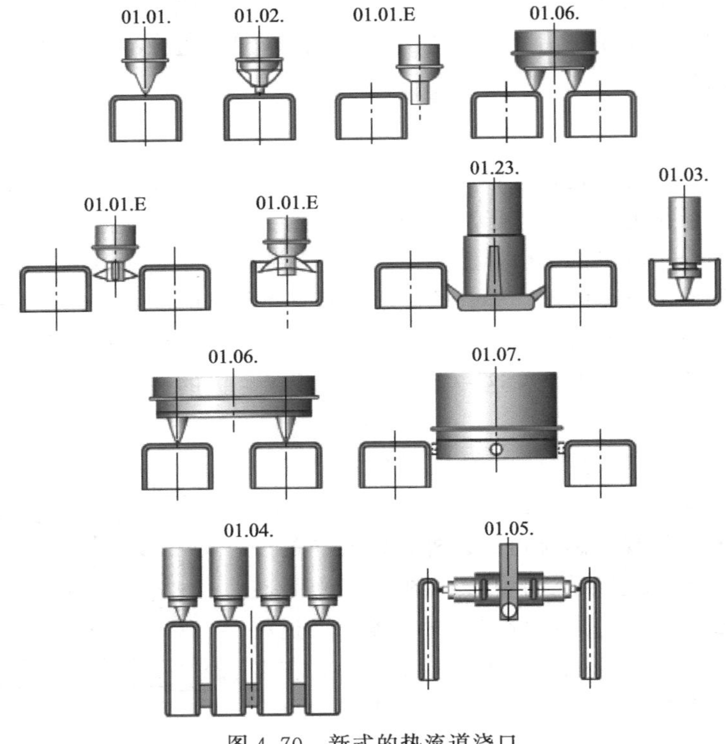

图 4.70　新式的热流道浇口

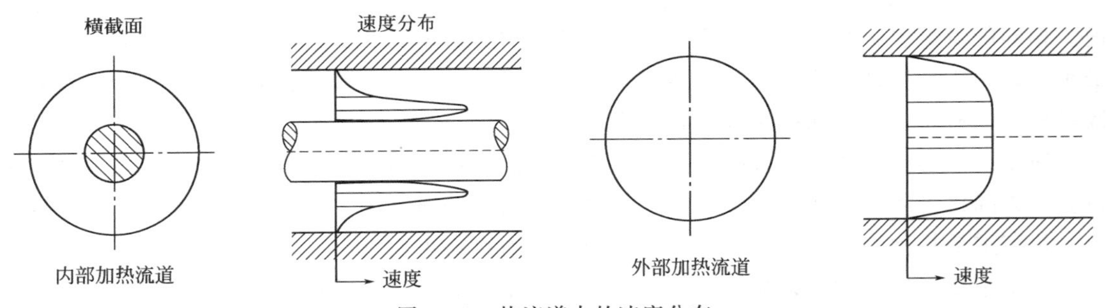

图 4.71　热流道中的速度分布

近年来，在用于小型而且空间闭合的模腔方面的热流道喷嘴设计已经取得了巨大的进展。这些设计使得一个喷嘴供给多个模腔，并且还可以选择不同的浇口，在成品部件上几乎检测不到迹印。流动通道应当流线化以防止流动缓慢或停滞。各转角应该是圆弧形的。歧管支撑座应具有最小的表面接触，并采用热导率比较低的材料例如不锈钢或钛。为了获得一致的结果，需要精确的温度控制。歧管构件的整个温度应该是均匀的。每个喷嘴应配备单独的闭环控制。

4.4.7　注塑模具特点

4.4.7.1　材料

注塑模具有严格要求，与构造材料有直接关系。模具材料必须承受高注射压力和合模力。模具材料必须是良好的导热体，易于机械加工，并且能够再现精细的细节和采用高精加工。模具材料必须耐腐蚀、耐磨。用于热塑性弹性体加工的注射成型机的模具和其他部件构造所需的特定材料会单独讨论。

4.4.7.2　冷却

注塑模具的基本要求是从模制品中提取热量。在每个循环中，模具用作热交换器将注射的材料从熔融温度冷却到模制品顶出的温度。其效率对生产速度有直接影响。通过冷却液在通道循环，特别是在模腔和模芯中循环（图 4.72），从注射模具中除去热量。冷却剂通常是水，但如果模具要在接近或高于水的沸点的温度下冷却，则可以用油。这种模具相对于室温显得热，但与塑料熔体相比仍然是冷的。

模芯直径 模芯宽度 d/mm	说明	设计
⩾3	开模用空气排热	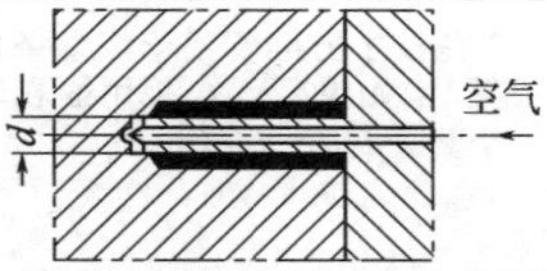 d；空气
⩾5	铜管或导热管将热量导至加热/冷却介质	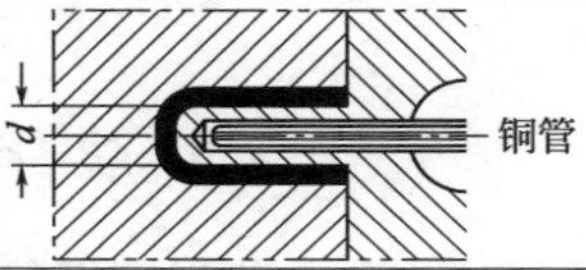 d；铜管
⩾8	细长加热/冷却通道(带螺旋管)	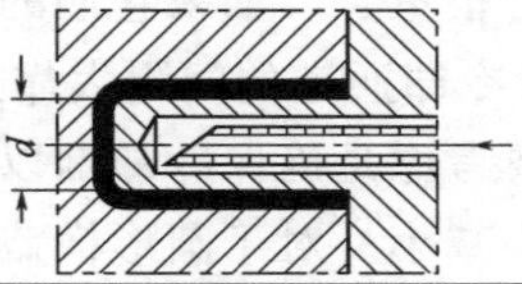 d
⩾40	螺旋加热/冷却通道管芯	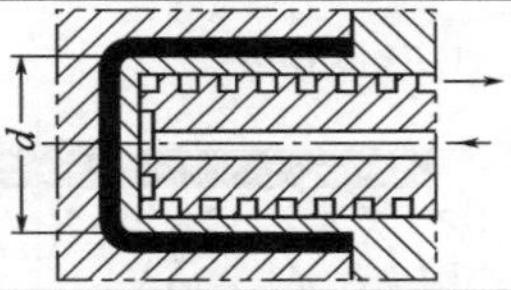 d
管芯 S⩾4	加热/冷却带双螺纹螺旋的管芯	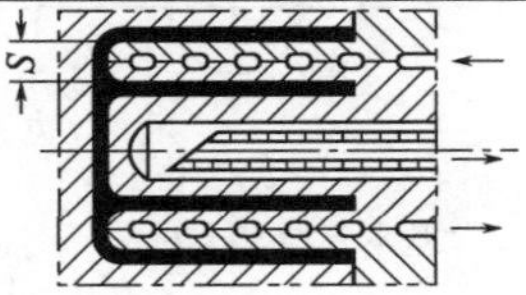 S

图 4.72　各种尺寸模芯的冷却系统布置

如果模具要在低温下冷却，通常使用水和乙二醇的混合物循环。偶尔，冷却剂可以是空气，但是这是低效的热传递手段，并且应该被视为最后没有办法的手段。冷却通道是模具设计中的难题。模芯和模腔插入件、顶出器杆、紧固件和其他重要的机械部件都对冷却通道的定位有限制，似乎这些因素都比冷却重要。然而，均匀和有效的冷却对于模制品的质量和经济性是至关重要的，因此通道定位必须在模具设计中占优先地位。冷却通道设计不可避免地要在热理想性、实际可能性和结构合理性之间妥善处理（图 4.73）。

对于热量，理想的应该是在模制件的整个面积上溢流冷却，但是受压的模具腔会不能支撑，而且像顶出器那样的机械零件不能适应。支承可以采用支撑肋阻断溢流冷却室，但是由于需要制造和密封冷却室，模具构造复杂。合理和实际的综合考虑是构造易于加工的通孔冷却通道，连接模具内或模具外部以形成完整的冷却回路，可能是合理和实际的。

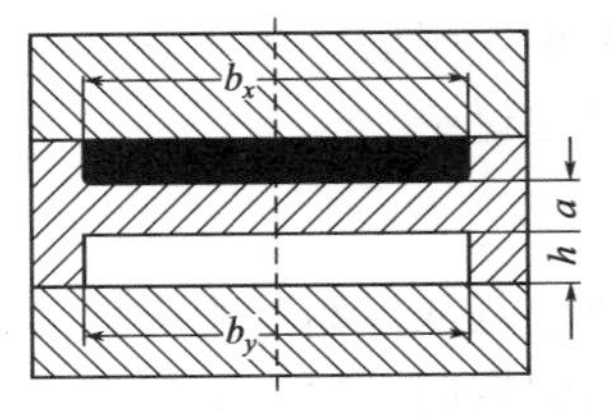

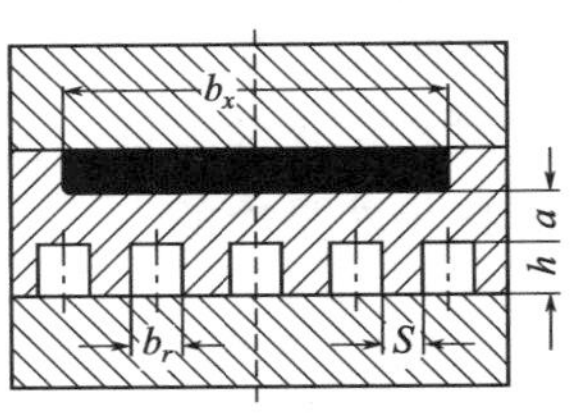

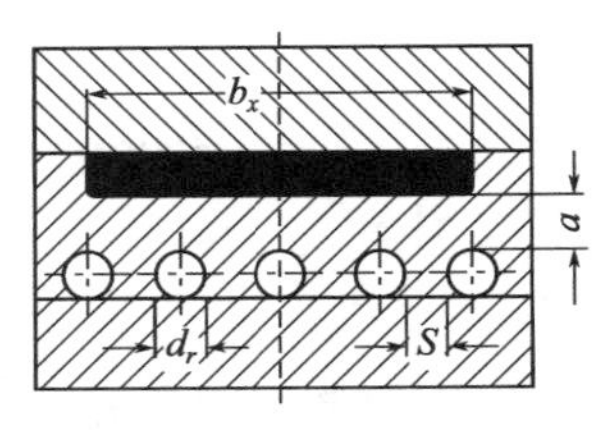

图 4.73　冷却通道注意事项

正确布置冷却通道很重要。如果它们的间隔太宽，会引起模腔或模芯表面温度比较大的波动（图 4.74）。如果冷却通道的间隔太靠近或太接近模腔表面，则模具结构变弱。冷却通道设计中的另一个重要考虑是确保冷却剂以湍流而不是层流（流线）流动。冷却系统的热传递系数在层流中会急剧减小。对于圆形横截面的通道，当雷诺数大于 2300 时会发生湍流。

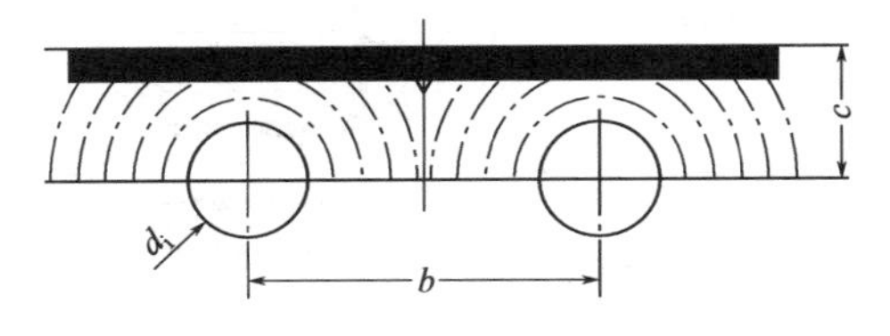

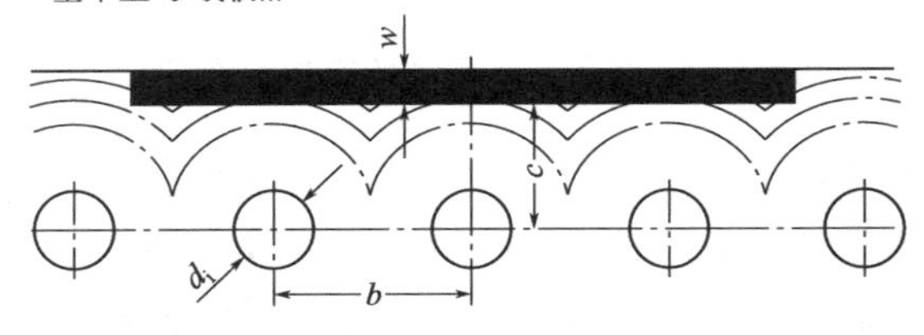

图 4.74　好通道和不好通道的布局

随着湍流增加，冷却系统的热传递系数继续增大，因此冷却通道雷诺数的设计极限应该至少为 5000，最好是 10000。如果冷却剂的体积流量保持恒定，则可以通过减小通道的尺寸来增加雷诺数。这与通常的想法相反，一般认为通道越大必然冷却更好。

由于油或防冻液比水的黏度大，因此很难用油或防冻液实现湍流。壁温度对冷却时间的影响仅次于壁厚[64]。壁温差可能导致零件翘曲。如果需要更高的温度，可以用水和油冷却热塑性模具，因为水调节的设备限于 140℃。

4.4.7.3　排气

当注射模具填充时，进入的高速熔体流受到进料系统和模腔中的空气的阻挡。模具通常依赖于分模面之间的气隙以及模芯和模腔的组装部件之间的气隙给空气提供泄漏路径，但是这不能代替设计的排气口，所有模具应该设计排气口。只要排气口加工到正确的深度，注射的材料不会由于气隙而溢料。

如果需要，可以使用多个排气口，高达60%的周边可以排气。单个排风口的宽度不应超过6mm。排风也可以用于防止夹气或将夹气最小化。当注入的塑料熔体流围着模腔中某个区域，并把它隔离时，会发生夹气，陷入的空气被快速压缩和加热。燃烧或烧焦的材料通常与夹气有关。最好的补救办法是重新设计流量以消除夹气，但如果不可能做到，采用排气是有帮助的，只要排气口位于正确的位置。大多数夹气不能通过模具的分模面排出。相反，排气口可以加工在插入的销钉或模塞处。但这种排气口容易堵塞。由于这个原因，通常使用顶出销来排气。另一种方法是使用多孔的钢插入件排气。

4.4.7.4　顶出

从模具移除模制品的过程以及完成顶出工作的手段称为顶出。顶出器不可避免地在模制件上留下迹印，因此要确定好顶出器在模具中的布置。一旦基本方案确定，通常顶出器的位置没有太多的选择，因为要考虑模制品的外观能否接受。这些选择受模具中的其他部件的限制，顶出器还有克服模制部件的阻力。

顶出可以通过销或脱模板，或两者的组合等手段。脱模板作用在部件的整个周边，因此可以均匀分布顶出的力。这是用于薄壁部件的最佳方法，但是该方法难以应用于不是圆形周边的模制品。另一个改进是采用脱模杆在模制品周边推动。大多数采用销顶出，通常是圆柱形销。

矩形销可用于狭窄的面积，矩形销通常被称为片形顶杆。中空顶杆销（也称为套筒式顶杆）通常用于将模制品从小芯销推出。深撑或薄壁部件的顶出经常借助气阀，气阀可以阻断模制品与模芯之间的真空。

4.4.8　注塑机各部件所用材料

熔融热塑性弹性体的降解产物通常不具有腐蚀性，因此没有必要用耐腐蚀金属来制造与熔融聚合物接触的机器部件，因为耐腐蚀金属的价格明显高于低等级的钢。然而，有些情况下需要使用耐腐蚀金属（参见描述各种热塑性弹性体的章节）。

加工表面的腐蚀可能导致成品的污染和物理性能的劣化。表4.16列出了推荐用于注塑机各部件的金属合金和供应商。对用于加工时会产生腐蚀性分解产物的热塑性塑料的注塑机，像Xaloy 309和Bernex C240这样的材料适用于制造机筒，Hastelloy C-276适用于制造螺杆、注嘴接头和喷嘴。

表4.16　一些耐腐蚀金属合金及其供应商

金属合金牌号	供应商	部件
Hastelloy C	Stellite Division，Cabot Corporation，Nokomo，Indiana，USA	螺杆、注嘴接头和喷嘴
Hastelloy C-276	Stellite Division，Cabot Corporation，Nokomo，Indiana，USA	螺杆、注嘴接头和喷嘴
Duranickel	International Nickel Co.，Huntington，West Virginia，USA	螺杆、注嘴接头和喷嘴

续表

金属合金牌号	供应商	部件
Monel	Sales@epsi-metals.com	螺杆、注嘴接头和喷嘴
Xaloy 309	Xaloy, Inc., New Brunswick, New Jersey, USA	机筒和机筒衬里
Brux	Brookes (Oldbury), Ltd, Oldbury, Warely, Worcestershire, UK	机筒和机筒衬里
Reiloy	Reiloy Metal GmbH, Köln, Germany	机筒和机筒衬里
Bernex C240	Berna AG, Olten, Switzerland	机筒和机筒衬里

注：摘自 Ebnesajjad S. Fluoroplastics, volume 2: Melt processible fluoropolymers, the definitive user's guide and databook. Norwich (NY): William Andrew Publishing; 2003。

模具表面的腐蚀速率将低于注塑机的其他部件，因为其温度低于聚合物的熔点。对于短期生产运行，硬化工具钢或高质量工具钢制造的非镀层模具，有铬和镍镀层的注射模腔通常能提供足够的保护。对于长期生产运行，可能需要更耐腐蚀的材料来制造。

4.4.9 部件尺寸稳定性

只要严格控制过程的操作变量，就可以实现精密公差。然而，模具设计是获得高精度模制部件的另一个关键因素。随着公差变小，制造成本和过程的复杂性增加。在成型过程中几乎每个变量都影响部件尺寸。在模制过程中的收缩是确定部件最终尺寸的关键因素。收缩率随着部件厚度（表 4.17）和模具温度而增加，因为在这两种情况下，冷却速率都降低。

表 4.17 收缩率随厚度的变化

部件厚度/mm	收缩率	
	mm/m	%
3.2	35～40	3.5～4.0
6	40～45	4.0～4.5
12.7	45～50	4.5～5.0
19.1	50～60	5.0～6.0

注：摘自 Ebnesajjad S. Fluoroplastics, volume 2: Melt processible fluoropolymers, the definitive user's guide and databook. Norwich (NY): William Andrew Publishing; 2003。

因此，结晶度增加，内应力降低。许多塑料表现出方向依赖性收缩（图 4.75 和图 4.76）。由于在流动方向上的最高取向程度，在该方向发生的收缩最小。对模具设计有用的经验法则是：通道越直，收缩率越低。表 4.18 列出了各种参数对注塑部件收缩的影响。将模制部件退火，即将其加热并保持在其使用温度以上，可以防止模制品在使用期间进一步收缩。

表 4.18 各种参数对收缩的影响

增大收缩	减小收缩
	提高注射压力
提高储料温度 提高模具温度	添加填料

续表

增大收缩	减小收缩
增大部件厚度	
	提高聚合物定向
在模制过程中直线流动	

注：摘自 Ebnesajjad S. Fluoroplastics，volume 2：Melt processible fluoropolymers，the definitive user's guide and databook. Norwich（NY）：William Andrew Publishing；2003。

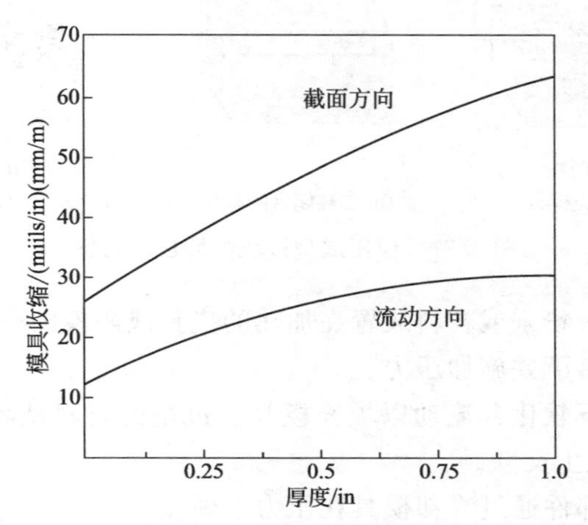

图 4.75　流动方向和横向收缩率与厚度的关系

注：模具温度为 200℉/93℃；熔融温度为 625℉/330℃；注塑压力为 10000psi/70MPa

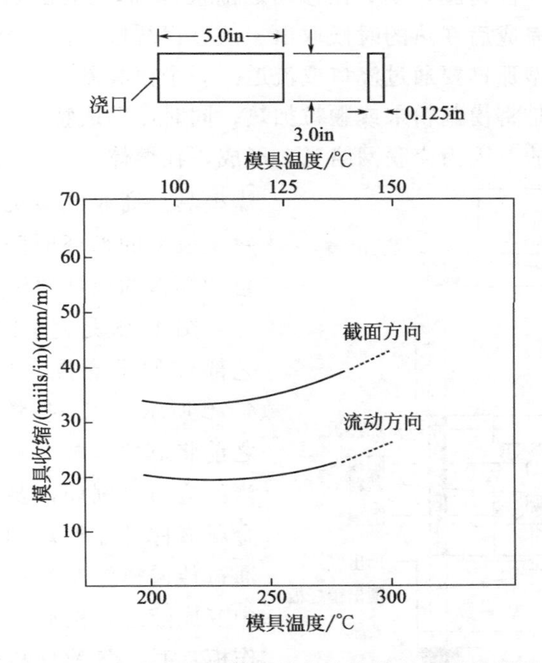

图 4.76　流动方向和横向收缩率与模具温度的关系

注：部件厚度为 0.15in/3.2mm；熔融温度为 625～650℉/330～345℃；注塑压力为 7000～10000psi/50～70MPa

4.5 模压成型

模压成型是用于成型塑料的一种方法（图 4.77）。它涉及以下四个步骤。

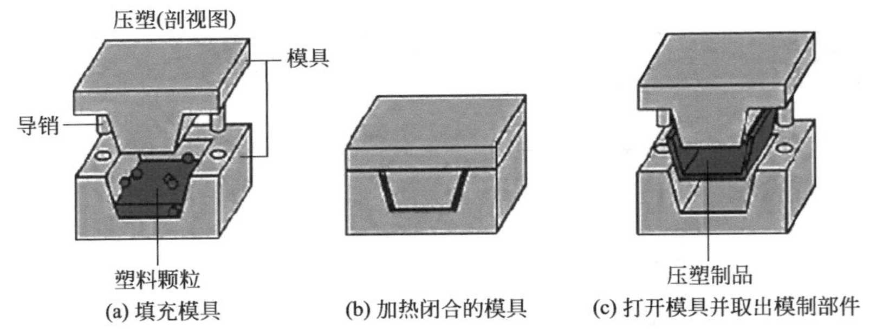

图 4.77　模压成型过程各阶段示意图

① 将预成型的毛坯、粉末或粒料放置在加热的模具或阴模的底部。

② 将模具的另一半落下并施加压力。

③ 材料在热和压力下软化、流动以填充模具。过量的材料从模具中挤出。如果它是热固性树脂，则在模具中发生交联。

④ 热塑性模制品，部件通过冷却模具在压力下硬化。

⑤ 打开模具，取出部件。

如上所述，对于热塑性树脂，模具在移动之前被冷却，因此该部件将不会失去其形状。热固性材料可以在固化完成后在热的时候取出。该过程缓慢，但是材料仅移动很短的距离到模具，并且不像注射成型那样要通过浇口或流道。一个模具制备一个部件。

最简单的模压成型是将模制粉末或颗粒加热，同时压缩成特定形状。在热固性材料的情况下，熔融必须是快速的，因为交联网络马上形成，在熔体固化、流动停止前，必须完全充满模具。商业成型机使用高压和高温来缩短每次成型的循环时间。在模具打开时，通过自动操作的顶杆的作用将模制品推出模腔。

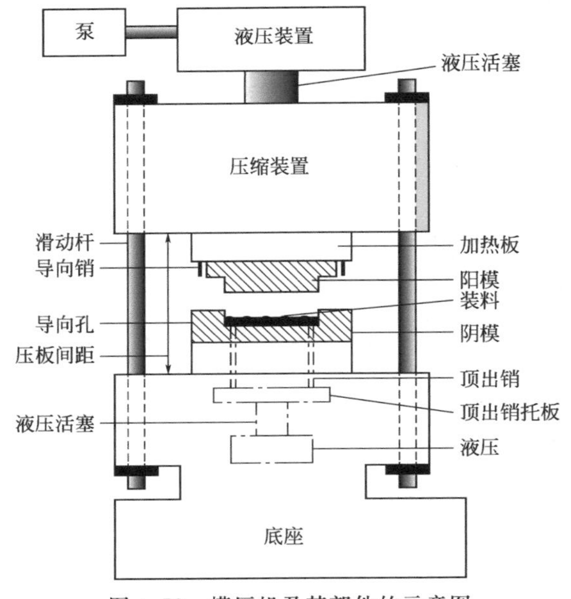

图 4.78　模压机及其部件的示意图

图 4.78 是完整的模压机、模具和其他工艺部件的示意图。典型的模压模具组如图 4.79 所示。在一些情况下，在树脂成为液态之前将其置入模具可能对其他部件造成不适当的应力。例如，要被模压到塑料插座中的金属嵌件可能偏离预定的位置。该问题可以通过传递模塑来解决，首先将树脂在加热室中变成液态，然后传递到模腔中。当平板用作模具时，各种材料的片材可一起模制以形成层压片材。在胶合板中，木材层彼此黏附并被热固性材料如脲甲醛浸渍，在加热时形成网络。

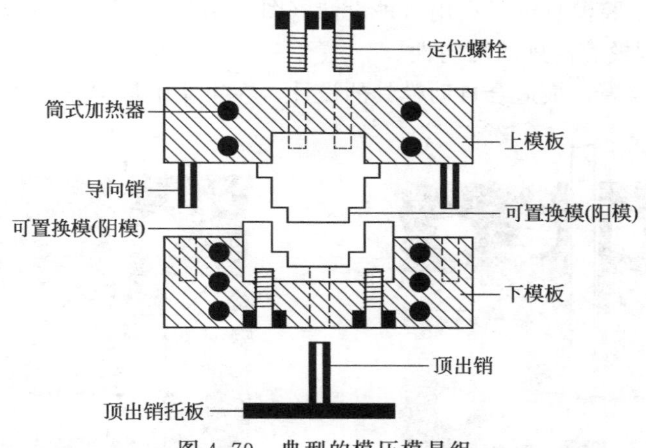

图 4.79 典型的模压模具组

4.5.1 模压模具类型

用于热塑性树脂的模压模具装有冷却和加热芯使之能熔化和硬化树脂。电、蒸汽和冷水通常是模具的加热和冷却介质。模压模具有三种类型：手动模具、半自动模具和全自动模具。手动模具限于样模、小尺寸零件和短期试验。半自动模具是独立的并且牢固地安装在常规模压机中。操作顺序必须手动执行。全自动模压模具是专门设计和构造的，适合全自动模压机。

全自动模压机减少了在材料料斗装载的手动干预，以及从模压机中移除部件操作中的手动干预。模压模具有五种标准的模腔和闭合设计。

① 溢料模。这是最古老的模压模具设计，最适合制造中空部件（图 4.80）。这类模具可用于生产大型部件，但是从尺寸和美观的角度来看，部件质量可能较差。溢料模具轻微过度填充，迫使多余的塑料（溢料）进入阳半模和阴半模之间的间隙中。树脂加料不足会导致部件太小。

② 全阳模。也称为直接阳模（图 4.81），全阳模仅用于又大又深的撑压部件，这些部件必须要获得最大密度。全阳模具限于单腔生产，每种材料装料需要称重，以确保成品部件的深度（或高度）和密度。

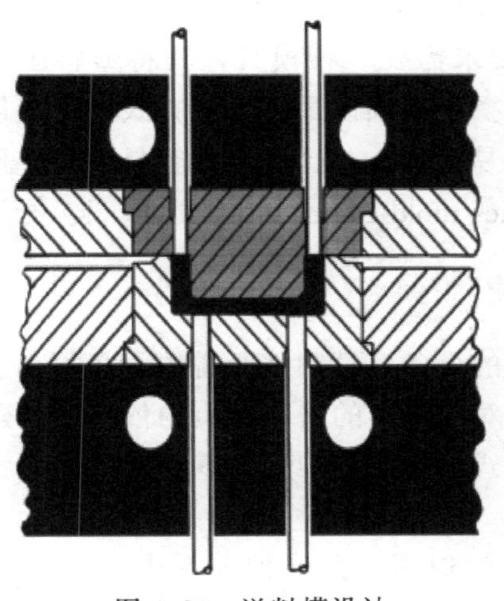

图 4.80 溢料模设计

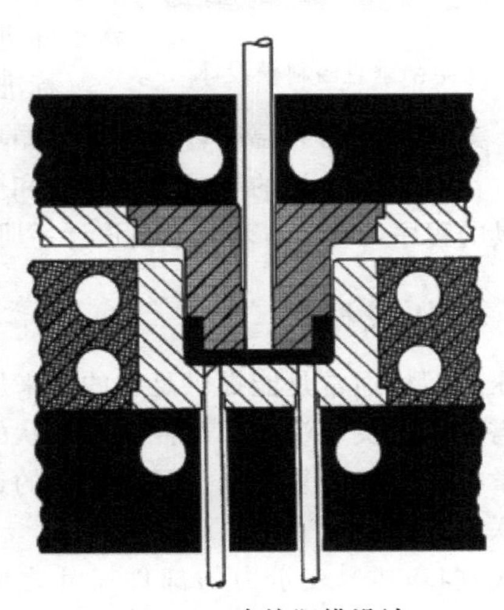

图 4.81 直接阳模设计

③ 有肩阳模。多腔模具可以利用这种设计（图 4.82）。在阳模上有溢料槽，以使获得最大的密度以及模腔到模腔高度的均匀性。

④ 半阳水平溢料模。最适合自动模具的设计，在工业中最常见（图 4.83）。

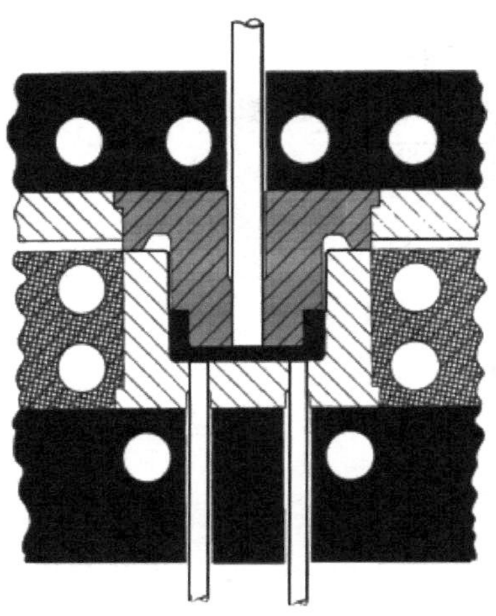

图 4.82　有肩阳模设计

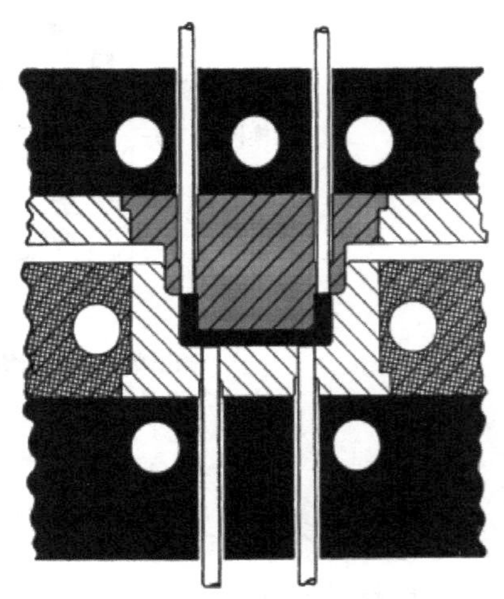

图 4.83　半阳水平溢料模设计

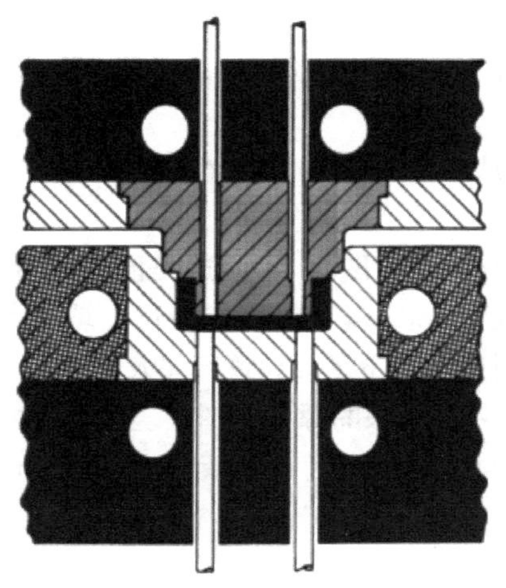

图 4.84　半阳垂直溢料模设计

⑤ 半阳垂直溢料模。如果在模制部件上可能存在可见的合模线疤痕的情况下，此设计（图 4.84）会有所帮助。这种设计的成本是相当大的，因为阳模与模腔之间需要恰当的配合。阳模的闭合在模具的阳模与阴模之间有较长剪切表面。

当模具彼此非常接近时形成剪切表面。阳模和阴模之间的间隙保持紧密，因此不会形成飞边。要小心地控制加入模具的材料的量，因为多余的材料会阻止模具闭合。加料不足导致欠料，即形成不完整的部件。在半阳模闭合中，水平溢料面导致在阳模与模腔之间形成间隙。该间隙明显大于阳模闭合中的间隙。任何多余的材料沿着水平溢料面移动并进一步沿着垂直溢料面移动，从而有助于去除溢料。

标准模制品要求需要一种模具，其将塑料压缩成所需的形状，并保持压力和温度，直到模压循环完成。操作必须以最简单的方式并且以最小的成本进行，因此模具设计的要求是，树脂和嵌入件容易放入，并且模制品容易顶出。研究设计模压模具的程序可参考《塑料模具设计手册》(plastics mold engineering handbook)[65]。

4.5.2　模压成型机

模压成型机通常是能提供足够的力来压缩材料的设备。模制件所需的力必须小于冲压能力。所需的力取决于塑料和部件几何形状的性质。对被压缩的材料性质的依赖性使建立该过程的数学模型的任务复杂化。目前复杂的近似表达式是将所需的力与零件的几何形状和材料的性能联系起来。

公式 (4.4)[56]表示力与部件尺寸之间的实际近似值。在这种关系中，所需的压缩力 (F) 等于模具的投影面积 (A) 乘以模腔压力 (P_A) 与附加压力之和。d_e为部件深度。当部件厚度（d_p）超过部件的最小深度时，需要额外的力。d_e的值取决于材料，p 是附加压力因子；两者都是通过实验确定的。

$$F = A[P_A + p(d_p - d_e)] \tag{4.4}$$

厚度小于 3cm 的普通塑料部件需要 10～55MPa 的压力。厚度超过 3cm（d_e）的部件必须给予 1～1.33MPa/cm 的附加压力（p）。常用于模压成型的压机有许多不同类型，包括手动、半自动、自动和自动旋转压机。传统的手动和半自动模压机是垂直的，可以向上关闭、向下关闭，或上下都可以关闭。压力介质是液压流体或空气，通过液压装置或合模肘杆施加合模力。

流体源可以是独立的或集中在压机中。表 4.19 列出了不同尺寸压机的压力（吨，t）。自动压机是自给式的，其周期是计算机控制的。通常自动压机是垂直的，压力从 22.7tf 到 273tf。完全自动化的压机还增加了其他功能，例如材料加料机构和卸料托盘。自动模具的成本高于手动或半自动模具。自动旋转压机适用于生产撑压深度较浅的部件，其直径小于 7.6cm (3in)[66]。当需要高生产率时，应考虑这一技术，只要零件设计允许使用自动旋转压机。

表 4.19　手动和半自动压机尺寸

压机尺寸	压力/tf(1tf=9.8×10³N)
小型(手动或台式)	4.5
生产用	45.5～455
非常大型	2727 以上

注：摘自 Ebnesajjad S. Fluoroplastics，volume 2：Melt processible fluoropolymers，the definitive user's guide and databook. Norwich（NY）：William Andrew Publishing；2003。

4.5.3　热塑性树脂的模压成型

除了在压力下冷却模具使制品硬化外，模压成型的一般程序适用于热塑性树脂的模制品。加热和冷却循环的时间由实验确定。热塑性聚合物不能被制成预成型装模料。相反，热固性聚合物在部件硬化期间经历化学反应（交联）。热塑性弹性体通常具有高熔点，因此它们需要在模压成型期间被加热至高温。在常规加热的模压成型中，加热和冷却周期长，消耗功率大。

一般采用小型模具，而不是大型模具。通常使用单独的压板机，其中一种是电加热的热压机，另一种是水冷的冷压机。制品在热压机中在压力下成型。然后将模具尽可能快地转移至冷压机，在压力下冷却制品。该制品在冷却至足够低的温度之后被脱模。为了易于从模具中取出部件，其表面可以用已经用脱模剂喷涂的铝箔覆盖。循环时间的长短取决于部件的质量和聚合物的性质。热压机通常被预热以减少总循环时间。在加热循环期间压力逐渐增加。较厚的部件需要明显更长的周期（许多小时）来熔融树脂并消除气泡和空隙。

4.6　传递模塑

传递模塑最初是为制造热固性聚合物部件而开发的。传递模塑是注射成型和模压成型的组合，聚合物先在罐中熔融，然后转移到模具中，并压缩成指定形状。与模压成型不同，在传递成型中，塑料在独立的加热室中加热，但是模压成型是在常规的模压机中进行。热塑性树脂是冷却硬化，而热固性树脂是通过交联反应硬化。模具的设计经过修改可以容纳熔融罐或加热的模具。

4.6.1 背景

一般来说，传递模塑对制造某些部件有以下优点。

① 需要侧销钉的部件，在部件从模具中取出之前必须取出抽销钉。

② 需要嵌入件的复杂部件。

③ 复杂的部件，其公差在三维上非常接近。

④ 组装在一起的小型模制部件。

⑤ 修整工作成本低的部件（该生产过程几乎没有产生飞边）。

例如，可以通过传递模塑工艺给阀和套筒加衬里。阀体或套筒与型芯和法兰板一起控制和封闭熔融树脂的流动，并起模具的作用。在熔体进入空腔之前，阀和套筒被预热到高于热塑性材料的熔点。熔体的来源可以是挤出机、注射成型机或熔融罐。熔融树脂在压力下转移到空腔中并在压力下保持一段时间。在循环周期结束时，树脂在压力下冷却，然后再移去型芯组件。

在最后一步中，衬里部分进行小的修整，例如去毛刺和修边。这种成型方法需要在压力下通过流道和浇口将熔融聚合物从加热室或加热罐转移到模具中。腔体位于封闭的加热模具内，如图 4.85 和图 4.86 所示。在进入加热罐之前，装模料经常被预热。预热降低了对传递操作的压力需求，并缩短了模具循环时间。该技术的三种改良包括压塑模的传递、压料塞式模塑和螺杆式传递模塑。

传递模塑是一种通用的工艺，能够生产诸如泵体、叶轮、旋塞阀套和封装的蝶形阀盘等部件。通常，传递模塑可以分为四个区域：模具、熔体、熔体传递以及冷却和拆卸。

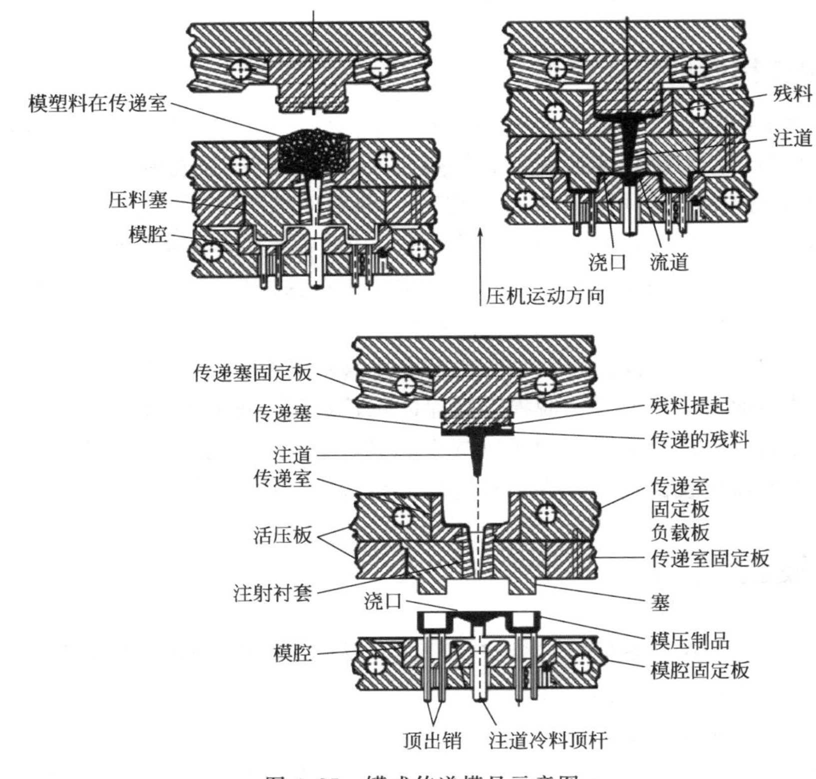

图 4.85 罐式传递模具示意图

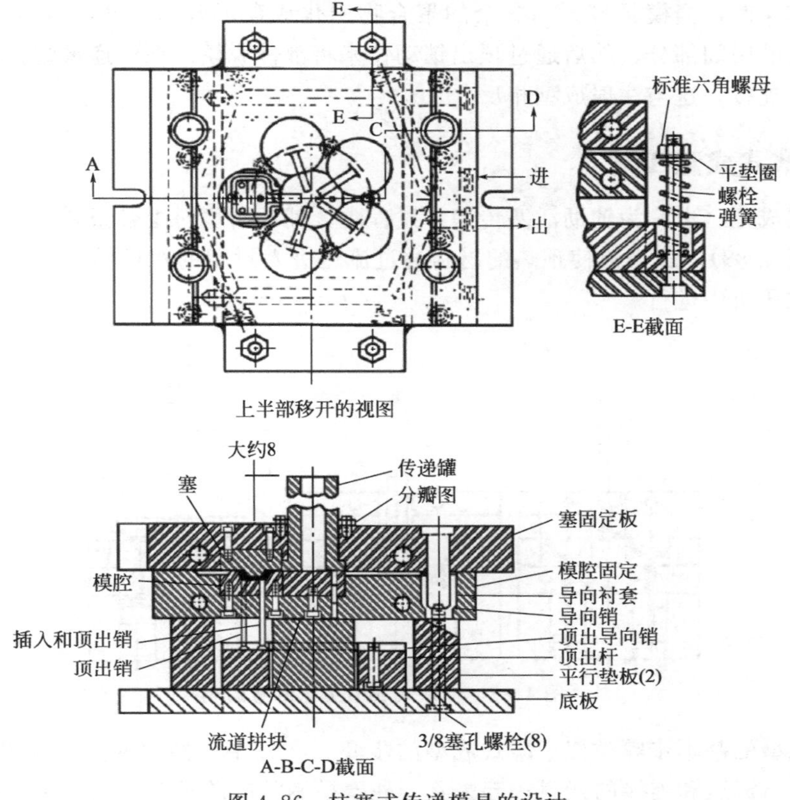

图 4.86　柱塞式传递模具的设计

4.6.2　传递模塑成型

在传递模塑成型技术（图 4.85）中，使用液压油缸，并且将油罐的柱塞紧固到压机的上压板。这种布置使之在液压油缸的帮助下形成压力。熔体成功传递时，罐与模腔之间的最小面积差应为＋10％。这能防止模腔开口和飞边的形成。即使加热罐通常是手动操作，传递模塑成型方法的生产率仍超过模塑成型。施加的压力有助于快速填充模腔，使部件具有良好的尺寸控制和均匀的密度。通常使用顶板有柱塞或活塞的三板模具（图 4.87）。

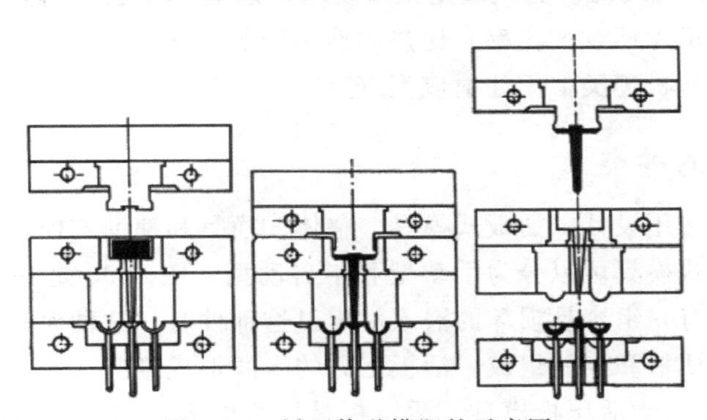

图 4.87　循环传递模塑的示意图

任何细长填料如纤维的取向是平行于流动方向，因为熔融塑料在一个点（浇口）进入模具。同样，流动方向和垂直方向上的收缩可能不同，并且难以根据浇口位置和部件设计来预测。在循环结束时，当模具打开，剩余的聚合物固化成盘形残料。残料与注道一起整块取出。提起模具的中间部分，然后通过顶出销动作来将部件脱模。在传递模塑方法中，希望保持注道和残料连接，这与注射成型相反。

4.6.3 柱塞式成型工艺

在柱塞式成型（也称为辅助活塞传递）过程中，辅助活塞对熔融塑料施加压力，将其传递到模腔（图 4.88）。压力迫使预热的材料通过流道进入封闭的双板模腔中。这种方法主要在半自动闭式压机中进行。

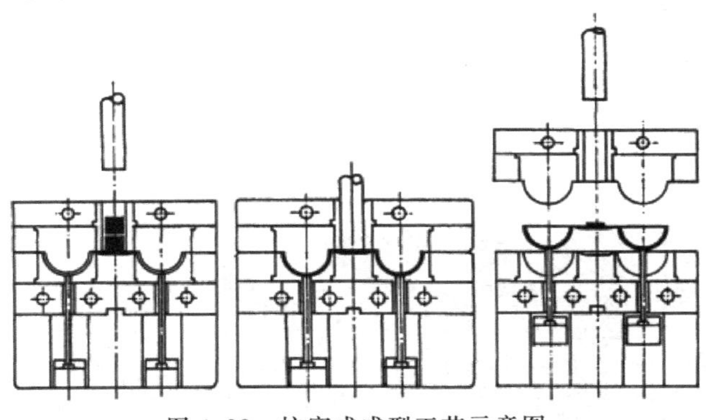

图 4.88　柱塞式成型工艺示意图

柱塞式成型的基本步骤类似于罐式成型的步骤。在柱塞已经退回并且模具被打开之后，模制部件可以与流道和连接的残料一起去除。柱塞模制件的总长度比罐式模制件短，因为注道、流道和残料的去除不需要分别操作。对于每个部件和每种树脂类型，模具温度、压力和保压都必须通过实验确定。

4.6.4 螺杆式传递模塑

在该过程中，塑料在螺杆中加热和熔融，然后落入逆向柱塞模具的罐中（图 4.89）。熔融聚合物传递到模具中，与图 4.86 所示的程序相同。螺杆式传递方法和操作步骤的顺序如图 4.89（a）和图 4.89（b）所示。螺杆传递成型是一个很好的完全自动化的过程。螺杆传递压机的注料量为 50～2500g。必须满足某些要求，以适当控制树脂的加热。热塑性螺杆的压缩比（最浅螺纹与最深螺纹的比率）比热固性树脂的压缩比大得多。热塑性塑料的长径比也相当大。螺杆的操作机理类似于注射成型（见第 4.4 节）。

4.6.5 传递模具的种类

传递模具有三种常用设计：活板式模具、整体式模具和辅助式模具。根据安装和模具操作的方式不同，活板式模具可以分为手动型和半自动型。图 4.90 是一种较简单的手动传递模具。如果模制部件有一组容易损坏的嵌入件横过这部件时，这种模具特别有用。模具由柱塞、在周边有钻孔的活板和空腔组成。活板上方的空间形成罐。

图 4.91 是一个半自动活压板模具。活压板是压机的固定部件。活压板中心有开口，可以容纳用于制造不同部件所需的各种尺寸的罐和柱塞。活压板的移动可以通过液压或气动力，或通过内置在模具中的螺栓/锁模钩。半自动活压板模具的一个重要优点是它们成本低。整体式模具装有自己的罐和柱塞（图 4.92），可以设计用于手动或半自动操作。

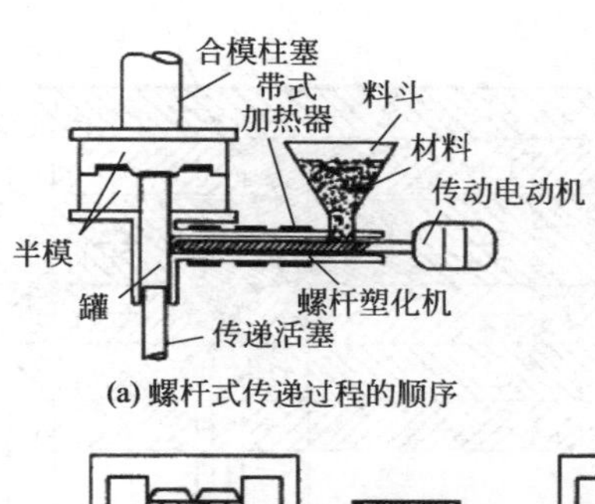

(a) 螺杆式传递过程的顺序

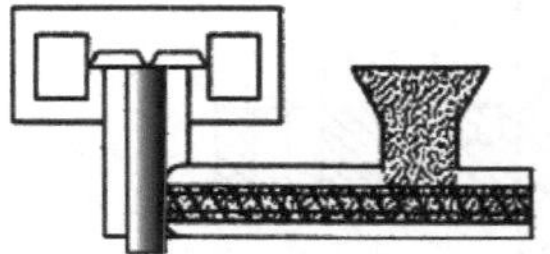

(Ⅰ) 树脂在螺杆中熔融

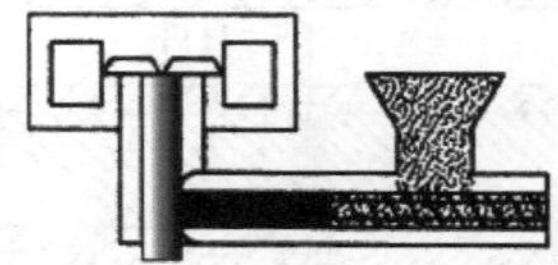

(Ⅱ) 熔融的材料在螺杆的末端堆积，并向后推动螺杆

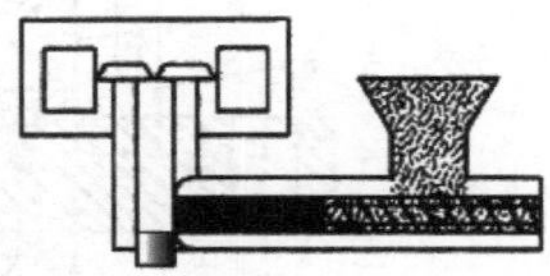

(Ⅲ) 在注射工作准备好后，活塞下降以打开传递罐

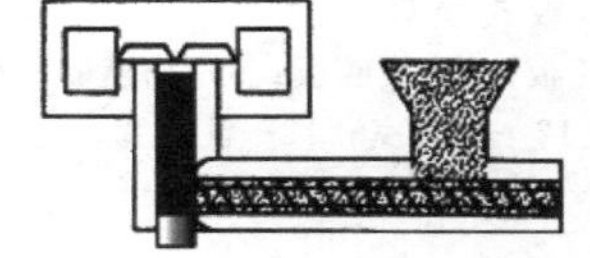

(Ⅳ) 螺杆向前移动将熔体压入罐中

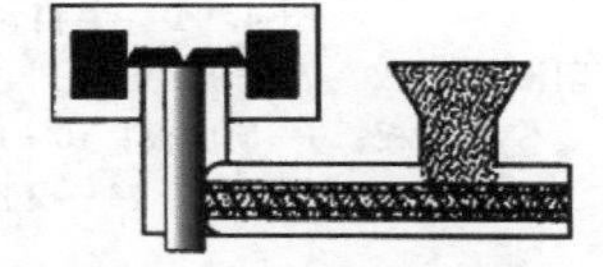

(Ⅴ) 通过底部传递模塑成型法，传递活塞向上填充模具

(b) 螺杆传递过程的顺序

图 4.89　螺杆式传递过程示意图

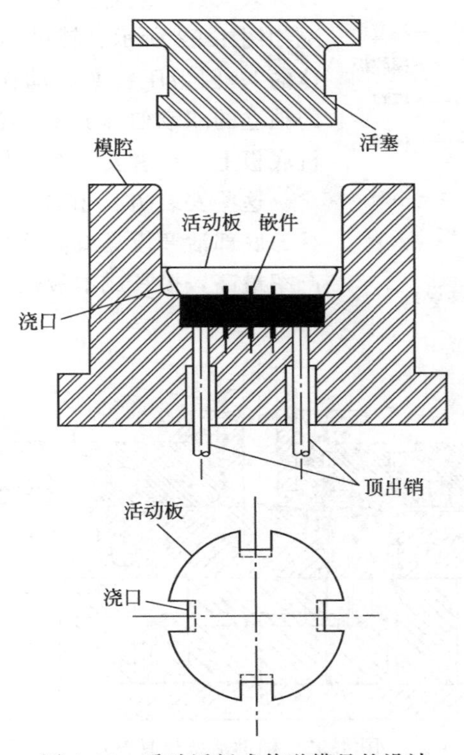

图 4.90　手动活板式传递模具的设计

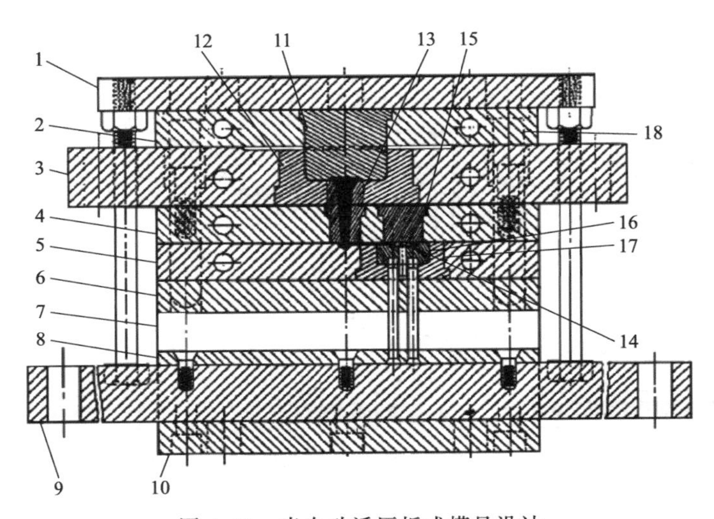

图 4.91　半自动活压板式模具设计

1—上板；2—阳模托板；3—活托板；4，11，15—托板；5—模腔板；6—托模板；7—平行垫板；8—销板；9—顶出板；10—底板；12—加料室；13—注道塞；14—模制品；16—模腔；17—模套；18—导向销

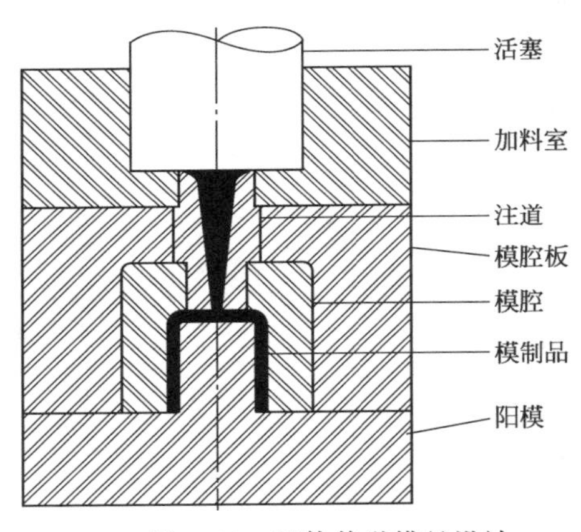

图 4.92　整体传递模具设计

由于配套齐备，增加了模具的效率，因此可以根据特定的模腔，优化材料传递罐的设计。罐可以位于模具的上方或下方。熔融塑料可以通过注道-流道浇口进入模具，或者注道可以放置在腔内，模具中的情况如图 4.92 所示。辅助活塞模具（图 4.93）是“整体的”，因为压料塞的动作是利用安装在压机顶板上的独立的双动缸来进行。缸/柱塞系统可以安装在压机底板上，或者安装在压机的拉杆或侧柱上。

这些安装方法和相应的模具被称为顶部活塞模具、底部活塞模具或侧活塞模具。辅助活塞模具的生产率最高，模具成本最低。材料在流道、注道损失最

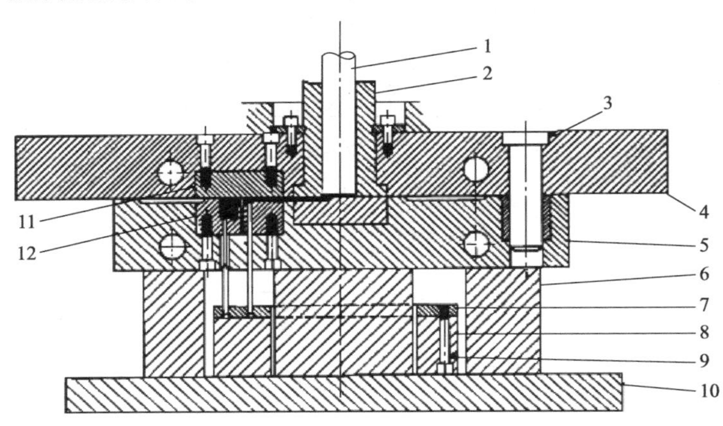

图 4.93　辅助活塞模具设计

1—活塞；2—加料室；3—导销；4—阳模托板；5—模腔板；6—平行垫板；7—脱模销托板；8—顶出杆；9—脱模销托板螺杆；10—下模脱板；11—阳模；12—模腔

小以及残料最小。由于设计和操作方法有很大的影响，难以比较辅助活塞方法的优缺点。由于空间限制，顶部活塞的设计难以操作（装载树脂和顶出部件）。底部活塞类更容易装料，因为当模具打开时，传递室容易接近。

因为模具必须在柱塞启动之前完全关闭，成型循环时间趋向于更长。侧活塞不太受欢迎，主要用于设计需要在分模线处顶出的部件。

4.6.6 热塑性弹性体的传递模塑

通常，这些聚合物具有相对高的熔点和高熔体黏度以及低临界剪切速率，这使得热塑性弹性体适合于传递模塑技术，因为它的加工速率较慢。

4.6.6.1 模具设计

为了使压力和热的损失最小化，流道应该是圆形的并且尽可能短。另一个优先的选择是梯形流道，因其易于加工并且提供与圆形流道相同的流动阻力。梯形流道和圆形流道应该顺利熔合进入浇口，没有突然的横断面的变化。当模制部件的厚度增加时，应当减小流道长度并且增大流道直径。对于厚度为10mm的部件，流道的直径至少需要6mm。较厚的零件需要的流道直径应比部件厚度大50%～100%。正如注射成型一样，流道的长度决定压力降和材料损失。

在多腔模具中，可以选择平衡或横向流道布局（更多说明请参见第4.5节）。平衡流道在注道和所有腔之间提供相等的流动路径。这意味着到达每个空腔的树脂经历相同的压降和停留时间。所有转角和边缘必须是圆角（最小半径2mm），以避免模制衬里中的应力集中。在多次温度循环后，化学品可能使衬里在尖锐转角的位置受到损坏。因为在传递操作期间和随后在冷却期间的收缩，树脂流动受到阻碍而发生应力集中，不圆的衬里也可能受损。

熔融塑料的剪切应减至最小，以保持低的应力集中。要达到此目的，浇口的厚度要等于浇口处衬里的壁厚。当浇口非常小时，脱模很困难。熔融聚合物可能由于流动方向的突然变化或浇口区域的横截面变化而产生力学降解。如果可能，优先选用隔膜形浇口，否则应选择在模腔中能完全张开的矩形翼片浇口或扇形浇口。一般来说，浇口应该位于部件的不会受到高冲击或高应力的位置。

沿着熔合线的非关键区域是可接受的浇口位置。浇口的位置应该需要最小精加工或不需要精加工，并且靠近部件的最厚处或在部件的最厚处，以减少凹痕。浇口的位置应该在旋转对称部件的中心，在所有情况下，与排气口的位置一致。模具的排气不当可能会损坏部件。模具的排气可以防止模具的腐蚀损坏，使熔体完全填充模具，并且生产的部件熔合线强度高。模具中熔融树脂的绝热压缩可将温度显著升高到约800℃[67]，这温度可使任何热塑性塑料迅速降解。

4.6.6.2 模具的操作

模具操作、从加热罐移动熔体以及熔体传递都应该尽可能快，以防止熔体过早冷却。热塑性弹性体具有相当高的黏度并且需要相对长的传递时间。为了避免在传递完成之前过早冷却，模具温度应保持在或高于聚合物的熔融温度。在熔体已传递并且模具已经被填充之后，需要在压力下保压一定时间。在树脂冷却时，这段时间使得树脂得以收缩。保持时间使得在可能发生剪切的区域释放应力。冷却在压力下进行，在浇口已经冷却后，脱模之前不需要再施加压力。图4.94是典型热塑性树脂传递模塑循环的一个例子。

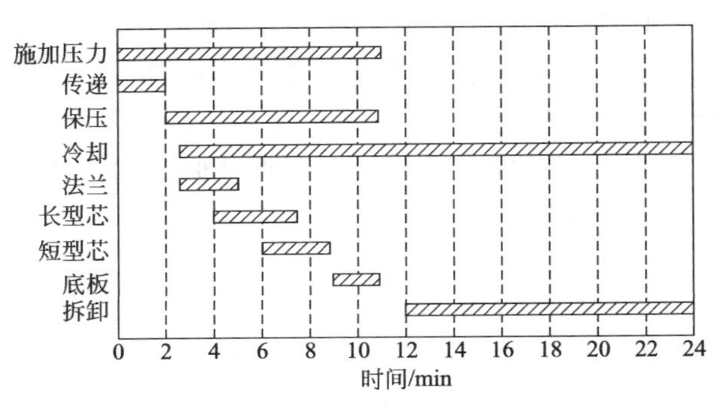

图 4.94 典型的传递模塑周期

4.6.6.3 传递模塑过程变量

传递模塑的重要变量是聚合物类型、熔体温度、熔体罐保持时间、传递压力、传递速度、在模具中的保压时间以及模具冷却。本节简要综述了这些变量。熔融聚合物的黏度对进入空腔的传递速度有很大的影响。温度变化可改变聚合物黏度，只要聚合物在给定温度范围内具有足够的热稳定性即可。熔体清洁度可影响部件的质量和熔融树脂的热稳定性。温度的选择是非常重要的，因为增加温度可对降低熔体黏度具有显著的影响。不管哪种类型的树脂或部件设计，熔融树脂的温度均匀性是共同的要求。因为熔体罐法的静态性质以及热塑性弹性体的热导率差，因此螺杆塑化比熔体罐法更有效。

熔体罐需要明显更长的加热时间以使聚合物达到传递温度。在熔体罐壁附近的熔体与在罐中心较冷的材料之间将总是存在温度梯度。将熔融聚合物储存在罐中并达到所需温度之后，在正压下将熔融聚合物传递到模腔中。传递的压力和速度是传递模塑的重要变量。通过扩大浇口或提高温度可以提高最大流速（传递速度），这有助于提高临界剪切速率。在传递模塑中，压力用作独立控制变量，因为大多数压机没有装备用于液压活塞的速度控制器。大多数热塑性塑料接近临界剪切速率的传递压力范围一般为 15～25MPa。以“超剪切”模式填充模具会对模制部件的性能产生不利影响。高于 15MPa 的压力有助于在芯轴和壳体等部件开始冷却之前填充模具。在高于 25MPa 的熔体压力下，模具部件可能在浇口处破裂。

传递模塑设备应能控制传送速度和传送压力。一旦填充几乎完成（90%～95%），传递压力应降低到其初始值的 1/2～2/3，以避免应力集中在浇口区域。压力分布必须使保压最大化，而又不会在浇口处形成裂缝[68]。可以通过室温或通过流体（例如压缩空气）冷却已填充的模具，并且应在受控速率下缓慢地冷却。由于热塑性塑料的热导率低，不允许快速冷却。模具冷却应在离浇口最远的位置开始，并缓慢进行冷却。在冷却期间，前部先冷却，然后朝浇口方向移动[68]。这种方法可以将熔融树脂添加到模具中以补偿体积收缩，从而消除凹痕和收缩空隙。过早冷却浇口或过早释放压力会形成空隙。

4.7 吹塑成型

塑料的吹塑成型约从 1880 年就开始了，但设备和技术的快速发展仅在 20 世纪 30 年代后期开始，实际上同时引入了聚乙烯。吹塑成型的压力比较低，仅为注塑成型压力的 1%或更少。吹塑要求塑料具有低熔体黏度，这可以通过高剪切速率和高温产生。

4.7.1 吹塑成型工艺

吹塑是将热塑性塑料转化成中空物体的方法。与注射成型类似，吹塑方法本质上是不连续的或间歇的，包括一系列操作直到模制品的生产结束。这一系列操作是自动重复或半自动重复来产生模制部件。

吹塑成型部件仅在限定外部形状的模具中形成。顾名思义，内部形状由流体压力（通常为压缩空气）所限定。吹塑成型与许多模制工艺完全不同，模制工艺的内部和外部形状都是由模具构件确定的。吹塑成型的主要优点是内部形状几乎没有约束，因为没有模芯要抽出。吹塑成型的主要缺点是内部形状仅仅由模具间接限定，因此高精度和独立的内部特征是不可能的。这对壁厚有影响，不能获得如注射成型那样的全模制工艺的一致性和精度。吹塑成型现在高度发展，有许多变化的形式（图 4.95）。

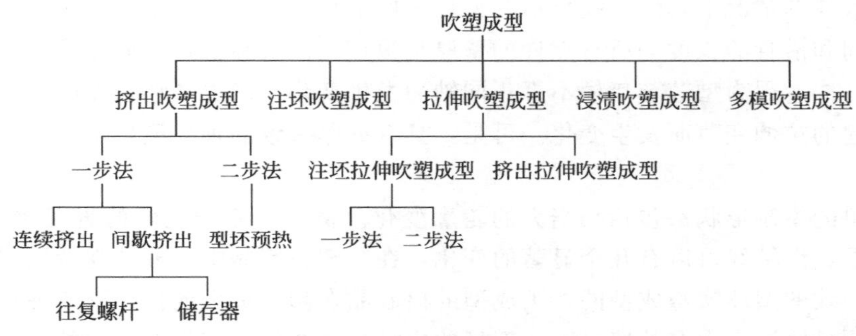

图 4.95 吹塑成型工艺

最基本的方法是，将热塑性材料熔融加工成通常称为型坯的管。当型坯仍处于热的可延性塑料状态时，型坯被夹在冷却模具的两半之间，使得型坯敞开的顶端和底端被模具面压缩和密封。吹管插进型坯一端，形成通道，通过该通道将气体压力引入密封型坯内。

空气压力使得型坯如气囊一样膨胀，形成模腔的形状。与冷却模具接触使热塑性树脂冷却至其固态（热塑性塑料与冷却模具接触，使其冷却至固态），因此在模具打开并且取出部件后，部件形状被保持。

吹塑过程的许多变化将在本章后面讨论，重点放在加工热塑性树脂最重要的工艺中。挤出机和型坯头是许多吹塑方法的共同特征，将分别讨论。

4.7.1.1 挤出机

大多数吹塑方法从挤出的管或型坯开始。挤出机是单螺杆型，并遵循第 4.3.2 节中描述的用于热塑性树脂挤出机的一般原理。螺杆应具有（24∶1）～（30∶1）或更大的长度/直径比。优先选择 30∶1 或更大的长度/直径比的螺杆。压缩比应该为约 3.5∶1。当使用热塑性塑料时，沟面机筒入口可以提高挤出机的效率。熔体温度取决于聚丙烯的类型和等级，特别是取决于熔体流动指数。

4.7.1.2 压出机头

型坯头，有时称为压出机头或简称口型，是管状挤出口型的特殊形式。其功能是在合适的直径、长度、壁厚下传送直型坯，并在合适的温度下吹塑成型。型坯在被夹紧在模具中之前是悬挂在空中的，没有支撑。为了避免过度变形，需要垂直向下挤出型坯。

吹塑的挤出机几乎总是水平布置，因此型坯头的首要任务是使熔体通过直角转向流动。

在环形口型间隙中很难使每个点保持恒定流速。第二个有关的要求是，当来自挤出机的熔体流围绕鱼雷形装置流动时，型坯应该尽可能少带有熔合线的痕迹。目前已开发的许多型坯头设计已经处理了这些问题。图 4.96 是常用型坯头示例[69]。

内部流动通道的计算机分析有益于挤出机头部的设计，可以减少大量的试验和错误，更有成功的保证。

另一个是硬管和软管共有挤出口型的问题。这难以确保鱼雷形装置和型芯与口型保持同轴，而不用机械支撑分开熔体流。从图 4.96 可见，在熔体流中没有使用支撑，而是依赖于鱼雷形装置与壳体之间的准确定位。这种设计的部件相对较大，具有足够的刚性。较小的鱼雷形装置需要在熔体流中使用支撑。在此，最大的挑战是将在型坯形成的熔合线痕迹减至最少。

这种支撑件包括多脚架、交错的多脚架、多孔板、网管和螺旋气芯。这是一个比较困难的问题，在最坏的情况下，熔合线显示为型坯壁厚的局部变化。基本型坯是管，原则上至少围绕管的圆周和沿管的长度的所有点处的壁厚是恒定的。实际上，周向厚度可能因为熔合线而引起变化，或者因为型芯与口模不真正同轴而发生变化。沿着型坯长度的厚度可能由于型坯的质量引起的拉伸变薄而发生变化。可是，具有壁厚一致的理想型坯不一定是吹塑成型所最需要的。

即使简单的模制形状都包括相当大的轮廓变化。例如，瓶子主体的直径比颈部大得多。对于一些容器，沿轴线可以有几个显著的变化，在吹塑模制品中这种外观特别明显。如果制品是由壁厚一致的型坯吹塑成型的，则成型的模制品在膨胀最大的部位壁厚最薄，在膨胀最小的部位壁厚最厚。在大多数情况下，理想的成品在各个位置都具有一致的壁厚。为了达到这种理想状态，需要一种型坯，它的壁厚度沿着长度变化，使得其在可能膨胀最大的地方型坯最厚。可以通过型坯编程或剖析来实现。通常的方法是型芯沿轴向移动（图 4.97）[69]。

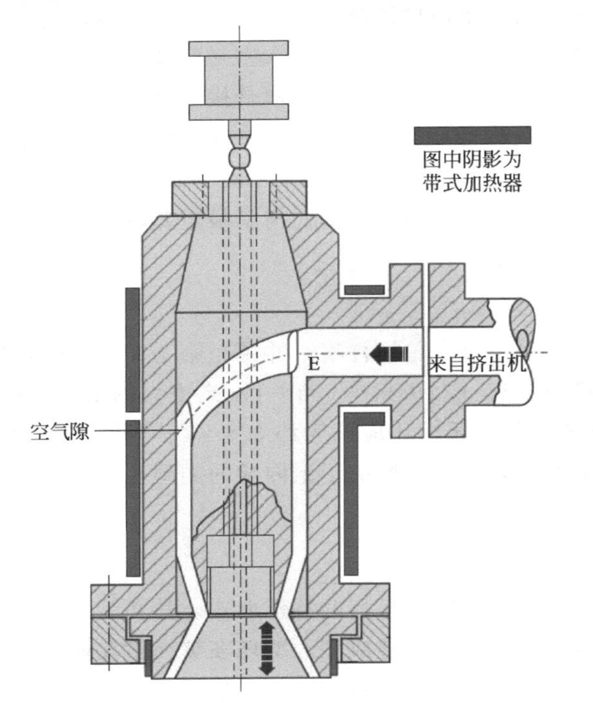

图 4.96　常用的型坯头

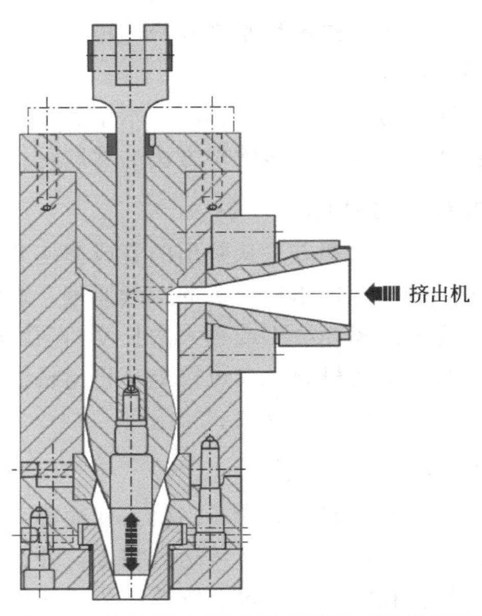

图 4.97　型芯轴向运动控制型坯壁厚的原理

如果口型和型芯都设有锥形出口，则型芯的移动将增大或减小口型与型芯之间的环形间隙。型芯的移动由伺服系统控制，它对预编程的厚度轮廓起作用。伺服系统可以包括反馈回路，以响应挤出机中螺杆速度变化来调整型坯。这个概念难以应用于可变压出机头中的锥形熔体流动通道，但这个概念可以用于熔体通道厚度与口型出口间隙基本相同的那些区域。

4.7.2　挤出吹塑成型

在挤出吹塑中，挤出机喂料入型坯头，生产用于吹塑成型的预成型体。不同挤出吹塑成型机的配置可能差别很大，但可以通过基本元素进行（图 4.98）[69]。挤出机和型坯头的布置是在吹塑模具的两个半部之间垂直挤出型坯。半模被夹紧到压板，压板与模具闭合和夹紧装置连接。提供的吹塑针将压缩空气充进型坯中。

因为吹塑是在相对低的压力下进行，所以吹塑成型机和模具的结构可以比注射成型轻得多。因此吹塑成型机特别是其模具，比注塑成型机便宜得多。使用多个模具或具有多个型坯的多模腔模具，可以提高设备的生产率。这些通用原则适用于许多不同的挤出吹塑成型工艺，这些工艺将在后面进行描述。

一步法挤出吹塑成型在单个集成的工艺循环中产生吹塑制品。型坯挤出后紧接着是吹塑成型，要形成模具的形状，则依赖于型坯的变形和流动所需的熔融条件。在成型前没有对型坯进行再加热。主要改型是连续挤出和间歇挤出工艺。连续挤出吹塑成型工艺是热塑性树脂最广泛使用的方法。在这个过程中，型坯从型坯头连续打开的半模之间挤出（图 4.99）[70]。当型坯达到所需长度时，关闭模具，用热刀切断型坯，把型坯封闭在里面。模具上的截坯面压紧并密封型坯的上端和下端，形成气密的弹性体。

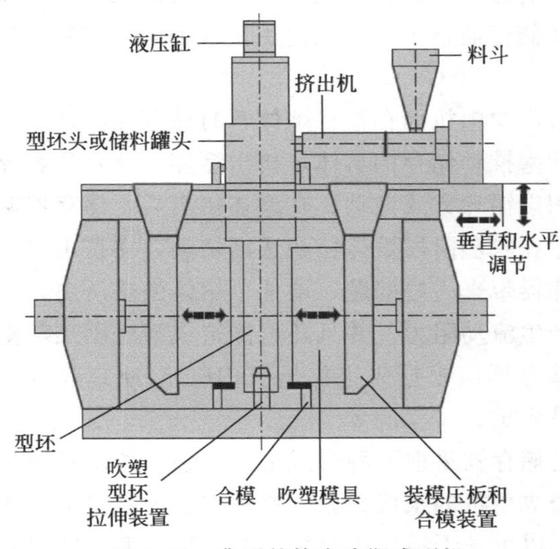

图 4.98　典型的挤出吹塑成型机

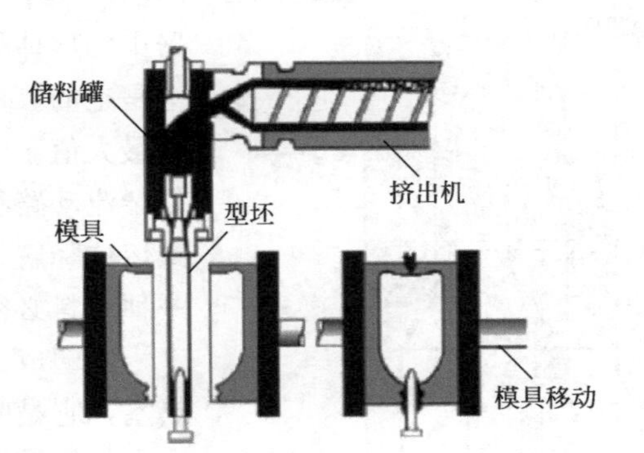

图 4.99　基本挤出吹塑成型工艺

压缩空气通过吹塑针被引入密封型坯的内部，使型坯膨胀形成模腔的形状。冷却的模具将吹制的物体冷却，当模具打开时制品可以脱出。吹送空气可以多种方式引入。在最简单的情况下，型坯向下挤出，使得开口端在吹针上滑动。或者，吹塑针可以在型坯被切断之后从模具上方引入，或吹塑针可以设置在模具中，在模具中时吹塑针在模具关闭时刺穿型坯。型坯头和模具之间的相对运动是必要的，使得在模具闭合时可以连续进行型坯挤出。

还可以通过不同的方式实现这一目的。模具可以降低，横向移动或者在准确的路径上摆动，或者在模具保持静止时挤出机移动。通常，在往返式装置中使用两个模具，在其中一个模具打开用于型坯挤出时，另一个模具进行吹塑循环。有一种模具运动的方法有非常高的生产率。在这种所谓轮式装置中，许多模具安装在旋转台上。工作台的运动带走已封闭的模具，并向口型提供新的打开的模具，使挤出继续进行。

除了特殊情况，例如往返式装置和轮式装置，型坯的挤出速率必须与单个模具的吹塑周期同步。这可能使挤出速率相对较慢，存在的风险是当型坯在其自身重量下伸展时使型坯变薄。出于此原因，连续挤出吹塑最适合于具有高熔体黏度或高熔体强度的热塑性塑料，或者短的型坯和薄壁的型坯。在间歇式挤出吹塑中，型坯从型坯头间断地挤出。当挤出的型坯达到所需长度时，挤出被中断，随后进行吹塑循环，然后开始挤出下一个型坯。这使得不需要在口型与模具之间相对运动。该方法通常用于制造较大的吹塑模制品，如圆筒或汽车油箱。这些制品需要大型和重型型坯，当正常挤出时，它们在其自身重量下下垂和变薄。间歇式快速挤出减少了这种趋势，并且通过往复式螺杆或储存器装置实现。间歇挤出吹塑最适合长型坯或重型坯，以及具有低熔体黏度或低熔体强度的热塑性塑料。

往复螺杆间歇式挤出吹塑机，使用螺杆能够轴向运动和旋转运动的挤出机。除了吹塑成型装置是在较低的熔体压力和流速下工作之外，其功能实际上与注射成型机上的注射装置的功能相同。型坯分两个步骤制备。在熔体制备阶段中，螺杆旋转加热并熔化材料，其沿着螺杆螺纹输送到螺杆的前端。由阀关闭挤出机口型夹环，因此积聚的熔体迫使仍然旋转的螺杆克服受控的阻力，直到足够的熔体已经积聚以形成下一个型坯。此时，螺杆停止旋转。在型坯挤出阶段，打开挤出机模具口型夹环阀，活塞推动螺杆沿轴向向前移动而不旋转，迫使螺杆前端处积聚的熔体通过型坯头，以相对高的流速挤出。在实践中，流速受例如鲨鱼皮或熔体破裂等可能发生的剪切现象的限制。间歇式储存器挤出吹塑机使用正常轴向固定的、连续操作的挤出机来制备熔体。

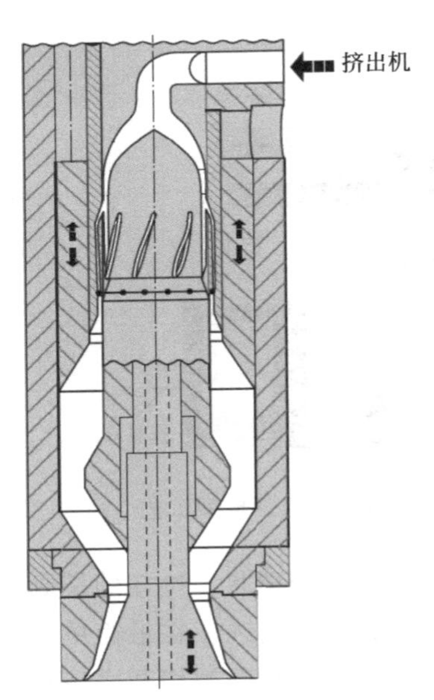

图 4.100　储存器型坯机头示例

对间歇式挤出吹塑机储存器，熔体暂时储存在型坯挤出之间的间隔中。活塞推动储存的熔体，挤出型坯。这意味着储存器中的熔体体积以循环方式波动。在型坯挤出后，储存器基本上是空的，然后在吹塑阶段熔体体积逐渐增加，在挤出之前达到最大值。储存器带来一些问题，增加了熔体的热历史，阀和复杂流动路径产生流动阻力，并且还可能造成清洗困难甚至导致熔体降解。储存器应根据先进先出（FIFO）原理设计：第一种材料必须是先出。

吹塑成型的储存器采取两种形式之一。独立的储存器是加热室，它是吹塑成型机的组成部分。这种腔室的容量可以非常大，如果需要可以由若干挤出机提供。另一种类型的储存器是内置在型坯头中（图 4.100），它采取环状挤料杆围绕型芯和鱼雷形装置的形式。型坯头的构造变得相当复杂，并且在运动部件之间存在熔体泄漏和降解的可能性，因此设计和工程都必须满足高标准。

储存器型坯机头的注射体积受机头尺寸和结构的限制。两步挤出吹塑将型坯制备和吹塑功能分开，并将型坯作为真实的预成型件进行处理。型坯通过常规的管挤出方法生产，将管冷却并切割成型坯长度储存起来，然后再加热并以正常方式吹塑成型。再加热过程可以选择，使吹塑成型制品的壁厚受到一定程度的控制。再加热过程还使型坯中的应力松弛，获得更坚固的产品。然而，此方法有许多缺点。二次加热循环增加了聚合物的热历史，增加了能耗，并且型坯的储存和处理也会增加成本。此方法不适于高速生产，因此很少使用。

4.7.3 注坯吹塑成型

注坯吹塑成型工艺使用注射成型而不是挤出成型来生产前驱体；它通常被称为预成型坯而不是型坯。注射吹塑机具有整体注射装置和多型腔模具组件，其中模具型芯安装在旋转台上。型芯作为吹针，注塑、吹塑和推出工位之间夹角为120°（图4.101）[71]。

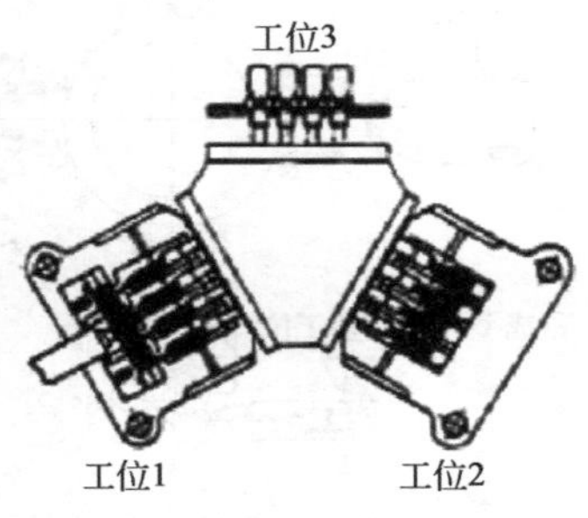

图4.101 注坯吹塑台

工位1是预成型件注塑模具，预成型件在型芯针之上形成。预成型件具有半球形封闭端，另一端是由型芯针形成的开孔。一些外部细节，例如用于螺旋盖容器的螺纹和颈部凸缘通过注塑成型直接生产。当预成型件仍然是热的和呈塑性时，打开注塑模具，将型芯针上的预成型件旋转到工位2，即吹塑工位。在此，预成型件被封闭在吹塑模具内，由型芯针导入压缩空气来制造模制件。然后打开吹塑模具，仍然在型芯针上的成品被旋转到顶出工位取出。注坯吹塑成型机有三组型芯针，使三个步骤可以同时进行。

注坯吹塑成型工艺具有许多优点。预成型件可以被注塑成与吹塑模具要求一致的形状。颈部形状可以在注塑阶段整体模制，使颈部的质量和精度优于吹塑。不需要去除和回收截坯废料，也没有底缝。但此方法也有一些缺点，如难以使用高熔体黏度材料。整体手柄、多壁结构都是不切实际的。

4.7.4 拉伸吹塑成型

拉伸吹塑方法被设计成在吹塑制品中产生双轴取向。传统的吹塑成型是由于型坯膨胀进入模腔，有一定程度的圆周取向，但是很少甚至没有轴向膨胀，并且没有轴向取向。而拉伸吹塑在吹塑之前或吹塑期间通过轴向拉伸预成型件提供轴向取向。这通常通过拉伸杆来实现，该拉伸杆在预成型件内以受控速率轴向前进。该方法的缺点是比常规吹塑要求更高、更复杂，而且设备的投资和成本高。拉伸吹塑工艺不能生产具有整体手柄的容器。拉伸吹塑可以通过注塑或挤出的方法进行。

注坯拉伸吹塑成型工艺是使用通过注塑成型生产的中空预成型件。预成型件会比最终的吹塑制品短且壁厚。具有螺纹的颈部轮廓完全通过注射成型形成，并且在吹塑过程不会变化。预成型件的另一端是封闭的，并且通常是圆顶形的。

预成型件的设计和精度对吹塑制品的取向度和质量具有重要影响。实际的壁厚和轮廓取决于吹塑容器的形状和尺寸。与其他预成型方法一样，完成的吹塑制品没有接缝、飞边和截坯废料，并且颈部尺寸精确。注射成型的预成型件可以通过一步法或二步法工艺转化成吹塑成型。在一步法注塑拉伸吹塑成型工艺中，预成型件的注射成型步骤与拉伸吹塑成型设备成一体化。设备通常布置成旋转操作，使得预成型件直接从注射成型工位传送到热调节工位，然后到拉伸吹塑工位（图 4.102）[72]。热定型的预成型件被移到吹塑模具，通过内拉伸杆轴向拉伸和定向。二步法将预成型件的注塑操作与吹塑成型操作完全分开。实际上对于这两种操作，不同的制造商可能在不同的位置执行，在两种操作之间有具体的时间间隔。另外，二步法涉及两种加热操作，使聚合物中能耗更大并且增加了热历史。另一个缺点是需要存储和处理预成型坯。

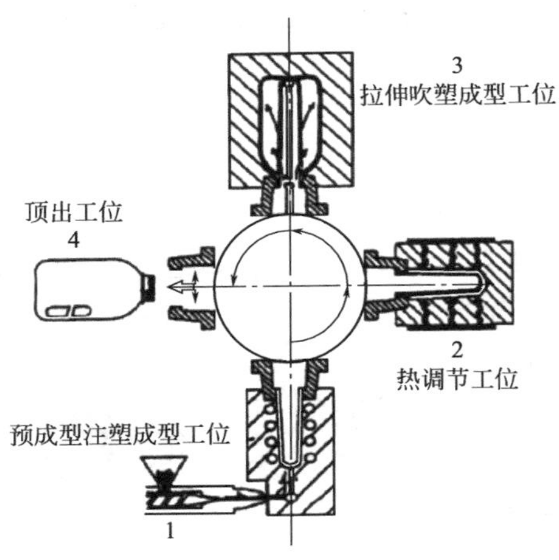

图 4.102　一步法注坯拉伸吹塑工艺

在吹制之前，预制件必须从室温再加热，然后以类似于一步法工艺的方式进行热调节和拉伸吹制。二步法或再热拉伸吹塑机通常布置成高速旋转连续操作。挤出拉伸吹塑成型是二步法工艺，它使用两模具/型芯用于预吹，另一个用于最终吹制。首先将挤出的型坯截坯，并通常在相对较小的预吹塑模具中吹制得到端封闭的预成型件。然后将预成型件传送到最终吹塑模具，在吹塑芯模内的延伸拉伸杆顶住封闭的预成型件的端部进行轴向拉伸。然后吹制拉伸的预制件，给予圆周拉伸。标准吹塑机可转换为挤出拉伸吹塑。

4.7.5　浸渍吹塑成型

浸渍吹塑成型工艺与注坯吹塑成型有一定的相似之处，注坯吹塑成型是在型芯/吹塑针上用预成型件进行的一步法工艺（图 4.103）[69]。它们的差别在于制造预成型件的方式不同。该方法使用由挤出机进料的蓄料缸。蓄料缸的一端有注射活塞，而另一端是在吹针上自由配合。

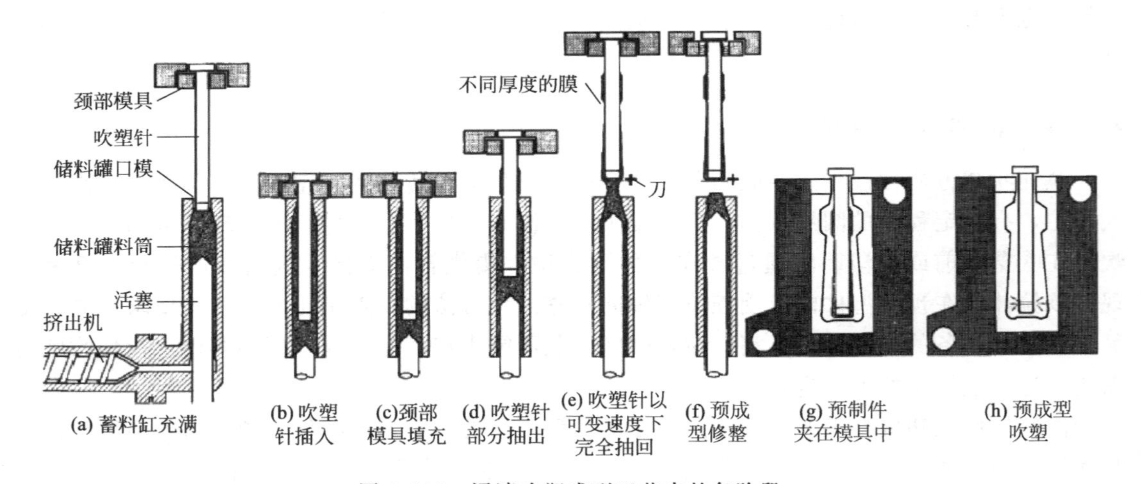

图 4.103　浸渍吹塑成型工艺中的各阶段

吹塑针插入熔体中，使得针上的颈部模具密封蓄料缸的端部。注射活塞前进以填充颈部模具；然后以受控的速率抽出吹塑针，使得吹塑针涂覆有通过吹塑针和蓄料缸之间的环形间隙挤出的熔体层。改变吹塑针的速度和注射活塞的压力可以改变涂层的厚度或在一定程度上改变轮廓。在修整之后，采用与注坯吹塑成型相同的方式，吹塑成型预成型件。

4.7.6 多模吹塑成型

多模工艺应用于非常小的容器如药物小瓶的大量吹塑。使用具有挤出型坯的多腔模具，其周长接近紧密间隔的模腔总宽度的两倍。在模具闭合之前，型坯被横向拉伸，成近平状，使得其延伸跨过模腔的整个宽度（图4.104）[69]。该方法通常与吹/填/密封技术结合。

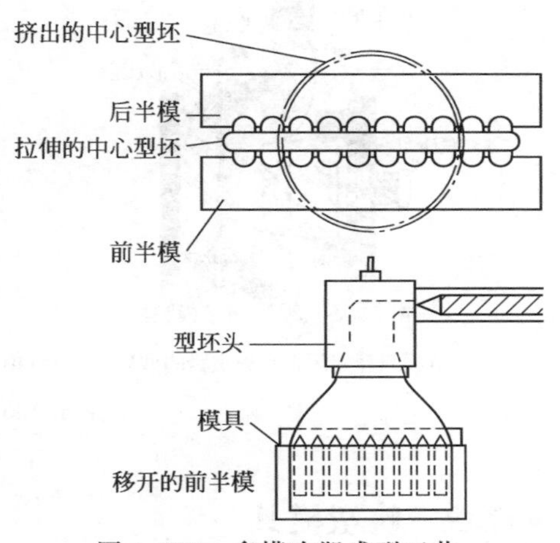

图4.104 多模吹塑成型工艺

4.7.7 共挤吹塑技术

共挤出是膜生产的基本技术，共挤出目前也是生产高性能吹塑容器的基本技术。共挤出的型坯有多个不同的层，每层对成品外壳都提供各自重要的性能。

共挤出的吹塑制品通常包括2～6层，但如果需要可以加入更多层。该结构通常包括一层或多层阻隔层。这些是对水蒸气或气体（例如氧气或二氧化碳）的透过具有特殊阻隔性的聚合物，例如聚酰胺、聚偏二氯乙烯（PVDC）和乙烯-乙烯醇（EVOH）。这些聚合物的存在大大增强了吹塑成型制品的性能，这些制品可用于食品和其他关键产品的包装。

4.7.8 连续挤出

连续挤出吹塑成型是一种特殊的多材料技术（图4.105）[69]。选择不同的材料可以提供互补的力学性能，并且存在于成品部件中不同的连续区域中。通常使用两种材料，但也有可能使用三种或更多种材料。由每种材料独立的外部活塞蓄料缸供应机头。通常按照A-B-A顺序依次操作，以产生轴向连续的、有三个不同材料区的型坯。

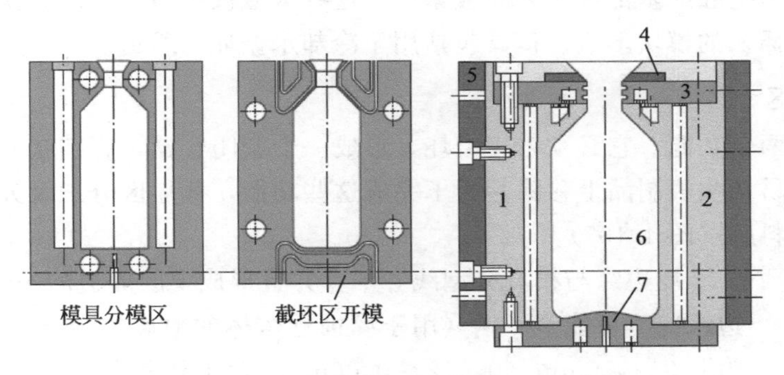

图4.105 挤出吹塑模具的主要特征[1]

1—半模1；2—半模2；3—螺纹口型环板；4—定径板；5—装模压板；6—分模线；7—底板

随后通过常规技术吹塑型坯。因为吹塑成型在圆柱形型坯上进行，所以该方法不是很适用于生产基本上偏离型坯轴线的具有复杂形状的制品。这种形式可以通过常规吹塑成型制造，但是仅能使用大型坯，以其扁平形式覆盖复杂的模腔，其代价是形成过量的截坯废料。

随着型坯处理设备和吹塑模具设计的发展，可以将相对小的型坯操控到复杂的模具腔中，也使吹塑模制品基本上没有飞边和废料，并且省去了相当多的工艺流程。目前有许多这样的技术，其中一些是专利，它们统称为3D吹塑（图4.106）[73]。

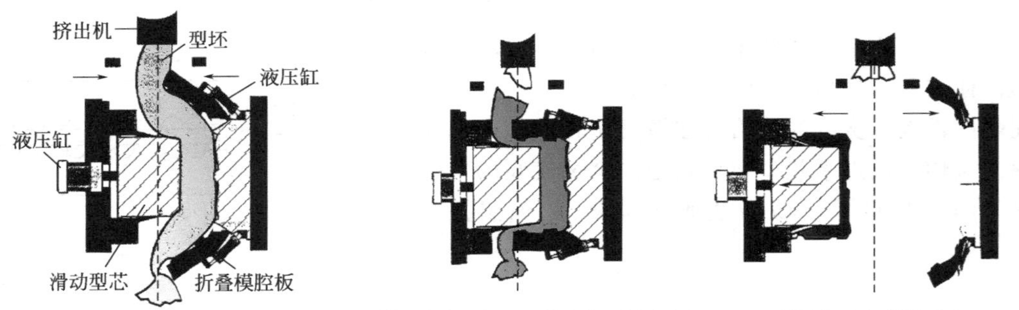

(a) 模具开始闭合预先夹紧的型坯　(b) 模具完全关闭，型芯向前和侧壁贴合　(c) 模具打开和型芯退回

图4.106　用于3D吹塑的Placo工艺

4.7.9　吹塑模具

吹塑模具基本上由两个半模组成，每个半模都含模腔，当模具闭合时模腔限定了吹塑成型件的外部形状。因为该方法是生产中空制品，所以没有采用限定内部形状的型芯。吹塑过程是在相对低的压力下进行，因此吹塑模具比注塑模具设计更轻巧，而且价格相对更便宜，制造更快速。单个型坯使用单模腔模具。当使用多个型坯时，可以在设备平台上安装若干个单腔模具，或者可以通过多腔模具满足其要求。模具的细节将根据产品的几何形状和使用吹塑成型工艺而变化。

4.7.9.1　基本特性

模具由分型线平面上相遇的两个半模组成。选择平面的原因是模腔半部在模具开口的方向上没有凹陷。对于不对称横截面的制品，分型线位于较大尺寸的方向上。两个半模通过导向柱和套筒对准，以确保模腔之间匹配。型坯在模腔的轴线上穿过模具，并且在闭合的模具面，模颈部区域与空腔的基部区域之间被紧压。这些区域被称为截坯区。模具的基部和颈部区域通常由单独插入的模块形成。模具包括用于冷却水循环的通道。

4.7.9.2　截坯区

截坯区执行两个功能。它必须熔接型坯，形成一个密闭容器，容纳吹入的空气，并且夹断的废料必须容易从吹塑制品上移除。为了完成这些功能，截坯区分三级分布，包括截坯边缘、按压区和溢料腔（图4.107）[69]。

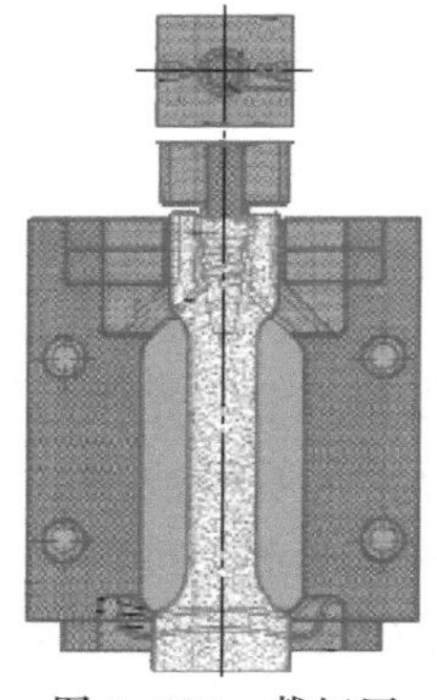

图4.107　截坯区

坯边缘与模具分型线齐平，并且形成模腔周边的一部分。根据结构，边缘应尽可能窄。钢（用于腐蚀性熔体的耐腐蚀金属）边缘的宽度可以为0.3～1.5mm（0.012～0.06in）；对于较软的材料，尺寸应为0.8～2.5mm（0.032～0.10in）。根据型坯厚度，按压区域凹进模具分型面中。其功能是将熔体移到熔接区域中，以确保熔合线足够的熔接强度，在型坯轴线上的相同点处的厚度基本上等于吹制壁的厚度。

按压区域深度通常通过试探法来确定，并且通常采用肋式表面，通过增加可用于热传递的面积来改善废料的冷却。溢料腔凹进的深度比按压区更深，通常达到型坯的厚度。如果凹进太深，热传递将受损，型坯废料冷却太慢。其功能是限制按压区的范围，并因此限制反抗模具闭合的力。使垫块面与分型面呈30°～45°角，可以增加不同高度之间的台阶。

4.7.9.3　吹气和校准装置

吹塑针是插入型坯中的装置，通过吹塑针吹入空气。对于瓶子（图4.108）[69]，吹塑针在模具闭合之前或之后通过颈部插入。吹塑针主体具有校准瓶颈孔的功能。如果在合模之后吹塑针插入颈部中，则可以产生无飞边的瓶口。在模具打开之后，通过脱模板退回吹塑针，成品瓶子被剥离。吹塑针含有用于吹送空气和冷却水循环的通道。

许多吹塑制品不具有可接受吹塑针的整体孔。在这种情况下，可以在模具闭合后，用吹针刺穿型坯壁输送空气（图4.109）[69]。通过气缸或液压缸使吹针前进和缩回，吹针的位置靠近截坯边缘，型坯在此处被模具夹紧，因此不能偏离前进的针尖。吹针留下的小孔可以通过二次操作密封。

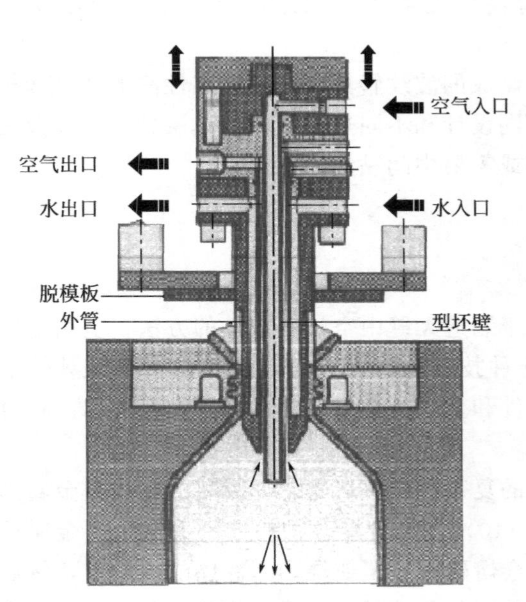

图4.108　校准吹针的示意图

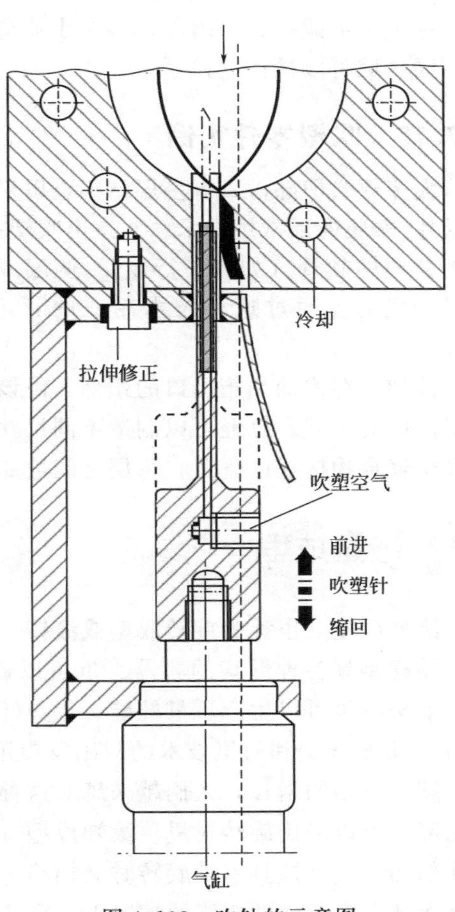

图4.109　吹针的示意图

4.7.9.4　排气和表面整理

当型坯充气时，大量的空气必须在短时间内从模腔中排出。因为吹送的压力相对较低，所以必须排气以使空气在没有阻力的情况下排出。除非模制品需要光泽度，否则通常的做法是将模腔喷砂成精细消光。随着膨胀的型坯接触模腔面，有助于空气排出，但这还不够。可以在模具分型面合适的位置加工一些排气口，深度为0.05～0.15mm，并且还可以在模具腔内提供装有排气口的插入件、多孔烧结插塞或直径不大于0.2mm的孔。这些加工的孔深度较浅，然后过渡到从模具背面加工的更大的孔。

4.7.9.5 冷却

高效的模具冷却是吹塑成型所必需的。通常，高达80%的吹塑成型的操作过程致力于冷却。模具尽可能由高导热性合金构成，并且水冷却通道的位置尽可能靠近模腔和截坯区的表面。由于吹塑成型是相当低压的工艺，因此在综合考虑模具强度后，通道可以非常接近表面，并且间隔相当紧密。

通道的实际尺寸取决于结构材料，通道可能距模腔10mm以内，中心间距应不小于通道直径的两倍。如果模具铸造时，冷却通道采用铜管制造，铜管可以在铸造之前紧贴空腔轮廓。如果模具被加工，通过钻和铣加工通道，通常不可能如此紧密地靠近腔体轮廓。铸造模具中的另一种选择是大型的溢流室。然而，有效的水冷却需要湍流，这在溢流室或大型冷却剂通道中不可能达到。因此，多个小通道比几个大通道好。冷却回路通常被分区，使得模具的不同区域可以被独立控制。

4.7.10 吹塑零件实例

大多数吹塑部件具有多层结构，以复合结构将其他塑料的性能结合。共挤出是用于生产多层片/薄膜的最常用技术。共挤出吹塑技术[74]可用于生产波纹管、硬管以及要求柔软性和紧密公差的软管（如汽车行业）。两层或更多层的复合材料形成这些制品的壁，以利用不同料的优势。通过这种技术制成的管道具有高度的柔性、耐水解性、耐破裂性以及稳定性。

例如，在汽油油箱出口的颈部，由该技术制成的波纹管具有拉伸稳定性高的区域和拉伸稳定性低的区域。已经可以制造不同尺寸、不同设计和不同热塑性塑料单层软管，以及两层或多层聚合物构成的管道，每层之间彼此相容或需要中间黏结层。

4.8 滚塑成型

滚塑成型（也称为旋转成型或滚铸）是用于制造无缝中空塑料部件的方法，应用范围从液体储存罐到各种形状的容器。也可以通过这种技术制造家具、游乐场设备和玩具等消费品。滚塑成型可以生产玩具娃娃、玩具娃娃零件和坐式玩具以及各种尺寸的重壁球。在过去10年，滚塑成型和衬里技术的应用发展迅速。

随着应用的增长，人们越来越对这种技术的复杂性产生兴趣。如果目的是涂覆金属部件的内部，可以采用旋转衬里。滚塑成型（图4.110）是将含聚合物粉末的薄壁中空金属模具的外部加热，当模具多轴旋转时会加热。粉末会熔融、涂覆或烧结到腔体的内壁上，然后将模具冷却，在热塑性树脂的情况下，会使得部件固化和结晶，最后，将部件取出，并将模具加料以重复循环。

选择滚塑成型技术的原则是部件数量每年少于25000件，尺寸大于200L。对于热塑性弹性体，也通过滚塑成型技术生产较小的部件，可以生产具有复杂几何形状的零件，而不会使零件有显著的残余应力或取向。除了制造较大部件的能力之外，由于滚塑成型方法要求低压，因此需要的资本投入比注塑和吹塑工艺要少得多。采用滚塑成型方法制成的零件通常比更常规工艺制造的零件成本更高，因为其循环时间相对较长。某些热塑性弹性体可通过滚塑成型方法制成中空物体。然而，由于它们的熔点和熔体黏度相对较高，因此难以成型，通常

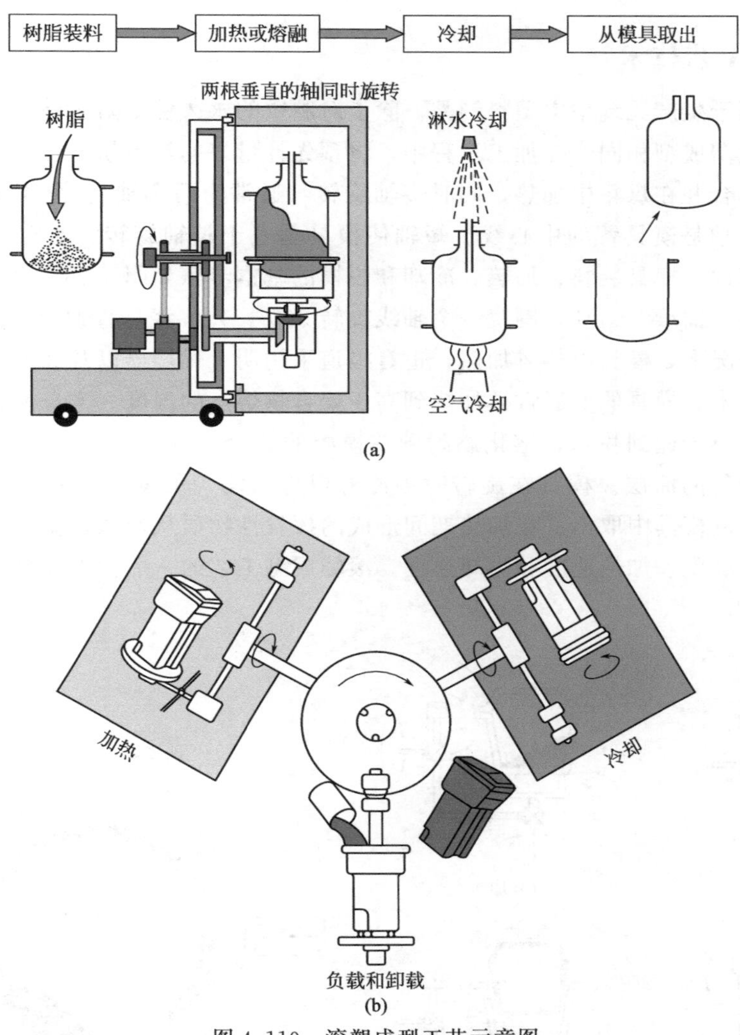

图 4.110　滚塑成型工艺示意图

只能使用特定等级的热塑性弹性体。据报道，通过滚塑成型方法加工的热塑性弹性体包括COPE、TPO、TPU、SBS和SEBS。

4.8.1　背景

滚塑成型的概念始于20世纪初。今天的技术类似于20世纪40年代后期由聚氯乙烯增塑溶胶制造中空制品的搪塑成型工艺。由于没有其他合适的塑料，滚塑成型技术的应用没有进一步扩大。直至聚乙烯问世后，才采用滚塑成型技术制造聚乙烯部件，比聚氯乙烯更为经济。随着20世纪70年代改性聚乙烯和可交联聚乙烯的出现，大型罐成型成为现实。从20世纪70年代中期开始，更多的聚合物问世，包括线型低密度聚乙烯、聚酰胺、聚丙烯和聚碳酸酯。

全世界滚塑成型消耗的近90%的固体聚合物由聚乙烯[75]组成。用于滚塑成型的最合适的塑料形式是粉末状或液体状。滚塑成型生产的产品壁厚均匀，而且厚度可以比吹塑更厚。滚塑成型可以很容易完成倒陷、镶嵌和肋条。与其他中空成型方法相比，滚塑成型技术可获得较厚的转角。

4.8.2 基本工艺技术

滚塑成型用于生产无缝中空塑料制品。除了对腔壁的永久性黏附之外，在滚塑衬里加工方面的考虑与滚塑成型相同。在加工过程中，将预先计量好的塑料粉末、颗粒或液体装入模具腔内。模具闭合并在烘箱中加热，同时多轴旋转（通常为两个轴）。图 4.111 是双轴滚塑机的示意图。长轴是模具臂的中心线。短轴使模具垂直于长轴旋转。通常，长轴每旋转一次，短轴旋转四次。模具装料、加热、冷却和脱模的基本步骤如图 4.111 所示。在另一种设计中，模具经历"摇滚"运动，围绕一个轴线旋转 360°，并围绕垂直轴线摇摆。

在大多数情况下，模具由热风加热，也有报道采用明火燃烧器以及红外、导电、感应和电介质加热等技术。模具的壁通常被加热到高于聚合物熔点的温度。来自模腔中的热空气和模具壁的热风将热传递到粉末，熔化黏附到热模腔的聚合物（图 4.112），使聚合物在模腔的内壁上形成均匀的涂层。模具在旋转时被冷却以保持均匀的壁厚。最后，在聚合物固化后，将刚性部件从模具中取出。在加热期间形成的挥发性物质从通风口排出。在整个过程中控制旋转速度、温度、加热速度和冷却速度。滚塑成型工艺的一般优点和局限性分别列于表 4.20 和表 4.21 中。

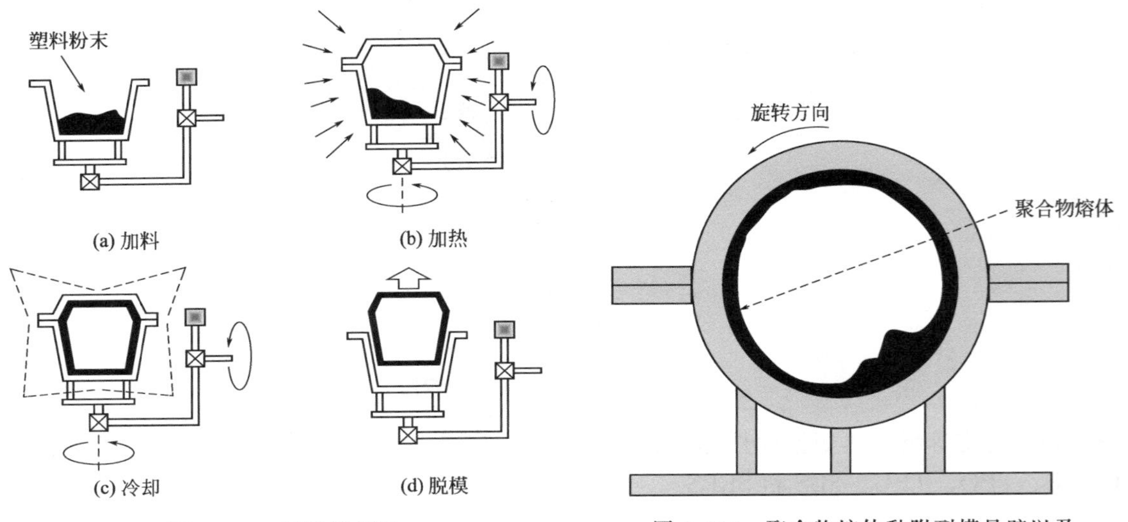

图 4.111 双轴滚塑机

图 4.112 聚合物熔体黏附到模具壁以及部件形成的示意图

表 4.20 滚塑工艺的优点

序号	优点
1	中空部件可以制成一体，没有熔合线或接头
2	同时成型不同形状的部件
3	成型部件基本上无应力
4	模具相对便宜
5	模具设计至实际投产的时间相对较短
6	与吹塑成型或双片成型相比，壁厚相当均匀
7	可以改变壁厚分布而不改变模具

续表

序号	优点
8	插入件相对容易模制
9	少量生产运行在经济上是可行的
10	可以制造多层部件，包括发泡部件
11	废品率低
12	初始资本投资少

注：摘自 Ebnesajjad S. Fluoroplastics，volume 2：Melt processible fluoropolymers，the definitive user's guide and databook. Norwich（NY）：William Andrew Publishing；2003。

表 4.21 滚塑工艺的缺点

序号	缺点
1	制造周期长
2	成型材料的选择相对有限
3	由于需要特殊的包装，材料成本相当高，此外，材料必须要研磨成细粉末
4	一些几何特征，例如实心肋，难以模制
5	不容易适应急剧的厚度变化，逐渐过渡效果最佳
6	很难保持严格的公差
7	壁厚变化平均约为±10%
8	模具必须使用适当的树脂收缩率进行设计

注：摘自 Ebnesajjad S. Fluoroplastics，volume 2：Melt processible fluoropolymers，the definitive user's guide and databook. Norwich（NY）：William Andrew Publishing；2003。

与旋转铸造或离心铸造相比，滚塑过程的转速通常在1～20r/min的范围内。离心铸造旋转速度在短轴上最高可达40r/min，长轴上的转速可达12r/min。离心铸造的基本特征是将熔融金属或塑料引入到在铸件凝固期间旋转的模具中。当重力将熔融物质驱动到设计的缝隙和形状中时，离心力使熔融材料成型和进料。

离心铸造提高了在特殊情况下的均匀性和准确性。该方法对铸件的形状有限制，通常限于制造圆柱状。滚塑成型过程分两个阶段进行。在第一阶段，聚合物熔化、烧结和致密化；而在第二阶段，熔体在模具的壁上流动，并且在旋转期间产生的剪切应力下填充模具几何形状中的所有通道、倒陷和其他空腔。作用在聚合物上的主力是重力，由于转速低，离心力可以忽略不计。由于没有显著的剪切，因此需要高的成型温度以降低聚合物的黏度并加快其模具填充作用。

这种方法非常适用于球形的铸造，但外形可以使用特殊技术进行修改。通常使用金属模具，并且将塑料倒入旋转的模具中，该旋转模具可围绕水平轴、倾斜轴或垂直轴旋转。离心力提高了均匀性和精度。塑料泡沫（例如聚乙烯）的旋转成型变得越来越重要，因为它增加较少的质量便获得更厚的壁，并获得减震、隔热和高刚度。到目前为止，热塑性弹性体泡沫的滚塑已经不如其他热塑性塑料的泡沫塑料。泡沫技术在第4.9节中介绍。

4.8.3 滚塑成型设备

滚塑设备典型的特征：①可以由臂支撑最大的载荷重量，包括模具和装入的树脂的质量；②模具的旋转球形直径。滚塑机能够生产小型物体如乒乓球以及容量为4.5t、模具直径超过5.5m（216in）的大型物品，可制造大型容器（85000L或22500gal）。

通常采用热空气加热模具。空气可以通过任何方式加热，例如天然气、油或电。一些系统由明火加热，这对较低的加工成本是有吸引力的。最初是通过环境空气或强制空气进行冷却，然后通常是通过喷水来实现均匀冷却。可以选择使用封闭的冷却室。

4.8.3.1 间歇式系统

这是最简单和最便宜的形式，但它需要最多的劳动力。将模具转入烘箱中进行旋转加热。然后在循环结束时将其移出，另一个模具就位。将完成的模具转移到冷却工位，最后取走该部件。

4.8.3.2 转盘机

最常见的滚塑机是带有三个工位或位置的转盘机（图 4.113）。它有装卸工位、加热工位（通常是烤箱）和冷却工位各一个。冷却通常发生在封闭室中。其机理如名称所示，类似于转盘。一个或多个转轴的一端连接到转台或中心毂，而在另一端连接到一个或多个模具。典型的转盘可以自由旋转一整圈。

转轴或臂是机械化的，其运动是独立控制的，不依赖于中心毂、烘箱温度和停止时间。各个臂同时经历不同阶段。一个臂在装卸工位，第二个臂在烤箱中旋转，第三个臂在冷却工位。在每个循环结束时，转台旋转 120°，将每个模具移动到下一个循环。这意味着任何时候都不会有空闲的臂。

4.8.3.3 梭式机

较大的产品（例如大容器）可以在梭式滚塑机（图 4.114）中制造，通常在烤箱与位于烤箱两端的冷却工位上直线运行。可移动模具架固定模具，而电动机驱动其双轴运动。模具架安装在轨道上，使滚塑机可以滚动进出烤箱。在加热循环结束时，将模具转移到冷却室中。另一个模具可以滚动进入烤箱，开始下一个加热循环。通过将装卸工位定位在平行轨道上的冷却工位和加热工位之间，可以平稳进行模具的传送。

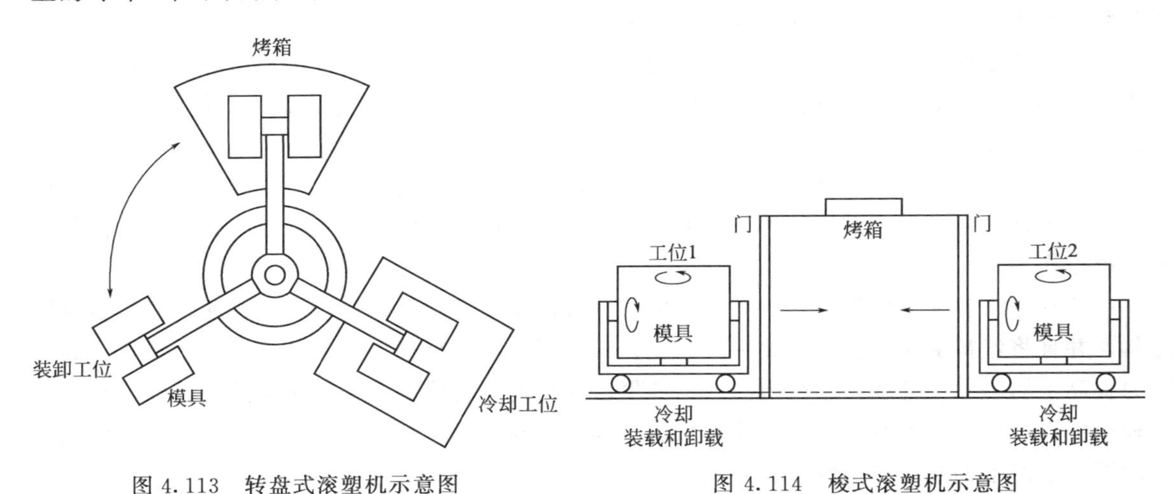

图 4.113　转盘式滚塑机示意图　　图 4.114　梭式滚塑机示意图

4.8.3.4 蛤壳式滚塑机

蛤壳式滚塑机是第三种类型的设备（图 4.115）。在这个设计中，有一个臂与三个工位相结合。加热和冷却都发生在同一个机壳中。

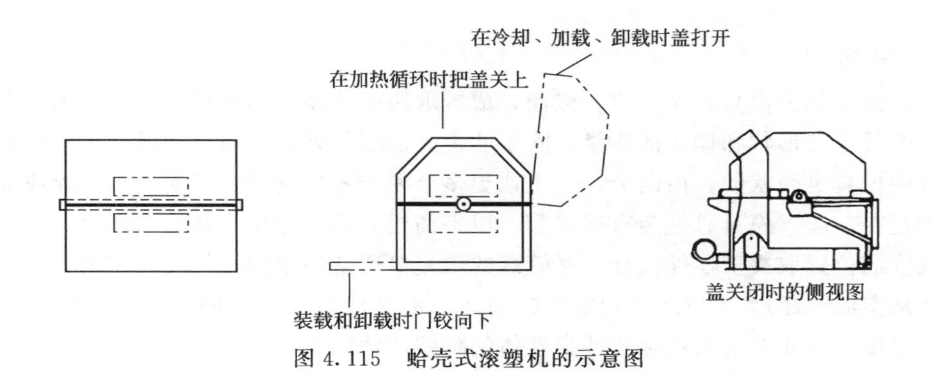

图 4.115　蛤壳式滚塑机的示意图

4.8.4　设备和工艺设计

无论滚塑成型设备的类型如何，在设计中都应考虑到许多因素。要考虑的项目见表 4.22。关于滚塑成型过程更多的设计信息可以在旋转成型机协会（ARM）的出版物中找到，标题为“设计旋转成型塑料件的入门指南”。设计滚塑过程时经常被忽视的一些注意事项列于表 4.23。

表 4.22　滚塑成型设计注意事项

序号	设计注意事项	序号	设计注意事项
1	模具和塑料材料的热传递	8	填充口
2	分模线位置	9	模具合模装置
3	零件尺寸	10	模具装模装置
4	成型机尺寸	11	模具材料
5	臂上的模具和材料的重量	12	模具可以生产的零件数量
6	注射量	13	模具结构
7	排气口位置	14	颜色匹配

注：摘自 Ebnesajjad S. Fluoroplastics，volume 2：Melt processible fluoropolymers，the definitive user’s guide and databook. Norwich（NY）：William Andrew Publishing；2003。

表 4.23　滚塑工艺和设备设计指南

序号	指南
1	将高应力远离分模线
2	设计非常高的热膨胀系数
3	避免设计平面和直线
4	改变深穴区域以获得更好的热流和较厚的壁
5	设计非常大的公差，大于旋转成型机协会(ARM)所推荐的公差
6	放入一个包装盒以容纳可能不适合空腔的多余的粉末
7	保持组件安装负载低于 0.7MPa(102psi)
8	侧壁不能有插件，以获得适当的材料填充
9	对于需要良好美观的零件，将分模线保持在视线正常水平以上

注：摘自 Ebnesajjad S. Fluoroplastics，volume 2：Melt processible fluoropolymers，the definitive user’s guide and databook. Norwich（NY）：William Andrew Publishing；2003。

4.8.4.1 模具

用于对流加热的模具相对便宜。然而，成本取决于待制造的塑料的类型、加工温度以及模制部件的尺寸、形状和期望的质量。除了非常大的部件外，在模具中设计了多个腔体。在这个过程中模具是壳状的，由两个、三个或更多个复杂零件制成。半模通过螺栓或夹具在分模线处固定在一起。模具总是装有通风管，以平衡模具的内部压力与外部环境。

排气管的位置取决于零件设计，尽管罐的填充口通常是定位排气孔的好地方。由于热塑性弹性体从室温到超过400℃（752℉）的循环，模具经历了大量的热应力。金属的选择不仅要考虑温度，还要考虑某些热塑性弹性体的降解产物的腐蚀性质。

大多数热塑性塑料（例如聚乙烯）加工中最常见的模具是铸铝。铸铝的主要优点是传热快和成本低。铸铝有时是多孔的，由其制成的模具可能容易损坏。铸铝不适用于大多数热塑性弹性体，因为这些聚合材料要求高温加工。加工的金属模具，特别是铝模具，可用于需要极高精度的产品。加工模具产生的部件没有空隙和表面孔隙。

由于材料和这些模具制造的成本高，它们的使用仅限于特殊情况。薄钢板可用于生产原型和生产模具。当需要的单腔模具是大空腔时，经常使用薄钢板。薄钢板模具通常由定制成型机自设制造，将各模片焊接在一起。它们的优点是轻巧而且具有均匀的薄壁。电铸或蒸气形成的镍适用于模制腐蚀性树脂。这些模具在复制精细表面细节的能力方面是独一无二的。

与某些热塑性弹性体的降解产物的腐蚀性有关的特殊制模材料的要求已在第4.4.8节中讨论过。重要的是考虑在滚塑中成型的聚合物。一些聚合物足够柔软，虽然在模具设计中有一些凹陷部分，但仍然能很容易地剥离部件。其他一些聚合物会收缩，还有一些聚合物需要轻微的斜角（1°或2°），才能使部件剥离。必须知道聚合物的收缩率，以便设计出能够生产符合规格部件的模具。旋转成型最难的是大的平坦表面。正确的脱模技术和冷却过程中的内部气压可以最大限度地减少平坦表面的变形。

最好在平坦部分设计某些类型的加强，轮廓肋或压纹是这种设计的两个例子。设计模具表面凸起有利于防止扁平塑料表面向内凹陷的倾向。如果部件的美观方面许可，在空腔的每一半上设计一个中空的插入件（见图4.116），形成两壁之间的支撑件是有帮助的。净效应使结合区域部分的模量增加。

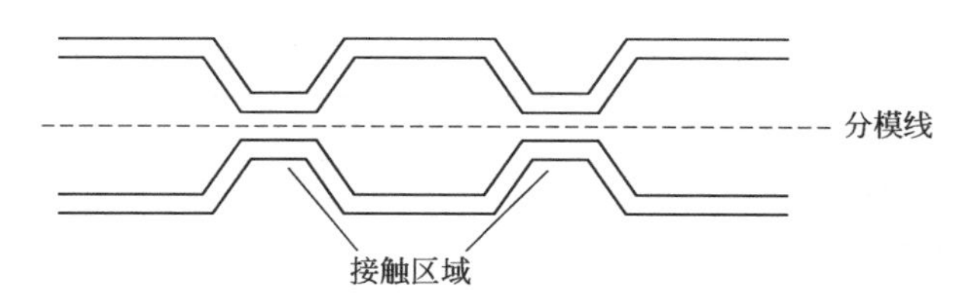

图4.116 显示两个接触区域的横截面

推荐的波纹深度是零件厚度的四倍。将一个模具安装在臂上是相当简单的。而要将多个模具安装在星形臂上，则需要仔细设计。不正确的安装可能导致模具异常高的磨损以及部件上过多的飞边。滚塑成型维护问题的难点之一是分模线的磨损和飞边的产生。采取一些步骤可以解决这些问题。应避免在锋利的角落、沿刀边缘或垂直线设计分模线。只要有可能，多块组成的模具应设计成使用滑块或铰链系统来引导各块模具的打开和关闭。这种设计减少了分型线的损坏，简化了模具的操作。

现有多种夹具和快速释放装置可用于将模具固定在一起，但最好的分模线是销和套筒类型。它显示最清晰的分模线，但是当不需要清晰的分模线时，快速释放夹是适合的。分模线的一些实例见图 4.117。与榫-槽类型和销-套筒分相比，分级的分模线不普遍。

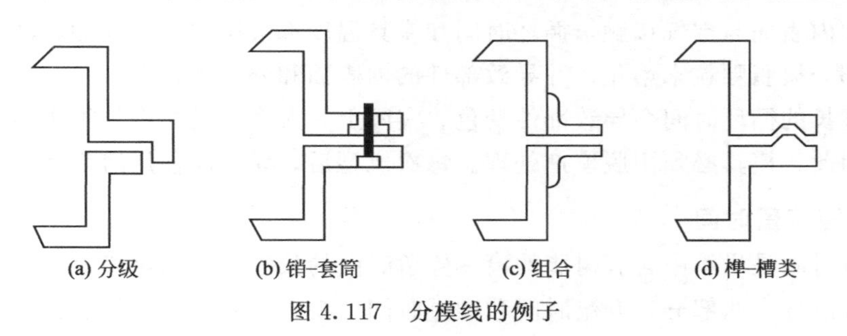

图 4.117　分模线的例子

滚塑成型的一些不寻常的效果是其他成型技术所没有的。例如，由于树脂粉末积聚在模具的角部，部件的外角部分比部件的一般厚度更厚（图 4.118）。另外，由于在这些区域中粉末倾向于从模具中脱落，所以内角部变薄。推荐的拐角半径（图 4.118）有助于零件厚度的均匀性。改变围绕主轴和短轴的转速（在本章后面讨论），可以控制壁厚变化。

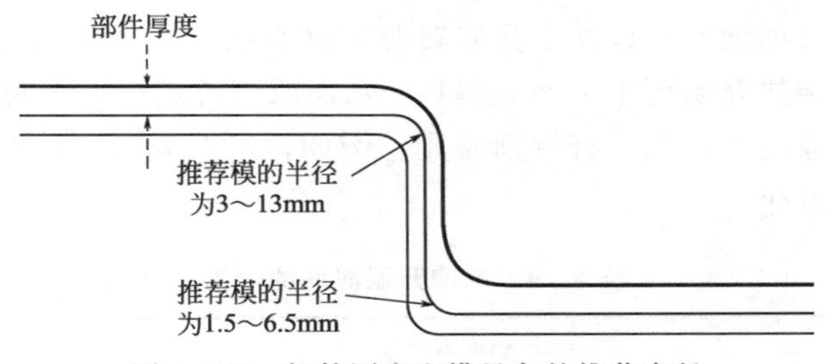

图 4.118　部件厚度和模具角的推荐半径

4.8.4.2　模具表面处理

模具表面必须清洁，没有化学品和碎屑，以便成功地进行滚塑成型。一个完整的过程包括这里描述的多个步骤，但确切的方法取决于树脂的类型、设备类型和部件。循环或生产活动完成后，模具的内表面必须脱脂，然后进行喷砂处理。之后，将模具在真空烘箱中或在惰性气体（如氮气）下烘烤。此工序从模具中除去残留的树脂、降解产物和水分。

4.8.5　滚塑工艺的操作

在典型的滚塑操作中，将确定量的聚合物粉末装入模具，并将模具块（半模）组装在一起，然后将模具放入烘箱中并双轴旋转。树脂在加热循环期间熔融，黏附在模具壁上，形成部件。将模具转移到冷却室中，用空气或水冷却。在冷却循环结束时，取出模具，并将成品部件取出。树脂的颗粒大小在滚塑过程中是非常重要的。

虽然平均粒径为 0.5mm 是工业标准，但是较小或更大的粒径也可以加工。通过调整装料量和循环时间可以减小或增加壁厚。减少供应到模具的某些区域的热量也可以减少这些部位的厚度。要求壁薄一些的区域也可以通过隔热隔离，减少熔融树脂的升温。相反，需要壁厚一些的区域可以供应额外的热量。相邻壁之间的距离应至少是部件壁厚的四倍，以防止树脂连接[76]。

零件的外表面的表面纹理可以控制，因为模具是阴模。滚塑成型件通常在外表面上具有良好的外观，无凹痕。在外部零件表面上可以容易地获得消光和花纹。但是很难获得光洁的外观，并且会显著增加模具的成本。具有高光洁度（光泽度）的相应部件可以通过注射成型获得。部件的内表面与空气接触，循环时间和模具温度都会影响内表面的光洁度。热循环时间不足会使部分树脂颗粒未熔化，并导致部件的内表面和外表面粗糙。

过热和过长的循环时间会导致部件变色。实际上，大多数模具设计很小的斜度角直至没有斜度角。因此，模具必须用脱模剂处理。每次成型后，模具应使用溶剂和研磨剂清洁。

4.8.5.1 烘箱停留时间

烘箱停留时间是烘箱中含有树脂的模具停留时间的长短，称为烘箱停留周期。在烘箱中经过的时间可以分为两部分：升温时间和融凝时间。模具在升温时间加热并达到树脂的熔融温度。在融凝时间，部件在模具的壁上形成。

（1）升温时间

许多变量影响升温时间的长短。各影响因素的重要性以降序列于表 4.24 中。最重要的因素是传热介质的性质。传热介质对塑料材料的热传递效率有显著的影响，因此对成型周期的长短也有很大的影响。空气是滚塑的主要传热介质。从安全和处理的角度来看，这也是最简单的选择。热液体（如油）可以在模具旋转时喷洒在模具上，但因为危害和操作的原因，已被排除使用。液体传热介质可用于夹套模具，从而改善传热。由于制造夹套模具增加了成本，难以将其纳入商业运作，除了有特别需要。例如，尼龙 66 部件在夹套模具进行滚塑成型，以避免聚合物的氧化。

表 4.24 影响升温时间的因素

序号	影响因素	重要性
1	传热介质:对流或传导	最重要
2	烘箱温度	↓
3	树脂熔融温度	
4	模具表面的加热介质的加热速度	
5	模具壁厚	
6	模具表面与体积的比例	
7	模具材料的传热系数	
8	烘箱恢复时间	最不重要

注：摘自 Ebnesajjad S. Fluoroplastics，volume 2：Melt processible fluoropolymers，the definitive user's guide and databook. Norwich（NY）：William Andrew Publishing；2003。

（2）融凝时间

融凝时间取决于与影响升温时间相似的一些参数，但并不是所有相同的因素都是同样的顺序。影响融凝时间各因素的重要性的顺序列于表 4.25 中。前两个因素对融凝时间有很大的影响。融凝时间与零件的壁厚成正比，壁厚由预期应用规定。这意味着，在给定的温度下，将部件的壁厚加倍，融凝时间也必须加倍。烘箱温度对循环时间的影响也很大。将模具温度提高 100℃（180℉），可以使融凝速率提高 25%。融凝时间是确定模具在烘箱总停留时间的关键因素。

表 4.25　影响融凝时间的因素

序号	影响因素	重要性
1	部件壁厚	最重要
2	烘箱温度	↓
3	模具表面的加热介质的加热速度	
4	模具表面与体积的比例	
5	树脂颗粒大小	
6	模具单位面积的热容	
7	树脂熔融温度	
8	树脂的熔化热	最不重要

注：摘自 Ebnesajjad S. Fluoroplastics，volume 2：Melt processible fluoropolymers，the definitive user's guide and databook. Norwich（NY）：William Andrew Publishing；2003。

可以采取一些措施来减少停留时间或将停留时间缩至最短。这些措施包括提高聚合物的热稳定性，以便使用更高的模具温度；减小模具的壁厚以及通过改进多个区域的温度控制的设计来改善对模具的热传递。另一个策略是在循环期间改变空气温度，这种设计可以获得高质量的成型，循环时间也可能有所降低。当决定提高模具温度以缩短成型周期时，应考虑热降解的问题，其表现为变色、气泡或表面粗糙度。伴随这些可见的变化，即使没有可察觉的颜色或外观变化，也会使部件的物理性能损失。提高模具温度的另一个考虑因素是模具本身的寿命。已经证明，即使没有塑料的热降解，在极端温度下操作模具，对模具的使用寿命和维护成本也有不利的影响。

减少循环时间而增加成本是不利的，特别是对于需要高温的树脂。延长融凝时间的一个诀窍是在模具从烘箱中取出后延迟冷却。模具的大热容可以存储大量的热量，这会继续加热树脂一段时间。这种方法的优点是缩短烘箱循环并增加生产量。随着成型粉末的颗粒尺寸的增大，需要更长的融凝时间以获得与较小颗粒尺寸的粉末相当的表面平滑度。加热效率较低的可能原因是模具壁与粉末之间的接触面积减小。树脂的熔融温度和模具表面与其体积的比例通常通过部件几何形状和应用的要求来固定。在循环期间不能改变它们来影响成型性能或循环长度。空气（传热流体）速度设定在烘箱制造商推荐的值。该值基于实验，以最大限度地发挥对模具的热传递（流动完全湍流）。

4.8.5.2　冷却循环

模具可以通过空气或水在外部冷却，有时在内部将冷流体泵入模具中以直接冷却模制部件。有效的方法是将水喷在模具上以将其冷却下来。可以控制喷水速度，使其与烘箱使用惯性相适应，以完成树脂的熔化。冷却速度决定了熔融聚合物的再结晶程度。半结晶聚合物的缓慢冷却增加了模制部件的结晶度并降低其翘曲趋势。部件的快速冷却（骤冷）增加其无定形含量，导致部件的冲击强度和挠曲疲劳增强。

表 4.26 显示了冷却速度对部件的物理机械性能的影响。骤冷的缺点是对模具的热冲击增加了模具所需的维护，并且缩短模具寿命。用空气或水进行内部冷却也是有效的，但比外部方法复杂。水需要一个特殊的系统，以排出冷却过程中产生的蒸汽。水滴可以在熔融树脂上留下痕迹，称为“痘斑”，它们被认为是质量缺陷。最常见的技术是空气冷却，其中空气被强制进出模具。除了冷却，空气压力抵消了收缩效应，部件收缩后趋于与模具分离，而空

气将部件保持在模具上，当模具在外部和内部被冷却时，有利于传热。空气压力的正常范围为10～20kPa。必须小心，内部加压可能会损坏模具，因为模具的设计是不能承受内部压力的。

表4.26　模具冷却速度对部件的物理机械性能的影响

性能	冷却速度 快→慢
晶体尺寸	增加
拉断伸长率	降低
拉伸强度	提高
挠曲模量	提高
挠曲强度	提高
挠曲疲劳寿命	降低

注：摘自 Ebnesajjad S. Fluoroplastics，volume 2：Melt processible fluoropolymers，the definitive user's guide and databook. Norwich（NY）：William Andrew Publishing；2003。

4.8.5.3　排气

在滚塑的冷却循环期间会形成真空。夹气的冷却可产生相当高的真空，从而引起部件中的质量问题。部件变形，特别是扁平部分，是最常遇到的问题。第二个问题是分模线，如果不小心维护，可能会导致部件中小气泡的形成。水分和空气被吸入分模线，最后通过部件的壁形成气泡或孔。真空形成的最简单的解决方法是设计一个将空腔的内部空间与大气连接的排气管。简单的排气管线是由惰性材料（例如聚四氟乙烯）制成的管，将其插入模具的孔中。

注意，必须将排气管足够深地放入模具中，以防止其被树脂阻塞。应在排气管中填充松散的玻璃纤维棉，以防止外部水分进入模具。玻璃纤维棉还可防止粉末塑料溢出通风管。也可以使用其他填充材料，只要它们不可燃。排气管线的尺寸和位置对防止水分回流也很重要。

4.8.5.4　部件剥离

部件通常在还比较热时被脱模。模具不同位置处的冷却速度是不均匀的，从而在部件中留下残余应力。还有由于零件的重量造成的应力。这些力导致部件在脱模后变形。部件置于保持其几何形状的装置中，直到冷却并变硬。另一种方法是提高冷却速度或冷却循环的长度。选择取决于具体成型工艺的经济性。

脱模剂有时被施加到模具的表面以便于脱模。这些试剂可能对部件表面的质量产生不利影响[78]。在表面张力的驱动下，从聚合物熔体中去除空隙和气泡，以使可用的自由表面最小化。由于脱模剂的存在，表面积减小，气泡在部件和模具的界面处更稳定。由于消除气泡困难，可能有一些气泡留存。因此，这些表面剂可能使部件的表面较差。

4.8.5.5　旋转速度和旋转比

滚塑成型中的轴长度不同。模具的旋转速度和两轴的比例是旋转成型工艺非常重要的变量。旋转比是绕两个轴的模具速度的比率，见公式（4.5）。速度与聚合物的流动性质有关，旋转比与部件的形状有关。周期越短，壁面越薄，这两个变量就越敏感[77]。

$$\text{旋转比}=R_1/(R_2-R_1) \tag{4.5}$$

式中，R_1 为长轴的旋转速度，r/min；R_2 为短轴的旋转速度，r/min。

由于离心力不会产生滚塑成型，实际上这些力的发展不利于部件的形成。壁厚的很大的变化是离心力发展的迹象。由于高转速而产生的力导致熔融树脂流入力集中的区域，而与空腔壁上的均匀分布相反。如果滚塑需要高速度，则必须小心。在高速下，大型模具可能会损坏设备。树脂熔体流动和流变特性是决定旋转速度的因素。在低转速下，高黏度树脂在空腔壁上形成均匀的涂层。

慢速旋转延长了成型周期，因此要求较低的温度以避免聚合物降解。较长的循环时间，可以使粉末有充足的时间在空腔表面上的熔融涂层上通过，导致聚合物粉末完全消耗。两个轴的旋转比取决于模制件的形状。对称部件的旋转比可以 4∶1 的比例模制；例如球体、立方体和规则形状的物体。表 4.27 显示了几种不同形状的旋转比。不规则物体的旋转比范围为（2∶1）～(8∶1)。计算新部件的旋转比是不切实际的。可以基于部件的形状来估计起始值，然后通过试验和误差来确定最佳旋转比，并在给定的旋转比值下对部件进行评估。

表 4.27　各种形状常用的旋转比率

形状	旋转比	长轴旋转速度/(r/min)①
水平安装的长方形物品和直管	8∶1	8
立方体、球、奇特的形状、矩形盒	4∶1	8
当比例为 4∶1 时，具有两个以上薄壁的矩形形状	2∶1	8
平坦的矩形，如气罐	1∶3	4
		6
		9.5
管道角和弯曲的风道	1∶4	5
垂直安装的气缸	1∶5	4

①在公式（4.5）中，代入长轴的旋转速度和旋转比率，就可以计算短轴的旋转速度。

注：摘自 Ebnesajjad S. Fluoroplastics，volume 2：Melt processible fluoropolymers，the definitive user's guide and databook. Norwich (NY)：William Andrew Publishing；2003。

4.8.6　旋转过程

到目前为止，讨论集中在滚塑成型，生产的是中空部件。旋转衬里（也称为滚铸）可以在金属部件的内表面上施加无缝塑料衬里。旋转衬里非常适用于复合设计部件（如泵、阀门、管道、配件和容器）的内表面。旋转衬里与滚塑不同之处在于金属部件形成内部空腔，并且在完成该工艺之后，衬里是其集成的部件。另外，滚塑的产品是独立的或稍后插入另外的结构。

旋转衬里在一些方面优于其他涂层和衬里方法。旋转衬里获得的衬里比静电或分散涂层技术更厚。旋转衬里产生的涂层厚度比喷涂方法更均匀。与手动喷雾和静电过程相比，旋转衬里是采用自动化的。旋转衬里限于内表面，而其他方法例如片材衬里可以涂覆部件的外表面。在片材加工中，将片材黏合到玻璃布织物上，然后通过胶黏剂将其黏合到容器（通常为任何部位）的壁上。之后，使用相同的聚合物或相容的聚合物的条状物将接缝焊接和密封。板材衬里适用于超过旋转衬里尺寸限制的大型罐体。复杂几何零件的衬里是不容易做的，而在旋转衬里，任何几何体涂层都毫无困难。

板材衬里对操作非常敏感，要求所有表面都贴上。一个重要的问题是衬里与空腔壁的黏附。在冷却期间，树脂的收缩会使衬里脱离腔壁，这在旋旋衬套过程是不期望的，但是在滚塑成型是正面的现象。已报道不同的策略以获得良好的附着力。同时采取配方和设计方法实现这一目标。

4.8.7 聚合物熔融和部件形成

在滚塑成型中，树脂的颗粒变软，黏附到模具表面，然后粘到其他树脂颗粒，在此期间，当形成连续的熔融聚合物层时，必须消除空隙。

烧结是广泛接受的消除空穴的机理，与挤出或注射成型中发生的熔体流动相反。聚合物颗粒的烧结定义为通过凝结将聚合物颗粒致密化。在凝结期间（图 4.119），相邻的聚合物颗粒在表面张力的驱动力下结合。Frenkel 开发了第一个两个粒子的黏性烧结模型[79]，并由 Kuczynski[80]进行了改进。最近的研究认为 Frenkel 和 Kuczynski 模型的不足是排除了熔体黏度和黏弹性在烧结中的作用[81]。

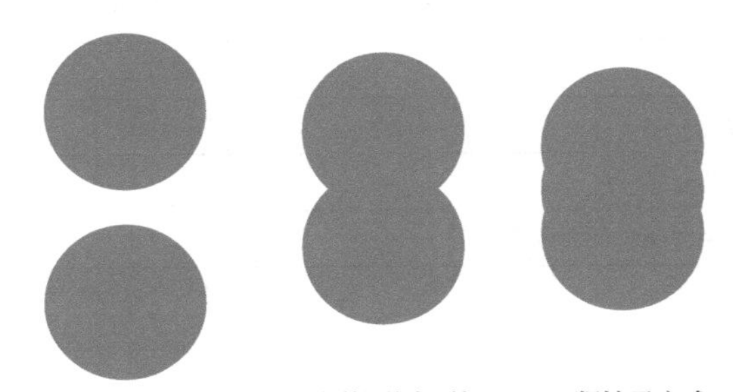

(a) 两个相邻的颗粒　(b) 颗粒形成颈部　(c) 凝结已完成

图 4.119　两个相邻聚合物颗粒的凝结顺序示意图

已经采用许多聚合物评估了 Frenkel 模型的有效性。根据超高分子量聚合物的实验，已经提出除了表面张力和熔体黏度之外，还应包括其他因素[82]。实验研究表明，除了黏性流动[83~86]在烧结中的主导作用外，聚合物烧结和旋转成型也应该考虑聚合物的黏弹性[86~89]。Bellehumeur 和 Vlachopoulos[90]得出了一个这样的模型，其中 Frenkel 的方法被修改[91]，包括了黏弹性效应。

提出的模型预测了随着聚合物松弛时间的增加，烧结速率降低，并且当粒度或黏度变得非常大时，烧结速率变得与松弛时间无关。滚塑成型的基础旨在研究估算并缩短成型周期，优化部件的力学性能，并评估不同聚合物的成型性能。已经研究了旋转模塑中的热传递，以开发用于工艺和零件性能优化的模型。Rao 和 Throne[92]首先对滚塑传热建立了模型，许多其他研究人员试图改进这个模型。Crawford 和 Nugent[93]也开发了过程的数值模拟。

Gogos 等[94]提出了一种使用集中参数进行加热循环的传热解决方案。该模型相当简单，其预测与实验数据一致。滚塑热传递的商业数值模拟可以得到，但仅限于简单的几何形状，不能预测部件的孔隙度[95]。在滚塑成型过程中，在加热和冷却循环期间，通过模具的外表面进行热传递。研究人员分析了内部加热和冷却的影响[96]，以改善热传递和缩短成型周期。该模型预测明显缩短周期，这已被实验数据所证实。内部冷却的引入增加了部件结构的均匀性，减少了翘曲。

4.8.8　故障排除

滚塑成型受到许多变量的影响，当部件的尺寸和设计变化时，这些变量难以控制和难以估计。当部件有缺陷时，请遵循一组故障排除指南来采取纠正措施。表 4.28 列出了典型的问题和建议的纠正措施。

4.8.9　结论

滚塑成型是一个复杂的过程，涉及许多相关变量和细节，必须正确设置，以重复生产优质零件。细节涉及部件的设计、塑料的选择、模具的设计和制造以及最后的实际旋转成型工艺。最终用途要求通常为指定建造材料以及为零件的设计和尺寸提供指导。

另外，任何设计必须是实用和经济的。模具施工和操作过程的成本受到零件设计的影响。热塑性弹性体由于其熔融温度和黏度高，而对工艺和零件设计构成了额外的限制。想要参与滚塑成型的读者必须参考其他以更深入和更全面的方式解决这个问题的参考文献。介绍完整技术要占很大的篇幅，会超出本书范围。这个任务大部分已由一些作者和专家完成。在参考文献[75,97～100]中可以找到一些特别有用的资源。

表 4.28　大多数热塑性塑料的旋转成型故障排除指南

部件问题	可能原因
模具脱模不良	拔模角度不佳
	模具表面粗糙度
	树脂分解
	脱模剂不足
	凹陷被困
部件表面粗糙	树脂降解
	模具表面存在杂质颗粒
翘曲	由于排气不良而在部件内部产生真空
	部件由于冷却而迅速脱离模具表面
壁厚不均匀	由于设备问题或错误的旋转比，模具旋转不正确
	模具壁的厚度变化导致传热不均匀，因此树脂的熔融速率不均匀
	传热到模具的变化
力学性能差	冷却过慢导致结晶度过高
	树脂熔融不完全
	聚合物填料分散不良
树脂烧结不完全	加热周期短
	模具温度低
	由于模具壁过厚导致热传递缓慢
在模具中的树脂粘连	树脂粉末流动不良
	转速慢
	凹陷、肋等凹槽的半径过小
	气被陷于凹槽，考虑在这些位置排气

注：摘自 Ebnesajjad S. Fluoroplastics，volume 2：Melt processible fluoropolymers，the definitive user's guide and databook. Norwich (NY)：William Andrew Publishing；2003。

4.9 热塑性树脂的发泡

4.9.1 引言

聚合物泡沫、聚合物微孔或发泡聚合物在日常生活中起着重要的作用。由于它们的特殊性质，对许多工业应用和家庭应用变得越来越具有吸引力。聚合物泡沫最重要的特性是重量轻，保温性能好。与固体聚合物相比，其他优点是单位重量的强度相对较高，介电常数较低。聚合物泡沫的一般属性和缺点见表 4.29。第一个商业泡沫是橡胶海绵，是 1910 年[101]引入的具有开孔的聚合材料（见下文），但最古老的泡沫是天然存在的纤维素泡沫的木材。

4.9.2 背景

泡沫微孔是在熔融聚合物凝固后，大小和形状已经冷冻的气泡。这种材料可以包含两种类型的微孔：闭孔微孔和开口微孔。在闭孔微孔泡沫中，每个微孔是独立的封闭实体。微孔类似于分散在聚合物中的小玻璃泡。闭孔的壁上没有孔。如果聚合物对用于形成微孔结构的气体是不可渗透的，则微孔将含有气体。开孔泡沫中的微孔相互连接，因此不能保持气体。液体和气体可以通过开孔结构移动，如通过普通海绵。聚合物泡沫也根据其力学性能进行分类。

如果微孔的壁在应力下是刚性的，并且相对不可弯曲，则称为刚性的。另外，如果微孔在压力下破坏，那么泡沫称为柔性的。开孔和闭孔结构都可以形成刚性泡沫和柔性泡沫。聚合物泡沫的密度范围约为 1.6～960kg/m^3（0.1～60lb/ft^3）。聚合物泡沫的力学性能通常与它们的密度成比例。低密度聚合物泡沫（约 30kg/m^3）应用于家具或汽车座椅等；高密度聚合物泡沫应用于结构、承载。常规聚合物泡沫的力学性能低于固体部分，因为材料的含量较低。然而，孔尺寸在 1～10mm 的微孔泡沫除了减轻重量之外，还可提供良好的力学。

最常见的热塑性泡沫是聚乙烯、聚丙烯和聚苯乙烯，尽管其他聚合物如乙烯-乙酸乙烯共聚物（EVA）、可熔融加工的含氟聚合物和热塑性弹性体也可以转化为多孔材料。

4.9.3 发泡技术

许多树脂可以通过各种工艺发泡。制造泡沫的步骤如下：

① 微孔起始；

② 微孔生长；

③ 微孔稳定。

从热塑性塑料制造泡沫一般有三种方法：机械、化学和物理。通过起始或成核在热塑性塑料中形成微孔，微孔在熔体连续体中是小的、不连续的。气孔的膨胀条件使气泡核生长。每个微孔生长的调节驱动力是微孔外部的压力与微孔内部压力之间的差值，见公式（4.6）[102]。

熔体的表面张力（γ）和微孔半径（r）是确定压力差（ΔP）的两个因素：

$$\Delta P = 2\gamma/r \tag{4.6}$$

熔体的表面张力是许多因素的函数，包括聚合物的类型、温度、压力和存在的添加剂。微孔外部的压力是熔体所受的压力，微孔内部的压力是由发泡剂施加的压力。可以使用气体或固体来发泡。微孔生长是一个非常复杂的过程，因为在微孔生长阶段，熔体的性质发生了变化。已经建立了几个完全描述微孔生长的定量模型[103]。黏度变化影响微孔生长速率和聚合物的流动。与体积相反，发泡剂中的压力降与半径成反比，参见公式（4.6）。

重要的是，在小微孔中的压力高于在较大的微孔中的压力，导致微孔间气体的扩散或破坏细胞壁。在热力学上，聚合物熔体中的微孔的产生和生长是不稳定的。流体趋向于通过减少其表面积使其自由能最小化。微孔形成显著增大聚合物熔体的表面积。在生长阶段结束时，不稳定的泡沫需要稳定化以将微孔保持在发泡状态。传统上，这些稳定化方法被用于将发泡技术分类为物理方法或化学方法。而且，在工业实践中也有限制地使用机械发泡。

表 4.29　与固体聚合物相比，聚合物泡沫的优点和缺点

优点	缺点
重量轻	密度可变
绝热性能良好	损失某些力学性能
单位重量强度高	
易于成型	
冲击强度高	
介电常数较低	

注：摘自 Ebnesajjad S. Fluoroplastics，volume 2：Melt processible fluoropolymers，the definitive user's guide and databook. Norwich（NY）：William Andrew Publishing；2003。

表 4.30　有机化学发泡剂（CBAs）

商品名称	化学名称	分解温度/℃(℉)	气体产率/(mL/g)
OBSH	4,4′-氧化双(苯磺酰肼)	157～160（315～320）	125
ABFA	偶氮二甲酰胺	204～213(400～415)	220
TSSC	对甲苯磺酰氨基脲	228～236(442～456)	140
5-苯基四唑	5-苯基-1H-四唑	240～250(460～480)	190
THT	三肼基三嗪	250～275(480～527)	225

4.9.3.1　机械发泡

这种技术类似于搅打奶油，在此过程空气混合进熔体中。混合只是将空气引入熔融塑料中，在此空气变成孔隙。典型应用是乙烯苯溶胶发泡成厚乙烯地板. 此外，机械发泡对热塑性塑料不适用[104]。

4.9.3.2　化学发泡

在这种方法中，通过化学控制泡沫形成过程[105]。这可能是聚合物的形成速率，即将黏性流体转化为交联（三维结构），或膨胀部分交联的聚合物熔体（例如聚烯烃泡沫），或膨胀热塑性熔体，随后冷却。随着反应进行，通过降低单体溶液中的溶解度或通过热分解，化学过程还可以控制发泡剂的活化速率。使用发泡剂可以降低聚合物的密度，通常加入为聚合物质量 0.5%～20.5%的发泡剂，聚合物的密度降低 40%～60%。发泡剂的特性决定了产生的气体量、气体产生速率、发泡压力和保留在微孔中的净气量。

化学发泡剂可以分为有机发泡剂和无机发泡剂，它们的分解可以是吸热的或放热的。它们通常需要活化剂（例如醇、二醇、抗氧化剂和金属盐）来降低其分解温度。无机发泡剂包括碳酸氢钠、硼氢化钠、聚碳酸和柠檬酸，主要是在热分解时放出二氧化碳。碳酸氢钠是无机发泡剂中使用最广泛的，它在很宽的温度范围内分解，即 100～140℃，并且产生 267mL/g 的气体。

聚碳酸在约160℃下分解，得到约100mL/g的气体。有机发泡剂在特定的较窄温度范围内放出气体，主要产生由氮气组成的气体混合物。有机发泡剂的实例见表4.30。现有的化学发泡剂有干粉、液体分散体和颗粒浓缩物等形式。

4.9.3.3 物理发泡

在物理发泡技术中，在热塑性塑料中加入发泡剂，并在熔化过程中挥发或膨胀。发泡剂可以是液体或气体。可能必须使用成核剂以促进微孔成核或控制微孔大小和微孔形成数量。聚合物的化学结构和组成限定了发泡过程的条件。

关键的变量是温度、发泡剂的类型和发泡结构的冷却速率（以便使其在尺寸上稳定）。发泡剂的性质及其在聚合物中的浓度决定了气体释放速率、气体压力、微孔中的气体保留率，以及由于发泡剂的降解/活化引起的吸热/放热[105]。

物理发泡剂是压缩气体或挥发性液体。压缩气体（通常为氮气）在高压下注入聚合物熔体中。随着压力的减轻，气体在聚合物熔体中的溶解减少，并膨胀形成微孔。

氮气是惰性的，不易燃，可以在任何加工温度下使用。它产生的泡沫比由有机化学发泡剂产生的氮所产生的泡沫更粗。对于更细的微孔结构可以加入成核剂。除了氮气之外，用作物理发泡剂的其他气体包括氢气、氦气、空气、二氧化碳以及氦与空气的混合物。当加热到聚合物加工温度时，液体物理发泡剂挥发，从液态变为气态。其中一些是脂肪族烃类化合物，由于其易燃性而可能带来安全隐患。其他的短链氯化和氟化烃类化合物（CFCs）已经从大多数配方中逐步淘汰，因为它们起到减少平流层中的臭氧作用，并被含氢氟氯烃（HCFCs）所取代。

物理发泡剂（PBAs）的实例见表4.31，所选择的物理发泡剂的臭氧消耗潜能（ODP）见表4.32。

表4.31 物理发泡剂（PBAs）的实例

名称	化学式	沸点/℃	易燃
正戊烷	C_5H_{12}	36.1	是
甲基氯	CH_3Cl	−24.2	是
CFC-11	$CFCl_3$	23.8	否
CFC-12	CF_2Cl_2	−29.8	否
CFC-113	$CH\ Cl_2CF_2Cl$	47.6	否
CFC-114	CHF_2ClCF_2Cl	3.6	否
HCFC-22	CHF_2Cl	−40.8	否
HCFC-142b	CHF_2ClCH_3	−9.2	是
HCFC-152a	CHF_2CH_3	−24.7	是
HCFC-123	$CHCl_2CF_3$	27.1	否
HCFC-123a	$CHFCl_2CF_3$	28.2	否
HCFC-124	$CHFClCF_3$	−12	否
HCFC-134a	CH_2FCF_3	−26.5	否
HCFC-143a	CH_2FCF_3	−46.7	是
二氧化碳	CO_2	−78.5	否

表 4.32　物理发泡剂的臭氧消耗潜能（ODP）

发泡剂	沸点/℃	臭氧消耗潜能①
CFC-11	23.8	1.0
CFC-12	−29.8	0.9
HCFC-142b	−9.6	0.066
HCFC-22	−40.8	0.05
HFC-134a	−26.4	0
HFC-152a	−24.7	0
二氧化碳	−78.5	0

① 臭氧消耗潜力（ODP）被定义为由物质造成的臭氧消耗量的数字。它是臭氧的影响与类似质量的 CFC-11 的影响的比率。环保署（www.epa.gov）。

4.9.4　发泡工艺

生产发泡部件可以采用各种工艺。所采用的工艺必须适应引发、增长和稳定三个关键阶段（见第 4.9.3 节）。这些方法通过实现泡沫微孔的外部和内部之间的压力差的方式来分类。如果外部压力降低，则称为减压发泡。内部微孔压力增长的过程称为可膨胀发泡。

产生微孔结构的其他方法是在气体存在下烧结树脂颗粒或在熔融聚合物中的固体（例如玻璃空心珠）。减压和可膨胀发泡可以通过化学和物理方法来稳定。使用常规的熔融加工方法，例如挤出、注射成型、压缩成型、吹塑成型[106~108]和滚塑成型[109]来生产泡沫制品。泡沫挤出是广泛使用的工艺，包括以下步骤：挤出、混合、冷却、膨胀、陈化。

泡沫挤出工艺见图 4.120。在工业上，可以在具有长螺杆单螺杆挤出机、双螺杆挤出机和串联挤出机生产线上采用这些工艺步骤。生产线包括主挤出机，主挤出机聚合物熔融、并将熔体与固体添加剂和液体发泡剂混合。其次，冷却挤出机将混合物冷却到最佳温度（图 4.121），也可以设计成作为发泡剂和冷却剂的混合器（图 4.122）[110]。泡沫挤出生产线如图 4.123 所示。其他泡沫挤出方法包括储料挤出和溢料挤出，请参见参考文献［110］。

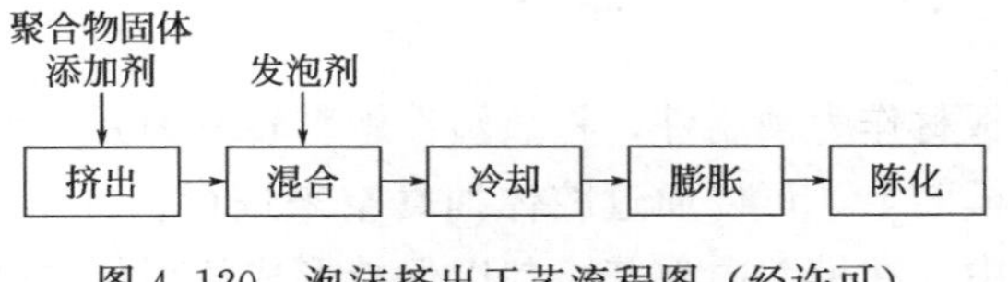

图 4.120　泡沫挤出工艺流程图（经许可）

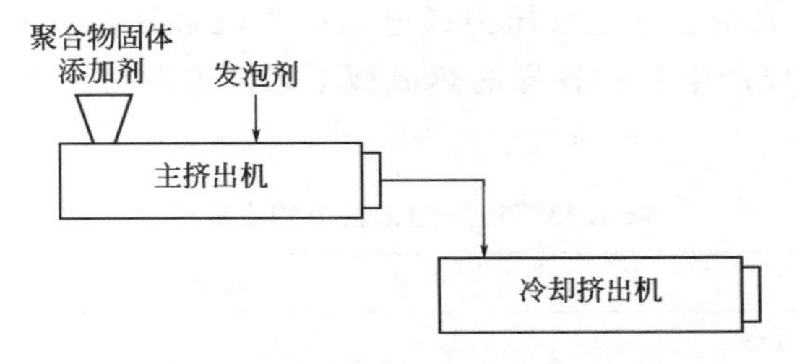

图 4.121　泡沫串联挤出机示意图（经许可）

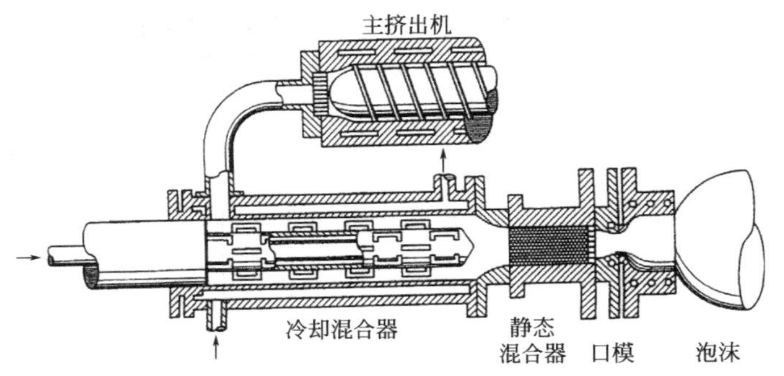

图 4.122　与第二台挤出机串联，作为混合器和冷却器（经许可）

图 4.123　泡沫挤出生产线（经 Battenfeld Gloucester 工程公司许可）

4.10 热成型

4.10.1　工艺基础

热成型是一种使用板材作为预制件，将热塑性塑料转变为壳体形式的工艺。热成型是将加热的热塑性片材夹在模腔上，可以通过腔体抽真空来进行。真空使大气压力向片材施压，片材塑性变形进入模腔中，在模腔中将其冷却以保持形成的形状，这被称为真空成型。真空成型和热成型这两个术语通常被错误地视为可互换和同义的。实际上，热成型有两三种形式（见表 4.33），可以通过真空、正空气压力或电动压力机来提供成型压力。这些选项可以有许多不同的排列组合，以产生各种各样的热成型工艺。本章讨论了主要工艺（表 4.34）和主要影响因素。

表 4.33　热成型工艺中的主要选项

加工影响因素	选项
成型压力	真空
	正空气压力
	电动压力机

续表

加工影响因素	选项
模具形式	阴模 阳模 对模(阳模/阴模)
片材预拉伸	真空 正空气压力(气胀) 机械塞
材料输入	挤出机(在线、热成型) 卷取(再加热,冷成型) 切片材(再加热,冷成型)
加工相	固相 熔融相
加热模式	片材的一侧 片材的两侧(夹层)
加热装置	辐射:棒、陶瓷、石英或红外线加热器 对流:热辊、接触面板或热油浴

注：摘自 Maier C，Calafut T. Polypropylene：the definitive user's guide and databook. Norwich (NY)：Plastics Design Library；1998。

表 4.34　主要热成型工艺

工艺	成型压力	模具形式	片材预拉伸
基本真空	真空	阴模	没有
基本压力	正空气压力	阴模	没有
包模成型	真空	阳模	没有
快速反吸成型	真空	阳模	真空
气胀成型	真空	阳模	正空气压力
模塞助压成型	真空	阴模	机械塞
气胀模塞助压成型	真空	阴模	正空气压力和机械塞
空气滑片成型	真空	阳模	正空气压力
空气滑片模塞助压成型	真空	阳模	正空气压力和机械塞
对模	电动压力机	对模(阳模/阴模)	没有
双面板	正空气压力	对模(阳模/阴模)	没有

注：摘自 Maier C，Calafut T. Polypropylene：the definitive user's guide and databook. Norwich (NY)：Plastics Design Library；1998。

4.10.2　加工的影响因素

热成型的主要影响因素是成型压力、模具类型、片材的预拉伸方法、材料输入形式和加工阶段的条件。这些因素对热成型部件的外观、质量和性能都有重要影响。

4.10.2.1 成型压力

热成型基本上是一种低压工艺，其通过真空或正空气压力或这两者的组合产生成型压力。然而，在对模热成型中，可以由电动压力机提供成型压力，其动力可能大得多。在真空成型（图 4.124）中，加热的片材与模具一起形成封闭隔室的一部分。当隔室中的空气被抽空时，大气压迫使片材与模具接触。这样产生的力明显不能超过大气压力，因为难以在模具和片材组成的隔室中产生完全的真空，实际上远远低于大气压。

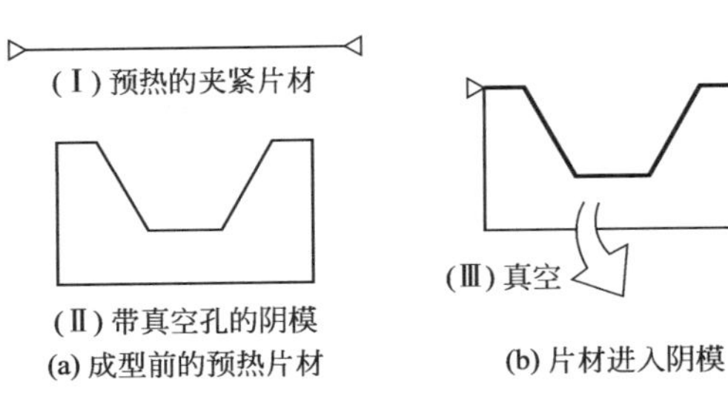

图 4.124 真空成型

真空度有可能达到理论最大值的 85%～90%，这将产生不大于 90kPa（13psi）的成型压力。压力成型（图 4.125）可以克服真空成型的力的限制，因为空气的压力是在非模具的片材一侧，而不是在模具一侧的真空。在该方法中使用的空气压力通常在 550～710kPa（80～100psi）范围内，该压力对于许多应用可能是足够的。如前所述，对模（模头）（图 4.126）成型中的压力由电动压力机提供，该方法中使用的力通常在 1.5～4MPa（218～580psi）的范围内。典型的热成型设备见图 4.127 和图 4.128。

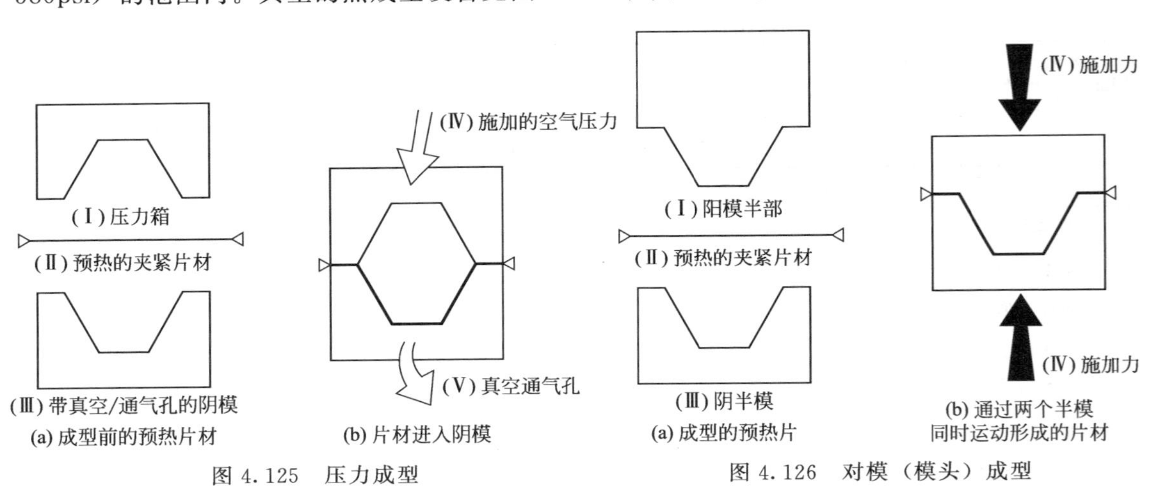

图 4.125 压力成型　　图 4.126 对模（模头）成型

图 4.127 直接挤出热成型生产线（经 Brown Machine 许可）

图 4.128　不同特性的大尺寸切片设备（见表 4.35），
熔融相工业产品（经 Brown Machine 许可）

4.10.2.2　模具类型

热成型是开放模具中的壳体加工，模具限定产品的一个表面。第二个表面的定义是间接的和不精确的。热成型模具分为阳模和阴模，并配对。阴模包括在模块中形成的凹腔或空腔。这是最常见的模具形式，因为它很容易将加热的薄片夹在无阻碍的模具表面上。阳模由从模块突出的形状或冲头组成。冲头会干扰片材预制件的平面，因此片材必须在模具外部夹紧。热成型中使用的第三种模具是对模，这是一个封闭的模具，由两个半部组成，每个半部限定成品的一个表面。

对模在概念上与压缩模具类似，但是空腔几何形状仍然限于由片材预制件可获得的形状。

4.10.2.3　板材预拉伸

在模具中，将板材成型之前，立即对已加热的片材进行预拉伸通常是有利的。这有两个主要原因。首先，特别是当简单的真空成型与固相成型相结合时，可用的力可能不足以有效地拉伸和形成片材。其次，一些形状，例如相对较高纵横比的杯形或箱形，在没有预拉伸的情况下会形成壁厚的过度变化。通过特殊形状的模塞可以对更复杂形状进行选择性预拉伸，模塞可以通过机械推进已加热的片材中以产生局部拉伸，抵消由模具几何形状施加的变薄趋势。该方法通常称为模塞助压。

4.10.2.4　材料输入

用于热成型的原材料是片状的热塑性材料。该片材主要通过挤压生产，并且可以直接通过挤出机到达热成型机，或者可以通过中间储存器。储存后，材料必须在成型前完全重新加热。

4.10.2.5　加工阶段

如果半结晶材料进行热成型，则可以在其结晶熔点以下或以上进行加工。当成型在结晶熔点下进行时，称为固相成型，熔融相成型在高于结晶熔点的温度下进行。

这两种技术导致产品具有相当不同的特性（见表 4.35）。熔融相成型需要较小的力，因此在成品部件中产生较低的残余应力。该技术的另一个优点是部件具有减少变形或回复到原始片材形状的倾向。现代固相热成型可以生产高质量的产品，特别是当进行多层共挤压膜和片[111]时。

表 4.35　固相成型和熔融相成型的产品特性比较

性能	固相成型	熔融相成型
壁厚分布		更均匀
残余应力		较低
光学性能	更清晰	
机械性能	更强	
耐热性		更好

注：摘自 Maier C，Calafut T. Polypropylene：the definitive user's guide and databook. Norwich (NY)：Plastics Design Library；1998。

4.10.2.6　加热

加热过程在热成型中至关重要。加热占热成型能源需求总量的 80%左右。片材的加热可以通过辐射、对流或传导来进行。当使用辐射或传导时，可以选择对一个面或两个面进行加热。在对流的情况下，片材的两侧将被加热。由于难以均匀加热片材芯，因此优选加热片材的两个面。有效单面加热的板厚上限约为 1mm[112]。

现在，红外辐射加热是卷取机或在线热成型机中最广泛使用的片材加热方式。加热器通常布置在一系列独立控制的区域中的加热隧道中，其将板温度逐渐升高至应力松弛温度（通常约 120℃），然后到达成型温度。切片机的布置不同，通常在固定电炉中通过对流来预热片材，然后在靠近模具的位置，采用夹心辐射式加热器对片材的两个面进行最终加热。其他使用较少的方法是加热辊或加热平板接触板或充有传热液体的浸泡池。

4.11 压延

压延工艺最初开发，是用于将混炼胶成型为片材和薄膜以及将混炼胶涂覆到不同类型织物上。称为压延机的设备是配备三个或更多个镀铬钢辊的重型机器，这些钢辊以相反方向旋转。用于常规橡胶加工的辊由蒸汽或循环水加热，辊装有齿轮可进行变速度操作。多年来，压延机已经发展成为一些热塑性材料的有用机械，最著名的是生产薄膜和片材的聚氯乙烯(PVC)。用于热塑性塑料的压延机通常有四个辊，它们采用循环油、其他加热液体或电加热，因为需要的加工温度比常规混炼胶更高。在操作期间，熔体主要通过挤出机或连续混炼器直接在辊之间进料。

已经报道了采用压延工艺加工的几种热塑性弹性体（TPE)，即热塑性硫化胶（TPV）[113]、熔融加工型热塑性弹性体（MPR)[114]、热塑性聚氨酯弹性体（TPU）[115]和聚烯烃类热塑性弹性体（TPO）[116,117]。与挤出机相比，压延机的优点如下：

① 比挤出机产量更高；

② 更容易进入，有可能快速改变材料；

③ 有可能生产压花膜和片材；

④ 有可能生产层压板。

缺点是初始成本高，压延机尺寸大，需要附加设备，运营成本高（主要是能耗)。四辊压延机的不同辊布置如图 4.129 所示。

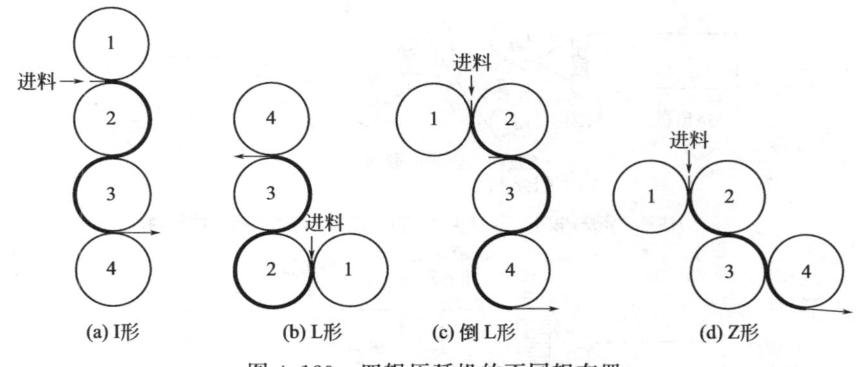

图 4.129　四辊压延机的不同辊布置

4.12 二次成型过程

4.12.1　膜和片材定向

通过常规技术（例如挤出，浇铸和压延）制成的聚合物片材和膜可以通过拉伸取向。其实，在加工过程中，特别是在挤出和压延过程中，因为加工的熔体在流动方向拉伸，在吹膜过程是沿着膜泡的圆周拉伸，已经发生了一定的取向。在这些情况下，由于分子竞争，定向的量相对较小。虽然熔体拉伸倾向于使聚合物分子伸直并且在施加力的方向排列，但是在分子内总是有抵抗力以将分子返回到其自然卷曲的状态。这种松弛发生的速度取决于熔体的黏度，但通常足够快，使得通过拉伸聚合物熔体达到的永久分子排列非常小。

具有低结晶度的无定形聚合物或聚合物的取向过程相对简单。这种材料被加热到高于其玻璃化转变温度以使其进入黏弹性区。然后将其冷却到适当的温度并以适当的速率拉伸。如果需要，可在精心控制的条件下退火以降低热收缩。如果需要热收缩，则退火工艺可以省略（见下文）。必须首先将结晶聚合物加热到其结晶熔融温度（T_m）以上以破坏结晶度，然后迅速淬灭，将温度降至低于其结晶熔融温度，以使结晶度最小并保留无定形状态。在下一步骤中，进行再加热，通过在略高于 T_g 但低于 T_m 的温度下进行拉伸定向。

然后将其退火（如果需要）或快速骤冷以在收缩能中冷冻。对于这一步骤，它受制于加热期间的收缩[118]。当膜仅在一个方向上被拉伸时，分子链或晶体在拉伸方向上排列。膜在拉伸方向上显示出很高的强度和刚度，但是另一方向的强度较低。尽管对于某些应用，一个方向的取向是足够的，但在大多数情况下，需要在两个垂直方向取向或双轴取向。

4.12.1.1　纵向取向

纵向取向（MDO）是通过在不同速度下旋转的辊筒之间牵引薄膜或薄片来完成的，第二组辊筒的转动速度比第一组快（见图 4.130）。第一组辊筒使片材表面温度稳定，并使片材内部有时间平衡温度。在最佳取向温度下，辊距控制同步滚动和拉伸。最后两个辊筒用于热定型或冷却单轴拉伸的聚合物片材。料片的拉伸通常为原始长度的 3～16 倍。有时，双轴取向的第一步是纵向取向，然后是横向取向。

4.12.1.2　横向取向

横向取向（TDO）在拉幅机上拉伸，拉幅机是由两条连续的链条组成的设备，如同并

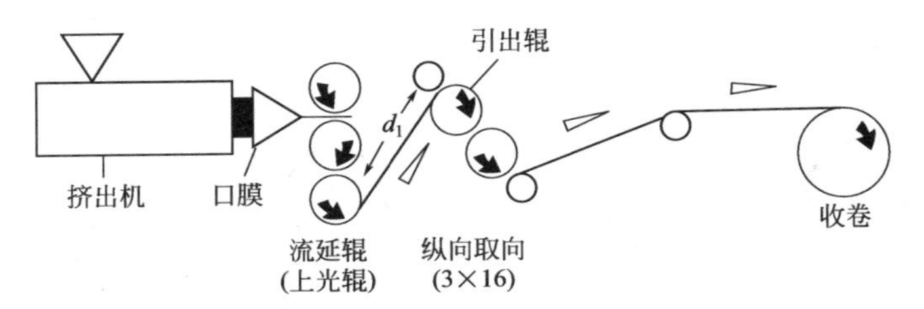

(注意：距离d较小，以减少“缩颈”现象，以改善基料的控制)

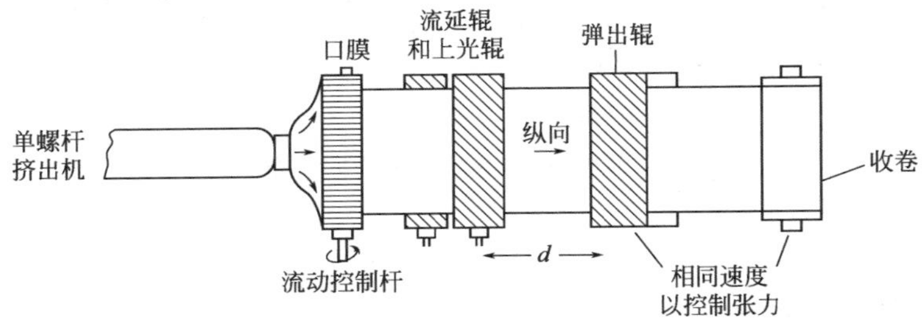

图 4.130　纵向取向示意图（经许可）

排安装的两条跑道[119]。夹具（见图 4.131）安装在每个连杆的顶部，这些夹具夹紧薄膜的边。然后随着链条向前驱动，带动薄膜向前。两条链子逐渐分开，将薄膜横向拉伸。链条以高达 1000ft/min（1ft＝0.3048 米）的速度在润滑良好的滑动表面或滚珠轴承上移动[119]。在拉伸部分的末端，夹具释放薄膜，并且链条绕轮子转动，返回到拉伸部分的开始处，然后再次反转方向。

在薄膜进入拉伸部分时，安放在链条上的夹具必须能够牢固地抓住薄膜，使其抵抗施加到薄膜上的拉伸力，然后夹具在离开拉伸部分时释放薄膜。拉幅机架被封闭在通常用热空气加热的烤箱中。横向取向（TDO）的温度通常高于纵向取向（MDO），因为在纵向取向过程中，已经引起一些结晶，增大对拉伸的抵抗性。烤箱通常被分成两个区域，每个区域被加热到不同的温度（图 4.132）。拉幅机中的常规拉伸比为（3∶1）～(8∶1)。

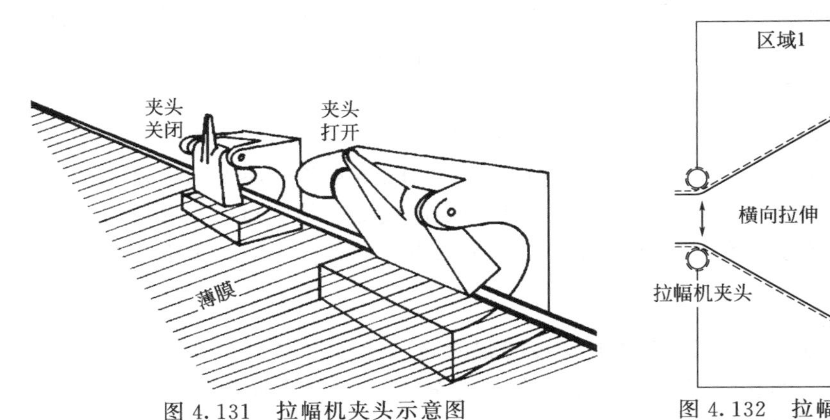

图 4.131　拉幅机夹头示意图

图 4.132　拉幅机框架示意图（经许可）

4.12.1.3　双轴取向

双轴取向是使得聚合物链平行于膜的平面取向的一种拉伸塑料膜或片材的方法。双轴取向薄膜表现出非凡的透明度、非常高的拉伸性能、改善的柔韧性与韧性以及改进的阻隔性能，并且可以相对容易地控制收缩率。广泛使用的二步双轴取向工艺是第 4.12.1.1 节所述的纵向取向（MDO）和横向取向（TDO）的组合。二步法双轴取向系统由挤出机、纵向取向设备（以不同速度运行的两组或多组滚筒）和用于横向取向的拉幅机组成。图 4.133 所示是其中的一个例子（聚苯乙烯的双轴取向）。一步法双轴取向消除了纵向拉伸（MDO）部分，并使用带加速夹子的拉幅机架。一步法双轴取向的过程在机械上相当复杂，并且难以调节两个拉伸方向之间的平衡，因此这种方法使用较少[120]。

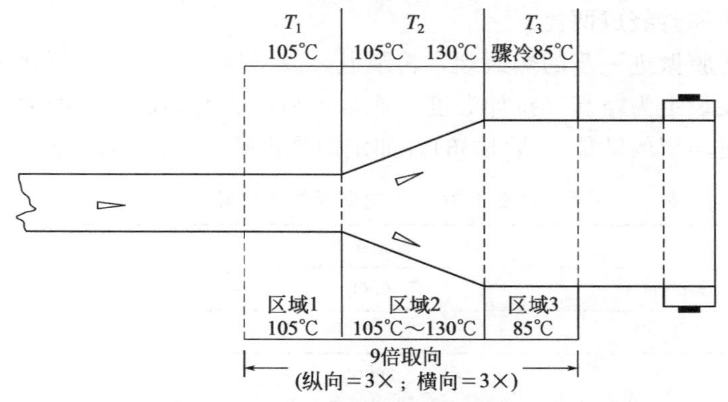

图 4.133 聚苯乙烯二步法双轴取向示意图（经许可）

气胀工艺也称为吹制工艺或管状工艺，使用管状口模在垂直方向上向上或向下挤出相对厚壁的管。向下挤出（图 4.134）可以使管在水浴中快速骤冷，然后它被压平，通过夹辊和惰辊。膜通过再加热隧道，在此将其升高到高于软化点但低于熔点的温度。

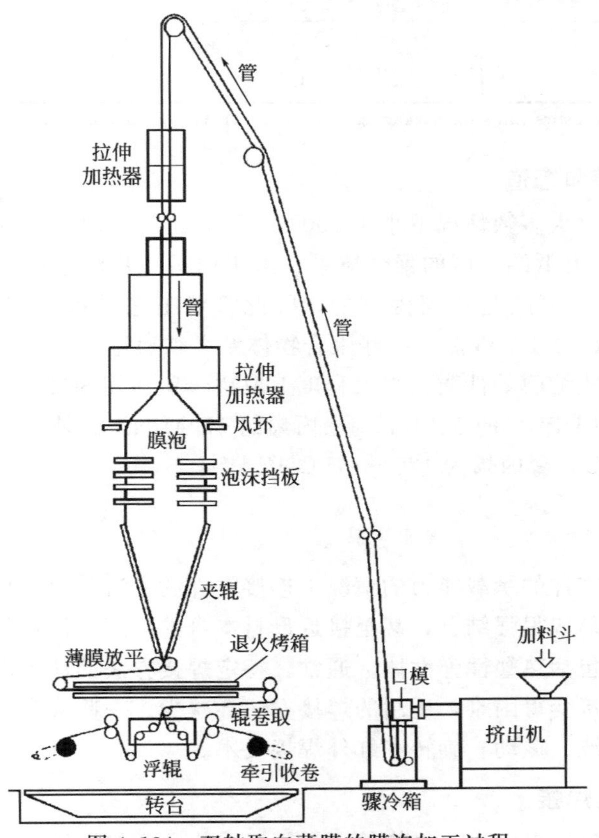

图 4.134 双轴取向薄膜的膜泡加工过程

通过形成膜泡的内部气压将加热的管吹胀，膜在所有方向上被拉伸。一些纵向拉伸可能发生在膜泡上游的烘箱中。如果需要，可以调整引出的速度以确保取向平衡。类似于其他吹塑薄膜工艺中使用的空气环提供膜泡冷却。随后的校准和膜泡压平操作也是类似的。膜泡工艺中的拉伸比可以从 3∶1 变化到 12∶1[121]。在这一点上，膜保留了形状记忆。如果膜被重新加热，膜将收缩并恢复到接近其预拉伸形状的尺寸。在这个阶段，如果需要收缩膜，修剪平折的边缘，分离和卷绕成两筒。

通过对平折的膜做进一步的热处理，将膜退火或于烘箱中在张力下热定型，可以制备抗缩薄膜。退火温度设定为略高于拉伸温度。通常，通过膜泡方法取向的薄膜在纵向和横向上具有比拉幅薄膜更均衡的性能（表 4.36），如定向聚丙烯薄膜的实例所示。

表 4.36　定向聚丙烯的性能

性能	膜泡工艺	拉幅工艺
厚度/mil(1mil=0.0254mm)	0.60	0.75
拉伸强度/psi(1MPa=145psi)		
纵向	26000	17000
横向	26000	42000
伸长率/%		
纵向	40～50	120
横向	40～55	20
收缩率/%(1h,124℃)		
纵向	8	3.5
横向	15	3.5

注：摘自 Benning CJ. Plastics films for packaging. Lancaster (PA): Technomic Publishing Co., Inc., 1983。

4.12.1.4　热收缩膜和管道

在相对低的温度（大多数情况下小于 100℃）下，这类取向膜表现出高的收缩率（25%或更高）。通常采用具有低结晶度的聚合体系。由于通过二步法平面取向（纵向+横向）生产具有平衡收缩性能的薄膜是相当困难的，因此管状工艺是可收缩薄膜和管材中最常用的[122]。为了达到良好的收缩性能，一些聚合物体系必须通过共聚或交联（通常通过电子束照射）进行改性。可收缩膜的性质在很大程度上取决于所使用的聚合物体系。例如，拉伸强度从低密度聚乙烯（LDPE）的 62MPa 到聚丙烯的 179MPa。此外，发生显著收缩的温度范围聚乙烯为 65～120℃，聚丙烯为 120～165℃[123,124]。

4.12.2　焊接

焊接是在不牺牲零件的承载能力的情况下连接零件的方法。对于热塑性聚合物有各种各样的焊接技术，可以形成很强结合，甚至接近母材本身的强度。但不是所有焊接方法都适用于所有热塑性塑料，包括热塑性弹性体。通常，特定焊接方法的适用性与聚合物的流变性有关。高熔体黏度使焊接变得困难，适用的焊接方法会减少。一些最常见的方法包括加热工具（热板）、热气、超声波、振动、旋转和红外焊接技术。

4.12.2.1　加热工具焊接

在加热工具（热板）焊接中，加热的压板用于熔化两个热塑性塑料的合表面。在塑料部件的界面熔化后，加热的压板移开，塑料部件在低压下固定在一起，形成永久和密封的接头（见图 4.135）。热板用于平面接合面，对于弯曲或不规则的接合表面，需要复杂的工具，使热表面与接合界面轮廓一致。压板可以涂覆聚四氟乙烯（PTFE）涂层、胶带或膜，以防止熔融黏附[125～127]。

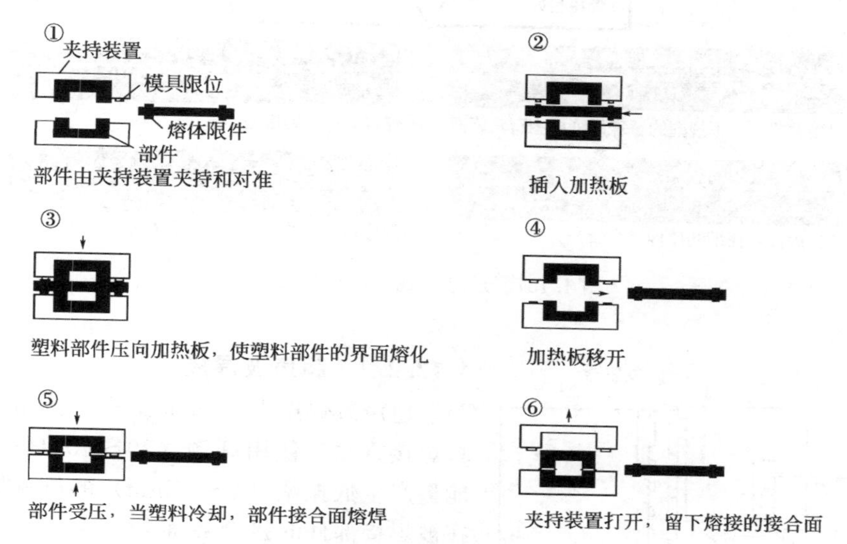

图 4.135 热工具焊接工艺

4.12.2.2 热气焊接

在热气（热风）焊接[126～130]中，加热气体用于加热热塑性塑料部件和焊条。然后焊条和零件软化和熔化，在冷却时形成高强度黏合。热气焊接通常用于热塑性部件的制造和修理以及薄板或薄膜的搭接焊接。通过热气焊接方法实现的黏合强度可以高达原材料强度的 90%。可以使用的气体是空气、氮气、二氧化碳和氧气，其中空气是最常见的。将气体加热至热塑性塑料的熔融温度，并通过喷嘴或尖端施加到热塑性塑料部件和焊条上（见图 4.136）。焊条几乎总是由与部件相同的材料构成，并且位于接头处。热气焊接方法可能是手动或自动的，手动方法主要用于短接缝。气体温度通常在 200～600℃的范围内，取决于塑料材料的熔化温度。接头表面必须清洁以确保良好的黏合，可以用温和的肥皂水、洗涤剂或溶剂（例如甲基乙基酮）进行清洁。

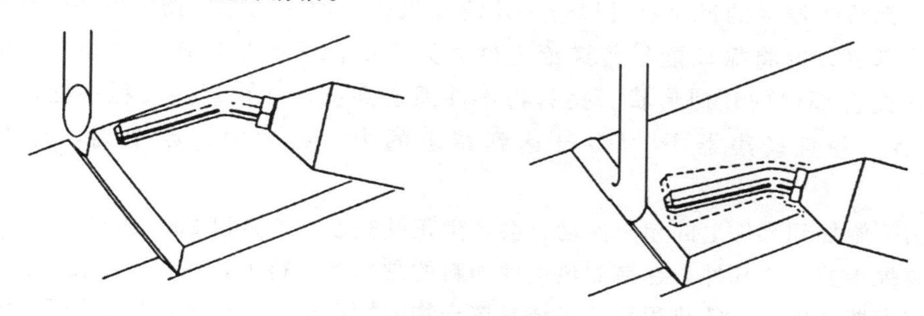

图 4.136 手动热气焊

如果黏合良好，在两侧有一个细小的珠子（见图 4.137）。

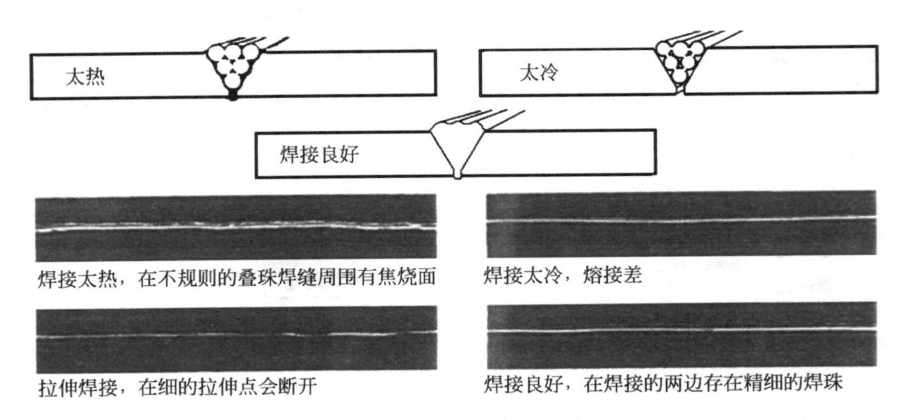

图 4.137　通过外观分析焊接质量

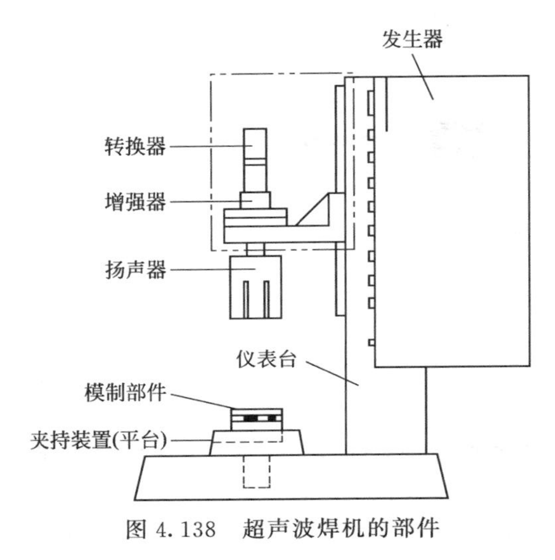

图 4.138　超声波焊机的部件

4.12.2.3　超声波焊接

超声波焊接[131～133]是最广泛使用的热塑性塑料焊接方法，使用高频（20～40kHz）的超声波能量产生低振幅（1～25mm）的机械振动。振动在被焊接部件的接合界面处产生热量，导致热塑性材料熔化并在冷却后形成焊缝。超声波焊接是最先进的焊接技术，焊接时间小于 1s。超声波焊接用于软质和刚性热塑性塑料和热塑性塑料复合材料。超声波焊接所需的部件是发电机或电源、换能器或变频器、增强器、扬声器或超声波发生器（见图 4.138）。

发电机将 50～60Hz 和 120～240V 的低压电转换为高频（20～40kHz）和高压（13kV）电能。电流进入转换器，转换器包括压电陶瓷晶体，它在电能激发时会膨胀和收缩。电能被转化为机械能，转换器在晶体的频率下膨胀和收缩[131～133]。增强器根据焊接所需的振幅，增加或减小转换器机械振动的振幅，并将振动能传递给扬声器或超声波发生器。

由钛、钢或铝制成的扬声器可以进一步增加机械振动的幅度。扬声器在焊接过程中接触其中一个部件，并将振动能量传递给零件。为了最佳的能量传递，接触零件的喇叭的端部设计成配合部件的几何形状。夹具将零件固定到位，并在焊接过程中施加压力。在零件装上后，并且扬声器[131～133]已达到特定的力（触发力）或距离，超声波焊接开始。

在压力下施加到零件上的超声振动，会产生正弦驻波，通常以 20～40kHz（见上文）的频率通过要焊接的整个部件。在诸如热塑性塑料的黏弹性材料中，在正弦应变下产生的能量通过分子间摩擦消散，导致热积聚。半结晶聚合物的特征是有序分子结构。需要大量的热量来破坏这种有序排列。熔点很高，一旦温度略有下降，就会迅速发生再凝固。从加热区域流出的熔体迅速固化。当处于固态时，半结晶分子是弹簧状的并且吸收大部分超声波振动，而不是将它们传递到接合界面，因此需要较大的振幅以产生足够的焊接热量[133,134]。

4.12.2.4 旋转焊接

旋转焊接[135~137]是一种摩擦过程，其中具有旋转对称接合表面的热塑性部件在压力下采用单向圆周运动在一起摩擦。由此产生的热量在接合区熔化热塑性塑料，在冷却时形成焊缝。这是一个快速可靠的过程，只需要最少的基本设备，但可以完全自动化。转速稳定后，垂直于接合面施加轴向压力（见图 4.139）。

当熔融开始时，通过在熔融材料的内部摩擦产生热量。在压力下，当熔体厚度增加时，熔融材料的一部分从接合区域挤出，到界面周围形成溢料珠。旋转焊接的主要工艺参数为旋转速度、焊接或轴向压力以及焊接时间。使用的参数取决于材料和接头的直径。在商业设备中，转速可以在 200～14000r/min 之间。焊接时间可能在 1/10～20s 之间，一般为 2.0s，实际旋转时间为 0.5s，当施加压力但旋转停止时，冷却时间为 0.2～0.5s。轴向压力范围约为 1.0～7.0MPa。压力必须足够高以迫使任何污染物或气泡离开接头，并且必须控制速度和压力的组合，但要高到足以使界面处熔化而不是研磨。

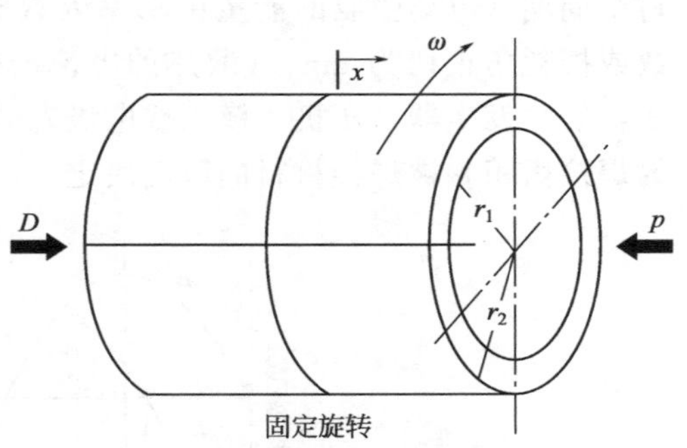

图 4.139 自旋焊接。一部分是固定的，而另一部分以速度 ω 旋转。沿 x 方向轴向施加压力。这里连接的管内半径为 r_1，外半径为 r_2

4.12.2.5 红外线焊接

在红外线焊接中，热塑性塑料零件的接合表面使用红外辐射加热到熔融温度，波长为 1～5mm。当开始熔化时，部件在压力下接在一起，冷却时形成焊缝。红外焊接是一种非接触焊接方法，零件表面不与热源直接接触，但距离约 20mm（0.8in）。实际上所有已知的热塑性塑料都可以进行红外焊接，而且可以在短时间内达到高温，这使得红外线焊接方法特别适用于耐温材料。

红外线焊接类似于热焊接。刚性夹紧装置将零件和加热器保持在适当位置，防止焊接过程中的变形和偏差，气动调节器可用于在焊接过程中根据需要移动加热器和零件。热焊接设备通常适用于红外焊接。

4.12.2.6 高频焊接

高频焊接、射频（RF）焊接或介电焊接使用高频（13～100MHz）电磁能在极性材料中产生热量，导致熔化并且在冷却后形成焊接。使用高强度无线电信号在两种类似或不同的聚合物中增加分子运动。这导致材料温度升高，聚合物链移动性增加并熔化。最终，两种材料的聚合物链会渗入其界面并相互缠结，形成焊缝。

高频焊接经常用于包装和密封应用，特别适用于医疗器械行业，因为它不使用可能的污染源的溶剂或胶黏剂[138]。高频焊接机有两块板，一块是活动的，一块是固定的，也称为一个床。在工艺过程中，高频焊接机降低活动板并关闭电路。待焊接的部件被放置在一组金属模或电极中，然后由压缩气缸升高活动板，给接合区域施加预设的压力。高频提供能量，材料熔化。接头在压力下冷却，在适当的时间之后，高频焊接打开，取出焊接组件。

在高频焊接工艺中使用的能量（通常为 27MHz）被施加到电极上，并且所得到的交流电流引起部件周围的电场迅速交变（每秒几百万次）。极性分子倾向于在场方向取向，使得偶极的正（或负）端与电场中的负（或正）电荷对准，称为偶极偏振。由于偶极子试图与快速交变的高频电场对准，它们的取向变得有相位差。不完全的排列引起内部分子摩擦并导致产生热量。

电场方向变化与偶极偏振变化之间的电延迟如图 4.140 所示。振荡电场（E）在电介质材料内产生振荡电流（I）。在高频时，两条曲线相差相位角 θ，而损耗角定义为 $90-\theta$ 或 δ。每个周期从电场吸收的能量由功率因数和耗散因数表示，功率因数被定义为 $\cos\theta$，损耗因数或损耗角正切为 $\tan\delta$（散热的电流与传输的电流的比值）。射频设备由三个主要部件组成：射频发生器、压机、模（或电极）。发电机通常提供 1～25kW 的功率。功率要求由电极的焊接面积和被焊接材料的厚度决定。

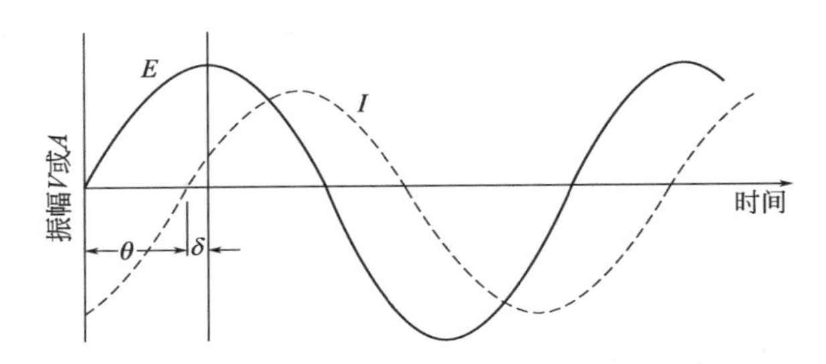

图 4.140　由于不完全排列导致发热的偶极偏振的电示意图

4.12.2.7　振动焊接

振动焊接利用材料界面处的摩擦产生的热量在界面区域产生熔融。熔融材料在压力下流动，并结合在一起，在冷却时形成焊缝。振动焊接可以在短时间内（循环时间 8～10s）完成，适用于各种具有平面或微弯曲表面的热塑性塑料部件的焊接。

振动焊接有两种类型：①线性振动焊接，它通过线性的往复运动产生摩擦；②轨道振动焊接，在摩擦过程中，一个零件相对于另一零件做轨道运动，运动是各个方向上的圆周振动，轨道振动焊接使得不规则形状的塑料部件的焊接成为可能。线性振动焊接是最常用的，在线性振动焊接过程中，一个零件相对于另一零件做线性运动，被接合的表面在振荡下在一起摩擦，在压力下的线性运动与振动成 90°角。在两零件之间的摩擦力产生热量，依次熔化界面层。

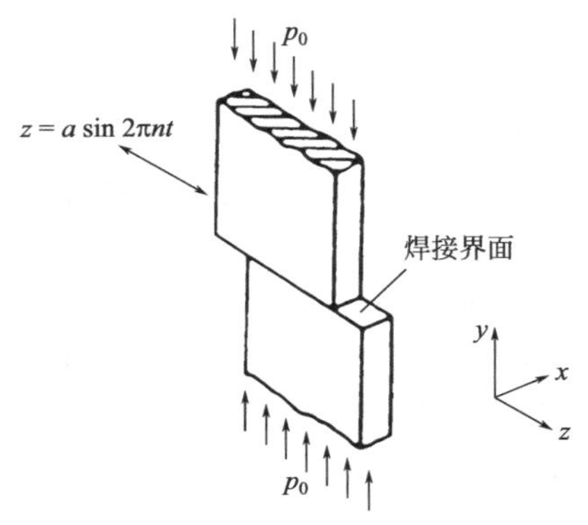

图 4.141　线性振动焊接
a—焊接振幅；n—焊接频率；
p_0—焊接压力

工艺参数是这种运动的振幅和频率（焊接振幅和焊接频率）、焊接压力和焊接时间，所有这些都会影响所得到的焊缝的强度（图 4.141）。大多数工业焊接机的焊接频率为 120～240Hz，但是也可以提供更高频率的设备。通过激发调谐弹簧-质量系统产生的振幅通常小于 3mm。焊接时间范围为 1～10s（通常为 1～3s），凝固时间为振动运动停止后，通常为 0.5～1.0s。一般循环时间为 6～15s，每分钟 4～10 次循环[139,140]。焊接压力变化很大（0.5～20MPa），尽管通常使用该范围下限的压力。

焊接时间和压力取决于焊接材料。较高的压力可以减少焊接时间，然而，由于熔体层更厚，通常在较低的压力下可以使焊接部件的强度更高。用于振动焊接的大多数设备产生线性振动。设备分为低频（120～135Hz）或高频（180～260Hz）、可变频或固定频率。大多数振动焊接系统是电驱动的，由三个主要部件组成：悬挂在弹簧上的振动器组件、电源和液压升降台。振动焊接机的示意图如图4.142所示[140]。用于振动焊接设备的模具比较简单，包括加工成接头部件轮廓的铝合金板。对于几何形状复杂的零件，可以加入采用聚氨酯浇注嵌套的滑块和执行机构。

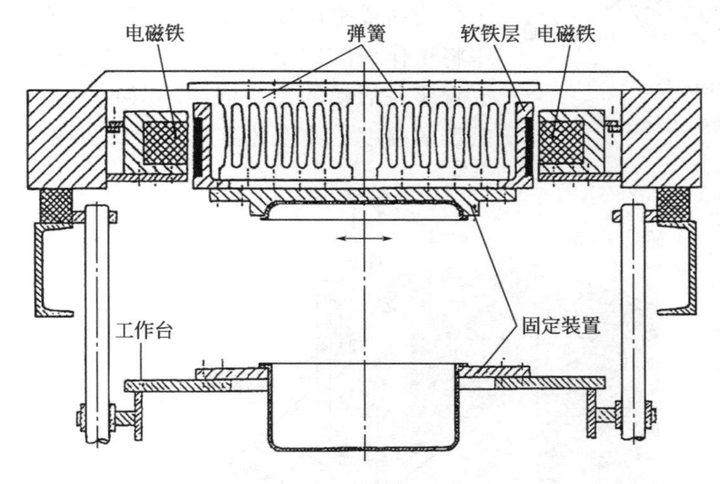

图4.142 振动焊接机示意图

4.12.2.8 感应焊接

感应焊接使用来自高射频交流电的感应加热，磁化激发铁磁性颗粒，这些颗粒嵌在需要焊接的两个部件的接合界面处的胶黏剂（具有热塑性塑料或胶黏剂基质）中。释放的热量用于熔化和熔融热塑性塑料、加热热熔胶，或为热固性材料提供快速的胶黏剂固化。这是一种可靠和快速的技术，小零件需要几分之一秒，具有长焊接线的部件［长度为400cm（或160in）］需要30～60s，可以获得结构、密封或高压焊接[141～143]。感应焊接是一种电磁（EMA）焊接，与射频焊接和微波焊接一样，都是使用电磁能加热材料。

这三种方法的不同之处在于加热频率：用于感应焊接的频率在0.1kHz～10MHz，射频焊接为13～100MHz，微波焊接为2～10GHz。感应焊接通常被称为电磁焊接[138]。感应焊接中的热量是由磁场与铁磁材料（不锈钢，铁）的相互作用产生的，以及由金属中引起的电流产生的。高频交流电流穿过铜线圈，产生快速交变磁场。

铁磁材料与磁场对齐，随着磁场方向的变化，排列会发生变化。原子不会返回磁场改变方向之前存在的初始排列，而是有略微不同的排列，一些先前的排列被保留。这种现象称为滞后，导致金属内的热损失，热通过传导传递到塑料基体。交流电还会在金属铁磁材料内引起电压，产生内部电流，称为涡流。涡流以热的形式散发，也转移到热塑性塑料基体上。

随着涡流的增大，线圈中需要更多的电流来保持特定的场强[144]。采用感应发电机可以获得高频，根据应用的情况，感应发生器通常将50～60Hz电源转换为功率为1～5kW的1.8～10MHz的电源。经过的高频电流，通过工作线圈或感应线圈（不同尺寸和形状的水冷铜线圈）形成磁场。在热塑性塑料的感应焊接中，在焊接前将焊接剂（嵌入热塑性基体中的铁磁性颗粒）放置到接合处（见图4.143）。对要焊接的部件施加轻微的压力（0.1～

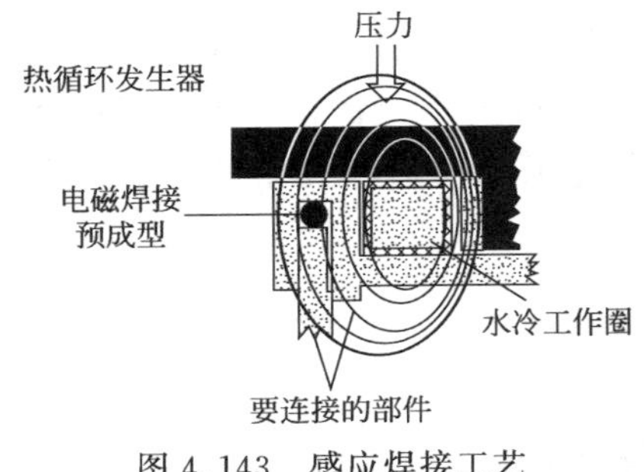

图 4.143 感应焊接工艺

0.3MPa)，高频电流通过线圈。对于厚度为 6.4mm (0.25in) 或更厚的零件，焊接可以在 1～2s 内完成。

感应焊接对焊接材料性能的依赖性要小于其他焊接方法。它可以用来焊接几乎所有的热塑性塑料，包括结晶和无定形热塑性塑料。感应焊接设备由感应发电机、工作线圈或感应线圈以及固定装置或放置座组成。放置座将工作线圈固定，一般一个放置座是固定的，另一个放置座是活动的。它们由不导电材料制成，以便不降低磁场的强度。典型的感应焊接机如图 4.144 所示。

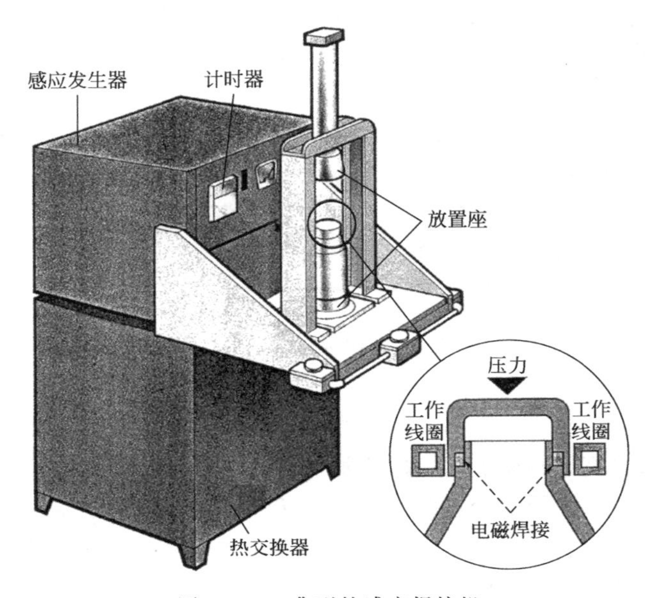

图 4.144 典型的感应焊接机

4.12.2.9 微波焊接

微波焊接是采用高频电磁辐射加热位于接合界面的感受材料，产生的热熔融热塑性材料，在冷却时产生焊缝。如前所述，用于该方法的频率为 2～10MHz（见第 4.12.2.8 节）。

感受材料在其分子结构中含有极性基团或是导电的。在施加的电场中，极性基团在场方向上对齐。在微波中，场的大小和方向迅速变化，极性分子发生强烈的振荡，因为它们与场不断对齐，通过摩擦产生热量[145]。微波焊接设备可以像传统的微波炉一样简单。

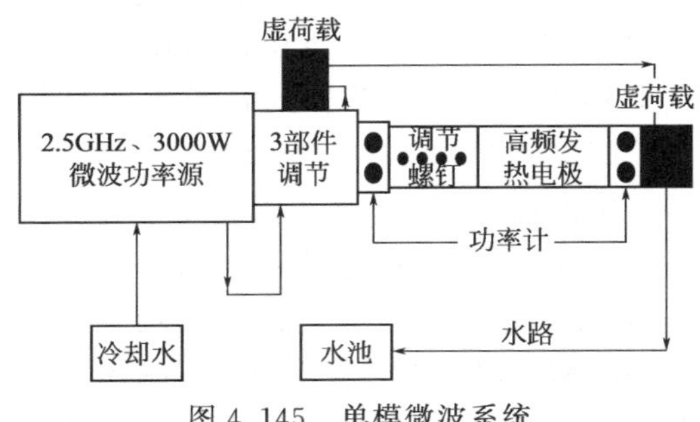

图 4.145 单模微波系统

更复杂的单模微波系统如图 4.145 所示。微波功率源具有在 2450MHz 频率下产生 3000W 功率的磁控管，焊接是在连接到调谐器的双槽施加器中进行。连接到施加器的假负载将传输的能量转换成热量，水用于冷却。该系统产生用于绝热加热的行波模式，连接到由电磁阀、气缸和继电器组成的压力装置，在焊接过程中提供压力调节[138,145,146]。

4.12.2.10　其他焊接方法

电阻焊接（也称为电阻插入焊接）是将电流施加到放置在被焊接部件的接合界面处的导电加热元件或插入物的方法。插入物通过焦耳加热进行加热，使周围的塑料熔化并流动在一起，形成焊缝。加热元件可以是碳纤维预浸料、编织的碳纤维织物、不锈钢箔或不锈钢网。不锈钢加热元件可单独用于焊接热塑性塑料。加热元件构成焊接叠层的最内部分（见图 4.146），夹在要连接的部件之间，称为被粘物。在焊接堆叠最外端的绝缘体完成组装。焊接堆叠可以通过热压处理进行强化[147～152]。

挤出焊接是从热气焊接开发的可靠技术，是将与焊接材料相同的热塑性塑料焊条挤出到预热的焊接区域的凹槽中，焊条材料填满凹槽，在冷却后形成焊缝。挤压焊接通常是手工进行的，但也可以自动进行。V 形接缝的挤压焊接如图 4.147 所示。经过清洁、磨削和刮除的部件定位成特定的几何形状，焊接区域由热空气预热，喷嘴喷出的热空气位于焊接靴之前，沿着接合线移动。热空气喷嘴和焊接靴都连接到焊接头，焊接头以特定的焊接速度沿着接合线移动。焊接靴对熔融挤出的热塑性塑料材料施加压力，填充接合区域[153,154]。

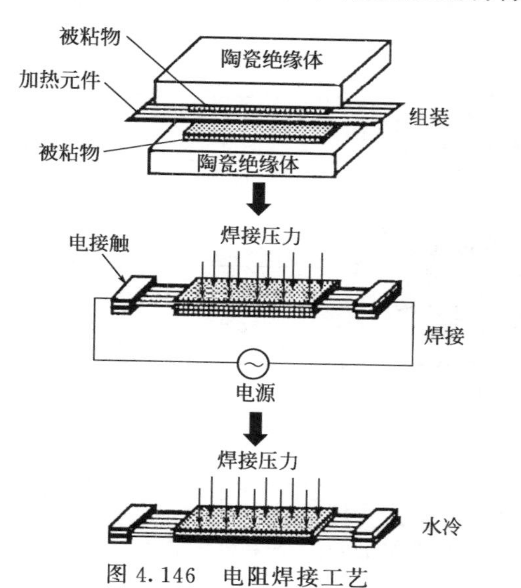

图 4.146　电阻焊接工艺

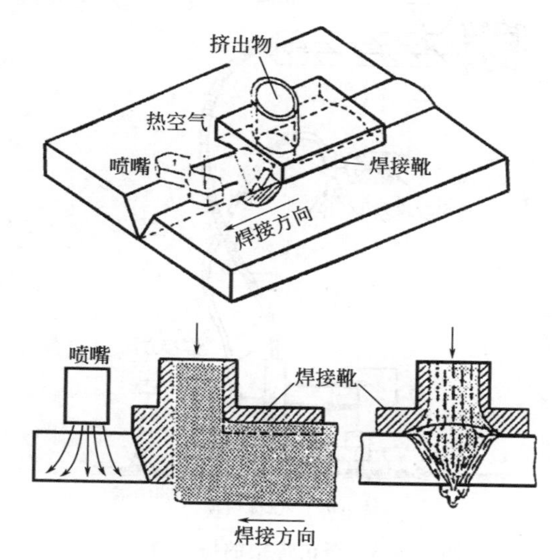

图 4.147　挤出焊接，V 形焊接缝

用于连接防水膜的搭接缝（图 4.148）的工艺是类似的，只是在焊接过程中将接合压力施加到平膜上[155]。为了形成表面熔融层，接合表面的预热是获得优质焊缝所必需的，并且是焊接力学性能最重要的决定因素。影响预热过程的参数包括热风温度、焊接速度、空气喷嘴的几何形状以及要焊接部件的厚度。熔体的厚度越大，产生的焊缝强度越大。

激光焊接是一种相对较新的工艺，使用高强度激光束将热塑性材料的接合界面的温度提高到熔融温度，或高于熔融温度。

熔融塑料冷却凝固，形成焊缝。二氧化碳和 Nd-YAG（钇铝石榴石介质中的钕离子）激光器主要用于工业应用。二氧化碳激光器的发射波长为 9.2～10.8mm，功率范围为 30W～40 kW。激光束通过空气传输，从反射镜反射，并使用 ZnSe 透镜进行聚焦。在 Nd-YAG 激光器中，闪光灯激发固体晶体棒中的 Nd^{3+} 导致最强发射的辐射在波长为 1.06mm 处。短波长光束通过光纤束传输系统传输，功率范围为 30W～2kW。

激光可以连续产生辐射（连续波），或者以微秒或毫秒持续时间（脉冲）的短脉冲发射。

二氧化碳激光器通常以脉冲模式运行，而脉冲或连续波模式可与 Nd-YAG 激光器一起使用[156,157]。在激光焊接中，被接合的部件被夹紧在移动台上，可以在整个过程中施加压力，或仅在加热终止后才能施加。在存在保护气体的情况下，高强度激光束在要连接的部件的焊接界面上高速行进。光束引起位于接合界面附近局部加热，这可能迅速导致在焊接界面的聚合物熔融、降解和汽化。在接合界面上的降解物质对接头强度产生负面影响，降解物质会由于外部压力被推出焊接，在上表面和下表面形成飞边，由于高强度的光束而被蒸发。熔融材料在接合界面处一起流动，并在冷却完成后形成焊缝[158,159]。

到达接合面的辐射可以被反射、传输或吸收。反射的辐射撞击部件表面并反弹，而传输的辐射穿过部件不受影响。所有塑料的反射率都很低（5%～10%）。激光辐射可以在材料的表面被吸收，或者可以根据入射光束的波长以及塑料材料中颜料、填料或增强添加剂的用量和类型而渗透到不同深度。吸收会导致塑料内生热。激光焊接工艺如图 4.149 所示。对激光焊接的详细描述见参考文献［156，157～159］。

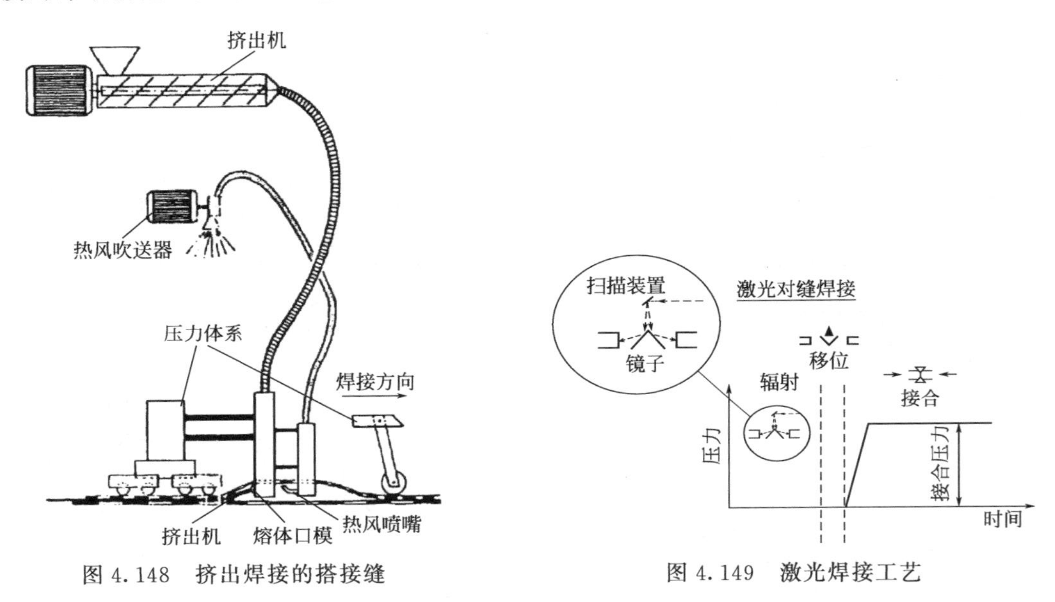

图 4.148　挤出焊接的搭接缝

图 4.149　激光焊接工艺

4.12.3　胶黏剂黏结

大多数热塑性树脂可以通过胶黏剂黏结。其中一些热塑性树脂无需任何表面处理就可以进行接合，另外一些热塑性树脂需要进行表面处理才能实现足够的粘接。

4.12.3.1　胶黏剂的原理

胶黏剂是能够通过表面附着将材料粘接在一起的物质。胶黏剂有许多类型，它们可以以几种方式分类，包括应用方式、化学成分、适合某些基材和成本。基本上，胶黏剂必须以流体形式施加到基材（或被黏物）上，以便完全润湿表面，并且即使表面粗糙也不留空隙。

为了满足这些要求，在使用胶黏剂时必须具有低黏度。为了产生强的黏合，胶黏剂层必须显示出高的内聚强度，即必须固化。通常通过除去溶剂或水、固化、结晶、聚合或交联来进行固化。表面的润湿和液体的渗开主要取决于基材表面的性质和液体的表面张力。固体表面的润湿性取决于其表面能，由其临界表面张力表示。

临界表面张力表示对于特定基材，液体（即胶黏剂）中允许的最大表面张力。为了确保展开和润湿，液体胶黏剂应具有不高于基材（即固体被黏物）临界表面张力的表面张力。当底物是有机的而不是太大极性时，溶解度参数（δ）用于选择合适的胶黏剂的量。溶解度参数定义为[160]：

$$\delta = (\Delta E/V)^{1/2} \tag{4.7}$$

式中，ΔE 为蒸发的能量；V 为摩尔体积。术语 $\Delta E/V$ 被称为内聚能密度。溶解度参数和临界表面张力的值有关[161]。所选聚合物列于表 4.37 中。润湿和展开的程度以接触角定量表示[162]。接触角（θ）是空气-液体和液-固界面之间的角度（在液体中）（见图 4.150），这是由于在三个表面张力作用下，置于平面固体表面上的液滴的机械平衡张力：在液相和气相界面处的 γ_{LV}，在固相和液相的界面处的 γ_{SL} 以及在固相和气相界面处的 γ_{SV}。因此：

$$\gamma_{SV} - \gamma_{SL} = \gamma_{LV}\cos\theta \tag{4.8}$$

根据方程式（4.8），通过测量具有已知表面张力值的同系列液体的接触角，可以得出临界表面张力 γ_c，其结果如图 4.151 所示（通常称为 Zisman 图）。外推到零接触角（即 $\cos\theta=0$），并将截距延伸到表面张力轴给出了固体表面的临界表面张力[163]。如果接触角接近 0°，液体将完全展开并润湿基材。较大的接触角值意味着润湿性较差。极端情况是 θ 为 180°时，基材绝对没有润湿。关于液体在固体上的润湿和展开的详细讨论见参考文献［162，163］。

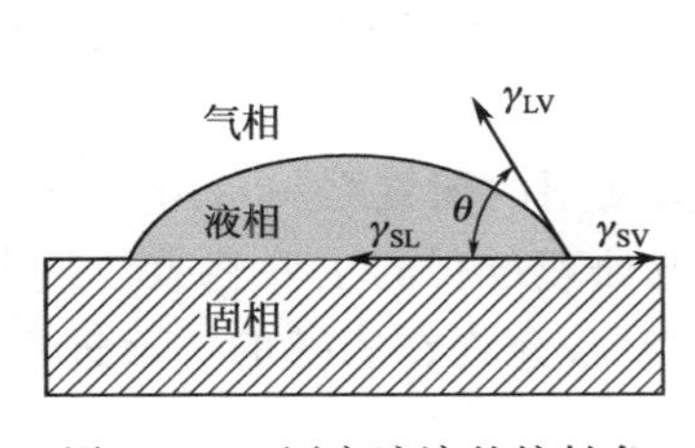

图 4.150　固定液滴的接触角

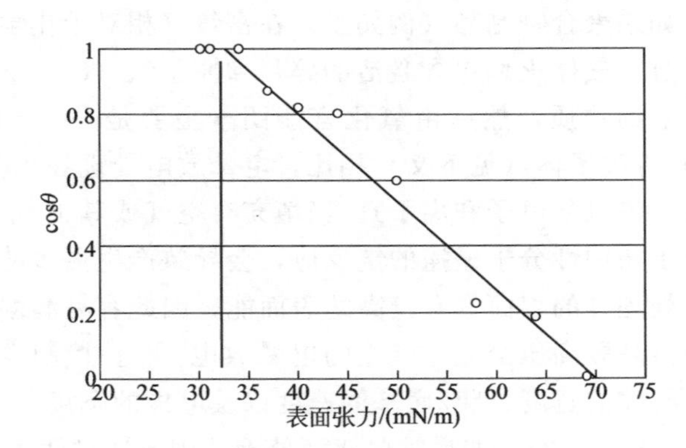

图 4.151　临界表面张力的测定

表 4.37　所选聚合物的溶解度参数和临界表面张力[160]

聚合物	溶解度参数 $\delta/(cal/cm^3)^{1/2}$	临界表面张力 γ_c /(dyn/cm)①
聚四氟乙烯	6.2	18.5
聚二甲基硅氧烷	7.6	24
丁基橡胶	7.7	27
聚乙烯	7.9	31
天然橡胶	7.9～8.3	—
顺式-聚异戊二烯	7.9～8.3	31
苯乙烯-丁二烯橡胶	8.1～8.5	—
聚异丁烯	8.0	—
顺式-聚丁二烯	8.1～8.6	32

续表

聚合物	溶解度参数 $\delta/(cal/cm^3)^{1/2}$	临界表面张力 γ_c /(dyn/cm)①
聚苯乙烯	9.1	32.8
聚甲基丙烯酸甲酯	9.3	39
聚氯乙烯	9.5～9.7	39
聚对苯二甲酸乙二醇酯	10.7	43
聚(偏二氯乙烯)	12.2	40
聚酰胺 66	13.6	43
聚丙烯腈	15.4	44

① 达因每厘米，$1dyn/cm=10^{-3}N/m$。

4.12.3.2 表面处理方法

无论黏合方法或胶黏剂的类型如何，要黏合的表面都必须是干净的。通常用溶剂清洗表面以除去污物（如油），有时研磨表面清洁污物。粗糙度改善了黏合，实际上是提供了更大的表面积。然而，如果需要通过胶黏剂黏合的聚合物表面的表面能太低，则必须对其进行处理以提高表面能，这改善了胶黏剂的润湿性。最常用的三种方法是火焰、电晕和等离子体处理。

火焰处理是一种商业方法，使聚烯烃和聚对苯二甲酸乙二醇酯易于接受胶黏剂、涂料和印刷油墨。

如果聚合物制品（例如膜）在富氧（相对于化学计量）的烃气体混合物形成的氧化火焰上通过。气体火焰包含激活的碎片和原子氧（O)、NO、OH 等物质以及可以从聚合物的表面除氢的物质，然后由氧化官能团（主要是—C =O 和—OH）取代。与需要真空的低温（冷）等离子体（见下文）相比，电晕放电处理在大气压下进行。电晕是通过电场加速的带电粒子流（如电子和离子）。当填充有空气或其他气体的空隙受到足够高的电压，能产生高速粒子与中性分子碰撞的链反应，会导致产生更多的离子。

处理过的表面具有较高的表面能，因此容易润湿。广泛使用的配置之一（图 4.152）是使用由高频高压交流电产生的电晕放电[164]。控制电晕放电处理过程的主要参数包括电压、空气间隙的宽度、膜/底基的速度以及电极的宽度。大多数设备允许在底基的一面进行处理（参见图 4.153），如果需要双面处理，则要通过两次。

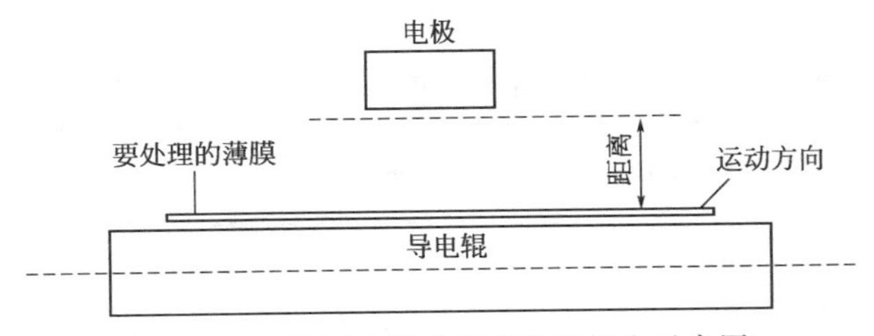

图 4.152 薄膜电晕处理系统的概念示意图

等离子体（辉光放电）是由电能激发气体产生（图 4.154），它是含有正离子和负离子的带电粒子的集合[165]。还可能存在其他类型的碎片，例如自由基、原子和分子。等离子体是导电的并且受磁场的影响。它具有强烈的反应性，这就是它可以对塑料表面进行改性的原因[166,167]。它可以用于处理零件，使表面更硬、更粗糙、更可润湿、更易于黏附。等离子体处理可以在各种塑料部件上进行，甚至可以在颜料和填料等粉末添加剂上进行。

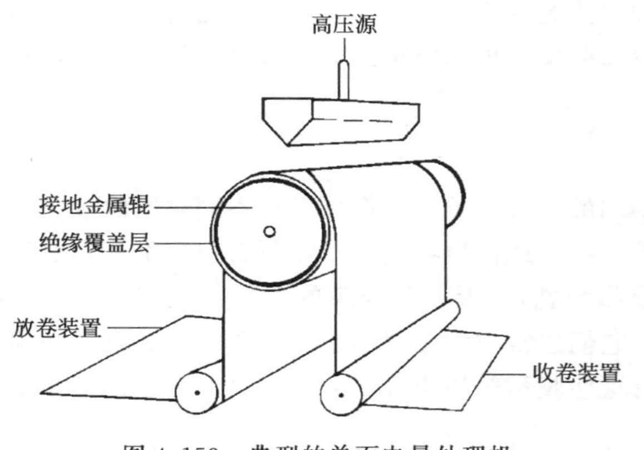

图 4.153　典型的单面电晕处理机

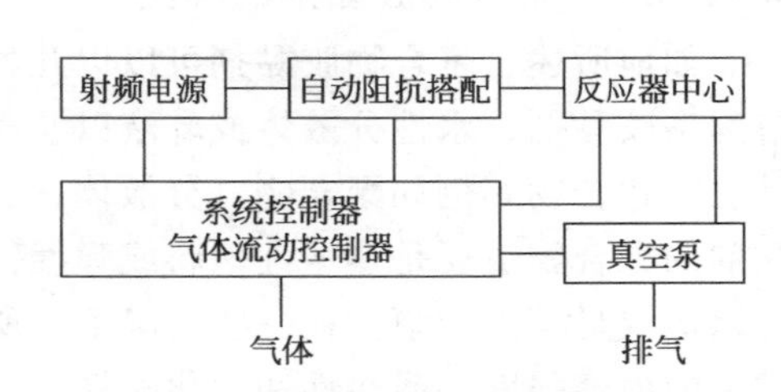

图 4.154　等离子体系统示意图

用于处理材料表面的等离子体称为冷等离子体，这意味着其温度约为室温。通过将所需的气体通入真空室（图 4.155），随后是射频（13.56MHz）或微波（2450MHz）[167] 激活气体来产生冷等离子体。如前所述，能量将气体分解成电子、离子、自由基和亚稳态产物。实际上任何气体都可用于等离子体处理，但是氧是最常见的。在等离子体中产生的电子和自由基与聚合物表面碰撞并使共价键破裂，从而在聚合物的表面上产生自由基。

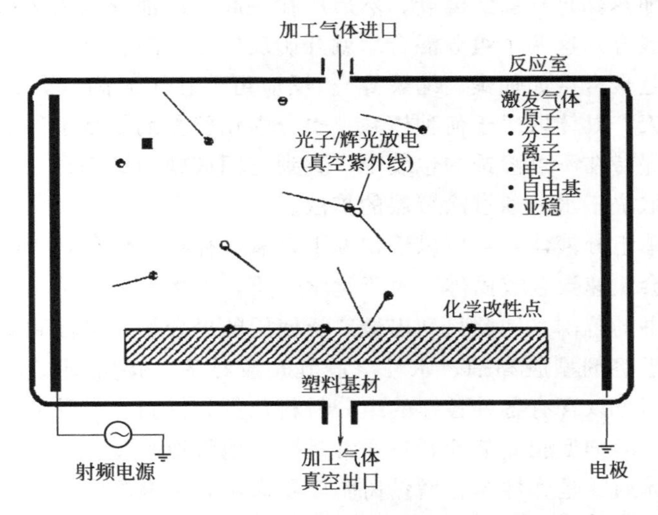

图 4.155　气体等离子体反应器中塑料表面改性的示意图

其他表面处理的方法包括：使用铬酸和其他强氧化剂进行蚀刻和氧化；通过热空气［约 500℃（或 932℉）］[168,169] 进行热处理，以及在丙烯酸存在下通过电子束照射基材进行表面接枝[170]。激光处理由 XeCl、ArF 和 KrF 激光器完成，将氧化官能团引入到表面并除去表面污染物[171]。底层是在施加胶黏剂之前用在基材表面的反应性化合物。它们通过与胶黏剂或基材优先反应的多官能团，在基材和胶黏剂之间形成化学桥[172]。参考文献［173］和［174］全面介绍了胶黏剂黏合材料的表面处理方法。

有几种方法可以测试表面处理的水平。一种常见的方法是使用由两种化合物制成的溶液，这些化合物产生的液体（“达因液”）的表面张力在 30～70dyn/cm 范围内。测试是将各种达因液的液滴置于处理过的表面上，并观察液滴在 2s 内的展开。具有不同表面张力的连续液体使基材的表面张力范围变窄。这种方法是主观的，但它提供了表面处理水平评估的快速手段。还有采用类似于达因液体方式操作的笔。更为定量的方法是测量接触角，接触角随着表面处理水平的增加而减小[175]。

4.12.3.3 聚合物胶黏剂的种类

如前所述，聚合物胶黏剂可以以几种不同的方式分类。它们可以是不同黏度的液体，由溶剂型胶黏剂、水性分散体或乳液以及胶乳、单体或低聚物表示。在所有情况下，主要组分是有机化合物，例如聚合物（分散体、乳液和胶乳）、形成黏合膜的单体或低聚物。用于胶黏剂的聚合物主要是热塑性塑料或弹性体，它们通常与增黏树脂配合。单体和低聚物必须聚合以形成足够强的膜。在一些情况下，所有这些胶黏剂物质都可能是交联的，以进一步增加黏结的内聚强度、耐热性和耐化学性。

接触型胶黏剂主要是溶剂型或水性胶黏剂，最常见的是弹性体与增黏剂组合，它们具有很强的黏性。一旦涂覆有接触型胶黏剂的部件结合在一起，则黏结是坚固的并且是永久的。热熔胶黏剂是100%不挥发物质，即不含溶剂、水或其他挥发性载体。热熔胶黏剂在室温下是固体，但在升高的温度下是液体。热熔胶黏剂是用特殊设备，在熔融状态使用，通常是珠状或条状。在施工后，黏合和冷却之后，热熔胶返回到固态并达到其极限强度。

热活化的组装胶黏剂是溶液型胶黏剂，它们被施加到两种基材的表面并干燥。在组装之前，将涂覆的表面加热到足够高的温度，然后压在一起。两部分胶黏剂由两个组分组成，分开保存，在使用前混合。这两个组分混合后就开始反应了。随着反应进行，胶黏剂层变得更强。最广泛的反应是聚合（如加聚、缩聚等）。反应可能在短时间（分钟）内完成，但也可能需要数小时或数天，具体取决于何种体系。水分固化胶黏剂是基于通过暴露于水分而固化的化合物。它们被保持在不可渗透的包装中，直到它们被施加到基材上。反应通常需要几天才能完成，因为它取决于水分通过涂覆层的扩散。

厌氧胶黏剂是单组分液体，它可以于常温下在氧气存在下储存，当限制在已排除空气的两个表面之间时，会快速聚合成固体。对于化学性质，许多聚合物可以在胶黏剂中使用。详细的列表超出了本书的范围，因此只列出最广泛使用的聚合物、单体和低聚物。

弹性体广泛用于溶剂型胶黏剂、水性（胶乳）胶黏剂、接触型胶黏剂、压敏胶和热熔胶。弹性体类胶黏剂可以含有各种各样的组分材料，例如树脂、增黏剂、填料、增塑剂、抗氧化剂、固化剂等。溶剂型胶黏剂的制备通常是简单地将橡胶胶料溶解在合适的挥发性溶剂中。弹性体类热熔体通常是弹性体、增黏树脂以及影响其熔融温度和熔融黏度的其他成分的混合物。如前所述，热熔体中不存在挥发性成分。乳胶型弹性体胶黏剂含有各种其他材料，例如保护胶体、乳化剂、表面活性剂、增稠剂和乳液稳定剂。以下弹性体通常用于大多数商业胶黏剂：天然橡胶、聚异戊二烯、丁苯橡胶、聚丁二烯橡胶、丙烯腈橡胶、聚氯丁二烯、丙烯酸酯橡胶、聚氨酯橡胶、聚硫橡胶、硅橡胶、羧基弹性体、乙烯-乙酸乙烯酯共聚物等。

热塑性弹性体，如苯乙烯-丁二烯-苯乙烯三嵌段共聚物（SBS），苯乙烯-异戊二烯-苯乙烯三嵌段共聚物（SIS）和热塑性聚氨酯（TPU），广泛应用于热熔胶、压敏胶、接触型胶黏剂和热活化胶黏剂中，它们单独使用或与其他弹性体和树脂共混。

环氧树脂主要用于具有不同固化时间和不同黏合特性的两组分胶黏剂体系中。

聚氨酯和异氰酸酯类胶黏剂：某些类型的聚氨酯胶黏剂是双组分体系，由多元醇（通常是低聚多元醇）和多异氰酸酯组成，它们分开保存，仅在使用前混合。黏合强度发展相当迅速。其他聚氨酯胶黏剂体系包括用于热熔体的热塑性聚氨酯、聚氨酯水分散体、粉末和薄膜。异氰酸酯单独用作底层涂料[176]，或作为交联剂用于采用完全干燥的惰性溶剂制备的某些弹性体胶黏剂中[176]。

有机硅：有机硅可用于双组分体系，也可用作单封装湿固化胶黏剂和密封剂。

氰基丙烯酸酯：氰基丙烯酸酯胶黏剂通常在不到 1min 内迅速形成强黏合强度。这是因为在室温下由弱碱性物质（如水或醇）引发的阴离子聚合的结果[177]。

用于胶黏剂的其他聚合物是：乙烯-乙酸乙烯酯共聚物、聚乙烯醇缩醛、聚酰胺、聚酰亚胺、聚苯并咪唑、聚苯并三唑以及其他用于专门用途的聚合物。对于更详细的内容，读者可以参见文献［178］。

4.12.3.4　胶黏剂的应用

大多数胶黏剂以液体形式使用。常见的应用方法是：刷、喷、浸渍、帘流涂布、辊筒施工、采用热熔胶珠或热熔胶条。

4.12.3.5　黏结剂黏结的形成

当施工的胶黏剂是溶于挥发性溶剂的溶液、水性分散体或乳液时，溶剂或水必须挥发。在大多数情况下，在室温下挥发的时间相对较短。有时，将热空气吹到要接合部件的表面或使用红外加热器，可以减少干燥时间。在胶黏剂层具有足够的黏性时，要马上进行接头的组装。所以每种类型的胶黏剂都具有特定的贴合有效时间。

贴合有效时间是胶黏剂涂覆两个表面的最大时间，是在粘接之前（或者在熔融状态下被冷却之前），以及胶黏剂仍然具有令人满意的附着力之前所允许的干燥时间。这取决于具体应用，可以小于 1min，也可能超过 24h。

可以通过将两个被粘物压在一起而形成黏合接头。如果胶黏剂具有高黏着性（例如接触型胶黏剂），则不需要额外的压力。而由热熔胶形成的黏合需要简单施加压力，直到熔体凝固。在其他情况下，必须通过将接头放在平板机的两块压板之间，加压一段时间，或将要接合的部件夹在专用夹具中，直到获得足够粘接强度。这种方法也同样适用于由化学反应获得黏合强度更强的胶黏剂。在个别情况下，也可以加热黏合接头，减少时间或获得更高的黏合强度。

4.12.3.6　黏结强度的测定

测定胶黏剂与基材之间的黏合强度有许多方法。这些方法的使用主要有五个目的[179]。

① 检查胶黏剂的质量，看是否落在明确限定的范围内。

② 确定表面处理的有效性。

③ 收集数据以预测胶接性能。

④ 从特定应用的组中选择胶黏剂。

⑤ 评估老化对接头性能的影响。

最常见的测试形式是：拉伸、剪切、剥离。

剪切试验是用于快速评估两个刚性基材之间黏合力的最常用试验。最简单的测试形式是搭接剪切测试，使用两种主要形式的测试：单搭接（图 4.156）[180]和双搭接（图 4.157）[181]。搭接的优点是可以方便制造和快速测试。在测试件准备好进行测试之后，将其在接合轴向拉开，然后计算破坏荷载。由于其复杂的应力分布，试验结果是在黏合组分的设计中的限制值[182]。

图 4.156　单搭接　　　图 4.157　双搭接

剪切测试提供了对胶黏剂剪切应力的快速评估，并且可以作为筛选特种用途胶黏剂的良好方法。用于胶黏剂拉伸试验的试样可以采取几种形式。一种简单的形式是将两个圆柱的底面粘接在一起（图 4.158）。在与胶黏剂平面成直角的方式加载负荷直至破坏，破坏应力是加载负荷除以加载面积[183]。拉伸试验广泛应用于测试橡胶与金属以及塑料与金属之间的黏合强度。剥离试验通常用于弹性体胶黏剂。典型的形式是 T 型剥离试验，其中两条基材面对面粘接在一起，然后剥离，并且记录拉开它们所需的力。对于柔性基材，可以 90°角剥离（图 4.159）[184]；柔性基材与刚性基材，可以 180°角剥离（图 4.160）[185]。其他黏合试验，如楔形试验、劈裂强度试验、冲击强度试验和疲劳强度试验[178]，是针对具体应用和使用条件设计的。

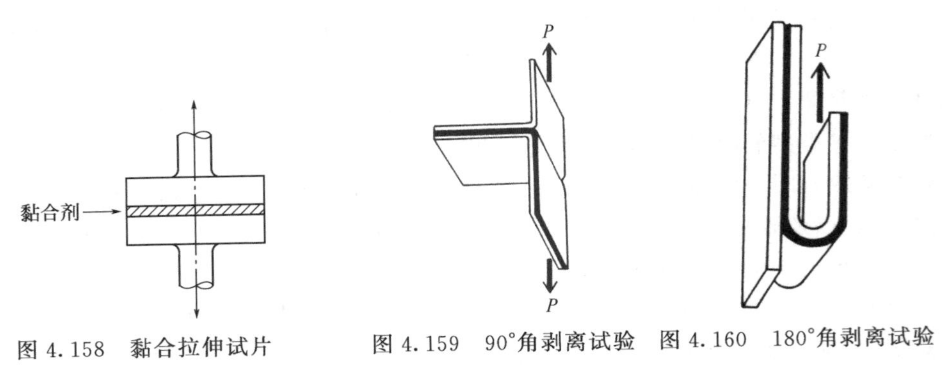

图 4.158　黏合拉伸试片　　图 4.159　90°角剥离试验　图 4.160　180°角剥离试验

4.12.4　机械紧固

机械紧固是一种简单而多功能的接合方法。机械紧固件由塑料、金属或这两种材料的组合制成，并且当需要对部件进行维修时，可以周期性地拆卸和更换或重复使用。螺栓、螺母和垫圈可以由塑料或金属制成；铆钉通常由金属制成。塑料紧固件重量轻，耐腐蚀，耐冲击。它们不会因螺栓的螺纹卡住，也不需要润滑。金属紧固件提供高强度，不受暴露于极端温度的影响[186]。螺栓、螺母、垫圈、销钉、铆钉和卡扣式紧固件是非整体连接的示例，其中连接的特点是独立的部件。使用独立的紧固件要求塑料材料要能够承受紧固件插入的应变和紧固件附近产生的高应力。卡扣式配件是一体式连接的示例，是能直接模制零件中的连接部件。

对于非整体连接，要求能承受组装应变和使用负荷，并且可能重复使用的高强度塑料。单独的紧固件由于增加了组装时间和使用额外的材料而增加了产品成本，并且可能难以处理和插入。因此，集成连接部件的使用越来越多[187～189]。对于连接塑料主题的更详细的讨论，请参见参考文献［190～192］。

4.12.5　装饰

塑料的装饰使用涂层或印压，通过加热、压力或两者的组合，对塑料表面进行改性。

4.12.5.1 贴花

贴花是使用热和压力施加特定时间的表面覆盖物。它们可以在模压时贴花，另外还有热冲压、热转印或水转印[192]等方法。

4.12.5.2 喷涂

零件可以被喷涂，以获得颜色匹配、高光泽，消光、木纹、发光，仿金属外观、纹理外观，或覆盖表面缺陷。涂料还可以提高性能，例如改善化学性、耐磨性、耐候性和导电性。涂漆需要清洁表面，应与基材相容。零件应有均匀的壁厚，成型应无压力[192]。

4.12.5.3 模内装饰

将已印刷好的薄膜放入注塑模内，可以在模制期间装饰零件；然后熔化的塑料在加工过程中与薄膜融合。由于在成型过程中会遇到高温，已印刷好的薄膜必须具有良好的热稳定性。不应有锋利的边缘，复杂的表面可能会导致由空气夹带或薄膜拉伸而产生的问题。

4.12.5.4 镀金属

塑料表面镀金属，可以使材料表面呈金属外观，使其性能与金属相似。由颜料和导电颗粒（镍、铜、银、石墨）组成的导电涂料可以用空气雾化或真空喷涂设备施加到零件上。真空镀金属（或物理气相沉积）是施加到塑料表面的金属（通常是铝，尽管其他金属也被使用）在真空室中被加热到其蒸发点（低于塑料材料的熔点）。然后金属蒸气冷凝在较冷的塑料表面上。要镀金属的部件保持在适当的夹具中，并且可以旋转以暴露要镀金属的所有表面。几种电源用于金属蒸发，如电阻加热、感应蒸发、电子束枪或真空电弧。

镀金属最常使用的是电阻加热的钨丝。将铝碎片或丝放置在电阻加热的钨丝上或放入加热的蒸发皿或坩埚中。通常，薄金属层涂覆透明面漆可以改善其耐磨性，保护其不受湿度等环境因素的影响。火焰、电弧喷涂是容易并且低成本的镀金属工艺，可以使用手持式或自动化手枪将液态金属喷射到零件上。与其他镀金属技术相比，火焰、电弧喷涂所生成的金属层厚，沉积速率高。然而，通过火焰、电弧喷涂方法制备的涂层孔相当多，涂层黏附性较低，并且表面相对较粗糙。

在火焰喷涂中，金属粉末或丝通过热气流加热并射到塑料表面上。电弧喷涂与火焰喷涂差不多，但电弧喷涂是使用直流电弧。电弧在两个连续的消耗性金属丝电极之间撞击形成喷涂材料。溅射工艺是使用惰性气体等离子体除去金属原子，而不是加热金属。在阴极溅射中，金属与阴极连接，塑料充当阴极。电子束除去正电荷的金属离子，然后在塑料表面上冷凝。由于沉积的金属原子的较高动能，溅射涂层具有更好的附着力，并且比气相沉积涂层更耐磨。

此外，溅射涂层可以容易地涂覆大的表面，而且厚度均匀。溅射涂层可以分批进行，也可以与注射成型配合。实例是与注塑机配合，生产压缩盘，溅射涂覆循环小于2s。塑料材料的电镀工艺可以分为化学镀和电镀。一般，电镀通常比真空镀金属产生更好的黏附性，但是电镀不环保，安全性更低，而且价格昂贵。

在化学镀中，将金属涂层沉积在非导电塑料上。其中镍和铜是最常用的。

首先用强氧化溶液蚀刻被镀部件的表面。蚀刻后，将该部件浸在溶液中，在溶液中存在的还原剂与金属离子之间的化学反应形成金属膜。电镀是使用电流在导体上沉积金属。要进行电镀，首先必须将塑料表面导电。该方法主要包括三个步骤：激活或处理塑料表面，敏化和成膜。氯化亚锡经常用作敏化剂。然后使用电流从金属盐溶液中将金属沉积到制备的基底上。

阳极通常由相同的金属制成，并在电镀过程中溶解，补充电镀液。镀金属使表面缺陷更明显，树脂的物理特性可能会改变。需要清洁表面，不能有脱模剂存在，并且应检查预清洗过程的兼容性。设计考虑因素包括[193]：

① 壁厚均匀；

② 将锐利边缘做成圆角［最小为 0.5mm（或 0.020in）］；

③ 避免深垂直的壁；

④ 壁逐渐变化；

⑤ 最小投影量；

⑥ 避免平面区域；

⑦ 孔深与直径比小于 5∶1；

⑧ 凹槽长度小于 51mm（2in），斜度大于 5°；

⑨ 最小壁厚约 2mm（0.080in）；

⑩ 最大壁宽为 4.8mm（0.190in）。

在印刷中，在塑料表面上形成标记或印图。印刷工艺包括垫片转印、丝网印刷、激光打印、染色、填充和擦拭。垫片转印用于平面和不规则表面上的印刷。具有蚀刻图案的金属板被油墨覆盖，并且将软硅橡胶垫压在其上。垫片拾取油墨图案（反向）并且压靠在该部件上。对于小部件胶垫可以覆盖 180°（专用设备可以覆盖 360°），覆盖率非常好。垫片传输装饰部件应设计平滑均匀的转换，避免锋利的边缘。表面光洁度会影响清晰线条的交叉，在大的打印区域厚度可能会不一致。打印区域应该尽量小[193]。

在丝网印刷中，通过选择性地封住细筛网中的孔而产生图案。然后将网格放置在部件上，使用刮板将油墨通过孔眼转移到部件表面上。部件应设计平滑均匀的转换，所有覆盖区域在一个平面上，应避免尖状物和突出物在扩散过程（湿法或干法）中，通过热或热和压力将干固体转移到塑料表面下［深度为 0.025～0.100mm（或 0.001～0.004in）］。在该方法中使用的油墨经历升华——它们从固体转变成气体，而不通过液相。

在湿扩散中，使用垫转移方法将油墨从暴露于热之后蒸发的溶剂悬浮液，转移到塑料基材上。干扩散类似于热冲压，设计反向印刷在载体上，然后在一段时间内通过热和压力施加到表面。湿扩散更经济，然而，干扩散可以在一次操作中转移多种颜色[193]。由于染料墨是半透明的，扩散仅适用于平面或有略微弯曲表面的部件，并且表面光洁度会影响清晰线条的交叉。壁部分应足够厚，以便在干扩散的加热过程中保持稳定。

激光打印使用 CO_2 或 YAG 激光器在表面上产生标记。激光束蒸发塑料表面，改变颜色。对于常规打印来说，在部件上的永久字体（例如代码）太小，采用激光打印是有用的。脉冲功率、速率和标记速度控制蚀刻深度，产生的对比度对于确定表面修饰的质量很重要。设计考虑逐渐的壁厚变化和凹痕的最小化。在填充和擦拭过程中，部件被蚀刻，并且使用油墨来填充凹部，然后擦掉过量的墨水。为了清楚细节，周围的表面应该非常光滑，边缘应该是锋利的，相邻表面应抛光。应使用厚壁而不是薄壁，内角应该为圆角，凹陷深度应为 0.38～0.76mm（0.015～0.030in）[193]。

4.12.5.5 其他装饰工艺

纹理和文字通常可以模制到零件的表面，以隐藏表面缺陷并提供装饰，而不需要额外的成本。对带有纹理边的零件需要增加脱模斜度才能弹出。具有模制纹理的表面通常不保持光学透明度[193]。另一个特殊的工艺是植绒，其中表面涂有胶黏剂，并暴露于静电电荷中。然后将短的纺织纤维吹到表面上并由于充电而终止。与其他工艺一样，植绒需要表面清洁，凹痕、壁厚变化和突出物最少。锋利角落应至少折断 0.5mm (0.020in)[194]。

4.12.6　交联

通常，热塑性材料没有经历交联。然而，在某些情况下，会采用交联来改善力学性能，但交联会影响材料的流动[195]，它会增加材料的耐热性并减少材料在油和溶剂中的溶胀，避免聚合物在油和溶剂中的溶解。一个例子是电线和电缆绝缘中采用交联，改善其耐磨性和耐穿透性以及耐热性。另一个交联的应用是生产泡沫，其中部分交联增加了聚合物的熔体强度，以保证在泡沫膨胀期间所需的适当性能。交联也用于制造热收缩膜和片材。虽然许多热塑性塑料有可能采用化学方法交联，但是在工业实践中使用最广泛的方法是通过电子束的照射，可以连续和大量地处理相对薄的膜。

通过电子束交联的两个明显优点是光束的穿透深度可以通过加速电压控制，交联度可以通过辐射剂量来控制[196]。在某些情况下，需要添加辐射促进剂（prorad）以提高加工效率。许多热塑性塑料可以通过电子束进行交联，但有一些热塑性塑料可能因电子束辐射而降解或产生抗辐照效应[195]。

4.13　热塑性弹性体通用加工技术

热塑性弹性体具有在加热时表现出良好流动性，然后在冷却时固化的能力，使得制造商可以采用高生产率的热塑性熔融加工设备，例如注射成型、挤出和吹塑（见前面章节中的描述）来制备弹性制品。与来自热固性弹性体的橡胶制品的多步骤制造相比，这显然节省了成本。单独的热固性弹性体的硫化（交联）需要较长的时间（数分钟至数小时），并且消耗大量的能量，而熔融加工技术只需要很短的操作过程（几分钟或更短）。

4.13.1　热塑性弹性体的配合

传统加工涉及使用大量成分，例如填料、增塑剂、树脂、固化剂、促进剂、活化剂等，需要强力混合且消耗大量的能量，是劳动密集型的。一般，热塑性弹性体的使用可以无需添加剂，但是在许多情况下它们与其他聚合物共混，并且可以与填料、油和树脂混合以获得所需的加工特性或性能。在这种情况下，最终化合物可能含有少于 50%的原始聚合物[197]。

所添加的组分的体积不仅重要，而且要分布均匀。在嵌段共聚物中，添加的材料可以在两相中的软相或硬相中积聚，或者可以形成完全分离的相。如果添加剂累积在硬相中，则会增加硬相的相对体积并且使材料变硬。如果添加剂是聚合材料，其玻璃化转变温度必须高于硬相的温度，否则会降低嵌段共聚物的耐高温性能。如果添加剂累积在弹性体相中，则增加弹性体相对体积并使材料更柔软。它可能改变弹性体相的玻璃化转变温度，这又可能影响一些最终用途的性质，例如低温柔韧性和黏着性。如果添加剂形成单独的相，则取决于其分子量。低分子量添加剂（如油和树脂）通常与两相兼容。

具有足够高分子量的聚合物添加剂通常形成独立的第三相，其与嵌段共聚物共连续并影响成品的性能。如果添加剂进入两相，则会降低相分离程度，从而降低产品的强度。为此，应避免这种情况。混合设备的选择取决于要混合的化合物的总体积及其种类。在这种情况下，如果混合少量非常大体积的化合物，则大型设备（例如密炼机）是合适的，因为它能够在短时间内混合大批料。

但是，这种设备代表着大量的资本投入。其他选择是单螺杆挤出机、双螺杆挤出机和往复式单螺杆挤出机（例如 Buss 捏合机）；选择主要取决于混合材料的类型和用量。用于 TPE 配混的双螺杆挤出机的 L/D 通常为（36∶1）～(41∶1)，这取决于所涉及的加工任务的数量[198]。操作条件很大程度上取决于正在加工的热塑性弹性体（TPE）的类型。对于苯乙烯嵌段共聚物（SBC）、热塑性聚氨酯弹性体（TPU）和共聚酯热塑性弹性体（COPE），其主要配合所关注的是保持材料的完整性并获得组分的适当混合。TPU 特别对水分和剪切都敏感。TPU 的配合工艺设计至关重要，因为“过度工作”可能导致分子量大大降低[198]。

热塑性硫化胶（TPV）通常是坚固的材料，可以在宽的温度和混合速度范围内进行加工。然而，对于含有硫化橡胶相的 TPV 体系，如果其与颜料或其他添加剂以及热塑性相不相容，如何使体系获得均匀性是一个很大的挑战。TPV 配合的另一个挑战是如何保持交联过程和混合过程之间的平衡。聚丙烯与弹性体（最常见的是 EPDM）的混合并不容易，因为聚合物的黏度差别很大，在交联过程中黏度会发生变化。交联程度决定 TPV 大部分力学性能以及在后续加工操作中的流动性能。最常见的混合方法有两个步骤：EPDM 与聚丙烯在密炼机中预混合，在挤出机中进行动态硫化。不过，在挤出机中一步法制备 TPV 已获得专利[199]。

一步法的优点是消除批次间的变化，但是该过程需要较长的挤出，可能会限制产量[198]。将原料混合，直接挤出，然后直接制成片材或型材，消除了造粒步骤，这种方法用于某些方面，主要用于聚烯烃共混热塑性弹性体（TPO）。使用的标准混合挤出机必须加长约 $8L/D$，螺杆必须要修改[198]。

4.13.2 注射成型

注射成型工艺比较容易适应热塑性弹性体（TPE）。各类 TPE 通常很好成型。历史上，由于热塑性聚氨酯黏度高是例外，但是近年来适用于注射成型的 TPU 等级已商业化。为了加工 TPE，必须设定关键的工艺变量，包括熔体温度、熔体黏度和收缩率，以适应任何给定类别的 TPE 的特定性能。TPV 比较特殊，因为 TPV 的结构不是由单一类型聚合物组成。TPV 中的交联橡胶相分散在热塑性相中。这种形态结构使得 TPV 对剪切有很大的依赖性，在注射成型过程中，使用的剪切速率很高（1000～100000/s），因此黏度相当低。然后在剪切速率非常低以及静态时，黏度相当高，使 TPV 熔体的刚性相对较高。市售的 TPV 等级的注射成型适用性也差异很大。有些 TPV 是高度量身定制的，注塑和操作都非常好。这些成型级 TPV 在薄制品和难以模制的部件中操作性更好[200]。商业 TPE 的典型注塑参数如表 4.38 所示，典型温度设置见表 4.39。

表 4.38 商业 TPE 的典型注塑参数

TPE 类型	一般熔融温度/℃	一般注射压力/MPa	一般收缩率/%
SBC	190～200	1.0～5.5	0.3～0.5
TPO 共混物	175～205	1.0～10.0	0.8～1.8
EPDM TPV	190～230	1.0～10.0	0.5～4.7
NBR TPV	190～230	1.0～10.0	1.0～2.2

续表

TPE 类型	一般熔融温度/℃	一般注射压力/MPa	一般收缩率/%
MPR	199～255	1.0～5.5	1.1～1.9
TPU	175～205	1.0～7.0	0.5～2.5
COPE	180～260	2.0～10.0	0.5～1.6

表 4.39　商业 TPE 的典型温度设置

TPE	SBS	TPO	TPV	MPR	TPU	COPE
段	温度/℃	温度/℃	温度/℃	温度/℃	温度/℃	温度/℃
进料机筒/后机筒	120～150	185～200	170～190	171～177	160～182	200～215
中心机筒	170～182	190～210	170～190	171～177	177～199	205～235
前机筒	185～195	200～220	170～190	171～177	188～210	210～235
注嘴	190～200	200～220	170～210	171～177	190～210	215～240
熔体	190～200	207～216	185～205	171～177	185～210	220～245
模具	22～32	10～50	10～80	21～49	38～60	20～50

4.13.3　包覆成型

在工业和消费品的刚性部件上使用“软触摸”材料有很多理由。诸如塑料和金属之类的刚性部件提供了所需的强度、刚度和结构完整性，包覆柔软材料可以改进美观性、提供更好的触感性能，并且增强产品的握力，同时吸收传递到手上的振动，使产品更耐用、更舒适。一般包覆成型应用在汽车内饰、家庭用品、个人护理用品、电器、手动工具、计算器和计算机按键、体育用品和草坪护理等产品中。传统的接合技术，例如卡扣配合设计、机械紧固件、黏合技术和焊接技术（超声和热）仍在使用。这些通常涉及劳动密集型次级装配步骤，这增加了成本，并限制了对产品完整性的控制。

目前越来越多地采用共注射、二次注塑和嵌件成型等加工技术，因为它们具有显著的成本与性能优势。共注射成型为刚性基材和软质热塑性弹性体之间提供最大的黏附性，但是共注射成型难以控制而且价格昂贵。在共注射成型中，基材和热塑性弹性体被同时注射，并且热塑性弹性体移动到合适的位置[201]。

二次注塑使用具有多个浇口和活动滑块的复杂模具。首先注入刚性基材，然后将模具转位到另一个机筒上，再将热塑性弹性体注到刚性基材上。

嵌件成型方法是将热塑性弹性体注射并包覆成型到已经在独立加工中成型的刚性部件上。热塑性弹性体通过熔体流动或化学键形成连接。本章中描述的所有技术的具体加工条件在涉及热塑性弹性体的各个章节中有更详细的讨论。

4.14　过程仿真

每个决策的核心是了解决定性变量与预期结果之间的关系。由于这样的知识在产品设计和制造过程开发中很重要，因此现象学模拟和数值分析的研究一直很活跃。这些模拟行为的开发提供了对过程物理学的深入了解，结果对于集成产品和过程设计非常有用。

航空航天、汽车、高新技术产业的发展，需要先进的塑料加工技术的发展，以便在短时间内，在友好环境下制造重量轻、强度高、精度高、效率高、成本低、具有智力化和数字化的部件。

先进的塑料加工技术的研究与开发有一些迫切需要解决的关键问题，有限元法（FEM）数值模拟结合物理建模和理论分析，在这一领域发挥越来越重要的作用。过程仿真主要有几个来源。

Moldflow[202]是模拟注塑过程的软件，可以尝试做设计师能够想象到的任何形状的模具。它可以显示熔融塑料流入模具方式的颜色编码图片，以及塑料在冷却时会如何收缩或翘曲。该信息可用于设计模具，如果需要，可以在模具中添加额外的冷却通道，并对可能翘曲的塑料部分进行加强。工具制造商采用计算机做出设计来制造模具。Compuplast [203]专门提供了计算机模拟工具，用于几乎任何与挤出工艺相关的分析和设计，包括片材和薄膜挤出、流延薄膜挤出、吹塑薄膜挤出、管材和型材挤出、电线电缆涂层和挤出吹塑成型。独立的软件包可用于注塑和热成型。

4.15 3D 打印

增量制造或 3D 打印是从数字模型制造几乎任何形状的三维实体的过程。采用增量方法实现 3D 打印，其中连续的材料层以不同的形状逐层叠加。

3D 打印也被认为与传统的加工技术不同，传统的加工技术主要依赖于车削铣磨（减量加工）等方法去除材料。3D 打印机是能够在计算机控制下，执行增量制造方法的特别类型的工业机器人。

3D 打印技术用于原型制造和分布式制造，应用于建筑施工、土木工程、工业设计、汽车、航空航天、军事工程、牙科和医疗行业、生物技术（人体组织更换）、时尚用品、鞋类、珠宝、眼镜、教育、地理信息系统、食品等众多领域。一项研究发现，商用 3D 打印可能成为大众市场项目，因为国内 3D 打印机可以使消费者减少与普通家庭用品相关的购买成本，以补偿投资费用[204]。然而由于材料的相容性，最终，所涵盖的技术对提高力学性能是有限的。

4.16 产品开发与测试

新产品和流程的开发及其改进是制造的产品开展业务的重要因素。基本上有两种方法来开发新产品和新工艺[205]。

其一，研发可以对基础研究和应用研究的新发展进行技术预测，从而导致新的产品或新工艺。

基二，与此同时，营销和销售采用市场研究工具来确定市场上的需求，或与其他产品竞争或应用的机会。任何新产品在市场上有需求或性价比高时，就可以获得财政上的成功。当产品设计合理时，它具有以下主要特征：

① 具有独特的性能，市场上很需要，或至少能提供与现有材料和产品有竞争力的替代品；

② 制造质量一致和性价比高；

③ 在生产期间和生产后不需要改变，因为改变可能会增大质量不一致的机会；

④ 符合制造商在使用的环境条件下的期望和要求。

公平地说，产品设计对产品质量有直接的影响。由劣质或不正确的材料制成的不合理的产品和不当的工艺不会满足客户的期望，最终将在市场上失败。有许多因素导致开发产品的成败，例如：

① 公司的研发理念；

② 管理层支持；

③ 合成和产品测试的技术方面。

通常用于评估聚合物产品的特性是：

① 物理机械性能；

② 加工（流变）性能；

③ 化学性质和老化性能；

④ 质量控制（概率和统计）方法。

因此，不仅要了解测试的主要方法，还要了解在规划实验和评估实验结果时的回归方法和统计方法。

在一些组织中，开发过程按照顺序执行，专家们将为产品开发工作的每个阶段做出贡献，从一个部门到另一个部门。每个职能部门对产品开发工作都做出重大贡献，从一个职能传到下一个职能。每个职能部门对产品都只有一次主要贡献，他们之间几乎没有对话。开发可以完全不同方式同时并行，负责任何方面发展的每个人都被带入制定的发展战略中。所有参与者在整个过程中继续互动。通常，开发部门、营销部门、生产部门和质检部门的成员工作在一起。并行方法汇集了广泛的人才，努力尝试，从每一次试验中学习，然后再次尝试。通过反复和互动方式，可以在更短的时间内开发更可靠的产品[205]。一般，产品的开发从材料的选择开始。材料可以是聚合物、聚合物共混物或含有各种组分的化合物。

候选材料的评估包括流变学、物理和力学性能，有时候在实验室规模上进行老化实验。如果项目相当复杂，还要包括大量实验，并采用系统方法（如实验设计）[206]。

在第一步（筛选阶段），确定相关范围内的自变量。下一阶段是补充和修改，并扩大测定范围[205]。这种方法适用于材料和工艺的开发和优化。一旦找到最佳的候选材料，就会在实验设备上进行评估，在大多数情况下与生产中使用的设备类似。在这个阶段，实验过程涉及工艺优化，从而产生最佳的工艺参数。下一步是从实验设备到生产设备的放大，通常试运转时间较短。这可能包括混合和加工成最终产品。通常需要进行一些调整才能实现平稳运行。然后，第一批产品经常进行现场测试。现场测试的类型和持续时间取决于产品的类型和预期的使用条件。通过对短期试验和现场测试结果进行全面分析后，向全面生产过渡。初始生产运行需要密切监测和统计分析[206]，以确保产品的质量均匀。

参考文献

[1] Maier C, Calafut T. Polypropylene, the definitive User's guide and databook. PDL Handbook Series. Norwich (NY): William Andrew Inc.; 2000. p. 146.

[2] Maier C, Calafut T. Polypropylene, the definitive User's guide and databook. PDL Handbook Series. Norwich (NY): William Andrew Inc.; 2000. p. 150.

[3] Maier C, Calafut T. Polypropylene, the definitive User's guide and databook. PDL Handbook Series. Norwich (NY): William Andrew Inc.; 2000. p. 152.

[4] White JL. In: White JL, Coran AY, Moet A, editors. Polymer mixing: technology and engineering. Munich: Hanser

Publishers; 2001. p. 5.
[5] Cheremisinoff NP. Polymer mixing and extrusion technology. New York: Marcel Dekker, Inc.; 1987.
[6] Wildi RH, Maier C. Understanding compounding. Munich: Hanser Publishers; 1998. p. 5.
[7] Tadmor Z, Gogos CG. Principles of polymer processing. New York: John Wiley & Sons; 1979.
[8] Wildi RH, Maier C. Understanding compounding. Munich: Hanser Publishers; 1998. p. 7.
[9] Wildi RH, Maier C. Understanding compounding. Munich: Hanser Publishers; 1998. p. 9.
[10] Utracki LA. Polym Sci Eng 1995; 35:2.
[11] Wildi RH, Maier C. Understanding compounding. Munich: Hanser Publishers; 1998. p. 10.
[12] White JL. In: White JL, Coran AY, Moet A, editors. Polymer mixing: technology and engineering. Munich: Hanser Publishers; 2001. p. 4.
[13] Scott CE, Macosko CW. Polym Bull 1991; 26:341.
[14] Maier C, Lambla M, Ilham K. Paper presented at SPE-ANTEC Meeting, Boston, MA, Proceedings, 1995. p. 2015.
[15] Wildi RH, Maier C. Understanding compounding. Munich: Hanser Publishers; 1998. p. 11.
[16] Wu S. Polym Eng Sci 1987; 27:335.
[17] Coran AY, Patel R. Rubber Chem Technol 1983; 56:1045.
[18] Grefenstein A. [16], quoting Schlumpf in compounding polyolefins. Düsseldorf (Germany): VDI Verlag; 1984.
[19] Grefenstein A, Höcker H, Michaeli W, Frings W, Ortman R. Engineering plastics; 1994. p. 391.
[20] Chen CC, White JL. SPE-ANTEC Meeting, Paper #37. p. 968; Polym Sci Eng 1993; 33:554.
[21] Cheremisinoff NP. Polymer mixing and extrusion technology. New York: Marcel Dekker; 1987. p. 86.
[22] Manas-Zloczower I. In: Rauwendaal C, editor. Mixing in polymer processing. New York: Marcel Dekker; 1991. p. 357.
[23] Cheremisinoff NP. Polymer mixing and extrusion technology. New York: Marcel Dekker; 1987. p. 134.
[24] Wildi RH, Maier C. Understanding compounding. Munich: Hanser Publishers; 1998. p. 32.
[25] White JL. In: White JL, Coran AY, Moet A, editors. Polymer mixing: technology and engineering. Munich: Hanser Publishers; 2001. p. 33.
[26] White JL. In: White JL, Coran AY, Moet A, editors. Polymer mixing: technology and engineering. Munich: Hanser Publishers; 2001. p. 25.
[27] White JL. In: White JL, Coran AY, Moet A, editors. Polymer mixing: technology and engineering. Munich: Hanser Publishers; 2001 [Chapters 2 and 8].
[28] White JL. In: White JL, Coran AY, Moet A, editors. Polymer mixing: technology and engineering. Munich: Hanser Publishers; 2001. p. 196.
[29] Hold P. Adv Polym Technol 1984; 4:281.
[30] White JL. In: White JL, Coran AY, Moet A, editors. Polymer mixing: technology and engineering. Munich: Hanser Publishers; 2001. p. 202.
[31] Utracki LA. Polymer alloys and blends: thermodynamics and rheology. Munich: Hanser Publishers; 1987. p. 17.
[32] Case CC. In: White JL, Coran AY, Moet A, editors. Polymer mixing: technology and engineering. Munich: Hanser Publishers; 2001 [Chapter 5].
[33] Dean AF. In: White JL, Coran AY, Moet A, editors. Polymer mixing: technology and engineering. Munich: Hanser Publishers; 2001. p. 69 [Chapter 4].
[34] Stevens MJ. Extruder principles and operation. London: Elsevier; 1985.
[35] Dean AF. In: White JL, Coran AY, Moet A, editors. Polymer mixing: technology and engineering. Munich: Hanser Publishers; 2001. p. 70 [Chapter 4].
[36] Dean AF. In: White JL, Coran AY, Moet A, editors. Polymer mixing: technology and engineering. Munich: Hanser Publishers; 2001. p. 74 [Chapter 4].
[37] Dean AF. In: White JL, Coran AY, Moet A, editors. Polymer mixing: technology and engineering. Munich: Hanser Publishers; 2001. p. 72 [Chapter 4].
[38] Dean AF. In: White JL, Coran AY, Moet A, editors. Polymer mixing: technology and engineering. Munich: Hanser Publishers; 2001. p. 87 [Chapter 4].

[39] White JL. In: White JL, Coran AY, Moet A, editors. Polymer mixing: technology and engineering. Munich: Hanser Publishers; 2001. p. 119 [Chapter 4].
[40] White JL. In: White JL, Coran AY, Moet A, editors. Polymer mixing: technology and engineering. Munich: Hanser Publishers; 2001. p. 158 [Chapter 4].
[41] Andersen PG. Paper at the SPE 10th Thermoplastic Elastomer Topical Conference, September 10-12, 2012. Akron (OH).
[42] White JL. In: White JL, Coran AY, Moet A, editors. Polymer mixing: technology and engineering. Munich: Hanser Publishers; 2001. p. 163 [Chapter 4].
[43] White JL. In: White JL, Coran AY, Moet A, editors. Polymer mixing: technology and engineering. Munich: Hanser Publishers; 2001. p. 179 [Chapter 4].
[44] Wilson DH. In: White JL, Coran AY, Moet A, editors. Polymer mixing: technology and engineering. Munich: Hanser Publishers; 2001 [Chapter 9].
[45] Todd BT. In: Mark HF, et al. , editors. Encyclopedia of polymer science and engineering, vol. 10. New York: JohnWiley & Sons; 1987. p. 802.
[46] Todd BT. In: Mark HF, et al. , editors. Encyclopedia of polymer science and engineering, vol. 10. New York: JohnWiley & Sons; 1987. p. 803.
[47] Bessemer CM. Equipment makers emphasize higher quality and productivity. In: Modern plastics encyclopedia. New York: McGrawHill; 1996. E-32.
[48] Callari J. Plastics formulating and compounding; 1996. p. 11.
[49] Wildi RH, Maier C. Understanding compounding. Munich: Hanser Publishers; 1998. p. 169.
[50] Todd BT. In: Mark HF, et al. , editors. Encyclopedia of polymer science and engineering, vol. 10. New York: JohnWiley & Sons; 1987. p. 804.
[51] Todd BT. In: Mark HF, et al. , editors. Encyclopedia of polymer science and engineering, vol. 10. New York: JohnWiley & Sons; 1987. p. 807.
[52] Todd BT. In: Mark HF, et al. , editors. Encyclopedia of polymer science and engineering, vol. 10. New York: JohnWiley & Sons; 1987. p. 808.
[53] LaVerne L, editor. Plastics compounding. Cleveland (OH): Red Book, Advanstar Publications; 1995/1996.
[54] Wildi RH, Maier C. Understanding compounding. Munich: Hanser Publishers; 1998. p. 167.
[55] Maier C, Calafut T. Polypropylene, the definitive user's guide and databook. PDL Handbook Series. Norwich (NY): William Andrew Inc.; 2000 [Chapter 16].
[56] Ebnesajjad S. Fluoroplastics, volume 2: Melt processable fluoropolymers, the definitive user's guide and databook. PDL Handbook Series. Norwich (NY): William Andrew Inc.; 2003 [Chapter 8].
[57] Berins ML, editor. Engineering handbook of the SPI. 5th ed. New York: Van Nostrand Reinhold; 1991 [Chapter 4].
[58] Johannaber F. Injection molding machines, a user's guide. 3rd ed. Munich: Hanser Publishers; 1994.
[59] Michaeli W. Extrusion dies for plastics and rubber. 2nd ed. Munich: Hanser Publishers; 1992 [Chapter 5].
[60] Rauwendaal C. Polymer extrusion. 4th ed. Munich: Hanser Publishers; 2001.
[61] Maier C, Calafut T. Polypropylene, the definitive user's guide and databook. PDL Handbook Series. Norwich (NY): William Andrew Inc.; 2000 [Chapter 14].
[62] Berins ML, editor. Engineering handbook of the SPI. 5th ed. New York: Van Nostrand Reinhold; 1991.
[63] C-Mold design guide, on-line version, AC Technology, Inc.; 1997.
[64] Ebnesajjad S. Fluoroplastics, volume 2: Melt processable fluoropolymers, the definitive user's guide and databook. PDL Handbook Series. Norwich (NY): William Andrew Inc.; 2003 [Chapter 7].
[65] DuBois JH, Pribble WI, editors. Plastics mold engineering handbook. 3rd ed. New York: Van Nostrand Reinhold; 1983.
[66] Miller E, editor. Plastic products design handbook, part B. New York: Marcel Dekker; 1983.
[67] Publication H-34556 Teflon/Tefzel transfer molding guide. DuPont de Nemours, International S. A.; January 1992.
[68] Ebnesajjad S. Fluoroplastics, volume 2: Melt processable fluoropolymers, the definitive user's guide and databook.

PDL Handbook Series. Norwich (NY): William Andrew Inc.; 2003 [Chapter 10].
[69] Extrusion blow molding. Technical Report, BASF.
[70] Blow molding. Technical Information (Internet), Core Plastique.
[71] The IBM series. Jomar Corporation (Internet).
[72] Maier C, Calafut T. Polypropylene, the definitive user's guide and databook, PDL Handbook Series. Norwich (NY): William Andrew Inc.; 2000. p. 196 [Chapter 15].
[73] Stretching the capabilities of blow molding. Rapra Technology, Ltd. (Monograph # 539849).
[74] Pfleger W. U. S. Patent 5,792,535 to EMS Inventa AG; August 11, 1998.
[75] Throne JL. In: Narkis M, Rosenzweig N, editors. Polymer powder technology. New York: John Wiley & Sons; 1995.
[76] Frados J, editor. Plastics engineering handbook of the Society of Plastics Industry, Inc. 4th ed. New York: Van Nostrand Reinhold Co.; 1976.
[77] Ramazzotti D. In: Miller B, editor. Plastics products design handbook, part B. New York: Marcel Dekker; 1983.
[78] Mascia L. Thermoplastic materials engineering. 2nd ed. New York: Elsevier Applied Science; 1989.
[79] Frenkel J. J Phys (USSR) 1945; 9:385.
[80] Kuczynski GC. J Met (Met Trans) 1949; 1:169.
[81] Mazur S. In: Narkis M, Rosenzweig N, editors. Polymer powder technology. New York: John Wiley & Sons; 1995.
[82] Siegman S, Raiter A, Narkis M, Eyerer P. J Mater Sci 1986; 21:1180.
[83] Narkis M. Polym Eng Sci 1979; 19:889.
[84] Hornsby PR, Maxwell AS. J Mater Sci 1992; 27:2525.
[85] Bellehumeur CT, Bisceria MK, Vlachopoulos J. J Polym Eng Sci 1996; 36:2198.
[86] Liu SJ. Intern Polym Proc 1998; 8:88.
[87] Mazur S, Plazek DJ. Prog Org Coat 1994; 24:225.
[88] Bellehumeur CT, Kontopoulou M, Vlachopoulos J. J Rheol Acta 1998; 371:270.
[89] Kontopoulou M, Bisaria M, Vlachopoulos J. J Intern Polym Proc 1997; 12:165.
[90] Bellehumeur CT, Vlachopoulos J. Polymer sintering and its role in rotational molding. ANTEC 1998, Conference Proceedings, Society of Plastics Engineers; 1998.
[91] Bellehumeur CT. Ph. D. thesis, McMaster University, Dept. of Chem. Eng. , Hamilton (ON, Canada); 1997.
[92] Rao MA, Throne JL. Polym Eng Sci 1972; 12:237.
[93] Crawford RJ, Nugent PJ. Plast Rubb Proc Appl 1989; 11:107.
[94] Gogos G, Olson LG, Liu X, Pasham VR. Polym Eng Sci 1998; 38:1387.
[95] Xu L, Crawford RJ. Plast Rubb Comp Proc Appl 1994; 21:257.
[96] Sun DW, Crawford RJ. J Polym Eng Sci 1993; 33:132.
[97] Association of Rotational Molders, Spring Road, Suite 511, Oak Brook (IL 60523); 2000.
[98] Crawford RJ. Rotational molding of plastics. 2nd ed. New York: John Wiley & Sons; 1996.
[99] Dodge PH. Rotational molding. In: Encyclopedia of polymer science and engineering, vol. 14. New York: John Wiley & Sons; 1988.
[100] Beall GL. Rotational molding, design, materials, tooling and processing. Munich: Hanser Publishers; 1998.
[101] Madge EW. Latex foam rubber. New York: John Wiley & Sons; 1962.
[102] Imcokparia DD, Suh KW, Sobby WG. Cellular materials. In: Kroschwitz JI, editor. Encyclopedia of polymer science and technology. 3rd ed. , vol. 5. New York: Wiley Interscience; 2003. p. 418.
[103] Saunders JH. In: Klempner D, Frisch KC, editors. Polymeric foams. Munich: Hanser Publishers; 1991.
[104] Ebnesajjad S. Fluoroplastics, volume 2: Melt processable fluoropolymers, the definitive user's guide and databook, PDL Handbook Series. Norwich (NY): William Andrew Inc.; 2003. p. 318 [Chapter 7].
[105] Suh KW. Foamed plastics. In: Kirk Othmer encyclopedia of chemical technology. 4th ed. 1994. p. 82.
[106] Hahn GJ. U. S. Patent 3,939,236; February 17, 1976, to Cosden Oil and Chemical Company.
[107] Reedy International. Keyport (NJ), Technical Information: www. reedyintl. com.
[108] Anderson JR, Okamoto K. U. S. Patent 6,376,059; February 2, 1999, to Trexel Inc.

[109] Liu G, Park CB, Lefas JA. In: Polymer engineering and science, vol. 38, no. 12, 1998. p. 1997.
[110] Hayashi M, et al. U. S. Patent 4,454,087; 1984 to Sekisui Plastics Co.
[111] Park CP. In: Klempner D, Frisch KC, editors. Handbook of polymeric foams and foam technology. Munich: Hanser Publishers; 1991. p. 224.
[112] Maier C, Calafut T. Polypropylene, the definitive user's guide and databook, PDL Handbook Series. Norwich (NY): William Andrew Inc.; 2000. p. 228 [Chapter 15].
[113] Maier C, Calafut T. Polypropylene, the definitive user's guide and databook, PDL Handbook Series. Norwich (NY): William Andrew Inc.; 2000. p. 229 [Chapter 15].
[114] Walker BM, Rader CP, editors. Handbook of thermoplastic elastomers. 2nd ed. New York: Van Nostrand Reinhold Co.; 1988. p. 125.
[115] Walker BM, Rader CP, editors. Handbook of thermoplastic elastomers. 2nd ed. New York: Van Nostrand Reinhold Co.; 1988. p. 179.
[116] Walker BM, Rader CP, editors. Handbook of thermoplastic elastomers. 2nd ed. New York: Van Nostrand Reinhold Co.; 1988. p. 250.
[117] Brochure EGXLSS-01-70165. Avon Lake (OH): PolyOne Corporation; 2005.
[118] Benning CJ. Plastics films for packaging. Lancaster (PA): Technomic Publishing Co. , Inc.; 1983. p. 20.
[119] Osborn KR, Jenkins WA. Plastic films. Lancaster (PA): Technomic Publishing Co. , Inc.; 1983. p. 62.
[120] Ebnesajjad S. Fluoroplastics, volume 2: Melt processable fluoropolymers, the definitive User's guide and databook, PDL Handbook Series. Norwich (NY): William Andrew Inc.; 2000. p. 202 [Chapter 8].
[121] Benning CJ. Plastics films for packaging. Lancaster (PA): Technomic Publishing Co. , Inc.; 1983. p. 40.
[122] Osborn KR, Jenkins WA. Plastic films. Lancaster (PA): Technomic Publishing Co. , Inc.; 1983. p. 71.
[123] Osborn KR, Jenkins WA. Plastic films. Lancaster (PA): Technomic Publishing Co. , Inc.; 1983. p. 72.
[124] Benning CJ. Plastics films for packaging. Lancaster (PA): Technomic Publishing Co. , Inc.; 1983. p. 45.
[125] Nieh JY, Lee LJ. "Morphological characterization of the heat-affected zone (HAZ) in hot plate welding". ANTEC 1993, Conference Proceedings, Society of Plastics Engineers; 1993.
[126] Besuyen JA. Bonding and sealing. In: Modern plastics encyclopedia 1992. McGraw Hill; 1991.
[127] Assembly methods. In: Engineering materials handbook, vol. 2. ASM International; 1988.
[128] Schwartzmm. Joining of composite materials. ASM International; 1995.
[129] Handbook Series Handbook of joining, plastics design library. Norwich (NY): William Andrew; 1998 [Chapter 2].
[130] Hot air automatic roofing machine for roofing membranes made of PVC, PE, ECB, EPDM, CSPE. Leister Co.; 1993 (TB66).
[131] Hot plate welders, spin welders, vibrational welders. In: Supplier marketing literature (GC1095). Forward Technology Industry, Inc.; 1995.
[132] Tres P. Designing plastic parts for assembly. Hanser/Gardner Publications, Inc.; 1995.
[133] Hornstein J. Good vibrations. Assembly, Capital Cities/ABC Publishing Group; 1995.
[134] Branson Ultrasonic Corp. , Technical Report PW-1; 1995.
[135] Rajaraman H, Cakmak M. The effect of glass fiber fillers on the welding behavior of polyphenylene sulfide. ANTEC 1992, Conference Proceedings, Society of Plastics Engineers; 1992.
[136] Schaible S, Cakmak M. Instrumented spin welding of polyvinylidene fluoride. ANTEC 1992, Conference Proceedings, Society of Plastics Engineers; 1992.
[137] Festa D, Cakmak M. "Spin welding behavior and structure development in a thermotropic liquid crystalline polymer". ANTEC 1992, Conference Proceedings, Society of Plastics Engineers; 1992.
[138] Wu CY, Benatar A. "Single mode microwave welding of HDPE using conductive Polyaniline". ANTEC 1995, Conference Proceedings, Society of Plastics Engineers; 1995.
[139] Vibration welding joins plastics. Automotive Engineering, Society of Automotive Engineers, Inc.; 1984.
[140] White P. Vibration welding, making it with plastics. Unknown Publisher; 1987.
[141] Sanders P. Mater Des 1987; (8):41-45.

[142] Handbook Series. Handbook of joining, plastics design library. Norwich (NY): William Andrew; 1998 [Chapter 6].
[143] EMAWELD. Electromagnetic welding system for assembling thermoplastic parts. Ashland Chemical Co.; 1995.
[144] Ferromagnetism, fundamentals of physics. New York: John Wiley & Sons; 1981.
[145] Wu CY, Benatar A. "Microwave joining of HDPE using conductive polymeric composites". ANTEC 1992, Conference Proceedings, Society of Plastics Engineers; 1992.
[146] Wu CY, Staicovici S, Benatar A. "Single mode microwave welding of nylon 6/6 using conductive polyaniline films". ANTEC 1996, Conference Proceedings, Society of Plastics Engineers; 1996.
[147] Holmes ST, et al. "Large-scale bonding of PAS/PS thermoplastic composite structural components using resistance heating". ANTEC 1993, Conference Proceedings, Society of Plastics Engineers; 1993.
[148] McKnight SH, et al. "Resistance heated fusion bonding of carbon fiber/PEEK composites and 7075-T6 aluminum". ANTEC 1993, Conference Proceedings, Society of Plastics Engineers, 1993.
[149] Holmes ST, Don RC, Gillespie JW. "Application of integrated process model for fusion bonding of thermoplastic composites". ANTEC 1994, Conference Proceedings, Society of Plastics Engineers; 1994.
[150] McBride MG, McKnight SH, Gillespie JW. "Joining of short fiber glass reinforced polypropylene using resistance heated fusion bonding". ANTEC 1994, Conference Proceedings, Society of Plastics Engineers; 1994.
[151] Don RC, et al. "Application of thermoplastic resistance welding techniques to thermoset composites". ANTEC 1994, Conference Proceedings, Society of Plastics Engineers; 1994.
[152] Wise RJ, Watson MN. "A new approach for joining plastics and composites to metals". ANTEC 1992, Conference Proceedings, Society of Plastics Engineers; 1992.
[153] Michel P. An analysis of the extrusion welding process. ANTEC 1989, Conference Proceedings, Society of Plastics Engineers; 1989.
[154] Gehde M, Ehrenstein GW. Structure and mechanical properties of optimized extrusion welds. Polym Eng Sci 1991; 31.
[155] Taylor NS. "Joining thermoplastic lined steel pipe". ANTEC 1994, Conference Proceedings, Society of Plastics Engineers; 1994.
[156] Jones IA, Taylor NS. "High speed welding of plastics using lasers". ANTEC 1993, Conference Proceedings, Society of Plastics Engineers; 1992.
[157] Solid practical lasers, physical chemistry. W. HY. Freeman & Co.; 1994.
[158] Ou BS, Benatar A, Albright CW. "Laser welding of polyethylene and polypropylene plates". ANTEC 1992, Conference Proceedings, Society of Plastics Engineers; 1992.
[159] Potente H, Korte J. "Laser butt-welding of semi-crystalline thermoplastics". ANTEC 1996, Conference Proceedings, Society of Plastics Engineers; 1996.
[160] Hildebrand JH, Scott RL. The solubility of nonelectrolytes. 3rd ed. New York: Van Nostrand Reinhold; 1950.
[161] Gardon JL. J Phys Chem 1963; 67:1935.
[162] Bikerman JJ. The science of adhesive joints. New York and London: Academic Press; 1961.
[163] Zisman WA, editor. Contact angle, wettability and adhesion, advances in chemistry series 43. Washington (DC): American Chemical Society; 1964 [Chapter 1].
[164] Stobbe BD. Corona treatment 101. Narrow Web Ind Mag; June 1996:19.
[165] Liston EM. Plasma treatment for improved bonding: a review. J Adhes 1989; 30:199.
[166] Shut JH. Plasma treatment. Plast Technol; October 1992:64.
[167] Kaplan SL, Rose PW. "Plasma treatment of plastics to enhance adhesion: an overview". Technical Paper Society of Plastics Conference, Los Angeles, CA, November 1988.
[168] Shield J. Adhesives handbook. London: Butterworth Publishers, Ltd; 1970.
[169] Briggs D, Brevis DM, Konieczo MB. J Mater Sci 1976; 11:1270.
[170] Schulz J, Carré A, Mazeau C. Inst J Adhesion Adhes 1984; 4:163.
[171] Tavakoli SM, Riches ST. "Laser modifications of polymers to enhance adhesion, part 1". SPE-ANTEC, Conference Proceedings, 1984.
[172] The Loctite design guide for bonding plastics (Publication LT-2197), Loctite Corporation.

[173] Wegman RF. Surface preparation techniques for adhesive bonding. Park Ridge (NJ): Noyes Publications; 1989.

[174] Ebnesajjad S, Ebnesajjad CF. Surface treatment of materials for adhesive bonding. Norwich (NY): William Andrew Publishing; 2006.

[175] Wu S. Polymer interfaces and adhesion. 1st ed. New York: Marcel Dekker; 1982.

[176] Schollenberger CS. In: Skeist I, editor. Handbook of adhesives. 3rd ed. New York: Van Nostrand Reinhold; 1990 [Chapter 20].

[177] Coover HW, Dreifus DW, O'Connor JT. In: Skeist I, editor. Handbook of adhesives. 3rd ed. New York: Van Nostrand Reinhold; 1990 [Chapter 27].

[178] Skeist I, editor. Handbook of adhesives. 3rd ed. New York: Van Nostrand Reinhold; 1990 [Chapter 27].

[179] Tod DA. In: Peckham DE, editor. Handbook of adhesion. Essex (UK): Longman Scientific Technical Ltd; 1992. p. 470.

[180] ASTM D1002: Test method for strength properties of adhesives in shear by tension loading.

[181] ASTM D3528: Test method for strength properties of double lap shear adhesive joints by tension loading.

[182] Tod DA. In: Peckham DE, editor. Handbook of adhesion. Essex (UK): Longman Scientific Technical Ltd; 1992. p. 471.

[183] ASTM D897: Test method for tensile properties of adhesive joints.

[184] ASTM D1876: Test method for peel resistance of adhesives (T-Peel test).

[185] ASTM D903: Test method for peel or stripping strength of adhesive joints.

[186] Kolibar RW. Mechanical fastening. In: Modern plastics encyclopedia, 1986e1987. McGraw Hill, Inc.; 1986.

[187] Reiff D. Integral fastener design. In: Plastics design forum. Advanstar Communications; 1991.

[188] Fastening and joining technology. In: Machine design. Penton Publishing, Inc.; 1996.

[189] Mayer GG, Gabrielle GA. "A design tool based on integral attachment strategy, case studies," ANTEC 1995, Conference Proceedings, Society of Plastics Engineers.

[190] Tres PA. Designing plastic parts for assembly. Hanser/Gardner Publishing, Inc.; 1995.

[191] Handbook Series. Handbook of plastics joining, plastics design library. Norwich (NY): William Andrew; 1998.

[192] Maier C, Calafut T. Polypropylene, the definitive user's guide and databook. PDL Handbook Series. Norwich (NY): William Andrew Inc.; 2000 [Chapter 18].

[193] Maier C, Calafut T. Polypropylene, the definitive user's guide and databook, PDL Handbook Series. Norwich (NY): William Andrew Inc.; 2000. p. 267 [Chapter 18].

[194] Stumpek ES. "Design for decorating". Decorating and joining of plastics, SPE Regional technical Conference, Conference Proceedings, Society of Plastics Engineers; 1995.

[195] Drobny JG. "Modification of polymers by ionizing radiation: a review". ANTEC 2006, Charlotte (NC), May 7e11, Conference Proceedings, Society of Plastics Engineers; 2006. p. 2465e469.

[196] Drobny JG. Radiation technology for polymers. Boca Raton (FL): CRC Publishers; 2003 [Chapter 8].

[197] Holden G. Understanding thermoplastic elastomers. Munich: Hanser Publishers; 2000. p. 75.

[198] Markarian J. Plastics Addit Compd; November/December 2004:22.

[199] Vortkort J, et al. U. S. Patent 6,774,162; August 10, 2004 to PolyOne Corporation.

[200] Armour J. Overmolding and coextruding meltprocessable rubber on rigid substrates, Rubber World; May 1, 2000:30e6.

[201] Kear K. Injection molding of TPEs, TPVs, Omnexus: www. omnexus. com; July 26, 2006.

[202] Moldflow Design Software: www. moldflow. com.

[203] Compuplast s. r. o, Polymer Processing Simulation: www. compuplast. com.

[204] Kelly H. Study: at home 3-D printing could save consumer "thousands". CNN; July 31, 2013. Retrieved on December 31, 2013.

[205] Cheremisinoff NP. Product design and testing of polymeric materials. New York: Marcel Dekker; 1990.

[206] Cochran WG, Cox GM. Experimental designs. 2nd ed. Wiley; 1957.

第5章 苯乙烯类嵌段共聚物

5.1 概述

苯乙烯类嵌段共聚物（SBCs）是A-B-A型的简单分子，其中A是聚苯乙烯，B是弹性体链段。苯乙烯类嵌段共聚物的最常见结构是其弹性链段为聚二烯，如聚丁二烯或聚异戊二烯。使用参考文献［1］中提出的命名法，它们是聚（苯乙烯-*b*-丁二烯-*b*-苯乙烯）或聚（苯乙烯-*b*-异戊二烯-*b*-苯乙烯）。这些SBCs更方便和更广泛使用的名称是S-B-S和S-I-S，其中S是苯乙烯，B为丁二烯和I为异戊二烯。

具有这种结构的材料形成两个分离的相体系，其结构与相应的无规共聚物差别很大。这两个相保留了各种均聚物的许多性质，并且共聚物呈现出两个玻璃化转变温度（T_g），而无规共聚物不同，它只呈现出单一的T_g[2~7]，而且位于均聚物的玻璃化转变温度之间（参见图5.1）。结果是室温下，在苯乙烯嵌段共聚物中，聚苯乙烯是刚性且坚固的，并且弹性体相是弹性的且容易延伸。图5.2是苯乙烯类热塑性弹性体（TPE）的结构示意图。

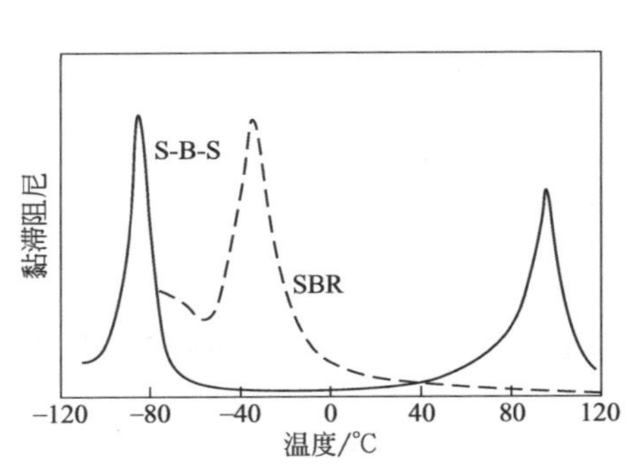

图5.1　S-B-S和SBR的玻璃化转变温度（黏滞阻尼）

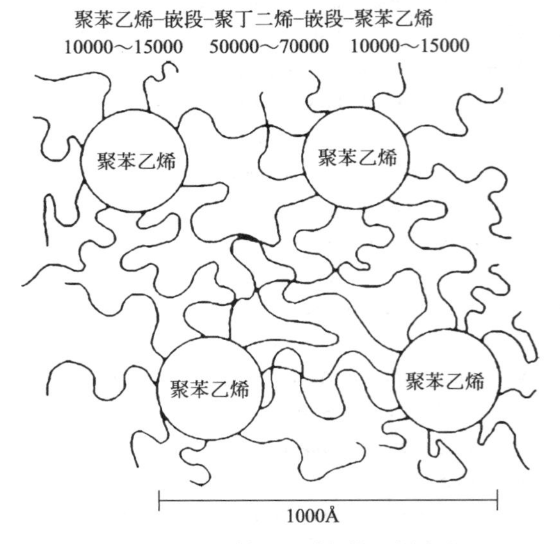

图5.2　苯乙烯-丁二烯-苯乙烯嵌段共聚物的示意图

聚苯乙烯相以次要部分存在于总体积中，由分离的球形区域（微区）组成。这些微区连接到弹性体链的末端，形成类似常规硫化弹性体（硫化橡胶）交联键的多官能连接点。这些交联是物理性质的，因此相当不稳定，与硫化橡胶中交联的化学性质不同。在室温下，苯乙烯嵌段共聚物在许多方面表现出硫化橡胶的行为。当加热时，聚苯乙烯微区软化，网络变弱，最终材料能够流动；当再次冷却时，聚苯乙烯微区变为刚性，其原始的弹性体性质恢复。S-B-S和S-I-S嵌段共聚物也可以溶解在各自的均聚物溶剂中。溶剂蒸发后，恢复原来的性能。嵌段共聚物，例如S-I-S-I…和（S-B）$_x$（式中，x表示多官能连接点）可以形成相似的连续网络，条件是聚苯乙烯嵌段是次要组分。

然而，I-S-I、B-S-B、S-I、S-B等的结构不能形成连续网络，因为每个聚二烯链只有一端由聚苯乙烯嵌段终止，所得材料强度较差，比不上常规硫化橡胶[4]。具有交替的硬链段和软链段的其他嵌段共聚物，例如聚碳酸酯聚醚、聚（二甲基硅氧烷）-聚（硅亚苯基硅氧烷）、聚碳酸酯聚醚[8]和链段聚氨酯[9,10]能形成具有有用性能的材料。已知的苯乙烯共聚物类热塑性弹性体见表5.1。应该指出，分别以聚丁二烯、聚异戊二烯、乙烯/丁烯、乙烯/丙烯、聚异丁烯和乙烯/乙烯/丙烯为中心嵌段的三嵌段共聚物和支型共聚物（S-B-S）（S-I-S）（S-EB-S）（S-EP-S）（S-IB-S）（S-EEP-S）在商业上已经成功。其中S-IB-S嵌段共聚物是通过碳阳离子聚合制备的（见第5.3节）。

表5.1　苯乙烯共聚物类热塑性弹性体

硬段	软段(弹性体)	结构
聚苯乙烯	聚丁二烯和聚异戊二烯	T、B
聚苯乙烯	聚(乙烯/丁烯)和聚(乙烯/丙烯)	T
聚苯乙烯和取代的聚苯乙烯	聚异丁二烯	T、B
聚(α-甲基苯乙烯)	聚丁二烯和聚异戊二烯	T
聚(α-甲基苯乙烯)	聚硫化丙烯	T
聚苯乙烯	聚二甲基硅氧烷	T、M
聚(α-甲基苯乙烯)	聚二甲基硅氧烷	M

注：1. T—三嵌段，H-E-H；B—支型，(H-E)^n；M—多嵌段，H-E-H-….
2. 参见参考文献［15］。

5.2 聚苯乙烯-聚二烯嵌段共聚物

5.2.1　聚苯乙烯-聚二烯嵌段共聚物的合成

S-B-S和S-I-S型的嵌段共聚物通过阴离子聚合制备[11~14]，其仅适用于三种常见的单体：苯乙烯（包括取代的苯乙烯）、丁二烯和异戊二烯。通常使用的溶剂是惰性烃，如环己烷或甲苯。必须完全消除氧、水或任何其他杂质，以防止高反应性增长物质的不良反应。这些措施确保了共聚物分子量的精确控制。这与其他嵌段或接枝共聚物形成对比，其他嵌段共聚物或接枝共聚物通常具有宽的链段或分子量分布以及许多链段的广泛分布[15]。

尽管其他引发剂也可以使用，但有机锂是优选的也是最常用的引发剂[12]。

基本上有三种合成方法制备这种类型的苯乙烯嵌段共聚物。

① 顺序聚合法。即聚合在分子的一端开始，并依次进行聚合，持续到另一端。

② 偶联聚合法。即在分子的每一端开始聚合，然后通过偶联剂或连接剂将活性链连接在一起。

③ 多功能引发剂法。即聚合从分子的中心开始，使用具有多于一个活性基团的引发剂引发聚合，并持续到末端。

顺序聚合法和偶联聚合方法的优选引发剂是仲丁基锂，因为它非常容易引发聚合[13]。

与后续聚合速率相比，起始速率高。引发剂与一个苯乙烯分子反应，因此：

$$R^-Li^+ + CH_2{=}CH(C_6H_5) \longrightarrow RCH_2CH(C_6H_5)^-Li^+$$

这被称为引发反应。在下一阶段，上述产物在增长反应中与苯乙烯发生反应：

$$RCH_2CH(C_6H_5)^-Li^+ + nCH_2{=}CH(C_6H_5) \longrightarrow R(CH_2CH(C_6H_5))_nCH_2CH(C_6H_5)^-Li^+$$

新产物称为聚苯乙烯锂（忽略末端仲丁基的影响），用 $S^-\ Li^+$ 表示。如果加入二烯（此处为丁二烯），则 $S^-\ Li^+$ 可引发进一步的聚合：

$$S^-Li^+ + nCH_2{=}CHCH{=}CH_2 \longrightarrow S\,(CH_2CH{=}CHCH_2)_{n-1}CH_2CH{=}CHCH_2^-\,Li^+$$

在上述实例中，显示聚合仅通过末端，即以 1,4 加成形式进行的，在惰性烃（非极性）溶剂中，至少 90%的聚合物是 1,4 结构。剩余的共聚物通过 1,2-碳原子（对于丁二烯而言）或通过 3,4-碳原子（对异戊二烯而言）聚合。对于上述反应，产物用 S-B-Li$^+$ 表示，它也是引发剂，如果加入更多的苯乙烯单体，“活性”末端继续聚合：

$$S{-}B{-}Li^+ + nCH_2{=}CH(C_6H_5) \longrightarrow S{-}B{-}(CH_2CH(C_6H_5))_{n-1}CH_2CH(C_6H_5)^-Li^+$$

当该反应完成时，可以通过加入诸如醇的质子性化合物使产物（S—B—S—Li$^+$）失活，这也将终止反应，因此：

$$S{-}B{-}S{-}Li^+ + R{-}OH \longrightarrow S{-}B{-}SH + ROLi$$

如果选择的方法是偶联聚合法，上述前三个反应不变，但是 S—B—S—Li$^+$不再引发苯乙烯的进一步聚合，而是与偶联剂反应：

$$2S{-}B{-}S{-}Li^+ + X{-}R{-}X \longrightarrow S{-}B{-}R{-}B{-}S + 2LiX$$

上述实例显示了双官能偶联剂的反应，但是较高官能度的偶联剂（例如 $SiCl_4$）将产生支化或星形分子（S-B）$_n$X。如果在反应结束时加入二乙烯基苯，则产物高度支化，即 n 值非常大[16,17]。在多官能引发下，多官能引发剂 Li$^+$—R—Li$^+$ 首先与二烯（在此使用丁二烯）反应：

$$nCH_2{=}CH{-}CH{=}CH_2 + Li^+{-}R{-}Li^+ \longrightarrow Li^+{-}B{-}R{-}Li^+$$

随后的步骤类似于先前描述的顺序聚合法中的相应步骤。当产生 Li$^+$—B—R—B—Li$^+$ 的反应完成时，加入苯乙烯单体，结果是形成具有“活”链末端的增长的聚合物 Li$^+$—S—B—R—B—S—Li$^+$。通过加入质子性化合物（例如醇）终止反应，得到嵌段共聚物 S-B-R-B-S。如果反应在烃类溶剂中进行，因为“活性”的末端倾向于缔合，导致凝胶在早期阶段形成，与其他方法相比，多功能引发方法使用较少。使用其他溶剂（例如醚）会改变聚二烯的显微结构[18]。S-B-S 和 S-I-S 嵌段共聚物是具有饱和弹性体中心段的苯乙烯嵌段共聚物的前驱体[19]。

如果使用 S-B-S 共聚物，则它们在结构改性剂存在下聚合，得到弹性体链段，它们是

1,4 和 1,2 异构体的混合物，随后将共氢化得到乙烯-丁烯（EB）共聚物。聚异戊二烯弹性体链段可以类似的方式氢化成乙烯-丙烯（EP）共聚物。所得的嵌段共聚物 S-EB-S 和 S-EP-S 由于其饱和结构，因此耐热和耐氧化降解。

苯乙烯几乎是所有这种类型的阴离子聚合的嵌段共聚物的优选单体，尽管也可以使用取代的苯乙烯。基本上，这些共聚物都具有聚苯乙烯端嵌段。

5.2.2　聚苯乙烯-聚二烯嵌段共聚物的形态

如图 5.2 所示的苯乙烯嵌段共聚物结构是由其机械行为和流变行为假设的，没有直接的观察结果支持此假设[20]。同时，另一个假设是相位排列的变化与两种链段类型的相对比例[2]。形成这些共聚物的相畴太小，不能在可见光下观察到，这就是这些共聚物是光学透明的原因。只是开发了四氧化锇染色技术后，使得人们可以通过电子显微镜观察其形态[21]。

图 5.3 是更详细的示意图[22]。从图可见，随着苯乙烯的比例增加，聚苯乙烯的形态从球形向柱形变化，都分散在连续的弹性体相中。当两个组分的体积分数大致相等时，两个组分形成夹层结构。当苯乙烯含量继续增加，聚苯乙烯形成连续相，而弹性体以柱形或球形分散在其中[20]。在较低的苯乙烯含量（约 30%）下，特别是从适当溶剂慢慢铸成的薄膜样品，聚苯乙烯相畴以规则的六角形排列分散在弹性体基体中[23]（见图 5.4）。从溶液溶剂中铸成的薄膜的形态取决于所用溶剂的性质。

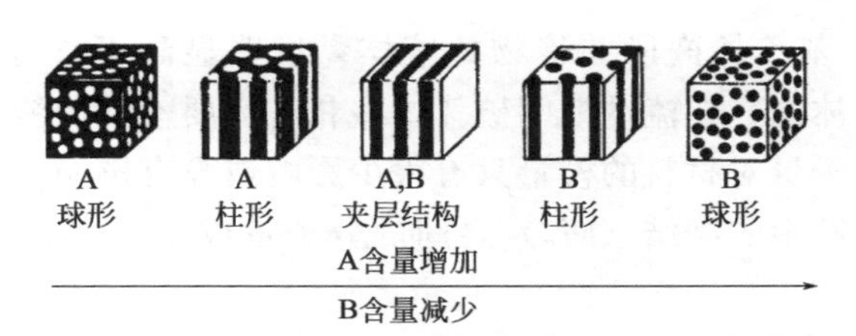

图 5.3　随组成的变化，A-B-A 嵌段共聚物的形态变化

用于聚苯乙烯链段的良溶剂（如甲苯）有利于形成连续的聚苯乙烯相。当溶剂蒸发时，薄膜较为刚性和非弹性。另外，用于弹性体链段的良溶剂（例如环己烷）有利于形成连续的弹性体相，而聚苯乙烯相分散在其中，产生的膜更软，更有弹性[24,25]。

通常，这些苯乙烯-二烯嵌段共聚物，特别是那些以聚苯乙烯为连续相的苯乙烯-二烯嵌段共聚物，显示在其极限伸长之前的应力软化，随后使其退缩，然后再拉伸。第二次拉伸比第一次拉伸变得更柔软。这种类似于填料（主要是炭黑）[26~28]补强的常规硫化橡胶中所谓的马林斯(Mullins)效应，似乎是聚苯乙烯连续相在拉伸过程中断裂，产生分散的相畴[28]。

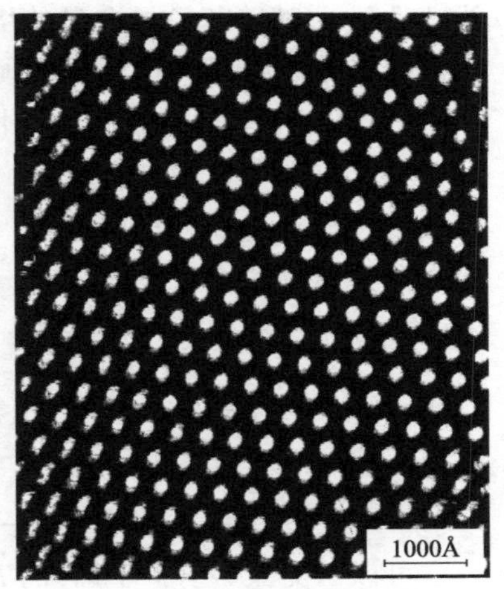

图 5.4　$(S—I)_n$ X 共聚物的电子显微镜照片（聚异戊二烯相染成黑色）

5.2.3　相畴形成的临界分子量

两种物质完全混溶的条件是混合的吉布斯自由能（ΔG_m）是负的。另外，如果 ΔG_m 为

正，则会发生相分离。

在嵌段共聚情况下，混合自由能的正值意味着会形成相畴。混合的自由能可以表示如下：

$$\Delta G_{m}=\Delta H_{m}-T\Delta S_{m} \tag{5.1}$$

式中，ΔH_{m}为混合焓；ΔS_{m}为混合熵；T 为绝对温度。对于苯乙烯-二烯嵌段共聚物，因为没有强相互作用的基团，混合焓是正的，而且随着构成链段的两种聚合物的结构差别增大，混合焓增加。T 和 ΔS_{m} 始终为正，因此乘积（$-T\Delta S_{m}$）始终为负值。然而，当该链段的分子量很大或当 T 降低时，该项趋于零。

因此，以下条件将有利于相畴的形成：链段之间的结构差异很大；链段的分子量高；低温。

基于这种方法，已经研究出微区形成的临界分子量和温度值，而且预测性很好[29]。研究报告[30~32]的结果是：在 150℃左右，末端链段分子量为 7000 的 S-B-S 嵌段共聚物转变为单相体系。末端链段分子量为 10000 以上的相似嵌段共聚物在温度高达 200℃下发生分离。S-B-S 嵌段共聚物中相畴形成的临界分子量可以认为是 7000。

5.2.4 聚苯乙烯-聚二烯嵌段共聚物的性能

5.2.4.1 结构-性能关系

① 分子量的影响。苯乙烯嵌段共聚物的熔体黏度明显高于具有相似分子量的均聚物。原因是两相相畴留在熔体中，在流动期间破坏这些相畴需要额外的能量。如果苯乙烯含量保持不变，在温度下总分子量对材料的模量只有很少影响或没有影响。这种现象归因于弹性体相的模量与弹性体分子链中的缠结（M_e）之间的分子量成反比[2]，事实上该模量不受总分子量的影响。

② 随着硬质苯乙烯链段所占比例的增加，苯乙烯嵌段共聚物变得更硬，刚性更大。具有较宽范围聚苯乙烯含量的其他相似嵌段共聚物的应力-应变行为显示出一系列应力-应变曲线[2,33,34]。随着苯乙烯含量的增加，产品从软的、强度低的橡胶材料变成强度高的弹性体，然后变成革质材料，最后变成硬的玻璃状热塑性塑料[35]。

③ 弹性体类型的影响。弹性体链段的性能影响这些嵌段共聚物的许多性能。聚丁二烯和聚异戊二烯单体中含有双键，易于受到化学侵蚀，并限制了 S-I-S 和 S-B-S 嵌段共聚物的耐热性和耐氧化性。相比之下，聚(乙烯-丁烯)是饱和的，S-EB-S 共聚物比前者更稳定，这些嵌段共聚物的模量应该与 M_e成反比。各种聚合物的 M_e值[36]如下：

聚合物	M_e
聚异戊二烯(天然橡胶)	6100
聚丁二烯	1900
聚(乙烯-丙烯)	1660

可以认为聚(乙烯-丁烯)的 M_e与聚(乙烯-丙烯)相似，因此 S-I-S 共聚物比 S-B-S 更软，而 S-EB-S 共聚物是最硬的。由于上述共聚物的弹性体链段是非极性的，它们可用于含有烃油作为增塑剂的配方。这样做的另一个后果是，它们耐烃类油和溶剂溶胀的性能下降。

④ 硬段类型的影响。硬段类型的性质决定了使用温度的上限。如果在苯乙烯嵌段共聚物中用 α-甲基苯乙烯替代苯乙烯，使用温度的上限和拉伸强度都会提高[33,34]。然而，α-甲

基苯乙烯的聚合比较困难，因此采用α-甲基苯乙烯的嵌段共聚物尚未商业化[37]。

5.2.4.2 拉伸性能

苯乙烯类热塑性弹性体至少在室温下表现像热固性（硫化）橡胶，这使得它们有实际使用的价值。1966年发表的一项研究[19]比较了S-B-S与硫化天然橡胶和硫化SBR的应力-应变行为，发现拉伸强度超过4000psi（28MPa），断裂伸长率超过800%（图5.5）。对于大多数这种类型的嵌段共聚物，其测量值（特别是拉伸强度）在该范围内，并且远高于基于SBR或聚丁二烯的硫化胶，除非它们填充补强炭黑。对于具有恒定聚苯乙烯含量的材料，只要聚苯乙烯分子量足够大，在测试条件下形成强的分离相畴，S-B-S[38]和S-I-S[39]的拉伸模量和拉伸强度值都不依赖于聚合物的分子量。

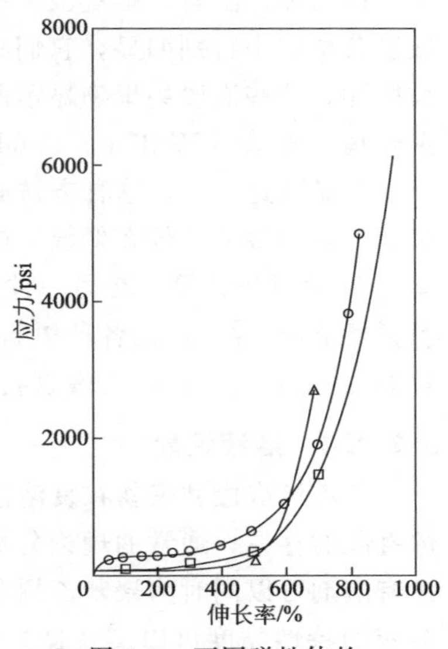

图5.5 不同弹性体的应力-应变曲线

这种行为的理论方面以及这类共聚物的失效机理及其溶胀行为请参见参考文献［40］。非常高的弹性模量可以解释为弹性体中心链段的缠结起到交联键的作用。因此，在缠结之间的分子量M_e被认为是用于计算弹性模量[2]以及在溶剂中的溶胀度的关键参数[40]（见第5.2.4.5节）。

5.2.4.3 黏性和黏弹性

在低剪切条件下，S-B-S和S-I-S嵌段共聚物的熔体黏度远高于聚丁二烯[41]，聚异戊二烯[42]或具有相等分子量的苯乙烯和丁二烯的无规共聚物[43]。分子量均为75000的S-B-S和聚丁二烯的黏度比较如图5.6所示。S-B-S和S-I-S嵌段共聚物也表现出非牛顿流动行为，因为它们的黏度随着剪切降低而增加，并且在零剪切下显然接近无限值。在稳态[37,44]和动态条件[45,46]下已经观察到这种行为（见图5.7）。

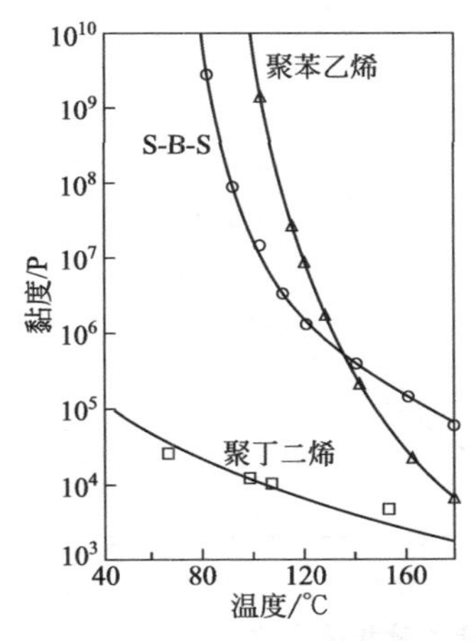

图5.6 恒定剪切应力下聚合物的黏度

注：1P＝10^{-1}Pa·s，余同。

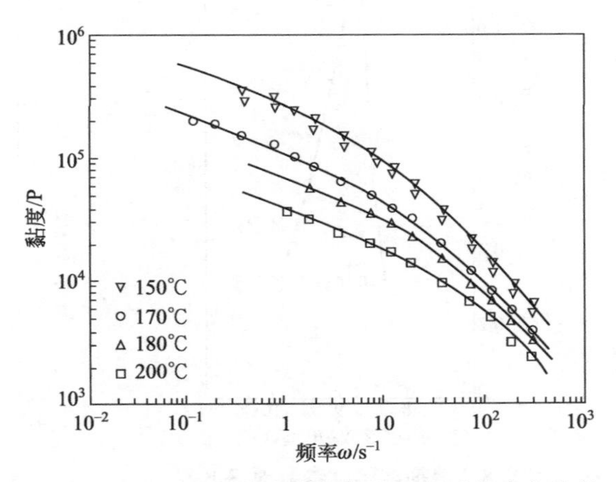

图5.7 S-B-S嵌段共聚物在各种温度下的动态黏度

这归因于熔体中两相结构的持续性，类似于图5.2所示。在这种结构中，只有当弹性体链端部的聚苯乙烯段从相畴中拉出时，才能发生流动。在高于临界分子量时（见第5.2.3

节），即使聚苯乙烯处于玻璃化转变温度以上，聚苯乙烯链段在一般实际使用温度下都会发生相分离，因此即使是流体，也需要额外的能量来使聚苯乙烯进入弹性体相。该能量表现为黏度的增加。随着末端链段和中心链段之间的不相容程度的增大，黏度增加。这在S-EB-S嵌段共聚物中特别明显，它们具有极高的非牛顿黏度，因为它们链段的相容性极差[47]。如前所述，这些嵌段共聚物显示两个玻璃化转变温度，所以它们的动态力学行为不能像大多数聚合物一样采用 Williams Landel Flory（WLF）方程描述[48]。

要做到这一点，这种方法必须修改。有几种修改的方法，例如使用单独的参考温度计算聚丁二烯和聚苯乙烯在低温下的换挡系数[49]。在其他温度下，使用两个 T_g[50]之间的“滑动”T_g值进行计算。在另一种方法中，在较高温度下加入附加因子以反映聚苯乙烯相畴的黏弹性响应[51]。使用各种树脂软化聚合物和稀释弹性体相，可以广泛地改性嵌段共聚物的黏弹性行为[52]。这在压敏胶黏剂的使用中是非常重要的[49]。

5.2.4.4 溶液性能

苯乙烯嵌段共聚物在良溶剂中的稀溶液中表现出非常正常的行为。由于弹性体和聚苯乙烯链段的存在，通常的理论分析更加复杂，因为难以将分子行为理论应用于 θ 溶剂。原因是没有溶剂可以同时为聚苯乙烯和弹性体链段提供 θ 条件[53]。通过在一系列溶剂中测量稀释溶液的特性黏度可以实现良好的近似。当溶剂的溶解度参数约为 8.6 $(cal/mL)^{1/2}$[54]时，得到特性黏度的最大值（见图 5.8）。在更浓缩的溶液中，相分离开始，可观察到有序结构。

一些研究报道了相畴的大小、相畴间的距离和相畴的形态[55～59]。研究结果表明，相畴尺寸取决于聚苯乙烯的分子量和溶液的热应变[60]。分子结构（线性、支化）和分子量变化对溶液黏度的影响如图 5.9 所示。

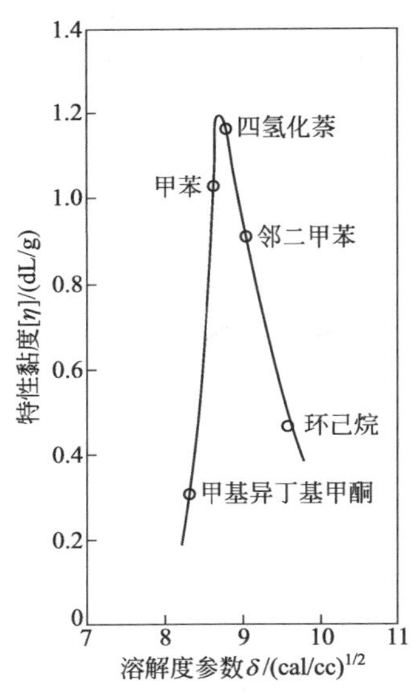

图 5.8 溶剂溶解度参数对 S-B-S 嵌段共聚物的特性黏度的影响

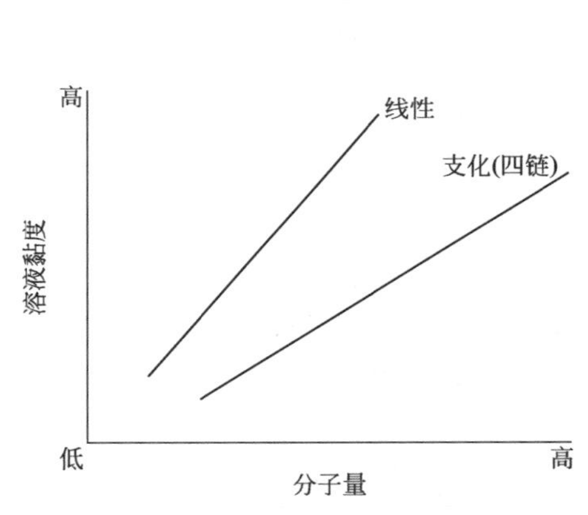

图 5.9 分子量和结构效应

5.2.4.5 溶胀

通常采用在液体中的溶胀来估计常规硫化弹性体有效交联剂之间的分子量。分子量

(M_c) 由 Flory-Rehner 方程 (5.2) 计算[61]：

$$M_c = \rho_2 V_1 (\Phi_2^{1/3} - \Phi_2/2)/\ln(1-\Phi_2) + \Phi_2 + \chi_1 \Phi_2^2 \quad (5.2)$$

式中，M_c为有效交联之间的分子量；ρ_2为未溶胀状态下弹性体的密度；V_1为溶胀剂的摩尔体积；Φ_2为溶胀状态下弹性体的体积分数；χ_1为 Flory-Huggins 溶剂相互作用参数。

如果选择的溶胀液体与橡胶相相容性非常好，但不影响聚苯乙烯相畴，方程式 (5.2) 也可应用于苯乙烯嵌段共聚物[62]。方程式 (5.2) 也应用于可以在异辛烷中溶胀的一系列 S-I-S 共聚物，M_c值约为 10000[63]。如果 M_c 与 M_e（缠结之间的分子量）一致，在此研究中获得的聚异戊二烯的 M_c值与通过其他方法获得的值是一致的[64]。

5.2.5　苯乙烯热塑性弹性体配制

① 与大多数热塑性树脂不同，苯乙烯类热塑性弹性体很少用作纯材料。与常规的热固性（可硫化）弹性体一样，它们可以通过配制来满足所需的加工性能以及物理机械性能。它们可以与其他聚合物（包括常规弹性体）共混，并与填料、增塑剂（例如油）、加工助剂、树脂、着色剂和其他配料混合。

② 配制的 S-B-S 和 S-EB-S 的硬度值范围很宽，可以从软（邵尔 A 硬度 5）到硬（邵尔 D 硬度 55）。可以加入大量的配料，在某些情况下，热塑性弹性体的含量可以低至质量分数为 25%[65]。这是一个经济优势，因为大量添加的配料，如填料和油，是非常便宜的。典型的配料及其对最终胶料性能的影响见表 5.2。

表 5.2　配料对苯乙烯类热塑性弹性体性能的影响

性能	组分					
	油类	聚苯乙烯	聚乙烯	聚丙烯	EVA	填料
硬度	降低	提高	提高	提高	稍有提高	
加工性能	改善	改善	变化	变化	变化	变化
耐臭氧性	无变化	稍有提高	提高	提高	提高	无变化
成本	降低	降低	降低	降低	降低	降低
其他	降低抗 UV 性能	—	通常获得缎纹表面	改善高温性能	—	通常改善外观质量

注：摘自 Walker BM，Rader CP，editors. Handbook of thermoplastic elastomers. 2nd ed. Van Nostrand Reinhold Company，1988。

5.2.5.1　S-B-S 嵌段共聚物配制

聚苯乙烯是 S-B-S 嵌段共聚物的有价值成分，因为它改善了加工性能，使材料更坚硬。油类（或增塑剂）也能改善加工性能，但会使产品更柔软。环烷油是优选的油类，但应避免芳烃含量高的油，因为它们会软化（增塑）苯乙烯相畴。油类有利于在弯曲时抵抗裂纹的扩展。除了油以外，其他材料（例如树脂、加工助剂）也可以用作增塑剂，特别是在高温下。结晶的烃类聚合物（聚乙烯或乙烯-乙酸乙烯酯共聚物）可以提高耐溶剂性和耐臭氧性。可以大量加入惰性填料，例如黏土、重质碳酸钙、轻质碳酸钙和滑石粉，对聚合物的性能不会产生不利的影响，并显著地降低成本。补强填料如高补强炭黑、白炭黑或硬黏土很少使用，因为它们产生刚性的“板状”材料[66]。然而，补强填料也提供了一些好处，例如提高撕裂强度和耐磨性以及改善曲挠寿命[67]。

5.2.5.2 S-EB-S 嵌段共聚物配制

S-EB-S 嵌段共聚物的配制与 S-B-S 类的配制方式类似。主要的区别是，对于 S-EB-S 嵌段共聚物，聚丙烯是优选的聚合物添加剂。它以两种不同的方式改善组成与性能[66]：①改善加工性，特别是与加工油组合使用时更好。这里优选的是石蜡油，因为它们与聚(乙烯-丁烯)中心链段的相容性比环烷油更好。由于与上述相同的原因，同样要避免芳烃含量高的油。②当物料在高剪切下进行加工然后快速冷却（例如注塑或挤出）时，PP 和 S-EB-S/油混合物形成两个连续相。PP 相具有较高的结晶熔点［约 165℃（或 330℉）］，并且不溶解。因此，这种连续聚丙烯相显著提高了耐溶剂性和使用温度。

在一些医疗应用中使用与硅油的混合物[68]。惰性填料在 S-EB-S 嵌段共聚物中的使用与 S-EB-S 嵌段共聚物类似。即使在正常的整理操作和储存过程中，中心嵌段如果由二烯弹性体组成，也可能被氧化降解。为此，这些嵌段共聚物需要加入抗降解剂。在大多数情况下，复合时可能不需要额外的抗降解剂。然而，取决于它们的用途，这些聚合物及其化合物可能需要保护以免被氧化降解，并且在某些情况下可以防止 UV 降解。与硫代二丙酸酯增效剂组合的受阻酚是有效的抗氧化剂。

苯并三唑与受阻胺的组合是非常好的紫外光稳定剂[66]。二氧化钛和炭黑也能给材料提供良好的防紫外光辐射。具有饱和中心嵌段的聚合物内在更稳定，通常不需要任何附加的保护。当处于应力状态时，不饱和嵌段共聚物易被臭氧侵蚀。通过加入少量的 EPDM 或乙烯-乙酸乙烯酯共聚物可以达到防止臭氧侵蚀的目的。化学抗臭氧剂包括二丁基二硫代氨基甲酸镍和二丁基硫脲。某些微晶蜡单独使用或与化学抗臭氧剂组合也可以提供一些臭氧保护。

5.2.6 配合

5.2.6.1 熔融共混

苯乙烯嵌段共聚物混合在标准混炼设备中进行。简单、唯一需要满足的条件是将设备加热至比聚苯乙烯链段玻璃化转变温度（这里是 95℃）至少高 40℃ 的温度，或者比聚合物添加剂的熔点高 20℃ 以上，以较高者为准。各链段的玻璃化转变温度和结晶熔融温度见表 5.3。

表 5.3 玻璃化转变温度和结晶熔融温度①

嵌段共聚物类型	软橡胶相 T_g/℃	硬相 T_g或 T_m/℃
S-B-S	−90	95(T_g)
S-I-S	−60	95(T_g)
S-EB-S	−60	95(T_g),165(T_m)②

① 采用 DSC 测定。
② 胶料含聚丙烯。
注：摘自 Walker BM，Rader CP，editors. Handbook of thermoplastic elastomers. 2nd ed. New York：Van Nostrand Reinhold；1988。

对于某些常规弹性体（例如天然橡胶），在冷开炼机上塑炼是必需的，而对于苯乙烯类热塑性弹性体则不是必需的。实际上聚合物的分解（基本上是分子量的降低）对最终产物的性能是不利的[66]。可以将未填充和少量填充的胶料在装有混合螺杆的单螺杆挤出机中混合。为了获得足够的分散，螺杆的 L/D 应为 24∶1。双螺杆挤出机也适用于制备此类胶料[41]。高填充的胶料最好在密炼机（例如班伯里密炼机）中混合，然后将排胶输送到挤出机中。

填充 S-EB-S 胶料的实例见表 5.4 和表 5.5。一般在混炼过程中，早期加入树脂和填料，稍后加入油类和其他软化剂。如果需要大量的油，它们分几次逐渐增量加入，以防止在混合转子上滑动。一般排料温度范围为 128～160℃；使用聚丙烯可能会使温度提高到 177℃以上。不同配方的混合周期长短不一，通常在 3～6min 的范围内。在混合过程的最后阶段使用的挤出机通常配备造粒机，可以采用线材切割或水下面切割系统。

表 5.4　硬 S-EB-S 胶料

配料	用量/质量份
S-EB-S	100
聚丙烯	60
油类	200
填料	100
添加剂	10
合计	470

表 5.5　软 S-EB-S 胶料

配料	用量/质量份
S-EB-S	100
油类	200
填料	100
添加剂	10
合计	410

5.2.6.2　干混

干混可以在低于熔融温度下，采用机械方法将磨碎的或粉末状的弹性体与其他成分混合来制备[69]。在大多数配方中，添加的油有助于将填料和其他成分均匀地黏结到聚合物颗粒上，获得均匀的、自由流动的混合物。该混合物可以直接进料到能够处理粉末形式的物料的制造设备中。强力混合器（例如亨舍尔型）或带式搅拌机适用于干混。

5.2.6.3　溶液混合

该方法可用于制备溶剂型胶黏剂、密封剂和涂料。聚合物可溶于多种普通的廉价溶剂，溶解相对较快，并显示出快速的溶剂释放。由于存在两相，所以选择溶剂必须考虑硬质聚苯乙烯相和弹性体链段，两者都必须真正溶解。聚苯乙烯相畴的溶解暂时破坏了网络，但释放溶剂后会重新构建网络，并恢复聚合物或化合物的强度。然而，从不同溶剂沉积的聚合物的形态可能不同[70]。

苯乙烯与二烯中心嵌段（聚丁二烯、聚异戊二烯）的弹性体嵌段共聚物的良溶剂包括环己烷、甲苯、甲基乙基酮、乙醚和苯乙烯。溶剂的混合物，例如石脑油-甲苯，己烷-甲苯和己烷-甲苯-酮，也是有用的[71]。另一种有用的加工方法基于这样的事实，嵌段共聚物可以吸收大量的矿物油并仍然呈现出一些有用的性能。将磨碎的聚合物与油混合，得到可用于压缩成型、注射成型、浇铸和旋转成型的流体混合物。加热后，混合物熔合成固体，通常是柔软的产品[71]。

5.2.7 苯乙烯类嵌段共聚物的混合物的加工

如前所述，很少用纯苯乙烯类嵌段共聚物制造成品。在大多数情况下，苯乙烯类嵌段共聚物要配合使用。通常，苯乙烯类嵌段共聚物多采用熔体加工的标准技术（例如挤出、注射成型、吹塑、旋转模塑等）进行加工与成型。其他技术包括以液体形式加工，即以溶剂溶液、分散体等形式。

通常，某种等级的聚合物适用于给定方法，例如挤出级、注塑级、溶液加工等。根据经验，基于S-B-S共聚物的混合物在适用于聚苯乙烯的条件下进行加工，而基于S-EB-S的混合物在适合于聚丙烯的条件下进行加工[72]。

5.2.7.1 挤出

挤出是用于可熔融加工的热塑性塑料的典型技术，例如挤出管、挤出和流延膜，吹塑薄膜成型可用于苯乙烯嵌段共聚物及其混合物。由于这些材料的口模膨胀较小，相对简单的挤出口模可用于挤出相当复杂的形状[73]。

（1）S-B-S嵌段共聚物的挤出

用于加工S-B-S共聚物及其混合物的挤出机的L/D应至少为20：1，最佳为24：1。推荐的螺杆设计特点包括低压缩比和深螺纹的计量段。单级和两级螺杆均适用于这些材料。排气，特别是真空排气的两级螺杆可以有效防止挤出物中气泡的形成。具有混合段（例如Maddox机头）或混合销的螺杆通常可以改善色母料的分散和熔体的均匀性[74]。

挤出熔体温度应在148～198℃之间，不应超过205℃。进料区温度不应高于80℃。沿着挤出机机筒的区域，温度逐渐提高，从进料区处约148℃提高到模座约198℃，达到最好的效率。由于S-B-S聚合物的中间嵌段的不饱和性，如果在高温或高剪切时挤出，它们往往会降解。为了防止在长时间停机后外来物质引起的污染或可能的热降解，重要的是清洗挤出机。推荐用聚苯乙烯进行清洗[74]。对于给定的挤出机尺寸，S-B-S混合物的生产率几乎与螺杆速度呈线性关系。90mm挤出机在螺杆速度30r/min下的一般产量约为90kg/h，而在70r/min下约为220kg/h。

（2）S-EB-S嵌段共聚物的挤出

与许多工程塑料和其他热塑性弹性体相比，S-EB-S嵌段共聚物的优势是具有优异的热稳定性和抗剪切降解性能，而且熔体凝固快速[73]。用于挤出S-B-S聚合物及其混合物的许多经验也适用于S-EB-S聚合物及其混合物，但有一些差异：

① 优选L/D至少为24：1的螺杆。

② 螺杆的压缩比为（2.5）：(1～3.5：1)，长的浅螺纹的计量段。

③平衡螺杆设计（进料段、过渡段和计量段中的螺纹数相同）通常用于挤出聚烯烃。

像S-B-S及其混合物一样，单级和两级螺杆均可用于挤出S-EB-S混合物。挤出条件：

① 挤出时熔融温度为190～230℃。由于S-EB-S聚合物的中央嵌段耐高温，因此允许温度高达260℃。

② 进料段温度不应高于80℃。

③ 沿着挤出机机筒提高温度，从进料区处约190℃提高至约235℃，开始时可以先试验，需要时根据聚合物的不同等级和挤出机螺杆设计进行修改。

（3）其他挤出技术

吹塑薄膜挤出最好选用应用于聚烯烃的螺杆，如上面所述。对于S-B-S类混合物，熔体温度应在 160～190℃范围内，S-EB-S 共聚物的熔体温度应在 205～245℃范围内。口模间隙可以采用 0.635～0.762mm，其吹胀比高达 2∶1。在这些条件下，可以生产 0.05mm 厚的薄膜[74]。除上述之外，苯乙烯类热塑性弹性体可用于以下工艺：

① 薄膜浇铸；

② 熔体共纺；

③ 共挤出；

④ 压延。

上述每种方法根据要求都需要具体的设备和工艺条件。

5.2.7.2 注塑

苯乙烯嵌段共聚物通常在常规往复式螺杆注塑机上进行加工，因为这些机器操作温度低，熔体更均匀，这对于这些材料是理想的[74]。

注塑机中使用的是压缩比为 (2∶1)～(3∶1)，60°端角的通用螺杆，以防止回流。这些螺杆通常用于加工聚氯乙烯 (PVC) 和聚烯烃。两级排风螺杆有利于除去胶料上可能存在的任何表面水分[74]。

常规喷嘴，具有反向锥形的喷嘴或截流式喷嘴用于 S-B-S 和 S-EB-S 类混合物的注射成型同样是可接受的。

对于这些类型的混合物，一般采用锥度角至少为 3°的标准注道。S-B-S 类混合物的热收缩率低，需要流道平滑[74]。

热流道系统或热焊冷流道系统应大于冷流道系统，以保持模具背压恒定。对于 S-B-S 混合物，通过卸载循环的流道芯的最低温度约 177℃，而 S-EB-S 混合物的最低温度应为 190℃。

苯乙烯类热塑性弹性体 (TPE) 的混合物用常规浇口成型，效果也很好。通常，浇口应该足够大以便在填充模具时不会由于过多生热而导致降解。浇口的厚度应是浇口位置部件厚度的 15%～25%。

S-B-S 和 S-EB-S 混合物模具的设计应该使流动模式没有突然变化，因此拐角和过渡区应成圆角，而不是锐利的。因为这类混合物的注模速度快，因此需要良好的排气。一般的排气口尺寸为 6.35mm×0.00762mm，尽管有些排气口尺寸可能更大。

对于模制件的推出，最好使用脱模板。另一种方法是使用空气或空气辅助推出。顶杆应足够大，以防止损坏模制件。模具冷却通常由循环冷却水提供[74]。一般，S-B-S 模具温度为 35～65℃，S-EB-S 为 10～40℃[72,74]。混合物的等级和组成不同，其收缩也不同。其范围约在 0.5%～2%。通常在模具的流动方向上收缩较大。填料含量较高的混合物收缩率较低。

通常操作条件如下[72,74]。

气缸温度：对于 S-B-S，进料区温度应为 65～95℃，在喷嘴处为 200℃；对于 S-EB-S 混合物，普通尺寸部件的喷嘴温度为 225℃，但对于大型零件，温度可高达 500℉ (260℃)。

注射速率：中速至快速 (取决于材料等级和部件尺寸)。

注射压力：通常为 3.4～6.89MPa。

螺杆转速：通常为 25～75r/min。

背压：通常为 0.34～0.68MPa。

保压时间：通常为 2.5s。

合模压力：通常为0.25～0.75t/cm^2。

合模时间（冷却时间）：根据材料等级和零件厚度确定，S-EB-S为7～60s。

5.2.7.3 吹塑

苯乙烯类热塑性弹性体混合物的吹塑技术类似于聚乙烯采用的吹塑技术[75]。尽管吹塑技术已经成功地用于各种设备上，但是生产间歇式快速下降型坯的那些技术特别适合于这些材料，因为其特点是能最大限度减少型坯垂缩。深螺纹、低压缩比的螺杆是非常适合的，因为它们使采用的温度范围可以更宽而不会过热，使聚合物最终降解。

用于S-B-S和S-EB-S吹塑的模具是常规设计，具有标准的宽截坯面和正常的截坯配置。常用的工作条件为[74]：

熔体温度：S-B-S为150～200℃；S-EB-S为190～245℃。

吹胀比：常用值为（2.2∶1）～(2.5∶1)，但可高达2.9∶1。

吹塑压力：0.24～0.83MPa，取决于模制件的尺寸和壁厚。

5.2.7.4 热成型

从S-B-S和S-EB-S挤出的片材的热成型可以通过常规方法，采用浅覆盖成型模具，并通过简单的包膜真空成型方法进行。更深的覆盖成型需要使用助压模塞或气胀成型。最佳加热时间变化很大，取决于烘箱温度、加热源的效率和挤出片材的厚度，通常为30～100s。烘箱温度也取决于板材厚度，聚合物等级、所需的撑压量，可能在205～260℃的范围内。苯乙烯类热塑性弹性体热成型零件具有清晰明确的细节，并具有良好的抗冲击性、柔韧性和弹性。

5.2.7.5 模压成型

在模压成型中，苯乙烯类热塑性弹性体混合物必须放置在热模具中，并在施加压力之前使其软化，以促使其流入模腔[76]。形成部件之后，在大多数情况下，打开模具之前，必须将模具冷却到低于软化点的温度，以防止部件变形。使用脱模剂或在两块金属薄片之间进行模塑有助于从模具中取出制品。由于模压成型生产率低，主要用于制备试样、原型或独特的部件。

5.2.7.6 黏合和密封

由于苯乙烯类热塑性弹性体的热塑性质，由它们制成的制品可以通过黏结和密封的标准方法来进行黏结和密封。这些方法包括热塑性焊接，采用热、溶剂、超声处理、微波密封以及胶黏剂黏结。对于微波方法，响应微波能量的添加剂（如炭黑）的用量必须足够大。其中一些方法也可以用于生产塑料或金属材料的层压制品[77]。苯乙烯类热塑性弹性体在密封或焊接点仍然是弹性的[75]。

5.3 通过碳阳离子聚合合成苯乙烯嵌段共聚物

苯乙烯嵌段共聚物的合成最新技术是活性碳阳离子聚合[78,79]，生产聚(苯乙烯-*b*-异丁烯-*b*-苯乙烯)（S-IB-S）。与阴离子合成的苯乙烯嵌段共聚物的差异是[79]：

① 聚合体系（即阳离子机理）比阴离子聚合稍微复杂一些。

② 中心（弹性体）嵌段仅有聚异丁烯。

③ 不仅是聚苯乙烯，取代的苯乙烯或其他多芳族化合物也可以用作刚性嵌段。

5.3.1　聚合过程

在该聚合方法中使用的引发剂具有两个或更多个官能团，通式（F-R）$_n$X，式中，F-R表示具有官能团F的烃部分，X表示 n 官能连接点。官能团F可以是氯、羟基或甲氧基。因此，产生线型三嵌段的最简单的情况是F-R-F。如同阴离子聚合一样，嵌段共聚物的形成分两个阶段：

$$\text{阶段 1: F—F—F} + 2n(\text{IB}) \longrightarrow {}^{+}(\text{IB})_n\text{—R—}(\text{IB})_n^{+}$$

产物$^{+}(\text{IB})_n^{+}$ 是双官能活性聚合物。它可以引发进一步的聚合。通过添加苯乙烯单体，形成苯乙烯嵌段共聚物S-IB-S（参见以下的第二阶段）：

$$\text{阶段 2: } {}^{+}(\text{IB})_n^{+} + 2m(\text{S}) \longrightarrow {}^{+}\text{S}_m(\text{IB}_n)\text{S}_m^{+}$$

该过程在中等极性溶剂中112℉的温度下进行，采用$TiCl_4$或BCl_3作为共引发剂[80]。

5.3.2　S-IB-S 嵌段共聚物的性能

如前所述，目前只有聚异丁烯可以形成弹性体嵌段。由于在缠结之间的链相对不可弯曲，而且分子量非常高，因此S-IB-S共聚物比由聚异戊二烯、聚丁二烯或聚（乙烯-丁烯）制备的类似嵌段共聚物更软。异丁烯的其他特征是：其回弹性非常低[81]，反映在S-IB-S嵌段共聚物中，而且其机械阻尼非常高，使S-IB-S嵌段共聚物具有吸收振动的能力。

S-IB-S嵌段共聚物的其他重要的特征是：由于IB嵌段完全饱和，不存在叔碳原子，因此热稳定性高。省去对合成S-B-S和S-I-S的中间嵌段进行氢化饱和的必要性。IB嵌段的玻璃化转变温度低（70℃）[82]，有助于使这些材料具有良好的低温性能。S-IB-S嵌段共聚物的低气体渗透性也反映了IB嵌段的低气体渗透性。市售的S-IB-S和S-EB-S嵌段共聚物的性能比较见表5.6。具有不同弹性中间嵌段的苯乙烯嵌段共聚物（S-B-C）的应力-应变曲线如图5.10所示。与阴离子制备的S-B-C相反，苯乙烯嵌段可以由α-甲基苯乙烯、对甲基苯乙烯、对叔丁基苯乙烯、对氯苯乙烯和其他单体组成（见表5.7）。

表5.6　S-IB-S（TS Polymer，Kuraray）与S-EB-S（Kraton G）性能比较

性能	S-IB-S	S-EB-S
拉伸强度/MPa	6～17	28
300%定伸应力/MPa	1～11	4.7
拉断伸长率/%	250～1100	500
撕裂强度(口型C)/(kN/m)	10～78	38
压缩永久变形(70h,室温)/%	25～45	25
熔体流动速率(90℃,10kg)/(g/min)	0.5～88	不流动
硬度/(邵尔A)	23～87	76
耐臭氧性	优良	优良
Gehman低温硬化(T_5)/℃	−45	−40
Gehman低温硬化(T_{10})/℃	−50	−48
透气性/[$10^8 m^2$/(Pa·s)]	11.4	171

注：参见文献［82］。

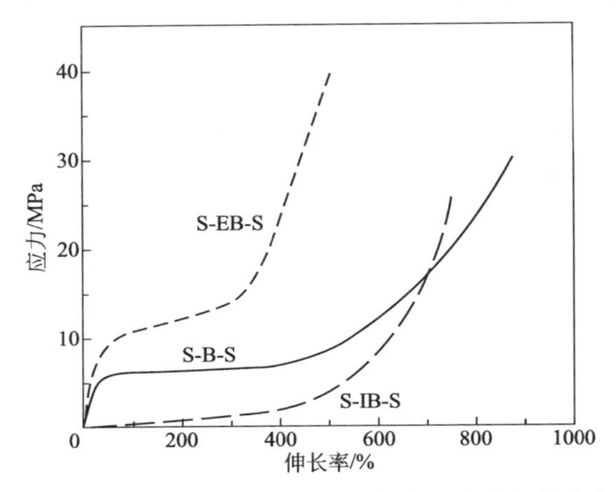

图 5.10　具有不同弹性体中间嵌段的苯乙烯嵌段共聚物的应力-应变曲线

这些取代的苯乙烯和其他苯乙烯的 T_g 值较高，意味着比类似的 S-IB-S 和 S-EB-S 嵌段共聚物具有更高的使用温度。使用多官能引发剂的阳离子聚合开启了合成各种苯乙烯嵌段共聚物的可能性，例如多臂星形嵌段共聚物以及由树枝状（树状）PIB 芯带多个聚苯乙烯外嵌段组成的树枝状嵌段共聚物[82]。由于其结合了优异的物理性能和加工性能，包括在相似分子量下的低黏度和高模量的结合，多臂星形嵌段共聚物成为线型嵌段共聚物的替代物[83]。线型和三臂星形 S-IB-S 共聚物的应力-应变曲线的比较如图 5.11 所示。

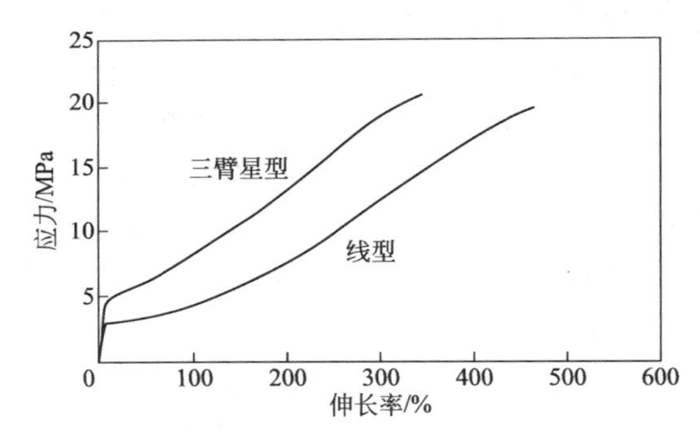

图 5.11　线型 S-IB-S 共聚物与三臂星形 S-IB-S 共聚物的应力-应变曲线比较
聚苯乙烯质量分数为 40%；M_n(PIB)＝60000（线型）和 90000（三臂星形）

S-IB-S 三嵌段共聚物具有许多商业应用的前景，包括热熔胶、医疗和生物医学[84～86]以及减振方面的应用[87]。

表 5.7　用于阳离子聚合的热塑性弹性体中的一些均聚物嵌段的玻璃化转变温度

玻璃均聚物嵌段	T_g/℃	优缺点
聚苯乙烯	100	最广泛使用，大量实验数据
聚(α-甲基苯乙烯)	173	价格低、T_g高，但聚合困难
聚(对-甲基苯乙烯)	108	—
聚(对-叔丁基苯乙烯)	142	单体价格低
聚(对-氯苯乙烯)	129	阻燃
茚	170～220	单体价格低、T_g高

5.4 新产品开发

Kraton Polymer 最近推出了 Kraton HT 1200，一种新的 S-I-S 聚合物，基本上是具有超过 10 个臂的高度支化的星形聚合物。与其他 S-I-S 共聚物相比，其性能包括在交联体系中优异的耐溶剂性、良好的黏合性能、高黏着性和耐高温性能。它也具有很高的损耗因子，对噪声、振动和刺耳声音方面的应用都很重要。Kraton HT 1200 适用于热熔胶和溶剂型胶黏剂。潜在的应用是专用标签、金属闪光带、可挤出和可共挤出的胶黏剂膜、非常柔软的印刷板和柔性接触胶黏剂[88]。

Kuraray 公司开发了一种高分子量的苯乙烯嵌段共聚物（S-B-C），由于其玻璃化转变温度接近室温，因此具有很高的振动阻尼性能。此外，它是高度透明的，而且对聚烯烃和苯乙烯具有亲和力，可发泡、可固化，与聚丙烯相容性好，并具有良好的耐热性和耐候性以及类似橡胶的弹性。氢化的这种树脂可以与聚丙烯共混获得良好的透明度，而且易于加工。非氢化的这种树脂可以很容易地与聚苯乙烯混合，当加入质量分数 10%～20%的这种树脂时，能显著提高聚苯乙烯的阻尼性能。这些树脂应用于各种夹具夹紧装置和阻尼元件（汽车和电子），在医疗设备和包装方面代替软 PVC[89]。

Kuraray 公司开发的 Septon Q 系列是氢化苯乙烯嵌段共聚物，非常适合高耐久性膜。该热塑性弹性体的重要特性是具有良好的拉伸性能和耐磨性以及较高的针孔强度。在材料中使用的这种类型的嵌段使材料具有出色的柔软弹性，接近柔软的热固性橡胶。一般性能还包括低密度、高透明度（低雾度）、优异的力学性能和耐候性[90]。

Kraton FG 聚合物是 S-EB-S 聚合物，其中间嵌段是马来酸酐（MA）接枝橡胶。对于商品 Kraton FG 聚合物，接枝到嵌段共聚物上的 MA 的质量分数为 1.0%～1.7%。MA 接枝改善了与尼龙、聚酯、乙烯-乙烯醇、铝、钢、玻璃和许多其他基材的黏合性。FG 聚合物是尼龙和聚酯非常有效的抗冲击改性剂，用于制造超韧性热塑性材料[91]。

Kraton FG 1901 G 是基于苯乙烯和乙烯/丁烯的透明线型三嵌段共聚物，含有 30%聚苯乙烯和 2%马来酸酐，可用作沥青和聚合物的改性剂，也适用于鞋类、密封剂和涂料的配方[92]。Kraton FG 1924 G 也是基于苯乙烯和乙烯/丁烯的透明线型三嵌段共聚物，但仅含 13%的聚苯乙烯和 1%马来酸酐，可用作沥青和聚合物的改性剂，也适用于鞋类、密封剂和涂料的配方[93]。

最近开发的低苯乙烯含量的苯乙烯嵌段共聚物和各种弹性体膜，为转换器和使用者提供了低成本、稳定的薄膜产品，厚度为 0.025mm（0.001in）。高弹性膜通常由苯乙烯嵌段共聚物与其他热塑性树脂（如聚苯乙烯、聚乙烯、聚丙烯和乙酸乙烯酯）共混配制，其含量为质量分数 5%～30%，苯乙烯嵌段共聚物含量通常为共混物质量分数的 50%～90%。低苯乙烯含量的线型苯乙烯嵌段共聚物（苯乙烯含量约为质量分数的 23%）可以制成非常薄的薄膜（约 25μm 厚），主要用于个人护理产品中。有关应用已在本章进行了讨论。人们曾制备和测试了含和不含矿物油的共混物。膜采用流延膜挤出方法生产。膜挤出和测试的结果表明，苯乙烯嵌段共聚物与苯乙烯和矿物油共混，能生产弹性非常好和非常薄的弹性膜，用途非常广泛[94]。

参考文献

[1] Ceresa RJ. Block and graft copolymers. Washington, D. C: Butterworth; 1962.
[2] Holden G, Bishop ET, Legge NR. Thermoplastic elastomers. In: Proceedings, international rubber conference, 1967. London: McLaren and Sons; 1968. p. 287. J Polym Sci Part C 1969;26:37.
[3] Kraus G, Childers CW, Gruver JT. J Appl Polym Sci 1967;11:1581.
[4] Angelo RJ, Ikeda RM, Wallach ML. Polymer 1965;6:14.
[5] Hendus H, Illers KH, Ropte E, Kolloid ZZ. Polymere 1967;216e217:110.
[6] Beecher JF, et al. J Polym Sci Part C 1969;26: 117.
[7] Fesko DG, Tschoegl NW. Intern J Polym Mater 1974;3:51.
[8] Holden G, Hansen DR. In: Holden G, Kricheldorf HR, Quirk RP, editors. Thermoplastic elastomers. 3rd ed. Munich: Hanser Publishers; 2004. p. 48 [chapter 3].
[9] (a) Cooper SL, Tobolsky AV. J Appl Polym Sci 1966;10:1837; (b) Cooper SL, Tobolsky AV. Text Res 1966;36: 800.
[10] CharchWH, Shivers JC. Text Res J 1959;29:536.
[11] Foreman LE. In: Kennedy JP, Tornqvist EGM, editors. Polymer chemistry of synthetic elastomers, part II. New York: Academic Press; 1983.
[12] Morton M. Anionic polymerization: principles and practice. New York: Academic Press; 1983.
[13] McGrath JE, editor. Anionic polymerization, kinetics, mechanics and synthesis. Washington, D. C: American Chemical Society; 1981. ACS symposium series no. 166.
[14] Hsieh HL, Quirk RP. Anionic polymerization: principles and practice. New York: Marcel Dekker; 1996.
[15] Holden G. Understanding thermoplastic elastomers. Munich: Hanser Publishers; 2000.
[16] Legge NR, et al. ACS symposium series no. 285. In: Tess RW, Poehlein GW, editors. Applied polymer science. 2nd ed. Washington, D. C. : American Chemical Society; 1985 [chapter 9].
[17] Dreyfus P, Fetters LJ, Hansen DR. Rubber Chem Technol 1980;53:728.
[18] Holden G, Hansen DR. In: Holden G, Kricheldorf HR, Quirk RP, editors. Thermoplastic elastomers. 3rd ed. Munich: Hanser Publishers; 2004. p. 50 [chapter 3].
[19] Bailey JT, Bishop ET, Hendricks WR, Holden G, Legge NR. Rubber Age 1966;98(10):69.
[20] Halper WA, Holden G. In: Walker BM, Rader CP, editors. Handbook of thermoplastic elastomers. 2nd ed. New York: Van Nostrand Reinhold Company; 1988. p. 15.
[21] Hendus H, Illers KH, Ropte E, Kolloid Z. Polymere 1967;216e217:110.
[22] Molau GE. In: Aggarwal SL, editor. Block polymers. New York: Plenum Press; 1970. p. 79.
[23] Bi LK, Fetters LJ. Macromolecules 1975;8:98.
[24] Beecher JF, et al. J Polym Sci Part C 1969;26: 117.
[25] Brunwin DM, Fischer E, Henderson JE. J Polym Sci Part C 1969;26:117.
[26] Mullins L. J Rubber Res 1947;16:275.
[27] Fischer E, Henderson JF. J Polym Sci Part C 1969;26:149.
[28] Fujimora M, et al. Rubber Chem Technol 1978;51:215.
[29] Halper WA, Holden G. In: Walker BM, Rader CP, editors. Handbook of thermoplastic elastomers. 2nd ed. New York: Van Nostrand Reinhold Company; 1988. p. 17.
[30] Chung CI, Gale JC. J Polym Sci Polym Phys Ed 1976;14:1149.
[31] Gouinlock EV, Porter RS. Polym Eng Sci 1977;17:535.
[32] Holden G, Bishop ET, Legge NR. J Polym Sci Part C 1969;26:37.
[33] Morton M. Rubber Chem Technol 1983;56: 1069.
[34] Saam JC, Howard A, Fearon FWG. J Inst Rubber Ind 1973;7:69.
[35] Halper WA, Holden G. In: Walker BM, Rader CP, editors. Handbook of thermoplastic elastomers. 2nd ed. New York: Van Nostrand Reinhold Company; 1988. p. 18.
[36] Ferry JD. Viscoelastic properties of polymers. New York: John Wiley and Sons; 1980. p. 374.

[37] Halper WA, Holden G. In: Walker, B. M. , Rader CP, editors. Handbook of thermoplastic elastomers. 2nd ed. New York: Van Nostrand Reinhold Company; 1988. p. 19.

[38] Holden G, Bishop ET, Legge NR. Thermoplastic elastomers. In: Proc. International Rubber Confer. 1967. London: McLaren and Sons; 1968. p. 287. J Polym Sci Part C 1969;26:37.

[39] Morton M. Rubber Chem Technol 1983;56: 1069.

[40] Holden G, Hansen DR. In: Holden G, Kricheldorf HR, Quirk RP, editors. Thermoplastic elastomers. 3rd ed. Munich: Hanser Publishers; 2004. p. 52 [chapter 3].

[41] Gruver JT, Kraus G. J Polym Sci Part A 1964;2: 797.

[42] Holden G. J Appl Polym Sci 1965;9:2911.

[43] Kraus G, Gruver GT. Trans Soc Rheol 1969;13: 15.

[44] Childers CW, Kraus G. Rubber Chem Technol 1967;40:1183.

[45] Kraus G, Gruver GT. J Appl Polym Sci 1967;11: 2121.

[46] Arnold KR, Meier DJ. J Appl Polym Sci 1970;14:427.

[47] Holden G, Hansen DR. In: Holden G, Kricheldorf HR, Quirk RP, editors. Thermoplastic elastomers. 3rd ed. Munich: Hanser Publishers; 2004. p. 54 [chapter 3].

[48] Ferry JD. Viscoelastic properties of polymers. 2nd ed. New York: JohnWiley and Sons; 1971. p. 344.

[49] Holden G, Hansen DR. In: Holden G, Kricheldorf HR, Quirk RP, editors. Thermoplastic elastomers. 3rd ed. Munich: Hanser Publishers; 2004. p. 58 [chapter 3].

[50] Shen M, Kaelble DH. Polym Lett 1970;8:149.

[51] Lim CK, Cohen RE, Tschoegl NW. Advances in chemistry series, no. 99. Washington, D. C. : American Chemical Society; 1971.

[52] Dahlquist CA. Adhesion fundamentals and practice. London: McLaren; 1966.

[53] Holden G, Hansen DR. In: Holden G, Kricheldorf HR, Quirk RP, editors. Thermoplastic elastomers. 3rd ed. Munich: Hanser Publishers; 2004. p. 59 [chapter 3].

[54] Paul DR, St Lawrence JE, Troell JH. Polym Engr Sci 1970;10:70.

[55] Shibayama M, Hashimoto T, Kawai H. Macromolecules 1983;16:16.

[56] Hashimoto T, et al. Macromolecules 1983;16: 361.

[57] Shibayama M, et al. Macromolecules 1983;16: 1247.

[58] Hashimoto T, Shibayama M, Kawai H. Macromolecules 1983;16:1093.

[59] Shibayama M, Hashimoto T, Kawai H. Macromolecules 1983;16:1434.

[60] StacyCJ, Kraus G. Polym Engr Sci 1977;17:627.

[61] Flory PJ, Rehner J. J Chem Phys 1943;18:108.

[62] Holden G, Hansen DR. In: Holden G, Kricheldorf HR, Quirk RP, editors. Thermoplastic elastomers. 3rd ed. Munich: Hanser Publishers; 2004. p. 56 [chapter 3].

[63] Bishop ET, Davison S. J Polym Sci Part C 1969;26:59.

[64] Holden G, Legge NR. In: Holden G, Legge NR, Quirk R, Schroeder HE, editors. Thermoplastic elastomers. 2nd ed. Munich: Hanser Publishers; 1996. p. 59 [chapter 3].

[65] Halper WA, Holden G. In: Walker BM, Rader CP, editors. Handbook of thermoplastic elastomers. 2nd ed. New York: Van Nostrand Reinhold Company; 1988. p. 26.

[66] Halper WA, Holden G. In: Walker BM, Rader CP, editors. Handbook of thermoplastic elastomers. 2nd ed. New York: Van Nostrand Reinhold Company; 1988. p. 27.

[67] Haws JR, Wright RF. In: Walker BM, editor. Handbook of thermoplastic elastomers. New York: Van Nostrand Reinhold Company; 1979. p. 87 [chapter 3].

[68] Mod Plast 1983;60(12):42.

[69] Cornell WH, et al. In: Paper presented at ACS rubber division meeting, New Orleans; October 7e12, 1975.

[70] Beecher JF, et al. J Polym Sci Part C 1969;26: 117.

[71] Haws JR, Wright RF. In: Walker BM, editor. Handbook of thermoplastic elastomers. New York: Van Nostrand

Reinhold Company; 1979. p. 93 [chapter 3].
[72] Halper WA, Holden G. In: Walker BM, Rader CP, editors. Handbook of thermoplastic elastomers. 2nd ed. New York: Van Nostrand Reinhold Company; 1988. p. 30.
[73] Haws JR, Wright RF. In: Walker BM, editor. Handbook of thermoplastic elastomers. New York: Van Nostrand Reinhold Company; 1979. p. 95 [chapter 3].
[74] Kraton Polymers, Processing Guide, Kraton Polymers, Houston (TX), Publication K01070Tc-00U, 6/00.
[75] Haws JR, Wright RF. In: Walker BM, editor. Handbook of thermoplastic elastomers. New York: Van Nostrand Reinhold Company; 1979. p. 97 [chapter 3].
[76] Haws JR, Wright RF. In: Walker BM, editor. Handbook of thermoplastic elastomers. New York: Van Nostrand Reinhold Company; 1979. p. 96 [chapter 3].
[77] Gross S, editor. Modern plastics encyclopedia, Vol. 50. New York: McGraw-Hill, Inc. ; 1973.
[78] Kennedy JP, et al. U. S. Patent 4,946,899 (1990, to The University of Akron).
[79] Holden G. Understanding thermoplastic elastomers. Munich: Carl Hanser Verlag; 2000. p. 31.
[80] Holden G. Understanding thermoplastic elastomers. Munich: Carl Hanser Verlag; 2000. p. 32.
[81] Fusco JV, Hous P. In: Morton M, editor. Rubber technology. 3rd ed. New York: Van Nostrand Reinhold; 1987 [chapter 10].
[82] Kennedy JP, Puskas JE. In: Holden G, Kricheldorf HR, Quirk RP, editors. Thermoplastic elastomers. 3rd ed. Munich: Hanser Publisher; 2004 [chapter 12].
[83] Roovers J. Branched polymers I. Berlin: Springer Verlag; 1999.
[84] JP 529504 (1993, to Japan Synthetic Rubber Co. Ltd.).
[85] U. S. Patent 6,197,240 (2001, to Corvita Inc.).
[86] Cadieux P, et al. Colloids biointerfaces, April 2003;28(Nos 2e3):95.
[87] JP 5310868 (1993, to Japan synthetic rubber Co. Ltd.).
[88] Kraton HT 1200eKraton PolymerseGiving Innovators their Edge. www. kraton. com; 2013.
[89] Chapman BK, Kilian D. High performance styrenic block copolymers in medical and damping applications. TPE Mag Int February 2012;4(1):28.
[90] Gruendken M. Latest hydrogenated styrenic block copolymer developments. In: Paper 12 at the Thermoplastic Elastomers 2013 Conference; October 15e16, 2013. Berlin (Germany).
[91] Brochure. Kraton polymers for modification of thermoplastics. Kraton Polymers LLC; 2013.
[92] Kraton FG 1901 G, Data document KO127 (10/2013), Kraton Polymers LLC.
[93] Kraton FG 1924 G, Data Document KO123 (10/2013), Kraton Polymers LLC.
[94] Uzee AJ. A new low styrene copolymer for elastomeric films in personal care applications. In: Paper 19 at the Thermoplastic Elastomers 2013 Conference, October 15e16; 2013. in Düsseldorf (Germany).

第6章　动态硫化热塑性弹性体

6.1 概述

弹性体与热塑性塑料的共混物在过去二三十年间已成为有用的材料[1~3]。它们具有许多弹性体的性质，但可以作为热塑性塑料进行加工（即通过常规的熔融加工方法）[4]，并且在制造过程中不需要硫化（交联）成为最终产品。与硫化的热固性橡胶相比，这种制造方面的差异具有显著的经济优势。

在理想状态下，这种共混物中，弹性体颗粒精细地分散在相对少量的热塑性基体里。这些弹性体颗粒必须交联以促进材料的弹性[5]。在将材料制造成部件后和使用期间，有利的形态必须不变。对理想状态的这些要求，标准的熔融共混、溶液共混或胶乳共混等制备弹性体-塑料共混物的常规方法是不能满足的[6]。

制备在熔融加工的基体中包含硫化弹性体颗粒的热塑性共混物的公认和广泛使用的方法被称为动态硫化。弹性体在与合适的热塑性材料熔融共混时硫化[7~10]。重要的是这些共混物大部分可使用已建立的设备，采用标准、成熟的弹性体和热塑性塑料来制备。因此，可以避免新材料的初始投资成本，包括大量聚合装置和工艺以及环境问题等其他障碍。通过动态硫化制备的热塑性弹性体，通常被称为热塑性硫化橡胶（TPV），其性质等于或在某些情况下优于通过嵌段共聚制备的那些聚合物。

其中一个例子，是乙烯、丙烯和二烯单体（EPDM）与聚丙烯（PP）的共混物通过动态硫化制备的第一个商业上成功的SANTOPRENE[9,10]。这种类型的商业产品在20世纪80年代后半期以每年开发约60种的速度增长[11]。用于新型热塑性弹性体的路易斯酸催化的羟甲基-酚醛硫化体系的发现，对这种技术商业化有很大的帮助[12]。

与嵌段共聚物相比，TPV弹性体颗粒必须足够小并完全硫化以获得最佳性能，例如[5]：

① 永久变形较低；

② 改善力学性能（拉伸强度和断裂伸长率）；

③ 抗疲劳性更好；

④ 在流体中（如热油）的溶胀较低；

⑤ 熔体强度更高；

⑥ 改善在高温下的使用；

⑦ 熔体中相形态的稳定性更好；

⑧ 熔体强度更高；

⑨ 熔体加工特性更可靠。

性能提高是许多硫化弹性体颗粒彼此相互作用的结果，在制造成品时形成“网络”。因为这个网络由接触和松散结合的粒子构成，所以它是可逆的，当熔体经过再加工或磨碎时，材料再次变得可熔融处理[13]。不同类型的EPDM/PP共混物的比较见表6.1。

表6.1 未硫化和高度硫化的EPDM/PP共混物的比较

性能	共混物A		共混物B	
	未硫化	硫化	未硫化	硫化
可抽提橡胶/%	330	1.4	—	—
交联密度/(mol/cm^3)	0	1.6×10^{-4}	—	—
硬度(硬度计A)	—	—	81	84
拉伸强度/psi	717	3526	583	1905
拉断伸长率/%	190	530	412	725
100%定伸应力/psi	701	1160	412	725
压缩永久变形/%	—	—	78	31
拉伸永久变形/%	—	—	52	14
在ASTM 3号油溶胀/%	—	—	162	52

注：1. 共混物A（质量份）：EPDM橡胶（60），PP（40）。
2. 共混物B（质量份）：EPDM橡胶（91.1），PP（54.4）；增量油（36.4）；炭黑（36.4）。
3. 145psi=1MPa。
摘自：Rader CP. Handbook of thermoplastic elastomers. In：Walker BM，Rader CP，editors. 2nd ed. New York：Van Nostrand Reinhold Co.；1988. p. 86。

虽然热塑性硫化橡胶共混物可以由大量的弹性体和热塑性树脂制成，但它们中仅有有限的组合在技术上有用。早期的调查表明，当两个主要成分的表面能相匹配，弹性体的缠结之间的分子量较低，并且当塑料至少有15%结晶时，会得到有用的热塑性弹性体[13]。另一个重要的发现是，通过动态硫化获得了EPDM与PP的高弹性共混物，条件是避免使用过氧化物硫化剂[9,10]。如果在熔融状态下存在足够的塑性相，则共混物可以作为热塑性塑料加工。增塑剂和增量油可用于扩大弹性体（“软”）相的体积。在熔融状态下，合适的增塑剂可以扩大塑料（“硬”）相的体积。如果硬相材料为结晶材料，例如PP，在冷却时，硬相材料的结晶可以强制将增塑剂挤出硬相，进入软相。在这种情况下，增塑剂在熔融温度下可以是加工助剂，而在成品中可以是软化剂。如果两种组分不相容时，可以在动态硫化之前通过加入少量相容剂（通常约为质量分数1%）来提高它们的相容性。相容剂可以是嵌段共聚物，其中含有与要相容的两种组分相似的部分。它用作促进弹性体小液滴形成的大分子表面活性剂。这些小液滴变成分散在塑料基体中的硫化弹性体的小颗粒[14]。

6.2 动态硫化过程

用于生产热塑性硫化橡胶的动态硫化方法自20世纪60年代初以来已被使用并获得专利[7,8,15]。它是由孟山都（Creve Coeur，MO）的一组科学家开发和实践的[9,10,12,16~25]。

已经公认和商业上广泛使用的“静态”硫化始于19世纪中期[26]，该方法将完全配合好的胶料加热，胶料中含有固化剂（通常为硫黄、有机过氧化物或其他），通常在140～200℃温度下加热相当长的时间（数分钟到数小时）。该方法使基本弹性体［天然橡胶、苯乙烯-丁二烯橡胶（SBR）、丁二烯-丙烯腈橡胶（NBR）、丁基橡胶或EPDM］发生化学交联，产生热固性、弹性、韧性和耐用的材料。另外，动态硫化的第一步是在密炼机［最常见的是班伯里（Banbury）密炼机］或双螺杆混炼机中熔融共混弹性体和塑料。

充分混合后，在第二步加入硫化（固化和交联）剂。在混合过程的持续期间，弹性体组分硫化。硫化速度越快，混合速度必须越快，以确保共混物的良好加工性能。在混合过程中监测混合扭矩或混合能量需求，混合扭矩或能量需求曲线达到最大值后，可以继续混合以提高材料的加工性能。从混炼机排料后，将共混物进一步均化，通常切碎或造粒。聚烯烃，特别是聚丙烯和聚乙烯，是迄今为止最常用的热塑性塑料。

然而其他聚合物，如聚酰胺（PA）[18,20,23]、苯乙烯和丙烯腈共聚物[21]、丙烯腈-丁二烯-苯乙烯共聚物（ABS）[21]、丙烯酸酯[21]、聚酯[21]、聚碳酸酯[21]和聚苯乙烯[20,21]也可用于制备热塑性硫化胶（TPVs）。所使用的弹性体可以是二烯橡胶，例如天然橡胶、苯乙烯-丁二烯橡胶、聚丁二烯、丁基橡胶[17]、三元乙丙胶（EPDM）[9]、丁二烯-丙烯腈橡胶[24]或氯化聚乙烯[23]。在塑炼阶段，混合必须是连续的，否则会产生热固性材料[27]。在混合期间达到的温度必须足够高以熔化热塑性树脂，并且对下一阶段的交联反应产生影响。如果橡胶和熔融树脂的黏度接近，则可获得良好的分散。

给定组分的性质与弹性体和热塑性组分的某些参数有关[21]。如橡胶和塑料组分的润湿表面张力（$\Delta\gamma$）、塑料的结晶度分数（W_c）和橡胶大分子的临界缠结间隔（N_c）之间的差异。拉伸强度和拉断伸长率均随 $\Delta\gamma$ 和 N_c 的减小以及 W_c 的增加而提高。热塑性硫化胶（TPVs）的橡胶相的硫化导致许多性能的改进。TPVs 在普通橡胶溶剂中的溶解度相当低，只是在这些溶剂中溶胀。TPVs 于室温下在环己烷中可萃取橡胶的含量为 3%或以下，就是很好的证据。另外的确定证据是通过平衡溶剂溶胀测量的橡胶交联密度约大于 7×10^5 mol/cm^3[9]。共混材料的硬度值可以在邵尔 A 硬度 50 至邵尔 D 硬度 60 的宽范围内变化。通过添加增塑剂获得较软的材料，而通过加入大量的热塑性树脂可以获得较硬的材料。

6.3 动态硫化制备的共混物的性能

6.3.1 三元乙丙胶-聚烯烃共混物热塑性硫化胶

在技术上，最广泛使用的共混物是动态硫化的三元乙丙胶（EPDM）与聚烯烃树脂的共混物。以下是一个配方的例子[28]：

EPDM	100 质量份
聚烯烃树脂	X
氧化锌	5 质量份
硬脂酸	1 质量份
硫黄	Y
TMTD	$Y/2$
MBTS	$Y/4$

表中，X 是聚烯烃（聚乙烯或聚丙烯）的用量，通常为 66.7 质量份；Y 为硫黄变量，通常在 0.5～2.0 质量份的范围内。基于 EPDM 和 PP 的共混物的动态硫化胶呈现分散形态。已知这种

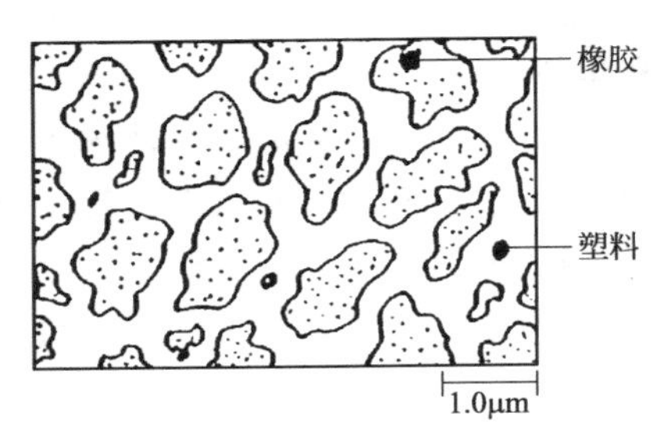

图 6.1 热塑性硫化胶的形态

形态与弹性体-热塑性塑料比例或构成聚合物的分子量无关[29]。硫化的 EPDM 颗粒均匀分布在整个聚丙烯基体中（见图 6.1）。

交联密度是提高力学性能的重要因素。其对拉伸强度和永久变形的影响（拉伸应力下的塑性变形）如图 6.2 所示。硫化的 EPDM 颗粒的尺寸对拉伸强度和拉断伸长率具有重要影响。随着平均粒径的减小，拉伸强度和拉断伸长率都增大（见图 6.3）。其他几种性能也有类似的行为[27]。

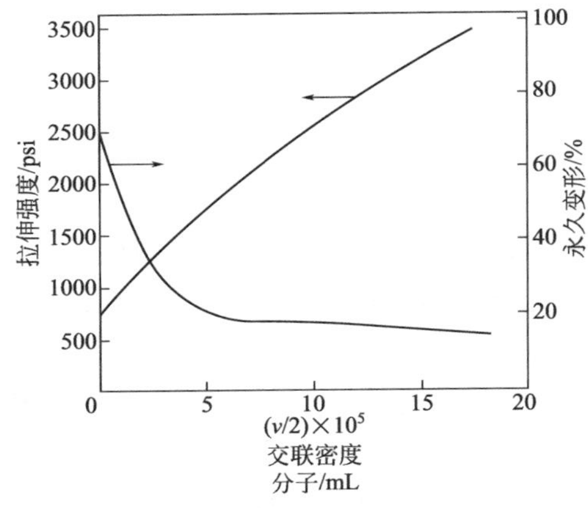

图 6.2 交联密度对热塑性硫化胶拉伸强度和永久变形的影响

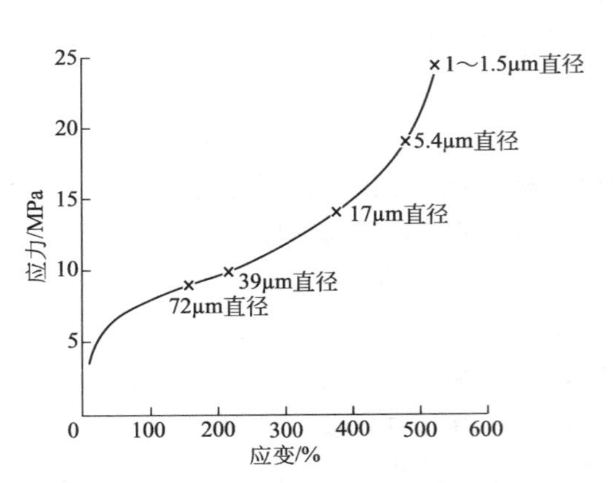

图 6.3 硫化橡胶粒子尺寸对力学性能的影响（×表示破坏）

6.3.2 二烯橡胶和聚烯烃的热塑性硫化胶

基于聚烯烃与二烯橡胶，例如丁二烯橡胶（BR）、天然橡胶（NR）、丁腈橡胶（NBR）和丁苯橡胶（SBR）的共混物的热塑性弹性体具有相当好的初始拉伸性能，并且它们的热稳定性略优于标准热固性橡胶材料[16,30,31]。与热固性 NR 不同，基于部分硫化的天然橡胶[32]和完全硫化的 NR 与 PP 的共混物[33]表现出良好的抗臭氧诱导的龟裂性（表 6.2）。它们在 100℃的热空气中能保持相当好的拉伸性能，长达 1 个月（表 6.3）。随着 NR 的比例降低，脆性温度升高。

表 6.2 不同 NR/PP 型的热塑性硫化胶的机械性能

性能	ASTM	胶料			
硬度/度	D2240	60A	70A	90A	50D
拉伸强度/MPa	D412	5.6	7.6	11.4	20.8
100%定伸应力/MPa	D412	2.1	3.7	6.5	10.5
拉断伸长率/%	D412	300	380	400	620
永久变形/%	D412	10	16	35	50
撕裂强度/(kN/m)	D624	22	29	65	98
压缩永久变形(22h,23℃)/%	D395 方法 B	24	26	32	45

续表

性能	ASTM	胶料			
压缩永久变形(22h,100℃)/%	D395 方法 B	30	32	38	63
脆性温度/℃	D746	−50	−50	−45	−35
抗臭氧性(40℃,臭氧 100×10^{-6})①	D746	10	10	10	10
相对密度	D297	1.04	1.04	1.02	0.99

① 臭氧等级为10表示在规定时间后没有裂纹。

注：摘自 Coran AY，Patel RP. Thermoplastic elastomers. In：Holden G，Legge NR，Quirk R，Schroeder HE，editors. 2nd ed. Munich：Hanser Publishers；1996. p. 165.

表 6.3 NR/PP 型热塑性硫化胶（TPV）的热空气老化

TPV 硬度/度	性能	老化时间(100℃)			
		1d	7d	15d	30d
60A	拉伸强度保持率/%	99	91	80	40
	100%定伸应力保持率/%	104	65	80	68
	拉断伸长率保持率/%	98	110	126	85
70A	拉伸强度保持率/%	100	87	76	43
	100%定伸应力保持率/%	100	90	86	80
	拉断伸长保持率/%	98	110	113	56
90A	拉伸强度保持率/%	103	91	86	66
	100%定伸应力保持率/%	107	103	104	99
	拉断伸长率保持率/%	92	93	93	60
50D	拉伸强度保持率/%	101	95	80	66
	100%定伸应力保持率/%	108	109	102	103
	拉断伸长率保持率/%	93	93	91	70

注：摘自 Coran AY，Patel RP. Thermoplastic elastomers. In：Holden G，Legge NR，Quirk R，Schroeder HE，editors. 2nd ed. Munich：Hanser Publishers；1996. p. 165。

6.3.3 基于丁基橡胶、卤化丁基橡胶和 PP 树脂的热塑性硫化胶

丁基橡胶和卤化丁基橡胶表现出低的透气性和透湿性，这就是它们已经在轮胎内胎、医疗应用和运动用品中使用多年的原因。由丁基橡胶和卤化丁基橡胶与聚丙烯（PP）组合制备的热塑性硫化胶（TPV）的透气性和水蒸气渗透性比 EPDM/PP 基 TPV 低得多，几乎与常规的热固性丁基橡胶材料一样低（参见表 6.4）。橡胶-橡胶-PP 三组分共混物，其中一种弹性体动态硫化，与双组分体系相比，具有一些优势[34]。

表 6.4 丁基橡胶/PP 基 TPV 和 EPDM/PP TPV 与热固性丁基橡胶的透气性比较

组成	相对透气性
丁基橡胶/PP 基 TPV	1.45
EPDM/PP 基 TPV	4.44
热固性丁基橡胶(轮胎内衬)	1.00

注：1. 测试方法为 ASTM D1434，35 ℃，样品厚度 0.76mm。

2. 摘自 Coran AY，Patel RP. Thermoplastic elastomers. In：Holden G，Legge NR，Quirk R，Schroeder HE，editors. 2nd ed. Munich：Hanser Publishers；1996. p. 166。

6.3.4 丁二烯-丙烯腈橡胶和聚酰胺制备的热塑性硫化橡胶

基于丁腈橡胶（NBR）和聚酰胺（PA）共混物的热塑性弹性体可以通过在密炼机中熔融共混来制备。用于混合的温度取决于所用聚酰胺的熔融温度范围。商品供应的丁腈橡胶有两种类型，自硫化（即没有硫化剂的情况下，在升高的混合温度下硫化或交联）丁腈橡胶和非自硫化丁腈橡胶。区别在于丁腈橡胶在225℃下混合时的行为。

在该温度下，自硫化类型一般在1～8min后破碎，而其他类型可能混合20min或更长时间而不会破碎。PA/NBR共混物的制备由于混合过程中NBRs的响应而变得复杂，当将自硫化NBR与具有高熔点的PA共混时，混合相当困难。共混发生的弹性体的交联改善了共混物的性能，加入硫化剂的效果被最小化。硫化剂的添加对于非自硫化的NBR具有更大的影响，但是最好的性能是从自固化腈弹性体获得的。加入二羟甲基-酚类化合物可显著提高PA/NBR共混物的性能[35]。

即使当NBR的凝胶含量低至50%时也可获得高强度共混物。添加另一种硫化剂，间-亚苯基双马来酰亚胺，会在弹性体相中产生相当大的凝胶。产物性能的改善与弹性体相的凝胶化有关[35]。硫化剂的效果见表6.5。NBR和PA组合的动态硫化可能产生很大数量的产品，因为两种组分都有多种等级。腈弹性体可以有不同的丙烯腈含量，可以具有不同的黏度，并且可以是自硫化的或非自硫化的。PAs可能具有不同的熔点和不同的极性。此外，硫化体系对共混物的最终性能有不同的影响。通过掺入填料或增塑剂可进一步改变共混物的性能。不同NBR的研究揭示，共混物的强度与弹性体组分的特性之间没有简单的关系。然而，自硫化等级的NBR具有最高的拉伸强度。另一个观察结果表明，硫化剂的添加效果在非自硫NBR中更为明显[36]。

表6.5 不同类型硫化剂硫化的NBR/PA共混物的性能

硫化剂类型	拉伸强度/MPa	100%定伸应力/MPa	扯断伸长率/%	永久变形/%	硬度/度	真扯断应力/MPa
无硫化剂(对照样)①	3.1	2.5	290	72	17	12.3
硫黄促进剂并用体系②	8.3	7.4	160	15	35	21.7
活性双马来酰亚胺③	8.5	3.7	310	51	28	34.9
过氧化物④	7.9	6.1	220	31	32	25.3

① 共混物由40质量份PA 6/66/610三元共聚物（熔点160℃）和60质量份Chemigum N365（非自固硫化NBR，丙烯腈含量39%）组成。

② 该体系含有5质量份ZnO，0.5质量份硬脂酸，2质量份二硫化四甲基秋兰姆，1质量份吗啉基二硫代苯并噻唑和0.2质量份硫黄。

③ 活性双马来酰亚胺为3质量份间亚苯基双马来酰亚胺和0.75质量份2,2-双苯并噻唑基二硫化物。

④ 硫化体系由0.5质量份2,5-二甲基-2,5-二（叔丁基过氧）己烷（90%活性），Lupersol L-101组成。

注：摘自Coran AY，Patel RP. Thermoplastic elastomers. In：Holden G，Legge NR，Quirk R，Schroeder HE，editors. 2nd ed. Munich：Hanser Publishers；1996. p. 169。

丙烯腈含量对耐油性的影响与NBR的标准硫化胶相似（即随着丙烯腈含量的增加，耐油性提高）。自固化和非自固化NBR等级之间没有差别。NBR/PA共混比对力学性能有很大的影响。弹性体的比例的增加导致刚度、强度和永久变形的降低。另外，延展性稍有提高。如果NBR的比例超过50%，获得的永久变形值会低50%。然而，弹性体比例高会使产生的共混物加工性能差[37]。

可以选择添加增塑剂来改善共混物的加工和软化。除了材料的软化之外，最常见的影响是拉伸强度的降低。最终伸长率可能增大也可能降低，取决于所使用的增塑剂的类型。这是因为所用增塑剂对 PA 相结晶度有不同影响。在一些情况下，PA 相的黏度降低可能促进从熔体结晶后形成更完美的晶体。在其他方面，增塑剂仅使 PA 组分软化[38,39]。填料的作用取决于添加的类型和用量。通常，填料在弹性体相聚集，并使其增大刚性并增加其体积。填料的影响与增塑剂是相反的，很大程度上相互抵消。少量的黏土会降低伸长率和杨氏模量，但对硬度、刚度和强度影响不大[40]。因为加入填料会降低共混物的热塑性，共混物的加工性能受到不利影响。这可以通过加入合适的增塑剂来调整。增塑剂可改善热塑性，增加延展性。由于 PA 和 NBR 等级都有很大的选择性，所以存在各种各样的 PA/NBR 热塑性硫化胶，具有较高的强度、优异的耐热油性能和很宽的硬度值。

6.3.5　基于聚丙烯酸酯橡胶和聚酰胺的 TPVs

基于聚丙烯酸酯橡胶（ACM）和聚酰胺（PA）的动态硫化弹性体共混物代表一类热塑性硫化胶，可以长期在高温（高达 150℃）下暴露于空气和油中[41~44]。ACM 与 PA 的共混比例决定了所得产品的性能，如硬度、拉伸模量和拉断伸长率、强度、熔融范围等。因此，不同比例的 ACM 和 PA 共混可能组成多种等级的 ACM/PA 热塑性硫化胶。目前，具有不同硬度的两个等级已经商品化[45]。

6.4　热塑性硫化胶的加工和制造

热塑性硫化胶，如所有其他热塑性弹性体一样，基本上采用热塑性塑料常用的加工和制造技术。通常，热塑性材料的加工随熔体流变性、加工温度和剪切速率而变化。在加工过程中，特别是在挤出中，另一影响因素是熔融材料在应变下的强度（即熔融材料对熔体破裂的抵抗力）。熔体破裂可能导致挤出物表面不良，并且常常成为完全有缺陷、无用的部件。

6.4.1　流变性

聚合物材料的流变性（流动性）对其加工行为至关重要。热塑性硫化胶（TPV）具有高度非牛顿流变性（即它们的熔体黏度随剪切速率而变化很大，比大多数聚合物体系大得多）[46]。在高剪切速率下，TPV 材料的黏度-剪切速率曲线与热塑性树脂相似。然而，在低剪切速率下，TPV 材料的黏度较高，并且在弹性体高比例的共混物中，当剪切速率接近 0 时，材料的黏度可能接近无穷大，大概是由于固化的弹性体粒子-粒子干扰[47]。弹性体-塑料共混物的熔体流变性与塑料的熔体流变性的比较如图 6.4 所示。在熔融挤出的条件下，熔融材料在口型中快速流动。然后，随着材料离开口型，变形率降低到 0，并且由于黏度接近无穷大，所以没有发生明显的出口膨胀。

与剪切速率的影响相反，温度对黏度的影响是相当适度的。弹性体含量高的 EPDM/PP 热塑性硫化胶的黏度对温度依赖性如图 6.5 所示。对基于其他类型的热塑性塑料的共混物，黏度可能显示出更高的温度敏感性[47]。图 6.4 和图 6.5 都表明，当通过挤出或注射成型加工这些类型的弹性体-塑料共混物时，剪切速率应保持足够高以促进足够的流动。在加工时，这些共混物的高熔点黏度可能是有利的[47]。它可以提供高熔体完整性（也称为“胶料强度”），这对于通过挤压或吹塑制成的部件来保持其形状是必需的。由高黏度引起的低出口膨胀对于片材和薄膜的压延也是有益的。

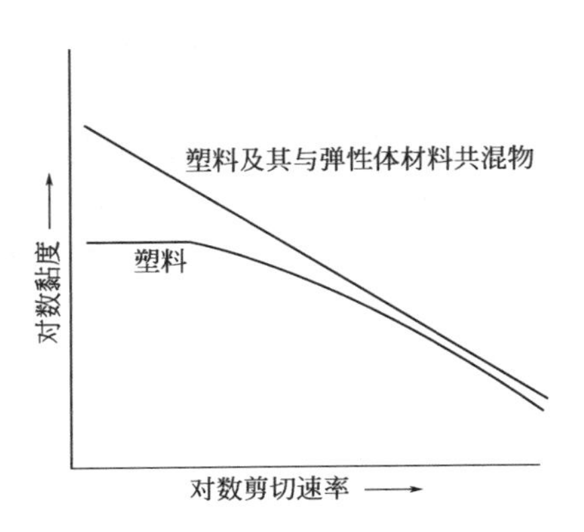

图 6.4 塑料及其与弹性体材料的共混物的黏度与剪切速率之间的关系

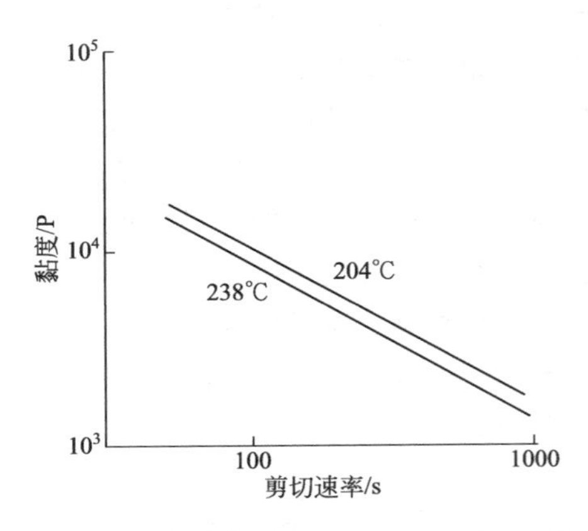

图 6.5 温度对典型 TPV（EPDM/PP）的黏度-剪切速率的影响（1P＝0.1Pa·s）

6.4.2 挤出成型

挤出广泛用于制造热塑性硫化胶的各种产品。简单的挤出用于管材、板材和复杂型材。共挤出也用于由不同硬度、不同性能和不同颜色制成的产品。电线电缆护套、软管护套和其他类似的组件可以通过直角机头挤出生产。用于热塑性塑料的挤出机通常具有 24∶1 或更大的长径比（L/D）以确保足够的均匀性，适用于 EPDM/PP 型热塑性硫化胶的挤出。最广泛使用的进料螺杆设计是聚乙烯型计量螺杆，带有矩形螺距（57.3°螺旋角）。推荐的进料螺杆压缩比应在（2.0∶1）～(4.0∶1)，(2.5∶1)～(3.0∶1）是最优的[48]。可以使用其他螺杆设计，例如螺纹式阻流销、Maddox 混合和销混合，但不使用螺杆冷却[49]。

在启动期间，温度应保持在 205℃。尽量在不使材料降解的情况下，温度可以接近 250℃，挤出机中的熔体温度应在 190～230℃之间[49]。出口膨胀对挤出物的尺寸控制很重要，它随着剪切速率、共混物的硬度和挤出温度的降低而增加。热塑性硫化胶挤出的其他重要方面是干燥材料，通常在干燥器中，在 65t 和 75℃下干燥 2～3h。在热塑性硫化胶挤出完成后，用聚乙烯或聚丙烯彻底清洗。

6.4.3 注射成型

由于黏度对剪切速率的高敏感性，注射成型中的快速注射速率（在高压下）使材料的黏度降低。因此，低黏度有助于快速和完整地填充模具。当模具被填充时，由于剪切速率降低到 0，熔体黏度会大大增加。增加的黏度可能接近无穷大，使得零件能够更快速地从模具中脱模。总体效果是注塑周期较短[47]。这种共混物的黏度对温度的低到中等依赖性，使得加工温度的窗口比较宽。EPDM/PP 热塑性硫化胶共混物的注模和挤出条件的实例分别见表 6.6 和表 6.7。

动态硫化的热塑性硫化胶的注射成型已经在往复式螺杆注塑机中成功完成。循环时间比用于热固性橡胶材料的循环时间短得多，并且，积聚在注道和流道中的废料可以回收，而不是被丢弃。使用热流道代表了另外的改进，因为它可以消除废料，没有回收的需要[50]。如前所述，注塑循环应该利用热塑性硫化胶材料的不寻常的流变性能。

应该使用高注射压力，以尽可能快地填充模腔，在注射成型中利用材料的高剪切灵敏度，使用高剪切速率下的低黏度，通常剪切速率高于 500/s。在低剪切速率下的高黏度使得部分冷却的部件（部件的表皮固化而熔融的内部没有永久的变形）能够快速且容易地顶出。通过在模具中充分保压和高熔融温度可以使模具收缩率最小化。注塑成型件的一般收缩率为 1.5%～2.5%。不需要脱模剂[49]。应在运行前后清洁设备，用聚丙烯（PP）、聚乙烯（PE）或机械清洁进行清洗。

表 6.6　EPDM/PP 型热塑性硫化胶的注塑条件

后段机筒温度/℃(℉)	180～220(356～428)
中段机筒温度/℃(℉)	205～220(401～428)
注嘴温度/℃(℉)	205～220(401～228)
熔融温度/℃(℉)	20～65(68～149)
注射压力/MPa(psi)	35～140(5100～203560)
保压压力/MPa(psi)	30～110(4200～15400)
背压/MPa(psi)	0.7～3.5(100～500)
螺杆速度/(r/min)	25～75
注射速率	中速到快速
注射时间/s	5～25
保压时间/s	15～75
总循环时间/s	20～100

注：摘自 Coran AY，Patel RP. Thermoplastic elastomers. In：Holden G，Legge NR，Quirk R，Schroeder HE，editors. 2nd ed. Munich：Hanser Publishers；1996. p. 188。

表 6.7　EPDM/PP 型热塑性硫化胶的挤出条件

后段机筒温度/℃(℉)	175～210(347～410)
中段机筒温度/℃(℉)	175～210(347～410)
前段机筒温度/℃(℉)	190～220(347～428)
口模接套温度/℃(℉)	200～225(392～437)
口模温度/℃(℉)	205～225(401～437)
熔融温度/℃(℉)	205～235(401～455)
螺杆速度/(r/min)	10～150

注：摘自 Coran AY，Patel RP. Thermoplastic elastomers. In：Holden G，Legge NR，Quirk R，Schroeder HE，editors. 2nd ed. Munich：Hanser Publishers；1996. p. 188。

6.4.4　模压成型

热塑性硫化胶的模压成型主要用于从丸粒或预制块料制备标准实验室试样，后者优选。该材料首先在 190～215℃ 预热 40min，使之完全熔化。然后将熔体在 165～190℃ 和 200～400psi 压力下在模压模具中成型。脱模可在低于 120℃ 的温度下进行。如在注塑中，不需要脱模剂。通常，模压不用于生产模制部件，因为相对于注塑的速度和效率，模压不具有经济上的竞争力。

6.4.5　吹塑

热塑性硫化胶的空心制品可以通过吹塑制成。这是比注塑更有效的方法，其中必须使用固体芯，并随后取出。在吹塑中，压缩空气具有核心的功能。挤出吹塑和注射吹塑都可以用于制造热塑性硫化胶的中空部件。尽管其他方法也能使用，但挤出吹塑成型是优选方法，它是连续挤出和间歇型坯下垂。挤出体系应具有 L/D 为 24：1 的多段单螺杆[51]。

6.4.6 热成型

热成型通常用于热塑性塑料，而不适用于热固性橡胶的一种方法，但很容易应用于热塑性硫化胶（TPV）。热成型适于加工较硬等级的热塑性硫化胶（邵尔 A 硬度 73 及以上[52]），通过同时施加热和压力（正压力或真空）将所需橡胶片转换成所需形状。由于 TPV 具有高熔体强度，它们在加热过程中表现出均匀和可预测的熔垂，与 ABS 类似。作为热成型中主要变量的片材温度取决于材料的硬度，硬度为 73A 时温度为 174℃；硬度为 50D 时温度为 210℃。一般热塑性硫化胶的拉伸比为 3：1，拉伸速率通常比 ABS 慢[52]。

6.4.7 压延

压延适用于制造热塑性硫化胶片材，厚度范围为 0.25～1.25mm。材料必须熔融，所需的熔体温度在密炼机（Banbury）或混合挤出机中为 190℃，并输送到压延机。压延辊温度的设定取决于 TPV 材料的硬度，不同 TPV 材料的压延条件的实例见表 6.8。

6.4.8 挤塑发泡

热塑性硫化胶挤塑发泡制品（片材、管材和型材）的生产是在两个相对密度范围内，即高密度（相对密度为 0.7～0.9）和低密度（相对密度为 0.2～0.7）。这些泡沫制品表皮薄，内部发泡均匀。高密度挤塑发泡通常使用质量分数为 0.50～0.75 的化学发泡剂（例如偶氮二酰胺）来进行。在挤出前将发泡剂混合到材料中。推荐使用单螺杆挤出机（螺杆 L/D 为 24：1 以上，压缩比为 3：1）。温度设置示例见表 6.9。低密度挤塑发泡使用两个串联挤出机，每个挤出机的 L/D 为 24：1，或采用最小 L/D 为 32：1 的单螺杆挤出机。物理发泡剂、环境友好型液体（如氢氯氟烃、氢氟碳化物或戊烷）经过计量直接进入主挤出机的注射口。

6.4.9 TPVs 的粘接

在许多制造操作中需要将热塑性硫化胶（TPV）黏合到其自身或其他材料上。通过简单的热焊接很容易实现自身粘接。如果其他基材与 EPDM 型的 TPV（例如 PP、聚乙烯或乙烯-乙酸乙烯酯）相容，则可以实现没有任何胶黏剂的热焊接。在这样简单的焊接中，两种材料必须加热至热塑性硫化胶的熔点 165℃。可以通过加热方法粘接表面，如热金属表面接触（230～300℃）、热风（210～260℃）、超声波焊接或线性振动加热来加热待黏合的表面。热焊粘接的强度通常是两种材料强度的 50%～80%。对于 TPV 本身的粘接以及一种 TPV 与另一种 TPV 的粘接，热焊接方法将获得最佳结果。

如果 TPV 与不同的材料（如金属、纺织品、其他热塑性塑料或弹性体）粘接，通常需要使用与两种需要黏合的材料相容的特定胶黏剂体系。最广泛使用的方法是共挤出、直角机头挤出和嵌入注塑。一些材料表面需要施加底胶以获得足够强的粘接。要将固体 TPV 粘接到另一种固体（如金属、热塑性塑料或硫化胶），必须找到合适的胶黏剂。通常的做法是将胶黏剂施加到两种材料的表面，然后在室温或升温且在一定的压力下粘接。

TPV 产品的表面可以进行油墨热印或印刷，或通过喷涂或刷涂的方法涂布各种彩色涂料。前述关于加工和制造的部分仅提供一般指导，并且必须根据正在加工的共混物、所使用的设备或模具设计来调整加工条件。

6.5 新产品开发

由德国 Weinheim 的 Unimatec Chemical 公司开发的 AcrylXprene 是一种丙烯酸酯橡胶（ACM）型的“超级”热塑性硫化胶（TPV）。该材料可长期暴露于 150℃（302℉）温度下。它在发动机和变速箱油中，即使在高温下溶胀也很低。AcrylXprene 的邵尔 A 硬度为 70～90。目标应用是轴套、波纹管、油冷却器软管、进气管、窗密封圈和特种密封件[53]。

表 6.8 EPDM/PP 型 TPV 在四辊压延机上压延的条件

温度设置		邵尔硬度		
		73A	87A	50D
熔体	℃	193±5	193±5	193±5
	/℉	380±10	380±10	380±10
排料混炼机	℃	182±5	182±5	182±5
	℉	360±10	360±10	360±10
压延辊 1	℃	179±5	179±5	171±5
	/℉	355±10	355±10	340±10
压延辊 2	℃	182±5	182±5	171±5
	℉	360±10	360±10	345±10
压延辊 3	℃	185±5	185±5	177±5
	℉	365±10	365±10	350±10
压延辊 4	℃	188±5	188±5	179±5
	℉	370±10	370±10	355±10

表 6.9 EPDM/PP TPV 的高密度泡沫（具体泡沫相对密度 0.7～0.9）挤出的温度设置

温度设置		
进料喉	无加热	
进料区	℃	182±25
	℉	360±10
过渡区	℃	177±5
	℉	350±10
计量段	℃	166±5
	℉	330±10
前段	℃	154±5
	℉	310±10

续表

温度设置		
栅门	℃	182±5
	℉	360±10
口模	℃	177±5
	℉	350±10
熔体	℃	182±5
	℉	360±10

注：摘自 Rader CP. Handbook of thermoplastic elastomers. In：Walker BM，Rader CP，editors. 2nd ed. New York：Van Nostrand Reinhold Co.；1988. p127。

参考文献

[1] Rader CP. In：Walker BM，Rader CP，editors. Handbook of thermoplastic elastomers. 2nd ed. New York：Van Nostrand Reinhold；1988 [chapter 4].

[2] Kresge EN. In：Paul DR，Newman S，editors. Polymer blends，vol. 2. New York：Academic Press；1978.

[3] Kresge EN. J Appl Polym Sci Appl Polym Symp 1984；39：37.

[4] O'Connor GE，Fath MA. Rubber World；December 1981. p. 25；Rubber World，January 1982，p. 26.

[5] Coran AY，Patel RP. In：Holden G，Legge NR，Quirk R，Shroeder HE，editors. Thermoplastic elastomers. 2nd ed. Munich：Hanser Publishers；1996. p. 154.

[6] Gesner BD. In：Mark HF，Gaylord NG，editors. Encyclopedia of polymer science and technology，vol. 10. New York：Wiley Interscience；1969. p. 694.

[7] Gessler AM. U. S. Patent 3,037,954；June 5，1962.

[8] Fisher WK. U. S. Patent 3,758,643；September 11，1973.

[9] Coran AY，Das B. ，Patel RP. U. S. Patent 4，130，535；December 19，1978.

[10] Coran AY，Patel RP. Rubber Chem Technol 1980；53:141.

[11] Abdou-Sabet S，Patel RP. Rubber Chem Technol 1991；64：769.

[12] Abdou-Sabet S，Fath MA. U. S. Patent 4，311，628；January 19，1982.

[13] Coran AY，Patel RP. In：Holden G，Kricheldorf HR，Quirk RP，editors. Thermoplastic elastomers. 3rd ed. Munich：Hanser Publishers；2004. p. 144.

[14] Coran AY，Patel RP. In：Holden G，Kricheldorf HR，Quirk RP，editors. Thermoplastic elastomers. 3rd ed. Munich：Hanser Publishers；2004. p. 145.

[15] Fischer WK. U. S. Patent 3,835,201；September 10，1974，U. S. Patent 3，862，106；January 21，1975.

[16] Coran AY，Patel RP. U. S. Patent 4，104，210；August 1，1978.

[17] Coran AY，Patel RP. U. S. Patent 4，130，534；December 19，1978.

[18] Coran AY，Patel RP. Rubber Chem Technol 1980；53：781

[19] Coran AY，Patel RP. Rubber Chem Technol 1981；54：91.

[20] Coran AY，Patel RP. Rubber Chem Technol 1981；54：892.

[21] Coran AY，Patel RP. Rubber Chem Technol 1982；55：116.

[22] Coran AY，Patel RP，Williams D. Rubber Chem Technol 1982；55：1063.

[23] Coran AY，Patel RP. Rubber Chem Technol 1983；56：210.

[24] Coran AY，Patel RP. Rubber Chem Technol 1983；56：1045.

[25] Coran AY，Patel RP，Williams-Headd D. Rubber Chem Technol 1985；58：1014.

[26] Goodyear C. U. S. Patent 3，633；1844.

[27] Rader CP. In: Walker BM, Rader CP, editors. Handbook of thermoplastic elastomers. 2nd ed. New York: Van Nostrand Reinhold Company; 1988. p. 87.
[28] Coran AY, Patel RP. In: Holden G, Kricheldorf HR, Quirk RP, editors. Thermoplastic elastomers. 3rd ed. Munich: Hanser Publishers; 2004. p. 146.
[29] Coran AY, Patel RP. In: Holden G, Kricheldorf HR, Quirk RP, editors. Thermoplastic elastomers. 3rd ed. Munich: Hanser Publishers; 2004. p. 151.
[30] Coran AY, Patel RP. U. S. Patent 4, 183, 876; January 15, 1980.
[31] Coran AY, Patel RP. U. S. Patent 4, 271, 049; June 2, 1981.
[32] Campbell DS, et al. Nr Technol 1978; 9: 21.
[33] Payne MP. Paper #34 presented at the Rubber Division ACS Meeting. Washington (DC); October 10e12, 1990.
[34] Puydak RC, Hazelton DR. Plastics engineering; 1988. p. 37.
[35] Coran AY, Patel RP. In: Holden G, Kricheldorf HR, Quirk RP, editors. Thermoplastic elastomers. 3rd ed. Munich: Hanser Publishers; 2004. p. 158.
[36] Coran AY, Patel RP. In: Holden G, Kricheldorf HR, Quirk RP, editors. Thermoplastic elastomers. 3rd ed. Munich: Hanser Publishers; 2004. p. 159.
[37] Coran AY, Patel RP. In: Holden G, Kricheldorf HR, Quirk RP, editors. Thermoplastic elastomers. 3rd ed. Munich: Hanser Publishers; 2004. p. 160
[38] Flory PJ. Principles of polymer chemistry. Ithaca (NY): Cornell University Press; 1953. p. 568.
[39] Coran AY, Patel R, Williams D. Rubber Chem. Technol 1980; 53: 781.
[40] Coran AY, Patel RP. In: Holden G, Kricheldorf HR, Quirk RP, editors. Thermoplastic elastomers. 3rd ed. Munich: Hanser Publishers; 2004. p. 161.
[41] Cail BJ, DeMarco RD. SAE Trans J Mater Manuf 2004; 112: 501.
[42] Cail BJ, DeMarco RD. Paper number 2003-01- 0942. Society of Automotive Engineers; Winter 2003.
[43] Cail BJ, DeMarco RD. "New heat and oil resistant thermoplastic vulcanizate (TPV) for demanding underhood applications". SAE Paper # 3M-173; February 2003.
[44] Cail BJ, DeMarco RD, Smith C. Paper #96 presented at the 164th Meeting of the Rubber Division of American Chemical Society. Cleveland (OH); October 14e17, 2003.
[45] Zeotherm. Thermoplastic Vulcanizates. www. zeotherm. com.
[46] Rader CP. In: Walker BM, Rader CP, editors. Handbook of thermoplastic elastomers. 2nd ed. New York: Van Nostrand Reinhold; 1988. p. 116 [chapter 4].
[47] Coran AY, Patel RP. In: Holden G, Kricheldorf HR, Quirk RP, editors. Thermoplastic elastomers. 3rd ed. Munich: Hanser Publishers; 2004. p. 176 [chapter 7].
[48] Rader CP. In: Walker BM, Rader CP, editors. Handbook of thermoplastic elastomers. 2nd ed. New York: Van Nostrand Reinhold; 1988. p. 119 [chapter 4].
[49] Rader CP. In: Walker BM, Rader CP, editors. Handbook of thermoplastic elastomers. 2nd ed. New York: Van Nostrand Reinhold; 1988. p. 120 [chapter 4].
[50] Miller B. Plastics World; June 1988. p. 40.
[51] Rader CP. In: Walker BM, Rader CP, editors. Handbook of thermoplastic elastomers. 2nd ed. New York: Van Nostrand Reinhold; 1988. p. 124 [chapter 4].
[52] Rader CP. In: Walker BM, Rader CP, editors. Handbook of thermoplastic elastomers. 2nd ed. New York: Van Nostrand Reinhold; 1988. p. 126 [chapter 4].
[53] "Unimatec Presents New High-Temperature TPV". TPE Magazine International, vol. 5 (2/2013); April 2013. p. 76.

第7章 聚烯烃类热塑性弹性体

7.1 引言

聚烯烃热塑性弹性体被定义为聚烯烃半结晶热塑性塑料与无定形弹性体组成的材料。它们具有橡胶状特性，可以通过普通的热塑性加工设备加工成熔体。有几种不同类型的聚烯烃类热塑性弹性体（TPE），其中包括[1]：

① 共混物（机械混合物），称为热塑性聚烯烃（TPO）；

② 乙烯-丙烯无规共聚物（EPM）或乙烯-丙烯-二烯单体（EPDM）与烯烃［热塑性硫化胶（TPVs）］的动态硫化共混物；

③ 无规嵌段共聚物（如乙烯-α-烯烃共聚物）；

④ 嵌段共聚物（例如氢化聚丁二烯-异戊二烯-丁二烯嵌段共聚物）；

⑤ 立构嵌段聚合物（例如立体嵌段聚丙烯）；

⑥ 接枝共聚物（例如聚异丁烯-g-聚苯乙烯）。

大多数聚烯烃（TPEs）依赖于聚合物链的结晶以产生弹性体特性。在与热塑性聚氨酯（TPUs）的结构相似的无规嵌段共聚物中，足够长的乙烯序列在运行温度下结晶形成无定形弹性链段的物理交联。在立体嵌段共聚物中，链内立构规整度的变化提供了结晶和无定形序列。接枝共聚物含有形成玻璃态或结晶相的聚烯烃链，其接枝到聚烯烃橡胶骨架上并为体系提供物理交联。在大多数嵌段共聚物和接枝共聚物中，通过由可逆的物理交联连接的橡胶链来实现弹性。弹性网络由橡胶链之间的物理交联和缠结形成，并且与化学交联橡胶相似，回缩力与熵有关[2]。机械共混物（TPOs）和动态硫化共混物（TPVs）之间的差异在于前者是共连续相体系（弹性体和结晶聚烯烃相），后者的弹性体相是交联和不连续的。TPVs中的聚烯烃相是连续的并且包围交联的弹性体相。

7.2 热塑性聚烯烃共混物

聚烯烃共混 TPE（TPO）主要基于乙丙共聚物（EPM）和全同立构聚丙烯（iPP），是重要的工程材料[3]。简单的共混物是通过将硬聚合物和弹性体在高剪切混炼设备［如密炼机（例如班伯里）］或连续混炼机（例如单螺杆挤出机或双螺杆挤出机）上混合而制备。

弹性体材料需要具有三维共连续结构，连续的硬相提供了强度，连续的软相提供了柔顺性。因为两相都不交联，所以两者都可以流动，因此是真正的热塑性弹性体。硬聚合物/弹性体共混物的二维示意图见图 7.1。两种聚合物的黏度必须在混合的温度和剪切速率下匹配。剪切速率应在 100～1000/s 范围内，该范围的下限是橡胶混炼设备的典型，上限是塑料加工设备的典型，如双螺杆挤出机[4]。

最佳黏度匹配还取决于两种组分（A 和 B）的比例以及这些组分在共混物中的比例（见图 7.2）。另一个重要因素是两种组分的相容性，这通常由它们的溶解度参数之差来表示[5]。如果两个组分的体积大致相等，则为了获得理想的混合，其黏度也应近似相等。如果体积不相等，则体积较大的组分应具有较高的黏度[5]。EPM 和 iPP 的简单共混物中，强烈混合导致产生两个连续相。通过调节黏度比，两相可以在该共混物中相当大的体积分数范围内（例如 80/20～20/80）保持连续[6]。

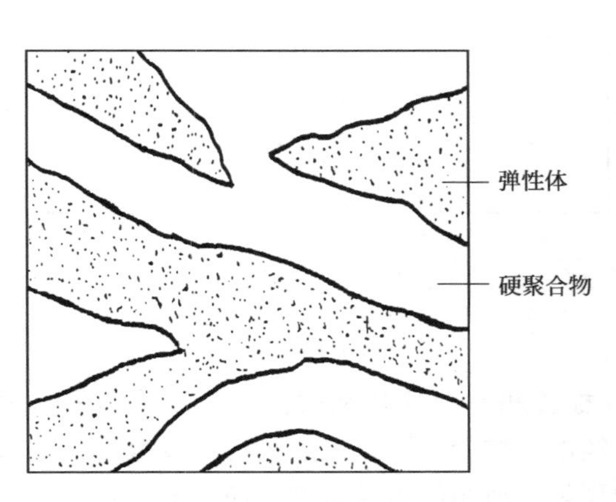

图 7.1　硬聚合物/弹性体共混物的形态
（经 Hanser Publishers 许可）

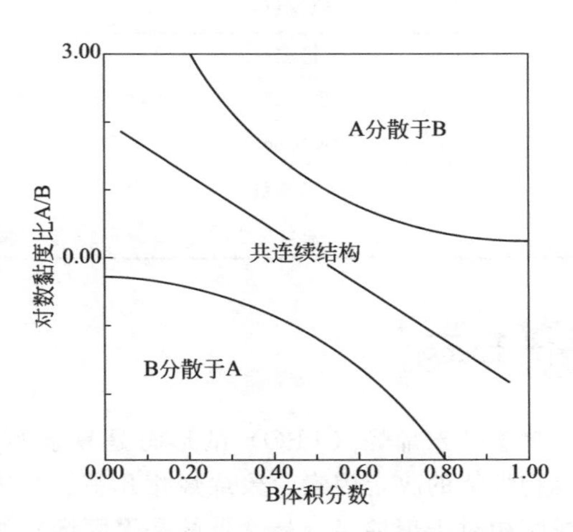

图 7.2　两种组分（A 和 B）及其在共混物中的比例与黏度比之间的关系

聚丙烯类的热塑性弹性体共混物在商业上是非常受欢迎的，因为聚丙烯成本低、密度低。聚丙烯的结晶结构和相对高的结晶熔点（T_m = 145～165℃，取决于等级）使其具有耐油、耐溶剂和耐高温性能。三元乙丙胶（EPDM）和 EPM 弹性体是弹性体相的合理选择，因为它们具有良好的热稳定性和低温柔韧性，并且成本低且与聚丙烯的结构相似。这种相似性也意味着在共混中有良好的相容性[5]。与 EPDM 相比，EPM 的生产成本更低，因此最终成为几乎专门用于共混物的材料。在 EPDM 中使用的二烯共聚单体比乙烯或丙烯贵几倍，仅在弹性体要硫化时才需要。另外，双键提供更广泛的原料选择，可以通过改变橡胶分子中的支化点数来影响弹性体的胶料强度[6]。全同立构聚丙烯（含少量乙烯的均聚物或共聚物）是硬相畴的优选聚合物。齐格勒-纳塔和茂金属催化剂使得弹性体软组分在结晶聚丙烯的壳或表皮中共聚。这些产物被称为反应器热塑性聚烯烃[7]。

除了橡胶和聚烯烃之外，还可以使用多种其他成分来配制热塑性聚烯烃（TPO），包括填料、补强剂、增塑剂、润滑剂、加工助剂、流动改性剂、抗氧化剂、热稳定剂、UV 吸收剂、着色剂和阻燃剂。通常，大部分添加剂在室温下包含在橡胶相中。一项研究发现，即使在含有质量分数 20%炭黑的 TPO 配方中，实际上炭黑都不在聚丙烯相[8]。在加工温度下，一些添加剂可能进入聚烯烃相。一旦聚烯烃熔融，可溶于聚烯烃的较小分子就会自由移动。例如，烃油分布在各相之间，大大降低了熔体的黏度。在固化时，油返回橡胶相，产生所需的软化并增容橡胶[9]。

其他添加剂用于具体的性能。例如加入炭黑以获得半导电性，在配方中一般用量为质量分数 30%。添加无机填料可以增加阻尼并降低成本。大多数配合剂的使用方式与热固性

(EPDM)或热塑性聚烯烃配方相似，并且具有差不多的效果。在一些情况下，添加剂更容易迁移到表面，像在个别（EPDM 或聚烯烃）配方中一样。可以通过精细混合来防止迁移发生。在过去，商品 TPO 共混物是作为完全配合的材料被交付，并且一般来说，额外再配合是不成功的。因此，建议咨询供应商有关任何配合改性的问题[10]。然而，随着混合设备和技术的进步，可以制备柔软和高度填充的共混物。TPO 共混物的一个例子见表 7.1。

表 7.1　典型热塑性聚烯烃的配合（质量份）

原材料	用量
橡胶	100
聚丙烯	140
加工油	215
无机填料	250
总计	705

7.3 形态

热塑性聚烯烃（TPO）的形态是复杂的。橡胶相和聚烯烃相的分布、尺寸和形状都是共混物性能的决定因素。聚烯烃相几乎总是连续的，橡胶相可以是连续的或分散的，这取决于橡胶相对于聚烯烃（最常见的是聚丙烯）的用量、所用的橡胶类型、使用的混合程序以及采用的其他成分等因素。在大多数配方中，如果橡胶相占总体积的 45%～48%，橡胶相将是连续的。在这个范围内，聚丙烯和橡胶相都是连续的。在这个范围的任一极端（45%或48%），橡胶相对于聚丙烯的黏度比是橡胶或聚丙烯相是否连续的主要因素（见前述的部分）。其他因素是各种添加剂的物理形式及其与任一相的相容性[10]。

7.4 热塑性聚烯烃的性能

7.4.1 热塑性聚烯烃的力学性能

热塑性聚烯烃（TPO）产品具有独特的性能，基本上填补了软橡胶和工程塑料之间的空白。TPO 的配制可以将强度和韧性结合起来，也可以有柔软的传统橡胶到具有高冲击强度的硬质产品的感觉。TPO 产品硬度可以从邵尔 A70 至邵尔 D70 变化。弯曲模量在 6.9～1725MPa 的范围内。硬度、弯曲模量、拉伸强度、抗撕裂性和冲击强度将随着特定等级的热塑性聚烯烃而变化。然而，由于技术的发展，相当软的 TPO 共混物（邵尔 A 硬度值为 35 或更小）目前也可获得。

高弹性无定形三元乙丙胶（EPDM）[11]和各种聚烯烃树脂的应力-应变特性如表 7.1 所示。含有大量 EPDM（70 质量份以上）的共混物为橡胶状，拉断伸长率为 150%以上，永久变形为 30%以下。相比之下，当纯高分子量聚烯烃树脂拉伸时，会在低伸长率下产生屈服，然后是呈现典型的拉伸机理，拉伸后几乎没有回复[12]。当将半结晶 EPDM 用于相似的共混物时，性能有显著改善，特别是在拉断伸长率方面。似乎除了无应变状态下的结晶度外，拉伸过程结晶度的增加对共混物的应力-应变特性有明显的影响（见表 7.2）[13]。无定形 EPM

和全同立构聚丙烯的两种未填充共混物的应力-应变曲线如图 7.3 所示。

表 7.2 EPDM-聚烯烃共混物的性能

共混物①							
EPDM②/质量份	80	70	60	80	60	80	60
PP③/质量份	20	30	40	—	—	—	—
LDPE④/质量份	—	—	—	20	40	—	—
HDPE⑤/质量份	—	—	—	—	—	20	40
物理性能							
拉伸强度/MPa	8.3	10.5	13.9	5.8	8.0	8.5	10.2
拉断伸长率/%	220	150	80	290	190	210	130
永久变形/%	28	30	30	35	30	25	33

① 由班伯里（Banbury）密炼机制备，混合时间约 7min；最高温度约为 200℃。
② 无定形、高分子量的乙烯-丙烯-二环戊二烯（质量分数约 5%）三元共聚物。
③ 聚丙烯（密度为 0.903；230℃熔体流动指数为 4.0g/10min）。
④ 低密度聚乙烯（密度为 0.919，190℃熔体流动指数为 2.0g/10min）。
⑤ 高密度聚乙烯（密度为 0.956，190℃熔体流动指数为 0.3g/10min）。
注：参考文献［12］。

7.4.2 使用温度

使用温度的上限由几个因素决定。TPO 的一部分可能仅在短时间内暴露于升高的温度中。一个例子是当涂漆的部分经过烤箱时。另外，使用时连续长期曝光（即周、月或年），评估方法也会不同。TPO 的硬相畴聚合物的熔点对于短期暴露是重要的。在大多数情况下，聚丙烯（PP）的熔点是一个限制因素。聚丙烯均聚物在约 160℃下熔融，由其制备的大多数 TPO 在高达 140℃仍保持有用的性能。对于长期暴露于高温，材料的耐老化性能与硬相畴的熔融温度同等重要。添加抗氧剂和抗降解剂可以确保氧化稳定性。最稳定的 TPO 产品可承受高达 125℃的工作温度[14]。对于低温性能，较软等级的 TPO 通常具有低于 80℃的脆性温度。图 7.4 是当温度降低时邵尔 A 硬度为 80 的 TPO 的刚度变化。

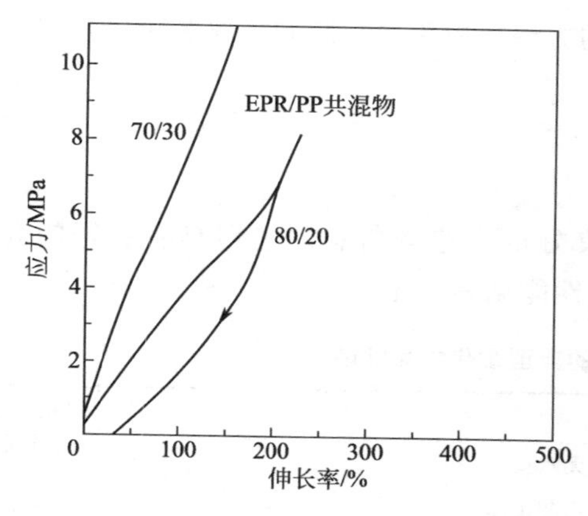

图 7.3 乙烯-丙烯无规共聚物和全同立构聚丙烯共混物的应力-应变性能（显示从 200%伸长率返回）

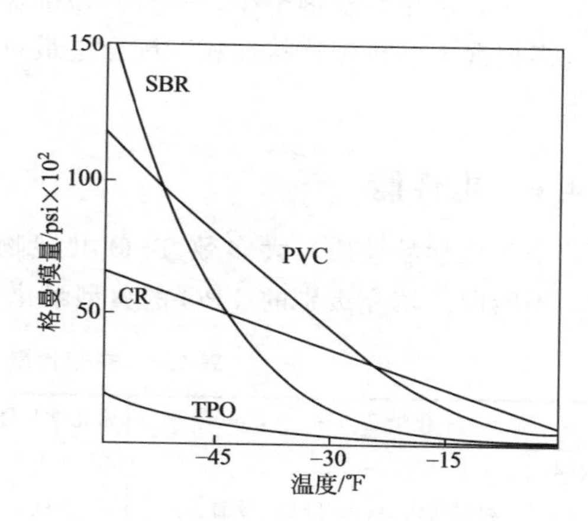

图 7.4 低温格曼（Gehman）刚度（经 Springer Verlag 许可）

7.4.3 耐候性

大多数热塑性聚烯烃（TPO）是由主链中不含不饱和链段的聚合物制成的。因此，在暴露于阳光和室外的时候，它们不易受臭氧破坏并保留原有的物理性能[15]。然而，在户外曝光时，不应该假定它们具有耐光老化性。聚合物本身不变色，但可能会引起某些配合成分变色[16]。因此，必须加入特殊的稳定剂以防止室外暴露时变色。

7.4.4 耐化学品性

烯烃类热塑性弹性体的耐溶剂和耐流体随着等级而变化。所有 TPO 产品不受水或化学品的水溶液的影响，并且耐酸和耐碱。烃类溶剂倾向于溶胀和软化 TPO 产品。对于较软等级的 TPO，这种影响更为显著。通用 TPO 的耐化学品性见表 7.3。

表 7.3 半结晶 EPDM-聚烯烃共混物的性能

共混物①				
EPDM/质量份	80	80	80	80
EPDM 结晶度(质量分数)/%	12.9	2.7	12.9	2.7
LDPE②/质量份	20	20	—	—
HDPE③/质量份	—	—	20	20
物理性能				
拉伸强度/MPa	15	5.4	14.5	7.6
拉断伸长率/%	730	940	720	880

① 由开炼机制备，温度约为 150℃（302℉）。
② 低密度聚乙烯（相对密度为 0.95）。
③ 高密度聚乙烯（相对密度为 0.92）。
注：参考文献［13］。

7.4.5 粘接

TPO 的化学惰性、低表面能使其与其他材料粘接困难。对于低表面能、未经处理的聚烯烃表面，可用胶黏剂很少，并且必须确保粘接对于预期的应用具有足够的强度和耐久性。在许多情况下，机械连接或相互配合是最可靠的方法。应用热熔胶和厌氧胶可以获得很好的效果[17]。

7.4.6 电性能

由于化学品性质，大多数 TPO 共混物是良好的电绝缘材料。它们具有良好的介电强度，不吸湿。填充级别的 TPO 的典型耐化学品性能见表 7.4。

表 7.4 热塑性聚烯烃的典型耐化学品性能

化学品名称	耐化学品性能	化学品名称	耐化学品性能
丙酮	优	无水溴	良
美国测试和材料协会(ASTM)1 号油	良	乙酸丁酯	优
ASTM 3 号油	良	丁醇	优
ASTM 燃料 B	差	牛油	良

续表

化学品名称	耐化学品性能	化学品名称	耐化学品性能
含水次氯酸钠	优	异辛烷	差
铬酸	优	JP 喷气燃料	差
洗涤剂	优	甲醇	优
乙酸乙酯	良	丙烯酸甲酯	良
乙醇	优	Skydrol 500B	良
乙二醇	优	碳酸钠	优
甲醛	优	氢氧化钠	优
甲酸	优	稀硫酸	优
糠醛	优	四氢呋喃	差
正己烷	差	甲苯	差
盐酸	优	水	优
含水过氧化氢	优		

注：摘自 Handbook of thermoplastic elastomers. In：Walker BM，Rader CP，editors. 2nd ed. New York：Van Nostrand Reinhold Co.；1988。

7.5 热塑性聚烯烃的加工

热塑性聚烯烃（TPO）可以在热塑性塑料的标准设备上加工。TPO 产品可以通过注塑、挤出、真空成型、注射吹塑和挤出吹塑等方法制成。由于配合的变化很多，材料可以通过特定的设备和工艺条件来制备。一般来说，TPO 不需要任何特殊处理，并且因为它们不吸湿，所以在加工前不必干燥。如果由于某种原因，TPO 共混物必须干燥（例如供应商的推荐或共混物中使用了吸湿性填料），通常在 80～95℃下干燥 1～2h 就足够了。

7.5.1　注塑

7.5.1.1　设备和工艺条件

TPO 可以在往复式螺杆或柱塞注塑机上进行加工，而优选往复式螺杆机，因为它产生的熔体更均匀，直接影响部件质量。推荐的螺杆压缩比为（2.5∶1）～（3.5∶1）[18]。因为标准的 TPO 材料没有腐蚀性，螺杆可以由标准硬耐钢制成。只有使用卤素阻燃剂时，才可能考虑设备使用耐蚀合金。注塑工艺条件见表 7.5。设备的清洗采用聚丙烯。

表 7.5　热塑性聚烯烃的典型电性能①

性能	测试方法	试验结果
介电强度/(kV/mm)	ASTM D 149	500(19.7)
体积电阻率(23℃,50%)/Ω·cm	ASTM D 257	1.6×10^{16}
耐电弧性/s	ASTM D 495	114
介电常数	ASTM D 150	
60Hz		2.4
1kHz		2.39
1MHz		2.37

① 在厚 0.080in（2.0mm）的模板上测试。

注：摘自 Handbook of thermoplastic elastomers. In：Walker BM，Rader CP，editors. 2nd ed. New York：Van Nostrand Reinhold Co.；1988。

7.5.1.2 模具设计

用于 TPO 的模具的脱模斜度和锥度应该很大，特别是对于较软等级的 TPO[19]。脱模斜度应至少为 3°，以方便部件的顶出。推杆和推板应足够大，以防在较软部件上留下迹印。应避免使用厚肋，因为它们可能会在与肋相对的表面上产生凹痕。通常，浇口的尺寸应大于其他热塑性材料，并应设计成避免可能导致共混物过热的高剪切区域。它们的横断面应根据部件的壁厚选择[19]。

7.5.2 挤出

挤出用于生产型材、管材、片材和软管，用于电线覆胶和电缆护套。

TPO 挤出机的机筒应至少比其内径长 20 倍，最佳比例为（24∶1）～(30∶1)[19]。推荐的螺杆压缩比为（2.7～3.5)∶1，但不高于 3.5∶1，其构型为 1/3、1/3、1/3。单级螺杆足以挤出 TPO 共混物[20]。常用工艺条件见表 7.6。在注塑中，采用聚丙烯清洗设备。

用于 TPO 挤出的模具和口模的设计应尽可能合理。模具应设计最小合模面为 3mm，平滑过渡，并通过单独控制加热。电线覆胶或护套可以是管道或压力型设计，引入角度为 22°～35°。标准柔性模唇、衣架式挤出口模适用于挤出 TPO 板材。模唇应有至少 25mm 的带长度，应设置牵伸为 30％～50％，较薄的薄片需要较少的牵伸[21]。

表 7.6 热塑性聚烯烃常用注塑参数

设备参数	常用值
合模压力	每平方英寸(in^2)投影部分面积 3～5t(41.3～68.9MPa)
注嘴长度	尽可能短
机筒温度分布(标称值)	
注嘴	215℃
前区	215℃
中区	210℃
后区	204℃
模具温度范围	
模腔	29～52℃
模芯	24℃
热流道、集料管和尖梢温度	215℃
注塑压力	
高	500～1500psi
低	350～100psi
背压范围	
缓冲	6.35～12.7mm
熔体释压	最大限度地消除喷嘴滴料
注塑速度	中速至快速，常用范围 10～80mm/s
螺杆速度	中速，常用范围 50～100r/min

注：1. 摘自 Injection Molding，Processing and Troubleshooting. Solvay Engineered Polymers. Auburn Hills (MI)。
2. 参考文献 [18]。

7.5.3　其他加工方法

压延可用于制造厚度为 0.127～1.27mm 的片材和薄膜。四辊压延机最适合此工艺。常用的辊温如下：

① 上辊为 177℃；

② 中辊为 149℃；

③ 下辊为 135℃。

最低胶料温度要求是 177℃，以提供均匀的熔体和光滑的片材。压延的片材可以使用常规方法压花[22]。由于具有较高熔体强度的 TPO 等级 [23,24]和专有技术的发展，热成型已经成为大型汽车零件的重要制造方法。负热成型（即将加热的片材拉入模腔）已经用于制造汽车仪表板的 TPO 表皮，结果改善了外观[25]。吹塑用于内饰和底层空气管道，高熔点强度的 TPO 采用该方法制造（表 7.7）[26]。

表 7.7　热塑性聚烯烃常用挤出参数

参数	温度范围/℉(℃)
机筒温度	
后区	350～370(177～188)
中区	370～390(188～199)
前区	390～410(199～210)
合模温度	380～400(193～204)
口模接套温度	380～400(193～204)
换网器温度	390～410(199～210)
口模温度	380～410(193～210)
熔体温度	370～400(188～204)

注：摘自 TPO Profile Extrusion Guide. Solvay Engineered Polymers. Auburn Hills (MI)。

糊料模铸法主要用于增塑聚氯乙烯（PVC），目前该方法在汽车内饰零件中采用粉末状 TPO 材料代替 PVC。通过低温粉碎制备的 TPO 粉末比 PVC 更能保持延展性（2 倍长），与 PVC 相比，在较低温度下仍保持韧性，并且不会引起起雾。与在此方面应用的 TPU 相比，它相当便宜[27,28]。由于其良好的黏度特性，发泡 TPO 相当容易制备。可以使用几种方法，具体取决于用途。通常使用化学发泡剂[29～31]、物理发泡剂（例如 CO_2）或超临界气体[32]进行发泡。这些部件可以通过注塑、压塑或挤出方法来制造。通用的泡沫 TPO 的密度为 700kg/m^3。

7.6　热塑性聚烯烃喷涂

大量热塑性聚烯烃（TPO）制造的零件应用于汽车。因此，它们必须与汽车的其他部件一样可以喷涂，以便与其他车身面板的漆面匹配。如第 7.4.5 节所述，具有聚烯烃基底的 TPO 的表面与大多数涂料不容易反应。为了与涂料有足够的黏附性，必须通过改性，在 TPO 的表面产生极性基团，以获得反应性表面。可以通过以下表面预处理来实现[33,34]：

① 电晕放电；

② 等离子体处理；

③ 火焰治疗；

④ 化学处理（铬酸或高锰酸钾）；

⑤ 采用粘接促进剂底漆。

溶解在芳族溶剂中的氯化聚烯烃已经长期作为粘接促进剂使用[34]。最近，也使用其他粘接促进剂，例如非氯化黏附促进剂体系和水性粘接促进剂体系（图 7.4）[34]。

7.7 新产品开发

将烯烃嵌段共聚物（OBC）引入市场，为在各种应用中替代柔性 PVC 和苯乙烯嵌段共聚物（SBC）（TPEs 型）提供了新的机会。

大多数 OBC 是具有高结晶度硬段以及半结晶至无定形软段的弹性体材料。硬段的结晶相畴提供了弹性体性质所必需的网络连接。这些材料对于生产邵尔 A 硬度 50～80 的软共混物特别有用。软共混物是弹性体、油和硬聚合物（聚丙烯或高密度聚乙烯）的混合物。OBC 也适合发泡。当 OBC 替代柔性 PVC 时，含有较少的挥发性排放物。OBC 改善了耐磨性和耐紫外光降解性。当 OBC 替代苯乙烯-乙烯/丁烯-苯乙烯（SEBS）时，显示降低的可萃取物、良好的力学性能和较低的气味。然而，在耐油性、压缩永久变形、拉伸性能和流动性能方面还有局限性。当 OBC 与 SEBS 共混时，共混物的弹性行为得到改善。随着 SEBS 用量的增大，压缩永久变形降低。一项研究对纯 OBC、纯 SEBS 和 OBC 共混物（含油和聚丙烯）的产品在不同情况下的使用寿命进行了详细分析。结果表明，与该研究中的其他材料相比，OBC 受环境的影响更小（表 7.8）[35]。

表 7.8　推荐的热塑性聚烯烃热成型条件

参数	条件
片材温度	160～182℃
模具温度	77～88℃
部件移出温度	60～77℃
最低真空值	635mmHg(1mmHg=133.322Pa,余同)
干燥温度	49～82℃①

① 通常不需要干燥。然而，在上述条件下干燥 1～4h 可能产生更好的表面和最佳的片材性能。

注：摘自 Troubleshooter's Guide to Thermoforming TPO Materials. Solvay Engineering Polymers. Auburn Hills (MI)。

API SpA（意大利热那亚）是一家历史悠久的生产软质热塑性树脂的公司，推出新的 NEOGOL 系列弹性体共混物，其主要基体由烯烃嵌段共聚物组成，材料表现出优异的耐 UV 辐射和老化性能。NEOGOL 系列产品的邵尔 A 硬度范围为 35～90 ，适于注塑加工。因为它们与聚乙烯和聚丙烯相容，所以可以通过再注塑加工。它们可以成为 PVC 的完美替代品，以获得无卤材料和替代普通热塑性弹性体（TPEs），用于需要特殊美学特性、良好的模具流动和填充等方面的应用。这种材料在个人护理、儿童保育、医疗、汽车、电气和电子产品方面也有潜在的用途。特殊配方适合与食物的接触[36]。

NOTIO SN 是具有间同立构可控纳米结构的烯烃热塑性弹性体。它是通过使用专有的茂金属催化剂生产的。该聚合物透明且密度低，具有柔性、优异的耐磨性和耐划伤性，并且具有高弹性。它可以通过挤出和压延加工，制造商计划将其用于制造汽车部件的合成革[37]。

参考文献

[1] Kresge EN. In: Holden G, Kricheldorf HR, Quirk RP, editors. Thermoplastic elastomers. 3rd ed. Munich: Hanser Publishers; 2004. p. 93.
[2] Kresge EN. Rubber World 1993;208(2):31.
[3] Kresge EN. Rubber Chem Technol 1991; 64(3): 469.
[4] Holden G. Understanding thermoplastic elastomers. Munich: Hanser Publishers; 2000. p. 55.
[5] Holden G. Understanding thermoplastic elastomers. Munich: Hanser Publishers; 2000. p. 56.
[6] Ullmann's Encyclopedia of Industrial Chemistry, vol. A26. Weinheim, Germany: VCH Verlagsgemeinschaft; 1995, p. 636 [chapter 1].
[7] Ullmann's Encyclopedia of Industrial Chemistry, vol. A26. Weinheim, Germany: VCH Verlagsgemeinschaft; 1995, p. 635 [chapter 1].
[8] Kresge EN. In: Holden G, Kricheldorf HR, Quirk RP, editors. Thermoplastic elastomers. 3rd ed. Munich: Hanser Publishers; 2004. p. 110.
[9] Kresge EN. Elastomeric blends. J Appl Sci: Applied Polym Symp 1984; 39: 37.
[10] Schedd CD. In: Walker BM, Rader CP, editors. Handbook of thermoplastic elastomers. 2nd ed. New York: Van Nostrand Reinhold Company; 1988. p. 53.
[11] Fischer WK. U. S. Patent 3,835,201; September 1974 to Uniroyal Inc.
[12] Kresge EN. In: Holden G, Kricheldorf HR, Quirk RP, editors. Thermoplastic elastomers. 3rd ed. Munich: Hanser Publishers; 2004. p. 112.
[13] Kresge EN. In: Holden G, Kricheldorf HR, Quirk RP, editors. Thermoplastic elastomers. 3rd ed. Munich: Hanser Publishers; 2004. p. 113.
[14] Schedd CD. In: Walker BM, Rader CP, editors. Handbook of thermoplastic elastomers. 2nd ed. New York: Van Nostrand Reinhold Company; 1988. p. 54.
[15] Billinger JH, Bank SA. "Thermoplastic elastomers for flexible body components". Paper No. 76039 at National Automotive andManufacturing Meeting, SAE, Dearborn (MI); October 1976.
[16] Billinger JH, Bank SA. "Durability of olefinic thermoplastic elastomers". Paper No. 76028 at National Automotive and Manufacturing Meeting, SAE, Dearborn (MI); October 1976.
[17] Vanderkooi JP, Goettler LA. Bonding olefinic elastomers. Rubber World 1985;192(2): 38.
[18] Shedd CD. In: Walker BM, Rader CP, editors. Handbook of thermoplastic elastomers. 2nd ed. New York: Van Nostrand Reinhold Company; 1988. p. 59 [chapter 3].
[19] Shedd CD. In: Walker BM, Rader CP, editors. Handbook of thermoplastic elastomers. 2nd ed. New York: Van Nostrand Reinhold Company; 1988. p. 60 [chapter 3].
[20] Shedd CD. In: Walker BM, Rader CP, editors. Handbook of thermoplastic elastomers. 2nd ed. New York: Van Nostrand Reinhold Company; 1988. p. 61 [chapter 3].
[21] Shedd CD. In: Walker BM, Rader CP, editors. Handbook of thermoplastic elastomers. 2nd ed. New York: Van Nostrand Reinhold Company; 1988. p. 62 [chapter 3].
[22] Morris HL. In: Walker BM, editor. Handbook of thermoplastic elastomers. New York: Van Nostrand Reinhold Company; 1979. p. 63.
[23] Plastics Technology. November 2002, p. 39.
[24] Walton K. Paper #101501, SPE-ANTEC. May 1-5, 2005, Boston (MA).
[25] Orgando J. Design news. May 6, 2002.
[26] Solvay Engineering Polymers, Delflex B-1012, Data Sheet.
[27] Plastics Technology. December 2001.
[28] Patel S, Kakarala N, Ellis T. SAE Technical Paper Series 2005-01-1224, SAE World Congress. April 11-14, 2005, Detroit (MI).
[29] Lauer E, Allman M. U. S. Patent 6,355,320; March 2002, to Nomacorc.

[30] Celogen Foaming Agents, Injection Molding with Celogen, Crompton Corp. August 14, 2003.
[31] Exact Plastomers, Publication 119-0402-100. Exxon Mobil Chemical.
[32] Eller R. Paper on SPE Automotive TPO Global Conference. October 3e6, 2004, Dearborn (MI).
[33] Lawniczak J, Callahan M. International Coatings for Plastics Symposium. May 20e22, 2002, Troy (MI).
[34] Ryntz R, Buzdon B. Prog Org Coatings 1997; 32:167.
[35] Henschke O. "Olefin block copolymersea sustainable solution for TPE compounds". Paper 13 at the Thermoplastic Elastomer 2013 Conference. October 2013. Düsseldorf (Germany).
[36] "API launches new Neogol series". TPE Mag Int, vol. 5 (4/2013); October 2013. p. 208.
[37] Sannomyia N. "New TPE solutions for synthetic leather in automotive and other markets". Paper 7 at the Thermoplastic Elastomer 2013 Conference. October 2013. Düsseldorf (Germany).

第8章 含卤素聚烯烃热塑性弹性体

8.1 概述

弹性体大分子中卤素原子的存在使它们具有非常有利的性能，例如耐溶剂性、阻燃性，并且在烃类溶剂和油中的溶胀较少。包含卤素的热固性弹性体，例如聚氯丁二烯、氯化聚乙烯、含氟弹性体、氯化丁基橡胶和溴化丁基橡胶已经在商业上被使用了数十年。然而，含卤素的热塑性弹性体是相对较新的，其中一些目前仍在开发中。

第一种具有橡胶状特性并仍保持热塑性的含卤素聚合物是增塑聚氯乙烯（PVC）。用于此目的的增塑剂是低分子量液体和高分子量固体[1~5]。然而，真正的热塑性弹性体是PVC与交联的聚合物或弹性聚合物的共混物。第一种材料是PVC与丙烯腈-丁二烯橡胶（ASTM名称为NBR）的共混物，主要是柔性PVC制造商作为专有共混物制备的。PVC也与其他弹性体如共聚酯弹性体（COPE）和热塑性聚氨酯（TPU）相容，这种共混物是具有独特性能的热塑性弹性体。另一种含卤素的热塑性弹性体（TPE）是由杜邦公司开发的ALCRYN。它是一种在20世纪80年代后期引入的可熔融加工的橡胶（MPR），是完全配合好的造粒产品，可直接用于生产。可以采用通常用于加工热塑性塑料的设备（例如注塑机、挤出机、压延机等）进行加工。

8.2 聚氯乙烯/丁腈橡胶共混物

在1970年之前，人们将聚氯乙烯（PVC）加入到丙烯腈/1,3-丁二烯共聚物（丁腈橡胶，NBR）中以改善其硫化橡胶的耐臭氧性和耐溶剂性。后来，以包装形式提供的NBR以粉末形式开发和商业化，专门用于PVC加工。到20世纪80年代中期，已经提供了更多的等级，包括食品等级和加工等级。当PVC是主要聚合物时，会产生PVC与NBR的热塑性共混物。通常，它们还含有用于PVC的液体PVC增塑剂，例如邻苯二甲酸酯或己二酸酯、填料、稳定剂等。这些共混物填补了常规液体增塑PVC（PVC浆料）和常规NBR-硫化橡胶之间的空白。PVC-丁腈橡胶共混物的外观和感觉都是橡胶状的。它们在低温下是柔性的，撕裂强度高，压缩变形小，耐磨性好，并且当浸入油或溶剂中时表现出最小的溶胀或抽出[6]。影响加工行为和最终性能的重要复配变量是：

① PVC/NBR比例；

② 丙烯腈（ACN）在NBR中的含量；

③ NBR的门尼黏度；

④ PVC的分子量；

⑤ 液体增塑剂的种类和用量；

⑥ 使用的稳定剂类型；

⑦ 加入的填料的种类和用量。

通常，用于这种共混物的NBR弹性体应具有30%～40%的丙烯腈（ACN）以获得单相均匀共混物，ACN最佳含量为40%[7]。差示热分析[8]揭示单相材料呈现单一玻璃化转变温度（T_g），位于两种聚合物的T_g值之间。电子显微镜观察也表明不存在两相[9]。一些研究报道了两个T_g值[10]，微区富含一个组分或另一个组分[11]，这表明这些共混物的形态相当复杂。使用的NBR可以是无交联或含不同量的交联。不含交联的NBR的共混物具有低黏度，因此加工需要相对低的能量。这在PVC的热降解发生之前给予了更宽的加工温度。较低黏度的共混物适用于注塑。具有部分交联的NBR的共混物具有最低的离模膨胀，使得它们特别适用于挤出或压延。提高交联密度的NBR共混物表现出较低的压缩永久变形。

8.2.1 熔融混炼和加工

如前所述，用于与聚氯乙烯（PVC）混合的丁腈橡胶（NBR）采用自由流动的粉末形式，适用于PVC技术中常见的处理和混合。这些粉末由平均尺寸约为0.5mm（0.02in）的颗粒组成，并含有约10%的隔离剂，隔离剂可以是PVC、碳酸钙或白炭黑[12]。在PVC吸收了所有液体增塑剂（“干点”）后，通常将NBR粉末加入到干共混循环中。添加NBR粉末的PVC共混物的温度不应高于40℃（104℉），以避免橡胶聚集[13]。

共混可以在常规的热塑性塑料混合设备中进行，例如低强度或高强度混炼机、单螺杆挤出机和双螺杆挤出机、连续混炼机和捏合机。制成的共混物可以在加工之前进一步熔融混合成粒料，或直接用于生产成品。近年来，完全配合的商业PVC-NBR共混物已经作为柔性乙烯基、中等性能弹性体和“内部”制备的PVC/NBR共混物的替代品销售。

8.2.2 物理机械性能

PVC-NBR共混物的物理性能与中等性能的热固性橡胶材料的物理性能相似。三种不同PVC/NBR共混物[14]的应力-应变曲线如图8.1所示。显然，随着NBR交联和黏度的增加，共混物的刚度稍微增大，而伸长率降低。

其他物理和力学性能见表8.1。可以看出，随着交联的增加，在低温和高温下的压缩永久变形略有改善，其他性能没有显著影响。在高达121℃（250℉）的温度下，典型的PVC/NBR共混物和两种常用的热固性橡胶材料的物理性能相似。在室温下，共混物的拉伸强度与热固性橡胶的拉伸强度相当，但在较高温度下，共混物的拉伸强度相当低[9]。含有轻微交联的NBR的共混物的相对较高的拉伸强度可归因于弹性体中的交联，以及PVC与NBR之间的强氢键结合。随着温度升高，氢键逐渐变弱，最终拉伸强度仅取决于部分交联的NBR。因此，这些力学性能值不能与完全交联的弹性体的值相匹配。液态低分子量增塑剂用于改善在低温下PVC/NBR共混物的柔韧性。要保持共混物在某些液体中（如ASTM参考燃料B）的低温柔韧性和耐

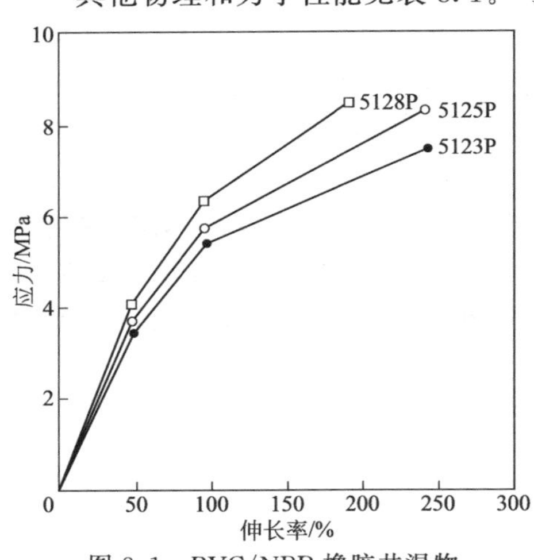

图8.1 PVC/NBR橡胶共混物的应力-应变曲线

溶胀性，己内酯和三甘醇酯类增塑剂比邻苯二甲酸酯类更有效。

表 8.1　柔性聚氯乙烯/粉末状丁腈橡胶共混物

等级	5123P	5125P	5128P
NBR 橡胶性能			
丙烯腈质量分数/%	33	33	33
门尼黏度	30	55	80
预交联	无	中	高
邵尔 A 硬度			
瞬时	68	68	69
延迟 15s	64	64	63
泰伯磨耗[H-18 轮,1000g 负载,2000r(转)]/g	0.657	0.644	0.713
撕裂强度(ASTM D 624,"C"形试片)/(kN/m)	38.5	42	40.3
脆性温度(ASTM D746)/℃	−36	−37	−36
压缩永久变形(ASTM D 395,B22h,压缩 25%)/%			
23℃	23	20	19
100℃	71	70	65

注：参考文献［14］。

8.2.3　其他性能

PVC/NBR 共混物在 ASTM 参考燃料 B 中表现出良好的抗溶胀性。随着 NBR 组分交联度增加，溶胀度略有降低。含有邻苯二甲酸二辛酯（DOP）的共混物在 ASTM No.1 油中溶胀期间过度硬化，并同时显示小体积的溶胀。这归因于在浸渍期间 DOP 的抽出[14]。在这种情况下，使用抗溶胀介质提取的聚合物增塑剂可以减轻抽出的问题，尽管配方成本略高一些。

因为丁腈橡胶含有双键，因此易于氧化。如果需要长时间耐老化，为了防止氧化的发生，必须将抗氧剂加入到共混物中。没有抗氧剂的共混物会变脆，并且在 113℃（235℉）的烘箱中老化 1 周时，其伸长率显著降低并且变硬[15]。抗氧剂的添加导致伸长率的降低较少，但当共混物含有液体增塑剂时，该共混物仍然会变硬。变硬是由于增塑剂的挥发性而导致其损失。如上所述，使用非挥发性聚合物增塑剂将使共混物的硬化最小化。PVC/NBR 共混物对紫外线辐射没有足够的耐受性，因此如果要长时间暴露于室外，则需要添加足够的 UV 保护剂。这将包括加着色剂（二氧化钛、氧化锌或炭黑）或紫外线吸收剂，或两者的组合。

8.3 聚氯乙烯与其他弹性体的共混物

8.3.1　聚氯乙烯/COPEs 共混物

COPEs 是可结晶的对苯二甲酸丁二醇酯（4GT）硬段和无定形弹性聚四亚甲基醚二醇（PTMEG-T）软链段组成的无规嵌段共聚物，与增塑的聚氯乙烯（PVC）相容（见第 12

章)。它们的共混物将COPEs的弹性性质与增塑聚氯乙烯的优异加工特性相结合[16]。用于这些共混物的COPEs通常是低熔点，通常含有约33%的4GT并在180℃(356℉)以下熔融。将COPEs添加到增塑PVC配方中可改善其低温柔韧性和抗冲击性、耐磨损和抗撕裂性以及耐油和耐燃料性[17]。加入25%的COPEs就能改善这些性能，但也增加了室温下的硬度和抗扭模数[18]。含有等量的PVC和COPEs的共混物显示的性能明显优于常规增塑PVC。PVC/COPEs共混物在浸油前后都具有优异的低温柔韧性、耐热老化性、耐磨性和较高的扯断伸长率。另外，它具有良好的电性能(介电强度、体积电阻)、良好的耐水性、耐化学性和耐割口增长性。因此，它应用于电线电缆，如电缆护套共混物[17]。

必须保护室外应用的共混物免受紫外线(UV)辐射的影响。典型的保护剂包括紫外吸收剂(例如苯并三唑)、光稳定剂(例如受阻胺)、0.1～0.2质量份(每百份橡胶份数)的受阻酚抗氧剂和少量金红石二氧化钛。如果颜色不是问题，少量的炭黑(通常为2.5质量份)可以提供有效的UV屏蔽[17]。

通过使用高强度混合器或加热的带式混合器以标准方式混合悬浮法PVC与增塑剂、稳定剂等来制备共混物的PVC组分。可以在熔融配混之前将COPEs混合到增塑的PVC粉末混合物中，PVC和COPEs可以计量，不受熔融混炼设备(如班伯里密炼机、捏合机或单螺杆或双螺杆混合挤出机)的限制。最高熔融温度应小于190℃，以防止PVC的降解。将产品干燥至含水量低于质量分数0.10%，并包装在防潮包装中[19]。

PVC/COPE共混物用热塑性塑料的标准设备进行加工，如注塑机和挤出机。由于COPEs在加工温度下倾向于降解，因此绝对需要将该共混物干燥。熔体温度不得超过190℃，理想的应保持在160～170℃范围内，必须保持最低的热历史，以防止PVC组分的降解[19]。

8.3.2 聚氯乙烯/热塑性聚氨酯弹性体共混物

热塑性聚氨酯弹性体(TPU)(详见第9章)是由非晶态或低熔点软段和结晶熔点高于室温的刚性硬段组成的多嵌段共聚物。许多TPU与PVC相容，它们的共混物只显示出一个主要的玻璃化转变温度，其在温度范围的位置随着PVC用量的增大而升高[20]。

PVC/TPU共混物的熔融混合和后续加工与上一节中讨论的PVC/COPE共混物非常相似。由于PVC的热敏感性，只有最软的TPU(即邵尔A硬度值为80的TPU)可以安全熔融混合。PVC/TPU共混物在加工过程中对湿度也很敏感，因此必须将其干燥至含水量低于质量分数0.03%，以保持最佳性能[21]。

当PVC/TPU共混物在户外暴露时，为了保护其免受紫外线辐射，建议使用用于中性或彩色共混物的苯并三唑紫外线吸收剂，用量达到质量分数2%，黑色配方建议使用炭黑，用量达到质量分数5%。抗氧剂(如受阻酚或有机硫类)将延长产品在户外暴露下的寿命[21]。PVC与TPU的共混物将TPU的韧性与PVC的刚度和高模量相结合。通过将PVC与不同硬度等级的TPU混合，并将不同量的增塑剂加入到PVC树脂中，可以获得较宽范围的硬度值。PVC/TPU(70/30)共混物在各方面的性能等同于商业增塑PVC共混物，但显示出更好的耐磨性和低温柔韧性。PVC/TPU共混物的耐油性也优于增塑PVC共混物。在室温下将PVC/TPU共混物在ASTM 3号油中浸泡7d，对体积溶胀的影响可以忽略不计，并且不会降低撕裂强度。弯曲性能随着TPU含量的增加而提高：在浸油后，含有质量分数30%TPU的共混物的耐屈挠龟裂性和割口增长性能显著优于具有相同硬度的商业增塑PVC

材料，并且随 TPU 比例增加，这种趋势会增加[21]。对于耐油性，TPU 含量最好为质量分数 40%。对于其他性能，TPU 含量最好为质量分数 50%[14]。

8.4 可熔融加工橡胶

熔融加工橡胶材料被描述为“专有乙烯互聚物和氯化聚合物的合金，其中乙烯组分已被部分原位交联”[22]。它们由具有单一 T_g 的分子混溶性聚合物的共混物组成（见图 8.2）。这些聚合物可用于含有不同添加剂（例如炭黑、黏土、增塑剂和稳定剂）的共混物，这些添加剂使材料具有所需的加工特性和最终用途。

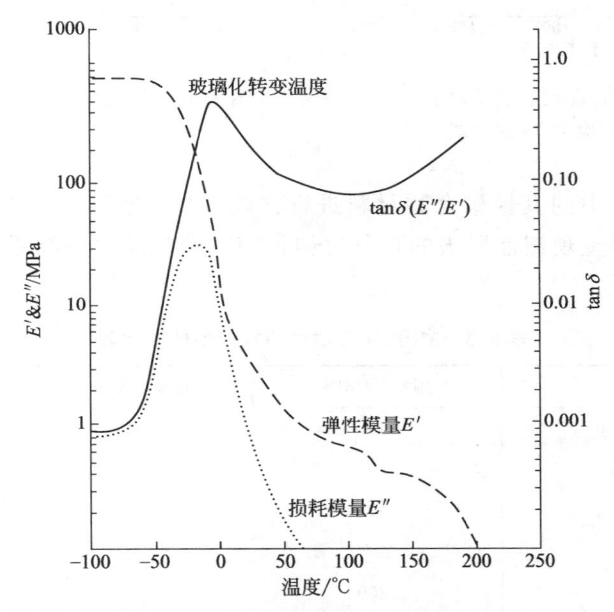

图 8.2　邵尔 A 硬度 70 的 MPR 的玻璃化转变温度（来自 Rheovibron 数据）

8.4.1　物理机械性能

不同于两相材料，大多数其他热塑性弹性体（例如 S-B-S 和动态硫化热塑性硫化胶）都是单相，主要是非晶体的聚合物体系，柔软且有弹性，具有良好的弹性复原能力。它们的应力-应变曲线基本上与典型的交联热固性弹性体相同（见图 8.3）。由于橡胶的固有性质，与被称为热塑性弹性体（TPU）和热塑性硫化橡胶（TPVs）的两相体系相比，它们被定义为可熔融加工橡胶（MPR）。

当将 MPR 与 TPV、硫化的 NBR 和硫化聚（氯丁二烯）（ASTM 称为 CR）在邵尔 A 硬度约为 70 下进行比较时，可以清楚地看出，MPR 的应力-应变曲线的初始斜率几乎与 NBR 和 CR 相同。因为初始斜率是材料硬度的度量，所以 TPV 的的斜率表明，TPV 材料在相同硬度下的刚度比其他材料大得多。在伸长率为 25%时，TPV 的定伸强度比其他材料高约三倍。除了刚度更大，TPV 通过在伸长率约为 35%时产生塑性行为，而 MPR、NBR 和 CR 在伸长率超过 100%时仍保持高弹性。将具有相等硬度的 MPR 与 TPV 的滞后曲线进行比较（图 8.4），表明 MPR 更具弹性，但滞后比 TPV 低得多。因此，基于上述观察和现场经验，

MPR 被认为是真正的橡胶[23]。

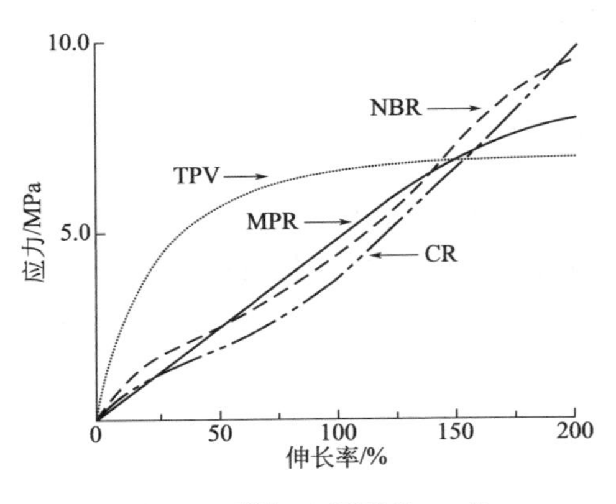

图 8.3 邵尔 A 硬度为 70 的不同材料的应力-应变曲线

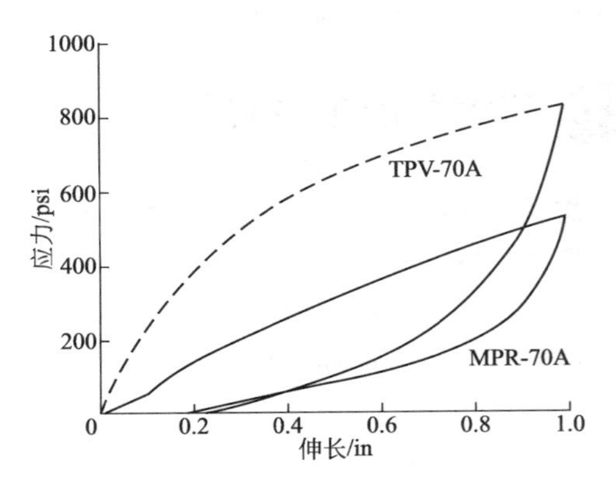

图 8.4 滞后曲线：MPR 和 TPV 的比较
(1in=0.0254m)

MPR 也与表 8.2 中的其他聚合物材料进行比较。根据刚度（应力-应变曲线的初始斜率）、屈服应变（材料呈现塑性屈服的百分比伸长率）和拉断力的结果，表明 MPR 是该组中最像橡胶的材料。

表 8.2 MPR 与其他材料拉伸性能的比较

材料	刚度①/MPa	屈服应变②/%	拉伸强度③/MPa
CR 硫化胶(邵尔 A 硬度 70)	10	>100	10
MPR(邵尔 A 硬度 70)	10	>100	10
TPV(邵尔 A 硬度 70)	40	35	12
共聚酯(邵尔 D 硬度 70)	200	10	35
尼龙	1200	3	80

① 应力-应变曲线的初始斜率。
② 材料显示塑性屈服的伸长率。
③ 拉断力。
注：摘自：Holden G，Legge NR，Quirk RP，Schroeder HE，editors. Thermoplastic elastomers，2nd ed. Munich：Hanser Publishers；1996。

像其他热塑性弹性体一样，MPR 的高温压缩永久变形和蠕变比热固性橡胶材料差（见表 8.3）。在估计的使用温度下的力学性能保持率，以及热老化后而不脆化的保持率方面，与 TPV 和共聚酯[24]相比，MPR 在 120℃、135℃和 150℃的性能分别略低于 TPV 和共聚酯。

表 8.3 MPR 与其他弹性体压缩永久变形和蠕变的比较

弹性体	压缩永久变形①/%	压缩蠕变②/%	拉伸蠕变③/%	应力松弛④/%
MPR1	78	31	—	21
MPR2	—	—	40	—
EPDM	79	18	—	25
COPE	91	9	—	19
SEBS	—	—	90	—
NBR	46	18	30	15

续表

弹性体	压缩永久变形①/%	压缩蠕变②/%	拉伸蠕变③/%	应力松弛④/%
TPV	68	50	170	30
TPU	100	26	—	30

① 压缩25%，恒定应变，1000h，212℉。
② 压缩25%，恒定负荷，1000h，室温。
③ 拉伸10%，恒定负荷，1000h，室温。
④ 压缩15%，1000h，室温。
注：参考文献［23］。

MPR的摩擦系数是MPR的另一个有吸引力的特性。例如，硬度邵尔A为70的MPR的摩擦系数大于1.0，而大多数热固性橡胶材料的摩擦系数范围在0.4至稍大于1.0的范围（见表8.4）。MPR的摩擦系数几乎是类似的TPV和苯乙烯TPEs的两倍[25]。

表8.4 不同弹性体材料的摩擦系数①

材料	干			湿		
	钢	玻璃	Lucite®	钢	玻璃	Lucite®
EPDM橡胶	3.1	3.5	3.9	2.2	1.0	2.2
CR(氯丁橡胶)	2.2	1.4	3.8	1.3	1.3	1.0
MPR(邵尔A硬度60)	2.6	2.6	1.8	1.4	0.4	1.5
MPR(邵尔A硬度70)	2.3	2.8	2.7	1.2	0.5	1.5
TPV(邵尔A硬度70)	0.9	0.8	1.2	0.7	0.6	0.8
S-EB-S(Kraton® G)	0.9	1.3	2.2	0.8	0.9	1.0

① ASTM D 1894。
注：摘自Alcryn®，Tech notes，COF (2/98)，Advanced Polymer Alloys，Wilmington (DE)。

8.4.2 耐化学性

相对于热塑性弹性体，MPR有很好的耐液体性能。一般来说，较硬的MPR比较软的溶胀稍微小一些，但差异很小。

MPR具有高的耐油性，优于硫化聚氯丁二烯（CR）或氯磺化聚乙烯（CSM），而与丙烯腈含量中等（33%）的丁腈橡胶（NBR）相当。MPR比TPV更耐石油类油、油脂、燃料和溶剂，在100℃下的烃类化合物油中浸泡7d后，MPR的体积溶胀量不到TPV的一半。在这种条件下，苯乙烯类嵌段共聚物（SBC）将几乎全部溶解。

MPR还耐大多数无机酸、碱、乙二醇和其他汽车液体（专有液压油SKYDROL 500除外）、硅油（不同于TPV）、锂润滑脂、杀虫剂和农用喷雾剂、矿物油和植物油以及燃料（汽油、柴油和煤油）。MPR耐ASTM参考燃料A和B，耐无铅汽油和汽油的性能还算好，但耐ASTM参考燃料C和D的性能较差。MPR耐醇、胺和链烷烃，但耐芳烃性能差，耐酮、酯和氯化溶剂的性能更差[26]。

8.4.3 耐候和阻燃

MPR具有饱和的聚合物主链，因此不受臭氧侵蚀，其耐阳光、耐紫外线辐射和耐候性能比其他热塑性弹性体（SBC、TPV、TPU和COPE）以及许多热固性橡胶材料好得多。黑色等级的MPR没有添加任何抗降解剂，但在室外长期暴露，性能仍保持不变。然而，对于浅色等级的 MPR，如果需要提高耐候性，则需要添加光稳定剂，如受阻胺光稳定剂（HALS）和苯并三唑。因为大多数 MPR 等级含有质量分数 9%～20%的氯，所以出售时已是阻燃的，其中有几个 MPR 等级甚至具有 UL-94 HB（水平燃烧）级别[27]。对于更高阻燃等级（UL-94 V-0，垂直燃烧）的 MPR，必须加入阻燃剂（如三氧化锑）。

8.4.4 电性能

MPR 等级仅适用于低电压（600 V）[28]，但其主要优点是能够消散静电电荷。表 8.5 [29]提供了一些可比数据。通过添加导电填料可以获得半导体材料，可以进一步增强该特征。

表 8.5 不同材料的抗静电性能①

材料	静电强度/kV
硬 PVC	10.0
一般商用地毯	3.5
柔性 PVC	2.8
计算机室地毯	2.0
MPR(Alcryn 3065NC)	1.0
Alcryn® 2070NC/柔性 PVC(50/50)	1.0
Alcryn® 2070NC	0.7

① 测试方法 134-1986（纺织化学家和印染工作者协会）。
注：摘自 Alcryn®，Tech notes，Static (10/97)，Advanced Polymer Alloys，Wilmington (DE)。

8.4.5 MPR 的等级

MPR 具有许多橡胶性能，MPR 是独特的，可以用塑料和某些改进的橡胶设备进行加工。自 1986 年进入市场以来，已有大量具有特殊加工行为和物理机械性能（主要是硬度）以及颜色的 MPR 产品供应。完整的列表见参考文献［23］和附录 5。

挤出/压延等级产生如图 8.5 所示的相对黏稠的熔体，非常适合挤出、挤出吹塑和压延。由于所有级别的 MPR 均与氯化塑料相容，因此当与刚性或半刚性 PVC 共挤出时，它们形成完全熔融的挤出物。在这些硬/软复合材料型材中，MPR 在刚性 PVC 支撑件上提供了柔性橡胶密封。

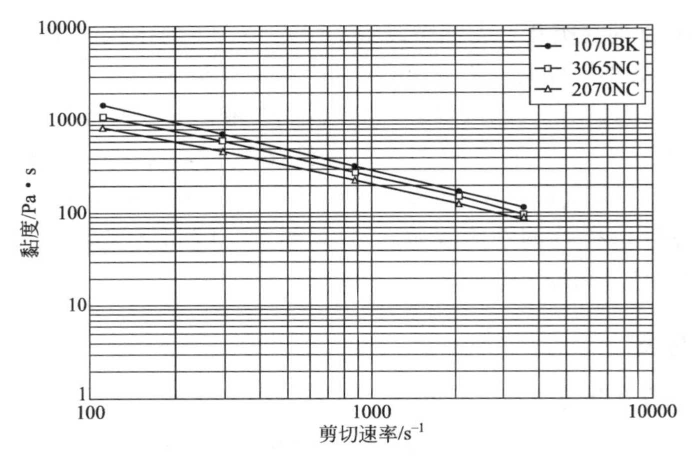

图 8.5 在 190℃下黏度与三个挤出/压延等级的 MPR 的剪切速率的关系

与挤出/压延等级的MPR相比，注塑等级的MPR具有增强的熔体流动性、低的模具收缩率和优异的尺寸稳定性。某些具有增强黏合性能的等级被设计用于包覆成型方面的应用。它们将黏合到硬质塑料，如聚碳酸酯、ABS、SAN、ASA、聚碳酸酯/ABS合金、COPE、TPU和PVC等。

8.4.6 MPR与其他聚合物的共混物

MPR与PVC以各种比例共混都相容，而与某些类型的COPE和TPU相容。这些聚合物都给MPR带来特别的好处[30]：

① PVC降低了成本，提高了抗撕裂性能；

② COPE可提高压缩变形、抗撕裂性能和低温性能；

③ TPU提高韧性、耐磨性和耐油性。

这些组分的共混所获得的性能是共混物中任何单一组分不可达到的，例如MPR和COPE加上柔性PVC的共混物，使性能大大增强。改进之一是通过加入干洗溶剂（全氯乙烯），大大改善了增塑剂抗抽出性，另一改进是耐稠动物脂肪和植物脂肪方面的改善，这通常用于食品加工。这些改进是在不牺牲良好耐洗涤剂性能的情况下实现的，这在这种环境中也是必需的。另外，耐弯曲性能和主要力学性能提高了5倍。各种丙烯酸加工助剂（单独使用或与其他助剂相互组合）增加了高黏度MPR的熔体流动，在某些情况下可增加到100倍。其中一些没有显著改变关键的物理性能，而另一些则增加了硬度和刚度以及熔体流动性[31]。

8.4.7 加工

由于MPR部分交联的结构，它的流变学与常规热塑性材料不同。MPR基本上是无定形的，即使达到硬段玻璃化转变温度或结晶熔点，黏度也没有明显的下降。只能通过施加剪切力与升高温度相结合，才能引起熔体流动。当黏度非常高时，与温度相比，黏度对剪切速率更敏感。假塑性流动（剪切变稀）（见图8.6）是MPR产生不同形状的主要机理。四种不同等级的MPR在171℃时的黏度下，剪切变稀效应很明显（见图8.7）。

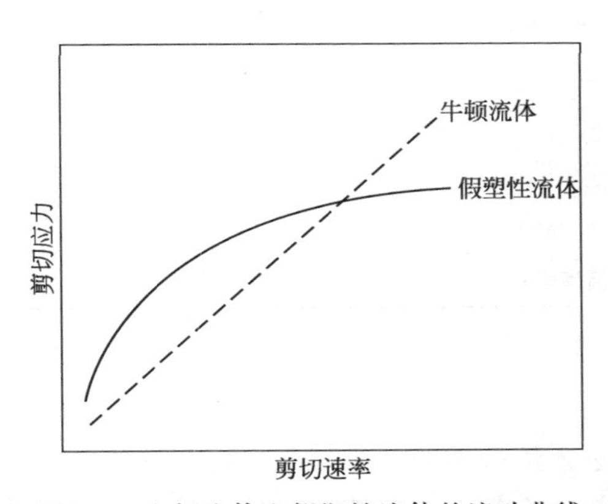

图8.6 牛顿流体和假塑性流体的流动曲线

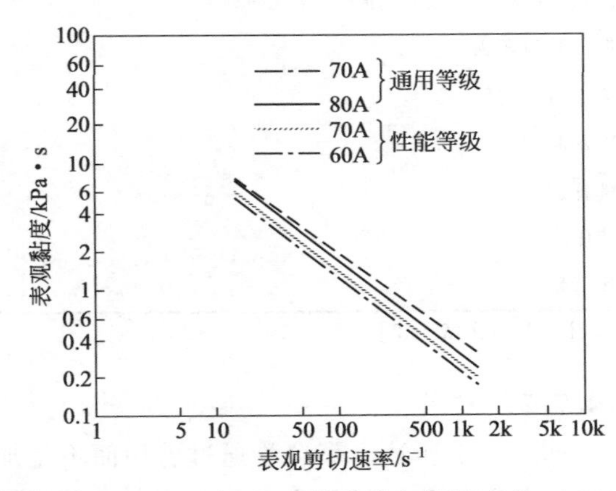

图8.7 在171℃的黏度与剪切速率

8.4.7.1 注塑

在注塑期间，必须保持高剪切，通过使用快速的第一阶段注射速率（$1\sim3in^3/s$）和小直径喷嘴、流道系统和浇口来保持熔体低黏度。这种快速填充（0.5～2s）需要大量的模具排气，以避免焦烧，并且有利于完全填充模具。由于MPR在冷却时结晶而不显示不连续的体积变化。成型部件在模具中快速发展强度，因此在可以相对较热的温度下脱模。快速注射和脱模的组合意味着整个成型周期短以及生产率非常高。

MPR可在往复式螺杆设备上加工。压缩比（2.5∶1）～（3.5∶1），$L/D>20:1$ 通常适用于MPR的成型[32]。设备的流动通道必须小心合理设计，以消除熔体停滞和随后发生的降解。

MPR如果过热到204℃或更高温度，或如果在加工温度下保持30min以上，则会降解。MPR在约为196℃时开始降解，在降解过程中，会放出包括HCl在内的气体。因此，推荐螺杆和机筒衬套采用耐腐蚀材料，模具采用镀镍钢板，以最大限度地延长设备使用寿命。

MPR的流变性使其适用于注塑的高剪切。机筒加热和剪切的组合对于获得熔融均匀的熔体是必要的。在喷嘴处测量的熔体温度应保持在171～191℃之间。常用的温度设置见表8.6，运行条件见表8.7[32]。

如果设备停机超过1h，温度高于177℃，建议用低黏度、低密度聚乙烯清洗。

表8.6　MPR注塑温度设定（往复式螺杆注射成型机）

机筒/℉(℃)	后区	340～350(171～177)
	前区	340～350(171～177)
注嘴/℉(℃)		340～350(171～177)
模具/℉(℃)		70～120(21～49)

注：参考文献［32］。

表8.7　成型阶段MPR注塑的操作条件（往复式螺杆注射成型机）

注塑速度(填充速度)	16～49mL/s
注塑压力	4.83～8.27MPa
注塑时间(第一阶段增压)	0.5～2s
第二阶段压力	2.07～5.52MPa
第二阶段时间	3～10s
冷却时间	2～20s
螺杆速度	50～100r/min
背压	0.2～0.6MPa
注射量	控制填满模具

注：参考文献［32］。

8.4.7.2　挤出

如上一节所述，聚合物通过剪切而不是加热而进入熔融阶段。必须除去剪切熔体所产生的热量，以避免材料的降解。因此，有必要提供有效的冷却以避免熔体过热。另外，温度曲线必须设计成在口模处提供最大压力，并确保所有截面的流速相同。

MPR可以在通常用于加工PVC或聚烯烃的挤出机上挤出，常用的 L/D 为（20∶1）～（24∶1）（优选为24∶1），压缩比为（2.5∶1）～（3.5∶1）。对于大多数挤出，推荐使用简单的三段螺杆，过渡（压缩）区至少是螺杆长度的1/3[33]。在挤出时，与熔体接触的设备部件应具有耐腐蚀性。高效冷却去除剪切产生的热量，对于高生产率和防止降解来说是必不可少的。表8.8列出了一般挤出机温度分布[33]。

通常与单螺杆挤出机一起使用的高架切向式进料口可用于MPR。推荐使用水冷却进料口，以防止树脂进入螺杆时过度加热，并保护驱动轴承。MPR通常不需要料斗干燥[33]。熔体温度取决于使用的等级，对于通用等级温度为（180±10)℃，注塑级为（185±5)℃[33]。

表8.8 通用级MPR的挤出的温度分布

长度/直径	压缩比	曲线类型	进料段	过渡段/计量段	口模接套/口模
长	高	增加	300℉ (150℃)	320～340℉ (160～171℃)	325℉ (163℃)
		平坦	325℉ (163℃)	325℉ (163℃)	325℉ (163℃)
短	低	下降	350℉ (177℃)	340～320℉ (171～160℃)	325℉ (163℃)

注：1. 对于挤出注塑级，温度应提高10～15℃。
2. 参考文献［33］。

8.4.7.3 挤出吹塑

由于MPR具有足够高的熔体强度，可以通过挤出吹塑制成中空制品。停留时间和温度控制适当的连续挤出系统、储料缸式机头和往复式螺杆系统可以采用[34]。对于MPR的挤出，优选连续挤出系统，第二选择是储料缸式机头系统，第三选择是活塞式蓄力器系统。基本上，同样的原则，如螺杆设计要避免聚合物降解，以及前面讨论过的采用耐腐蚀设备部件，在这里也适用。在型坯模头或储料缸式机机头出口处测量的熔体温度应在160～185℃的范围内。设定机筒温度，使得进料区设置的温度比挤出机头高。通常采用中等压力（即表压200～700 kPa)，具体压力取决于零件尺寸和型坯壁厚度[34]。

8.4.7.4 压延

无支撑的片材和涂覆的基材（例如织物）通常在用于压延塑料的三辊或四辊压延机上生产。用于压延MPR的压延辊温度需要控制在160～185℃之间。坯料通常以间歇式或连续式混炼机或热炼机熔融，然后从开炼机以计量的“条”或“块”的形式送入压延机。必须保持良好的熔融，温度保持在165～185℃之间。压延机的上辊温度应在160～185℃范围内，下辊的温度应足够高，以保持牵引，但也要足够低以防止粘在辊上（低至140℃)。当坯料仍然是温热的，通过使用压花辊能够很容易地实现压花。必须在辊隙保持小的均匀的堆积胶，在第二辊和第三辊之间小而薄的堆积胶可以防止片材中产生气泡或缺陷。相邻辊之间的速度通常不均匀，速度比为1.05：1，以防止产生气泡。

在大多数情况下，MPR胶料具有足够的内部润滑，可以从压延辊脱离出来。只有在极端条件下，例如厚度非常薄、压延速度高和辊的温度高时，可能需要添加内部润滑剂（例如氧化聚乙烯蜡），以避免胶料黏附到辊上。内部润滑剂必须在颗粒熔融过程中加入[35]。

8.4.7.5 模压

模压是生产模制品的效率较低的方法，但可用于制备试片、样板和异常零件。单压法相当麻烦，因为要将模具与零件一起冷却至约 50℃，才能将零件从模具中取出。双压法（一次加热，一次冷）更有效，因为热模转移到第二台压机中冷却到脱模温度[36]。

模压程序由以下步骤组成：

① 将压机和空模加热至 177℃。

② 用足够量的预成型件装入模具，以确保完全填充并有一些逸出（多余的胶料）。

③ 压下压板直到接触到预成型件，并将已填充的模具加热 1～2min，对于较厚的部件加热 5min。

④ 关闭压机并保持全压，持续至少 1min，然后在全压下冷却至约 120℉（50℃），再释放压力。

⑤ 从压机取下，将零件脱模。

注意：如采用两台压机，将模具从热压机移至冷压机，并将压力快速升高至最大值后保持压力，冷却至 50℃，然后将零件脱模（参见步骤⑤）。

8.4.7.6 粘接和焊接

虽然 MPR 可以通过摩擦、卡扣配合或机械紧固件与其自身或其他材料接合，但是其他组装方式通常可以以更低的成本获得更好的接合。各种各样的胶黏剂体系可以为热固性橡胶材料、金属、塑料、纺织品、皮革、木材等提供令人满意的黏合。胶黏剂黏合的缺点包括操作危险、操作困难、材料成本、环保考虑（使用溶剂或有毒物质）和加工速度。在可能的情况下可以使用直接包覆成型，因为它相当简单和快速，并且与大量的基材有非常好的接合。但是只有当零件是大批量生产时包覆成型方法才可行，因为需要的模具通常非常昂贵。在许多情况下，可以使用焊接，因为焊接简单、快速和可靠，并且在大多数情况下能提供优良的黏合。适用于 MPR 的焊接方法包括超声波焊接、热板或气体外部加热、射频和电磁感应[37]。

（1） MPR 自身粘接

在室温下黏合需要胶黏剂。有两类胶黏剂：一类是通常用于刚性和柔性 PVC 的胶黏剂（例如，Hercules 塑料管道粘接剂或 Waxman 管道粘接剂）。第二类包括聚氨酯胶黏剂，例如 Lord 7540 A/B（Lord Corporation，Erie，PA）。该体系是两组分胶黏剂，并且要求接头首先用底漆（例如 Chemlock 480）涂覆。高温下的胶黏剂主要用于层压结构。为此，使用诸如 Chemlock 480 与 Chemlock Curative 44（Lord Corporation，Erie，PA）组合的特殊胶黏剂。在高于 93℃ 的层压温度和至少 690kPa 的压力下获得最佳结果，保压时间最少为 10min。熔融黏合技术在 MPR 的自身黏合上是非常普遍的，因为 MPR 具有热塑性。采用热刀的对接焊主要用于 260～315℃范围内挤出的型材。用热枪加热要连接的表面是获得良好粘接的另一种方法，但需要精确的技术。超声波焊接已经在厚度达 1mm 的截面获得成功。介电（RF）焊接以 27.17MHz 的频率完成[36]。

（2） MPR 与其他材料的粘接

MPR 与热固性橡胶的粘接可以采用 MPR 自身粘接的方法完成，例如 Chemlock 480 底漆和 Lord 7540 胶黏剂的组合用于室温黏合，Chemlock 480 和 Chemlock Curative 44 的组合用于温度高于 93℃，如上一节所述。与金属接合，需要金属表面粗糙（可采用砂、砂粒等进行喷砂或通过化学蚀刻等方法）。在下一步骤中，将底漆和胶黏剂施加到金属表面。粘接可以通过适当的胶黏剂体系在室温下完成（参见前述部分）或通过使用预处理的金属作为插入物，将其放入模具中并注入 MPR（熔融温度 170～180℃）制造零件。MPR 与其他材料

（如不同的塑料、纺织品、木材和皮革）的粘接需要特定的胶黏剂体系，应用程序在参考文献［36］中有详细介绍。

8.5 热塑性氟碳弹性体

最早商品化热塑性氟碳弹性体是由氟树脂组成的硬段和由含氟弹性体形成的软段的嵌段共聚物（参见图 8.8）。当时市场上有两个等级，透明度好，可抽出物低，耐化学性好[38]。典型性能列于表 8.9 中。该产品由 Daikin Industries 以商品名 DAI-EL Thermoplastic 生产和销售，直到 2013 年该产品停产。

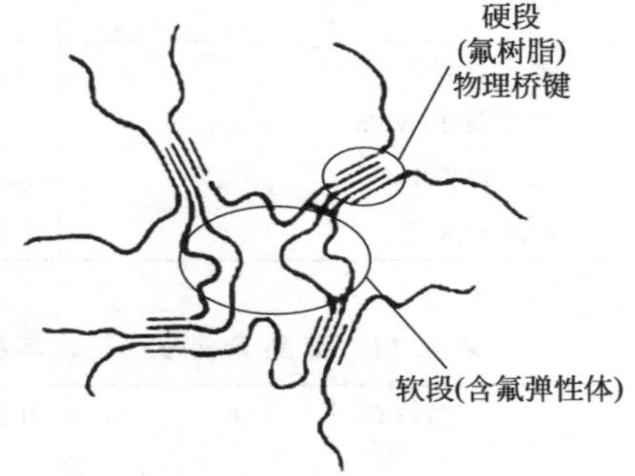

图 8.8　热塑性氟碳弹性体的结构示意图

表 8.9　热塑性氟碳弹性体的典型性能

性能	数值
相对密度	1.88
硬度/JIS A	67～73
熔点/℃(℉)	220(428)
热解起始温度/℃(℉)	380(716)
拉伸强度/MPa(psi)	17(2470)
拉断伸长率/%	600
撕裂强度/(kN/m)	29(154)
回弹性/%	10
摩擦系数	0.6
泰伯(Taber)耐磨耗(CS-17 轮,1000g 负载,mg/1000r 转)	2
低温扭力试验(Gehman T50)/℃	−9
压缩永久变形[24h,50℃(122℉)]/%	11
体积电阻率/Ω·cm	5×10^{13}
介电强度/(kV/mm)	14
介电常数(23℃,10^3 Hz)	6.6

注：参考文献［38］。

8.6 新产品开发

在此期间，Freudenberg-NOK 开发并商业化了基于分散在氟塑料中的交联氟碳弹性体（FKM）的 TPV 型氟化弹性体，如 PVDF、ECTFE 或类似的氟化聚合物或共聚物[39]。商品名为 FluoroXprene 的材料耐热、耐碱、耐燃料和耐溶剂，可以通过常规熔融加工技术加工，包括注塑、挤出和吹塑。潜在的应用是密封件、O 形圈、管和罐以及容器的衬里。物理和力学性能可以通过配合来改变，主要是通过氟弹性体和氟塑料的比例来改变。将典型的氟氯橡胶的性能与表 8.10 中的标准 FKM、交联 FKM 进行比较。表 8.11～表 8.13 说明了三种不同的氟橡胶的溶胀行为和标准 FKM 在几种液体中的溶胀行为（所有数据均获自 E. H. Park）。

表 8.10　商品 FluoroXprene 与标准 FKM 硫化胶的硬度和拉伸强度比较

性能	硫化 FKM	商品 FluoroXprene
邵尔 A 硬度/度	70～95	70～100
拉伸强度/MPa	6.0～12.0	2.0～25.0
拉断伸长率/%	100～300	10～350
压缩永久变形/%	15～50	27～55

表 8.11　商品 FluoroXprene 与标准 FKM 硫化胶在不同有机液体中的溶胀（体积分数/%）

样品	燃料 C 100℃	柴油 65℃	Skydrol(特种液压工作油) 150℃	甲苯 24℃	正己烷 70℃	三氯乙烯 70℃	甲醇 24℃
1	19	−4	41	12	7	15	2
2	8	−4	33	11	7	16	1
3	14	0	—	5	2	15	2
FKM	35～40	—	—	—	—	—	85～95

表 8.12　商品 FluoroXprene 与标准 FKM 硫化胶在氢氧化钠溶液和稀硫酸中的溶胀（体积分数/%）

样品	氢氧化钠(1mol/L) 65℃	稀硫酸(50%) 150℃
1	19	−4
2	8	−4
3	14	0
FKM	35～40	—

表 8.13　商品 FluoroXprene 与标准 FKM 硫化胶的耐燃油渗透性

样品	渗透率/ [g/(m²·d)]	渗透率常数/ [g·mm/(m²·d)]
FKM 1	15	28
FKM 2	29	55
商品 FluoroXprene	1～4	2～8

参考文献

[1] Robeson LM, McGrath JE. Polym Eng Sci 1977;17(5): 300.
[2] Hammer CF. In: Paul DR, Newman S, editors. Polymer blends, vol. 2. New York: Academic Press; 1978. p. 219.
[3] Hofmann GH. In: Walsh DJ, Higgins JS, Maconnacie A, editors. Polymer blends and mixtures, NATO ASI Series, No. 89. Dordrecht: Nijhoff; 1985. p. 117.
[4] Hofmann GH, Statz RJ, Case RB. In: Proceedings of 51st SPE-ANTEC, vol. XXXIX; 1993. p. 2938.
[5] Asay RE, Hein MD, Wharry DL. J Vinyl Tech 1993; 15(2):76.
[6] Hofmann GH. In: Holden G, Legge NR, Quirk R, Schroeder HE, editors. Thermoplastic elastomers. 2nd ed. Munich: Hanser Publishers; 1986. p. 143.
[7] Hofmann GH. In: Holden G, Legge NR, Quirk R, Schroeder HE, editors. Thermoplastic elastomers. 2nd ed. Munich: Hanser Publishers; 1986. p. 144.
[8] Landi VR. Appl Polym Symp 1974; 25: 223.

[9] Stockdale MK. J Vinyl Tech 1990; 12(4): 235.

[10] Oganesove YG, et al. Polym Sci USSR (Engl Transl) 1969; 11: 1012.

[11] Matsuo M, Nozaki C, Jyo Y. Polym Eng Sci 1969;9:197.

[12] Milner PW, Duval GR. Thermoplastic elastomers 3. Sudsbury (UK): RAPRA Technology, Ltd; 1991. p. 7.

[13] Duval GR, Milner PW. PVC 87. Brighton (UK); April 28e30, 1987.

[14] Kliever B, DeMarco RD. Rubber Plast News; February 15, 1993: 25.

[15] Hofmann GH. In: Holden G, Legge NR, Quirk R, Schroeder HE, editors. Thermoplastic elastomers. 2nd ed. Munich: Hanser Publishers; 1986. p. 146.

[16] Crawford RW, Witsiepe WK. U. S. Patent 3,718,715; 1973.

[17] Hofmann GH. In: Holden G, Legge NR, Quirk R, Schroeder HE, editors. Thermoplastic elastomers. 2nd ed. Munich: Hanser Publishers; 1986. p. 148.

[18] Brown M. Rubber Ind June 1975; 102.

[19] Hofmann GH. In: Holden G, Legge NR, Quirk R, Schroeder HE, editors. Thermoplastic elastomers. 2nd ed. Munich: Hanser Publishers; 1986. p. 149.

[20] Hourston DJ, Hughes ID. J Appl Polym Sci 1981;26(10): 3467.

[21] Hofmann GH. In: Holden G, Legge NR, Quirk R, Schroeder HE, editors. Thermoplastic elastomers. 2nd ed. Munich: Hanser Publishers; 1986. p. 151.

[22] Wallace JG. In: Walker BM, Rader CP, editors. Handbook of thermoplastic elastomers. 2nd ed. New York: Van Nostrand Reinhold Company; 1988. p. 143.

[23] Alcryn MPR product and properties guide (3/10/05), Advanced Polymer Alloys, Wilmington (DE).

[24] Hofmann GH. In: Holden G, Legge NR, Quirk R, Schroeder HE, editors. Thermoplastic elastomers. 2nd ed. Munich: Hanser Publishers; 1986. p. 133.

[25] Alcryn tech notes, coefficient of friction (ASTM D 1894), COF (2/98), Advanced Polymer Alloys, Wilmington (DE).

[26] Alcryn fluid resistance guide, fluid (2/98), Advanced Polymer Alloys, Wilmington (DE).

[27] Alcryn tech notes, flammability (horizontal burn), HB flame (10/97).

[28] Hofmann GH. In: Holden G, Kricheldorf HR, Quirk R, editors. Thermoplastic elastomers. 3rd ed. Munich: Hanser Publishers; 2004. p. 126.

[29] Alcryn tech notes, antistatic properties, static (10/97), Advanced Polymeric Alloys, Wilmington (DE).

[30] Myrick RE. In: Proceedings of the 52nd SPE ANTEC, vol. LX; 1994.

[31] Hoffmann GH. In: Proceedings of the 47th SPE ANTEC, vol. XXXV; 1989. p. 1752.

[32] Alcryn injection molding guide, INJGUIDE (02/01), Advanced Polymer Alloys, Wilmington (DE).

[33] Alcryn extrusion guide, extrusion (6/99), Advanced Polymer Alloys, Wilmington (DE).

[34] Alcryn extrusion blow molding guide, BlowMolding (3/98), Advanced Polymer Alloys, Wilmington (DE).

[35] Alcryn calendering guide, calendering (2/98), Advanced Polymer Alloys, Wilmington (DE).

[36] Alcryn tech notes, compression molding procedure, CompMold (7/01), Advanced Polymer Alloys, Wilmington (DE).

[37] Alcryn bonding guide, bonding Alcryn to various substrates, bonding guide (1/02).

[38] DAI-EL Themoplastic, http://www. daikinchem. com. cn/en/pro/daiel/sam. html, Daikin Industries Ltd, Chemical Division.

[39] Park EH, Walker FJ. Base resistant FKM-TPV elastomer. U. S. Patent 7,718,736; May 18, 2010 to Freudenberg-NOK, General Partnership.

第9章 热塑性聚氨酯弹性体

9.1 概述

聚氨酯是大量应用于高性能材料（如薄膜、涂料、黏合剂、纤维和弹性体）的聚合物。聚氨酯通过简单的加聚反应形成，但是由于可以使用许多不同的化合物来生产聚氨酯，因此最终产物有许多可能性。这也开创了生产具有量身定制特性的材料的可能性。

热塑性聚氨酯弹性体（TPU）是可以通过加工热塑性塑料的方法加工的第一种均匀的弹性体材料。TPU 的增长有助于热塑性弹性体的总体快速增长。

聚氨酯是由德国的 I. G. Farbenindustrie（现称 Bayer A. G.）的 Otto Bayer（奥托拜耳）所领导的小组发现的。最初的工作集中在合成聚酰胺纤维的研发和改性[1]。该小组的第一项专利于 1937 年发布[2]。随后的专利涉及聚氨酯的弹性体特性，已授权给 Du Pont（杜邦）[3]和 ICI（帝国化学工业）[4]。被称为“Ⅰ-橡胶”的第一种聚氨酯弹性体的性能非常差[1]。进一步的开发工作使产品性能大大改善。在此期间开发的商业产品是 Vulkollan（拜耳公司）、Chemigum SL（固特异轮胎和橡胶公司）和 Adiprene（杜邦公司）[5,6]。

早期的聚氨酯弹性体由三个基本组分[1]：

① 聚酯或聚醚高分子量二醇；

② 扩链剂（水、低分子量二醇）；

③ 体积大的二异氰酸酯，如萘-1,5-二异氰酸酯（NDI）。

这些聚氨酯弹性体不是真正的热塑性塑料，因为它们的熔融温度高于氨基甲酸酯键的分解温度[1]。当这些体系中的 NDI 被二苯基甲烷-4,4′-二异氰酸酯（MDI）代替时，就实现了重大的突破。真正的 TPU 的第一个记录是 1958 年[7]。今天，TPU 的弹性性质是相分离体系的多嵌段结构[1]。

通过向异氰酸酯（大多数情况下为 MDI）中加入扩链剂（如丁二烯二醇）形成硬段。软段由连接两个硬段的柔性聚醚或聚酯链组成（见图 9.1）。

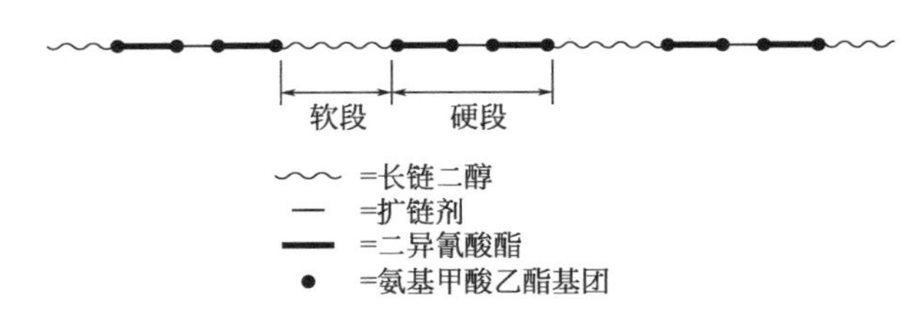

图 9.1 由二异氰酸酯、长链二醇和扩链剂组成的聚氨酯热塑性弹性体的示意图

硬段与软段在室温下不相容，导致微相分离。分离的驱动力在一定程度上是硬段中结晶的发展。另外的因素是硬段与软段的熔点和极性的差异。硬链的熔点和极性要比软段高得多。

当材料被加热到硬段的熔融温度以上时，聚合物变成均匀的黏稠熔体，可以通过用于塑料的常规方法进行加工，例如挤出、注塑、吹塑等。熔体再次冷却时，由于硬段和软段的恢复而导致相分离，聚合物形成其弹性性质。

软段形成弹性体基体，决定 TPU 的大部分弹性，并且硬段作为多功能连接点，起到交联和补强填料的作用。这些交联可以通过加热或使用溶剂去除[8]。如前所述，TPU 网络可以通过冷却或通过蒸发溶剂来恢复。为了获得热塑性，原料的平均官能度应接近 2.00，也就是说，每个预聚物和单体单元应该具有两个末端基团。这确保形成高分子量线性链，没有或只有很少的分支点[9~11a,11b]。

9.2 热塑性聚氨酯弹性体合成

聚氨酯化学的基本反应是在异氰酸酯和含有羟基的化合物之间进行：

$$\underset{\text{二异氰酸酯}}{R—N═C═O}+\underset{\text{乙醇}}{R'—OH}\rightleftharpoons\underset{\text{氨基甲酸酯}}{R—NH—CO—OR'}$$

所得化合物是一种氨基甲酸酯。聚氨基甲酸酯简称聚氨酯（PU），是由异氰酸酯（单体）与羟基化合物聚合而成[12]。异氰酸酯基还有很多其他可能的反应，最常见的是含有具有活性氢基团的化合物，例如$—NH_2$、—NH—、—COOH、$—CONH_2$，当然还有水。

对于热塑性聚氨酯弹性体（TPU）制备而言，重要的反应是二异氰酸酯与含有末端羟基的各种化合物（如二醇）的反应。显然，异氰酸酯和二醇形成直链聚氨酯。

通常，TPU 由平均分子量在 600～4000 的长链多元醇，分子量范围为 61～400 的扩链剂和多异氰酸酯制备。反应混合物组分和比例的选择决定了最终产品的性质，可以是从软和韧性的材料到硬和高弹性模量的材料。

9.2.1 软段原材料

热塑性聚氨酯弹性体（TPU）的软段长而柔韧，可控制低温性能、耐溶剂性和耐候性。软段的主要原料是羟基封端的聚酯和聚醚。通常，多元醇组分使用聚酯更多、聚醚较少[13]。聚酯的典型实例是己二酸酯、聚己内酯和脂族聚碳酸酯[14]。大量使用聚醚的典型实例是聚氧化亚丙烯二醇和聚四氢呋喃二元醇。有时使用聚醚和聚酯的混合物，获得非常有用的性能组合，而且成本很有吸引力[15,16]。常用的多元醇生产性能的一般趋势如表 9.1 所示。

表 9.1　重要的聚醚或聚酯二元醇①和相应的热塑性聚氨酯弹性体的性能②

聚醚或聚酯二元醇	聚醚或聚酯二元醇		弹性体	水解稳定性
	T_e/℃	T_m/℃	T_e/℃	
聚己二酸乙二醇酯	−46	52	−25	尚可
聚己二酸-1,4-丁二醇酯	−71	56	−40	良好
聚己二酸乙二醇和-1,4-丁二醇混合酯	−60	17	−30	尚可/良好
聚己二酸乙二醇和 2,2-二甲基丙二醇混合酯	−57	27	−30	良好

续表

聚醚或聚酯二元醇	聚醚或聚酯二元醇		弹性体	水解稳定性
	T_e/℃	T_m/℃	T_e/℃	
聚己内酯	−72	59	−40	良好
聚己二酸二乙二醇酯	−53	-	−30	差
聚-1,6-己二醇碳酸酯	−62	49	−30	很好
聚四氢呋喃二元醇	−100	32	−80	很好

① 分子量为2000。
② 邵尔A硬度85。
注：1. T_e—玻璃化转变起始温度。
2. T_m—熔点。

9.2.2 硬段原材料

如前所述，用于硬段的原料是异氰酸酯和扩链剂。市售的多异氰酸酯，只有极少数用于制造热塑性聚氨酯[17]。最广泛使用的是二苯基甲烷-4,4′-二异氰酸酯（MDI）：

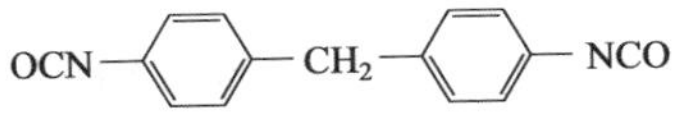

OCN—C₆H₄—CH₂—C₆H₄—NCO

用于TPU的其他异氰酸酯是六亚甲基二异氰酸酯（HDI）：

$$OCN—(CH_2)_6—NCO$$

和3,3′-二甲基-4,4′-联苯二异氰酸酯（TODI）[18]：

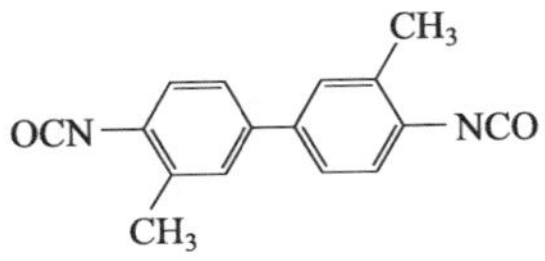

OCN—C₆H₃(CH₃)—C₆H₃(CH₃)—NCO

最广泛使用的扩链剂是线型低分子量二醇，如乙二醇、1,4-丁二醇、1,6-己二醇和氢醌双（2-羟乙基）醚，这些最适合TPUs。

9.2.3 其他原材料

在热塑性聚氨酯中广泛使用的其他材料如下。

① 脱模剂对于快速和经济的循环是有用的。这些是脂肪酸、硅氧烷或某些氟塑料的衍生物。它们的添加量为质量分数0.1%～0.2%。

② 抗降解剂，例如芳族碳二亚胺加入到聚酯型TPU中以减少其水解降解，其用量通常为质量分数1%～2%。受阻酚和某些胺通过热和氧化降低了降解。

③ 紫外光（UV）吸收剂，如二苯甲酮或苯并三唑，与受阻胺（HALS）组合，可稳定TPU材料，防止因紫外光而变色[19]。

④ 矿物填料，如碳酸钙、滑石粉和二氧化硅填料的加入可以使模制品更好脱模，也可以用于薄膜生产。矿物填料通常作为成核剂（促进结晶）或产生粗糙的表面。

⑤ 补强填料（云母，玻璃纤维，有机纤维）用于补强TPU材料。

⑥ 润滑剂，诸如石墨、硫化钼、聚四氟乙烯（PTFE）微粉或硅油，用于降低摩擦系数。

⑦ 增塑剂用于生产软质级的热塑性聚氨酯，加入量高达质量分数 30%[20]。

羟基的比例对 TPU 产品的分子量控制至关重要。从等当量点（NCO∶OH=1）处开始，随着 NCO∶OH 比率的增加或减少，产物的分子量降低（见图 9.2）。然而，由于过量的异氰酸酯与水分、氨基甲酸酯和脲基团的反应，在等当量点之上合成的产物的分子量最终将增加，分别得到尿素、氨基甲酸酯和缩二脲。

将反应组分混合并加热至高于 80℃ 的温度。为达到最佳效果，异氰酸酯基与与其反应的基团之和的比例应接近 1.0。如果该比值低于 0.96，则得到不能满足要求的低分子量聚合物。如果高于 1.1，则发生交联等反应（参见前文），产生难以用热塑性加工方法加工的产物。平均分子量（M_n）40000 足以产生令人满意的性能，如果反应基团的比例为 0.98 以上，则可以达到同样效果。

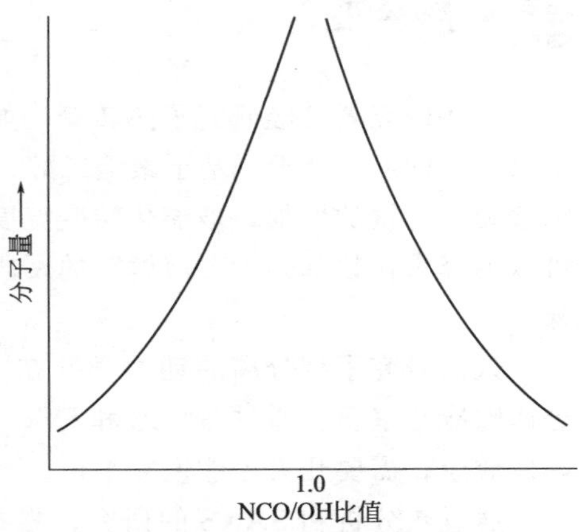

图 9.2　热塑性聚氨酯弹性体初始分子量与 NCO、OH 比值的关系

有几种方法可以进行反应。在一次性方法中，所有的反应物都混合在一起。在预聚物方法中，首先使异氰酸酯与多元醇反应，产生预聚物，然后与扩链剂反应。聚合物可以采用间歇工艺生产[21]或在连续混炼机、反应挤出机中连续生产[22a,22b~24]。

对于大规模工业生产，通常使用两种方法：带式工艺和反应挤出工艺。在带式工艺过程中，所有成分都混合在一起并倒在带上。产品在带的表面固化，形成板坯。然后将板坯转化成颗粒。颗粒可以直接使用，但是通常把它输进到挤出机中，挤出成尺寸更均匀的颗粒。在反应挤出工艺中，反应在挤出机末端完成，产物立即挤出成粒料。

TPU 生产过程中的热历史非常重要，因为软段和硬段的相分离是依赖温度的。另一个因素是分子量增大期间的剪切条件。在带式方法中，反应熔体在离开混合室之后不会经历任何剪切，而在反应挤出期间，熔体始终受到显著的剪切应力。通常，通过反应挤出生产的 TPU 显示的相分离较不明显，使得结晶度较低[25]。

因为相分离基本上决定了 TPU 的性质，所以即使从相同的反应混合物开始，带式工艺和反应挤出工艺所得聚合物的物理性能也是差别很大的[26~33]。

9.3 形态

多相系统的形态是确定聚合物最终性能的重要因素。一般来说，通过控制材料形态的变化可以获得期望的性质。因此，很好地了解形态对于了解结构-性能关系是至关重要的。对于氨基甲酸酯嵌段共聚物，由于物理现象如结晶、相混合、硬段与软段之间的氢键、性能对热历史的依赖，都造成艰巨的挑战。一般来说，如果共聚物体系中一个组分是可结晶的，则相分离程度较高。在聚氨酯中，软相和硬相可以是无定形或部分结晶的[34]。

长链二醇的化学成分和分子量对 TPU 的相分离程度有很大影响。由于氢键较强，聚酯型 TPU 的相混合通常大于聚醚型 TPU 的相混合。相分离由长链二醇的分子量决定，它们的分子量越高，相分离越好[35]。

人们采用广角 X 射线散射[36]、小角度 X 射线散射（SAXS）[37~42]和 X 射线衍射[43,44]

对硬段进行了广泛的研究，以解释其性质。预测由线型二醇和多异氰酸酯（MDI）反应形成的硬段是结晶的。然而，在正常条件下，结晶性似乎被抑制[36]。硬段的有序状态被称为次结晶[37]，据报道，通过合适的热处理可以将结构从次结晶转变为结晶[38]。已报道，要产生显著的硬段结晶需要相对较高的温度和较长的退火时间（190℃，12h）[45]。

9.4 热转变

一些研究者已经研究了热转变，如熔融、玻璃化转变和相分离。一项研究使用差示扫描量热法（DSC）分析了基于聚酯二醇、丁二醇（BDO）和 MDI 的 TPU 性质对热的响应[46]。随着硬段含量的增加，玻璃化转变温度变宽，并向更高的温度转移。玻璃化转变温度的转移可以解释为在软基体中“溶解”的硬段数量的增加。可以假设在相界面附近存在硬段的浓度梯度。

人们研究了相分离的动力学并在文献[47,48]中进行报道。聚酯型 TPU 快速加热，然后迅速骤冷至室温。通过 SAXS 和 DSC 监测相分离随时间的变化。结果表明，由于动力学和黏性效应，需要几天才能恢复平衡。

通过热分析和 SAXS 的研究，根据软段的氢键能力，解释了相间的混合现象[41,42,49]。采用 DSC [50,51]、热机械分析（TMA）、X 射线散射和红外分析[51~55]对具体的体系进行了其他更多的研究，以阐明其结构组织和热转变。Senich 和 MacKnight [56]也有类似的研究。

可以得出结论，软段的玻璃化转变温度是相分离程度的敏感度量。由于 TPU 的硬度随着硬段比例的增加而增大，相混合的程度也增加，导致低温柔韧性降低。这可以通过加入具有较高分子量的软段或通过使用预扩链的多元醇来补偿[57]。

9.5 性能

如前所述，TPU 是结合橡胶弹性和热塑性特性的第一种聚合材料。硬段（由二异氰酸酯和短链二醇构成）的比例决定所得材料的主要性能，例如硬度、模量、撕裂强度和上限使用温度。软段的比例决定了弹性和低温性能。通常，当多元醇：扩链剂：二异氰酸酯（摩尔比）从 1：0.5：1.5 变化到 1：20：21 时，TPU 可以从软等级（邵尔 A 硬度约 60）变化到较硬的等级（邵尔 D 硬度高于 70），而不使用增塑剂或补强剂。TPU 的杨氏模量为 5～2000MPa [58,59]，填补了橡胶和塑料之间的空白（见图 9.3）。增加无机和有机填料，特别是玻璃纤维[60]可以使 TPU 的刚度进一步提高。在合成 TPU 中使用的化学品特别灵活，这就是市面上有许多 TPU 产品供应的原因。

9.5.1 力学性能

TPU 具有高的拉伸强度和拉断伸长率（见图 9.4）。其他有价值的特性是优异的耐撕裂扩大和耐磨耗性能。性能取决于温度（参见图 9.5 和图 9.6）和硬度（比较图 9.5 和图 9.7）。大多数商业 TPU 是聚酯型的，这些等级的力学性能优于由更昂贵的聚（氧四亚甲基）二醇制成的 TPU。这些聚醚型材料非常适合需要高抗水解或微生物降解或改善低温柔韧性的情况[61]。聚（环氧丙烷）二醇主要与聚酯二醇混合使用，并且这些混合产物是具有基于醚和酯类 TPU 的性能和成本的良好折中。通过特殊的合成方法制备醚化 TPU 时，通常会获得进一步的优势[16]。

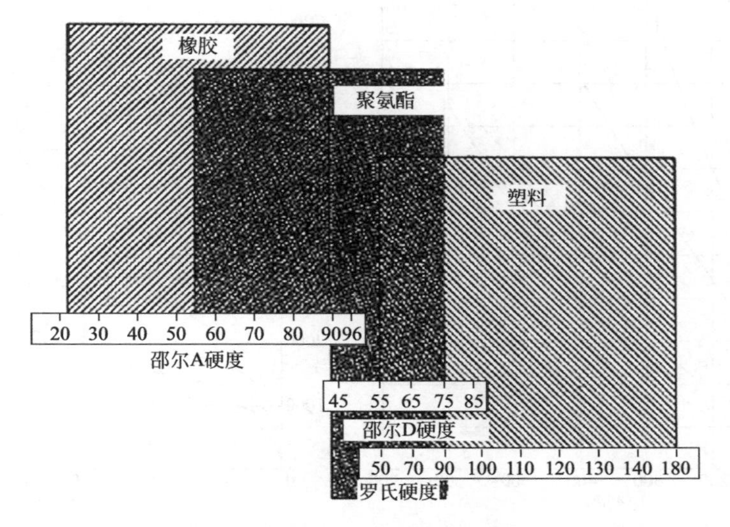

图 9.3 热塑性聚氨酯弹性体填补橡胶与塑料之间的空白

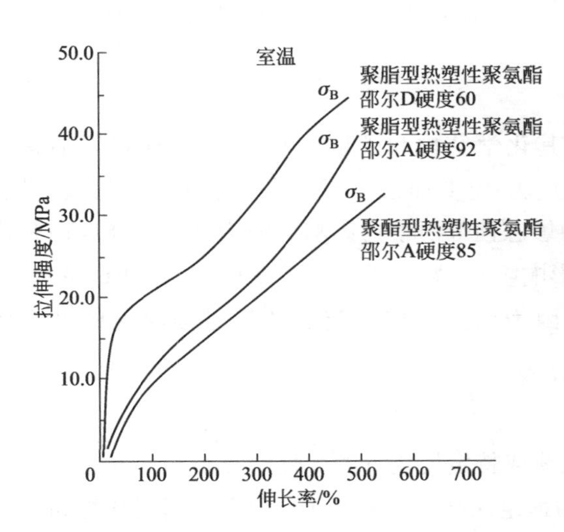

图 9.4 具有不同硬度值的三种热塑性聚氨酯弹性体（TPUs）的应力-应变曲线

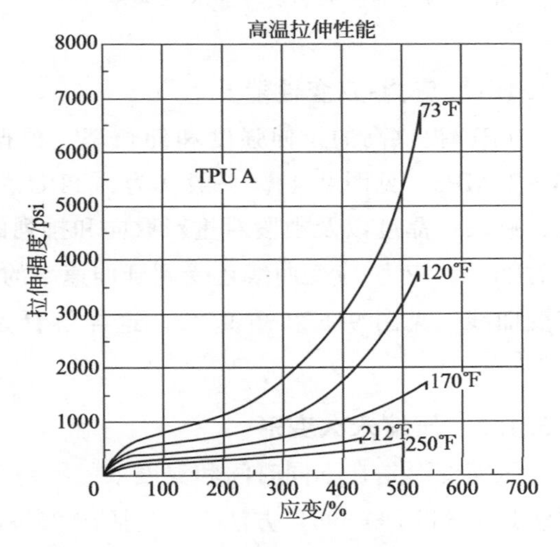

图 9.5 高温对热塑性聚氨酯弹性体（TPU A）应力-应变曲线的影响（邵尔 A 硬度 85）

如前所述，TPU 的性能受到相畴形态的影响。在 TPU 的热处理或加工期间会发生相混合，而在快速冷却时发生相分离。研究表明，TPU 的力学性能与依赖时间的相畴形成形态有密切关系[48,62～64]。因此，为了获得最佳性能，建议在热成型后进行后固化。后固化条件因 TPU 材料的种类而异。通常将 TPU 在室温下存放 2～3 周就足够了。如果在 TPU 零件制造后要立即获得最终的物理性能，则在 110℃的循环热风烘箱中进行 8～16h 后固化通常就也足够了[65]。因为后固化是耗时的并且意味着额外的工作，所以大多数生产零件不经历后固化。后固化主要用于改善压缩永久变形[66]。

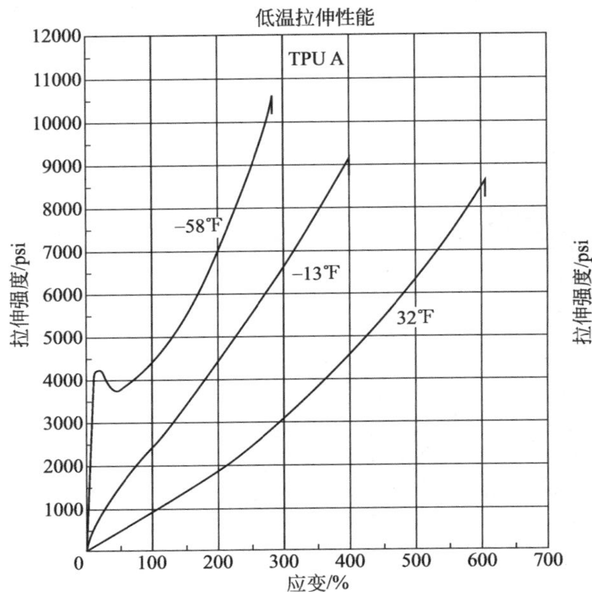

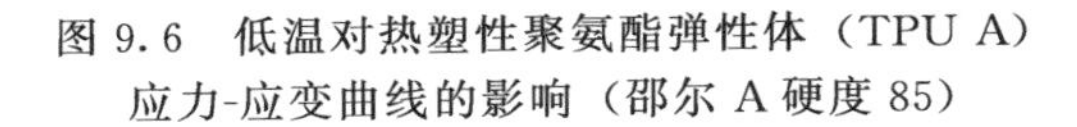

图 9.6 低温对热塑性聚氨酯弹性体（TPU A）应力-应变曲线的影响（邵尔 A 硬度 85）

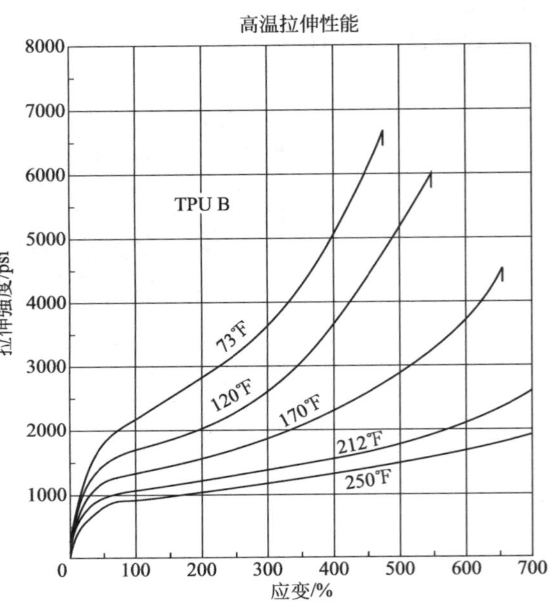

图 9.7 高温对热塑性聚氨酯弹性体（TPU B）应力-应变曲线的影响（邵尔 D 硬度 55）

9.5.1.1 应力-应变性能

TPU 提供高的拉伸强度和伸长率。根据其化学结构和硬度，TPU 的拉伸强度通常为 25～75MPa（见图 9.4）。一般认为，TPU 的应力-应变曲线受硬段与软段的比例、软段长度、硬段结晶度以及硬段对重新取向和排列的敏感性等因素的影响。因为这种重新取向是依赖时间的，应力-应变曲线还受到延伸速率的影响[67]。如前所述，温度也影响 TPU 的应力-应变曲线（见图 9.5 和图 9.7）。这样解释是因为已发现固定应变的模量随温度的升高而降低[67]。

9.5.1.2 压缩永久变形

压缩变形是在不同时间和温度下的特定载荷或特定屈挠下的弹性恢复行为。通常采用的方法是 ASTM D 395，方法 B，包括在 25%的恒定屈挠下负载 22h。根据不同聚合物和调节过程，在室温下测量的 TPU 的压缩变形值一般为 10%～50%[68]。当在 70℃（158℉）、25%屈挠下负载 22h 时，如果没有后固化，测量的 TPU 的压缩变形值通常在 60%～80%的范围内，而经后固化后，其值在 25%～50%。轻微交联的 TPU 具有较低的压缩永久变形值[69]。

9.5.1.3 硬度

材料的硬度是其抵抗变形、压痕或划伤的能力。最常用于测量 TPU 硬度的方法是邵尔 A 和邵尔 D 测试（ASTM D2240 或 ISO 868）。较软的材料用邵尔 A 方法测量，较硬的材料用邵尔 D 方法测量。由于 TPU 嵌段共聚物的性质，可以通过改变硬段与软段的比例使 TPU 的硬度值在邵尔 A70 和邵尔 D80 之间。TPU 的硬度、模量、承载能力（压缩应力）、撕裂强度和密度通常随着硬段含量的增加而增大。

9.5.1.4 刚度

刚度由弯曲模量表示，弯曲模量是在试样的初始弯曲过程中确定的。它是根据 ASTM D 790 试验方法测定的。虽然 TPU 的硬度与其柔韧性有关，但并不直接表明其刚度。

9.5.1.5 动态性能

TPU 具有比大多数弹性体材料更高的机械阻尼[70]。具有不同硬度的两种 TPU 的机械损耗因子 tanδ，即损耗模量与弹性模量的比值（G''/G'），与温度的关系如图 9.8 所示。较软等级的 TPU 在室温下机械损耗因子较低。在等效变形时温度升高也较低。图 9.8 还描绘了弹性模量（剪切模量）（G'）的温度依赖性。

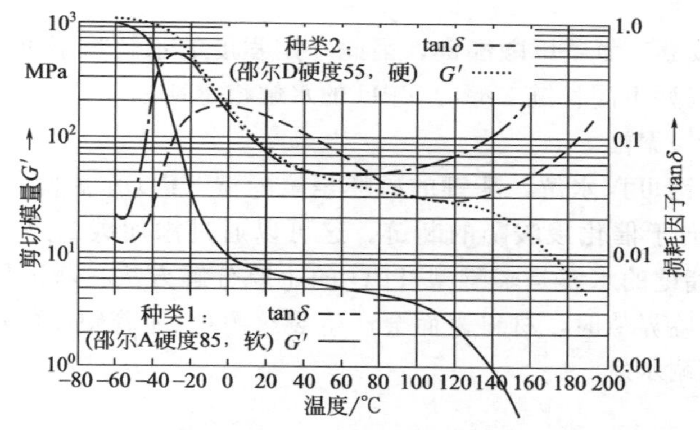

图 9.8 不同硬度的热塑性聚氨酯弹性体的机械损耗因子（tanδ）和弹性模量（剪切模量）与温度的关系

因为 TPU 是不良的热导体，所以由动态载荷产生的热量消散缓慢。热积聚随施加频率和施加力而变化。因此，由 TPU 制成的固体轮或辊子等部件不应高速运转或过载。动态应用的 TPU 的选择取决于模量。刚度越高，在相当大负荷下的变形越小。

9.5.2 热性能

热塑性聚氨酯（TPU）可在−40～80℃下长期使用，在 120℃下短期试验。在某些情况下，TPU 甚至可以承受更高的温度[71]。以下因素有助于提高使用温度[72]：

① 硬段的比例；

② 扩链剂的类型和用量；

③ 二异氰酸酯类型。

产品越硬（异氰酸酯和扩链剂越多），使用温度越高。力学性能（包括刚度和弹性）依赖于温度，硬度也依赖于温度。这里描述的大多数变化是由于形态的变化（例如硬段的熔化）而发生的，并且与 TPU 材料的热塑性塑料性质有关。这个过程是可逆的。在较高温度下发生的另一个过程是化学降解，即化学结构的破坏性变化。TPU 的热稳定性强烈依赖于用于其合成的异氰酸酯和扩链剂的结构[73,74]。大多数 TPU 在 150～200℃（302～398℉）温度下缓慢分解，在 200～250℃（398～482℉）下以较快的速率分解[65]。一些研究表明，聚醚型 TPU 的热分解主要是氧化过程。聚酯型 TPU 通常表现出比聚醚型 TPU 更好的热稳定性和氧化稳定性[75]。其他热性能，如热导率、比热容、熔化热和线性膨胀系数（美制单位）如表 9.2 所示。

表 9.2 热塑性聚氨酯弹性体的典型热性能

性能	测试方法	单位	数值
热导率	ASTM D2214 Cenco-Fitch	BTU/(ft^2)(hr)(℉/in)	1.5～2.5
比热容	DTA	BTU/(lb)(℉)	0.40～0.45
熔化热	DTA	BTU/lb	1.8～6.6
线性热膨胀系数	ASTM D696	10^{-5}/℉	6.5～9.5

注：参考文献［65，76］，P233。

9.5.3 水解稳定性

TPU含有酯（或醚）氨基甲酸酯键，因此一定程度的水解将不可避免地发生。根据发表的数据[76]，基于三种不同长链二醇的TPU的水解稳定性如下：

聚醚＞聚己内酯＞聚酯

虽然氨基甲酸酯键可以水解，酯键的破坏是聚酯型TPU水解降解的主要途径[76]。存在于TPU中的酸倾向于催化羧酸酯的断链。这可以通过添加碳二亚胺作为酸清除剂来防止[76,77]。氨基甲酸酯键的水解是聚醚型TPU的主要分解方法。断链导致平均分子量的降低。当分子量降低到临界值时，材料表面会产生裂纹[78]。随着硬度的增加，由于硬段的疏水性质，材料变得更耐水解。

9.5.4 耐化学性

一般来说，TPU耐纯矿物油、柴油和油脂。然而，这些介质中的一些添加剂可能对TPU材料的电阻有不利的影响。如果TPU不含醇，TPU通常能耐汽油和其他石油燃料。含有醇和芳族化合物的燃料会引起TPU材料的可逆溶胀。这种溶胀的程度与这些成分的含量成比例[79]。

非极性溶剂，如己烷或庚烷，对TPU几乎没有影响。另外，氯代烃和芳香烃会引起非常严重的溶胀[80]。溶胀的程度取决于TPU的结构，软TPU比硬的TPU溶胀更多。聚醚型TPU的溶胀比聚酯类TPU溶胀更多。

包括二甲基甲酰胺、四氢呋喃、*N*-甲基吡咯烷酮、二甲基乙酰胺和二甲基亚砜的极性溶剂被认为是TPU的良好溶剂[81]。软的线型聚氨酯可以溶解在甲基乙基酮和丙酮的混合物中，并作为黏合剂使用。较硬的线型聚氨酯可以溶解并涂覆在纺织品、皮革和其他基材上[82]。TPU对酸和碱敏感，甚至在室温下会被稀酸和碱侵蚀。在较高的温度下，它们不能耐浓酸和浓碱[82]。然而，弱酸或弱碱溶液（pH＝5.5～8）的作用可以认为与水相似[78]。

9.5.5 耐磨耗性能

TPU表现出优异的耐磨耗性能。然而，在测试期间，润滑的TPU的磨耗被认为与摩擦系数、应力加载和接触面积有关。润滑的磨耗试样的磨耗通常低于未润滑的磨耗试样，这可能是因为减少了摩擦导致的热积累[69]。TPU与其他几种聚合物的耐磨耗性能（磨耗质量损失）的比较见表9.3。

表 9.3 不同聚合物的耐磨耗性能①

材料	减量/mg	材料	减量/mg
TPU	0.4～3.2	尼龙 6	104
离聚体	12	天然橡胶胎面配方	146
尼龙 610	16	丁苯橡胶优等胎面配方	177
尼龙 66	58	丁苯橡胶胎面配方	181
抗冲 PVC	89	高抗冲聚苯乙烯	545

① ASTM C501，CS-17 轮，100g 负载，5000r（转）。
注：参考文献［65］。

9.5.6 紫外光稳定性

基于芳族异氰酸酯的 TPU 在暴露于阳光下显示力学性能的损失和变色（变黄）[83]。变色的原因是芳族二氨基甲酸桥键的光氧化[75]。基于脂肪族二异氰酸酯（如 HDI 或 H12-MDI）的 TPU 不显示变色[69]。通过添加紫外光稳定剂可以提高 UV 稳定性[84,85]。含有炭黑的胶料也显示 UV 稳定性的改善[86]。

9.5.7 电性能

由于 TPU 的亲水性质，它们不适合在需要高绝缘电阻方面应用[87]。然而，由于其柔韧性和优异的耐磨性，在电缆中经常被用作保护层。典型的电性能如表 9.4 所示。

表 9.4 热塑性聚氨酯弹性体的典型电性能

性能	测试方法	单位/条件	数值
体积电阻率	ASTM D257	$10^{12}\Omega\cdot cm$	2～50
表面电阻率	ASTM D257	$10^{12}\Omega$	3～120
介电常数	ASTM D150	60Hz	5～7
		10^3Hz	5～7
		10^6Hz	4～5
散逸系数	ASTM D150	60Hz	0.015～0.050
		10^3Hz	0.020～0.050
		10^6Hz	0.050～0.100
损耗因子	ASTM D150	60Hz	0.12～0.22
		10^3Hz	0.12～0.16
		10^6Hz	0.22～0.33
电容	ASTM D150	μμF @ 60 Hz	65～70
		μμF @ 10^3 Hz	61～69
		μμF @ 10^6Hz	52～57
电弧电阻	—	s	0.122
介电强度	ASTM D149	V/mil，短时	300～500

注：1. 参考文献［76］。
2. 摘自：Texin and Desmophan，Thermoplastic polyurethane elastomers：a guide to engineering properties. Pittsburgh (PA)：Bayer Material Science LLC；2004. p. 233。

9.6 聚氨酯热塑性弹性体的加工

容易加工是 TPU 的主要优点之一。它们可以通过常用的熔融加工方法进行加工，例如挤出、注塑和压延。因为一些胶料可以溶解在溶剂中，所以它们也可以通过溶液制造的方法来加工。不是所有加工方法都适用所有 TPU 等级，每种加工方法要求 TPU 特定等级具有适当形态和熔体黏度。

9.6.1 聚氨酯热塑性弹性体的流变

在加工条件下，TPU 熔体的黏度远远高于低分子量流体。TPU 熔体表现出非牛顿流动行为或假塑性，也就是说，熔体黏度不仅取决于温度和压力，还取决于变形速率（见图 9.9）。熔体黏度对温度的响应在加工中是重要的，不同等级 TPU 的熔体黏度与温度的关系见图 9.10。将熔体温度提高 10℃ 常常导致熔体的增大：体积比（MVR）增加到 2～4 倍[79]。

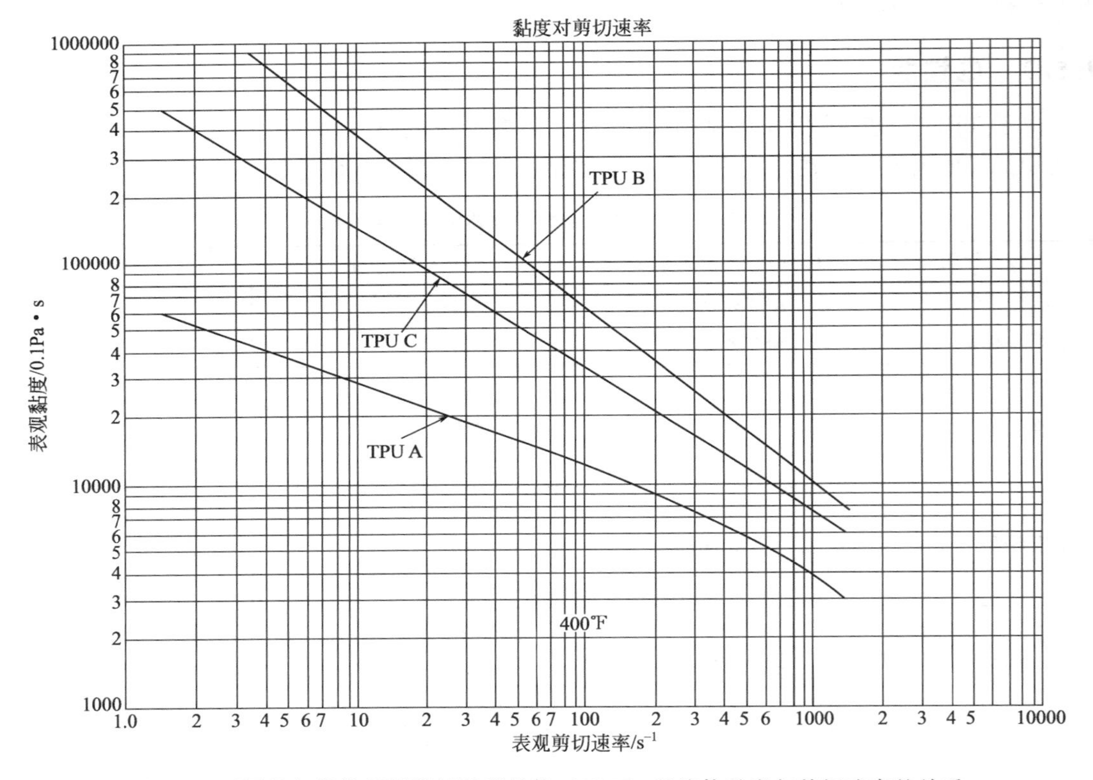

图 9.9 不同等级的热塑性聚氨酯弹性体（TPU）的熔体黏度与剪切速率的关系

TPU B—邵尔 D 硬度 55；TPU C—邵尔 A 硬度 91；TPU A—邵尔 A 硬度 85

9.6.2 干燥

TPU 暴露于大气中时会迅速吸收水分。水分吸收和平衡取决于湿度（参见图 9.11）。由于待加工材料的最佳含水量要求小于 0.05%，因此必须进行干燥。

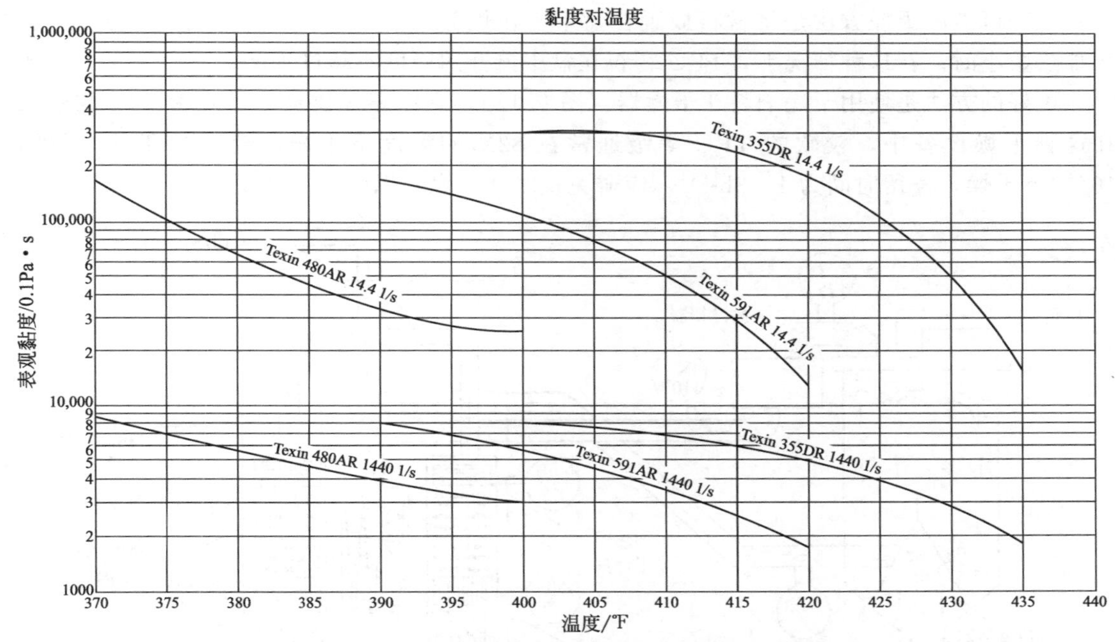

图 9.10　不同等级的热塑性聚氨酯弹性体（TPU）的熔体黏度与温度的关系

Texin 355 DR—邵尔 D 硬度 55（TPU B）；Texin 591 AR—邵尔 A 硬度 91（TPU C）；

Texin 480 AR—邵尔 A 硬度 85（TPU A）

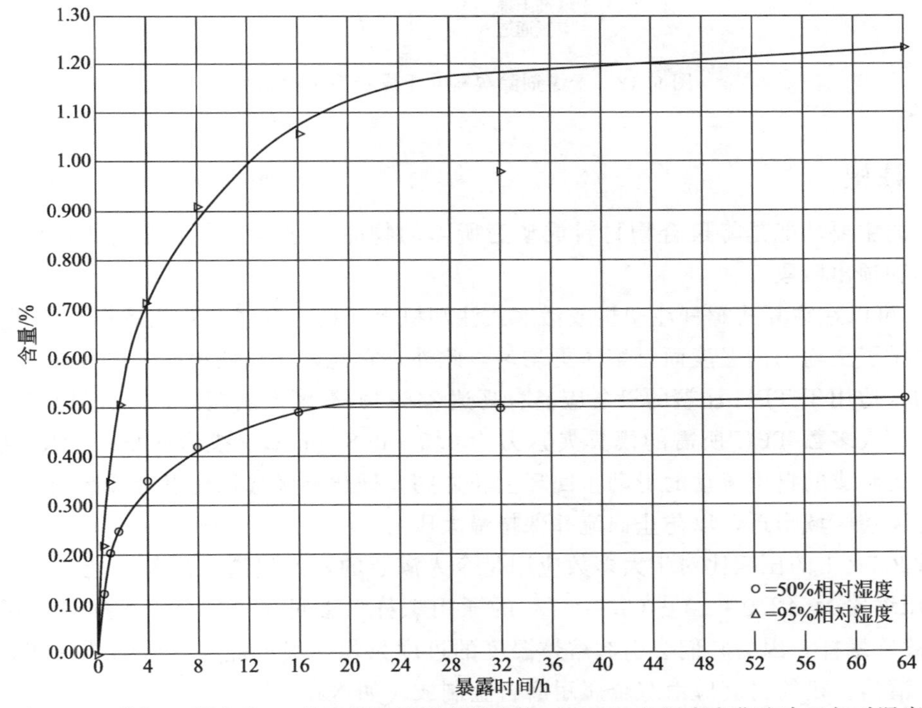

图 9.11　邵尔 A 硬度为 85 的热塑性聚氨酯弹性体（TPU）的湿度变化取决于相对湿度

加工中的材料如果含水量过多会导致成型和挤出困难。在挤出过程中，可以观察到气泡、表面质量差、波浪形、打褶和降解。在注塑中，由于过量水分引起的缺陷是放射斑、气泡、多孔（泡沫）熔体、注嘴淌料和成品部件的物理性能差。

一种可能的干燥方法是将材料放置在盘中，在烘箱中于 80～100℃[79]下，通过空气循环加热数小时。在这种情况下，TPU 颗粒在盘中摊开的厚度不超过 1in。

更好的方法是使用干燥剂料斗干燥器（图 9.12），它能够提供最高露点为 18℃的热风。在这种干燥设备中，较软的 TPU 等级通常在 82℃的温度下干燥，较硬的 TPU 等级在 104℃下干燥，停留时间为 1～3h[65]。应避免长时间干燥，以防止材料变色[88]。

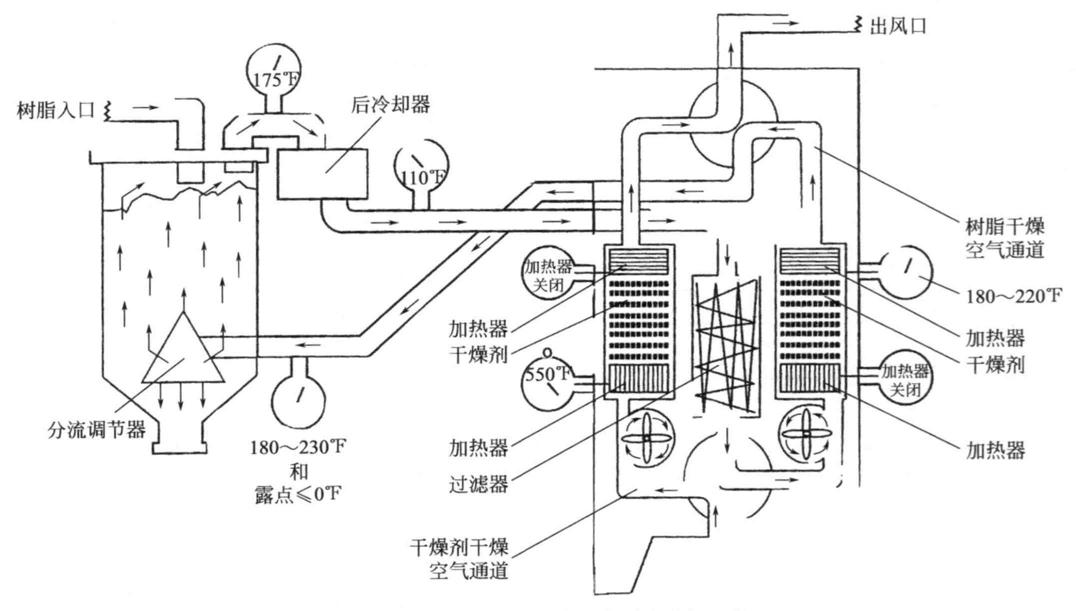

图 9.12　干燥剂除湿料斗干燥器系统示意图

9.6.3　注塑

注塑的主要功能是将聚合物材料成型为所需的物品。它是一个不连续的过程，分为塑炼、注塑和顶出阶段。

TPU 可以在往复式螺杆注塑机或活塞式注塑机上成型。在线往复式螺杆注塑机是优选，因为它提供了更均匀的温度而且熔体更均匀。此外，它允许在较低温度下进行加工，这通常是有利的。适用于 TPU 注塑的设备应具有高达 246℃的温度控制能力，并提供高达 105MPa 的注射力。大多数 TPU 所需的模具夹紧力为 0.5～0.8 ton/cm^2 投影面积。TPU 树脂应采用由硬化钢制成的自由流动的滑动止回环型止逆阀，硬化钢优选氮化以延缓磨损，止逆阀安装在螺杆尖端区域附近，以防止回流并保持最大压力。

尽管 2.5∶1 的压缩比对于大多数应用是令人满意的，但优选长度与直径比（L/D）为 20∶1、压缩比为（2.0∶1）～（3.0∶1）的通用螺杆（参见图 9.13）。不推荐使用尼龙型（快速过渡）螺杆，因为它们会引起熔体温度的过度累积，很可能会导致熔体降解。镀铬螺杆有利于清洁。机筒衬套应由双金属耐磨合金制成，如 Xaloy[89]。

已经发现，在注嘴出口处具有倒锥度的通用自由流动的注嘴适用于加工 TPU。注嘴应尽可能短。注嘴和注道套管必须正确配合，而且注嘴孔口比注道衬套孔口略小（约 20%）。选择注嘴单独温度控制。均匀的成型周期对于保持最佳加工条件和生产最高质量的部件至关重要。这可以通过安装最先进的闭环系统来实现，该系统可以确保精确的注射冲程和切换

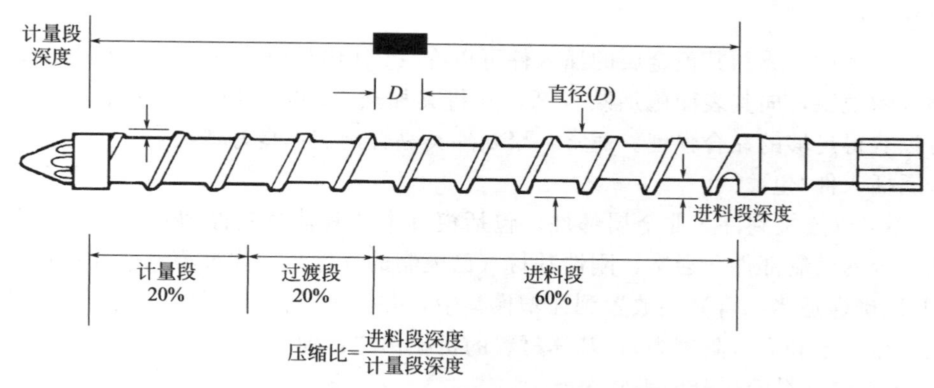

图 9.13　热塑性聚氨酯弹性体（TPU）注塑螺杆

点，这对于模制零件的质量至关重要。该控制设备可以逐步调节保持压力，以最大限度减少下陷和空洞。此外，尽管设备的操作条件有所变化，但是它可以将模腔中每次注胶的熔体压力均匀保持。当使用螺杆式设备时，需要使用机筒容量 40%～80%。如果注胶量小于 40%，则由于注胶量少而且在熔体中积聚过多的热，材料可能会降解。

9.6.3.1　操作条件

温度、时间和压力等操作参数会对成品的性能产生很大的影响。在适当的加工条件下，应获得均匀的灰白色至浅灰色的熔体。

机筒温度随着 TPU 的等级（不同硬度）、部件设计、注胶体积与机筒体积的比率以及循环时间而变化。典型的温度曲线范围为 177～232℃。

对于由 TPU 制成的大多数部件，注射压力在 41～103MPa 范围是足够的。低注塑压力可能使材料不能完全填充模具。太高的压力可能导致材料过度填充模具并产生飞边。

保压压力：通常，保压压力约为注塑压力的 60%～80%。

注射衬垫（树脂进料）：当衬垫不超过 3.175mm 时，获得最佳效果。太多的衬垫可能会导致零件的过度充模[89]。

要获得足够的均质化，螺杆背压需要低于 1.4MPa。

螺杆转速：由于加工 TPU 一般需要低剪切力，所以常用的是 20～80r/min 的螺杆转速，优选的是 20～40r/min[90]。

注塑速度：尽快地填充模具有利于把焊缝的外观影响降至最小，提高焊缝强度，改善表面外观，降低注塑压力。截面较厚的部件需要较慢的注塑速度；较薄的部件需要较快的注塑速度。总注塑时间取决于设备和零件几何形状。

模具温度：最佳模具温度随加工的 TPU 零件的厚度和硬度而变化。较厚的部件需要较低的温度才能在合理的循环时间内有效地冷却树脂。较软的树脂比较硬的树脂需要较低的模具温度。温度范围通常为 10～66℃。正确的模具温度可确保零件的恰当离模。

循环时间：生产质量好的部件的最佳循环包括快速充模，保压时间刚刚够长使浇口冻结，并且冷却时间足够长，使得零件顶杆不会穿透零件。冷却时间是整个成型周期的主要部分。

9.6.3.2　插入成型

TPU 可以与作为插入件在树脂内成型的各种材料结合。插入件的设计可以是直的带有平滑的壁，但也可以有滚花、键槽、倒角或凹陷。

(1) 金属插入件

钢、铝、黄铜、锌和其他金属的插入件可以在 TPU 内模制。在大多数情况下，通过简单地将插入物脱脂，向其表面施加黏合剂，并将其加热至 104～121℃，然后将其放入模具中，就可以获得足够的黏合强度。通常，聚氨酯类黏合剂工作良好[89]。

(2) 非金属插入件/包覆

TPU 还可以连接到许多非金属部件，包括模具中的其他热塑性塑料，从而获得具有柔性和刚性组分的模制部件。通常，刚性基材（已模制的部件）首先被模制，并在短时间（通常小于 3h 以确保适当黏合）内放置到注塑模具中，并且将柔性组分注在其上[89]。良好键合的因素是：化学亲和力（附着力）；基体材料的机械锚定；加工顺序。

TPU 与不同材料的接合如表 9.5 所示。

表 9.5　TPU 与不同材料的接合

基体	注塑到基体的材料	黏合性能
ABS	TPU	黏合良好
PC	TPU	黏合良好
PC/ABS 共混物	TPU	黏合良好
硬 PVC	TPU	黏合良好
硬 TPU	TPU	黏合良好
PBT	TPU	黏合不充分
PA	TPU	黏合不充分
TPU	ABS	黏合良好
TPU	PC	黏合良好
TPU	PC/ABS 共混物	黏合良好
柔性 TPU	硬 TPU	黏合良好
TPU	PBT	黏合较好，依赖于类型
TPU	PA	黏合较好，依赖于类型
PE	TPU	不黏合
PP	TPU	不黏合
TPU	PE	不黏合
TPU	PP	不黏合

9.6.3.3　回收料的使用

注道、流道和 TPU 废部件可以被研磨和再利用。虽然高达 100%的回收料可成功使用[91]，但根据模制件的最终用途要求，回收料最高用量可达新料的 20%。回收料必须干净，在 82～110℃下干燥 1～3h[89]，并在干燥和加工前与新料充分混合。当材料性能，包括颜色、冲击强度和承重性能要求与原始树脂相当的情况下，应避免使用回收料。

9.6.4　挤出

9.6.4.1　螺杆设计

所有现代的常用单螺杆挤出机都可以挤出 TPU。挤出 TPU 的螺杆的 L/D 至少应为 24∶1，压缩比至少为 3∶1。过渡段应该是长而且渐进的，测量段要长（高达整个螺杆长度的 50%）。计量段应该相当浅以使熔体温度充分均匀。推荐用于螺杆的材料是 SAE 4140 钢或类似材料，螺纹采用热处理硬化或由Stellite（Cabot公司）合金制成。螺杆表面应镀铬以获得最佳树脂流动。

9.6.4.2 口模设计

由于TPU树脂的弹性恢复相对较高，因此TPU树脂呈现出明显的离模膨胀。挤出物在离开口模后应尽快浸入水中或通过冷却空气进行冷却，以保持挤出物的形状[92]。

9.6.4.3 挤出温度分布

挤出过程中的温度取决于挤出机的尺寸、产量和加工材料的等级，在175～230℃之间变化。用于TPU挤出的温度分布通常从进料段到压缩段逐渐提高，然后在计量段逐渐下降。建议进料口采用水冷却，以减少材料在进料斗中的堵塞[89,92]。

9.6.4.4 使用的挤出方法

TPU是通用材料，可采用以下挤出方法：

① 挤出片材和薄膜流延膜；

② 吹膜；

③ 管道；

④ 型材；

⑤ 直角机头挤出（电线或其他基材）。

9.6.4.5 后挤出调节

TPU的大多数挤出产品在使用中没有任何特别的处理，因为它们在正常制造后不久就达到其最终性能[89]。然而，如果需要较低的压缩永久变形、较低的蠕变和拉伸衰减，则后挤出调节将增强这些性能。通常，在室温空气中储存2～3周后可以获得性能的改善。为了在制造后立即获得最终的力学性能，产品在循环空气烘箱中于110℃下退火4～16h。

9.6.5 压延

在多辊压延机上可以很容易地进行片材、薄膜、涂层和各种平面基材的连续生产。特殊润滑等级的TPU的加工温度介于140～165℃之间。熔融材料可以从挤出机或加热的开炼机输送到压延机[93]。

9.6.6 吹塑

在本文中，只有两份关于TPUs吹塑的报告：第一份是通过在铝或钢插件上的孔[94]，进行吹塑成型TPU的工艺；第二份是采用TPU制造波纹管的工艺[95]。

9.6.7 热成型

TPU不单独通过热成型加工，但是通过与其他聚合物共挤出制备片材或加工成层压板（例如在ABS面上）。TPU给予耐磨性、柔软的手感和改善的耐候性[96]。

9.7 TPU与其他聚合物的共混物

TPU与某些其他聚合物可混溶[97～99]，但TPU与聚烯烃不相容。当与相容性聚合物共混制备共混物时，温度应避免高于280℃。如果共混物中TPU为次要组分，TPU可用作改性剂，例如提高高模量塑料的抗冲击性能[100]。另一个用途是作为聚氯乙烯（PVC）的非迁移性和非挥发性增塑剂[101]，也可用于改善极性较低的热塑性弹性体（TPEs）与ABS的黏合[102]。

TPU与其他聚合物共混物的一些例子如下。

TPU/聚碳酸酯共混物：具有良好的加工性能，在模量约为1000MPa范围内的力学性能令人关注[103]。

TPU/ABS共混物：这两种材料在整个共混比范围内显示出可混溶性。增加ABS含量使模量提高，耐磨性和抗撕裂强度降低。由于苯乙烯的成本低，这种共混物可能具有经济优势[104～106]。

TPU与不同苯乙烯共聚物的共混物已有报道[107～109]。

少量的ABS（小于质量分数20%）可以用作高模量TPU的低温冲击改性剂，或作为硬质聚酯型TPU[110～112]的相容剂，已在滑雪靴等方面应用。其他聚合物，例如丙烯酸类、共聚酰胺和离聚体，也可作为TPU的加工助剂[113～115]。

将不同等级的TPU共混是常见的做法。两种不同硬度等级的TPU共混物具有两者之间的性能，可使材料的加工性能得到改进。据报道，具有不同熔体黏度材料的共混物在吹塑操作中能提供更好的脱模性能[116]。

9.8 粘接与熔接

9.8.1 热熔接与密封

由于TPU的热塑性，可以通过熔接方便地粘接。有几种接合的方法，最简单的是热或热板熔接。在这种方法中，通常在涂覆有聚四氟乙烯（PTFE）的加热板与两个塑料部件接触，直到接合面熔化。然后将这两个部件在轻微的压力下压在一起直到黏合被固定。

条状密封就是在给定温度和压力下，短时间内在双加热器元件之间保持膜，温度和压力取决于所使用的聚合物和膜的厚度。

其他熔接的方法如下[117,118]。

热风或氮气熔接：气流加热到290～330℃，TPU的圆形线可用作熔接填充材料。

加热镜面熔接（适用于前面的型材熔接）。镜子加热到270～320℃。

加热工具和热脉冲熔接主要用于薄壁制品，如薄膜。

高频熔接适用于壁厚达2mm的平板部件。

摩擦熔接可用于旋转对称部件的熔接。它们必须具有足够的扭转刚度和抗压力。

超声波熔接是使用高频振动（通常为20～40kHz）熔化配合的表面的方法。

9.8.2 溶剂和胶黏剂粘接

只要表面较小，TPU就可以使用*N*-乙烯基吡咯烷酮或二甲基甲酰胺等溶剂进行自身粘接。双组分反应型聚氨酯胶黏剂也适用于将TPU与其他极性塑料材料、金属、木材和皮革以及其他基材粘接[119]。在大多数情况下也可以使用环氧树脂。

9.9 在TPUs中使用生物基原料

最近，人们对来自植物的聚二醇的应用进行了大量研究工作。已经确定，这种原料生产的TPU具有相同性能，并且一些制造商已经生产和销售“生态”产品，其中一些材料已从2007年开始销售[120]。这些材料在工业产品[121]、运动鞋[122]等方面应用。

9.10 新产品开发

拜耳材料科技公司（Bayer Material Science）已经扩大了其基于C_3醚的Desmopan 600系列，共有三个新牌号，即Desmopan DP 6064A、DP 6072A和DP 6080A，为消费者提供更多的聚醚型TPU的选择。这些材料的力学性能和加工性能得到了优化。它们的硬度值范围从约邵尔A硬度60到刚刚超过邵尔A硬度80。开发工作的目的是为了替代类似硬度的SBC和TPV。与类似硬度的SBC和TPV相比，新TPU牌号在拉伸强度和耐磨性方面是优异的。另一个优点是尺寸稳定性高，几乎没有任何蠕变的倾向。它们具有的低温柔韧性（T_g在−40℃左右）也是低温应用的主要优势。

在加工行为方面，三种新材料表现出非常好的流动性和快速的熔体硬化性能。此外，当用于包覆成型时，它们对各种基材表现出良好的黏合性。它们与PA、PC、PC/ABS共混物以及PBT及其玻璃纤维增强材料相容性好。制造的部件具有防滑、柔软的触感表面，例子是夹头、手工工具的球形把手、电动工具或家用电器。常用的注塑品也有潜在的发展，如垫子和电缆衬套以及用于运动员和儿童的鞋类等[123]。

参考文献

[1] Meckel W, Goyert W, Wieder W. In: Holden G, Legge NR, Quirk R, Schroeder HE, editors. Thermoplastic elastomers. 2nd ed. Munich: Hanser Publishers; 1996. p. 16.
[2] Bayer O, Rinke H, Siefken W, Ortner L, Schild H. German Patent 728 981 (1937, to Farben IG.).
[3] Christ RE, Hanford WE. U. S. Patent 2,333,639 (1940, to DuPont).
[4] British Patent 580 524 (1941, to ICI Ltd.), British Patent 574 134 (1942, to ICI Ltd.).
[5] Martin TG, Seeger NV. U. S. Patent 2,625,535 (1953, to Goodyear Tire & Rubber Co.).
[6] Hill FB, et al. Ind Eng Chem 1956;48:927.
[7] Schollenberger CS, et al. Rubber World 1958;137:549.
[8] Meckel W, Goyert W, Wieder W. In: Holden G, Legge NR, Quirk R, Schroeder HE, editors. Thermoplastic elastomers. 2nd ed. Munich: Hanser Publishers; 1996. p. 17.
[9] Schollenberger CS, Dinbergs K. J Elastoplast 1973;5:222.
[10] Schollenberger CS, Dinbergs K. Polymer reprints Am Chem Soc Div Polym Chem 1979;20(1):532.
[11] [a] Becker R, Schimpfle HU. Plaste U. Kautsch 1975;22:15; [b] Saunders JH, Frisch KC. High polymers XVI: polyurethanes, Part I, Chemistry, interscience; 1962. New York.
[12] Dieterich D, Grigat E, Hahn W. In: Oertel G, editor. Polyurethane handbook. Munich: Carl Hanser Verlag; 1985. p. 8.
[13] Goyert W. In: Oertel G, editor. Polyurethane handbook. Munich: Carl Hanser Verlag; 1985. p. 406.
[14] Meckel W, Goyert W, Wieder W, Wussow H-G. In: Holden G, Kricheldorf HR, Quirk RP, editors. Thermoplastic elastomers. 3rd ed. Munich: Hanser Publishers; 2004. p. 17.
[15] Kolycheck EG. German Patent 1720843 (1967, to B. F. Goodrich Co.).

[16] Meisert E, et al. German Patent 1940181 (1969, to Bayer AG).
[17] Seefried Jr CG, Koleske JV, Critchfield FE. J Appl Polym Sci 1975;19:2493e3185.
[18] Bonk HW, Shah TM. U. S. Patent 3,899,467 (1974, to Upjohn).
[19] Gugumus F. In: Zweifel H, editor. Plastics additive handbook. 5th ed. Munich: Hanser Publishers; 2001. p. 141.
[20] Meckel W, Goyert W, Wieder W, Wussow H-G. In: Holden G, Kricheldorf HR, Quirk RP, editors. Thermoplastic elastomers. 3rd ed. Munich: Hanser Publishers; 2004. p. 23.
[21] Saunders JH, Piggot KA. U. S. Patent 3,214,411 (1965, to Mobay).
[22] [a] Frye BF, Piggot KA, Saunders JH. U. S. Patent 3,233,025 (1966, to Mobay). [b] Rausch Jr KW, McClellan TR. U. S. Patent 3,642,964 (1969, to Upjohn).
[23] Meisert E, Knipp U, Stelte B, Hederich M, Atwater A, Erdmenger R. German Patent 1964834 (1969, to Bayer AG.).
[24] Erdmenger RM, Ulrich M, Hederich M, Meisert E, Stelte B, Eitel A, Jacob R. German Patent Appl. 2302564 (1973, to Bayer AG.).
[25] Meckel W, Goyert W, Wieder W, Wussow H-G. In: Holden G, Kricheldorf HR, Quirk R, editors. Thermoplastic elastomers. 3rd ed. Munich: Hanser Publishers; 2004. p. 24 [chapter 2].
[26] Obal JA, Megna IS. German Patent Appl. 2648246 (1976, to American Cyanamid).
[27] Illers KH, Stutz H. German Patent Appl. 2547864 (1975, to BASF).
[28] Illers KH, Stutz H. German Patent Appl. 2547866 (1975, to BASF).
[29] Abouzahr S, Wilkes GL. J Appl Polym Sci 1984;29:2695.
[30] Heinz G,Maas H-J, Herrmann P, Schumann H-D. German Patent Appl. 2523987 (1975, to VEB Chemieanlagen).
[31] Britain JW, Meckel W. German Patent Appl. 2323393 (1973, to Mobay).
[32] Meissert H, Goyert W, Eitel A, Krohn W. German Patent Appl. 2418075 (1974, to Bayer AG).
[33] Orthmann E, Wulff K, Hoeltzenbein P, Judat H, Wagner H, Zaby G, Heidingsfeld H. European Patent Appl. 554718, 554719 (to Bayer AG).
[34] Meckel W, Goyert W, Wieder W. In: Holden G, Legge NR, Quirk R, Schroeder HE, editors. Thermoplastic elastomers. 2nd ed. Munich: Hanser Publishers; 1996. p. 25.
[35] Ma EC. In: Walker BM, Rader CP, editors. Handbook of thermoplastic elastomers. 2nd ed. New York: Van Nostrand Reinhold Co. ; 1988. p. 227 [chapter 7].
[36] Cooper SL, Tobolsky AV. J Appl Polym Sci 1966;10:1837.
[37] Bonart R. J Macromol Sci 1968;B2:115.
[38] Bonart R, Morbitzer L, Hentze G. J Macromol Sci 1969;B3:337.
[39] Bonart R, Morbitzer L, Müller EH. J Macromol Sci 1974;B9:447.
[40] Wilkes CW, Yusek C. J Macromol Sci 1973;B7:157.
[41] Clough SB, Schneider NS. J Macromol Sci 1968;B2:553.
[42] Clough SB, Schneider NS, King AO. J Macromol Sci 1968;B2:641.
[43] Blackwell J, Nagarajan MR. Polymer 1981;22:202.
[44] Blackwell J, Nagarajan MR, Hoiting TB. ACS Symp Ser 1981;172:179.
[45] Huh DS, Cooper SL. Polym Eng Sci 1971; 11:369.
[46] Goyert W, Hespe H. Kunststoffe 1978;68:819.
[47] Wilkes GL, Bagrodia S, Humphries W, Wildnauer R. Polym Lett Ed 1975;13:321.
[48] Wilkes GL, Emerson JA. J Appl Phys 1976;47: 4261.
[49] Illinger JL, Schneider NS, Karasz FE. Polym Eng Sci 1972;12:25.
[50] Rohr J, Koenig K, et al. Polyester in Ullmanns Encyklopaedie der technischen Chemie. 4 Auflage. Weinheim: Verlag Chemie; 1980.
[51] Schollenberger CS, Hewitt LE. Polym Prepr Am Chem Soc Div Polym Chem 1978; 19:17.
[52] Paik Sung CS, Schneider NS. Macromolecules 1975;8:68.
[53] Paik Sung CS, Schneider NS. Macromolecules 1977;10:452.

[54] Schneider NS, Paik Sung CS. Polym Eng Sci 1977;17:73.
[55] Schneider NS, Paik Sung CS, et al. Macromolecules 1975;8:62.
[56] Senich GA, MacKnight WJ. Adv Chem Ser 1979;176:97.
[57] Meckel W, Goyert W, Wieder W. In: Holden G, Legge NR, Quirk R, Schroeder HE, editors. Thermoplastic elastomers. 2nd ed. Munich: Hanser Publishers; 1996. p. 30.
[58] Goyert W. Swiss Plast 1982;4:7.
[59] Goyert W, et al. European Patent Application 15049 (1984, to Bayer AG).
[60] Goyert W, et al. German Patent Appl. 2854406 (1978 to Bayer AG).
[61] Meckel W, Goyert W, Wieder W. In: Holden G, Legge NR, Quirk R, Schroeder HE, editors. Thermoplastic elastomers. 2nd ed. Munich: Hanser Publishers; 1996. p. 31.
[62] Wilkes GL, et al. J Polym Sci Lett 1975;13:321.
[63] Wilkes GL, Wildnauer R. J Appl Phys 1975; 46:4148.
[64] Assink RA, Wikes GL. Polym Eng Sci 1977;17:603.
[65] Texin and Desmopan. Thermoplastic polyurethane elastomers: a guide to engineering properties. Pittsburgh (PA): Bayer Material Science LLC; 2004. p. 22.
[66] Wolkenbreit S. In: Walker BM, editor. Handbook of thermoplastic elastomers. New York: Van Nostrand Co. ; 1979. p. 222.
[67] Smith TL. Polym Eng Sci 1977;17(3):129.
[68] Wolkenbreit S. In: Walker BM, editor. Handbook of thermoplastic elastomers. New York: Van Nostrand Co. ; 1979. p. 225.
[69] Ma EC. In: Walker BM, Rader CP, editors. Handbook of thermoplastic elastomers. 2nd ed. New York: Van Nostrand Reinhold Co. ; 1988. p. 233 [chapter 7].
[70] Goyert W. In: Oertel G, editor. Polyurethane handbook. Munich: Hanser Publishers; 1985. p. 415.
[71] Meckel W, Goyert W, Wieder W. In: Holden G, Legge NR, Quirk R, Schroeder HE, editors. Thermoplastic elastomers. 2nd ed. Munich: Hanser Publishers; 1996. p. 33.
[72] Hoppe H-G, Wussow H-G. In: Oertel G, editor. Polyurethane handbook. Munich: Hanser Publishers; 1993. p. 412.
[73] Ophir ZH, Wikes GL. In: Cooper SL, Estes GM, editors. Multiphase polymers. Washington (D. C.): Am. Chem. Soc. ; 1979. p. 412.
[74] Fabris HJ. In: Frisch KC, Reegen SL, editors. Advances in urethane science and technology, vol. 4. Westport (CT): Technomic Publishing; 1976. p. 89.
[75] Ma EC. In: Walker BM, Rader CP, editors. Handbook of thermoplastic elastomers. 2nd ed. New York: Van Nostrand Reinhold Co. ; 1988. p. 238 [chapter 7].
[76] Schollenberger CS, Stewart FD. J Elastoplast 1971;3:28.
[77] Neumann W, et al. U. S. Patent 3,193,522 (1965).
[78] Hepburn C. Polyurethane elastomers. London and New York: Applied Science Publishers; 1982. p. 355 [chapter 12].
[79] Meckel W, Goyert W, Wieder W, Wussow H-G. In: Holden G, Kricheldorf HR, Quirk R, editors. Thermoplastic elastomers. 3rd ed. Munich: Hanser Publishers; 2004. p. 35 [chapter 2].
[80] Technische Information: Beständigkeit von Elastollan-Typen (¼ TPU) gegenüber Chemikalien, Elastogran Chemie, Lemförde, Germany.
[81] Ma EC. In: Walker BM, Rader CP, editors. Handbook of thermoplastic elastomers. 2nd ed. New York: Van Nostrand Reinhold Co. ; 1988. p. 237 [chapter 7].
[82] Meckel W, Goyert W, Wieder W, Wussow H-G. In: Holden G, Kricheldorf HR, Quirk R, editors. Thermoplastic elastomers. 3rd ed. Munich: Hanser Publishers; 2004. p. 34 [chapter 2].
[83] Schollenberger CS, Stewart FD. J Elastoplast 1972;4:294.
[84] Schollenberger CS, Stewart FD. In: Frisch KC, Reegen SL, editors. Advances in urethane science and technology, vol. 2. Westport, CT: Technomic Publishing; 1973. p. 71. and vol. 4, 1976, p. 68.
[85] Chu CC, Fischer TE. J Biomed Mater Res 1979;13:965.

[86] Wolkenbreit S. In: Walker BM, editor. Handbook of thermoplastic elastomers. New York: Van Nostrand Co. ; 1979. p. 232.
[87] Hepburn C. Polyurethane elastomers. London and New York: Applied Science Publishers; 1982. p. 363 [chapter 12].
[88] Ma EC. In: Walker BM, Rader CP, editors. Handbook of thermoplastic elastomers. 2nd ed. New York: Van Nostrand Reinhold Co. ; 1988. p. 242 [chapter 7].
[89] Texin and Desmophan. Thermoplastic polyurethanes, a processing guide for injection molding. Pittsburgh (PA): Bayer Corporation; 1995.
[90] Ma EC. In: Walker BM, Rader CP, editors. Handbook of thermoplastic elastomers. 2nd ed. New York: Van Nostrand Reinhold Co. ; 1988. p. 245 [chapter 7].
[91] Ma EC. In: Walker BM, Rader CP, editors. Handbook of thermoplastic elastomers. 2nd ed. New York: Van Nostrand Reinhold Co. ; 1988. p. 246 [chapter 7].
[92] Ma EC. In: Walker BM, Rader CP, editors. Handbook of thermoplastic elastomers. 2nd ed. New York: Van Nostrand Reinhold Co. ; 1988. p. 248 [chapter 7].
[93] Ma EC. In: Walker BM, Rader CP, editors. Handbook of thermoplastic elastomers. 2nd ed. New York: Van Nostrand Reinhold Co. ; 1988. p. 250 [chapter 7].
[94] www. ossberger. de.
[95] Leaversuch R. Plast Technol June 2004; 50(6):36.
[96] Bayer thermoplastics, a processing guide for thermoforming. Pittsburgh (PA): Bayer Polymers; 2003.
[97] Seefried Jr CG, et al. Polym Eng Sci 1976; 16:771.
[98] Deanin RD, et al. Org Coat Plast Chem Prepr 1979;40:664.
[99] Buist JM. Developments in polyurethanes-1, 54. London: Applied Science; 1978.
[100] Cramer M, Wambach AD. U. S. Patent 4,279,801 (1975, to General Electric).
[101] Wang CB, Cooper SL. J Appl Polym Sci 1981;26:2989.
[102] Meckel W, Goyert W, Wieder W, Wussow H-G. In: Holden G, Kricheldorf HR, Quirk R, editors. Thermoplastic elastomers. 3rd ed. Munich: Hanser Publishers; 2004. p. 36 [chapter 2].
[103] Bonart R, Mueller EH. J Macromol Sci 1975;19:2493e3185.
[104] [a] Georgacopoulos CN, Sardonapoli AA. Modern plastics intern; May 1982. p. 96; [b] Demma G, et al. J Mater Sci 1983;18:89.
[105] Freifeld M, Mills GS, Nelson JR. German Patent Appl. 1694315 (1967, to GAF Corporation).
[106] Fava RA. U. S. Patent 4,287,314 (1980, to ARCO Polymers).
[107] Chaney CE. U. S. Patent 4, 284,734 (1980 to ARCO Polymers).
[108] Sakano H, et al. U. S. Patent 4,373,063 (1981, to Sumitomo Naugatuck).
[109] Tan KH, de Greef JL. U. S. Patent 4,251,642 (1979, to Borg Warner).
[110] Goyert, et al. European Pat. Appl. 15049 (1984, to Bayer AG.).
[111] Grabowski TS. U. S. Patent 3,049,505 (1962, to Borg Warner).
[112] Roxburgh R, Aitken DM. British Patent 2021600 (1978, to ICI Ltd.)
[113] Carter RP. U. S. Patent 4,179,479 (1978, to Mobay).
[114] Megna IS. U. S. Patent 4,238,574 (1979, to American Cyanamid).
[115] Rutkowska M, Eisenberg A. J Appl Polym Sci 1984;29:755.
[116] Zeitler G, et al. European Patent Appl. 11682 (1983, to BASF).
[117] Oertel G, editor. Polyurethane handbook. Munich: Hanser Publishers; 1985. p. 411.
[118] Engineering polymers, joining techniques, a design guide, KU-GE1030. Pittsburgh (PA): Bayer Corporation; 2001.
[119] Dollhausen M. In: Oertel G, editor. Polyurethane handbook. Munich: Hanser Publishers; 1985. p. 548.
[120] Riba MJ. Paper 8, Thermoplastic elastomers conference, Brussels, Belgium, November 8-9, 2011. [Smithers Rapra].
[121] Riba MJ. Paper 5, Thermoplastic elastomers conference, Berlin, Germany, November 8e9, 2011. [Smithers Rapra].
[122] Vermunicht G. Paper 6, Thermoplastic elastomers conference, Brussels, Belgium, November 13e14, 2012. [Smithers Rapra].
[123] Hättig J, Lauter M. New soft ether TPUs. TPE Mag Int April 2013;5(2/2013):114.

第10章 聚酰胺类热塑性弹性体

10.1 概述

聚酰胺弹性体——聚酯酰胺（PEAs）、聚醚酯酰胺（PEEAs）、聚碳酸酯酰胺（PCEAs）和聚醚嵌段酰胺（PE-*b*-As）都属于同一类嵌段共聚物。硬段主要基于脂肪族聚酰胺，软段基于脂肪族聚醚或聚酯。硬软段通过酯或酰胺基团连接。正如其他嵌段共聚物一样，两种类型链段的化学结构和组成决定了力学性能和热性能。软段通常高于其玻璃化转变温度，有助于弹性体的柔韧性和延展性。玻璃状或半结晶硬段起物理交联作用，减少了共聚物的链滑移和黏性流动[1]。

10.2 合成

这些嵌段共聚物根据硬段中的聚酰胺和软段的组成进行分类。当前可用的商业产品的硬段基于脂肪族和半芳香族酰胺。由Atochem最初开发的热塑性弹性体（TPE），由基于脂肪族酰胺的硬段和基于聚醚的软段组成，称为聚醚嵌段酰胺或PE-*b*-As。应当注意，常规命名法表明这些是二嵌段，但实际上它们是嵌段共聚物。由Dow Chemical最初开发的弹性体包含基于半芳香族酰胺的链段和基于脂肪族聚酯、脂肪族聚醚或脂肪族聚碳酸酯的软段，它们被称为PEAs、PEEAs和PCEAs[1]。

基本上有两条合成途径制备弹性体。PE-*b*-A共聚物通过羧酸封端的脂肪族酰胺嵌段与羟基封端的聚醚二醇之间的酯化反应制得。PEA、PEEA和PCEA共聚物的聚合物形成反应是芳香族异氰酸酯和脂肪族羧酸反应形成酰胺部分[2]。羧酸封端的聚酯或聚醚二醇形成软链段。因此，与聚合物同时形成酰胺类硬段。

由于半芳香族酰胺在反应条件下或在后续处理中不经历酯-酰胺交换反应，因此可以使用酯基软段。然而，当使用脂肪族酰胺时，酯-酰胺交换反应使嵌段不规则分布，聚合物失去与嵌段共聚物相关的性质[1]。

用于PEEA弹性体的软链段通常基于聚氧亚烷基二醇，如聚氧乙烯二醇、聚氧丙烯二醇和聚氧四亚甲基二醇。聚酯多元醇，如己二酸六亚甲基二醇或壬二酸四亚甲基二醇也用于制备PEA弹性体。

PCEA是一类特殊的PEA弹性体，它通过使用脂肪族聚碳酸酯二醇（如碳酸六亚甲基二醇）软段来改善性能平衡[3]。

聚醚嵌段酰胺（PE-*b*-A）的合成：

$$\text{HOOC-聚酰胺-COOH} + \text{HO-聚醚-OH} \longrightarrow [\text{聚酰胺-酯-聚醚-酯}]$$

PEA或PCEA的合成：

OCN-Ar-NCO＋HOOC-R-COOH＋HOOC-聚酯-COOH ⟶[(聚-Ar-酰胺)聚酯]

PEEA 的合成：

OCN-Ar-NCO＋HOOC-R-COOH＋HOOC-ester-polyether-ester-COOH ⟶
[(聚-Ar-酰胺)-酯-聚醚-酯]

10.2.1 PEAs、PEEAs 和 PCEAs 的合成

PEAs、PEEAs 和 PCEAs 的聚合在极性溶剂中均匀地进行（该溶剂在高温下，通常为 200～280℃，不与异氰酸酯反应），通常将异氰酸酯有控制地加入到另一种共单体的溶液中。通过沉淀或在真空下除去溶剂来回收聚合物[3]。这些弹性体也可以通过一步法或两步法反应挤出来制备[4,5]。

酰胺含量和硬链段的结晶度可以通过改变配方中二羧酸扩链剂的量和类型，或通过改变聚酯、聚醚或聚碳酸酯软段的分子量来改变。最常用的硬段扩链剂是己二酸（C-6）或壬二酸（C-9）[3]。

与类似的均聚物的结晶熔融温度（T_m）有关的硬段的 T_m 值通常反映了硬相畴中结晶的程度。通过改变硬酰胺链段的含量以及硬段和软段的分子量，产物的硬度范围可以从邵尔 A80 到邵尔 D70。也可以选择酰胺类型和软链段的类型来进一步微调产品的性能[3]。通过该方法制备的弹性体是透明的，具有浅棕色并且可溶于二甲基甲酰胺、二甲基乙酰胺和 *N*-甲基吡咯烷酮。不同聚酰胺热塑性弹性体的实例见表 10.1。

表 10.1 不同聚酰胺热塑性弹性体的玻璃化转变温度和熔点

聚合物	硬度(邵尔)	硬段扩链剂	酰胺质量分数/%	T_g(软段)/℃	T_m(硬段)/℃
PEA-1	88A	己二酸	25	−40	270
PEA-2	94A	壬二酸	35	−28	230
PEA-3	94A	己二酸	33	−34	275
PEA-4	55D	壬二酸/己二酸	37	−33	236
PEA-5	60D	壬二酸/己二酸	39	−33	238
PEA-6	70D	壬二酸/己二酸	42	−34	240
PEEA-1	92A	己二酸	31	−50	251
PEEA-2	92A	壬二酸	31	−40	264
PEEA-3	90A	己二酸	31	−40	290
PCEA-1	88A	壬二酸	35	−40	230
PCEA-2	92A	己二酸	35	−38	252
PCEA-3	92A	壬二酸	35	−30	230

注：1. PEA—聚酯酰胺；PEEA—聚醚酯酰胺；PCEA—聚碳酸酯-酯酰胺。
2. 参考文献［3］。

10.2.2 PE-*b*-As 的合成

PE-*b*-A 弹性体的制备是在高温（200～300℃）和高真空（<2mmHg）下，将二羧酸酰胺嵌段和聚氧亚烷基二醇熔融缩聚 2h 以上。采用合适的催化剂可以提高酯化速率和产物的分子量[6,7]。反应可以分批进行或采用连续方法进行[8]。

产品范围从几乎透明到不透明的白色材料，取决于聚合物中的酰胺含量[9]。PE-*b*-A 弹性体中的酰胺链段的分子量范围为 800～5000。醚软段的分子量范围为 400～3000，它们占产品质量分数的 5%～50%。通过使用酰胺和醚链段分子量分别在 500～2000 和 1000～3000 范围，可以制得更柔软、更有弹性的产品。在这种情况下，软段的质量分数为 60%～80%[10]。聚合物链可以包含不同类型的聚酰胺（PA 6、PA 12、PA 11、PA 66 等）和从四氢呋喃（THF）获得的各种聚醚或共聚醚二醇，以及环氧丙烷或环氧乙烷[11]。硬段和软段通过酯键连接。一般硬度值范围从邵尔 D 硬度 25 到邵尔 D 硬度 70。不同 PE-*b*-A 弹性体的物理机械性能见表 10.2。

表 10.2 PE-*b*-A 弹性体及其物理机械性能

聚合物	硬度(邵尔)	T_m/℃	拉伸强度/MPa(psi)	扯断伸长率/%	弯曲模量/MPa
PE-*b*-A-1	88A	148	34.1(3944)	−40	270
PE-*b*-A-2	94A	152	38.6(5597)	−28	230
PE-*b*-A-3	94A	168	39.3(5698)	−34	275
PE-*b*-A-4	55D	168	50.3(7293)	−33	236
PE-*b*-A-5	60D	172	55.9(8105)	−33	238
PE-*b*-A-6	70D	174	57.2(8294)	−34	240

注：1. PE-b-A 为聚醚嵌段酰胺。
2. 参考文献 [9]。

10.2.3 其他热塑性聚酰胺弹性体的合成

胡氏（Hiils）工艺：在高于 250℃的温度下，通过一步法由内酰胺 12、十二烷二酸和聚（四氢呋喃）制备共聚物，将内酰胺转化为相应的氨基酸。所得共聚物在整条链长上具有硬段和软段的统计分布[12]。

EMS 工艺：共聚物的硬段也基于内酰胺 12，没有酯键，硬段和软段之间的键是酰胺，直接形成聚醚酰胺[11]。

Ube 工艺：一步法[13]和二步法[14,15]工艺均获得了专利。该产品具有以下通式：

$$\mathrm{HO}\left[\mathrm{CO}-\text{聚酰胺}-\mathrm{CO}-\mathrm{NH}-\text{聚醚}-\mathrm{NH}\right]_x\mathrm{H}$$

该产品的特点是将二聚酸（从脂肪酸获得）引入聚酰胺链中，连接两个氨基酸单元并作为链限制剂[11]。

10.3 形态

可以通过差示扫描量热法（DSC）观察聚酰胺弹性体的相畴结构。图 10.1 是典型 PEA 和 PEEA 的 DSC 热分析图。图 10.2 是三种不同类型的 PE-*b*-A 弹性体的 DSC 热分析图。通常在半结晶聚合物上观察到 T_m 的多个吸热峰，这是硬段相畴中结晶有序程度不同的结果。当聚合物退火时，这些相畴的相对尺寸发生变化。

表 10.1 为几种 PEA、PEEA 和 PCEA 弹性体配方的玻璃化转变温度（T_g）和结晶熔融温度（T_m）。如果共聚物完全相分离成软相畴和硬相畴，硬段的 T_m 值可以提高 50～100℃，

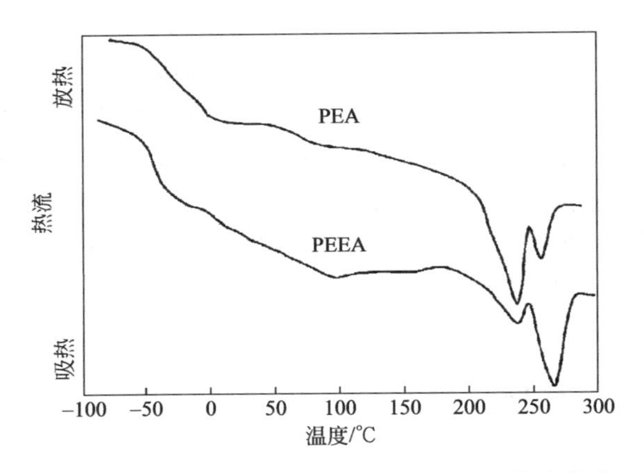

图 10.1 PEA 和 PEEA 弹性体的典型 DSC 曲线（加热速度为 20℃/min）

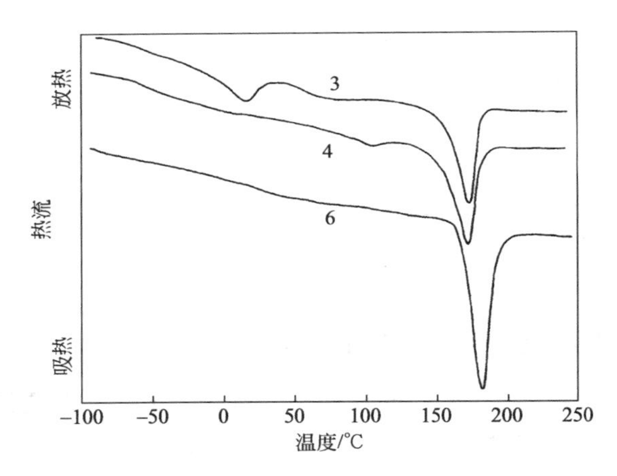

图 10.2 PE-*b*-A-2 的典型 DSC 曲线

3—PE-*b*-A-2；4—PE-*b*-A-4；6—PE-*b*-A-6（具体细节见表 10.2）

而软段的 T_g值将显著降低。因此，硬段的 T_m值和软段的 T_g值将接近相应的纯聚合物的值。在实际体系中，这些值也随共聚物组成而变化。例如，PEA-2 的软段的 T_g比纯软段的 T_g高 28℃，硬段的 T_m比类似的高分子量聚酰胺的 T_m 低 95℃。这些 T_m和 T_g值的偏移是在嵌段弹性体中各相不完全混合的特征[16]。

表 10.1 中的数据还说明了化学成分对相分离的影响，并表明相分离还稍微影响所得共聚物的硬度。例如，具有与 PEA-2 相同硬段含量和硬段长度的聚醚型 PEEA-2 的相分离更多，如 T_g和 T_m偏移所示。影响结晶度的硬段的化学成分也影响弹性体的相分离。因此，PEEA-2 的硬度较软一点。

10.4 结构-性能关系

通常，热塑性嵌段共聚物的某些物理性质取决于一些因素，如硬段和软段的化学组成和它们各自的长度及其长度比和质量比。其中，硬段和软段的化学成分以及硬段组成具有最显著的影响。

在聚酰胺热塑性弹性体中，硬段的作用通常与酰胺硬段的结晶度和这些微晶的结晶熔融温度（T_m）有关。这最终决定了弹性体的使用温度。高度结晶的硬段也容易导致更大程度的相分离，产生较软的材料。高度结晶的硬段的另一个作用是增加了共聚物的耐化学性，因为随着结晶度的增加，溶剂的溶解度对聚合物的影响大大降低。

从质量分数上看，软段通常是这些共聚物的主要组分，因此软段的化学组成影响共聚物的热氧化稳定性。例如，聚醚型弹性体通常比聚酯型弹性体更易于氧化断链[17]。另外，许多具有聚醚软段的弹性体比聚酯软段的弹性体更疏水，并且更耐水解。软段的分子量会影响相容性程度（短链引起强迫相容性），反过来也影响相分离程度，导致前述的硬度变化[18,19]。

化学结构对软段的 T_g 有重要影响。各相混合的程度影响软段分子链的自由度，也影响 T_g。

因此，在弹性体的性能范围内，几个因素限定了硬质区域的下限。随着聚合物从软聚醚或软聚酯逐渐变化为硬聚酰胺，硬段与软段的比例或酰胺含量的比例对物理性能有影响。聚酰胺热塑性弹性体的结构和性能之间的相关性如表 10.3 所示。

表 10.3 聚酰胺热塑性弹性体结构与性能之间的关系

性能	硬段组成	软段组成	酰胺含量
硬度	X	0	X
相分离程度	X	X	X
结晶熔点	X	0	0
低温性能	0	X	X
拉伸性能	X	0	X
水解稳定性	0	X	X
耐化学性	X	X	X
热氧化稳定性	0	X	X

注：X—相关；0—不相关。

10.5 物理机械性能

10.5.1 拉伸性能

不同配方的聚酰胺热塑性弹性体的典型应力-应变曲线如图 10.3 所示。取决于胺含量的这些弹性体的初始模量远大于在相同硬度范围内的其他 TPE 的初始模量。其原因是酰胺链段结构部分的承载能力更强。低应变区中硬链段的变形大部分是可逆的。然而，在更大的应变下，发生结晶薄片的破坏或重组，并且应力曲线平滑，因为链滑移减轻了一些应力[20]。这种变化是不可逆转的，并导致拉伸变形。最后，载荷由软段承载，如 DSC 研究所示，其变为取向和结晶[21]。这提高了弹性体的强度，直到破裂发生与灾难性破坏[22,23]。即使在高达 70 邵尔 D 的硬度下，PEA 也不显示出拉伸屈服，因此它具有比一些其他结晶 TPE 更低的永久变形。这表明在微观尺度上结晶酰胺硬链段结构域的完整性。

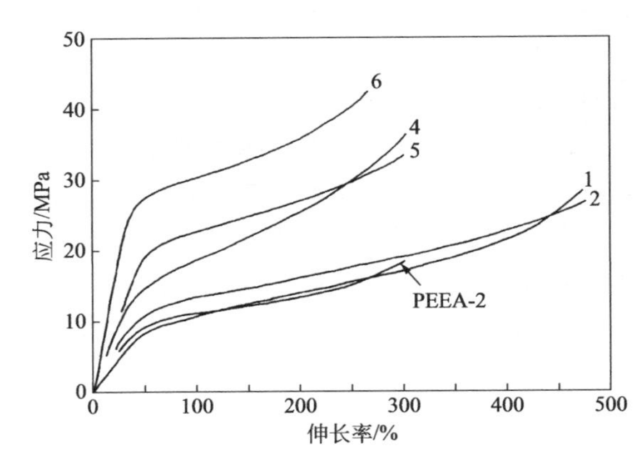

图 10.3　典型的 PEA 和 PEEA-2 弹性体的室温应力-应变曲线（ASTM D412）

注：图中 1、2、4、5、6 分别为 PEA-1、PEA-2、PEA-4、PEA-5 和 PEA-6

退火后，PEA 和 PEEA 材料的拉伸性能在酰胺硬链段的 T_g 以上得到改善。除了减轻模压应力之外，退火还促使硬链段中的短程有序酰胺链段重组成更大和更完美的微晶。最终结果是具有更大的模量、更大的拉伸强度和更好的伸长率，如表 10.4 所示。

表 10.4　PEA、PEEA 和 PCEA 的拉伸性能实例（ASTM D 412）

聚合物	定伸应力/MPa(psi)			拉伸强度/MPa(psi)	拉断伸长率/%	拉伸残余形变/%
	50%	100%	300%			
PEA-1	8.5(1232)	10.8(1566)	18.2(2639)	28.1(4074)	470	—
PEA-1a①	8.7(1261)	12.0(1740)	21.0(3045)	31.0(4495)	495	—
PEA-2	11.3(1638)	13.2(1914)	19.2(2784)	26.2(3799)	470	50
PEA-2A②	12.6(1827)	16.4(2378)	28.8(4176)	31.0(4485)	370	40
PEA-4	14.7(2132)	18.9(2740)	—	36.0(5220)	295	34
PEA-6	27.0(3915)	30.1(4364)	—	42.2(6119)	265	92
PEEA-2	9.2(1334)	11.5(1668)	18.4(2668)	18.6(2697)	300	16
PEEA-2a②	9.6(1392)	12.6(1827)	16.7(2422)	18.8(2726)	410	50
PCEA-2	10.2(1479)	13.5(1958)	18.8(2726)	20.5(2927)	390	—
PCEA-3	15.8(2291)	16.5(2392)	—	21.9(3176)	270	—

① 样品在 175℃下退火 4h。

② 样品在 200℃下退火 3h。

注：1. PEA—聚酯酰胺；PEEA—聚醚酯酰胺；PCEA—聚碳酸酯-酯酰胺。

2. 有关本表中使用的聚合物的更多详细信息，请参见表 10.1。

3. 见参考文献 [21]。

10.5.2　高温性能

与任何其他商业热塑性弹性体相比，基于 PEA 和 PEEA 的热塑性弹性体显示出更好的耐高温性能。这些嵌段弹性体的高温性能与其硬段的结晶度及和结晶熔融温度（T_m）密切相关。甚至在其他大多数热塑性弹性体不能承受的测试条件下，它们也能保持较高的拉伸性能[24]。较低硬度的PEA和PEEA的热塑性弹性体也是这样，对于热塑性弹性体中难以达到的高温性能，它们却很显著（表10.5）。

PEA和PEEA弹性体对长期干热老化也具有很高的耐受性，即使在150℃下也无需添加任何热稳定剂。在150℃老化5d后，一些室温拉伸性能还得到改善（表10.6）。这是退火效应而不是氧化交联的结果，因为样品仍然是可溶的。在175℃下的类似研究揭示了PEA弹性体在拉伸性能方面损失很小，而PEEA会受到更大的影响，原因是醚键固有的氧化不稳定性[25]。通过添加稳定剂，PEEA弹性体的热稳定性大大提高[26]。

在潮湿老化中，由于酯基对水解的敏感性和随后的分子量降低，PEA弹性体的拉伸性能降低。通过使用专用稳定剂（例如聚合碳二亚胺类添加剂）可以缓解这个问题。随着弹性体硬度的增加，由于酯组分的量减少，此问题会减少。PEEA弹性体对水分的敏感性要低得多，因为醚键不会水解。由于碳酸酯耐水解性较高，碳酸酯类PCEA弹性体显示出更好的抗湿性。

具有醚基软段的PE-*b*-A弹性体在100℃水浸时具有良好的耐水解性。通过降低聚合物的羧酸端基含量，可以进一步提高其耐水解性[27]。

10.5.3 撕裂强度

较软等级的PEA弹性体（PEA-2）在室温下的撕裂强度（美国材料试验学，ASTM D 624，方法C）通常为150kN/m，在150℃下较软等级的PEA弹性体的撕裂强度为50kN/m，而较硬等级的PEA弹性体（如PEA-4）的撕裂强度稍高[28]。几种PEA弹性体和PE-*b*-A弹性体的撕裂强度见表10.7。

表10.5 PEA在高温下的拉伸性能实例（ASTM D 412，D3196）

聚合物	测试温度	定伸应力/MPa(psi)			拉伸强度/MPa(psi)	拉断伸长率/%
		50%	100%	300%		
PEA-1	室温	8.7(1262)	12.0(1740)	21.0(3045)	31.0(4495)	495
	150℃	6.5(942)	8.9(1290)	13.3(1928)	14.8(2146)	340
PEA-2	室温	11.3(1638)	13.2(1914)	19.2(2784)	26.2(3799)	470
	100℃	7.4(1073)	9.7(1406)	9.7(1406)	14.6(2117)	480
	150℃	5.5(798)	5.9(855)	6.3(914)	7.7(1116)	320
PEA-4	室温	14.7(2132)	18.9(2740)	—	36.0(5220)	295
	100℃	5.8(841)	8.1(1174)	15.8(2291)	20.6(2987)	390
	150℃	3.7(536)	5.1(740)	9.1(1320)	9.6(1392)	310
PEA-6	室温	27.0(3915)	30.1(4364)	—	42.2(6119)	265
	100℃	9.0(1305)	9.0(1305)	14.3(2074)	26.9(3900)	490
	150℃	6.1(884)	6.1(884)	9.4(1363)	16.2(2349)	540

注：1. 有关本表中使用的聚合物的更多详细信息，请参见表10.1。除了PEA-1在175℃下退火4h以外，所有样品在200℃下退火3h。

2. 见参考文献[24]。

3. PEA—聚酯酰胺。

表 10.6 PEA、PEEA 和 PCEA 的干热老化

样品	100%定伸应力/MPa	拉伸强度/MPa	扯断伸长率%
150℃老化 120h			
PEA-1			
老化前	10.8	28.1	470
老化后	8.9	26.3	430
保持率/%	82	93	91
PEA-2			
老化前	13.2	26.2	470
老化后	16.0	29.7	390
保持率/%	121	113	83
PEEA-2			
老化前	11.5	18.6	300
老化后	14.6	18.0	260
保持率/%	127	97	87
175℃老化 120h			
PEA-1			
老化前	10.8	28.1	470
老化后	5.8	19.1	320
保持率/%	54	68	68
PEA-2			
老化前	13.2	26.2	470
老化后	15.9	26.9	300
保持率/%	120	103	64
PCEA-2			
老化前	16.5	21.9	270
老化后	18.6	23.0	250
保持率/%	113	105	93

注：1. 有关上述聚合物的详细信息，请参见表 10.1。
2. 样品在 200℃退火 3h。
3. 没有添加稳定剂。
4. 见参考文献 [25]。

表 10.7 PEA 和 PE-*b*-A 弹性体的撕裂强度（ASTM D624，C 形试片）

样品	撕裂强度/[kN/m(lb/in)]	
	室温	150℃
PEA-2	151(862)	51(291)
PEA-4	169(965)	58(331)
PE-*b*-A-1	38.5(220)	
PE-*b*-A-2	45.5(260)	
PE-*b*-A-3	70.0(400)	

续表

样品	撕裂强度/[kN/m(lb/in)]	
	室温	150℃
PE-*b*-A-4	114.0(1090)	
PE-*b*-A-5	149(651)	
PE-*b*-A-6	158(902)	

注：PEA—聚酯酰胺；PEA-*b*-A 为聚醚嵌段酰胺。

10.5.4　耐磨耗

在相同条件下，PEA 类热塑性弹性体的耐磨耗性能［泰伯（Taber）耐磨耗试验，ASTM D1044］与热塑性聚氨酯和具有类似硬度的共聚醚酯相当。使用不同型号砂轮的耐磨耗试验结果见表 10.8[29]。

表 10.8　PEA 和 PE-*b*-A 弹性体的耐磨耗性能
［ASTM D1044，泰伯（Taber）耐磨耗］

聚合物	减量/(mg/1000 转)		
	CS-17 轮	H-18 轮	H-22 轮
PEA-2	4	89	60
PE-*b*-A-1	46	94	—
PE-*b*-A-2	25	81	—
PE-*b*-A-3	17	70	—
PE-*b*-A-4	11	65	—
PE-*b*-A-5	12	46	—

10.5.5　压缩永久变形

当在恒定负荷条件（ASTM D395，方法 A）下测量时，由于其高的模量和承载能力，聚酰胺弹性体显示出非常低的压缩永久变形。在恒定压缩条件下测试（ASTM D395，方法 B）的结果表明，由于产生非常高的应力水平，将不利于产生高的初始模量（表 10.9）[29]。

表 10.9　PEA 和 PE-*b*-A 弹性体的压缩永久变形（ASTM D395，方法 A 和 B）

聚合物	压缩永久变形/%		
	温度/℃	方法 A	方法 B
PEA-1	室温	—	36
PEA-1	100	-	79
PEA-2	室温	2	40
PE-*b*-A-1	70	62	—
PE-*b*-A-2	70	54	—
PE-*b*-A-3	70	21	—
PE-*b*-A-4	70	10	—
PE-*b*-A-5	70	6	—
PE-*b*-A-6	70	6	—

10.5.6 耐屈挠性

热塑性弹性体的耐屈挠性通常取决于软段的 T_g 以及 T_g 与试验温度之差。当试验温度接近 T_g 时，聚合物变成革质状。具有较大相分离程度的共聚物通常具有较低的 T_g 值，并且在屈挠疲劳试验中表现出更好的性能。例如，T_g 为－40℃的 PEA-1 的耐屈挠性能比 PEA-2（T_g 为－28℃）好得多，见表 10.10。

表 10.10　PEA 的罗斯（Ross）屈挠增长试验（ASTM D1052）

样品	测试温度		
	－25℃	－35℃	
PEA-1	屈挠次数	1050000	1011000
	割口增长	0	0
PEA-2	屈挠次数	26800	12300
	割口增长	800	1000

10.6 耐化学性和耐溶剂性

与所有嵌段弹性体一样，硬段的性质对聚酰胺弹性体的耐化学和耐溶剂性有很大的影响。PEA 的半结晶酰胺硬段在许多溶剂中的溶解度低。因此，PEA 具有优异的耐油、耐燃料和耐油脂的性能。PEA 也耐磷酸盐类的液压油，但倾向于在甲苯中溶胀。随着硬段比例的增加，耐化学和耐溶剂性也有所提高（表 10.11）[29]。

表 10.11　PEA 的耐化学性（ASTM D 543，室温浸泡 7d）

聚合物	变化	ASTM 3 号油	刹车油	特种液压工作油	甲苯	锂润滑脂
PEA-2	体积/%	＋1.5	＋29	＋31	＋41	＋0.5
	质量分数/%	＋1.3	＋27	＋29	＋31	＋0.8
	硬度	＋2	＋6	－9	－5	＋3
PEA-4	体积/%	＋0.7	＋16	＋21	＋35	＋0.3
	质量分数/%	＋0.6	＋14	＋20	＋27	＋0.3
	硬度	＋6	－8	－15	－13	－3
PEA-5	体积/%	—	＋17	＋12	—	—
	质量分数/%	—	＋15	＋11	—	—
	硬度	—	－20	－8	—	—

注：1. 样品在 200℃下退火 3h。
2. ASTM，D1600；PEA—聚酯酰胺。

10.7 电性能

聚酰胺弹性体适用于低压应用和护套，在使用过程中可以利用其机械韧性和耐油、耐溶剂和耐化学性。各种类型的聚酰胺弹性体的电性能随其组成而变化。PEA 和 PE-*b*-A 的实例列于表 10.12 中。

表 10.12　PEA 和 PE-*b*-A 弹性体的电性能实例

性能	测试方法	PEA①	PE-*b*-A
体积电阻率/Ω·cm	ASTM D257	8.13×10^{10}	$2.10\times10^{11}\sim6\times10^{12}$
表面电阻率/Ω	ASTM D257	3×10^{12}	$4\times10^{10}\sim5\times10^{10}$
60 Hz 时的介电常数	ASTM D150	10.3	6.0～12.8②
60 Hz 时的耗散系数	ASTM D150	0.092	0.02～0.17②

① 在 22℃和 50%相对湿度下的弹性体。
② 根据弹性体牌号。
注：PEA—聚酯酰胺；PE-*b*-A—聚醚嵌段酰胺；测试方法（美国测试和材料学会，ASTM D1600）。

10.8 其他性能

10.8.1 耐候性

即使没有稳定剂，PEA 也能显示出非常好的户外和室内耐紫外光（UV）辐射性能。由于 PEA 的原始颜色为黄棕色，在室外暴露 2500h 后无明显变色[25]。其他聚酰胺弹性体需要添加紫外光稳定剂[32,33]。

10.8.2 粘接

PEA 的粘接性能是在搭接剪切试样上测量的，它由处理过的金属丝、未涂底层胶的铝片和薄的 PEA 薄膜压制而成。室温下获得了 7.6～9.2MPa 的拉伸剪切强度[30]。

10.9 配合

聚酰胺弹性体可以与其他聚合物或成分混合以改变或增强其性能，如韧性、柔软性、黏着性、抗氧化性和耐臭氧性、阻燃性和成本[31]。

在熔融阶段制备与其他聚合物的共混物，主要是在配混挤出机中进行。与聚酰胺嵌段相容的聚合物可能产生硬质材料，而与软聚醚或聚酯链段相容的聚合物将产生柔软、黏性和柔性的组合物。聚酰胺弹性体也可以作为热塑性塑料的抗冲改性剂，例如聚对苯二甲酸乙二醇酯（PET）、聚对苯二甲酸丁二醇酯（PBT）、聚苯醚（PPO）、聚苯硫醚（PPS），或通过加入少量聚酰胺或 PBT，提高聚酰胺热塑性弹性体的硬度和弯曲模量。

制造商已加入足够量的稳定剂以确保聚合物在制造过程及其储存过程中的稳定性。然而，如果由于热氧化、臭氧袭击、UV 辐射或水解变质，在使用期间材料倾向于劣化，则可能需要加入额外的稳定剂。具有聚醚软嵌段的热塑性弹性体对热辐射和紫外线辐射敏感。酚类抗氧剂或二硫代氨基甲酸酯与硫代二丙酸二月桂酯的组合能有效提高氧化稳定性。加入其他稳定剂，如苯并噻唑，将增加材料的抗紫外线辐射性能，并防止变色[34]。

填料（如炭黑、玻璃纤维或矿物填料）会影响加工性能或力学性能。颜料、染料和色母料可用于获得所需的颜色或色调。对于具有高加工温度的聚合物，通常需要特殊的高温颜料或染料。

其他添加剂如下：

① 加工助剂或润滑剂，其改善加工性能和流动性，降低黏度和黏合性，并提高成品的

表面光泽度；

② 抗静电或防粘连剂；

③ 用于耐火配方的阻燃剂；

④ 生产泡沫的发泡剂；

⑤ 杀菌剂。

10.10 加工

聚酰胺热塑性弹性体已经可通过注塑、挤出、吹塑、热成型和旋转成型加工。通常，它们可以在相对宽的温度范围内加工，并提供充足的加工窗口和良好的熔体强度。

10.10.1 流变

黏度-剪切速率相关性如图 10.4 所示。由于加工条件通常与聚合物的结晶熔融温度（T_m）有关，所以对于给定螺杆设计或设备，在分段温度调整期间必须考虑剪切速率。

10.10.2 干燥

在使用聚酰胺的标准设备进行熔融加工之前，聚酰胺热塑性弹性体必须完全干燥。PEAs 通常在 100～110℃下烘 4～6h，除湿料斗干燥机的空气露点为－40～－30℃；然后将 PEAs 在 15～30℃的干燥条件下储存。材料的水分应少于 0.02%[35]。PEA 弹性体的典型干燥曲线如图 10.5 所示。

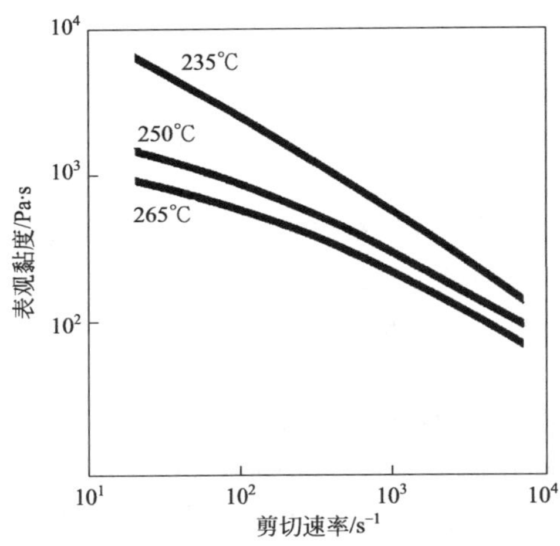

图 10.4 PEA 弹性体的表观黏度与剪切速率的关系，具体细节参见表 10.1（经 Springer Verlag 许可）

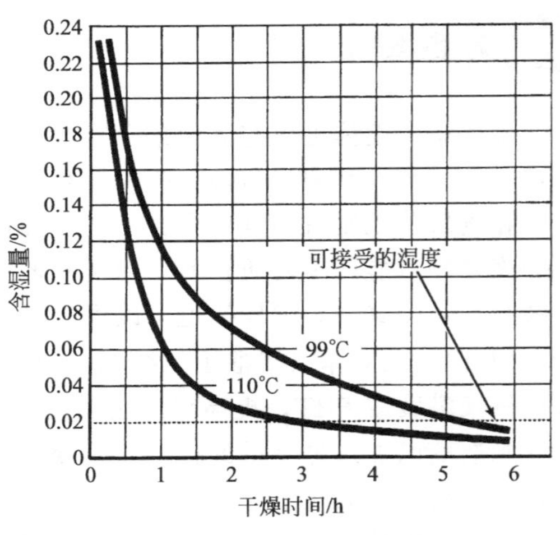

图 10.5 PEA 弹性体的典型干燥曲线

PE-*b*-A 在使用时必须完全干燥（水分质量分数＜0.20%）。推荐的干燥程序是在 80℃下干燥 4h 或在 70℃下干燥 6h。包装在密封袋中的 PE-*b*-A 颗粒的水分含量在质量分数 0.15%以下，可直接使用。密封袋应在使用前至少 24h 送到加工厂，以防止周围水分的冷凝。如果密封袋打开超过 1h，则该材料必须经烘箱干燥至最高含水量为质量分数 0.20%。

10.10.3 注塑

PEA 和 PE-*b*-A 注塑的一般条件分别列于表 10.13 和表 10.14 中。由于聚合物有多种牌号，因此应从树脂制造商处获得关于加工条件、螺杆配置、模具设计和安全注意事项的细节。根据材料、成型部件的厚度和形状以及成型条件的不同，成型部件的收缩率变化很大。据报道，对于 PEA，与流动平行的模塑收缩率为 1.5%，垂直的模塑收缩率为 1.0%[38]。PE-*b*-A 的平均收缩率为 0.5%～1.0%[36]。对于基于 PA12 的聚酰胺共聚物，平均收缩率为 0.7%～1.0%[39]。与许多其他热塑性弹性体一样，聚酰胺热塑性弹性体可用于包覆成型（表 10.13 和表 10.14），它与其他热塑性塑料的包覆成型和共挤出的相容性如表 10.15 所示。

表 10.13 PEA 弹性体注塑的常用条件

名称	温度/℉	温度/℃
送料区	450	232
过渡区	475	246
计量区	475	246
注嘴	460	237
熔体	475	237
模具	170	77
压力	压力/psi	压力/MPa
注塑压力	1200	8.3
背压	100	0.7
螺杆速度为 80～100r/min		
循环时间/s		
注射	10	—
保压	5	—
冷却	20	—

注：参考文献 [37]。

表 10.14 PE-*b*-A 注塑推荐温度

PE-*b*-A 品级	熔融温度/℃(℉)	模具温度/℃(℉)
PE-*b*-A-1	180～200(365～392)	20～40(68～104)
PE-*b*-A-2	200～240(392～464)	20～40(68～104)
PE-*b*-A-3	200～240(392～464)	20～40(68～104)
PE-*b*-A-4	240～280(464～536)	20～40(68～104)
PE-*b*-A-5	240～280(464～536)	20～40(68～104)

注：1. PE-*b*-A 为聚醚嵌段酰胺。
2. 参考文献 [36，37]。

表 10.15　PE-*b*-A 与其他热塑性塑料的包覆成型和共挤出的相容性

插入件、树脂、次要组分	包覆成型、共挤出或聚合物合金				
	PE-*b*-A-1	PE-*b*-A-2	PE-*b*-A-3	PE-*b*-A-4	PE-*b*-A-5
PE-b-A-1	良好	良好	良好	良好	良好
PE-*b*-A-2	良好	良好	良好	良好	良好
PE-*b*-A-3	良好	良好	良好	良好	良好
PE-*b*-A-4	尚可	良好	良好	良好	良好
PE-*b*-A-5	尚可	尚可	良好	良好	良好
PA11 和 PA12	尚可	尚可	良好	良好	良好
PA6	差	差	差	差	差
聚碳酸酯	良好	良好	良好	良好	良好
增塑 PVC	良好	良好	良好	良好	良好
硬 PVC	良好	良好	良好	良好	良好
聚氨酯	良好	良好	良好	尚可	尚可
EVA(28%VA)	良好	良好	良好	良好	良好
羧基丁腈橡胶	良好	良好	良好	良好	良好

注：1. PE-*b*-A—聚醚嵌段酰胺；PA—聚酰胺；PVC—聚氯乙烯；EVA—乙烯-乙酸乙烯酯。
2. 摘自 PEBAX Processing Publication 2624E/0.1.9，Arkema。

10.10.4　挤出

聚酰胺热塑性弹性体可以挤出和共挤出成各种产品，包括铸型薄膜或吹塑薄膜（厚度可以低至 10mm）、片材、管材和型材以及电线和电缆护套。PEA 和 PE-*b*-A 的挤出条件分别如表 10.16 和表 10.17 所示。

表 10.16　聚酰胺热塑性弹性体的挤出条件

名称	温度/℉	温度/℃
后段	450	232
中段	470	243
前段	480	249
口模	480	249
熔体	480	249
螺杆速度/(r/min)	50	

表 10.17　PE-*b*-A 挤出的推荐温度

PE-*b*-A 品级	推荐温度范围/℃(℉)
PE-*b*-A-1	170～200(338～410)
PE-*b*-A-2	190～220(374～428)
PE-*b*-A-3	210～230(410～446)
PE-*b*-A-4	210～230(410～446)
PE-*b*-A-5	210～240(410～464)

注：1. PE-*b*-A 为聚醚-嵌段-酰胺。
2. 摘自 PEBAX Processing Publication 2624E/01.97，Arkema。

10.10.5 其他加工方法

除了注塑和挤出之外，聚酰胺热塑性弹性体可以通过吹塑、旋转成型和热成型加工[40]。每一种加工方法都要求特定的品级。

10.11 粘接与熔接

10.11.1 粘接

聚酰胺热塑性弹性体可以使用单组分氰基丙烯酸酯或丙烯酸黏合剂、双组分聚氨酯或环氧黏合剂进行粘接。在大多数情况下，需要对粘接部件进行一些表面处理，例如电晕、低压等离子体或火焰处理。在一些情况下，在施加黏合剂之前要施加底层胶[38]。

10.11.2 熔接

聚酰胺热塑性弹性体可以使用以下任何一种方法进行熔接：

① 加热工具熔接；

② 高频和热冲击熔接；

③ 超声波熔接；

④ 旋转熔接；

⑤ 激光熔接；

⑥ 振动熔接。

10.12 新产品开发

最近开发的商品之一是亲水性聚醚嵌段酰胺（PEBA）。亲水 PEBA 由聚酰胺刚性嵌段（PA12）和柔软的亲水性聚醚组成。除了亲水性之外，材料的主要优点是具有柔韧性、轻便性、易加工性和与传统医用聚合物［如聚酰胺、标准 PEBA、热塑性聚氨酯（TPU）、丙烯腈-丁二烯-苯乙烯（ABS）、聚碳酸酯（PC）等］的熔融相容性好。亲水 PEBA 的加工方法是管共挤出、膜挤出或层压板、包覆成型、干共混注塑和干共混挤出。

亲水 PEBA 具有高吸湿性（标准 PEBA 为 48%对 1.2%）、湿润时摩擦力低、抗静电行为和透湿气性好等优点。通常应用于手术（外科手术长服、医疗服装）和医院设备，如片材和床垫套、伤口敷料和绷带等[41]。

参考文献

[1] Nelb RG, Chen AT. In: Holden G, Legge NR, Quirk R, Schroeder HE, editors. Thermoplastic elastomers. 2nd ed. Munich: Hanser Publishers; 1996. p. 230.

[2] Nelb RG, Chen AT. In: Holden G, Legge NR, Quirk R, Schroeder HE, editors. Thermoplastic elastomers. 2nd ed. Munich: Hanser Publishers; 1996. p. 231.

[3] Nelb RG, Chen AT. In: Holden G, Legge NR, Quirk R, Schroeder HE, editors. Thermoplastic elastomers. 2nd ed. Munich: Hanser Publishers; 1996. p. 233.

[4] Nelb II RG, Oertel III RW. U. S. Patent 4,420,603;December 1983.
[5] Bonk HW, Nelb II RG, Oertel III RW. U. S. Patent 4,420,602;December 1983.
[6] Foy P, Jungblut C, Deleens, GE. U. S. Patent 4,230,838;October 1980.
[7] Deleens G, Foy P, Maréchal E. Eur Pol J 1977;13:343.
[8] Deleens G, Jacques F, Poulain C. U. S. Patent 4,208,493;June 1980.
[9] Nelb RG, Chen AT. In: Holden G, Legge NR, Quirk R, Schroeder HE, editors. Thermoplastic elastomers. 2nd ed. Munich: Hanser Publishers;1996. p. 235.
[10] Foy P, Jungblut C, Deleens G. U. S. Patent 4,331,786;May 1982.
[11] Ullmann's Encyclopedia of Industrial Chemistry, vol. 26A. Weinheim, Germany: VCH Verlagsgesellschaft;1995. p. 652.
[12] Mumcu S. U. S. Patent 4,345,064;August 1980, to Chemische Werke Hüls, A. G.
[13] Okamoto H, Okushita Y. J. P. 59133224;1983, to Ube Industries.
[14] Okamoto H, Okushita Y. J. P. 59131628;1983, to Ube Industries.
[15] Okamoto H, Okushita Y. J. P. 59193923;1983, to Ube Industries.
[16] Bonart R. Polymer 1979;20:1389.
[17] Nelb RG, Chen AT. In: Holden G, Legge NR, Quirk R, Schroeder HE, editors. Thermoplastic elastomers. 2nd ed. Munich: Hanser Publishers;1996. p. 240.
[18] Farugue HF, Lacabanne C. J Mater Sci 1990;25:321.
[19] Fakirov S, Goanov K, Bosvelieva E, DuChesne A. Makromol Chem 1991;143:2391.
[20] Cella RJ. J Polym Sci Polym Symp 1973;42:727.
[21] Nelb RG, Chen AT. In: Holden G, Legge NR, Quirk R, Schroeder HE, editors. Thermoplastic elastomers. 2nd ed. Munich: Hanser Publishers;1996. p. 242.
[22] Warner S. J Elastomer Plast 1990;22:166.
[23] Okoroafor E, Rault J. J Polym Sci Part B, Polym Phys 1991;29:1427.
[24] Nelb RG, Chen AT. In: Holden G, Legge NR, Quirk R, Schroeder HE, editors. Thermoplastic elastomers. 2nd ed. Munich: Hanser Publishers;1996. p. 243.
[25] Nelb RG, Chen AT. In: Holden G, Legge NR, Quirk R, Schroeder HE, editors. Thermoplastic elastomers. 2nd ed. Munich: Hanser Publishers;1996. p. 245.
[26] Chen AT, Nelb II RG, Onder K. U. S. Patent 4,415,693;November 1983.
[27] Deleens G, Guerin B, Poulain C. U. S. Patent 4,238,582;December 1980.
[28] Nelb RG, Chen AT. In: Holden G, Legge NR, Quirk R, Schroeder HE, editors. Thermoplastic elastomers. 2nd ed. Munich: Hanser Publishers;1996. p. 247.
[29] Nelb RG, Chen AT. In: Holden G, Legge NR, Quirk R, Schroeder HE, editors. Thermoplastic elastomers. 2nd ed. Munich: Hanser Publishers;1996. p. 249.
[30] Nelb RG, Chen AT. In: Holden G, Kricheldorf HR, Quirk RP, editors. Thermoplastic elastomers. 3rd ed. Munich: Hanser Publishers;2004. p. 240.
[31] Farrisey WJ, Shah TM. In: Walker BM, Rader CP, editors. Handbook of thermoplastic elastomers. 2nd ed. New York: Van Nostrand Reinhold Company;1988. p. 275.
[32] Nelb RG, Chen AT. In: Holden G, Legge NR, Quirk R, Schroeder HE, editors. Thermoplastic elastomers. 2nd ed. Munich: Hanser Publishers;1996. p. 251.
[33] Farrisey WJ, Shah TM. In: Walker BM, Rader CP, editors. Handbook of thermoplastic elastomers. 2nd ed. New York: Van Nostrand Reinhold Company;1988. p. 272
[34] Farrisey WJ, Shah TM. In: Walker BM, Rader CP, editors. Handbook of thermoplastic elastomers. 2nd ed. New York: Van Nostrand Reinhold Company;1988. p. 276.
[35] Farrisey WJ, Shah TM. In: Walker BM, Rader CP, editors. Handbook of thermoplastic elastomers. 2nd ed. New York: Van Nostrand Reinhold Company;1988. p. 278.
[36] Farrisey WJ, Shah TM. In: Walker BM, Rader CP, editors. Handbook of thermoplastic elastomers. 2nd ed. New York: Van Nostrand Reinhold Company;1988. p. 279.

[37] Pebax processing, Publication 2624E/01. 97, Arkema.

[38] Nelb RG, Chen AT. In: Holden G, Kricheldorf HR, Quirk RP, editors. Thermoplastic elastomers. 3rd ed. Munich: Hanser Publishers;2004. p. 242.

[39] Grilamid EMS Technical Brochure 3. 001e 03. 2002, [EMS Grivory, Domat/Ems, Switzerand].

[40] Loechner U. CEH Report "Polyamide Elastomers", SRI Consult;May 2005.

[41] Berdin L. "Hydrophilic PEBA for healthcare applications". Paper 18 at the Thermoplastic Elastomers 2013 Conference, October 15e16, Duselldorf (Germany).

第11章 聚醚酯热塑性弹性体

11.1 概述

聚酯热塑性弹性体［共聚酯（COPE）］是多嵌段共聚物，可以由通式$\leftarrow\!\!\left(A-B\right)\!\!\rightarrow_n$ [1]表示。它们基本上是含酯键连接的长链或短链氧化烯烃二醇的共聚醚酯，长短链是交替的，长度序列是随机的[2]。

结构上，聚酯热塑性弹性体与聚氨酯热塑性弹性体（第9章）和聚酰胺热塑性弹性体（第10章）有关，因为聚酯热塑性弹性体也含有能够结晶的、重复的、高熔点嵌段（硬段）和具有相对低的玻璃化转变温度的无定形嵌段（软段）。通常，硬段由多个短链酯单元［如对苯二甲酸丁二醇酯（4GT）单元］组成，软段由脂肪族聚醚和聚酯二醇衍生[2]。在使用温度下，这些材料能抵抗变形，因为存在由硬段的部分结晶形成的微晶网络。这些微晶起物理交联作用。在加工温度下，微晶熔化并形成可通过常规熔融加工方法成型的黏性熔体。冷却后，硬段重结晶并保持其形状。硬段与软段的比例决定了产品的特性。因此，产品范围从软弹性体到硬弹性体[2]。

这种共聚物组成的例子是[3]：

$$[4GT]_x\ [BT]_y\ [4GBT]_z$$

式中，4G为丁二醇；B为聚四亚甲基醚二醇；T为对苯二甲酸二甲酯。

COPEs在1970年代早期由杜邦公司商业化，商品名为Hytrel和由Toyobo以商品名Pelprene推出。在后来的十年，美国其他几家制造商开发了自己的COPE弹性体版本，包括GAF公司（Gaflex）、伊士曼化工产品（Ecdel）和General电气公司产品（Lomod）。由于其具有弯曲模量高和其他特点，它们经常被称为工程热塑性弹性体（稍后描述）[4]。

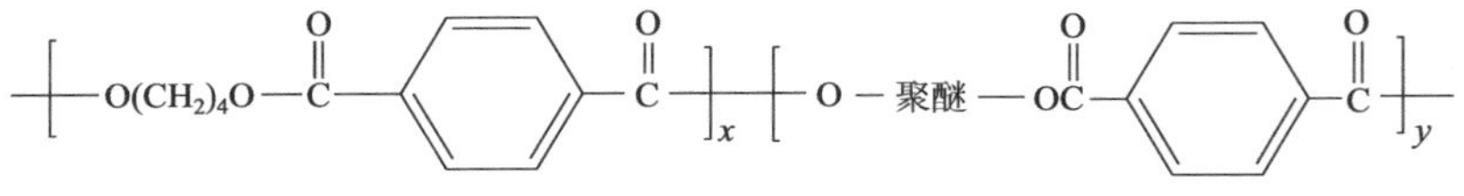

$$\left[-O(CH_2)_4O-\overset{O}{\overset{\|}{C}}-C_6H_4-\overset{O}{\overset{\|}{C}}-\right]_x\left[-O-\text{聚醚}-O\overset{O}{\overset{\|}{C}}-C_6H_4-\overset{O}{\overset{\|}{C}}-\right]_y$$

4GT结晶硬段　　　　聚醚对苯二甲酸酯非结晶软段

11.2 合成

这些多嵌段热塑性弹性体由单体，例如二甲基对苯二甲酸酯、聚四亚甲基醚二醇和四亚甲基二醇，在熔体中使用钛催化剂，进行酯交换反应合成[5]。在聚合的最后阶段，通过蒸馏除去过量的短链二醇。其他单体[6]也用于生产具有多嵌段结构的材料。参考文献［7］提供了一个COPE结构的例子。合成方法的详细综述见参考文献［8］。

化学计量有利于在嵌段共聚物中形成长序列的4GT单元，它由可结晶的4GT硬段和无定形弹性聚（对苯二甲酸亚烷基酯）软段组成[7]。

11.3 形态

基于聚（4GT）和聚四氢呋喃对苯二甲酸酯（PTMOT）的共聚醚酯的形态相当复杂。它们具有两相形态，由单一共连续非晶相包围的纯晶体 4GT 相组成。无定形相包含未结晶的硬段和软段。单独的软段由 PTMOT 组成。通过 4GT 硬段的结晶发生相分离，形成类似于常规交联的弹性体的热可逆三维网络。有几种模型基于不同的形态表征方法，在参考文献[9]中进行了详细综述。微观结构和链构象的模型如图 11.1 所示。含有 58% 4GT 和 42% PTMOT 的 COPE 的差示扫描量热法（DSC）热分析图如图 11.2 所示。

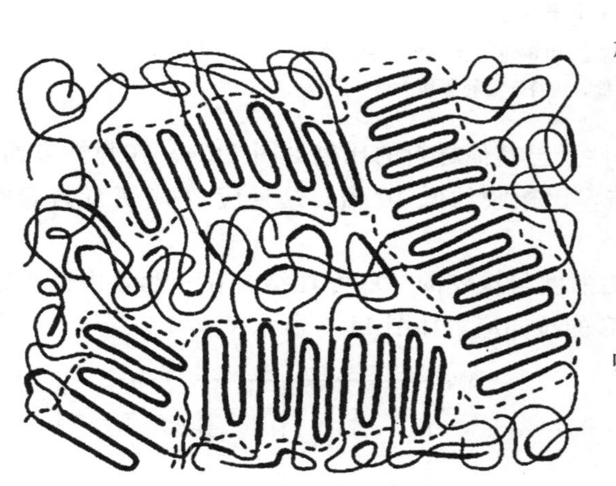

图 11.1 聚酯-聚醚嵌段共聚物材料中链构象的微观结构模型

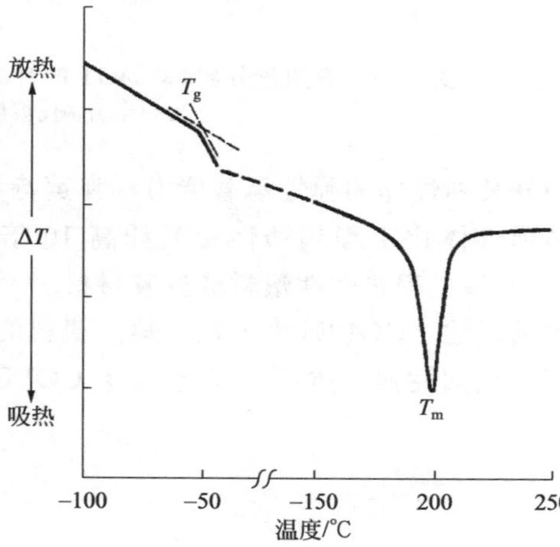

图 11.2 含质量分数 58% 4GT 的共聚酯的 DSC 热分析图
硬度为邵尔 A55；T_g（无定形）为−50℃；
结晶熔融温度 T_m为 200℃；Exo 为放热；Endo 为吸热

11.4 商品化 COPEs 的性能

11.4.1 应力-应变性能

COPEs 是弹性的，但是它们的可恢复弹性仅限于低应变。当应变超过比例限制时，材料受到塑性屈服，直到极限伸长率高达 500%。这些树脂的高弹性区域是在低应变区。较刚性品级的 COPEs 的“弹性”区域约在应变 7%处，而较柔性品级的 COPEs 的“弹性”区域约在应变 25%处[10]。

中低硬度的 COPEs 在低应变速率下的典型应力-应变曲线如图 11.3 所示。虽然曲线的定量方面取决于共聚物的硬段，但曲线的形状反映共混物的形态。初始（杨氏）模量高（区域Ⅰ）是由于假弹性变形引起的。在较大的伸长率下，在区域Ⅱ中发生塑性变形，其中原始晶体结构重组。

塑性变形过程持续到伸长率约为 300%，并导致结晶基质的不可逆破坏，在中等应力下观察到样品中相当大的永久变形。在伸长率大于300%的情况下，取向的增加非常有限，应力主要由橡胶相传递，直到试样破裂（区域Ⅲ）[11]。

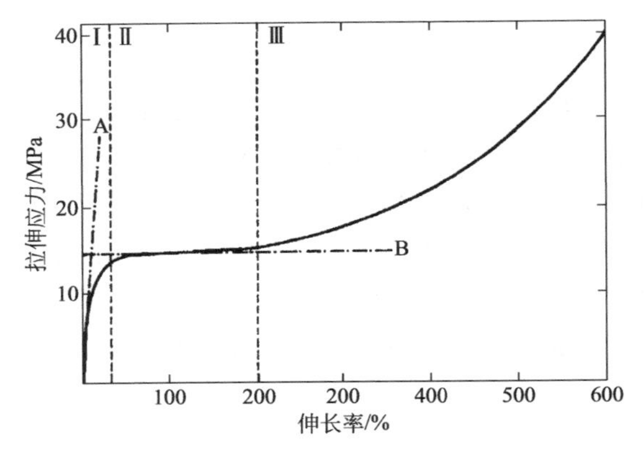

图 11.3　含质量分数58%4GT的对苯二甲酸丁二醇酯的聚酯的应力-应变曲线

A斜率为杨氏模量；B斜率为屈服应力

COPE弹性体的弹性承载能力（弹簧特性）与其他材料的比较见图11.4。在弹性方面，COPE弹性体比工程热塑性塑料约高10倍，比橡胶约低10倍。这种应力-应变行为表明COPEs不是工程热塑性塑料或橡胶材料。

如前所述，COPEs将工程热塑性塑料的强度与橡胶的一些弹性结合在一起，因此被描述为工程热塑性弹性体[10]。低应变下COPE的拉伸应力如图11.5所示。

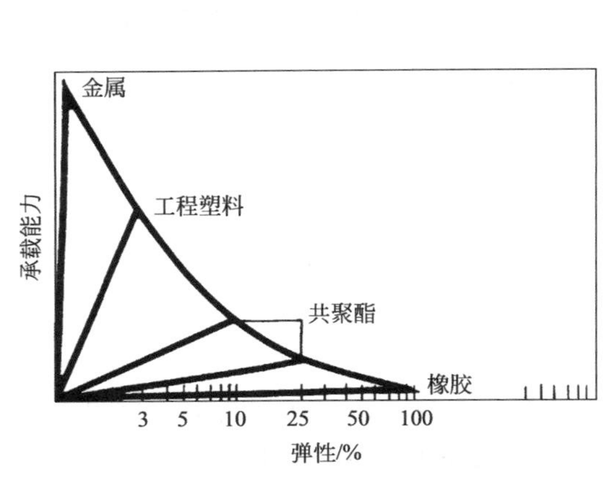

图 11.4　几种材料的弹性承载能力

（COPE为共聚酯）

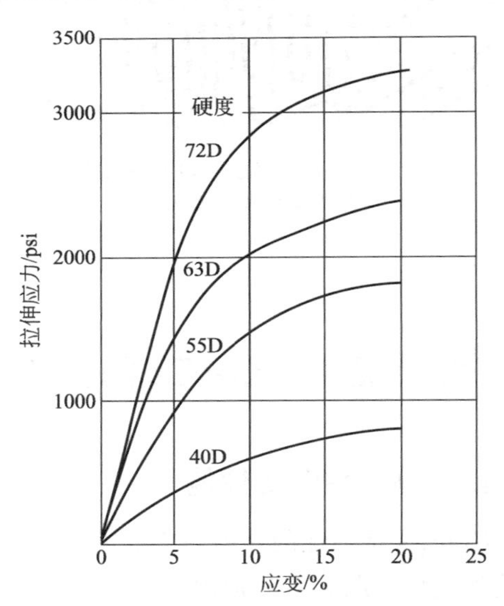

图 11.5　低应变下的共聚酯的拉伸强度，应变速率为25.4mm/min

11.4.2　动态性能

COPE热塑性弹性体具有卓越的动态性能。在其弹性范围内工作，它们的耐蠕变性非常好，能承受长时间的高负载，并且无明显的应力松弛。此外，它们的动态响应非常好；它们可以经受重复的张力和压缩循环，而机械强度没有显著的损失。在低应变水平下运行的部件功能通常表现出完全的恢复，并且继续循环，也几乎没有积热。如古特立（Goodrich）屈挠试验的结果所示（表 11.1），COPE 弹性体也具有优异的耐疲劳性能。由于滞后，样品温度上升相当快，并且在其余的测试中保持恒定。三种不同品级的 COPEs 的疲劳极限（定义为在应力交变循环大至无限次，而试样在破损前的极限应力）列于表 11.2 中。所有这些卓越的动态性能使 COPE 热塑性弹性体适合于需要长期弹簧性能和长屈挠寿命方面的应用[12]。

表 11.1　COPE 由于滞后而产生的温度上升

COPE 品级,邵尔 D 硬度	20min 后的样品温度/℃	20min 后的样品温度/℉
40	48	118
55	66	151

注：1. COPE 为共聚酯。古特立（Goodrich）屈挠试验；ASTM D623；2.54mm（0.1 in 行程）；1.0MPa（145psi）静载荷；23℃（73℉）。

2. 见参考文献［12］。

表 11.2　通用 COPE 的疲劳极限

COPE 品级,邵尔 D 硬度	疲劳极限/MPa	疲劳极限/psi
40	5.2	750
55	6.9	1000
72	11.0	1600

注：1. COPE 为共聚酯。一个样品测试到 250 万次，没有破损。

2. 见参考文献［12］。

11.4.3　耐割口增长

罗斯（Ross）屈挠增长试验测定的结果表明，COPE 在屈挠过程中的耐割口增长性能非常突出，这主要是由于这些材料的高回弹性和低热积聚性（先前讨论过）。表 11.3 是几种 COPE 材料与热塑性聚氨酯的屈挠寿命的比较。

表 11.3　罗斯（Ross）屈挠增长试验中 COPE 与 TPUs 屈挠疲劳性能的比较①

材料	COPE 品级，邵尔硬度（ASTM D2240）	罗斯(Ross)屈挠增长试验（ASTM D1052）屈挠 5000 次×割口增长	
		23℃(73℉)	－40℃(－40℉)
COPE	40D(92A)	＞300②	＞12③
TPU-酯	80A	30	立即破损
TPU-酯	91A	＞300④	立即破损
TPU-酯	90A	144	立即破损
COPE	55D	＞300②	＞12②
TPU-酯	55D	84	立即破损
COPE	63D	280	立即破损

① 穿孔试样。

② 在 30 万次屈挠后，穿孔区域的长度不变。

③ 测试在 3×切割增长后终止。

④ 测试在 4×切割增长后终止。

注：1. COPE 为共聚酯；TPU 为热塑性聚氨酯。性能测试采用注塑试样。

2. 见参考文献［13］。

11.4.4 抗冲击性能

COPE表现出优异的抗冲击性能。例如，当采用常规的缺口悬臂梁式冲击试验进行测试时，弯曲模量小于300MPa的COPE不会断裂。对于这种材料，采用落锤冲击试验测量抗冲击性能比缺口悬臂梁式冲击试验更好，因为落锤冲击试验能模拟使用时更有代表性的冲击。弯曲模量为300MPa或更高的COPE品级具有一些缺口灵敏度，并且在非常低的温度下可能表现出脆性冲击破坏[14]。

11.4.5 对温度变化的反应

弯曲模量和其他力学性能通常遵循随着温度降低而刚度增加的模式。COPE弹性体通常优于聚酯热塑性聚氨酯，因为它们在低温下保持更好的柔韧性，并且随着温度的变化表现出较小的变化。具有最低模量的COPE表现出低于−70℃的脆性点，适用于低温应用[12]。

与大多数热塑性塑料一样，COPE弹性体在高温下表现出一些软化，并且性能有些损失。中高模量COPE弹性体能提供最好的高温性能，并在高达180℃的温度下仍保持较高的力学性能。在148℃温度下，它们保留了其室温性能的50%左右[15]。邵尔D硬度55的COPE弹性体在高温下的应力-应变曲线如图11.6所示。

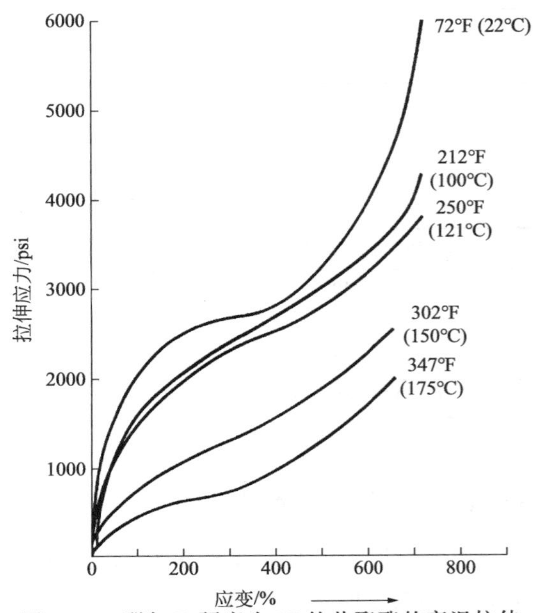

图11.6 邵尔D硬度为55的共聚酯的高温拉伸性能[16]（经Springer Verlag许可）

11.4.6 耐磨耗性能

耐磨耗性能与撕裂强度、摩擦系数、回弹性、散热性以及其他性能有复杂的关系，比较值取决于试验的类型。一般来说，COPEs在耐磨耗性方面优于许多柔性材料，包括聚氯乙烯（PVC）和一些刚性塑料[15]。如果在磨耗环境中又需要高机械强度，则COPE弹性体将优于聚氨酯和橡胶。如果耐擦伤性能很重要，聚氨酯和橡胶通常会比COPE提供更好的耐擦伤性能[15]。典型COPE弹性体与热塑性聚氨酯（TPU）的磨耗试验结果的比较见表11.4。

表11.4 COPE弹性体与TPU的磨耗试验结果的比较

材料	邵尔硬度(ASTM D1044)	耐磨耗		
		泰伯(Taber)耐磨耗，ASTM D1044，减量/(mg/1000转)		NBS指数(ASTM D1630)/%
		CS-17轮	H-18轮	
COPE	40D(92A)	3	100	800
TPU-醚	90A	6	—	395
COPE	55D	5	64	3540

续表

材料	邵尔硬度(ASTM D1044)	耐磨耗		
		泰伯(Taber)耐磨耗,ASTM D1044,减量/(mg/1000 转)		NBS 指数(ASTM D1630)/%
		CS-17 轮	H-18 轮	
TPU-酯	55D	2	80	1200
COPE	63D	8	160	2300
COPE	72D	13	66	4900

注:1. COPE 为共聚酯;TPU 为热塑性聚氨酯;NBS 为(美国)国家标准局。
2. 性能测试采用注塑试样。
3. 见参考文献 [26]。

11.4.7 电性能

通常,COPE 弹性体用于电压在 600V 以下的电气应用中。在这些方面非常有吸引力是因为这些应用要求材料具有良好的介电性能、高机械强度、抗蠕变性、弹性、高冲击强度、耐磨耗性能、宽范围的使用温度以及耐化学品和耐溶剂[16]。典型的电性能见表 11.5。

表 11.5 室温和 50%相对湿度下的电性能

性能		ASTM 方法	COPE 品级,邵尔 D 硬度			
			40	55	63	72
体积电阻率/Ω·cm		D257	8.2×10^{10}	1.2×10^{11}	9.7×10^{11}	1.8×10^{12}
介电强度/[kV/mm(V/mil)]		D149	16.1(410)	17.3(410)	16.1(410)	18.1(450)
介电常数	0.1kHz	D150	5.2	4.5	4.4	4.0
	0kHz		4.6	4.2	3.7	3.5
	1000kHz		4.6	4.2	3.7	3.5
损耗因数	0.1kHz	D150	0.005	0.006	0.018	0.016
	0kHz		0.008	0.009	0.02	0.019
	1000kHz		0.06	0.04	0.04	0.03

注:1. COPE 为共聚酯。
2. 摘自 Hytrel Design GuidedModule V, Publication H-81098 (00.2). DuPont Engineering Polymers. Wilmington (DE)。

11.4.8 耐化学性

耐化学性随着共聚物的组成(即硬段和软段的比例)而变化很大。耐烃性取决于树脂刚度,较硬的 COPE 品级能提供最好的性能。许多 COPE 适合在热油、油脂、燃料和液压油中使用,对极性液体(包括水、酸、碱、胺和二醇)的耐受性也取决于共聚物的组成、pH 值和温度。大多数 COPE 弹性体在高于 70℃的温度下会被极性液体侵蚀。聚酯型聚氨酯和聚醚型聚氨酯能耐受的化学品和液体,COPE 基本上也能耐受[17]。两种不同的 COPE 弹性体的耐液体性能如表 11.6 所示。

表 11.6 耐液体性能

液体	COPE1	COPE2
油类	B	A
脂肪烃	B	A
汽油	C	A
酒精	B	B
酮	B/C	B
乙二醇	—	A
氟化烃	—	A
弱酸	B	A
强酸	A	B/C
碱	A	
苯酚	—	C
盐溶液	A	A
有机酸和氧化剂	C	B/C

注：1. COPE 为共聚酯。

2. A—优良；B—良好到尚可；C—差。

3. 见参考文献［18］。

11.4.9 其他性能

耐渗透性：COPE 对极性分子（如水）可渗透，但耐非极性烃和制冷剂气体的渗透。

耐电离辐射：许多弹性体，当暴露于离子化辐射（电子束或 γ 射线）时，由于交联而易变脆，或由于主链断裂而变软，而 COPE 弹性体不同，它抗辐射剂量高达 150kGy。

阻燃性：未经改性的 COPE 弹性体，通过 UL（保险商实验室）阻燃性试验评定为 HB（水平燃烧）。含有适当阻燃剂的配合级别符合 UL 94 V-0（阻燃，在 UL 94 垂直试验中不燃烧）[18]。

耐候性：COPE 弹性体不能耐长时间的阳光照射，并且需要添加紫外线化学吸收剂，如取代的苯并三唑、炭黑（如果颜色不是问题的话）或二氧化钛（用于白色或有色胶料）。经过合适保护的 COPE 弹性体暴露于佛罗里达州气候中 10 年后仍保留其特性[18]。

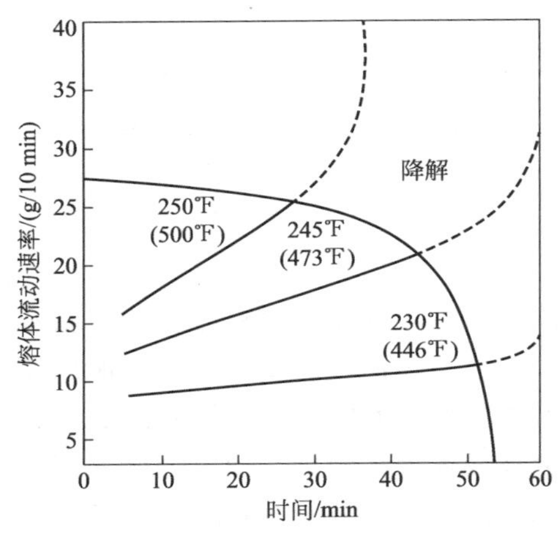

图 11.7 通用树脂在加工温度下的热稳定性（含水量<0.1%）

热性能：COPE 弹性体的一般熔融温度范围为 170～248℃。通常，较硬的级别具有较高的熔点，与更柔性的等级相比，它们的熔融温度与结晶温度更接近。几种商品级的 COPE 弹性体的一般熔融行为如表 11.7 所示。没有添加抗降解剂的 COPE 弹性体在高温空气中迅速降解，聚合物特性黏度降低[19]。然而，含有稳定剂（例如受阻酚抗氧化剂和仲胺抗降解剂）的适当配制的胶料在热稳定性方面非常好，并且在高温下长时间（例如在加工温度下长达 1h）不会显著变化。熔体流动速率的轻微变化表明树脂的热稳定性很高（图 11.7）。

表 11.7　几种通用级别的 COPE 的熔融特性①

COPE 硬度(邵尔 D)	熔融温度,吸热峰值/℃(℉)	熔融完成,外推终点/℃(℉)	结晶温度,放热峰值/℃(℉)	T_g/℃(℉)	H_f/(J/g)
35	156(313)	180(356)	107(225)	−40(−40)	8
40	170(338)	190(374)	120(248)	−37(−35)	17
47	208(406)	225(437)	170(338)	−45(−49)	27
55	215(419)	230(446)	173(343)	−35(31)	33

① 差示扫描量热法（ASTM D 1238）。

注：1. COPE—共聚酯。T_g—玻璃化转变温度；H_f—熔化热。

2. 摘自 Hytrel，Product Information，Publication E84283-1（11/93），and Injection Molding，Publication H-81091（00.1）. DuPont Engineering Polymers. Wilmington（DE）。

11.5 COPE 共混物

由于 COPE 热塑性弹性体熔融黏度低，熔融稳定性好，它可与其他 COPE 等级或完全不同的聚合物共混。通常，共混可以达到以下目的[20]：

① 提高低温抗冲击性能；

② 给予高弹性；

③ 使共混物相容。

11.5.1　与不同级别 COPE 的共混物

一个例子是将 4GT 均聚物与大量的软的和中硬度的 COPE 弹性体（4GT/PTMOT）共混，以获得更高的室温屈服强度，并且在低温下具有更好的柔韧性和更好的抗冲击性能[21,22]。这种共混物通常含有添加的扩链剂，如碳二亚胺或多官能环氧化物[20]。

11.5.2　与其他聚合物的共混物

聚酯树脂-聚碳酸酯与共聚醚酯的共混物通常加入橡胶状抗冲改性剂做进一步改性，橡胶状抗冲改性剂是通用橡胶状聚合物接枝乙烯基单体（如甲基丙烯酸酯和丙烯酸酯）[23]。其他共混物是 COPE 弹性体与不相似的聚合物，如聚丙烯[24]或聚缩醛[25]的不相容性共混物，目的是改善加工性能和增韧基础聚合物。

另一个例子是弹性体与 COPE 的动态硫化共混物，其中 COPE 形成连续相，交联的弹性体是分散相。目的是获得更具弹性的模塑料[20]。随着 COPE 含量的增加，COPE 与增塑聚氯乙烯（PVC）的共混物改善了力学性能，例如模量、拉断伸长率、撕裂强度、硬度、拉伸强度、动态模量和抗冲击强度[27,28]、低温柔韧性以及低温屈挠龟裂性[28]。在 COPE 质量分数为 75%时，COPE 颗粒分散在连续相中。在 COPE 质量分数为 85%时，两相是共连续的，没有相转变，有 4GT 和 PVC 两个结晶相，但只有一个玻璃化转变温度[29]。

11.6 加工

11.6.1　概述

COPE 弹性体可以通过注塑、模压和传递模塑、吹塑和滚塑方法加工，可以使用大多数常规技术的标准热塑性加工设备。COPE弹性体能够容易挤出和压延[31~33]。聚合物具有相对较低的黏度和良好的熔体稳定性，并且能从熔融状态迅速硬化。优异的熔体稳定性使得添加到纯聚合物的回收料可以高达质量分数50%[30]。

一般，加工条件要根据各聚合物的熔融温度，这通常与它们的形态有关［即硬度（表11.7）］。用于大多数熔融加工技术的设备口模处的熔体温度应该总是等于或高于聚合物完全熔融的温度。

为了获得良好的结果并获得最佳的最终性能，制备聚合物和共混物的COPE弹性体在加工前要进行干燥。大多数COPE弹性体制造商将其干燥至含水量低于0.1%，并置于防潮容器中进行供应。然后，可以将这些材料直接从密封容器中取出使用而无需干燥。然而，如果材料暴露于环境气氛中超过1h，则可能从空气中吸收足够的水分（图11.8），会在加工过程中引起降解。

干燥COPE时，推荐使用除湿空气烘炉。通常是在100℃的除湿烘炉中干燥2～3h或在70℃下干燥过夜。可以使用没有除湿机的干燥炉，但需要4～6h或更长时间才能干燥，这取决于干燥物料的量和环境湿度[34]。不推荐长时间干燥（超过12h）。如果使用回收料，必须在使用前进行干燥。

11.6.2 熔融流变

COPE弹性体的表观熔体黏度随着剪切速率的增加而降低，但是降低远少于大多数其他聚合物[35]。在压延、挤出和注塑的共同剪切速率范围内（10～7000/s^{-1}），COPE弹性体的熔体黏度从1000Pa•s降至300Pa•s，而类似硬度的典型聚氨酯将从7000Pa•s降至300Pa•s。由于在低剪切速率下COPE弹性体的黏度低，所以它们适用于低剪切工艺，例如压延、滚塑、熔体浇注和多孔基材浸渍[36]。通过调节工艺温度，可以很容易地控制黏度。树脂制造商提供与加工过程相匹配的具有流变性能的各种产品。表观黏度对剪切速率的依赖性如图11.9所示。

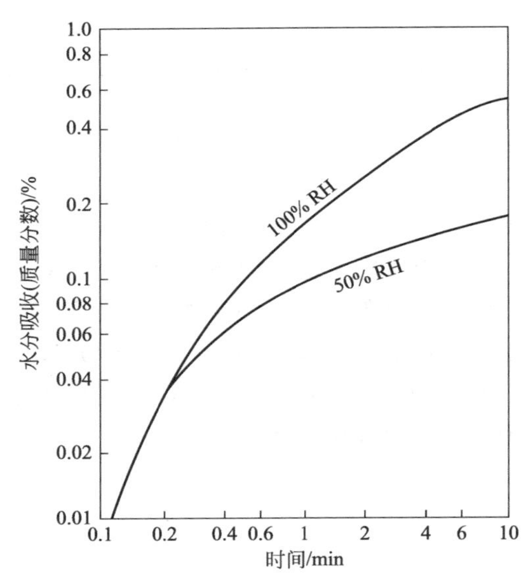

图11.8 COPE在环境温度下的水分吸收（ASTM D570），邵尔D硬度为55；RH为相对湿度

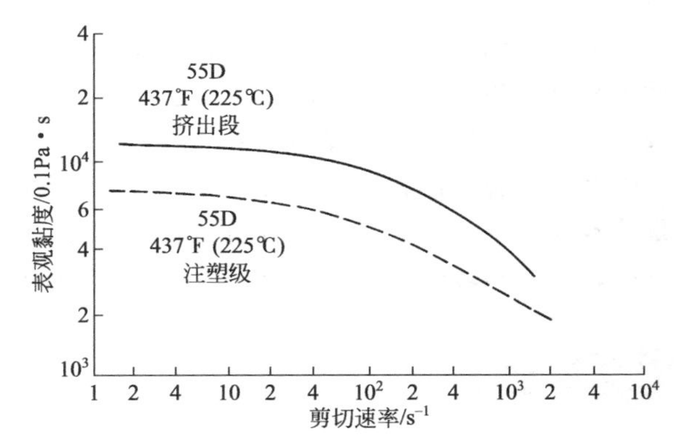

图11.9 挤出级共聚酯的表观黏度与剪切速率的关系

11.6.3　注塑

COPE 热塑性弹性体可以在标准注塑机上加工。即使标准等级的 COPE 降解，也不会形成腐蚀性产品，因此该设备不需要由耐腐蚀材料制成。

11.6.3.1　螺杆设计

推荐使用具有逐渐过渡区的通用螺杆。为避免聚合物的过度剪切或颗粒的粘连，螺杆压缩比一般为（3∶1）～(3.5∶1)。对于直径为 60mm 的螺杆，计量区应相对较深，约 2.5～3.0mm。推荐的螺杆长径比（L/D）应至少为 20∶1，以确保良好的熔体均匀性和良好的混合。

11.6.3.2　合模力

如果设备具有基于投影面积的 48～69MPa 的夹紧力，则可以充分夹紧大多数精密的模具，因为注射压力很少超过 100MPa，并且填充率是适度的[37]。

11.6.3.3　注塑条件

如前所述，COPE 具有优异的熔体稳定性和低的熔体黏度，因此注塑条件可以在宽的温度范围内变化。更高的熔体温度可用于薄壁部件，有助于填充模具，而较厚的部件可以在接近聚合物熔点的熔融温度下注塑（图 11.10）。

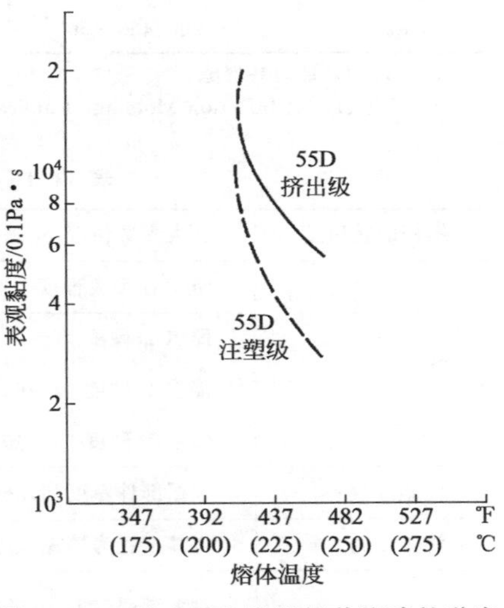

图 11.10　挤出级和注塑级共聚酯的黏度与温度的关系（剪切速率为 139/s^{-1}）

注射压力在 40～95MPa 的范围内。通常，通过注射压力的增加来减小收缩，增加注塑压力压缩了弹性体材料。

要注塑的 COPE 的硬度越低，成型压力对控制成型收缩的影响越大（参见第 11.6.3.5 节）。过大的压力可能导致模具腔中部件的过度充模，使部件黏附模具[37]。

模具填充速率随着零件的厚度及其几何形状而变化。在熔体黏度变得过高之前，应该快速填充薄壁模制件（厚度少于 3mm）。较厚的部件（壁厚 6mm）需要较慢的填充速率。成型周期时间取决于部件尺寸、熔体温度和模腔温度。循环时间的常用范围为 0.5～3min。可以调节成型周期以减少收缩。可以通过连续增加时间来获得最佳的螺旋前进时间，直到部件的重量不再增加，表明浇口已经冻结。在这种情况下，收缩率（见第 11.6.3.5 节）是最小的[38]。

关于通用级别注塑的详细信息，请参见表 11.8（推荐的最佳熔融温度），表 11.9（设置条件）和表 11.10（操作条件）。

表 11.8　推荐的最佳熔融温度

COPE 品级的邵尔 D 硬度	推荐的最佳熔融温度/℃(℉)
40	200(390)
55	230(445)
63	240(465)

续表

COPE 品级的邵尔 D 硬度	推荐的最佳熔融温度/℃(℉)
72	245(475)
82	250(480)

注：1. COPE 为共聚酯。
2. 摘自 Hytrel Injection Molding，Publication H-81091 (00.1) . DuPont Engineering Polymers. Wilmington (DE)。

表 11.9　共聚酯弹性体注塑的设置条件

COPE 品级，邵尔 D 硬度	熔体料温范围/℃(℉)	常用料筒温度/℃(℉)			
		注嘴	前段	中段	后段
40	190～220(325～425)	190(375)	205(400)	205(400)	180～205(355～400)
55	220～250(430～480)	220(430)	235(455)	235(455)	205～235(440～455)
63	235～260(455～500)	235(455)	245(475)	245(475)	220～245(410～475)
72	240～260(465～500)	240(465)	245(475)	245(475)	220～245(430～475)
82	240～260(465～500)	240(465)	245(475)	245(475)	220～245(430～475)

注：1. COPE 为共聚酯。
2. 摘自 Hytrel Injection Molding，Publication H-81091 (00.1) . DuPont Engineering Polymers. Wilmington (DE)。

表 11.10　共聚酯弹性体注塑的常用操作条件

螺杆旋转速度	在大多数情况下，每分钟 100 转就够了；对于加了添加剂的胶料，转速可以更高	
SFT	SFT 在很大程度上取决于共聚酯弹性体的品级，较硬的品级螺杆前进时间更短	
	邵尔 D 硬度 72～82	4～5s/mm(101～127s/in)
	邵尔 D 硬度 44～63	5～6s/mm(127～152s/in)
	邵尔 D 硬度 35～40	7～8s/mm(178～203s/in)
注塑速度	根据部件厚度和几何形状变化	
注塑压力	将其设置为填充模腔所需的最小压力	
保压压力	对大于邵尔 D 55 的品级，可以将保压压力设置为等于进样注塑压力；对于较软的品级(<邵尔 D 47)，应设置为按照降低压力分布曲线	
背压	可以使用 0.34 ～0.55MPa(50～80psi)的压力范围来改善混合	

注：1. SFT 为螺杆前进时间。
2. 摘自 Hytrel Injection Molding，Publication H-81091 (00.1) . DuPont Engineering Polymers. Wilmington (DE)。

11.6.3.4　模具

用于大多数等级的 COPE 弹性体的模具可以由用于大多数热塑性塑料的标准材料制成，因为大多数 COPE 等级对用于模具和模腔的合金没有腐蚀作用。但是在高温下成型含有卤素的阻燃胶料或停留时间较长时，是一个例外。纹理装饰和哑光的模腔表面使在部件上的合流线、标记或划痕的影响最小化。高度抛光的、电镀的表面可能会在注塑完成后，难以将邵尔 D 硬度 47 以下的软质等级的 COPE 部件从模具中顶出[37]。有关模具设计（浇口、注道系统、流道系统、排气、部件顶出等）的详细信息，请参见参考文献 [38]。

11.6.3.5　收缩

在所有热塑性塑料中，注塑的 COPE 部件的收缩取决于许多因素，例如：

① COPE 等级；

② 部件几何形状和厚度；

③ 注塑条件（注塑压力、螺杆前进时间、模具温度等）；

④ 模具设计、流道和注道系统、浇口尺寸。

根据 ASTM D955 测试方法，成型 24h 后，在室温和相对湿度 50%下用标准样品测量收缩率。成型后收缩显著增大，但在 24h 后收缩趋于达到最大值[37]。在标准条件下获得的不同等级的 COPE 收缩率的标称值见表 11.11。大多数等级的 COPE 呈现出 0.5%～3%的标称模具收缩率，壁较厚的部件显示出较大的收缩率，而壁较薄的部件则呈现出较小的收缩率，但非常薄的部件除外。通过考虑实际模具温度、实际注塑压力和实际厚度等因素，可以据标称值计算实际收缩率[37]。退火部件在 120℃、4h 后测量模塑后收缩。对于较硬和高度结晶的 COPE 品级，模塑后收缩的绝对值比较小，通常小于 0.1%。

表 11.11 通用 COPE 的收缩率的标称值（ASTM D955）①

COPE 品级(邵尔 D 硬度)	推荐温度/℃(℉)	收缩率/%
35	190(375)	0.5
40	200(390)	0.8
47	240(465)	1.4
55	240(265)	1.6

① 采用在流动方向上取的标准试样进行测量，试样厚度为 3.2mm（0.125in），在最佳螺旋前进时间、70MPa（10150psi）压力下注塑，推荐的熔融温度见本表。

注：COPE 为共聚酯。

11.6.3.6 包覆成型（插入件成型）

在包覆成型过程中，将热塑性材料直接模压到第二种热塑性材料（插入件）上。COPE 热塑性弹性体的成型比其他牌号的 COPE 更好，可包覆在聚对苯二甲酸丁二醇酯（PBT）、聚碳酸酯（PC）和丙烯腈-丁二烯-苯乙烯三元共聚物（ABS）上，两种材料之间具有良好黏附性。为了获得最佳结果，插入物应具有较低的熔点（如 190℃以下），优选较宽的熔融温度范围，结晶较慢。

为了获得良好的黏合性，用作包覆成型的材料应在比常用注塑熔融温度高 30℃的温度下进行注塑。这样，具有较高熔融温度的包覆成型材料会熔化在插入件的表面，并形成良好的黏结。如果不可能采用包覆成型方法，则部件的设计可以采用机械结合（机械锁定装置），或者采用一些可以熔融在一起以形成黏结的溢料或突缘。插入件也可以进行机械打磨以形成粗糙的表面，甚至采用胶黏剂涂覆以形成良好的黏结。

11.6.4 挤出

通过使用单螺杆挤出机可以获得 COPE 弹性体挤出的最佳结果。双螺旋挤出机由于高剪切力而产生过热，因此不推荐使用。因为大多数 COPE 熔体对金属没有腐蚀性，所以螺杆和机筒不需要由耐腐蚀合金制造。然而，为具有良好的耐磨性，螺杆应具有硬化（氮化）表面。用于普通塑料，例如 PVC、增塑聚酰胺的聚烯烃的挤出机筒（L/D 为 24∶1 或更高），也适用于挤出 COPE 热塑性弹性体。树脂制造商建议机筒应装配至少四个热控区，每个区的温度应由独立的热电偶和比例控制仪器[39]控制。

11.6.4.1 螺杆设计

简单三段螺杆具有大致相等长度的进料、过渡（压缩）和计量区，足以用于挤出大多数COPE材料。要获得具有良好均匀性的挤出物（即温度和压力的变化最小）时，L/D 应至少为24：1。压缩比应在（2.5～3.5）：1之间（由进料区深度除以计量区深度测定）。复杂的螺杆设计，特别是高剪切混合装置是不合适的，因为它们引起过度的局部热积聚。然而，某些设计，例如屏障式螺杆已经成功用于临界挤压应用（例如，高速管材挤出）[39]。

11.6.4.2 加工条件

正如COPE的其他熔融加工一样，树脂必须被干燥至最大含水量为质量分数0.1%，详见第11.6.1节。如前所述，COPE挤出物的熔体黏度主要取决于其温度（见第11.6.2节）。熔融温度略高于标称熔点（5～15℃），获得的黏度最高，因此在大多数挤出技术中最容易处理。通用COPE热塑性弹性体挤出的常用加工参数如表11.12所示。

表11.12 通用等级COPE挤出加工参数

加工参数		COPE品级(邵尔D硬度)		
		40	55和63	72
机筒温度/℃(℉)	第1段	155～165(311～329)	195～210(383～410)	205～210(401～410)
	第2段	170～180(338～356)	210～225(383～437)	210～215(410～419)
	第3段	170～180(338～356)	210～225(383～437)	215～225(419～437)
注嘴接头和颈部/℃(℉)		170～180(338～356)	210～225(383～437)	215～225(419～437)
口模/℃(℉)		170～180(338～356)	210～230(383～446)	215～230(419～446)
熔体/℃(℉)		170～180(338～356)	210～230(383～446)	225～235(437～455)

注：1. COPE为共聚酯。
2. 摘自 Handbook of thermoplastic elastomers. In：Walker BM，editor. New York City：Van Nostrand Reinhold；1979。

通常使用以下挤出技术来处理COPE热塑性弹性体。

不同尺寸和复杂的型材（平滑、有肋的U形槽）可以使用自由挤出方法成功地挤出。对于更复杂的型材，可能需要进行真空校准。

只要其外径（OD）为6mm（0.25in）以下，通常就可以通过自由挤出生产管道。较大的直径通过差压管材定径方法生产，也称为管道真空校准。

采用中等黏度挤出品级的COPE热塑性弹性体，通过自由挤出方法可以制备单丝。熔融温度通常比标称熔融温度高15～20℃。拉伸比应该在4：1和10：1之间，拉伸比是通过口模直径与离开第一次水淬冷的单丝直径的比例来测定。

包覆挤出是使用直角口模来包覆不同类型的产品的方法，例如软管、绳索、电缆和电线。直角口模可以配置有压力（保压）口模或管（套管）口模[39]。

流延薄膜工艺是一种技术，将熔融COPE通过狭缝口模挤出到抛光金属辊（称为冷却辊）上，熔体在辊筒上骤冷。COPE的流延薄膜的厚度薄至0.013mm。为避免粘辊，对于较软品级（邵尔D硬度35～40）的COPE热塑性弹性体，骤冷温度不应超过50℃，较硬品级（邵尔D硬度47～63）的骤冷温度不应超过80℃，而对于邵尔D硬度72和更硬的品级，骤冷温度不应超过100℃。

同样的技术用于生产厚度范围为0.25～0.5mm的片材。较厚的板材可以在流延薄膜生产线上的三辊整理机上进行。辊温应各自控制。通常的辊温是[39]：

邵尔 D 硬度 35 和 40 的品级	15～30℃(59～86℉)
邵尔 D 硬度 47～82 的品级	40～70℃(104～158℉)

上辊的温度要限制在片材能黏附到辊筒的温度，并且通常保持尽可能低的温度[39]。

织物涂层可以在片材生产线或挤出涂布线上进行。在片材生产线上，织物在挤出的熔体之上送入，并且在上辊和中辊之间。在挤出涂布线上，熔体从狭缝口模挤出到冷却辊与压力辊的辊隙之间的织物或其他基材上。

COPE 吹膜由标准吹膜设备生产。由于 COPE 热塑性弹性体的强度高，它们可以挤出厚度为 250mm 的薄膜，吹塑比达到 3∶1。较软品级的 COPE 热塑性弹性体（邵尔 D 硬度 35 和 40）可以吹制成约 150mm 的薄膜，吹胀比约为 2.8∶1。在一些情况下，可能需要防粘连剂，以防止薄膜粘连（即其自身粘附）或黏附到挤出生产线的辊筒上[39]。

在软管、管材、型材、片材和薄膜中将 COPE 与其他聚合物结合使用时，共挤出是常见的。COPE 热塑性弹性体与大多数刚性和柔性聚氯乙烯（PVC）、MPR（可熔融加工的橡胶）、热塑性聚酯树脂、PBT 和聚对苯二甲酸乙二醇酯（PET）的共挤出是相容的。对于与不相容树脂的共挤出，可以使用合适的中间“连接”层来提供挤出层之间的黏结。

COPE 发泡型材的泡沫挤出是通过含有化学发泡剂（例如偶氮二酰胺）的挤出混合料来生产的。发泡（微孔）产品的相对密度一般在 0.6～0.8 的范围内[40]。

11.6.5　吹塑

由于 COPE 热塑性弹性体的熔体强度高，这些材料非常适合吹塑。树脂制造商专门为吹塑提供指定的产品。应用于 COPE 热塑性弹性体中空部件的吹塑机是连续挤出机和储料缸式吹塑机。

所使用的技术包括常规吹塑、共挤吹塑（通过型坯壁同时挤出相容的两层或多层）和顺序三维（3D）吹塑。顺序吹塑是共挤吹塑成型的新发展，是按成型编制的程序“打开和关闭”，这使得生产的部件可以组合两种或多种树脂（例如硬的刚性部分是一种材料，而柔软的柔性波纹管是不同材料）[41]。虽然顺序吹塑技术用于制造特定部件，但 COPE 的大部分部件仍然通过常规技术，使用连续挤出机和储料缸式吹塑机进行加工。

推荐用于 COPE 吹塑的螺杆设计是三段螺杆，L/D 最小为 24∶1，压缩比在（2.7～3.5）∶1 之间（由进料区深度除以计量区深度测定），螺杆表面采用氮化（耐磨）钢。螺棱面可以用合金［例如斯特雷司特（Stellite）］硬表面，也推荐使用表面为硬铬镀层的螺杆[40]。为了改善磨损，机筒设计应包括平滑的料筒设计，由 Xaloy 100/101 或 800 型铁铬硼合金（或等同物）制成。用于生产的模具主要由钢（加工或铸造）、铍铜（机加工或铸造）和铝（加工或铸造）制成，其他材料如低熔点金属合金（Kirksite）、填充环氧树脂和流延聚氨酯主要用于原型或短期生产。对于 COPE 吹塑材料，经常使用双重断裂设计类型。COPE 吹塑材料经常使用双坝式截坯设计。

正如所有熔融加工一样，吹塑中使用的树脂必须干燥，最大含水量为质量分数 0.02%[40]。树脂在空气中暴露 1h 以上必须干燥，回收料必须干燥，通常在 100～120℃下干燥 2～3h。吹塑等级的 COPE 的设定条件和常用加工条件分别列于表 11.13 和表 11.14 中。

表 11.13 吹塑等级的 COPE 的设定条件

COPE 品级(邵尔 D 硬度)	加工熔融温度/℃(中点)	模具温度/℃	合模力/(N/cm 夹紧长度)
45	210～225(215)	10～50	800～1200
47	210～225(215)	10～50	800～1200
50	210～225(215)	10～50	800～1200
55	215～225(220)	10～50	800～1200
65	230～240(235)	10～20	800～1200

注：1. COPE 为共聚酯。

2. 摘自 Blow Molding Processing Manual，Publication L-11866 (04.99) . DuPont Engineering Polymers. Geneva (Switzerland)。

表 11.14 COPE 吹塑的工艺条件（吹塑品级：邵尔 D 硬度 47）

工艺参数		常用范围
机筒温度/℃	后段	220～240
	中段	220～250
	前段	220～250
	注嘴	220～250
熔体温度/℃		225～250
型坯夹持温度/℃		95～70
芯棒温度/℃		150～190
螺杆速度/(r/min)		80～20
型坯模塑周期/s	注射	0.5～4.0
	保压	1～10
空气吹入压力/bar(1bar=0.1MPa)		5～15
吹塑周期/s	吹气	4～10
	排气	3～5
总循环时间(基于三个工位操作,每个周期制造 3 个零件)/s		10～15

注：摘自 Blow Molding Processing Manual，Publication L-11866 (04.99)，DuPont Engineering Polymers. Geneva (Switzerland)。

11.6.6 熔融流延

熔融流延结合挤出和注塑工艺（细节在第 4 章中提供）。由于 COPE 热塑性弹性体的熔体黏度相对较低，因此适用于此加工方法。

11.6.7 滚塑

中空部件，如球、箱和小型气动无内胎轮胎是 35 目的 COPE 树脂粉末进行滚塑制成的。这些部件的表面无空洞，厚度均匀。例如，在厚度为 216mm 的铝模具中生产尺寸为 12×4in、重约 0.45kg 的充气轮胎[41]。长轴的旋转速度一般为 6r/min，短轴的转速为 2r/min；烤箱温度约为 370℃。常用的烘箱时间为 5.5min，足够短以防止树脂的热降解。通常，这种类型的部件需要用脱模剂，因为它在聚合物熔化时提供润滑，并且使空气在熔融流动过程中流过模具表面时排出[41]。

11.6.8　熔接和粘接

11.6.8.1　熔接

COPE 薄膜可以相对容易地通过热进行熔接，软等级的 COPE 更容易熔接。较硬等级的 COPE 需要用比例为 1∶2 的二氯甲烷和二甲基甲酰胺的混合物擦拭[42]。这两种溶剂的混合物也适用于溶剂熔接。由于材料具有极性，所以除了最软等级的 COPE 之外，其他等级的 COPE 很难采用超声熔接[42]。

激光熔接特别适用于敏感部件、电子部件、汽车部件、医疗容器和装置、包装材料等的组装，对于透明或稍微不透明的材料，但对激光仍然有足够透明度的材料是最佳的。其他熔接方法还有振动熔接和热板熔接[43]。热风和高频熔接方法主要适用于薄膜和片材[44]。

11.6.8.2　粘接和黏合

通常使用合适的金属处理（如脱脂、喷砂）和底漆系统，通常可以在注塑、压塑或熔融流延操作过程中与金属进行黏结。COPE 热塑性弹性体可以黏结到工具钢、不锈钢、铝和黄铜上[42,44]。通过采用异氰酸酯或异氰酸酯共聚物处理基材，可以实现 COPE 热塑性弹性体与聚酯和聚酰胺等织物的黏合[42]。通过使用与两种材料兼容的合适的胶黏剂或通过包覆成型，也可以实现 COPE 热塑性弹性体与其他热塑性塑料的黏合[44]。

11.6.9　整理

COPE 弹性体可以涂覆各种涂层或涂料，通常不需要任何特殊的黏合促进剂，只要在生产部件时不使用含硅的脱模剂，或者在其表面上没有油。重要的考虑是涂层或涂料的柔韧性与所使用的 COPE 材料的特性（主要是刚性度）相匹配[45]。COPE 的金属化最好通过使用真空电镀方法来实现。由于金属膜的柔韧性较低，COPE 的金属化最好选择较硬等级的 COPE[45]。使用标准的设备很容易对 COPE 弹性体进行印刷，也可以使用常规和激光打印方法进行印刷[45]。

参考文献

[1] Adams RK, Hoeschelle GK, Witsiepe WK. In: Legge NR, Holden G, Schroeder HE, editors. Thermoplastic elastomers, a comprehensive review. Munich: Hanser Publishers; 1987. p. 164.

[2] Adams RK, Hoeschelle GK, Witsiepe WK. In: Holden G, Kricheldorf HR, Quirk RP, editors. Thermoplastic elastomers. 3rd ed. Munich: Hanser Publishers; 2004. p. 183.

[3] Sheridan TW. In: Walker BM, Rader CP, editors. Handbook of thermoplastic elastomers. 2nd ed. New York: Van Nostrand Reinhold Company; 1988. p. 182.

[4] Ullmanns's Encyclopedia of Industrial Chemistry, vol. A23. Weinheim, Germany: VCH Verlagsgemeinschaft; 1993, p. 334 [chapter 7].

[5] Hoeschelle GK. Chimia 1974;28. p. 544.

[6] Wolfe JR. MMI Press Symp Ser 1983;3:145.

[7] Ullmanns's Encyclopedia of Industrial Chemistry, vol. 8. Weinheim, Germany: VCH Verlagsgemeinschaft; 1993, p. 636 [chapter 7].

[8] Adams RK, Hoeschelle GK, Witsiepe WK. In: Holden G, Kricheldorf HR, Quirk RP, editors. Thermoplastic

elastomers. 3rd ed. Munich: Hanser Publishers; 2004. p. 183.
[9] Adams RK, Hoeschelle GK, Witsiepe WK. In: Holden G, Kricheldorf HR, Quirk RP, editors. Thermoplastic elastomers. 3rd ed. Munich: Hanser Publishers; 2004. p. 196.
[10] Sheridan TW. In: Walker BM, Rader CP, editors. Handbook of thermoplastic elastomers. 2nd ed. New York: Van Nostrand Reinhold Company; 1988. p. 183.
[11] Cella RJ. J Polym Sci Symp 1973;42(2):727.
[12] Sheridan TW. In: Walker BM, Rader CP, editors. Handbook of thermoplastic elastomers. 2nd ed. New York: Van Nostrand Reinhold Company; 1988. p. 191.
[13] Sheridan TW. In: Walker BM, Rader CP, editors. Handbook of thermoplastic elastomers. 2nd ed. New York: Van Nostrand Reinhold Company; 1988. p. 185.
[14] Sheridan TW. In: Walker BM, Rader CP, editors. Handbook of thermoplastic elastomers. 2nd ed. New York: Van Nostrand Reinhold Company; 1988. p. 190.
[15] Sheridan TW. In: Walker BM, Rader CP, editors. Handbook of thermoplastic elastomers. 2nd ed. New York: Van Nostrand Reinhold Company; 1988. p. 193.
[16] Hytrel Design Guide-Module V, Publication H-81098 (00. 2), DuPont Engineering Polymers. Wilmington (DE).
[17] Sheridan TW. In: Walker BM, Rader CP, editors. Handbook of thermoplastic elastomers. 2nd ed. New York: Van Nostrand Reinhold Company; 1988. p. 205.
[18] Sheridan TW. In: Walker BM, Rader CP, editors. Handbook of thermoplastic elastomers. 2nd ed. New York: Van Nostrand Reinhold Company; 1988. p. 209.
[19] Adams RK, Hoeschelle GK, Witsiepe WK. In: Holden G, Kricheldorf HR, Quirk RP, editors. Thermoplastic elastomers. 3rd ed. Munich: Hanser Publishers; 2004. p. 202.
[20] Adams RK, Hoeschelle GK, Witsiepe WK. In: Holden G, Kricheldorf HR, Quirk RP, editors. Thermoplastic elastomers. 3rd ed. Munich: Hanser Publishers; 2004. p. 210.
[21] Hayman NW, et al. European Patent 315325; May 1989, to ICI Ltd.
[22] Brown M, Prosser RM. U. S. Patent 3,907,962; September 1975, to DuPont.
[23] McCormick MR, et al. U. S. Patent 4,992,506; February 1991 to General Electric.
[24] Blakely DM, Seymour RW. U. S. Patent 5,118,760; June 1992, to Eastman Kodak.
[25] Gergen WP. U. S. Patent 4,818,798; April 1989, to Shell Oil.
[26] Thomas S, et al. J Vinyl Technol 1987;9(2):71.
[27] Crawford RW, Witsiepe WK. U. S. Patent 3,718,715; February 1973, to DuPont.
[28] Wells SC. In: Walker BM, editor. Handbook of thermoplastic elastomers. New York: Van Nostrand Reinhold; 1979. p. 162 [chapter 4].
[29] Hourston DJ, Hughes ID. Rubber Conf 1977;77(1):1.
[30] Ullmanns's Encyclopedia of Industrial Chemistry, vol. 8. Weinheim, Germany: VCH Verlagsgemeinschaft; 1993, p. 638 [chapter 7].
[31] Witsiepe WK. U. S. Patent 3,651,014; March 1972, to E. I. du Pont de Nemours & Co. , Inc.
[32] Witsiepe WK. U. S. Patent 3,763,019; October 1973, to E. I. du Pont de Nemours & Co. , Inc.
[33] Witsiepe WK. U. S. Patent 3,776,146; October 1973, to E. I. du Pont de Nemours & Co. , Inc.
[34] Hytrel Product Information, Bulletin HTY- 401 (R2) DuPont Engineering Polymers. Wilmington (DE).
[35] Wells SC. In: Walker BM, editor. Handbook of thermoplastic elastomers. New York: Van Nostrand Reinhold; 1979. p. 164.
[36] Jakeways IM. J Polym Sci Polym Phys Ed 1975;13:799.
[37] Hytrel injection molding guide, Publication H- 81091 (00. 1), DuPont Engineering Polymers. Wilmington (DE); 2000.
[38] Sheridan TW. In: Walker BM, Rader CP, editors. Handbook of thermoplastic elastomers. 2nd ed. New York: Van Nostrand Reinhold Company; 1988. p. 216.
[39] Hytrel extrusion guide, Publication E-80327-1 (3/94), DuPont Engineering Polymers. Wilmington (DE).
[40] Wells SC. In: Walker BM, editor. Handbook of thermoplastic elastomers. New York: Van Nostrand Reinhold; 1979. p. 192.

[41] Wells SC. In: Walker BM, editor. Handbook of thermoplastic elastomers. New York: Van Nostrand Reinhold; 1979. p. 193.
[42] Wells SC. In: Walker BM, editor. Handbook of thermoplastic elastomers. New York: Van Nostrand Reinhold; 1979. p. 196.
[43] Technology Profile-laser welding, Publication H-99299 (06/03), DuPont Engineering Polymers, Wilmington (DE).
[44] Hytrel Thermoplastic Polyester Elastomer: Design Guide-Module V, Bulletin H-81099 (0. 02), DuPont Engineering Polymers. Wilmington (DE).
[45] Creemers HMJC. In: Bhowmick AK, Stephens HL, editors. Handbook of elastomers. 2nd ed. New York: Marcel Dekker; 2000, p. 382 [chapter 13].

第12章 离聚体型热塑性弹性体

12.1 概述

20世纪40年代以来，人们对一些工作进行了重点探索，发现了乙烯与其他单体的各种共聚物，如乙酸乙烯酯[1]、氯乙烯[2]、偏二氯乙烯[3]、偏二氟乙烯[4]、一氧化碳[5]、二氧化硫[6]以及其他共聚物[7]。人们已经认识到，大多数这些共聚单体导致了乙烯弹性的增加。

通过精心控制聚合条件制备的乙烯与甲基丙烯酸的共聚物显示出对铝箔优异的黏附性[8]。该共聚物在1961年以商品名Surlyn而商业化。由于该共聚物和其他类似共聚物的离子性质，它们被称为“离聚体”。包括乙烯、丁二烯和其他单体的各种共聚物。

通常，离子聚合物（离聚体）的碳氢主链含有侧基酸基，它们部分或全部中和形成盐。如果盐含量非常高（例如，每个单体单元具有侧基基团），则产物被称为“聚电解质”，通常可溶于水。如果另一基团含有数量低得多的离子侧基（最多到摩尔分数10%），则显示高延展性和低永久变形（即弹性体的特性）[9]。这种弹性体显示出硫化橡胶的性质，但它们可以作为热塑性塑料加工。

离聚体具有热塑性弹性体（TPE）的所有优点：它们可以通过各种方法（挤出、吹塑、热成型和注塑）进行加工，它们可以被热熔接，其废料可以回收利用。它们几乎不需要配合，并且通过改变组分的比例可以容易地调整它们的性能。

离聚体也有一些一般热塑性弹性体存在的缺点，例如随温度升高而软化和熔化，并且它们在延长使用时显示蠕变。此外，与许多热塑性弹性体不同，离子聚合物在水的存在下会变质[9]。选择的商业离聚体产品见表12.1，基于乙烯和甲基丙烯酸的离聚体的实例如下：

$$\sim\!\sim CH_2 - \left[CH_2 - CH_2 \right]_x - \left[CH_2 - \underset{\underset{O^-Na^+}{|}}{\underset{C=O}{|}}{\overset{CH_3}{\overset{|}{C}}} \right]_y - \left[CH_2 - CH_2 \right]_z - CH_2 \sim\!\sim$$

表12.1 商品离聚体

共聚物体系	牌号	制造商	特性
乙烯-甲基丙烯酸	Surlyn®	DuPont	改善热塑性
乙烯-丙烯酸	Iotek®	Exxon	改善热塑性
丁二烯-丙烯酸	Hycar®	Goodrich	成型挺性高的弹性体
全氟磺酸根离聚体	Nafion®	DuPont	耐化学性好

12.2 合成

离聚体通常通过官能化单体与烯烃不饱和单体的共聚，或通过预成型聚合物的直接官能化来制备。例如，通过自由基共聚将丙烯酸或甲基丙烯酸与乙烯、苯乙烯和类似共聚单体直接共聚得到含羧基离聚体。通常可以获得游离酸形式产品，其可以用金属氢氧化物、乙酸盐或类似的盐或二胺中和到所需的程度[10]。

离聚体合成的第二条路线是预成型聚合物的改性。一个例子是乙烯-丙烯-二烯烃三元共聚物（EPDM）的磺化，其中磺酸基与磺化剂的用量成正比例[11]。此反应在溶液中进行，可以直接将酸官能团中和至所需的水平。中和的聚合物通过常规技术分离，例如在非溶剂中凝集，或通过溶剂闪蒸。改性预成型聚合物的替代技术是在聚合物熔体上进行的反应，通常是在挤出机[12]中，使用通常用于溶液中的相同的磺化剂。

12.3 形态

实验结果和理论证据表明，离聚体中存在两种聚集结构：多重离子对和离子簇。多重离子对被认为是由少量离子偶极子（可能多达六个或八个）组成的，以形成更高的多极，即四极、六极、八极等。这些多重离子对无规分布于基体中，不呈现相分离。因此，除了作为离子交联之外，它们还影响基体的一些性质，如玻璃化转变温度、对水敏感性等。离子簇被认为是富含离子对的小微相分离区（<5nm），但也含有大量的烃类化合物。它们至少具有独立相的一些性质，包括与玻璃化转变温度有关的松弛行为，并且它们对烃类基体的性质影响很小。在特定离聚体中，两种环境中存在的盐基的比例由主链的性质、盐基的总浓度及其化学性质决定。离子簇的局部结构的细节未清楚，并且离子簇与低分子量极性杂质（如水）相互作用的机理也清楚[13]。

12.4 性能和工艺过程

离聚体的典型性质归因于离子聚集、离子簇的形成（参见第 12.3 节）或极性基团与离子聚集体的相互作用。在弹性体系或聚合物熔体中，由于离子聚集引起的物理性质的变化是很容易测定的。对于大多数基于离聚体的体系，离子聚集会使弹性体的成型挺性提高。离子聚集还会引起熔融黏度的增大。在聚乙烯基金属羧酸酯离聚体中，其高熔体黏度非常适合于热封并提供良好的挤出特性。另外，尽管大多数商品离聚体可以被注塑，但是熔体黏度增大不利于注塑[14,15]。

离聚体的其他典型性能包括：韧性、卓越的耐磨性、耐油性。

对于离聚体体系，各种极性试剂与离子基团的相互作用和所得到的性能变化是独特的[14]。金属硬脂酸盐与磺化 EPDM 的相互作用导致了材料的软化。对于基于此技术的热塑性弹性体（TPE），需要这种增塑作用才能获得良好的加工性能。人们发现，结晶添加剂（如硬脂酸锌）除了作为离聚体的高效优选增塑剂之外，还可以强烈地影响材料性能[15]。

与基础聚合物相比，离聚体类热塑性弹性体的高拉伸强度归因于它们通过离子交换机理释放局部应力的能力。通常，即使在相当程度的应力松弛和蠕变下，它们也表现出低的永久变形。蠕变和应力松弛行为可以由时间-依赖性交联之间的交换机理来解释。然而，蠕变恢复表明一些交联点非常稳定。这些交联点可以认为是相对较大的离子簇聚集体，它们甚至在高温下也是稳定的[16]。

磺化热塑性弹性体通常使用常规的弹性体混合设备与矿物填料、抗氧剂、操作油或聚烯烃（聚丙烯或聚乙烯）配合。离聚体型热塑性弹性体的常用配料见表12.2。配方的硬度变化通常从软（邵尔A硬度45）到半塑性（硬度值在邵尔D范围）。表12.3列出了由离聚体型热塑性弹性体制成的材料的性能范围。一个实用配方的例子如表12.4所示[17]。

表12.2　离聚体型热塑性弹性体的常用配料

配料	用量范围/质量份	实例
离聚剂	5～35	硬脂酸锌、乙酸锌、硬脂酰胺
增塑剂	25～200	石蜡油、环烷油
填料	25～250	炭黑、白炭黑、黏土、碳酸钙、金属氧化物
其他聚合物	10～125	聚乙烯、聚丙烯
操作油	2～10	蜡、润滑油
抗氧剂	0.2～2.0	二苯胺衍生物、受阻酚化合物

表12.3　离聚体型热塑性弹性体的典型性能范围

性能	范围
硬度(邵尔A)	45～90
100%定伸应力/MPa(psi)	1.2～6.9(174～1000)
拉伸强度/MPa(psi)	3.4～17.2(500～2480)
拉断伸长率/%	350～900
裤型撕裂/(kN/m)(lb/in)(ASTM D1938)	8～55(45～315)
相对密度	0.95～1.95
压缩永久变形/%	30～35
脆性温度/℃(℉)	−57～−46(−71～−51)
加工温度/℃(℉)	93～260(199～500)

注：参考文献［17，18］。

表12.4　由磺化EPDM制成的片材配方实例

成分	说明	用量(质量份)
磺化EPDM①	基础聚合物	100
硬脂酸锌	离聚剂	25
石蜡油(Sunpar 2280)	增塑剂	75
炭黑N110	补强填料	60
炭黑N550	半补强填料	30
Marlex 6060	高密度聚乙烯	15
Naugard 445	改性二苯胺抗氧剂	1

① 每100g橡胶含有25mEq的磺化。
注：见参考文献［17］。

尽管温度设定比较高，离聚体型热塑性弹性体的工艺条件与软聚氯乙烯（PVC）相似[14]。常用的挤出条件如下[19]：

机筒位置	温度/℃(℉)	机筒位置	温度/℃(℉)
后段	160(320)	口模	350(662)
前段	180(356)	熔融温度/℃(℉)	160～168(320～335)

大多数离聚体型热塑性弹性体可以通过注塑加工。在注塑过程中，需要高剪切和高温的组合[19]。适用于离聚物型热塑性弹性体的加工方法是吹塑、热成型和热熔接。

12.5 应用

离聚体型热塑性弹性体可用于挤出部件、注塑部件、黏合剂、密封剂、涂料、包装、相容剂、燃料电池膜、形状记忆和自愈材料[20,21]。

参考文献

[1] Roedel MJ. U. S. Patent 2,377,753; June 1945 to E. I. duPont de Nemours & Co.
[2] Brubaker MM et al. U. S. Patent 2,497,291; February 1950 to E. I. duPont de Nemours & Co.
[3] Hanford WE, Roland JR. U. S. Patent 2,397,260; March 1946 to E. I. duPont de Nemours & Co.
[4] Ford TA. U. S. Patent 2,468,954; April 1949 to E. I. duPont de Nemours & Co.
[5] Coffman DD, Plakney PS, Wall FT, Wood WH, Young HS. J Am Chem Soc 1952;74:3391.
[6] Brubaker MM, Harman J. U. S. Patent 2,241,900; April 1938 to E. I. duPont de Nemours & Co.
[7] Pieski ET. In: Renfrew A, Morgan P, editors. Polythene. New York: Wiley-Interscience; 1960.
[8] Armitage JB. U. S. Patent 4,351,931; September 1982 to E. I. duPont de Nemours & Co.
[9] Kar KK, Bhowmick AK. In: Bhowmick AK, Stephens HL, editors. Handbook of elastomers. 2nd ed. New York: Marcel Dekker; 2000. p. 433.
[10] Rees RW. In: Holden G, Kricheldorf H, Quirk RP, editors. Thermoplastic elastomers. 3rd ed. Munich: Hanser Publishers; 2004. p. 256 [chapter 10].
[11] Canter NH. U. S. Patent 3,642,728; February 1972 to Exxon Research and Engineering Company.
[12] Siadat R, Lundberg RD, Lenz RW. Polym Eng Sci 1980;208:530.
[13] MacKnight WJ, Lundberg RD. In: Holden G, Kricheldorf H, Quirk RP, editors. Thermoplastic elastomers. 3rd ed. Munich: Hanser Publishers; 2004. p. 269 [chapter 11].
[14] MacKnight WJ, Lundberg RD. In: Holden G, Kricheldorf H, Quirk RP, editors. Thermoplastic elastomers. 3rd ed. Munich: Hanser Publishers; 2004. p. 280 [chapter 11].
[15] (a) Duvdevani I, et al. In: Eisenberg A, Bailey FE, editors. ACS Symposium Series 301; 1985. p. 185; (b) Makowski HS, Lundberg RD. Adv Chem Soc 1980;187:37.
[16] Kar KK, Bhowmick AK. In: Bhowmick AK, Stephens HL, editors. Handbook of elastomers. 2nd ed. New York: Marcel Dekker; 2000. p. 451.
[17] Paeglis AU, Shea FX. Rubber Chem Technol 1988;61:223.
[18] Kar KK, Bhowmick AK. In: Bhowmick AK, Stephens HL, editors. Handbook of elastomers. 2nd ed. New York: Marcel Dekker; 2000. p. 470.
[19] Kar KK, Bhowmick AK. In: Bhowmick AK, Stephens HL, editors. Handbook of elastomers. 2nd ed. New York: Marcel Dekker; 2000. p. 469.
[20] Taut MR, Mauritz KA, Wilkes GR, editors. Ionomers: Synthesis, structures, properties and applications. London: Chapman & Hall; 1997.
[21] Zhang L, Brostowitz NR, Cavitchi KA, Weiss RA. Perspective: Ionomer research and applications. Macromolecular Reaction Engineering February 2014;8(2):81-89.

第13章 其他热塑性弹性体

13.1 弹性星形嵌段共聚物

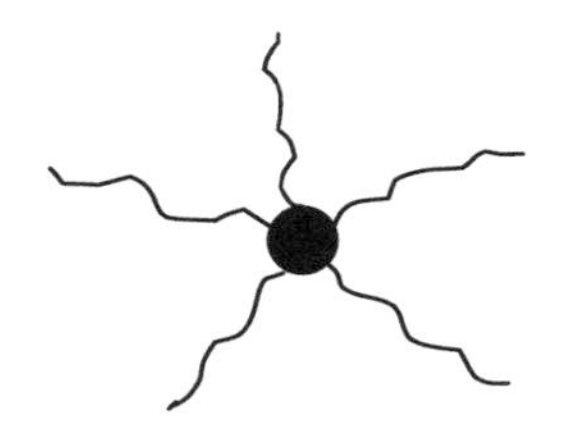
图 13.1 星形嵌段共聚物的示意图

星形支化共聚物或多臂星形共聚物是由核和臂组成的共聚物，是多个线型支链通过化学键连接到同一个中心核上。星形嵌段共聚物的示意图见图 13.1。除了组分的化学性质之外，星形共聚物的性质主要取决于两个结构因素：臂的分子量和臂的数量。星形共聚物的某些性质，例如特性黏度和剪切敏感性，仅取决于臂的分子量，而不取决于聚合物的总分子量，当臂数达到一定数量，就与臂的数量没有关系[1,2]。

星形共聚物的核通常被认为是无量纲和无质量的点，因为它的体积和质量与整个星形共聚物的体积和质量相比是可以忽略不计的。中心核可以是单个的偶联剂、复合微凝胶或多官能度引发剂残余物。Flory 及其同事首次报道了具有广泛交联而无凝胶化的受控结构的非线性共聚物的合成[3]，由 ε-己内酰胺和四羧酸或八羧酸作为多官能反应物分别制备得到的具有四臂或八臂的共聚物。Fetters 和同事们[4,5]使用三氯硅烷和四氯硅烷作为偶联剂制备了具有聚丁二烯（PBD）臂的星形共聚物。Rempp 与同事们[6~10]通过活性阴离子聚合技术合成聚苯乙烯（PS）臂，随后将二乙烯基苯（DVB）作为偶联剂加入活性中心。

13.1.1 合成星形共聚物的常用方法

星形共聚物有两种主要的合成途径：先臂后核法（arm-first）和先核后臂法（core-first）。除了这两种主要方法之外，文献中还报道了其他一些方法。

先臂后核法是从量身定制的“预制臂”开始的。这些预制臂可以通过活性阳离子聚合[11~15]、活性阴离子聚合[4,5,16,17]和基团转移[18~24]聚合法，采用各种各样的单体合成。预制臂可以通过二官能度或多官能度偶联剂连接。星形共聚物可以通过活性阴离子聚合合成，臂由聚苯乙烯（PS）[6,25]、聚二烯［聚异戊二烯（PIP）］、聚丁二烯（PBD）[26~28]、聚甲基丙烯酸甲酯（PMMA）[18,29]、聚乙烯基吡啶[7]和聚苯乙烯-嵌段-聚二烯［聚苯乙烯-嵌段-聚异戊二烯（PS-*b*-PIP）和聚苯乙烯-嵌段-聚丁二烯（PS-*b*-PBD）］组成[4,16,17,30]。在大多数情况下，采用二乙烯基苯（DVB）作为偶联剂[4,6,7,16,17,30]。

使用双官能聚合物的先臂后核法（arm-first）的优点是可以直接从精确设计的预制臂，产生支化程度（即臂数）相当高和良好限定的臂结构。这种方法的主要缺点是难以在臂上形成末端臂功能，难以实现完全连接，中心核不明确以及失去臂数的控制[31]。参考文献［32～39］中描述了在阳离子聚合方法中使用多官能偶联剂制备星形共聚物。与阴离子体系相反，在阳离子聚合方法中，活性聚合物链末端是亲电子的。因此，偶联剂必须是亲核的。参考文献

[31，40] 中对合成方法以及在阴离子体系和阳离子体系中使用的单体做了更详细的综述。

在先核后臂法（core-first）中，首先制备含有已知数目的引发点的多官能度引发剂。然后，通过活性聚合从引发点开始引发形成星形共聚物。多官能度引发剂的残余物成为核。制备过程见图 13.2。

图 13.2　制备过程示意图

先核后臂法已被用于阴离子聚合[41~43]、阳离子聚合、基团转移聚合、自由基聚合和缩合聚合法合成星形共聚物[44]。人们发现，对于制备星形共聚物，多官能度引发剂在阳离子聚合方面比在阴离子聚合方面更有效[45]。

先核后臂法（core-first）的优点是可以容易地制备在聚合物臂的末端具有官能团的星形共聚物，也很容易从活性链端制备嵌段星形共聚物。当使用明确定义的核（即多官能度引发剂）时，可以控制臂的最大数量。另外，先核后臂法（core-first）形成星形共聚物的时间比先臂后核法（arm-first）更短，因为先臂后核法不能控制扩散。先核后臂法的缺点是高度依赖于引发效率以获得具有正确数量的臂的目标产物，以及失去对臂或嵌段组分的精确分子量的控制[46]。其他制备星形共聚物的方法已有报道。Ito 及其同事采用均聚大分子单体合成了聚环氧乙烷的星形共聚物[47]。

13.1.2　星形嵌段共聚物的物理性能

通过阴离子方法制备的星形嵌段共聚物已经表现出比具有相同分子量的线型三嵌段共聚物更优异的力学性能和较低的熔体黏度[17]。

臂的分子量较低的星形共聚物的黏度低，并且易于加工[17]。动态黏度研究结果表明，星形嵌段共聚物的熔融黏度在很大程度上与支化程度无关[48~51]。Leblanc[51] 观察到，具有四个聚苯乙烯-嵌段-聚丁二烯（PS-*b*-PBD）臂的星形嵌段共聚物的流动活化能比相应嵌段组成的线型三嵌段对应物更低。Leblanc 假设发生了具有低活化能的“聚集体流动”。这些结果表明，星形嵌段热塑性弹性体应比线型三嵌段共聚物更容易加工。

拉伸试验的结果表明，星形嵌段热塑性弹性体的力学性能类似于热固性橡胶材料。通过阴离子聚合制备的星形嵌段共聚物，即星形聚苯乙烯-嵌段-聚异戊二烯（PS-*b*-PIP）和星形聚苯乙烯-嵌段-聚丁二烯（PS-*b*-PBD）的拉伸性能优于相应的线型三嵌段共聚物[17]（见表 13.1）。据报道，基于聚异戊二烯和聚丁二烯的热塑性弹性体，包括线型三嵌段共聚物，表现出优异的拉伸性能[41]。已报道，采用活性阳离子聚合技术制备的、臂数大于 3 的各种基于聚异戊二烯和聚丁二烯的星形嵌段共聚物的拉伸强度高（高达 26MPa）[13,20,52,53]。

具有聚苯乙烯-嵌段-聚异戊二烯（PS-*b*-PIP）臂的星形嵌段共聚物的黏合性能优于相应的线型嵌段共聚物[54]。

表 13.1　不同苯乙烯类嵌段共聚物的应力-应变行为①

嵌段共聚物	拉伸强度/MPa	拉断伸长率/%
S-I-S(线型)	33.4	1030

续表

嵌段共聚物	拉伸强度/MPa	拉断伸长率/%
$(SI)_3$-Si(3 臂星形)	36.8	970
$(SI)_4$-Si(4 臂星形)	37.3	1010
$(SI)_6$-DVB(6 臂星形)	38.3	940
$(SI)_9$-DVB(9 臂星形)	42.2	1050
S-B-S(线性)	29.4	1050
$(SI)_{15}$-DVB(15 臂星形)	41.2	730

注：1. S—聚苯乙烯；I—聚异戊二烯；B—聚丁二烯；Si—四氟化硅偶联剂；DVB—二乙烯基苯偶联剂。
2. 见参考文献 [23]。
① 从苯/庚烷（体积比为 9/1）溶液浇的薄膜。

13.2 互穿网络型热塑性弹性体

互穿聚合物网络（IPN）通常被定义为网络形式的两种聚合物的组合，其中至少一种是在另一种聚合物网络的存在下被合成或交联。热塑性 IPN 在两种聚合物中都含有物理交联，而不是共价交联[55]。为了实用，这种材料必须在较低温度下具有热固性材料的行为，并且必须能够在较高温度下像热塑性塑料一样流动。

存在于网络中的物理交联可以通过嵌段共聚物、部分结晶或离聚体结构引入。

热塑性 IPN 可以由相同类型的网络或两个完全不同的网络组成。另一个重要特征是双相连续性，有时称为“共连续相”。这些相畴的形状可以为长圆柱体、各种互锁结构、交替薄片等[55]。

在含有共价交联的 IPN 中，相畴大小通常由交联密度控制，通常为 0.05～0.3μm 的数量级。因为许多热塑性 IPN 是通过共混制备的（见第 13.2.1 节），因此相畴几乎总是比较粗糙[55]。

13.2.1 互穿网络热塑性弹性体的合成

通常，通过两种聚合物的剪切或共混，通过一种或两种聚合物的聚合或通过离聚体组分的离子化，可以制备热塑性互穿网络（IPN）。无论如何，最终产品具有某种双相连续性[55]。一个例子是在氢化苯乙烯-丁二烯-苯乙烯三嵌段共聚物（S-EB-S）、聚酰胺、聚酯或聚碳酸酯[56～58]中加入聚丙烯可以制备热塑性 IPN。

S-EB-S 是具有氢化聚丁二烯中心嵌段和聚苯乙烯端嵌段的三嵌段共聚物，并且是众所周知的商业热塑性弹性体。研究报道，加入到 S-EB-S 共聚物中的另一种聚合物通常是半结晶的。这种共混物的一个例子如表 13.2 所示。最终产品呈现双相连续[59]，作者声称所有三个聚合物的相（即 S-EB-S、加入的半结晶聚合物和聚丙烯）是相分离的。聚丙烯构成了两种聚合物之间的界面，作为两种聚合物的胶黏剂。材料从 EB 中心嵌段的玻璃化转变温度（60℃）附近至半结晶组分的熔融温度（通常为 200℃或稍高），表现出几乎恒定的模量。汽车设计工程师发现这种行为是有利的，这种材料可用于火花塞线的绝缘。

表 13.2 共连续互锁网络相的组成实例

材料	用量/质量份
S-EB-S①	100

续表

材料	用量/质量份
聚对苯二甲酸丁二醇酯(PBT)	100
增量油	100
聚丙烯(PP)	10
HALS 防老剂	0.2
非污染性防老剂(如 LTDP)	0.5
二氧化钛	5

① S-EB-S 分子量分布 25000-100000-25000。
注：参考文献［57］。

另一种可能的组合是具有离聚体的三嵌段共聚物。离聚体中的离子基团聚集在一起形成物理结合的网络[55]。合成这种共聚物的实验使用两种不同的方法[60,61]。

化学共混的热塑性 IPN 可以通过以下方法制备：将 S-EB-S 溶解在体积比为 90/10/1 的苯乙烯单体、甲基丙烯酸和异戊二烯的混合物中，然后加入质量分数 0.4%的苯偶姻进行光聚合。

机械共混合 IPN 可采用以下方法制备：苯乙烯单体混合物单独进行光聚合，然后在密炼机（例如 Brabender 塑度记录仪）中与 S-EB-S 三嵌段共聚物熔融共混。

两种类型的 IPN 都在密炼机（如上所述）中用 10%的氢氧化钠水溶液或 10%的氢氧化铯水溶液中和。

13.2.2　热塑性 IPNs 的性能与加工

流变和机械数据分析见参考文献［62］。结论是在中和时，三嵌段共聚物组分黏度较小，呈现出更大的相连续性。另外，机械数据表明，相转化过程仍然有些不完全，这可能是因为两种聚合物的熔体黏度比较接近。热塑性 IPN 在使用温度下大多是革质的。它们具有很高的柔韧性，但它们不像其他章节中讨论的许多热塑性弹性体那样柔软和弹性。然而，它们适用于汽车保险杠、汽车发动机罩下的导线等材料。

最近在这一领域的研究集中在脱交联和解聚[63]，目的是制备可以通过化学反应稍后流动的热固性聚合材料。这种材料被称为可再加工的热固性材料，并且在电子材料和生物材料中显示出潜力。

13.3　基于聚丙烯酸酯的热塑性弹性体

广泛使用的热塑性弹性体之一是苯乙烯和二烯（丁二烯、异戊二烯）的三嵌段和星形嵌段共聚物，其性能基于自发和热可逆交联，并与相形态有很大关系[64]。

然而，由于苯乙烯和丁二烯嵌段的部分混溶性，使得典型 SBS 嵌段共聚物（$M_n=1.5\times10^4$）的玻璃化转变温度降低约 20℃，导致其使用温度上限（UST）限制在 60～70℃[65]。人们已经进行了大量的研究工作，通过开发新的嵌段共聚物，来克服这个缺点。其中一种方法是制备含有至少一个 PMMA 嵌段的三嵌段共聚物。该系列聚合物的 T_g 可以在较大的温度范围下延伸，取决于不同的替代品，例如聚丙烯酸-2-乙基己酯为 60℃，高度间同立构聚甲基丙烯酸甲酯（sPMMA）可以高达 130℃。因此，这种 sPMMA 是 PS 的有吸引力的替代品，可以提高 SBS 嵌段共聚物的使用温度上限（UST）。此外，与聚二烯相比，具有低玻璃化转变温度的聚丙烯酸烷基酯具有更好的耐热和耐氧化性能。因此，聚丙烯酸烷基酯在三嵌段共聚物的中心嵌段中是合适的替代品[66]。

13.3.1 三嵌段共聚物的合成

通过阴离子聚合制备具有聚甲基丙烯酸酯嵌段（M）和聚丁二烯嵌段（B）的（M-B-M）组合的、基于甲基丙烯酸甲酯和丁二烯的三嵌段共聚物。但是合成方法需要改进，以产生所需的橡胶状的顺式-1,4-聚丁二烯结构和具有高 T_g 的高度间同立构聚甲基丙烯酸甲酯（sPMMA）嵌段[67,68]。这些改进包括使用双官能度引发剂以及采用在参考文献［69］中提出的种子技术。有关合成的详细讨论见参考文献［68］。

13.3.2 M-B-M 三嵌段共聚物

用 sPMMA 替代传统 S-B-S 热塑性弹性体中的 PS 导致使用温度上限（UST）提高约40℃，而且不牺牲最终产品的弹性。具有相同分子量（125000）、组成（聚丁二烯占 64%）和聚丁二烯微观结构（1,2-结构含量 45%）的两种三嵌段共聚物的极限力学性能相差不大。M-B-M 三嵌段共聚物在 90℃下获得的实验值（拉伸强度为 14.3MPa、拉断伸长率为1240%）与 S-B-S 在 50℃下所获得的实验值近似（分别为 13MPa 和 1200%）[70]。

13.3.3 基于聚甲基丙烯酸甲酯和聚丙烯酸叔丁酯的弹性体的合成

尽管制备全丙烯酸三嵌段共聚物有几种可能的途径，但最简单的方法似乎是采用双官能度阴离子引发剂的两步法。这种聚合物的直接聚合是不可能的，因为不能控制丙烯酸伯烷基酯和丙烯酸仲烷基酯的阴离子聚合[71]。关于这个问题的细节见参考文献［72～75］。

使用类似的技术，上述类型的星形共聚物已经由先臂后核法（arm-first）合成，其中包括采用活性二嵌段前驱体引发少量双不饱和单体的聚合（参见第 13.1.1 节）[72]。

13.3.4 全丙烯酸三嵌段和支化嵌段共聚物的力学性能

通过第 13.3.3 节中描述的方法制备了一系列全丙烯酸三嵌段和支化嵌段共聚物，然后将所得共聚物与具有相似的嵌段组成和分子量的传统 S-I-S（苯乙烯-异戊二烯-苯乙烯）共聚物的应力-应变行为进行比较。结果表明，S-I-S 热塑性弹性体呈现出橡胶态平坦区，而在全丙烯酸系列没有呈现[75]。星形共聚物表现的行为相同[72]。人们发现全丙烯酸三嵌段和支化嵌段共聚物的极限力学性能（拉伸强度和扯断伸长率）约为苯乙烯-丁二烯-苯乙烯（S-B-S）热塑性弹性体的一半。

关于聚丙烯酸酯类热塑性弹性体的详细讨论和涉及其合成和性质的相应问题见热塑性弹性体的第 17 章，并请参见 Holden G，Kricheldorf HR，Quirk RP，editors. 3rd ed. Munich (Germany)：Hanser Publishers；2004。

参考文献

[1] Bauer BJ, Fetters LJ. Rubber Chem Technol 1978;51:406.
[2] Bywater S. Adv Polym Sci 1979;30:89.
[3] Schafgen JR, Flory PJ. J Am Chem Soc 1948;70:2709.

[4] Hadjichristidis N, Fetters LJ. Macromolecules 1980;13:191.
[5] Alward B, Kinning DJ, Thomas EL, Fetters LJ. Macromolecules 1986;19:215.
[6] Decker D, Rempp P. Acad Sci Ser C 1965;261:1977.
[7] Zilliox JG, Rempp P, Parrod J. J Polym Sci 1968;22:145.
[8] Zilliox JG, Decker D, Rempp P. Acad Sci Ser C 1966;262:726.
[9] Benoit H, Grubisic G, Rempp P, Zilliox JG. J Chem Phys 1966;63:1507.
[10] Worsford DJ, Zilliox JG, Rempp P. Can J Chem 1969;47:3379.
[11] Marsalko TM, Majoros I, Kennedy JP. Polym Bull 1963;31:665.
[12] Omura N, Kennedy PJ. Macromolecules 1997;30:3204.
[13] Shim JS, Asthana S, Omura N, Kennedy JP. Polym Prep 1998;39(1):412.
[14] Shim JS, Asthana S, Omura N, Kennedy JP. J Polym Sci Part A: Polym Chem 1998;36:2997.
[15] Kaszas G, Puskas JE, Kennedy PJ, Hager WG. J Polym Sci Part A: Polym Chem 1991;29:427.
[16] Bi L-K, Fetters LJ. Macromolecules 1975;8:90.
[17] Bi L-K, Fetters LJ. Macromolecules 1976;9:732.
[18] Marsalko TM, Majoros I, Kennedy JP. J Macromol Sci Pure Appl Chem 1997;A34(5):775.
[19] Simms JA. Rubber Chem Technol 1991;64:139.
[20] Simms JA. Progr Org Coatings 1993;22:367.
[21] Simms JA, Spinnelli HJ. J Coat Technol 1987;59:125.
[22] Webster OW. Makromol Chem Macromol Symp 1992;53:307.
[23] Webster OW. Makromol Chem Macromol Symp 1993;70/71:75.
[24] Webster OW. Makromol Chem Macromol Symp 1990;33:133.
[25] Masuda T, Ohta Y, Yamachi T. Polym J 1984; 16:273.
[26] Young RN, Fetters LJ. Macromolecules 1978;11:899.
[27] Martin MK, McGrath JE. Polym Prep 1981;22(1):212.
[28] Quack G, Fetters LJ, Hadjichristidis N, Young RN. Ind Eng Chem Prod Res Dev 1981;19:587.
[29] Storey RF, Shoemaker KA, Chisholm BJ. J Polym Sci:Part A Polym Chem 1996;34:2003.
[30] Alward DB, Kinning DJ, Thomas EL, Fetters LJ. Macromolecules 1986;19:215.
[31] Shim JS. (Ph. D. Dissertation). The University of Akron; May 1999. p. 14.
[32] Fukui H, Sawamoto M, Higashimura T. J Polym Sci Part A: Polym Chem 1993;31:1531.
[33] Fukui H, Sawamoto M, Higashimura T. J Polym Sci Part A: Polym Chem 1994;32:2699.
[34] Fukui H, Sawamoto M, Higashimura T. Macromolecules 1993;26:7315.
[35] Fukui H, Sawamoto M, Higashimura T. Macromolecules 1994;27:1297.
[36] Tezuka Y, Goethals EJ. Makromol Chem 1987;188:791.
[37] D'Haese F, Goethals EJ. Br Polym J 1988;20:103.
[38] Goethals EJ, Caeter PV, Geeraert JM, DuPrez FE. Angew Makromol Chem 1994; 223:4003.
[39] Munir A, Goethals EJ. J Polym Sci Polym Chem Ed 1981;19:1985.
[40] Drobny JG. Paper presented at International Rubber Conference IRC2005, October 25e28, 2005. Yokohama (Japan).
[41] Fujimoto T, Tani S, Takano K, Ogawa M, Nagasawa M. Macromolecules 1978;11:673.
[42] Quirk RP, Lee B, Schlock LE. Makromol Chem Macromol Symp 1992;53:201.
[43] Quirk RP, Ignatz-Hoover F. In: Hogen-Esch TE, Smid J, editors. Recent advances in anionic polymerization. New York: Elsevier; 1987. p. 393.
[44] Shim JS. (Ph. D. Dissertation). The University of Akron; 1999. p. 19.
[45] Shim JS. (Ph. D. Dissertation). The University of Akron; 1999. p. 22.
[46] Shim JS. (Ph. D. Dissertation). The University of Akron; 1999. p. 28.
[47] Ito K, Hashimura K, Yamada I. Macromolecules 1991;24:3977.
[48] Kraus G, Naylor FE, Rollmann KW. J Polym Sci: Part A-2 1971;9:1839.
[49] Ghijsels A, Mieras H. J Polym Sci Polym Phys Ed 1973;11:1849.

[50] Quirk RP, Morton M. In: Holden G, Legge NR, Schroeder HE, editors. Handbook of thermoplastic elastomers. 2nd ed. Munich: Hanser Publishers; 1996.
[51] Leblanc JL. Rheol Acta 1976;15:654.
[52] Asthana S, Majoros I, Kennedy JP. Polym Mat Sci Engr 1997;77:187.
[53] Jacob S, Majoros I, Kennedy JP. Polym Mat Sci Eng 1997;77:185.
[54] Mayer GC, Widmeier JM. Polym Eng Sci 1977;17:803.
[55] Sperling LH. In: Holden G, Kricheldorf HR, Quirk RP, editors. Thermoplastic elastomers. 3rd ed. Munich: Hanser Publishers; 2004. p. 431.
[56] Davison S, Gergen WP. U. S. Patent 4,041,103; 1977.
[57] Davison S. , Gergen WP. U. S. Patent 4,101,605; 1978.
[58] Gergen WP, Lutz RG, Davison S. In: Holden G, Legge NR, Schroeder HE, editors. Thermoplastic elastomers. 2nd ed. Munich: Hanser Publishers; 1996.
[59] Gergen WP. Kautsch Gummi Kunstst 1984;37:284.
[60] Siegfried DL, Thomas DA, Sperling LH. J Appl Polym Sci 1981;26:177.
[61] Siegfried DL, Thomas DA, Sperling LH. Polym Eng Sci 1981;21:39.
[62] Sperling LH. In: Holden G, Kricheldorf HR, Quirk RP, editors. Thermoplastic elastomers. 3rd ed. Munich: Hanser Publishers; 2004. p. 438.
[63] Neubauer EA, Thomas DA, Sperling LH. Polymer 2002;43:131.
[64] Holden G, Legge NR. In: Legge NR, Holden G, Schroeder HE, editors. Thermoplastic elastomersea comprehensive review. Munich: Hanser Publishers; 1987 [chapter 3].
[65] Kraus G, Rollman W. J Polym Sci Polym Phys Ed 1976;14:1133.
[66] Jérôme R. In: Holden G, Kricheldorf HR, Quirk RP, editors. Thermoplastic elastomers. 3rd ed. Munich: Hanser Publishers; 2004. p. 443.
[67] Long TE, Allen RD, McGrath JE. Recent advances in mechanistic and synthetic aspects of polymerization. In: Fontanille M, Guyot A, editors. NATO ASI series, vol. 215. Doldrecht: Reidel; 1987. p. 79.
[68] Jérôme R. In: Holden G, Kricheldorf HR, Quirk RP, editors. Thermoplastic elastomers. 3rd ed. Munich: Hanser Publishers; 2004. p. 444.
[69] Yu YS, Dubois Ph, Jérôme R, Teyssié Ph. Macromolecules 1997;30:4254.
[70] Yu JM, Teyssié Ph, Jérôme R. Macromolecules 1996;29:8362.
[71] Jérôme R. In: Holden G, Kricheldorf HR, Quirk RP, editors. Thermoplastic elastomers. 3rd ed. Munich: Hanser Publishers; 2004. p. 446.
[72] Jérôme R, Fayt R, Teyssié. In: Legge NR, Holden G, Schroeder HE, editors. Thermoplastic elastomersea comprehensive review. Munich: Hanser Publishers; 1987 [chapter 12, section 7].
[73] Patten T, Matyjaszewski K. Adv Mater 1998;10:901.
[74] Jérôme R. In: Holden G, Kricheldorf HR, Quirk RP, editors. Thermoplastic elastomers. 3rd ed. Munich: Hanser Publishers; 2004. p. 448.
[75] Jérôme R. In: Holden G, Kricheldorf HR, QuirkRP, editors. Thermoplastic elastomers. 3rd ed. Munich: Hanser Publishers; 2004. p. 449.

第14章 再生橡胶和塑料类热塑性弹性体

14.1 概述

有可能从废轮胎胶粉、废旧三元乙丙橡胶（EPDM）和丁二烯-丙烯腈橡胶（NBR）、回收橡胶胶乳废料和废塑料生产热塑性弹性体。人们进行了大量研究，目的是从弹性体的共混物制备具有或多或少弹性的热塑性材料，以代替部分弹性体、塑料[1]。

热固性橡胶材料部分脱硫导致失去物理性能[2]。然而，热塑性弹性体的物理性质在反复回收后保持不变[3]。

在作为相容剂的功能性聚合物存在下，废轮胎胶粉可与聚烯烃共混。然而，由于塑料相在共混组成中是主要成分，得到的产品是抗冲击塑料，而不是热塑性弹性体，并且在大多数情况下，这些共混物的拉断伸长率小于50%[4~8]。在添加了增溶剂的废轮胎胶粉填充聚丙烯的共混物中发现天然橡胶（NR）[9]。

在废轮胎胶粉与聚丙烯的共混物中加入少量的乙烯-乙酸乙烯酯共聚物（EVA）得到可熔融加工的弹性体，并已获得专利[10]。将废橡胶粉掺入苯乙烯-丁二烯-苯乙烯（SBS）嵌段共聚物中，可以观察到这种共混物的撕裂强度和拉伸强度（300%伸长率和压缩永久变形）高于未填充的SBS嵌段共聚物[11]。经过相容剂处理的回收橡胶与热塑性聚合物的共混物可以制备耐冲击热塑性塑料到热塑性弹性体材料。所得材料的性质取决于共混物中组分的比例或组分本身的变化，并且工艺和材料是专利的主题。天然橡胶和合成橡胶都可用于共混物，热塑性组分主要是聚烯烃[12]。

报道的另一种制备热塑性弹性体的方法是超声波脱硫废轮胎胶粉与聚丙烯结合[13]。回收橡胶与聚丙烯共混材料的拉断伸长率仅为40%，因此不能分类为热塑性弹性体(TPEs)[14]。

14.2 EPDM废料

丙烯酸改性的高密度聚乙烯、三元乙丙橡胶和废轮胎胶粉的动态硫化共混物可以产生真正的热塑性弹性体，其拉断伸长率为380%、拉伸强度远远超过7MPa[15~17]。

含有三元乙丙橡胶（EPDM）废胶粉的热塑性弹性中，EPDM与聚丙烯（PP）的共混比例为70∶30。大约45%的EPDM橡胶可以用废胶粉代替，不会对原有材料的加工性能和力学性能产生不利影响。据报道，共混物的拉断伸长率高于200%，并且100%伸长率的永久变形小于25%。共混物可以重新加工，再加工后共混物的性能在可接受的限度内[18]。

14.3 NBR废料

将丁腈橡胶（NBR）废料加入到NBR与苯乙烯-丙烯腈（SAN）（70/30）共混物组成的热塑性弹性体中，制备基于NBR废料的热塑性弹性体。据报道，大约45%～50%的NBR可以被NBR废料代替。所得材料的拉断伸长率远高于200%，100%伸长率的永久变形为20%～26%，可以循环使用，对其力学性能没有不利影响[19]。

14.4 回收橡胶

另一个研究发现，在天然橡胶（NR）和聚丙烯（PP）的共混物中用再生橡胶替代近一半的天然橡胶，可以制备热塑性弹性体，而且不会对共混物的力学性能产生不利的影响[20]。人们通过再生橡胶与废塑料的共混制备热塑性弹性体。当再生橡胶与废塑料的共混比为50∶50时，共混物获得最佳的加工性、拉断伸长率和永久变形[21]。在用于该方法的动态硫化中，硫黄硫化体系比过氧化物体系更好。这一类的另一项工作是再生橡胶与聚乙烯（LDPE和HDPE）的共混[22]。

14.5 废胶乳

废胶乳产品与聚丙烯共混可以获得热塑性弹性体[23]。典型的组成是60%废胶乳和40%聚丙烯。据报道，这种共混物的性能与天然橡胶/聚丙烯共混物的性能相当，并且拉断伸长率的值在200%～300%的范围内。弹性体相的动态硫化提高了拉伸强度，并且再生胶乳的添加使聚丙烯从脆性破坏变为韧性破坏。

14.6 废塑料

一些研究试图通过将不同的废塑料与弹性体共混来制备有用的产品。将聚丙烯粉（来自回收的计算机壳）与EPDM颗粒共混，随后在双台挤出机中进行动态硫化，可以产生有用的热塑性弹性体。据报道，含质量分数40%～45%的EPDM的共混物具有最佳的弹性体性能[24]。德国Firestone专利[25]包括了从废聚酯制备热塑性弹性体。塑料废料和弹性体废料的组合可以生产建筑材料、隔音墙和交通标志[26]。另一个专利工艺将热塑性塑料（HDPE、LDPE和PP）混合废料与20%～50%的天然橡胶或丁腈橡胶和40质量份补强填料混合，并将其加热至约200℃（392℉），然后加入硫化剂，制备热塑性弹性体[27]。

将报废的计算机机箱（主要含丙烯腈-丁二烯-苯乙烯三元共聚物）与丁腈橡胶共混可以获得新型热塑性弹性体[28]。橡胶与塑料比例为60∶40至80∶20的产品表现出热塑性弹性体的性能[24]。动态硫化主要有利于橡胶含量较高的共混物。这些共混物是可回收的。

参考文献

[1] Rajeev RS, De SK. Rubber Chem Technol JulyeAugust, 2004;77(3):569.

[2] Klingensmith G. Rubber World 1991;203:16.

[3] Gonzales EA, Purgly EP, Rader CP. Paper presented at the 140th meeting of the Rubber Division ACS, Detroit, Michigan; October 8e11, 1991.

[4] Rajalingam P, Baker WE. Rubber Chem Technol 1992;65:908.

[5] Rajalingam P, Sharp J, Baker WE. Rubber Chem Technol 1993;66:664.

[6] Oliphant K, Baker WE. Polym Eng Sci 1993; 33:166.

[7] Pramanik PK, Baker WE. Plast Rubber Compos Process Appl 1995;24:229.

[8] Scholz H, Poetschke P, Michael H, Menning G. Kautsch Gummi Kunstst 1999;52:510.

[9] Phadke AA, De SK. Polym Eng Sci 1988; 26:1079.

[10] Johnson LD. U. S. Patent 5,157,082 (1992, to Synesis Corp.).

[11] Yamaguchi M, et al. Kenkyu Hokokue Fukuoka-ken Kogyo Gijutsu Senta 1992;2:86.

[12] Liu HS, Mead JL, Stacer RG. International Patent WO 0224795 (2001, to University of Massachusetts).

[13] Luo T, Isayev AI. J Elast Plast 1998;30:133.

[14] Ismail H, Suryadianshah. Polym Test 2002; 21:389.

[15] Naskar AK, Bhowmick AK, De SK. Polym Eng Sci 1998;41:133.

[16] Naskar AK. Studies on thermoplastic elastomer and processable rubber based on ground rubber tire (GRT) and surface modified GRT (Ph. D. thesis). Khagarpur: Indian Institute of Technology; 2001.

[17] Naskar AK, De SK, Bhowmick AK. J Appl Polym Sci 2002;84:370.

[18] Jacob C, De PP, Bhowmick AK, De SK. J Appl Polym Sci 2001;82:3304.

[19] Anandhan S, De PP, Bhowmick AK, Bandyopadhyay S, De SK. J Appl Polym Sci 2003;90:2348.

[20] Al-Malaika S, Amir EJ. Polym Degrad Stab 1999;26:31.

[21] Nevatia P, Dutta B, Jha A, Naskar AK, Bhowmick AK. JAppl Polym Sci 2002;83:2035.

[22] Sun L, Xiong X. In: Gaballah I, Hager J, Solozabal R, editors. Proceedings from the global symposium on recycling, waste treatment and clean technology. Warrendale (Spain): Minerals and Materials Society; 1999. p. 531.

[23] George RS, Joseph R. Kautsch Gummi Kunstst 1994;47:816.

[24] Yoshikai K, Ohsaki T. Kenkyu Hokokue Fukuoka-ken Kogyo Gijutsu Senta 1997;8:98.

[25] Tazewell JH. German Patent DE 2514471 (1975, to Firestone Tire & Rubber Co.).

[26] Holzer F. European Patent EP 1092529 (2001, Franz Holzer).

[27] Jentzsch J, Michael H, Herscher E, Kaune D. German Patent DE 4102237 (1992, to University of Chemnitz Tech).

[28] Anandhan S, De PP, De SK, Bhowmick AK, Bandyopadhyay S. Rubber Chem Technol 2003; 76:1145.

第15章 热塑性弹性体的应用

15.1 概述

自20世纪60年代后期引进热塑性弹性体以来，已有大约50家不同规模的生产商进入热塑性弹性体领域[1]。热塑性聚氨酯弹性体（TPU）是美国使用的第一种热塑性弹性体，主要应用于汽车外饰件（保险杠）和鞋底。后来，苯乙烯类嵌段共聚物（SBC）在鞋类中替代TPU，迅速获得市场份额，并在胶黏剂和密封剂方面确立了自己的市场[2]。烯烃［聚烯烃类热塑性弹性体（TPO）］在汽车后视镜保护罩和控制板中替代了TPU，并在电线电缆行业和软管生产中被接受[3]。到1983年，全球热塑性弹性体需求量达到42.1万吨；其在美国的份额为14.8万吨，西欧则为19.98万吨，日本为3.79万吨[3,4]。

在20世纪80年代，热塑性弹性体在汽车、鞋类、电线电缆行业和胶黏剂中的应用迅速增长。到20世纪80年代末，热塑性弹性体占据了美国医疗产品市场近18%的份额[5]。正如1.2.6节所述，全球年度市场需求总量约为44.62万吨，年均增长率约为5%～6%。

一般而言，热塑性弹性体（TPE）市场，尤其是在美国逐渐商品化，影响着价格和利润率的变化。对于产量相当大的（年产300000～500000lb，1lb=0.45359237kg）、未配合的热塑性弹性体，大多数等级的价格通常在每磅1.50～2.50美元的范围内，但特殊等级的价格可能要高得多。鉴于目前原材料的情况，价格有可能持续上涨。已配合的热塑性弹性体通常较便宜，因为在大多数情况下，在配混料中使用的添加成分［例如填料或增塑剂（油）］比使用的聚合物便宜。引起注意的另一个因素是体积成本，这常常有利于低密度聚合物。

实际上，重要的是性价比。性价比通常决定了在给定应用中使用什么材料。图15.1是一个简化的图表，定性地显示了最广泛使用的热塑性弹性体SBS（苯乙烯-丁二烯-苯乙烯嵌段共聚物）、SEBS（苯乙烯-乙烯/丁烯-苯乙烯嵌段共聚物）、COPA（聚酰胺热塑性弹性体）、COPE（共聚酯热塑性弹性体）的性价比范围。

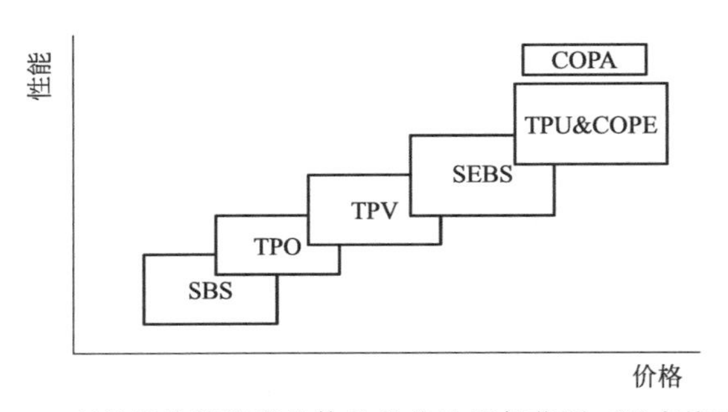

图15.1 商品类热塑性弹性体的性价比近似范围（没有按比例）

热塑性弹性体具有在加热时表现出良好的流动性能，然后在冷却下固化的能力，使制造商可以利用高生产率的热塑性加工设备，例如注塑、挤出和吹塑来生产弹性制品。这消除了常规橡胶技术中典型的复杂与昂贵的强化混合和硫化步骤。这意味着减少劳动力成本和增加产量。此外，废料可以再粉碎并在原材料中再使用。

因为有多种类型的热塑性弹性体，它们涵盖了广泛的应用，从替代常规的硫化橡胶到特殊的胶黏剂和密封剂。与常规橡胶相比，一些热塑性弹性体是非常纯净的，因此适合于医疗应用以及与食物接触的物品。热塑性弹性体唯一的缺点就是其使用温度，这取决于它们的熔点。这一缺点可以通过交联来克服，但降低了它们回收的可能性。以下部分讨论各种类型的热塑性弹性体的具体应用。

15.2 苯乙烯类热塑性弹性体的应用

苯乙烯类热塑性弹性体（SBC）除了替代通用橡胶之外，其性能与可加工性之间的典型平衡使之专用于特殊的用途。SBC 很少以纯聚合物使用，它可以容易地与其他聚合物、油和填料混合，使之可以多方面调节产品性能。在大多数情况下，配混的材料含有少于 50% 的嵌段共聚物[6]。

配方苯乙烯类热塑性弹性体有几种主要用途：

① 替代硫化橡胶；

② 胶黏剂、密封剂和涂料；

③ 聚合物共混物；

④ 沥青改性；

⑤ 润滑油的黏度指数改进剂；

⑥ 热固性材料改性剂。

2002 年美国 SBC 的需求报告估计，2003 年[7]的需求为 6.47 亿磅，其中胶黏剂和密封胶占 30%、沥青改性占 22%、聚合物改性占 13%、屋面材料占 13%、纤维占 4%、消费品占 3%、鞋类占 3%，其他应用占 12%。

15.2.1　苯乙烯类热塑性弹性体替代硫化橡胶

替代硫化橡胶的苯乙烯类热塑性弹性体（SBCs）主要是经过配混、符合所需规格的 S-B-S 和 S-EB-S 类。用于此目的的配混成分是聚苯乙烯（PS）、聚丙烯、乙烯-乙酸乙烯酯、油和各种填料（见第 5.2.5 节）。

配混的 SBCs 常用于鞋底、牛奶管、隔音材料、把手、电线电缆绝缘、柔性汽车零部件[8]、汽车零部件、运动用品、建筑零件以及模压和挤出工业品。S-B-S 和 S-EB-S 类的专用配混料可以加工成吹塑薄膜或挤出流延膜，包括热收缩膜[9]。这种膜非常软和柔韧，并且滞后小和永久变形低。因为它们的纯净，可以用于与皮肤和某些食物接触。

S-EB-S 与油的共混物溶液可以替代天然橡胶胶乳制造的浸渍制品，如外科医生的手套、避孕套等[10]。成品不会像天然胶乳制品那样产生过敏反应，并且由于共聚物中的饱和中心嵌段，更耐氧气和臭氧。

SBCs 经过配混后生产的材料可以改善夹持力、手感和外观，应用于玩具、某些汽车零部件（图 15.2～图 15.6）、工具（图 15.7～图 15.10）、电气绝缘（图 15.11）、模制零件

[例如胶塞（图 15.12）]、旋钮和把手（图 15.13)、个人卫生用品（图 15.14)、消费品（图 15.15～图 15.19)、玩具、包装等（图 15.20～图 15.23)。

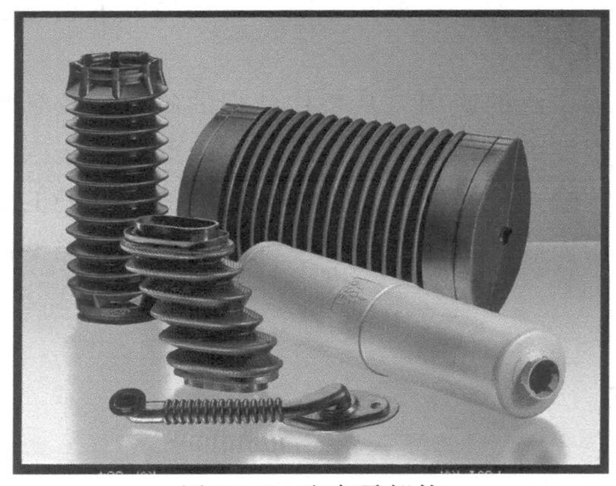

图 15.2　汽车零部件
（经 Elastron Kimya San. Tic. A. S 许可）

图 15.3　车头灯密封
（经 Elastron Kimya San. Tic. A. S 许可）

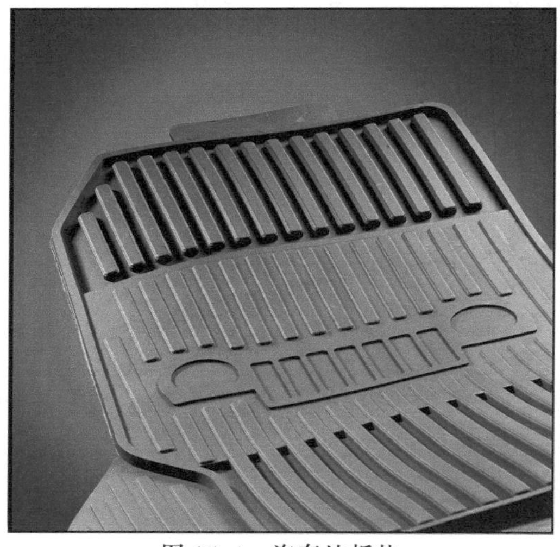

图 15.4　汽车地板垫
（经 PolyOne Corporation 许可）

图 15.5　油箱加油门垫圈
（经 Elastron Kimya San. Tic. A. S. 许可）

图 15.6　空调电机盖
（经 Allod Werkstoff GmbH & Co. KG 许可）

图 15.7　手磨机
（经 Kraiburg TPE Corporation 许可）

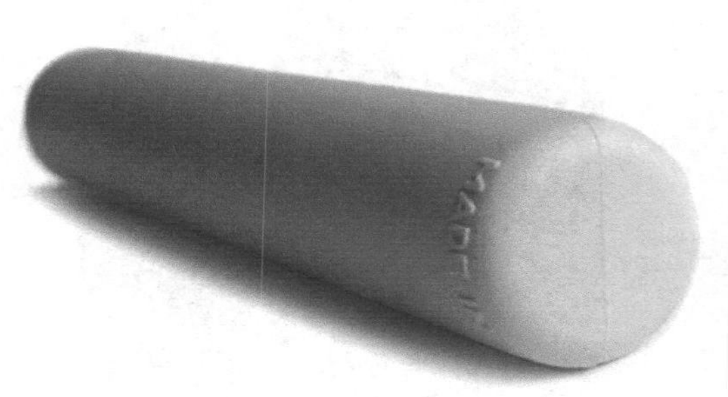

图 15.8　长柄
（经 Vi-Chem Corporation 许可）

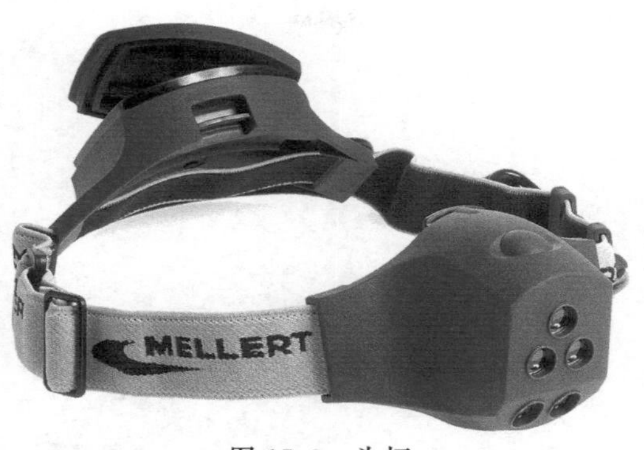

图 15.9　头灯
（经 Kraiburg TPE Corporation 许可）

图 15.10　回墨印章
（经 Kraiburg TPE Corporation 许可）

图 15.11　电源线
（经 Teknor Apex Company 许可）

图 15.12　胶塞
（经 Vi-Chem Corporation 许可）

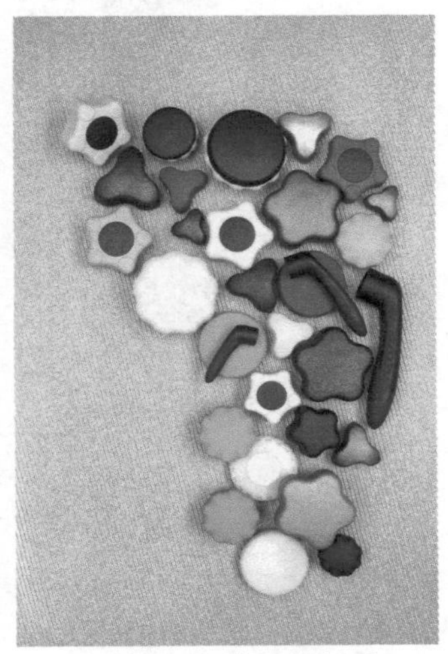

图 15.13　旋钮和把手
（经 RTP Company 许可）

图 15.14　牙刷柄
（经 API S. p. A. 许可）

图 15.15　软鞋垫
（经 Teknor Apex Company 许可）

图 15.16　Branam 奶嘴
（经 PolyOne Corporation 许可）

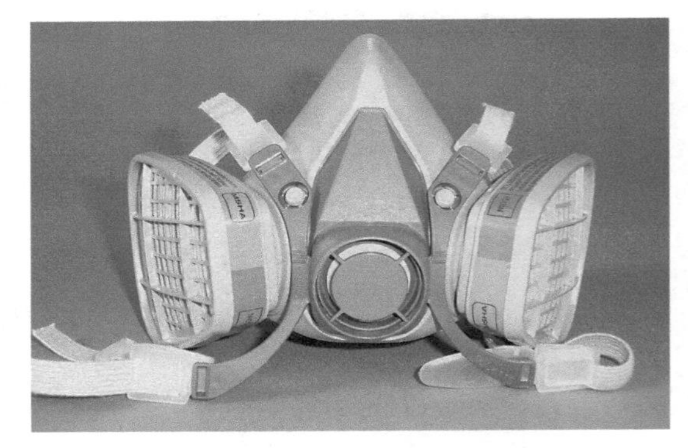

图 15.17　防毒面罩
（经 Teknor Apex Company 许可）

图 15.18　冷冻箱
（经 GLS Corporation 许可）

图 15.19　CD 盒
（经 GLS Corporation 许可）

图 15.20 薄膜
（经 PolyOne Corporation 许可）

图 15.21 笔杆
（经 Teknor Apex Company 许可）

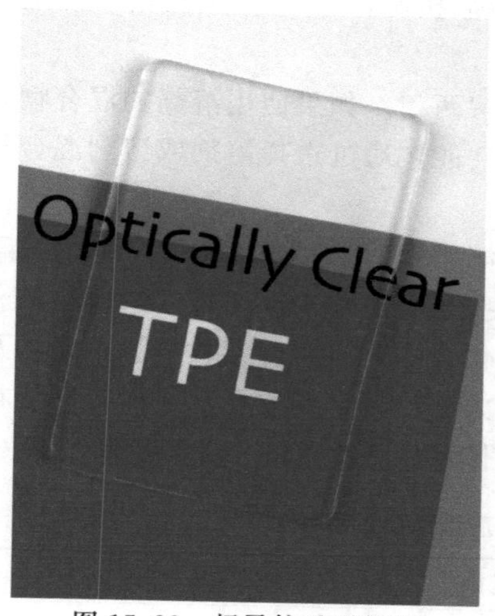

图 15.22 超柔软透明凝胶
（经 Teknor Apex Company 许可）

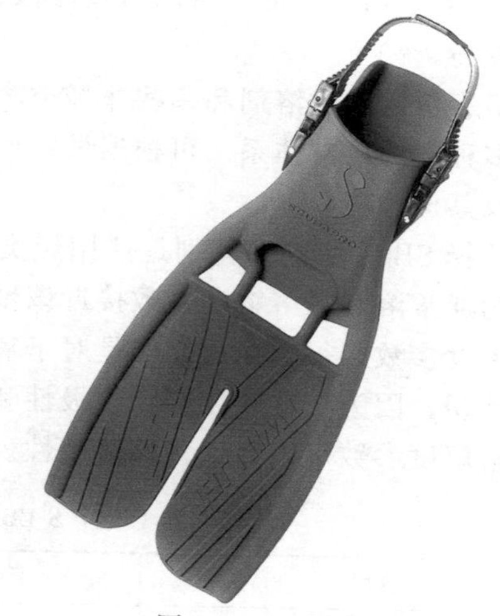

图 15.23 泳蹼
（经 Teknor Apex Company 许可）

15.2.2 苯乙烯类热塑性弹性体在胶黏剂、密封剂和涂料中的应用

胶黏剂和密封剂也是苯乙烯类热塑性弹性体（SBCs）的主要应用部分（见第 15.2 节）。热熔胶黏剂大量使用 SBCs，尽管一些胶黏剂是通过将 SBCs 溶解在溶剂中而产生，主要是利用它们的低溶液黏度。最终产品是胶带、标签、黏合紧固件等。不同类型的 SBCs 在不同的胶黏剂中应用[11]如下。

具有不饱和弹性体中间嵌段的 S-I-S 和 S-B-S 类热塑性弹性经过配混，可以获得良好的压敏胶黏剂（PSAs），可能的应用是压敏胶带、标签、接触胶黏剂、热熔胶和建筑胶黏剂，由于不饱和中间嵌段的存在，需要添加稳定剂。

S-EB-S 和 S-EP-S 具有饱和的中间嵌段，表现出高的耐热、耐臭氧和紫外光降解的能力；并具有较高的拉伸强度。S-EB-S 和 S-EP-S 类的 SBCs 的加工温度可以高于其他类型 SBCs。可能的应用是使用期长的热熔胶、密封剂和暴露于紫外光的涂层。

用马来酸酐接枝的S-EB-S共聚物具有饱和的中间嵌段，与极性基材有良好黏附性，并且可以通过缩聚反应进行交联。这种类型的SBCs可以作为多元聚合物的配方中的相容剂。在黏合方面，主要应用在结构胶黏剂、密封剂和压敏胶黏剂。目前已经开发了1,2-异构体比例高的聚异戊二烯类星形嵌段共聚物和S-EB-S嵌段共聚物。当应用于胶黏带[12]时，这些弹性体可以交联。交联改善了胶黏剂耐溶剂性，这在蒙版黏带的应用方面十分重要[13]。

15.2.2.1 苯乙烯类热塑性弹性体的溶液行为

（1）用于苯乙烯类热塑性弹性体的溶剂

可以将相畴和弹性体嵌段溶解在合适的溶剂中获得到苯乙烯类热塑性弹性体（SBCs）溶液。除去溶剂会使相畴再次变硬成玻璃状，并且聚合物再次起常规硫化橡胶一样的作用。聚合物可以溶解在许多单一溶剂中，例如甲苯以及许多溶剂混合物［如己烷与甲基乙基酮（MEK）的混合物］。

与仅具有单相的常用塑料和橡胶相比，SBCs具有两相。为了形成真正的溶液，溶剂体系必须能够溶解这两相。溶解PS末端嵌段会解开网络，使溶剂溶化的橡胶嵌段分离。由于SBCs的分子量相对较低，所以与其他橡胶聚合物溶液相比，SBCs产生的溶液黏度较低，固体含量较高。

许多廉价的烃类溶剂和一些非烃类溶剂将会溶解两相。如果使用溶剂的混合物，则可以考虑更多种类的溶剂体系。可根据最终产品所需的性能，通过选择溶剂或溶剂混合物来调节黏度以及其他性能。

在选择SBCs溶剂，特别是使用烃类溶剂时，溶解度参数（δ）是一种有用的工具。烃类聚合物通常溶解在溶解度参数接近该聚合物的那些烃类溶剂中。通常，聚合物的分子量越高，溶解度参数必须越接近。但是对于氧化和卤代化合物，溶解度参数概念中所涉及的关系就不太确切，因为在这些化合物中极性和氢键结合力变得越来越重要。然而，即使在这些情况下，溶解度参数可以帮助预测溶解性。各种溶剂体系中S-EB-S的黏度见表15.1。

表15.1 S-EB-S在各种溶剂体系中的黏度

溶剂	溶剂比例/(质量比)	黏度/mPa·s
庚烷	100	凝胶
庚烷/丙酮	80/20	350
	64/40	不溶解
庚烷/PCBTF	80/20	850
	60/40	530
	40/60	655
	20/80	2170
PCBTF	100	凝胶
庚烷/tBAc	80/20	580
	60/40	310
	40/60	550
	20/80	凝胶
tBAc	100	不溶解

注：1. PCBTF—对氯三氟甲苯；tBAc—乙酸叔丁酯。
2. 摘自Kraton Brochure K0388 bBRa0U. Houston（TX）：Kraton Polymers LLC；June 2003。

稀溶液本质上往往是牛顿型的。随着浓度的增大，溶剂溶化的相畴开始在溶液中形成，就像在最终产品中观察到的一样。因此，更黏稠的溶液变成非牛顿型，特别是当与高分子量的聚合物共混时[14]。

（2）添加树脂和油的效果

当树脂与 SBCs 混合时，可以提高黏合力、剥离强度和剪切强度并降低溶液黏度。它们还有助于其他添加剂与嵌段共聚物的相容。与聚苯乙烯末端嵌段相连的高软化点树脂，在给定浓度下可以提高拉伸强度和硬度。当使用这种类型的树脂时，通常会产生应力-应变的初始屈服点。

与中间嵌段相连的液体或低软化点树脂可用于软化最终产品，可以降低拉伸强度并增大伸长率。油也有类似的效果。

因为通常在 SBCs 中使用四种不同的弹性体中间嵌段，所以添加的与树脂和油相连的中间嵌段必须选择与每种聚合物中使用的橡胶相容。推荐用于各种弹性体嵌段和聚苯乙烯末端嵌段的树脂和增塑剂类型如表 15.2 所示。

表 15.2　各种树脂和增塑剂与 SBCs 嵌段的相容性

添加剂	可与其相容的嵌段
合成多萜烯(聚合 C5 树脂)	聚异戊二烯
氢化松香酯	聚丁二烯
饱和烃树脂	聚(乙烯-丁烯)
芳香树脂	聚苯乙烯
石蜡油	聚(乙烯-丁烯)
环烷油	聚异戊二烯、聚丁二烯
低分子量聚丁烯	聚(乙烯-丁烯)

注：摘自 Holden G. Understanding thermoplastic elastomers. Hanser Publishers；2000。

与两相都结合的树脂通常会产生具有较低强度的增塑产品，而与两相都不相关的树脂可能会导致不均匀，并且有时会获得脆性的产品。

15.2.2.2　应用实例

（1）压敏胶黏剂

压敏胶黏剂（PSAs）也是苯乙烯类热塑性弹性体（SBCs）的主要用途。尽管胶黏剂也使用溶剂，主要是利用 SBCs 溶液的低黏度，但通常是作为热熔胶来使用（参见第 15.2.2.1 节）。黏着配方是将聚合物与增黏树脂或油的组合（参见第 15.2.2.1 节）。增黏树脂软化了弹性体相，这使得胶黏剂在黏合中（缓慢的阶段）适应基材。它们还可以调节弹性体相的玻璃化转变温度，使胶黏剂层产生刚性，抵抗从基材上去除胶黏剂（快速阶段）。热熔 PSAs 主要基于较软等级的 SBCs，例如 S-I-S，而溶剂型胶黏剂通常采用合适的溶剂由 S-B-S 和 S-EB-S 嵌段共聚物制备。

（2）密封胶

密封胶是热熔体或溶剂型，主要由 S-EB-S 嵌段共聚物制备。二嵌段聚合物通常用于密封胶，因为它们降低了热熔体产品的黏度，使得配混的溶剂型密封胶的固体含量更高。密封胶配方中的其他组分是树脂、油（增塑剂）和填料，除非需要透明密封胶。SBCs 类的热熔密封胶用于许多制造工艺中，有时由机器人[15]施胶，也可以加工成泡沫制品和就地成型垫圈。溶剂型密封剂主要用于建筑行业[15]。

（3）涂料

保护涂料的配混方式与胶黏剂相似，但在许多情况下，保护涂料含有大量的填料和紫外光（UV）保护添加剂（UV 稳定剂和二氧化钛）。这种涂料用于屋顶和其他室外表面。其他应用是可剥离的临时涂层和金属的化学蚀刻[15]。

（4）油凝胶

油凝胶主要是油和胶凝剂的共混物。油占共混物的大部分，油可以是环烷烃油或链烷烃加工油、矿物油以及合成产物如聚丁烯或聚硅氧烷。胶凝剂包括蜡、白炭黑、脂肪酸皂和苯乙烯类热塑性弹性体（SBCs）。胶凝剂含量通常小于 10%。配制的产品范围从强弹性体到弱凝胶甚至润滑脂。油凝胶可用于密封胶、润滑脂、可剥离涂层、防腐蚀剂、胶黏剂等[16]。一个例子是 S-EB-S（通常为质量分数 5%）与大量矿物油（质量分数 90%）的共混物，其余为蜡（质量分数 5%），用作“捆扎”电话电缆的电缆填充料[17,18]。它们的功能是防止水侵入和作为芯吸。这种凝胶的潜在应用是玩具、握手柄、软垫等。

（5）黏度指数改进剂

S-EP 二嵌段和某些星形嵌段共聚物[19,20]可以用于机油中，但是用量很少，例如将 SAE 10 重油变为稠化油（10/30 或 10/40）的常用量为质量分数 0.7%～2.0%。在低温下，SBCs 分子是致密的，不能在油中结晶，从而容易启动发动机。在高温下，SBCs 分子在油中膨胀，从而保持其黏度，并在轴承和发动机及其他部件上保持足够厚的润滑膜，以减少磨损[21]。

15.2.3 苯乙烯类热塑性弹性体与其他聚合物的共混物

苯乙烯类热塑性弹性体（SBCs）与大量聚合物相容。SBCs 与其他聚合物共混后，与原来聚合物相比，性能得到改善，共混的聚合物可以是热塑性塑料和热固性材料。改善的性能是抗冲击性能、抗撕裂强度、抗应力开裂性能、低温柔韧性和伸长率。下面介绍这类共混物及其性能的实例。

15.2.3.1 苯乙烯类热塑性弹性体与聚苯乙烯的共混物

最广泛的应用是改善用于杯子、食品容器和薄膜的透明聚苯乙烯（PS）的抗冲击性和抗裂性。另外是进一步提高抗冲聚苯乙烯的性能，产生超级抗冲聚苯乙烯，并在加入阻燃剂后恢复聚苯乙烯的抗冲击性能[21]。

15.2.3.2 苯乙烯类热塑性弹性体与聚烯烃的共混物

聚丙烯加入 SBCs 可提高其低温耐冲击性能。SBCs 与聚乙烯的共混物主要用于吹塑薄膜。所得的膜具有改善的撕裂强度和抗冲击性[21]。SBCs 其他有用的共混物是与工程热塑性塑料（如聚苯醚[22]、聚碳酸酯[23]）的共混物，以及在聚酰胺和聚酯中作为抗冲击改性剂[24]。

15.2.3.3 苯乙烯类热塑性弹性体与热固性塑料的共混物

人们开发了用于片状模塑料（SMC）的特殊类型的苯乙烯-弹性体嵌段共聚物。SMC 是含有不饱和聚酯、苯乙烯单体、短切玻璃纤维和填料的热固性化合物，用于汽车外部的刚性部件。特殊类型的 SBC 的添加是用于控制固化期间的收缩。最终产品具有改善的表面外观和更好的抗冲击性能[25,26]。

15.2.4 改性沥青

沥青改性是聚苯乙烯嵌段共聚物增长最快的应用之一。SBCs 的添加量小于质量分数 20%，在某些情况下甚至少至 3%。

S-B-S 聚合物从沥青中吸收“油性成分”，将其体积增大到聚合物体积的 10 倍。由苯乙烯微区形成网络膨胀，但网络在整个道路沥青中仍然保持完整，从而在更宽的温度范围内赋予沥青弹性，减少了沥青在高温下的黏性行为和低温下的脆性行为[27]。

改性沥青用于道路路面（用于铺新路面时将碎石保持在一起）[28]、芯片密封、浆料密封和道路裂缝密封胶。其他应用是平面碾压屋顶、盖板、压敏改性沥青膜、热涂擦沥青以及其他防水方面的应用[29,30]。

15.3 热塑性硫化橡胶的应用

15.3.1 引言

热塑性硫化橡胶（TPVs）在 1981 年引入市场，到 20 世纪 80 年代中期，在全球范围内年销量超过 2000 万磅（9000t），其中商业用途超过 1000 种[31]。2004 年消费量为 16.2 万吨，2014 年为 30 多万吨[32]。

15.3.2 热塑性硫化橡胶与热固性橡胶材料的比较

主要等级的热塑性硫化橡胶与热固性弹性体的性价比直接比较，其性能大约在乙烯-丙烯-二烯烃三元共聚物（EPDM），聚氯丁二烯（CR）和氯磺化的聚乙二醇二缩醛（CSM）范围内[33]。另一种比较[34]是根据其在热空气中的使用性能，以及在该温度下 IRM 903 油中的溶胀，用图表来说明各种热固性弹性体和热塑性弹性体材料，将 EPDM/EPM 类的热塑性硫化橡胶定位在 CR、EPDM 和 CSM 之间，而 NBR 类的热塑性硫化橡胶定位于接近腈类橡胶和表氯醇橡胶材料。因此，需要相当于特种橡胶（CR、EPDM、CSM）性能的可以选用 EPDM/EPM 类的热塑性硫化橡胶，需要相当于 NBR 耐油性能的可以选用 NBR 类的热塑性硫化橡胶[33]。

15.3.3 热塑性硫化橡胶的商业应用

由于热塑性硫化橡胶（TPVs）具有广泛的性能，已经应用于许多领域：

① 汽车；

② 软管、管材和片材；

③ 力学橡胶制品和消费品；

④ 建筑与施工；

⑤ 电子电气；

⑥ 与医疗和食品接触的制品。

15.3.3.1 汽车应用

汽车行业率先利用热塑性硫化橡胶（TPVs）的性价比优势，因为这些材料非常适合该行业的具体需求和趋势。汽车中使用的橡胶材料中有一半以上用于非轮胎用途[31]。决定汽车应用的最重要因素是：

① 发动机罩内温度不断提高；

② 持续强调安全可靠；

③ 橡胶制品的质量和成本；

④ 橡胶部件容易安装到车辆组件中。

目前通过熔融加工技术，例如注塑、吹塑、普通挤出和直角机头挤出制造的部件如下[31,35]：

① 褶合式行李箱护条和齿轮传动装置组件；

② 驱动轴保护罩（图 15.24）；

③ 窗密封；

④ 软管覆盖层；

⑤ 进气管（图 15.25）；

⑥ 减震器；

⑦ 垫圈和密封件（图 15.26）；

⑧ 点火电缆覆盖层；

⑨ 车身塞子；

⑩ 转向柱套（图 15.27）。

图 15.24 驱动轴保护罩
（经 Zeon Chemicals LP 许可）

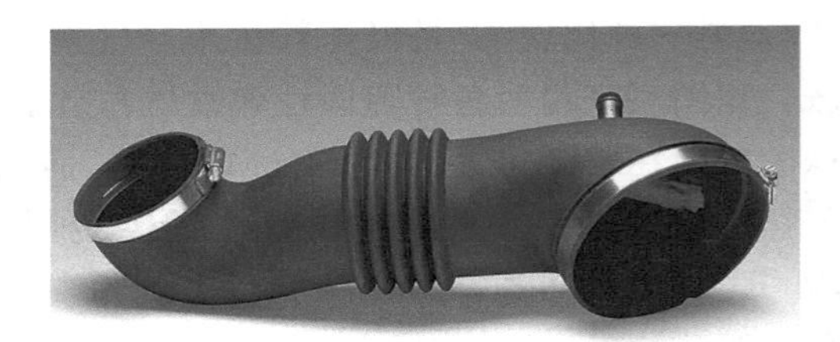

图 15.25 进气管
（经 Zeon Chemicals LP 许可）

图 15.26 防尘密封
（经 Zeon Chemicals LP 许可）

图 15.27 转向柱套
（经 Solvay Engineered Polymers Inc. 许可）

15.3.3.2 软管、管材和片材

软管、管材和片材的主要优点是可以通过简单的熔融加工方法（如挤出和压延）来制造，并且在加工后不需要硫化。热塑性硫化橡胶（TPVs）片材的最广泛应用是屋顶膜，可以通过热封在现场轻松地缝合。近年来，热塑性聚烯烃（TPO）在这方面的应用中已经在

取代 TPVs。其他挤出或压延的片材用于模切密封件和垫圈。

采用热塑性硫化橡胶（TPVs）生产的挤出管可用作软管的内衬或护套，可能同时用作纺织品或金属网增强的软管的内衬或护套。在软管应用中，热塑性弹性体可以与相容的热塑性塑料（如聚丙烯和聚乙烯）组合。典型的例子是液压（钢丝编织物）软管、农业喷雾、采矿软管以及工业油管[35]。较硬等级的 TPVs 挤出管道可用作无需加固的软管，适用于较不苛刻的应用。

15.3.3.3 力学橡胶制品和消费品

力学橡胶制品和消费品产量非常大，包括很多方面的应用，如工业设备、家用电器、娱乐和体育用品、工具等部件。这些产品主要是通过注塑、吹塑和挤出制造。实例是密封件、垫圈、阀座、衬套、环管、电气和仪表台脚、在热塑性芯上注塑的滑轮、万向联轴节、隔振器、吸盘、盖、辊、挤出型材、保险杠、外壳、褶合式波纹管、屏蔽件、玩具、滑雪杆把手、手感柔软的工具手柄、泡沫型材和板材。实例见图 15.28～图 15.35。

图 15.28 相机
（经 PolyOne Corporation 许可）

图 15.29 吸杯
（经 PolyOne Corporation 许可）

图 15.30 手钻
（经 PolyOne Corporation 许可）

图 15.31 自行车把手
（经 Teknor Apex Company 许可）

图 15.32 电熨斗把手
（经 Teknor Apex Company 许可）

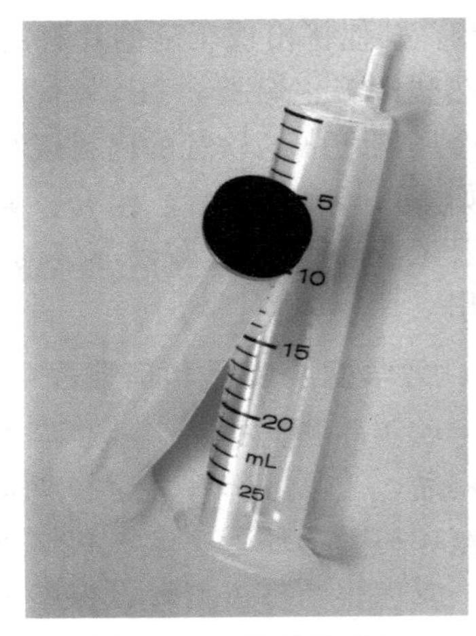

图 15.33 注射器密封
（经 Teknor Apex Company 许可）

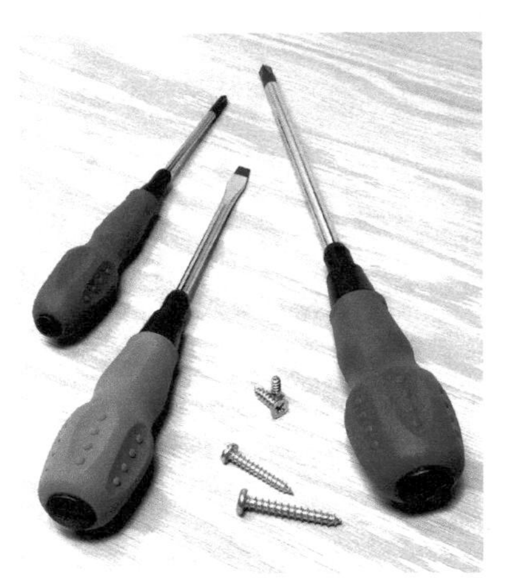

图 15.34 螺丝刀手柄
（经 Teknor Apex Company 许可）

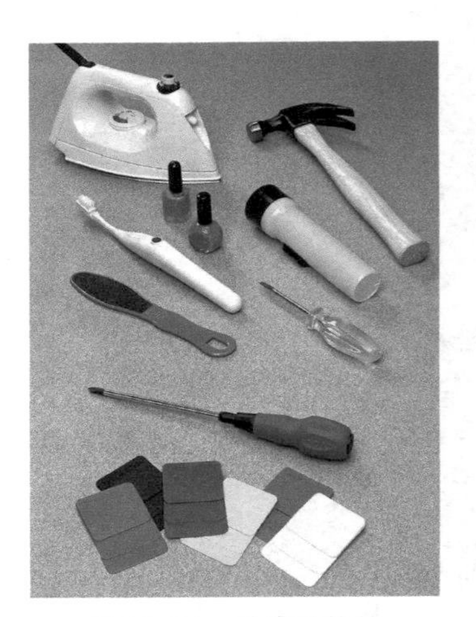

图 15.35 手感柔软的手柄等

图 15.36 导电盖
（经 RTP Company 许可）

15.3.3.4 建筑与施工

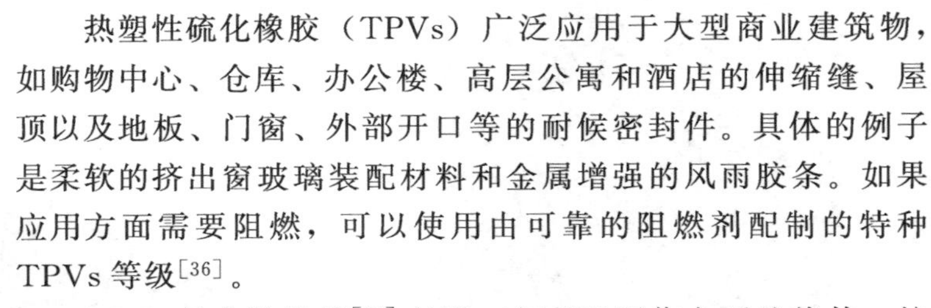

热塑性硫化橡胶（TPVs）广泛应用于大型商业建筑物，如购物中心、仓库、办公楼、高层公寓和酒店的伸缩缝、屋顶以及地板、门窗、外部开口等的耐候密封件。具体的例子是柔软的挤出窗玻璃装配材料和金属增强的风雨胶条。如果应用方面需要阻燃，可以使用由可靠的阻燃剂配制的特种 TPVs 等级[36]。

TPVs 的电学性能[37]表明，它可以用作主要绝缘体、护套材料。电线和电缆绝缘体大部分是通过直角机头挤出，包覆在金属导体上或其绝缘体上。用于电气和电子组件的电气连接器、插头和绝缘体主要通过注射成型生产，通常使用金属插入件[36]。其他应用是在计算机硬件、电话、电子设备和办公设备。一个例子是导电盖（图 15.36）。

15.3.3.5　与医疗和食品接触的制品

EPDM 类的 TPVs 适用于直接接触食品、饮料、药物和活组织。这方面的应用是使用美国食品和药物管理局批准的 TPVs 等级。医疗应用包括药瓶塞、注射器柱塞顶端、喷雾器阀密封件、医用导管、液体分配泵隔膜和护理床单。

15.4 热塑性聚烯烃的应用

聚乙烯-聚(α-烯烃)嵌段共聚物具有相当复杂的形态，其软相和硬相的分布、尺寸和形状决定了共聚物的性能。聚丙烯相几乎总是连续的，橡胶相可以是连续的或分散的，这取决于共混物中相对于聚丙烯的橡胶的用量[38]。该共聚物在低温下非常柔软，然而，其使用温度上限较低，表明聚乙烯链段相当短。使用温度下限可接近 80℃，短时间内接触温度高达 140℃，可长期暴露于 105℃的温度下。

热塑性聚烯烃（TPO）有一定的耐油和耐溶剂能力[39]。商业 TPO 材料的硬度范围为邵尔 A65 至邵尔 D70。TPO 是针对特定应用和加工方法开发的颗粒状共混物，主要通过注塑、挤出、注射吹塑和真空成型以及吹塑薄膜[40]等方法进行加工。

TPO 产品有各种用途，主要市场在：

① 汽车；

② 电线电缆；

③ 力学制品。

15.4.1　汽车

TPO 最大的市场是汽车方面的应用。TPO 用于许多柔软耐用的外部部件，以代替金属板，以及轻微碰撞而不容易受损的零件，包括保险杠包覆、保险杠端盖、车身侧面包层、车身侧面模制品、空气阀、整流罩、挡泥板、防擦挡条、防擦板、后视镜罩、挡石板、车轮模制品、格栅和框架板。发动机舱中的部件包括加热空气管道、导线管、环管、发动机罩密封垫和隔火板。在车内应用包括气囊盖、仪表板、手套箱门、门板、门插件以及软皮包覆聚烯烃泡沫作为内饰。汽车应用的例子如图 15.37～图 15.41 所示。

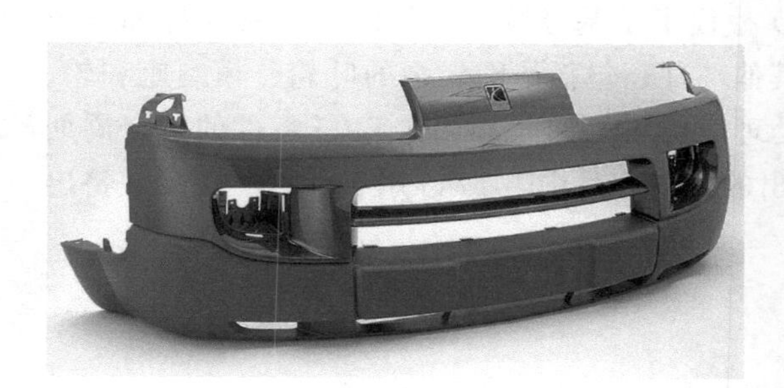

图 15.37　汽车保险杠面板和格栅包围
（经 Solvay Engineered Polymers Inc. 许可）

图 15.38　彩色金属外轮开口饰边
（经 Solvay Engineered Polymers Inc. 许可）

图 15.39 汽车仪表板上部
（经 Solvay Engineered Polymers Inc. 许可）

图 15.40 汽车内饰，车顶柱盖
（经 Solvay Engineered Polymers Inc. 许可）

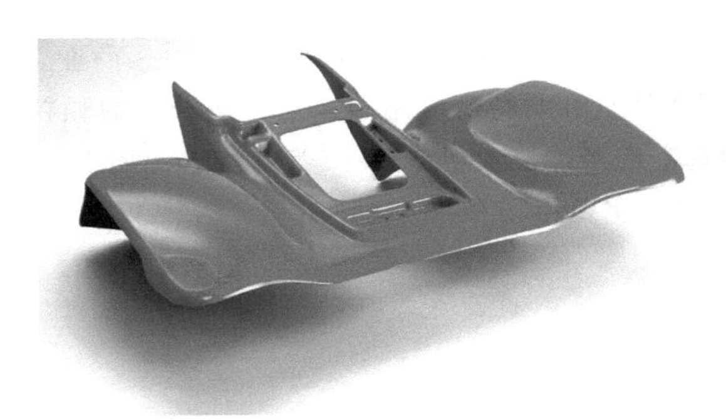

图 15.41 热成型车甲板（经 Solvay Engineered Polymers Inc. 许可）

15.4.2 电线电缆

电线电缆应用包括软线、电池升压电缆、家用电线、低压电线、控制电缆、连接线、潜水泵电缆和电缆护套。优良的电气性能、耐臭氧性和耐水性是热塑性聚烯烃在这方面应用的主要特征[40]。电线电缆产品包括标准等级和阻燃等级。

15.4.3 力学制品

力学制品市场非常多样化，在许多方面的应用包括小型模制件，TPO 已经替代了硫化橡胶。例如，应用于电气的成型部件中，TPO 替代了丁基橡胶；在保险杠、密封件和电插头的应用中，TPO 替代了聚氯丁二烯橡胶。其他部件还包括垫圈、泵的叶轮、模制座和轮。TPO 在所有这些应用中的优势在于生产和后处理废料可以回收利用，TPO 零件的生产周期要短得多。实例见图 15.42 和图 15.43。在挤出的力学产品中，TPO 用于片材、薄膜（挤出和吹塑）、耐候条、型材、管材、软管等。

15.4.4 其他应用

其他应用包括传动皮带、专用传送带、家庭用品、玩具、娱乐和体育用品、行李手柄、鞋底、鼓罩、园艺用软管、刮铲、密封胶、胶带和热熔胶。实例见图 15.44 和图 15.45。

图 15.42 洁净室扫描仪
（经 RTP Company 许可）

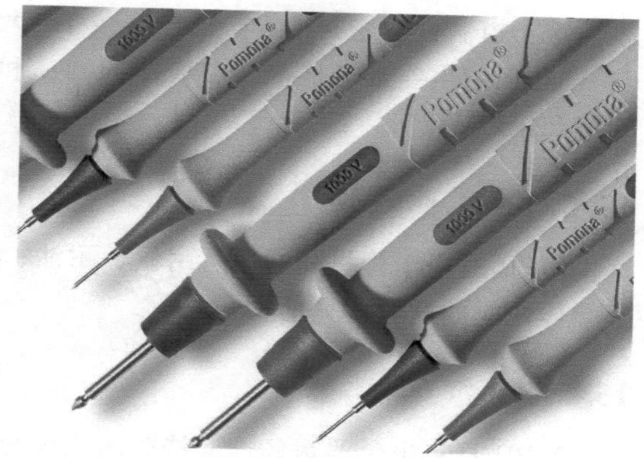

图 15.43 电探头
（经 RTP Company 许可）

图 15.44 自行车轮毂
（经 RTP Company 许可）

图 15.45 切板
（经 Vi-Chem Corporation 许可）

15.5 熔融加工橡胶的应用

1985 年推出单相熔融加工橡胶（MPR）[41]，生产部件的外观、感觉和性能与硫化橡胶制品相似。同时，MPR 结合了耐热、耐油、耐化学品和耐候性的优异性能。根据 MPR 不同等级，脆性温度范围通常从 87℃到连续使用的温度上限为 120℃[42]。MPR 的另一个有价值的性能是摩擦系数高，超过 1.0，几乎是其他热塑性弹性体（如苯乙烯类热塑性弹性体）和类似硬度的热塑性硫化胶的两倍[42]。因为大多数商业 MPR 级别含有 9%～20%的氯，因此具有足够的阻燃性，直接使用可以通过 UL-94 HB（水平燃烧）等级，如果添加合适的阻燃剂，可以达到 UL-94 V-0（垂直燃烧）等级[42]。

供应的 MPR 等级是静电荷耗散的，如果 MPR 与导电填料混合可以制成半导体。这些特性使 MPR 适用于静电放电可能导致灰尘或溶剂蒸气（输送带或输送机软管）爆炸或导致电子部件损坏的应用场合。

MPR 可以在塑料和某些改性橡胶的加工设备中进行加工，已经应用于各种用途，包括柔性管、模制件、密封件、垫圈、耐候条、增强软管、电线电缆护套和涂层织物。

MPR 的主要市场是挤出和模塑的制品和片材。最广泛使用的加工方法是挤出、注塑、吹塑和压塑[41,42]。

15.5.1 工业软管

MPR 适用于管材和通用、耐候、耐油、耐化学腐蚀的软管覆盖层以及具有静电耗散或半导体性能的软管（见前文）。

15.5.2 汽车

MPR 具有出色的耐候性和持久的优异弹性，使其成为汽车玻璃密封件的主要选择。由 MPR 制造的其他汽车部件是保险丝支架、内饰件、旋钮、把手、方向盘、外部条状模制件[43]、燃油管路、保护罩、波纹管、防尘罩等。汽车应用的示例如图 15.46 和图 15.47 所示。

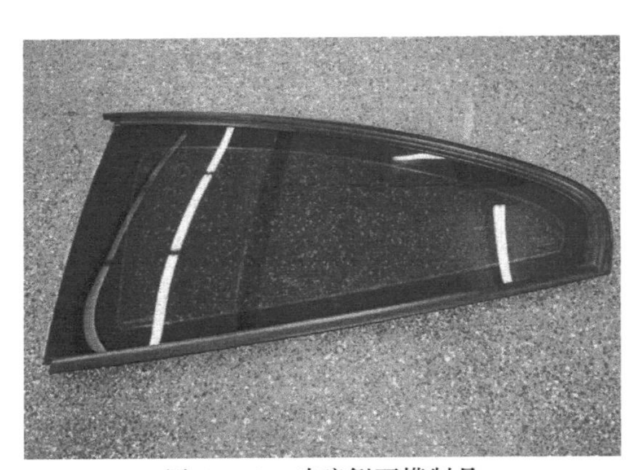

图 15.46 玻璃侧面模制品
（经 Ferro Corporation 许可）

图 15.47 蜂鸣器锁
（经 Ferro Corporation 许可）

15.5.3 电线电缆

通常，MPR 主要应用于一些要求韧性、环境耐久性和橡胶质量好的低电压（600 V）电线电缆。典型应用是柔性电缆、具有优异的耐火花燃烧的焊接电缆以及作为高电压结构的护套，为初级绝缘提供持久的保护。

15.5.4 弹性片材

MPR 的片材可以通过片材挤出或压延加工制成。没有支撑或织物增强的压延片材可以容易地在单次通过时产生，而且没有水泡或缺陷。如果需要，当坯料还是热的时候，片材可以通过压花辊压印[43]。片材常用于屋顶膜以及水槽和水池的衬里。

15.5.5 模塑制品

在模塑制品市场上，MPR 被用于工业、汽车原始设备制造厂家（OEM）的设备、汽车售后市场、电器和油田出油口的模制零件。这些部件主要通过注塑和吹塑制造，包括具有金属插入件的制品，或通过特种胶黏剂将橡胶黏合到金属上制备的部件。特别重要的是“软触摸”模制品，用作工具的把手、夹具、按钮以及仪器和手持设备的部件，还有家用电器的手柄和其他柔性部件。其中许多产品是通过软触摸 MPR 材料对刚性部件进行包覆成型制成的。在某些情况下，整个设备包覆在 MPR 保护层中，以便使用舒适，预防工作场所的危害，如液滴和液体溢出[44]。实例见图 15.48～图 15.50。

图 15.48 弹簧刀刀柄
（经 Ferro Corporation 许可）

图 15.49 电钻手柄
（经 Ferro Corporation 许可）

15.5.6 其他应用

在消费市场上可以发现许多 MPR 的制品，包括玩具。由于商业品是透明或半透明和浅色，通过添加各种有机和无机颜料、色母粒，很容易使 MPR 着色，并且可以获得明亮的颜色以及各种特殊效果，例如金属、珠光、热变色等。其他应用是建筑窗户和门密封、家庭和商业用灌溉系统、农业设备、各种密封件、电话和计算器键盘、相机手柄等。MPR 的建筑应用如图 15.51 和图 15.52 所示。

图 15.50 便携式防爆强光灯
（经 Advanced Polymer Alloys 许可）

图 15.51 使用熔融加工橡胶幕墙密封材料的建筑
（经 Ferro Corporation 许可）

图 15.52　建筑挤出型材（经 Ferro Corporation 许可）

15.6 聚氯乙烯类共混物

15.6.1　聚氯乙烯-丁腈橡胶共混物

多年来，聚氯乙烯（PVC）和丁腈橡胶（NBR）已经以不同的比例共混。在主要组分为 PVC 的共混物中，NBR 用作真正的增塑剂，并且所得共混物比用液体增塑剂（例如邻苯二甲酸二辛酯）增塑的 PVC 更具弹性，但弹性不是非常好。通常，要获得单相共混物，需要丙烯腈含量为 40%的 NBR[45]。NBR 可以是非交联或不同程度预交联。非交联 NBR 产生较低黏度的共混物，主要用于注塑。预交联的 NBR 提供了一种耐压缩变形和其他弹性体特性的材料，被认为是真正的热塑性弹性体（TPE）。预交联的 NBR 还增加了共混物的熔体黏度，使其更适合于挤出和压延。

适当配制的 PVC/NBR 共混物表现出优异的耐化学性和油溶胀性，并且具有非常好的耐磨性。它们可以通过热、射频或超声波方法熔接或通过胶黏剂粘接。根据熔体黏度（参见前文），可以通过注塑、挤出、压延或挤出吹塑来加工。由这些共混物制成的典型产品是密封件和垫圈、软管管材和覆盖胶、电缆护套、胶靴和鞋底胶、垫环和胶塞以及波纹管和套筒。

15.6.2　聚氯乙烯/共聚酯弹性体共混物

虽然增塑 PVC（FPVC）和共聚酯弹性体（COPE）在很宽范围的比例下是相容的，但是由于与 FPVC 相比，COPE 的成本高，所以仅使用 FPVC 来提高 COPE 的柔性，这种共混物是实用的。为防止加工过程中 PVC 的分解，仅使用约含 33%对苯二甲酸丁二醇酯（4GT）的低熔点 COPE，熔化温度低于 180℃。

PVC/COPE 共混物是热塑性聚氨酯的较低成本的替代品，典型应用是软管管材和覆盖胶。其他用途是比 PVC 布线更耐热的汽车原布线、电话用伸缩绳的保护套以及具有比 FPVC 更好的记忆特性的家用电器。由于成本较低，在运动鞋鞋底应用中替代 TPU。

15.6.3　聚氯乙烯-热塑性聚氨酯共混物

大多数热塑性聚氨酯（TPU）与 PVC 的相容性非常好，并且这种共混物仅显示一个主要的玻璃化转变温度（T_g），它随着共混物中 PVC 比例的增加而升高[46]。与 PVC-COPE 共混物一样，使用最广泛的 PVC/TPU 共混物是将 PVC 添加到 TPU 中，以保持 TPU 所需性能，同时又降低共混物的成本[47]。

PVC/TPU 共混物的主要用途是鞋底和鞋跟，其主要特点是具有良好的耐磨性、弹性、压缩永久变形、耐油性，并且成本合理。基本上，PVC/TPU 共混物比纯 PVC 具有更好的性能，但是比纯 TPU 的成本更低。

15.7　热塑性聚氨酯的应用

15.7.1　引言

热塑性聚氨酯（TPU）是具有交替的硬段和软段的多嵌段共聚物。硬段（主要是结晶的）是聚氨酯或聚脲。柔软的弹性链段是无定形的，基于聚酯或聚醚。每一种 TPU 都具有特定的性能（参见第 9.5 节），使它们在许多方面得到应用。聚酯型 TPU 具有优异的拉伸强度和承载能力，而且耐磨、耐臭氧、耐氧气、耐燃料、耐油和溶剂。聚醚型的 TPU 提供优异的低温性能和抗水解和微生物侵蚀。具有特殊性能的 TPU 可以通过补强或聚合物共混获得。

热塑性聚氨酯根据其结构以及在共混物中所使用的添加剂，通常具有以下特征：耐磨、透明、耐割口、柔软性、热封性、承载能力、低温柔软性、非沾污性、耐油性、韧性、振动阻尼。

15.7.2　商业应用

在一些应用中，热塑性聚氨酯（TPU）正在取代硫化橡胶[48]，尽管在大多数情况下，它们由于其独特的性能组合而被使用。TPU 广泛使用的具体领域包括汽车、软管和管道、电线电缆、轮子和脚轮、薄膜和片材胶黏剂、密封剂和涂料以及通用制品。

15.7.2.1　汽车

汽车应用中的典型 TPU 制品用于垫片、密封件、衬套、波纹管、转向齿轮部件、燃油管道软管、同步带、减震器（图 15.53）、保险杠、挡泥板延伸件、液压悬挂系统膜、皮带、侧遮护板、仪表板表层（图 15.54）、内饰、汽车中央控制台（图 15.55 和图 15.56）、换挡球形柄（图 15.57）、汽车钥匙（图 15.58）、传动装置和装配线设备。

15.7.2.2　软管和管道

TPU 软管和管道的示例是灌溉软管、花园软管、消防水带、液压软管、下水道软管、雪地车和小型汽油发动机的燃油管道软管、用于机器人的气动管道、冲浪板绳索以及医用胶管。

15.7.2.3　电线电缆

电线电缆应用包括地震电缆、音频线、电视摄像机电缆、计算机电缆、头戴式耳机多芯导线、船用电缆、焊接电缆、气枪控制电缆、通信线、牵引头、耐磨电缆护套和插头（图 15.59）等。

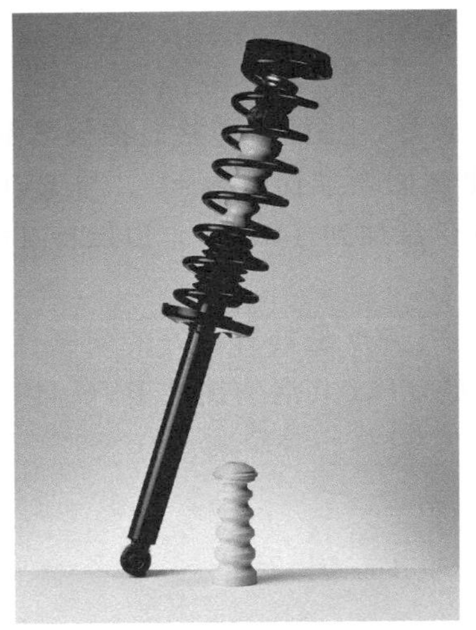

图 15.53 减震器弹性部件
（经 Bayer MaterialScience LLC 许可）

图 15.54 仪表板表层
（经 Martin Thomas International 许可）

图 15.55 汽车拉门
（经 Bayer MaterialScience LLC 许可）

图 15.56 换挡手柄
（经 RTP Company 许可）

图 15.57 换挡球形柄
（经 Bayer MaterialScience LLC 许可）

图 15.58 汽车钥匙
（经 DPA 许可）

15.7.2.4 车轮和脚轮

这方面主要应用于购物车、食品服务车、医院车的轮子和脚轮，用于轴式溜冰鞋、滑板及别的方面的轮子。

图 15.59 插头（经 Bayer MaterialScience LLC 许可）

15.7.2.5 薄膜和片材

TPU 薄膜和片材通过平板薄膜挤出、吹塑薄膜挤出，厚度约 20mm 至几毫米的薄膜通过压延生产，通常使用邵尔 A 硬度 60～95 之间的材料。薄膜层压到 PU 泡沫和纺织品可以显示出高抗穿刺性[49]。基于具有高水蒸气透过性的聚乙二醇软段的特殊 TPU 等级用于纺织工业中的透气膜[50]。

15.7.2.6 胶黏剂、密封剂和涂料

TPU 在胶黏剂、密封剂和涂料中的用量小于橡胶替代品方面的用途以及其他方面的用途。在胶黏剂技术中，TPU 主要用作热熔胶[51]，尽管某些等级的 TPU 可以溶解于极性溶剂中使用，如二甲基甲酰胺的甲基乙基酮。TPU 热熔胶用于鞋底与鞋面的连接以及共挤出物，作为不相似的聚合物之间的黏结层[52]。TPU 型涂料主要用于充气船、可折叠独木舟、救生筏、救生衣和油隔板的涂层织物[53]（图 15.60）。单纱的涂层大大增加了纱线的韧性，并保护其免受污染。涂有透明 TPU 涂层的特殊纱线被编织成用于汽车座椅、扶手椅和办公椅的装饰性纺织品[53]。其他应用是鞋漆、油墨、磁带胶黏剂、行李箱、表面涂漆和人造革产品[54]。在图 15.61 中给出了在织物上应用透明 TPU 保护涂层的实例。

图 15.60 热塑性弹性体涂层织物制造的充气筏

图 15.61 用透明热塑性弹性体涂层处理织物的汽车座椅（经 Bayer MaterialScience 许可）

15.7.2.7 力学产品、消费品和体育用品

TPU 用于传动皮带、垫圈和密封件（图 15.62）、工业软管和管道、轮胎链条、鞋底和鞋跟、垫环和弹簧套管、用于支撑接头的衬套和防尘帽、电线电缆护套、包覆成型零件（例

如机器、工具、家电和家具的手柄)[53]、运动用品［滑雪镜框架、冲浪板绳索、滑雪板绑定部件、运动鞋嵌钉、溜冰鞋外壳、高尔夫球包覆、足球罩包覆（图 15.63）和网球拍组件（图 15.64）］。大于邵尔 D 硬度 55 的 TPU 等级用于滑雪靴的外壳，利用其卓越的耐刮擦性和低温抗冲击性能，以及刚度对温度的相对敏感性较低的优点。动物识别标签（短期标签和长期标签）是 TPU 相当独特的应用，是使用基于聚醚型或聚碳酸酯型软段的邵尔 A 硬度 90～95 等级的 TPU[55]（图 15.65)。图 15.66 给出了 TPU 折叠台的一个例子。

图 15.62　热塑性弹性体密封圈
（经 Huntsman Corporation 许可）

图 15.63　热塑性弹性体足球
（经 Bayer MaterialScience LLC 许可）

图 15.64　网球拍组件
（经 RTP Company 许可）

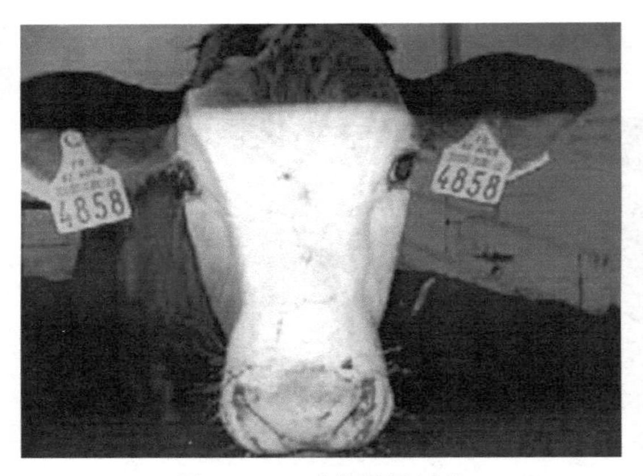

图 15.65　动物识别标签
（经 Merquinsa 许可）

15.7.2.8　医疗应用

TPU 与人类血液和组织相容，因此可用于医疗设备，如导管和管道[53,55]。基于 MDI 的 TPU 材料与人体组织接触可以超过 28d；基于脂族二异氰酸酯的 TPU 可用于更长的人体组织接触，甚至用作体内移植[55]。

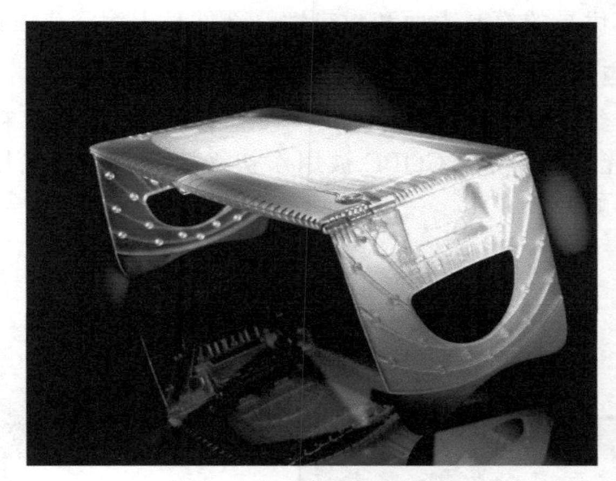

图 15.66　热塑性聚氨酯折叠台

15.7.2.9　TPU 与其他聚合物的共混物

TPU 与许多热塑性弹性体的共混物相对容易制备。唯一与 TPU 不相容或相容性很小的聚合物是非极性聚合物（如聚烯烃）[56]。最广泛使用的 TPU 共混物是具有良好的屈挠寿命、耐油性、耐磨性和低温柔韧性的增塑 PVC（见第 15.6.3 节），这种共混物被用于特殊鞋类[57]。

15.8　热塑性聚醚酯弹性体的应用

15.8.1　一般性能和加工

热塑性聚醚酯弹性体（COPE）由交替的硬段和软段组成，其中硬段为结晶聚酯和聚(对苯二甲酸丁二醇酯)，软段（弹性体）部分几乎总是对苯二甲酸与聚(氧四亚甲基二醇)的共聚物。COPE 是韧性材料，撕裂强度和抗屈挠-切割性高，耐磨性、抗蠕变性高、耐油性和耐溶剂性好，还具有压缩永久变形低的优点。在低应变下，COPE 滞后性低，几乎像完美的弹簧[58]。而且 COPE 耐热油，这使得 COPE 与 NBR、表氯醇和聚丙烯酸酯类的耐化学性和特殊弹性的材料具有相当大的竞争力。现有商业级别的 COPE 在邵尔 D 硬度 30 至邵尔 D 硬度 82 的范围内。特殊等级含有紫外光稳定剂、热稳定剂、阻燃剂或耐水解添加剂。

COPE 可以通过常规热塑性方法容易地进行加工，如注塑、吹塑、压延、旋转成型、挤出和熔体浇铸。

15.8.2　商业应用

在商业应用中，聚醚酯弹性体可以代替各种常规材料，例如金属、流延聚氨酯、皮革和橡胶。在其弹性设计范围内，热塑性聚醚酯弹性体是硫化橡胶强度的 2～15 倍。因此，通常将橡胶部件重新设计为原始部件厚度和重量的 1/6～1/2。非补强 COPE 还可以替代橡胶与金属、橡胶与纤维和橡胶与织物的复合材料。

15.8.2.1　汽车应用

汽车应用包括恒速传动接头（CVJ）橡皮套（图 15.67）、阻流板、侧面嵌条、汽车仪表板、格栅、铰链和锁[59,60]、悬挂接头中的防护套和汽车燃油管路用主泵[61]。在这些应用中，如果需要，由于其优异的模制表面和耐热性，部件易于涂漆或镀铬。

15.8.2.2 电子电气应用

电子电气应用包括细绝缘线（图 15.68）、气密密封装置、开关和连接器以及面板绝缘体盖[59,60,62]。在纤维光学技术中，COPE 被用作初级涂层、二级涂层、缓冲管和夹套，主要是利用其力学性能和耐候性[62,63]。

图 15.67 恒速传动接头（CVJ）橡皮套（经 DuPont 许可）

图 15.68 电源线（经 DSM N. V. 许可）

15.8.2.3 挤出和模压力学制品

COPE 在挤出和模压力学制品方面的典型应用是专用软管（图 15.69）、液压软管和盖子（其工作温度为−54～121℃，间断使用的温度是 135℃[60]）以及具有高承载能力（通过滚铸方法制造）的充气轮胎（无增强）。其他产品有柔性联轴节、液压活塞装置的垫环、齿轮动力传动带、办公设备齿形带、管夹、娱乐用轨道、农用和军用车辆、铁路牵伸装置、蝶阀衬套、电动工具把手、运动鞋脚跟缓冲系统、滑雪板骑手护腕[61]以及许多具有高耐磨性、非常好的柔韧性和抗冲击性的模制品[62,63]。图 15.70～图 15.73 是应用的实例。

图 15.69 带有 COPE 衬里的聚氯乙烯管（经 New Age Industries Inc. 许可）

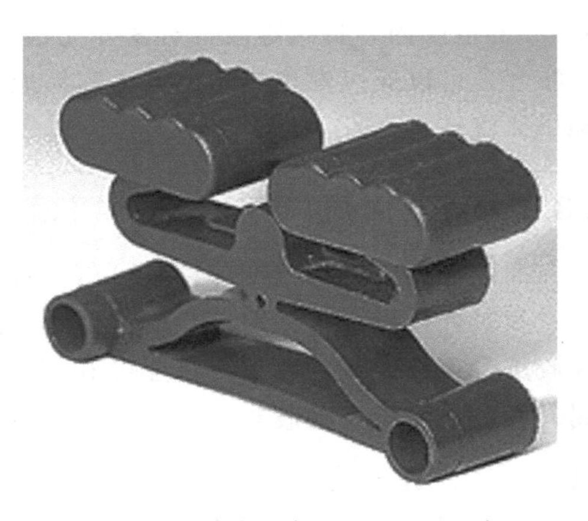

图 15.70 弹簧床板条（经 DuPont 许可）

图 15.71　电动工具手柄（经 DuPont 许可）

图 15.72　雪鞋（经 DPA 许可）

15.8.2.4　其他应用

COPE 用于医疗器械，其优点是树脂与人体血液和组织的相容性、化学纯度以及固有的耐灭菌的辐射性[64~66]。医疗用途的一个例子是如图 15.74 所示的静脉袋。更高硬度的 PEO 型聚醚酯表现出高的水汽透过率，因此用于防水透气薄膜制造外衣，如手套和一次性手术衣[61]以及帐篷和鞋类[67]。透气 COPE 薄膜的另一个用途是用于地毯底层，薄膜层压到地毯泡沫垫的表面上。薄膜阻止溢出液体的渗透，使更容易地清除溢出物，并且通过薄膜使水分逸出，使地毯下水分的积聚最少[61]。

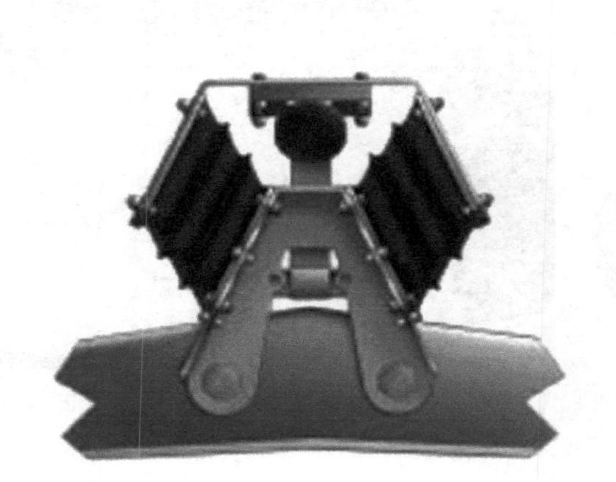

图 15.73　辅助弹簧（经 DuPont 许可）

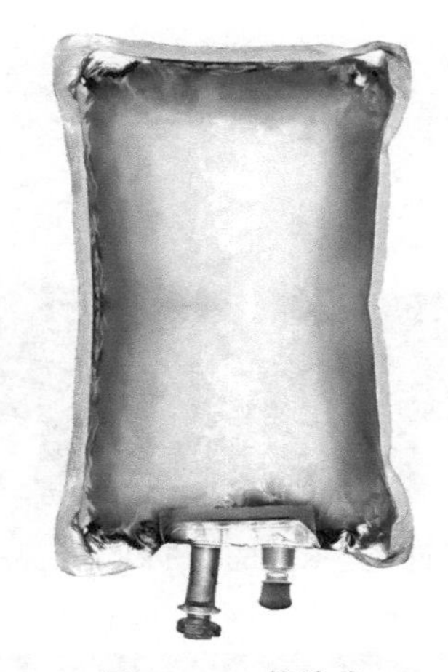

图 15.74　静脉袋
（经 Eastman Chemical Company 许可）

15.9　聚酰胺热塑性弹性体的应用

15.9.1　引言

聚酰胺热塑性弹性体（PAEs）由交替的通过酰胺键连接的硬段和软段组成。硬的结晶段是聚酰胺，而柔软的弹性链段是聚醚或聚酯。根据所使用的嵌段的类型，产品具有不同的特性。PAEs 可能像邵尔 A 硬度 65 一样柔软，也可以像邵尔 D 硬度 70 一样硬。使用温度的上限取决于聚酰胺链段的选择，可高达 200℃。这些材料对油和溶剂的耐受性好。PAEs 可以与各种树脂或添加剂混合，以改变或提高其基本性能。

可以采用配混调整成本、韧性、柔软性、黏着性、耐氧化性、耐臭氧、阻燃性等性能。PAEs也可以在熔融阶段与其他聚合物共混，形成独特性能的合金。与聚酰胺嵌段相容的树脂倾向于生产没有黏性的硬质材料，而添加与聚醚或聚酯软段相容的树脂将产生柔软、有黏着性的共混物。PAEs可以通过常规的熔融加工技术加工，例如注塑、挤出、吹塑、滚塑和热成型等。为了获得最佳性能，树脂在加工前必须干燥至含水量低于0.02%，建议用干燥的氮气吹洗进料斗，以保持低的水分含量[68]。

15.9.2 商业应用

由于PAEs使用温度高，并具有良好的耐热老化和耐化学性，可以填充热塑性聚氨酯和硅氧烷型聚合物之间的间隙。这使PAEs成为汽车引擎盖应用和电线电缆高温绝缘的主要选择[69]。PAEs具有良好的抗冲击强度、抗撕裂性、耐磨性、耐低温性和抗屈挠疲劳等性能，广泛应用于软管和管道、密封件和垫圈、波纹管和其他模制产品、体育用品和其他用途中。

15.9.2.1 汽车

聚酰胺热塑性弹性体在汽车中的典型用途是燃油系统、液压和气动系统、各种功能部件、密封件、垫圈、波纹管和防护胶套（图15.75）、挡风玻璃清洗管、安全气囊门、减震器零件[70]、同步带（图15.76）以及汽车外部和内部部件[71]。

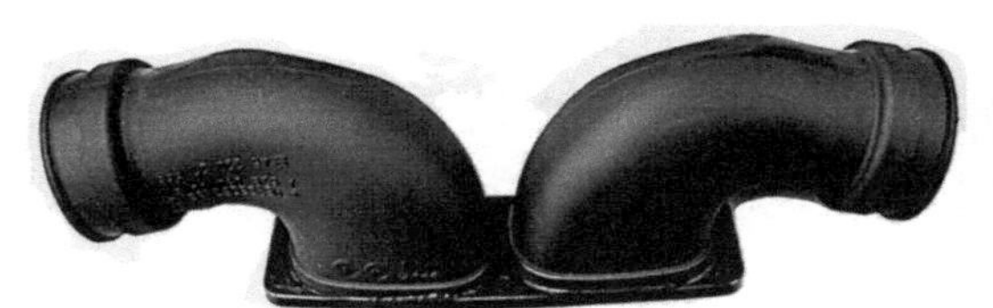

图15.75 风道（经Kraiburg TPE Corporation许可）

图15.76 汽车同步带（经Arkema Inc. 许可）

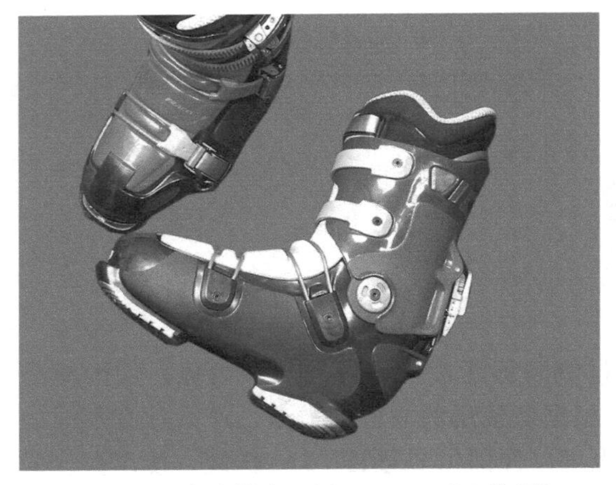

图15.77 高山靴壳（经Degussa AG许可）

15.9.2.2 运动用品

PAEs在运动用品中被应用是由于它们重量轻、力学性能（特别是抗曲挠疲劳）优异、柔韧性的温度范围宽、UV稳定性好、耐臭氧、易着色以及加工性能良好。

此类产品包括滑雪靴（图15.77和图15.78）、运动鞋鞋底（图15.79）、足球鞋鞋底（图15.80）、滑雪板顶层[71]和滑雪板（图15.81和图15.82）、网球拍装饰膜（图15.83）、滑雪护目镜（图15.84）、游泳镜（图15.85）、足球和篮球[72]。

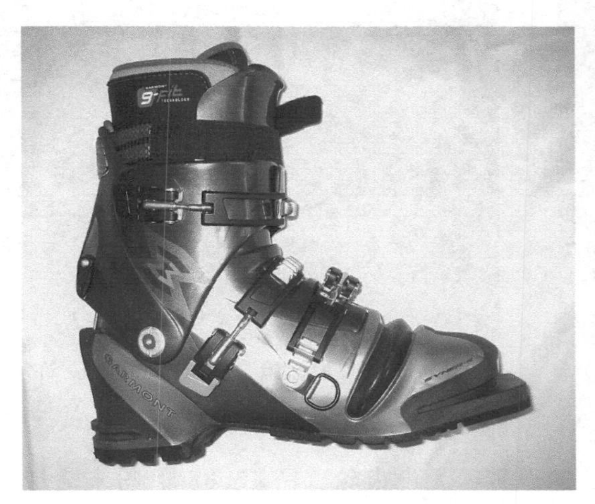

图 15.78　Telemark 滑雪靴壳
（经 DPA 许可）

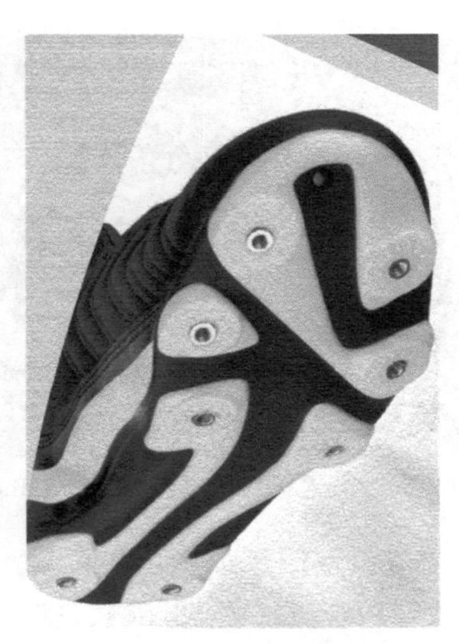

图 15.79　运动鞋鞋底
（经 Arkema Inc. 许可）

图 15.80　足球鞋鞋底
（经 Degussa AG 许可）

图 15.81　滑雪板的
防护层和装饰层（经 Degussa AG 许可）

图 15.82　滑雪板的成型
（经 Degussa AG 许可）

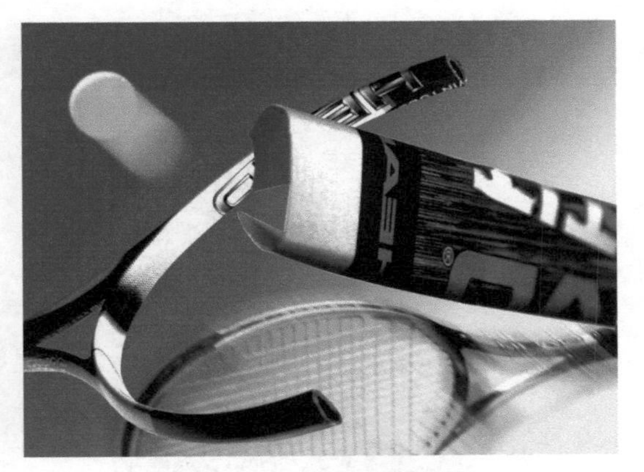

图 15.83　网球拍装饰膜
（经 Degussa AG 许可）

15.9.2.3　电线电缆

聚酰胺弹性体用于电线电缆工业，尤其适用于高温绝缘、耐磨电缆护套和非扭折电线。

图 15.84 滑雪护目镜（经 Arkema Inc. 许可）

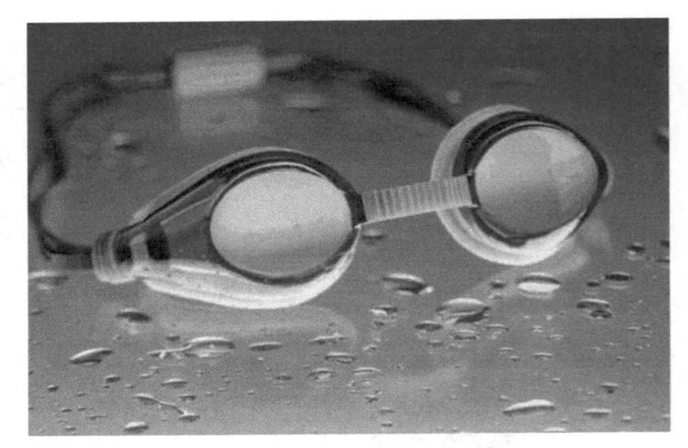

图 15.85 游泳镜（经 Arkema Inc. 许可）

15.9.2.4 专门产品

软管和管道（图 15.86）、密封垫片、输送带、无声齿轮（图 15.87）、粉末涂层部件、防水膜[70]，用于不同类型设备的波纹管和橡皮套[72,73]、柔性联轴节、防滑链条、轮子以及用于电磁干扰/射频干扰（EMI/RFI）屏蔽的封装应用中的半导体膜是这方面的典型应用。

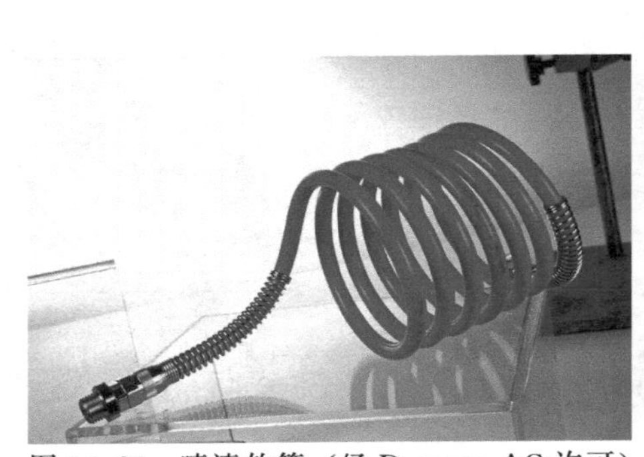

图 15.86 喷漆软管（经 Degussa AG 许可）

图 15.87 无声齿轮（经 Arkema Inc. 许可）

医疗应用包括导管、管道（图 15.88）、透气膜、手术衣服、外科手术片、婴儿尿布、成人失禁制品[72]和牙线（图 15.89）。

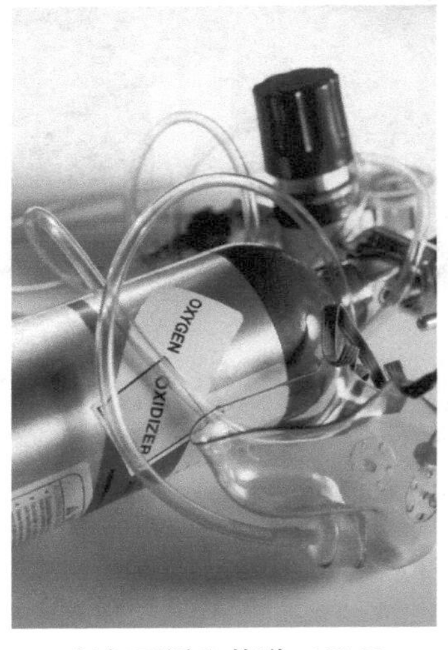

图 15.88 氧气面罩和管道（经 Nycoa 许可）

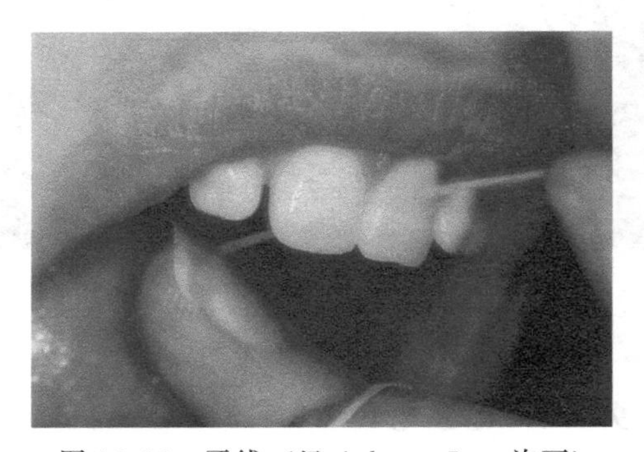

图 15.89 牙线（经 Arkema Inc. 许可）

15.9.2.5 其他应用

聚酰胺热塑性弹性体的特种等级用于消费品装饰膜和保护膜[71]、防护手套（图 15.90）、键盘盖（图 15.91）、食品包装（图 15.92）和热塑性聚氨酯（TPU）挤出加工助剂[71]。

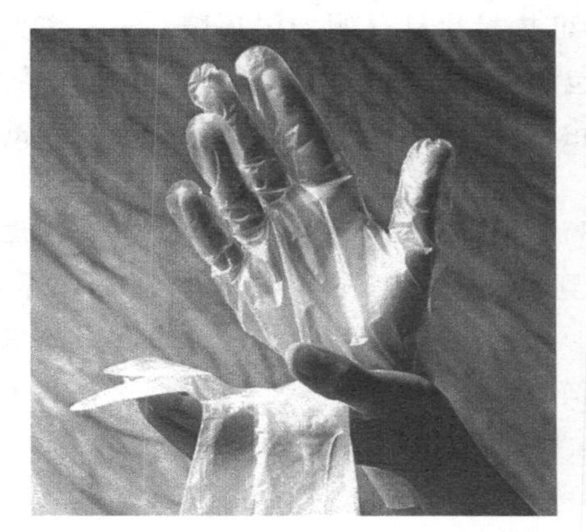

图 15.90 防护手套
（经 Arkema Inc 许可）

图 15.91 键盘盖
（经 Arkema Inc. 许可）

15.10 离聚体型热塑性弹性体的应用

15.10.1 引言

图 15.92 方便面胶袋
（经 Arkema Inc. 许可）

离聚体型热塑性弹性体在 20 世纪 50 年代后期开发，并在 20 世纪 60 年代初被引入[74]，但它们的全部潜力尚未实现[75]。聚合物的离子聚集、离子簇的形成（大离子聚集体）或极性基团的相互作用对聚合物的力学和流变性能具有主要影响。离聚体型系统的一般特征是生坯强度高和熔点黏度高。熔点黏度高有利于热封和挤出，然而，在注塑中可能受到限制。其他需求的性能是韧性、优异的耐磨性和耐油性。该类离聚体型热塑性弹性体是基于羧化和磺化聚合物。

对于实际应用，是使用常规橡胶混合设备将基础聚合物与矿物填料、增塑剂（主要是加工油）、抗氧剂和聚烯烃（聚乙烯或聚丙烯）配混。成品的组成通常从相对较软（邵尔 A 硬度 70）到非常硬的半成品材料（邵尔 D 硬度大于 50）[74,75]。这类热塑性弹性体的加工条件与柔性 PVC 的加工条件相似[75]。离聚体型热塑性弹性体与其他聚合物的共混物，例如磺化 EPDM 与聚丙烯、磺化丁基橡胶与聚丙烯、高密度聚丙烯和苯乙烯类热塑性弹性体、马来酸化高密度聚乙烯与马来酸化 EPDM 以及其他类似共混物，这些共混物通常在力学性能方面表现出协同效应。这些归因于互穿网络的形成或组分之间的离子相互作用[76]。

15.10.2 商业应用

15.10.2.1 胶黏剂

离聚体型热塑性弹性体的快速增长应用之一是胶黏剂技术。离子乙烯-乙酸乙烯酯共聚物用于各种热熔胶黏剂体系和溶剂胶黏剂体系[75]。含羧基和磺酸盐的聚合物用于水性PSAs，通常与乳化增黏剂（脂族石油树脂）结合，以促进接触处的键形成[74]。

15.10.2.2 其他应用

磺化 EPDM 用于鞋底、软管、压延片材和可热封片材（例如屋顶膜）[76]。离聚体热塑性弹性体的其他应用包括用于加工肉类和医疗包装的包装膜，用于电子和五金物品的包装、多层袋的箔和纸涂层、高尔夫球膜、滚轮溜冰轮、保龄球衣[76]以及封装各种材料的膜（例如化肥或氧化剂，以确保控制释放）[77]。

当弹性离聚体以质量分数 5%～10%的用量添加到沥青时，能大大提高沥青在屋顶应用中的性能。将相对较低用量的磺化 EPDM 添加到各种热塑性塑料（如聚酰胺或聚环氧丙烷）中可以提高其抗冲击性能[75]。最近开发的产品[74,78,79]适用于厨具、小家电和办公家具的装饰以及适用于汽车内饰（例如换挡球形柄）、汽车保险杠和汽车仪表板[78]。潜在的未来应用包括泡沫、高强度弹性纤维、聚合物改性剂、涂料等[75]。

15.11 其他热塑性弹性体的应用

15.11.1 星形嵌段共聚物的应用

通过阴离子方法制备的星形嵌段共聚物已经表现出比具有相同分子量的线型三嵌段共聚物优异的力学性能和较低的熔体黏度。具有低分子量臂的星形共聚物显示出低黏度并且易于加工（参见第 13.1.2 节）。由于其独特的性质，星形嵌段共聚物广泛用于专业应用。由于它们具有不寻常的黏度行为，可用作黏度调节剂、黏度指数改进剂、分散剂、灌料点下降剂[80～85]、胶黏剂和密封剂[86～88]。具有功能性端基的星形聚合物是有效的交联剂。例如，已报道星形聚甲基丙烯酸酯为聚氨酯的补强剂[89～91]。由于 PIB 星形嵌段共聚物与其线型对应物相比具有优异的强度[92]和改进的加工性能，因此有可能在某些应用中取代一些线型三嵌段热塑性弹性体。

15.11.2 热塑性互穿聚合物网络的应用

热塑性互穿聚合物网络（IPN）在它们的使用温度下主要是革质的。它们具有很高的柔软性，但不像其他章节中讨论的热塑性弹性体那样柔软和有弹性。某些 IPN 的值在从中心块嵌段的 T_g（60℃）到半结晶组分熔融（通常为 200℃或略高）的革质范围内显示出几乎恒定的模量[93]。它们适合作为汽车保险杠材料，在汽车引擎罩下布线等[94]。

15.11.3 特殊共混物和专有胶料的应用

一些公司通常根据标准热塑性弹性体及其与其他聚合物的共混物，或者使用专有的工艺来制备、开发专门的共混物。这种材料通常具有独特的性质，例如特殊的柔软度、独特的手感（“触觉”）、优良的耐磨性和划痕性、耐高温性以及透明度等。这些应用的实例见图 15.93～图 15.99。

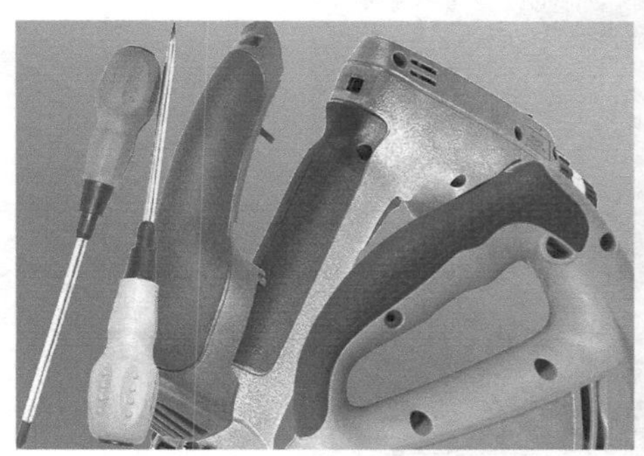

图 15.93　包覆成型的手柄
（经 Teknor Apex Company 许可）

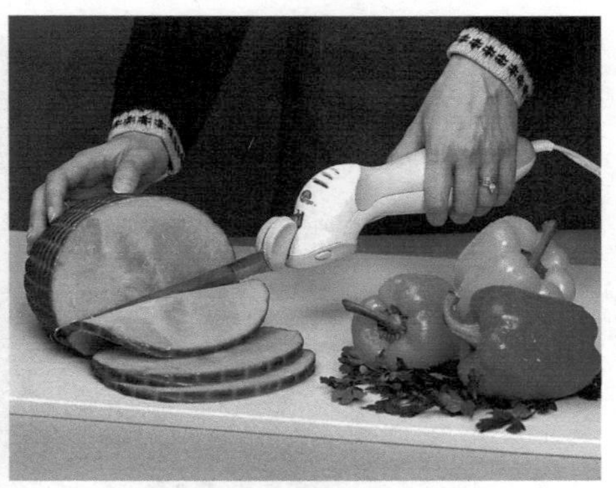

图 15.94　电雕刀手柄
（经 Teknor Apex Company 许可）

图 15.95　口罩（经 RTP Company 许可）

图 15.96　Intermec 手持设备（经 RTP Company 许可）

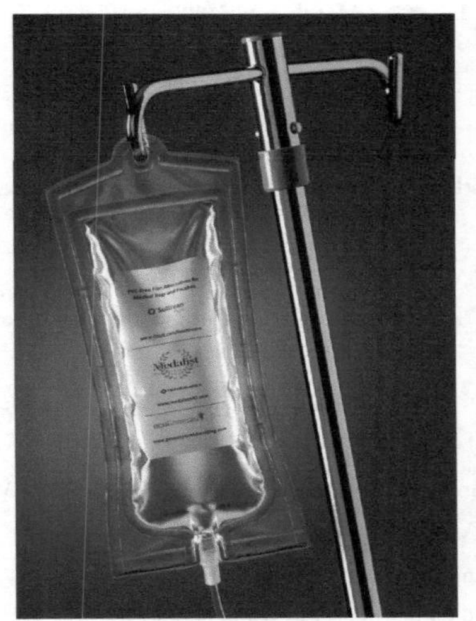

图 15.97　医用热塑性弹性体制造的医疗袋
（经 Teknor Apex Company 许可）

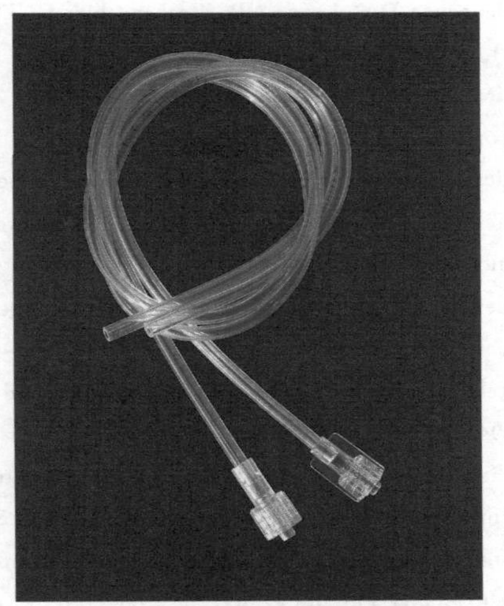

图 15.98　由医用热塑性弹性体制成的医用管
（经 Teknor Apex Company 许可）

图 15.99 监狱用托盘（经 PolyOne Corporation 许可）

参考文献

[1] Holden G. Understanding thermoplastic elastomers. Munich: Hanser Publishers; 2000. p. 75.

[2] School R. In: Walker BM, Rader CP, editors. Handbook of thermoplastic elastomers. 2nd ed. New York: Van Nostrand Reinhold; 1988. p. 287 [chapter 9].

[3] School R. In: Walker BM, Rader CP, editors. Handbook of thermoplastic elastomers. 2nd ed. New York: Van Nostrand Reinhold; 1988. p. 290 [chapter 9].

[4] Chem Systems Inc. Data from process evaluation/research planning study; 1985.

[5] Carew R. Paper presented at business opportunities in biomaterials and implants, Minneapolis, MN; May 28, 1986.

[6] Holden G, Hansen DR. In: Holden G, Kricheldorf HR, Quirk RP, editors. Thermoplastic elastomers. 3rd ed. Munich: Hanser Publishers; 2004. p. 499 [chapter 19].

[7] Plast News, January 27, 2003.

[8] Holden G, Speer VH. Automob Polym Des 1988;8(3):15.

[9] Technical bulletin SC: 1105-90. Houston (TX): Shell Chemical Company; 1990.

[10] Buddenhagen DA, Legge NR, Zschenschler G. U. S. Patent 5,112,900 (March 12, 1992, to Tactyl Technologies, Inc.).

[11] Publication K0378 VPR. Kraton Polymers; May 2003.

[12] Ericson JR. Adhes Age 1986;29(4):22.

[13] Holden G, Hansen DR. In: Holden G, Kricheldorf HR, Quirk RP, editors. Thermoplastic elastomers. 3rd ed. Munich: Hanser Publishers; 2004. p. 506 [chapter 19].

[14] Solution behavior of Kraton polymers, fact sheet K0276. Houston (TX): Kraton Polymers; 6/2002.

[15] Holden G, Hansen DR. In: Holden G, Kricheldorf HR, Quirk RP, editors. Thermoplastic elastomers. 3rd ed. Munich: Hanser Publishers; 2004. p. 507 [chapter 19].

[16] Oil gels, Kraton styrenic block copolymers in oil gels, fact sheet K0026 Global. Houston (TX): Kraton Polymers; 3/2004.

[17] Mitchell DM, Sabia R. Proceedings of the 29th international wire and cable symposium, Washington, DC; March 1986.

[18] Technical bulletin SC: 1102-89. Houston (TX): Shell Chemical Co. ; 1989.

[19] Drobny JG. Paper at the international rubber conference, Yokohama, Japan; October 24e28, 2005.

[20] Chen JY. U. S. Patents 4,369,284 (January 18, 1983), 5,262,468 (October 21, 1986), and 5,508,344 (April 16, 1996) (to Applied Elastomerics, Inc.).

[21] Holden G, Hansen DR. In: Holden G, Kricheldorf HR, Quirk RP, editors. Thermoplastic elastomers. 3rd ed. Munich: Hanser Publishers; 2004. p. 508 [chapter 19].

[22] Haaf WR. U. S. Patent 4,167,507 (1990, to General Electric Co.).

[23] Paul DR. In: Holden G, Legge NR, Quirk RP, Schroeder HE, editors. Thermoplastic elastomers. 2nd ed. Munich: Hanser Publishers; 1996 [chapter 15C].

[24] Gilmore DW, Modic MJ. Plast Eng 1989; 45(4):51.

[25] Willis CL, Halper WM, Handlin Jr DL. Polym Plast Technol Eng 1984;28(2):207.

[26] Technical bulletin SC: 1216e91. Houston (TX): Shell Chemical Co. ; 1991.

[27] Polymers for modifying bitumen, technical information. Houston (TX): Kraton Polymers.

[28] Technical bulletin SC: 1494e93. Houston (TX): Shell Chemical Co. ; 1993.

[29] Holden G, Hansen DR. In: Holden G, Kricheldorf HR, Quirk RP, editors. Thermoplastic elastomers. 3rd ed. Munich: Hanser Publishers; 2004. p. 509 [chapter 19].

[30] Rooftop performance, fact sheet K0333 Europe/Africa. Houston (TX): Kraton Polymers; August 2002.

[31] Walker BM, Rader CP, editors. Handbook of thermoplastic elastomers. 2nd ed. New York: Van Nostrand Reinhold Co. ; 1988. p. 131.

[32] World thermoplastic elastomers. Report. Cleveland (OH): Freedonia Group, Inc. ; November 2005.

[33] Walker BM, Rader CP, editors. Handbook of thermoplastic elastomers. 2nd ed. New York: Van Nostrand Reinhold Co. ; 1988. p. 92 [chapter 4].

[34] ASTM D2000, Annual book of standards, vol. 19. 01, ASTM International.

[35] Holden G, Kricheldorf HR, Quirk RP, editors. Thermoplastic elastomers. 3rd ed. Munich: Hanser Publishers; 2004. p. 178.

[36] Walker BM, Rader CP, editors. Handbook of thermoplastic elastomers. 2nd ed. New York: Van Nostrand Reinhold Co. ; 1988. p. 132 [chapter 4].

[37] Rader CP. In: Walker BM, Rader CP, editors. Handbook of thermoplastic elastomers. 2nd ed. New York: Van Nostrand Reinhold Co. ; 1988. p. 110 [chapter 4].

[38] Walker BM, Rader CP, editors. Handbook of thermoplastic elastomers. 2nd ed. New York: Van Nostrand Reinhold Co. ; 1988 [chapter 4].

[39] Holden G, Kricheldorf HR, Quirk RP, editors. Thermoplastic elastomers. 3rd ed. Munich: Hanser Publishers; 2004. p. 152.

[40] Holden G, Kricheldorf HR, Quirk RP, editors. Thermoplastic elastomers. 3rd ed. Munich: Hanser Publishers; 2004. p. 115.

[41] Wallace JG. In: Walker BM, Rader CP, editors. Handbook of thermoplastic elastomers. 2nd ed. New York: Van Nostrand Reinhold Co. ; 1988. p. 167 [chapter 5].

[42] Hofmann GH, Abell WR. In: Holden G, Kricheldorf HR, Quirk RP, editors. Thermoplastic elastomers. 3rd ed. Munich: Hanser Publishers; 2004 [chapter 6].

[43] Holden G, Kricheldorf HR, Quirk RP, editors. Thermoplastic elastomers. 3rd ed. Munich: Hanser Publishers; 2004. p. 131.

[44] Holden G, Kricheldorf HR, Quirk RP, editors. Thermoplastic elastomers. 3rd ed. Munich: Hanser Publishers; 2004. p. 132.

[45] Landi VR. Appl Polym Symp 1974;25:223.

[46] Hourston DJ, Hughes ID. J Appl Polym Sci 1981;26(10):3467.

[47] Holden G, Kricheldorf HR, Quirk RP, editors. Thermoplastic elastomers. 3rd ed. Munich: Hanser Publishers; 2004. p. 139.

[48] Holden G, Kricheldorf HR, Quirk RP, editors. Thermoplastic elastomers. 3rd ed. Munich: Hanser Publishers; 2004. p. 512.

[49] Holden G, Kricheldorf HR, Quirk RP, editors. Thermoplastic elastomers. 3rd ed. Munich: Hanser Publishers; 2004. p. 37.

[50] Schladjewski R, Schultze D, Imbach K-P. J Coat Fabr October 1997;27:105.

[51] Quinn FA, Kapasi V, Mattern R. Paper presented at the 6th international conference on thermoplastic markets and products sponsored by Schotland Business Research, Orlando, FL; March 13e15, 1989.

[52] Holden G, Kricheldorf HR, Quirk RP, editors. Thermoplastic elastomers. 3rd ed. Munich: Hanser Publishers; 2004. p. 513.
[53] Bayer brochure KU 24001, Desmopan Texin. Leverkusen (Germany): Bayer MaterialScience; January 2005.
[54] Estane overview, Noveon, Inc.; 2006.
[55] Holden G, Kricheldorf HR, Quirk RP, editors. Thermoplastic elastomers. 3rd ed. Munich: Hanser Publishers; 2004. p. 38.
[56] Bonk HW, Drzal R, Georgacopoulos C, Shah TM. Paper presented at the annual technical conference of the Society of Plastics Engineers, Washington, DC; 1985.
[57] Holden G, Kricheldorf HR, Quirk RP, editors. Thermoplastic elastomers. 3rd ed. Munich: Hanser Publishers; 2004. p. 514.
[58] Holden G, Kricheldorf HR, Quirk RP, editors. Thermoplastic elastomers. 3rd ed. Munich: Hanser Publishers; 2004. p. 511.
[59] Walker BM, Rader CP, editors. Handbook of thermoplastic elastomers. 2nd ed. New York: Van Nostrand Reinhold Co. ; 1988 [chapter 6].
[60] Walker BM, editor. Handbook of thermoplastic elastomers. New York: Van Nostrand Reinhold Co. ; 1988 [chapter 4].
[61] Plastics. dupont. com.
[62] Holden G, Kricheldorf HR, Quirk RP, editors. Thermoplastic elastomers. 3rd ed. Munich: Hanser Publishers; 2004. p. 212.
[63] Walker BM, Rader CP, editors. Handbook of thermoplastic elastomers. 2nd ed. New York: Van Nostrand Reinhold Co. ; 1988. p. 212 [chapter 6].
[64] Walker BM, Rader CP, editors. Handbook of thermoplastic elastomers. 2nd ed. New York: Van Nostrand Reinhold Co. ; 1988. p. 222 [chapter 6].
[65] Wang S. Polym J (Tokyo) 1989;21:179.
[66] Bakker D, Bitterswijk CA, Hesseling SC, Daerns WTh, Grote JJ. J Biomed Mater Res 1990;24:277.
[67] Vrovenraets CMF, Sikema DJ. U. S. Patent 4,493,870 (January 15, 1985 to Akzo; Ostapchenko, G. J.), U. S. Patent 4,725,481 (February 16, 1988 to DuPont).
[68] Holden G, Kricheldorf HR, Quirk RP, editors. Thermoplastic elastomers. 3rd ed. Munich: Hanser Publishers; 2004. p. 242.
[69] Reeves N. Paper presented at the conference TPE '98, new opportunities for thermoplastic elastomers, London, UK; November 30, December 1, 1998.
[70] Pebax application areas, Publication DIREP 3200/06. 2000/30, ATOFINA, Puteau (France); 2000.
[71] Degussa high performance polymers Vestamid, Publication 02/gu/1500/e. Marl (Germany): Degussa AG.
[72] Walker BM, Rader CP, editors. Handbook of thermoplastic elastomers. 2nd ed. New York: Van Nostrand Reinhold Co. ; 1988. p. 282 [chapter 6].
[73] McCoy J. Elastomers, gaskets and seals: scratching the surface. Appl Des Mag; June 1, 2005.
[74] MacKnight WJ, Lundberg RD. In: Holden G, Kricheldorf HR, Quirk RP, editors. Thermoplastic elastomers. 3rd ed. Munich: Hanser Publishers; 2004 [chapter 11].
[75] Kar KK, Bhowmick AK. In: Bhowmick AK, Stephens HL, editors. Handbook of elastomers. 2nd ed. New York: Marcel Dekker; 2001.
[76] Duvdevani I, Manalastas PV, Drake EN, Thaler WA. U. S. Patent 4,701,204 (October 20, 1987 to Exxon Research and Engineering Co.).
[77] Ionomer-based TPEs are scratch and mar resistant. Online article Plast Technol; November 2005.
[78] McCoy J, Sadeghi R. Development of new soft touch thermoplastic elastomers based on ionomer polymer. In: 56th annual international appliance technical conference and exhibition; March 28-30, 2005. Rosemont, Illinois.
[79] Ecker R. U. S. Patent 4,116,917 (1978).
[80] Arie VZ, Gerarda J. European Patent 200,679 (1991).
[81] Charles C, Shiaw J. Ver Strate G. U. S. Patent 813,848 (1985).

[82] Struglinski MJ, Ver Strate G, Fetters LJ. U. S. Patent 670,114 (1991).
[83] Robert JS, Robert BR. U. S. Patent 100,656 (1993).
[84] Mishra MK, Saxton RG. Chem Tech 1995;35.
[85] Diehl CF, Marchand GR, Tancrede JM. U. S. Patent 5,399,627 (1995, to The Dow Chemical Company and Exxon Chemical Patents, Inc.).
[86] Chin SS, Himes GR, Hoxmeier RJ, Spence BA. U. S. Patent 5,639,831 (1997, to Shell Oil Co.).
[87] Naylor FE. U. S. Patent 3,932,327 (1976, to Phillips Petroleum Co.).
[88] Simms JA. Rubber Chem Technol 1991;64:139.
[89] Simms JA. Progr Org Coat 1993;22:367.
[90] Simms JA, Spinnelli HJ. J Coat Technol 1987;59:125.
[91] Shim JS, Kennedy JP. Polym Prepr 1998; 39(2):617.
[92] Gergen WP, Davison S. U. S. Patent 4,101,605 (July 18, 1978, to Shell Oil Co.).
[93] Sperling LH. In: Holden G, Kricheldorf HR, Quirk RP, editors. Thermoplastic elastomers. 3rd ed. Munich: Hanser Publishers; 2004. p. 435 [chapter 14].
[94] Sperling LH. In: Holden G, Kricheldorf HR, Quirk RP, editors. Thermoplastic elastomers. 3rd ed. Munich: Hanser Publishers; 2004. p. 440 [chapter 14].

第16章 热塑性弹性体的回收

16.1 概述

一般来说，热塑性材料的回收利用，无论是从生产中还是从消费者手中收集，都可以采用资源再用的四种模式：

① 用作通用塑料；

② 用作塑料共混；

③ 原料再生；

④ 用于能量回收。

普通塑料的回收基本上是典型的二次回收。首先收集使用过的制品（例如使用过的瓶子），然后清洗，粉碎成粉末状，或通过熔融、熔融过滤和随后的造粒成为颗粒。粉末和颗粒常常按所需的比例加入到原始树脂中。应当注意，大多数热塑性材料不能无限次重新熔融，因为对聚合物会有不利影响，例如力学性能损失、变色和可能的部分交联。因此，很少使用100%回收材料。

混合塑料的回收是将不相容的塑料混合成为共混塑料结构[1]。这种材料主要用于制造塑料木材。

原料的再生通常涉及解聚。缩聚物，如聚对苯二甲酸乙二醇酯（PET）或聚酰胺，可以通过可逆合成反应解聚成初始的二酸、二醇或二胺。常用的反应是醇解、水解和糖酵解。例如PET的甲醇化分解，重新产生对苯二甲酸二甲酯和乙二醇。缩聚物的解聚几乎可以是化学计量的，并且回收的原料主要用于生产新的原始聚合物，尽管可以用于其他合成用途。

能量回收可以采用多种方法，其中之一是收集废料，简单焚烧。燃烧热用于加热或产生电能。使用的其他方法是热解（和气化）、氢化和液化。然后将所得产物用作燃料（气体）或炼油原料（液体）[2]。

16.2 热塑性弹性体回收方法

由于热塑性弹性体（TPEs）的行为基本上与传统的热塑性塑料相同，所以它们可以使用相同的方法回收。许多热塑性弹性体可以多次回收[3]。汽车工程师协会通常将商业热塑性弹性体分类，以使其能够分离为相互兼容的类别，用于回收目的[4]。在该方法中，热塑性弹性体以刚性热塑性塑料（如聚丙烯和聚苯乙烯）相同的方式进行分类。

热塑性硫化胶（TPV）广泛应用于汽车（例如耐候嵌条、齿轮转向装置波纹管、恒速接头橡胶套、气囊门盖、车身孔塞、内饰表层、离合器圆盘驱动密封件等）和电器（洗碗机液槽、门密封件和压缩机座）。使用过的制品和生产废料在造粒机中简单研磨，颗粒以较高比例加入到原始材料中。TPV 颗粒与热塑性聚烯烃（TPO）制备的颗粒相容。实际上，添加 TPV 颗粒改善了 TPO 材料的性能[5]。许多汽车制造商已经开始了大规模的汽车拆解计划，并与聚合物制造商合作，经常在“闭合循环”系统中回收和再利用材料，其中材料可以回到原始产品[6]。

用于热塑性弹性体（TPE）组分的其他回收路线与其他弹性体的路线没有显著差异，如用能量回收焚烧。在这种情况下，TPEs 的主要优点是它们含有相对较少的硫，从而对焚烧炉烟气组成产生有益的影响。

虽然由热塑性弹性体（TPE）制成的组分在理论上与其他热塑性塑料相似，但缺点是它们不是纯的 TPE，并带有插入件，或者它们是用于包覆成型部件的材料的复合材料或共混物。对于最大类的热塑性弹性体——苯乙烯嵌段共聚物，它总生产量约 1/3 用于固有的不可循环使用，例如油改性剂、黏合剂或沥青改性剂[7]。

包覆成型和共挤出部件回收材料的最新发展是使用磁分离（磁力分选）。磁力分选是用于采矿、骨料和其他行业大批量分离的成熟技术。它也广泛用于从塑料和橡胶中去除金属污染物。应用于从共混物（例如聚丙烯或其他刚性塑料的热塑性弹性体）中将聚合物材料分离，需要将磁性添加剂混合到热塑性弹性体材料中。磁性添加剂的量通常为质量分数 1%。已经确定添加剂对材料的物理性能或对包覆成型黏合性没有不利影响。在再循环过程中，颗粒废料被放置在带式输送机上，带有磁性添加剂的树脂颗粒在带的端部通过具有嵌入式强力稀土磁体的辊进行分离。吸引到辊上的颗粒在它们脱离之后被收集在料斗中。机械屏障或“分流器”有助于分离两种颗粒流[8]。

参考文献

[1] Cornell DD, In: Rader CP, Baldwin SD, Cornell DD, Sadler GD, Stockel RF, editors. Plastics, rubber, and paper recycling: a pragmatic approach. Chapter 6, ACS symposium series 609. American Chemical Society; 1995.

[2] Mackey G, In: Rader CP, Baldwin SD, Cornell DD, Sadler GD, Stockel RF, editors. Plastics, rubber, and paper recycling: a pragmatic approach. Chapter 14, ACS symposium series 609. American Chemical Society; 1995.

[3] O'Connor GE, Fath MA. Rubber world; January 1982. p. 26.

[4] SAE J 1344. Marking of plastic parts. Warrendale (PA): Society of Automotive Engineers; 1991.

[5] Payne MT, In: Rader CP, Baldwin SD, Cornell DD, Sadler GD, Stockel RF, editors. Plastics, rubber, and paper recycling: a pragmatic approach. Chapter 6, ACS symposium series 609. American Chemical Society; 1995.

[6] White L. Eur Rubber J; February 1, 1992.

[7] Shaw D. Eur Rubber J; September 1, 1994.

[8] Sherman LM. Plast Technol; May 1, 2006.

第17章 最新发展趋势

17.1 现状

热塑性弹性体（TPEs）在20世纪60年代才开始出现，在过去几十年中，人们从对此技术的好奇，到将弹性和热塑性加工结合在一起，成为不可轻视的一类材料。目前全球TPEs消费量接近400万吨，年增长率超过5%（见第1.2.6节）。

虽然TPEs还比不上一些常规的完全固化的弹性体（例如天然橡胶或聚丁二烯橡胶）的高弹性以及它们随着温度升高的抗软化性能，但TPEs提供了许多其他的优点，例如简单的加工、纯度、引人注目的外观、透明度、基材黏附、合适的“丝滑般”的感觉、非常低的密度和非常低的硬度。

目前TPEs的主要商业应用如前几章所示：汽车、建筑、工业和消费品、医疗、黏合剂、涂料和聚合物改性。

17.2 热塑性弹性体增长的驱动因素

显然，TPEs工艺简单，只有几个制造步骤，并且从实质上避免了废料，大大缩短了周期，降低了能耗和成本（因为大多数TPEs的密度较低）。然而，市场动态和全球市场变化是影响行业增长的主要因素。一些TPEs市场出现成熟迹象，所使用的材料正在接近商品状态[1]。全球市场变化包括将生产基地转移到亚洲国家，以满足其经济和随后市场的大幅增长的需求。TPEs市场并不只受向亚洲转移的影响，诸多方面的发展也在起作用，例如定价、质量和在特定市场中的竞争等[2]。除了这些区域性转移，TPEs的内部竞争也日益激烈，导致要选择成本最低的解决方案。其他因素还有制造工艺的创新、新供应商的进入以及价格的压力。

下一个增长阶段的决定因素是市场拉动与技术推动[1]。技术推动提供新的、具有吸引力的性能的材料，而市场拉动包括反对PVC的压力、减重、奢侈品、可持续性等因素。这一过程中的障碍包括根深蒂固的现有技术，新兴市场适应缓慢，现有供应商提供的竞争优势以及主要热塑性弹性体供应商转向的商品战略。

最强的需求驱动力来自汽车产业[3]。新改进的制造工艺为已建立的热塑性弹性体开辟了新的用途。其中包括“超级”热塑性弹性体（即具有更好的耐高温、耐油类、耐油脂、耐溶剂等性能的热塑性弹性体）、专用汽车密封件、汽车外部密封系统、玻璃运行通道、玻璃封装、具有“丝滑般”感觉的共混物等。

由于立法和环境保护的压力，迫使制造商和用户减少废料并为回收提供条件。在车辆领域尤其如此，其趋势基本上是完全回收。事实上，汽车制造商在设计车辆时已经考虑到这个问题。

另一个重要因素是开发由可再生或可持续原材料，甚至废物制成的热塑性弹性体材料的趋势。缩合聚合物中的油和多元醇是首先受到关注的，最近新增资源包括甘蔗、蓖麻油等[1,4]。关于这个问题的更详细的内容见第 17.3 节。

围绕聚氯乙烯（PVC）问题以及在 PVC 中使用增塑剂的问题，在一些欧洲国家反应很强烈，在某些应用中给予了热塑性弹性体取代聚氯乙烯的机会。

“软触摸”热塑性弹性体（TPEs），可以单独使用，或者采用包覆成型或共挤出的方法与刚性基材结合使用，代表了许多全新的应用，其特征在于舒适性、功能性、人体工程学，并且通常具有吸引人的外观。许多 TPEs 是浅色的，甚至是白色和透明的，因此可以容易地制成许多不同的颜色。

其中一些热塑性弹性体本身的纯度和惰性使它们适用于许多医疗应用以及与食品和药物接触的应用中。努力提高弹性（即降低在室温和高温下的永久变形）仍然是技术发展计划中重要和强大的驱动因素。

17.3 技术发展趋势

如前所述，许多发展计划仍然以材料的性能相当于热固性弹性体为目标。其他目标是改进加工（提高熔体强度和改善熔体流动），除了通常的注塑和挤出（即吹塑、滚塑和热成型）之外，还使用其他制造方法。目前，许多活跃的研究和开发项目的主题是获得所需的性能，增加柔软度，提高透明度，改善黏附性以及与各种其他聚合物和基材的相容性。

17.3.1 使用生物原料

使用可再生或可持续原料（生物原料）是最活跃的发展领域之一。基本上，主要的生物原料包括：

① 碳水化合物（来自木材、农业废物/副产品、非食品作物的纤维素）；

② 植物油（蓖麻油、棕榈油、豆油）；

③ 木质素（纤维素副产品）；

④ 甘蔗；

⑤ 固体废物和废油。

使用生物原料的驱动因素包括立法、气候变化（减少二氧化碳排放）、消费者对环保产品的需求以及长期原料安全（除化石来源外）。生物中间体的价格波动水平较小[5]。表 17.1 是目前在不同市场的可再生/可持续资源的一些例子。

表 17.1　热塑性弹性体的可再生/可持续资源

TPE 系列或胶料	可再生原料	可再生资源含量/%
COPA(TPA)	蓖麻油、生物质	25～94
COPE(TPEE)	玉米淀粉、糖类生产的多元醇	20～60
TPU	植物油、蓖麻油、生物丙二醛生产的多元醇	20～70
SBC	植物油	20～80
PP	糖类生产的乙醇	100
EPDM	甘蔗	70

自1942年开始，人们就开始采用蓖麻油制成聚酰胺。它们的可再生资源含量为100%[5]。Arkema已开发出一系列根据蓖麻油技术制造的COPA（TPA）弹性体，商品名为Pebax Rnew。它们的硬度范围在邵尔D硬度25～72之间，生物基含量高达90%[5]。表17.2是软等级的Pebax Rnew的一个例子[6]。

此类聚酰胺产品应用于汽车（安全气囊盖、钥匙、手刹把手、保护罩、刹车片、驱动轴橡胶套、雨刷管）以及应用于抗静电、运动鞋、医疗和透气膜[6]。

表17.2 软等级的Pebax Rnew的一个例子

邵尔D硬度	28	32	42
生物基质量分数/%	17～21	24～28	44～48

由Lubrizol以商品名Pearlthane ECO出售的热塑性聚氨酯是根据各种植物资源开发的。这些产品已被市场广泛接受。它们与标准热塑性弹性体（TPU）具有非常相似的热性能、力学性能和流变行为[7]。

由DuPont开发的取自可再生资源的共聚酯（COPE或TPC），商品名为Hytrel TS。这些材料基于从丙二醇获得的可再生源多元醇Cerenol，其可从蔗糖的细菌发酵得到[4]。DSM提供的Arnitel ECO的邵尔D硬度在40～70之间，生物质含量（ASTM D6866）为27%～60%。生物基1,4-丁二醇的可再生资源最近在基于通过发酵直接转化糖（葡萄糖、蔗糖、生物质糖）的过程中产生[8]。最终产品的生物质含量为73%[9]。

使用有机衍生的原料生产的生物型EPDM，商品名为Keltan ECO。用于该合成的乙烯由甘蔗生产。由其制成的EPDM含有高达70%的乙烯（生物含量）。当加工成热塑性弹性体时，根据组成，它可以含有高达30%～40%的生物基成分。所有物理性能、力学性能和流变性能与标准产品相同[10]。

17.3.2 TPO单层屋顶膜

热塑性烯烃（TPO）单层屋顶膜通常为1.5～2mm厚、浅色（白色、灰色或棕褐色）的TPO填充胶料的片材。它们可以没有增强的平面片材，或者采用聚酯稀松无纺织物增强，或者采用聚酯无纺布背衬。在安装过程中，通常使用专门的设备进行热熔接[11]。TPO单层屋顶膜是增长最快的商业屋面产品，它们在性能和安装优势方面获得了广泛的行业认可。随着对热反射率和节能屋面系统的需求的增加，TPO单层屋顶膜继续提供卓越的耐紫外线（UV）、耐臭氧和耐化学暴露的能力[12]。制造商可以提供长达30年的保修[11]。

17.3.3 各种TPEs发展趋势

在苯乙烯类热塑性弹性体中，开发工作包括聚合物结构的改性，如将苯乙烯掺入到SEBS中间嵌段中，也可以进行动态交联。增加的交联密度使模量、耐热和耐油性能提高。SBS树脂中侧基的氢化提高了耐热性能，并提高了所得聚合物的加工性能和低温性能。增强型橡胶嵌段SEBS聚合物在过去几年中得到发展。这些材料具有较高的熔体流动指数、更低的硬度，与聚丙烯有更好的相容性。以下是最近开发的苯乙烯嵌段共聚物。

含马来酸酐的高分子量的功能化SEBS，即使在升高的温度下也具有改进的压缩永久变形，并且具有更好的包覆黏合性。

充油SBS，比传统的充油SBS具有更好的颜色稳定性和加工稳定性。这些系列的聚合物可以充油直至非常软（硬度值较低）。

新的氢化苯乙烯嵌段共聚物（HSBC）表现出良好的拉伸性能和耐磨性以及高耐刺穿强度。在这些材料中使用的嵌段类型使得材料具有非常高的弹性，接近柔软的热固性橡胶。一般性能包括低密度、高透明度、优异的力学性能和耐候性。其次，新型的 HSBC 大大提高了阻隔性能，其氧传递速率比传统 HSBC 低四倍[13]。

新的苯乙烯类嵌段共聚物（SBCs）在聚合物设计和聚合后的官能化，使得有可能获得全新一类 SBCs——选择性磺化 SBCs。这些新的五嵌段共聚物表现出高的透水率，可用于膜技术[14]。

热塑性硫化胶（TPVs）的发展方向是开发具有更高耐高温性、耐油和耐其他流体的溶胀性、改善阻燃性、降低析出和降低气体渗透性的胶料[15,16]。新的低硬度的 TPVs（邵尔 A 硬度 25～35）可以替代汽车行业以及建筑中的 EPDM 海绵[17]。

在热塑性聚烯烃（TPOs）材料领域中，主要发展方向是引入配位催化聚合（例如采用茂金属催化剂制备具有可控结构的聚烯烃）。新的催化剂还使得完全的异相嵌段 TPOs 成为“反应器”，可以交联获得热塑性硫化胶（TPVs），以及获得可控的全同立构/无规立构聚丙烯单相 TPOs。将烯烃嵌段共聚物引入市场，为在各种应用中替代柔性聚氯乙烯（PVC）和苯乙烯类嵌段共聚物（SBCs）提供了新的机会[18]。

目前，已经开发了具有高透明度和 UV 光稳定性的聚酯型和聚醚型的芳族热塑性聚氨酯（TPUs），并且新的聚酯多元醇可用于改善耐水解、耐热、耐氧和耐紫外线，并且有助于使最终胶料具有更好的柔韧性和柔软性。最近开发了新一代不含增塑剂的软 TPUs，而且不与任何其他材料配混。软质 TPUs（硬度值为邵尔 A 硬度 70～85）可由线型聚丁二烯二醇制备。对于邵尔 A 硬度小于 70 的材料，苯乙烯嵌段共聚物是最佳选择。使用低分子量和低苯乙烯含量的苯乙烯类嵌段共聚物（SBCs）（例如 Kraton D1161、G1645 和 G1643）[19]，已经获得了最好的结果。

在热塑性弹性体（TPEs ）中使用纳米填料，特别是在热塑性聚烯烃（TOPs）和热塑性弹性体（TPVs）中使用纳米填料提供了几种好处，例如：

① 易加工；

② 更宽的加工温度范围（降低废品率）；

③ 改善耐划痕和耐擦伤性；

④ 更好的尺寸公差（线膨胀系数低）。

在氢化苯乙烯-丁二烯-苯乙烯三嵌段（SEBS）和马来酸酐接枝的 SEBS 中添加少至质量分数 4%的纳米黏土，使得其拉伸模量、动态模量、拉断伸长率和弯曲模量提高，而产品的硬度不受影响。

17.4 其他新发展

目前，热塑性弹性体（TPEs）在一些生物医学方面的应用包括：

① 人造移植物；

② 药物输送系统；

③ 用于穿透性较小的装置的光滑涂层；

④ 生物黏合剂；

⑤ 抗血栓形成涂层；

⑥ 软组织替代品。

参考文献

[1] Eller R. Winning thermoplastic elastomer strategies in a shifting global economy. In: Paper at the 9th topical conference 2010. Akron (OH, USA): Society of Plastics Engineers; September 13-15, 2010.

[2] Young R. Global development in TPEs: directions and strategies for the future. In: Paper at the 6th specialty elastomers conference. Shanghai: China; December 2, 2010.

[3] Eller R. The TPE industry: maturity, growth and regional dynamics. In: Paper 2 at the 16th international thermoplastic elastomers conference TPE 2013. Düsseldorf (Germany): Smithers Rapra; October 15-16, 2013.

[4] Ellis P. Alternative bio-sourced thermoplastic elastomers. In: Paper 16 at the 14th international conference on thermoplastic elastomers. Brussels (Belgium): iSmithers Rapra; November 18-19, 2011.

[5] Löchner U. The global market of thermoplastic elastomers and the impact of biofeedstocks. In: Paper 4 at the 14th international conference on thermoplastic elastomers. Brussels (Belgium): iSmithers Rapra; November 18e19, 2011.

[6] Amrute M. Pebax Rnew, biobased engineering elastomer. In: Paper at the international TPE conference. Mumbai (India): Plexium/Chatsworth-Hall; April 7-8, 2010.

[7] Riba MJ. Bio TPU: same performance, just greener. In: Paper 7 at the 14th international conference on thermoplastic elastomers. Brussels (Belgium): iSmithers Rapra; November 18-19, 2011.

[8] Aussems F. Achieving high bio-based content DSM Arnitel copolyesters: results test 1,4- butanediol (BDO) made with Genomatica's process technology. In: Paper 14 at the 16th international thermoplastic elastomers conference TPE 2013. Düsseldorf (Germany): Smithers Rapra; October 15-16, 2013.

[9] Eyre C. DSM Ups bio-content of Arnitel ECO to 73%. Eur Plast News; October 18, 2013.

[10] Taylor D. Bio-based EPDM for thermoplastic vulcanizate applications. In: Paper 16 at the 15th international conference on thermoplastic elastomers; 2012. Berlin (Germany).

[11] Carlisle SynTec Systems. TPO single ply roofing membrane product data sheets; 2013.

[12] Firestone Building Products. TPO roofing systems brochure; 2013.

[13] Gruendchen M. Latest HSBC developments. In: Paper 12 at the 16th international thermoplastic elastomers conference TPE 2013. Düsseldorf (Germany): Smithers Rapra; October 15-16, 2013.

[14] Maris C. New styrenic block copolymers (SBC) polymers and applications. In: Paper 10 at the 14th international conference on thermoplastic elastomers. Brussels, Belgium: iSmithers Rapra; November 18-19, 2011.

[15] Kilian D. Breakthrough advances in oil and heat resistant TPVs. In: Paper 9 at the 16th International thermoplastic elastomers Conference TPE 2013. Düsseldorf (Germany): Smithers Rapra; October 15-16, 2013.

[16] Geissinger M. TPV beyond EPDM/PP. In: Paper 12 at the 15th international thermoplastic elastomers conference TPE 20123. Berlin (Germany): Smithers Rapra; November 13-14, 2012.

[17] Vroomen G. New TPVs in competition with EPDM spongeda low hardness range for extrusion applications. In: Paper 9 at the 14th international conference on thermoplastic elastomers. Brussels (Belgium): iSmithers Rapra; November 18-19, 2011.

[18] Henschke O. "Olefin block copolymersda sustainable solution to TPE compounds. In: Paper 13 at the 16th international thermoplastic elastomers conference TPE 2013. Düsseldorf (Germany): Smithers Rapra; October 15-16, 2013.

[19] Wright KJ, Ding R. Styrenic block copolymers for thermoplastic polyurethane modification. In: Paper ANTEC. Society of Plastics Engineers; 2010.

附录 1 著作和主要综述文献

著作

[1] Drobny JG. Handbook of thermoplastic elastomers. Norwich (NY): William Andrew Publishing; 2007, ISBN: 978-0-8155-1549-4.

[2] Fakirov S, editor. Handbook of condensation thermoplastic elastomers. New York: John Wiley & Sons; 2005, ISBN: 3-527-30976-4.

[3] Holden G, Kricheldorf HR, Quirk RP, editors. Thermoplastic elastomers. 3rd ed. Munich: Hanser Publishers; 2004, ISBN: 1-56990-364-6.

[4] Hamley IW, editor. Developments in block copolymer science and technology. Chichester (UK): John Wiley & Sons, Ltd. ; 2004, ISBN: 0- 470-84335-7.

[5] Holden G. Understanding thermoplastic elastomers. Munich: Hanser Publishers; 2000, ISBN: 1-56990-289-5.

[6] Holden G, Legge NR, Quirk R, Schroeder HE, editors. Thermoplastic elastomers. 2nd ed. Munich: Hanser Publishers; 1996, ISBN: 3-446- 17593-8.

[7] Walker BM, Rader CP, editors. Handbook of thermoplastic elastomers. 2nd ed. New York: Van Nostrand Reinhold Co. ; 1988, ISBN: 0-942- 29184-1.

[8] Legge NR, Holden G, Schroeder HE, editors. Thermoplastic elastomers, a comprehensive review. Munich: Hanser Publishers; 1987, ISBN: 3-446-14827-2.

[9] Walker BM, editor. Handbook of thermoplastic elastomers. New York: Van Nostrand Reinhold Co. ; 1979, ISBN: 0-442-29163-9, ISBN: 3-446- 14827-2.

[10] Manson JA, Sperling LH. Polymer blends and composites. New York: Plenum Press; 1976, ISBN: 0-306-30831-2.

[11] Platzer NAJ, editor. Copolymers, polyblends, and composites. Advances in chemistry series, 142. Washington (DC): American Chemical Society; 1975, ISBN: 0-8412-0214-2.

[12] Allport DC, Janes WH, editors. Block copolymers. Applied Science Publishers, Ltd. ; 1973, ISBN: 0-470-02517-4.

[13] Battaerd HAJ, Tregear GW. Graft copolymers. New York: Interscience; 1967.

[14] Ceresa RJ. Block and graft copolymers. London: Butterworths; 1962.

主要综述报告、论文和会议

[15] Osen, E. , Ha¨usler, O. “Zuverla¨ssigkeit von TPE-Materialiern in Fahrzeugen” (“Reliability of TPE-Materials in Vehicles”), VDI Conference (“Thermoplastic Elastomers”), May 4-5, Baden-Baden, Germany (in German).

[16] Wood PR. Mixing vulcanisable rubbers and thermoplastic elastomers. Rapra Rev Reports 2005;15(10). Report 178, Rapra Technology, Ltd. , ISBN: 85957-496-3.

[17] Kear KE. Developments in thermoplastic elastomers. Rapra Rev Reports 2003;14(10). Report 166, Rapra Technology, Ltd. , ISBN: 1-85957-433-5.

[18] Dufton PW. Thermoplastic elastomers. Rapra Market Reports; 2001. Rapra Technology Ltd. , ISBN: 1-85957-302-9.

[19] Sahnoune A. Foaming of thermoplastic elastomer with water. J Cell Plastics 2001;37(2): 149-59.

[20] Anthony P, De SK. Ionic thermoplastic elastomers: a review. J Macromol Sci 2001;41(1-2): 41-7.
[21] Spontak RJ, Patel NP. Thermoplastic elastomers: fundamentals and applications. Curr Opin Colloid Interface Sci 2000; 5:334-41.
[22] Sidewell JA. Rapro collection of infrared spectra of rubbers, plastics and thermoplastic elastomers. Rapra Technology, Ltd; 1997, ISBN: 85957-095-X.
[23] Puskas JE, Kaszas G. Polyisobutylene-based thermoplastic elastomers: a review. Rubber Chem Technol 1996;69(3): 462-75.
[24] Brydson JA. Thermoplastic elastomers: properties and applications. Rapra Rev Reports 1995;7(9). Rapra Technology Ltd. , ISBN: 1- 859-57-043-7.
[25] Rader CP. Thermoplastic elastomers. Rapra Rev Reports 1987;1(7). Report 7, Rapra Technology, Ltd.

最近的会议

[26] TPE. 16th International Thermoplastic Elastomer Conference, October 15-16, 2013. Düsseldorf, Germany: Smithers Rapra; 2013.
[27] 15th Annual SPE TPO, Automotive Engineered Polyolefin Conference, October 6-9, 2013, Troy, MI, USA, Society of Plastics Engineers, Detroit Section.
[28] VDI Fachtagung (Technical Meeting) "TPE", April 16-17, 2013, Nurnberg, VDI (The Association of German Engineers).
[29] TPE. 15th International Thermoplastic Elastomer Conference, November 15-16, 2012. Berlin Germany: iSmithers; 2012.
[30] 14th Annual SPE TPO, Automotive Engineered Polyolefin Conference, September 30 to November 3, 2012, Troy (MI), USA, Society of Plastics Engineers, Detroit Section.
[31] 10th Thermoplastic Elastomers Topical Conference(TPE TopCon) 2012, September 10-12, 2012. Akron (OH, USA).
[32] DKT. German Rubber Conference with Special TPE Forum, July 3-4, 2012; 2012.

附录 2 热塑性弹性体及其混合料的主要供应商

公司名称	商品名	TPE 类型/特点
Advanced Elastomer Systems, subsidiary of ExxonMobil	Geolast® Santoprene™	TPV(耐油) TPV
Advanced Polymer Alloys. Division of Ferro Corporation	AlcrynMPR DuraGrip® DuraMax™ Duracryn™	熔融可加工橡胶 TPE 混合料(手感好) TPV 阻燃混合料
ALLOD Werkstoff GmbH & Co. , KG	ALLRUNA®	SBC、TPV、专用混合料和合金
API-Kolon Engineering Plastics	Kopel®	COPE
API SpA	Apigo Apilon 52 Megol Raplan Tivilon	TPO TPU SEBS SBS TPV
Arkema	Pebax	聚醚嵌段酰胺
Asahi Kasei	Asaprene Tuftec Tufprene	SBS SEBS、SBBS SBS

续表

公司名称	商品名	TPE 类型/特点
BASF Corporation	Styrolux Styroflex Elastollan TPU Infinergy	SBC SBS(触摸感柔软) TPU 海绵 TPU(E-PTU)
Bayer Material Science LLC	Desmopan Texin	TPU TPU
Borealis	Daplen	TPO 和 TPO 混合料
Chevron Phillips Chemical	K-resin SBC	SBC
The Dow Chemical Company	Engage Infuse Versify	聚烯烃弹性体(POE) 烯烃嵌段共聚物(OBC) 丙烯/乙烯共聚物
Dynasol	Calprene Solprene	SBS、SEBS SBS、SEBS
DSM	Arnitel	COPE
DuPont	Hylene Hytrel	TPU COPE
Eastman Chemical Company	Ecdel Elastomer Eastar Tritan Elastocon 2800 Series Elastocon 8000 Series Elastocon STK Series Elastocon SMR Series Elastocon CLR Series	COPE 医用级 COPE COPE 具有一系列性能、流动性好、硬度范围宽 通用 TPE,医用级 与 PC、ABS、ABS/PC、聚酯和聚酰胺有良好的包覆成型黏合性 TPO 类、耐划痕/耐磨性好、低温抗冲击性能好 透明、高强度、与 PP 有良好的包覆成型黏合性
Elastron Kimya A.S.	Elastron V Elastron G Elastron D Elastron TPO HFFR compounds Bondable grades	TPV SEBS 型混合料 SBS 型混合料 TPO 型混合料 阻燃混合料 用于 PP、PC、ABS、ABS/PC、PA、HIPS、PET、PETG 包覆成型混合料
Elastorsa Spain	TPV Elastoprene	TPV
EMS Chemie AG	Grilon ELX Grilamid ELV	COPA/PA6 COPA/PA12
Enplast Plastik Kimya. Subsidiary of Ravago Manufacturing	Ensoft-T Enflex-O Ensoft-S Enflex-V	SBS TPO SEBS TPV
ExxonMobil Chemical	Vistamaxx	TPO (聚丙烯类)
Evonik Industries	Vestamid E	聚醚嵌段酰胺/PA12
Firestone Polymers	Stereon	SBS、SB (低苯乙烯嵌段共聚物)

续表

公司名称	商品名	TPE 类型/特点
GLS, PolyOne Corporation	OnFlex	各种化学物质
	Dynaflex compounds	SBS
	Kraton compounds	SBS、SIS
	Versaflex alloys	SBC、TPV、TPU
	Versalloy alloys	TPV
	Versollan alloys	TPU
	Santoprene compounds	TPV
	Dynalloy OBC alloys	Infuse 类(烯烃嵌段共聚物)TPO
	OnFlex BIO series	含有至少 20%可再生原料的 TPEs
HEXPOL TPE	Dryflex、Lifoflex	SBS、SEBS、TPO、TPV 混合料
	Mediprene	TPE 混合料 (医用)
	EPSeal	TPE 混合料(用于食品和饮料密封系统)
Huntsman	Irogran	TPU(用于挤出和注塑)
	Krystalgran	TPU(脂肪族)
	Avalon	TPU(用于鞋底)
	Irostic	TPU(用于黏合剂)
Japan Polyolefins Co.	Oleflex	TPO(动态交联)
JSR Corporation	JSR TR	SBC
	JSR SIS	SIS
	JSR DYNARON	氢化聚合物
	JSR EXCELINK	TPO
	JSR RB	间规 1,2-聚丁二烯
Kraiburg TPE	Thermolast K	SBS 或 SEBS
	Thermolast V	TPV (SEPS/PP)
	Thermolast A	丙烯酸酯类 TPE
	Thermolast W	湿抓着混合料
	HIPEX	EVM 橡胶类 TPV、耐高温和耐油
	COPEC	柔软的手感、耐表皮油、防晒露和洗涤剂
	For-Tec E	耐化学品、与 PA 结合
Kraton Polymers LLC	Kraton D	SBS、SIS
	Kraton G	SEBS、SEPS
	KratonFG	马来酸酐接枝 SEBS
	Kraton A、E、ERS	开发产品
Kuraray Co. Ltd	Hybrar	含乙烯基聚二烯嵌段的 SBC:V-SIS,V-SEPS
	Septon	氢化 SBC
	Septon V 系列	SEBS, SEEPS 反应型
	Septon K series	黏合玻璃和金属
	Septon J series	柔软的手感、凝胶应用
	Septon Q series	优异的耐磨性
	Kurarity	丙烯酸嵌段共聚物、透明、柔软触感、抗冲击改性剂、相容剂
LG Chemical Ltd	Keyflex BT	聚酯型 TPE
	Keyflex TO	TPO
	Lupol	TPO
Lubrizol Corporation	Estane	TPU
	Isoplast	TPU
	Carbothane	TPU
	Pearlthane	TPU
	Pearlthane ECO	可再生能源 TPU
	Estagrip	手感柔软 TPU
	Pellethane	TPU

续表

公司名称	商品名	TPE类型/特点
LyondellBasell Industries	Adflex Hifax Softell Nexprene Indure Dexflex	反应器 TPO 反应器 TPO 反应器 TPO TPV TPO TPO
Mitsubishi Chemical	Thermorun Rabalon Tefabloc Texprene Zelas Permalloy	TPO SBC SBC TPV 反应器 TPO COPE类合金
Mitsui Chemicals	Milastomer Milastomer TPV NOTIO	TPO TPV TPO,透明度高
Multibase, Inc.（a Dow Corning Company）	Multiflex TEA TPSiV Multiflex TPE Multiflex TPO	TPO 聚硅氧烷 TPV SEBS、SIS、SEEPS EP/EPDM/PP
Nycoa (Nylon Corporation of America)	Nycolastic	聚酰胺 TPE
Polimeri Europa SpA, subsidiary of Eni SpA	Europrene SOL T	SBS、SIS、SEBS
PolyOne Corporation	Elastamax XL series Elastamax EG series Elastamax HTE	TPO 烯烃类 TPEs PVC/NBR
Riken Technos Corporation	Actymer Trinity Leostomer Leostomer SE Multiuse Leostomer ETF Elastomer Oleflex	TPV TPV SBC 烯烃嵌段共聚物 TPO TPV,柔软触感、耐油 TPV
RTP Company	RTP 1200 Series RTP 1500 Series RTP 2700 Series RTP 2800 Series RTP 2900 RTP 6000 Series	TPU COPE SBC TPO COPA, PEBA 特种 TPE
SABIC Innovative Plastics	LNP Thermocomp Compounds	高温树脂类(聚酯弹性体、含氟聚合物、聚酰亚胺、PEEK等)、玻璃纤维增强
A. Schulman Inc.	Invision Polytrope Sunfrost	TPV、SBC、柔软触感 TPO TPO 低光泽 PVC、TPE
SIBUR Holding JSC	SBS Polymers	线型、星形、苯乙烯含量27%～31%

续表

公司名称	商品名	TPE类型/特点
Sinopec DZBH	Jinling	SBC,柔软触感
	Yansan	SBS
	Kunlun	SBS
	YH Series	SEBS
	SIS	SIS嵌段共聚物
	MAH-SEBS	马来酸酐接枝SEBS(1%～1.5%)
	Zijin TPE-E	COPE
Solvay Engineered Polymers	Nexprene	TPV
	Indure	TPO
	Dexflex	TPO
Sumitomo Chemica	Espolex TPE	TPV、TPO
Ticona Engineering Polymers	Riteflex COPE	COPE
Teknor Apex Company	Elexar	SEBS
	Medalist	医用TPE混合料
	Sarlink	TPV
	Monprene	TPV
	Tekbond	饱和SBC
	Tekron	专用混合料
	Telcar	TPV专用混合料
Toyobo Co. Ltd	Pelprene	COPE
	Sarlink	TPV
TSRC Dexco	TAIPOL TPE	SBS、SIS、SEBS
	VECTOR TPE	SBS、SIS
UBE Industries Ltd	UBESTA XPA	PA12/聚醚弹性体
Vi-Chem Corporation	Ethavin	TPO
	Nitrovin	TPV
	Sevrene	SEBS
	Sevrite	SBS
	Oleflex	TPO
	Ultravin	TPU
	Ecotuf	用工业废料和废旧产品生产的TPO
Wacker Chemie AG	Geniomer	热塑性硅橡胶

附录3 热塑性弹性体的ISO术语

为了防止给定的热塑性弹性体术语出现多个缩写术语，并且为了避免对给定的缩写术语解释成多个含义，国际标准组织（ISO）制定了国际标准ISO 1806［热塑性弹性体命名和缩写术语，第一版，参考编号ISO 18064：2003（E）］。

所建立的命名系统是根据所涉及的聚合物或聚合物的化学成分。它定义了用于识别工业、商业和管理机构中的热塑性弹性体的符号和缩写术语。

3.1 通用术语和定义

TPE——热塑性弹性体（TPE），被定义为在其使用温度下具有类似于硫化橡胶性质的聚合物，但可以在高温下如热塑性塑料一样加工或再加工。

TP——前缀，用于确定缩写术语是用于热塑性弹性体。

3.2 命名系统

前缀 TP 后面应加上代表各类热塑性弹性体的字母。每个类别的热塑性弹性体的缩写术语应在连字符之后，通过符号的组合来描述每个类别的特定成员。类别如下。

TPA——聚酰胺热塑性弹性体，是由交替的硬段和软段组成的嵌段共聚物，在硬嵌段中具有酰胺化学键，软嵌段有醚键或酯键。

TPC——共聚酯热塑性弹性体，是由交替的硬段和软段组成的嵌段共聚物，主链中的化学键是酯或醚。

TPO——烯烃热塑性弹性体，是由聚烯烃和常规橡胶组成的共混物，共混物中的橡胶相很少交联或没有交联。

TPS——苯乙烯类热塑性弹性体，是由苯乙烯和特定二烯组成的至少三嵌段共聚物，其中两个末端嵌段（硬嵌段）为聚苯乙烯，内嵌段（软嵌段）为聚二烯或氢化聚二烯。

TPU——聚氨酯热塑性弹性体，是由交替的硬段和软段组成的嵌段共聚物，氨基甲酸酯化学连接在硬嵌段，醚、酯或碳酸酯或它们的混合物在软嵌段。

TPV 是由热塑性材料和常规橡胶的共混物组成的热塑性橡胶硫化胶，其中橡胶是在共混和混合过程中通过动态硫化的方法交联。

TPZ 是未分类的热塑性弹性体，包括除 TPA、TPC、TPO、TPS、TPU 和 TPV 之外的任何组成或结构。

上述的种类可以进一步分类如下。

3.2.1 聚酰胺 TPEs（TPAs）

TPA 类是根据软嵌段中的连接再进行分类。

TPA 使用以下符号：

TPA-EE：具有醚和酯的软链段。

TPA-ES：聚酯软链段。

TPA-ET：聚醚软链段。

3.2.2 共聚酯 TPEs（TPCs）

TPCs 类是根据软嵌段中的连接再进行分类。

TPCs 类使用以下符号：

TPC-EE：具有醚和酯的软链段。

TPC-ES：聚酯软链段。

TPC-ET：聚醚软链段。

3.2.3 烯烃 TPEs（TPOs）

TPOs 类是根据所使用的热塑性聚烯烃的性质不同以及橡胶类型再进行分类。

具体的 TPO 由括号内的各项来确定，包括橡胶类型的标准缩写（见 ISO 1629）、加号

（“+”）和热塑性塑料类型的标准缩写（见 ISO 1043-1)。热塑性塑料类型和橡胶类型应按其在 TPO 中的含量排列，含量高的排在前面。

市售的 TPO 类描述如下：

TPO-（EPDM+PP)：乙烯-丙烯-二烯三元共聚物与聚丙烯的共混物，EPDM 相没有交联或几乎没有交联，TPO 中 EPDM 的含量大于 PP。

3.2.4 苯乙烯类 TPEs（TPSs）

以下符号用于 TPSs 类：

TPS-SBS：苯乙烯和丁二烯的嵌段共聚物。

TPS-SEBS：聚苯乙烯-聚（乙烯-丁烯）-聚苯乙烯。

TPS-SEPS：聚苯乙烯-聚（乙烯-丙烯）-聚苯乙烯。

TPS-SIS：苯乙烯和异戊二烯的嵌段共聚物。

注：TPS-SEBS 是苯乙烯和丁二烯的嵌段共聚物，其中软嵌段包含氢化顺式-1,4-聚丁二烯和 1,2-聚丁二烯的混合物。TPS-SEPS 是苯乙烯和异戊二烯的嵌段共聚物，其中聚异戊二烯嵌段已被氢化。

3.2.5 聚氨酯 TPEs（TPUs）

TPUs 类的分类是根据硬嵌段的氨基甲酸酯键之间的烃部分（芳香族或脂肪族）的性质，以及根据软嵌段中的化学键（醚、酯、碳酸酯)。

以下符号用于 TPUs 类。

TPU-ARES：芳香硬段、聚酯软段。

TPU-ARET：芳香硬段、聚醚软段。

TPU-AREE：芳香硬段、带有酯和醚键的软段。

TPU-ARCE：芳香硬段、聚碳酸酯软段。

TPU-ARCL：芳香硬段、聚己内酯软段。

TPU-ALES：脂肪族硬段、聚酯软段。

TPU-ALET：脂肪族硬段、聚醚软段。

3.2.6 动态硫化 TPEs（TPVs）

TPVs 类根据所使用的热塑性材料的性质和橡胶类型而变化。具体的 TPV 由括号内的各项来确定，包括橡胶类型的标准缩写（见 ISO 1629)、加号（“+”）和热塑性塑料类型的标准缩写（见 ISO 1043-1)。橡胶的缩写先于热塑性塑料。

市售的 TPVs 类型如下。

TPV-（EPDM+PP)：EPDM 和聚丙烯的组合，其中 EPDM 相高度交联并且精细分散在连续聚丙烯相中。

TPV-（NBR+PP)：丁腈橡胶和聚丙烯的组合，其中 NBR 相高度交联并精细分散在连续聚丙烯相中。

TPV-（NR+PP)：天然橡胶和聚丙烯的组合，其中 NR 相高度交联并精细分散在连续聚丙烯相中。

TPV-（ENR+PP)：环氧化天然橡胶和聚丙烯的组合，其中 ENR 相高度交联并精细分散在连续聚丙烯相中。

TPV-（IIR+PP)：丁基橡胶和聚丙烯的组合，其中 IIR 相高度交联并精细分散在连续聚丙烯相中。

3.2.7 其他热塑性弹性体材料（TPZ）

这些热塑性弹性体不适合以上任何特定的类型，并由前缀 TPZ 标记。

市售的 TPZ 类描述如下：

TPZ-（NBR+PVC）：丁腈橡胶和聚氯乙烯的共混物。

注意：许多 NBR+PVC 共混物是热固性硫化橡胶，这类材料不应使用前缀 TPZ。

附录 4 商品热塑性弹性体和混合料的工艺数据

注：由于商品总数非常大，产品不断开发，变化频繁，或因为公司所有权的终止或变换，表中的数据永远不可能完整。但是，这些表说明了用于各类热塑性弹性体的典型加工设备和工艺条件（如温度设置、压力等）。提供的格式因各个供应商而异，因此不可能有一个完全统一的格式。有关具体等级加工的详细信息，可与供应商联系。

4.1 苯乙烯类嵌段共聚物的加工

4.1.1 SBS（苯乙烯-丁二烯-苯乙烯嵌段共聚物）的挤出

螺杆类型：通用聚烯烃螺杆，L/D 为 24∶1；压缩比为（2.5∶1)～(3.0∶1)。

干燥：不需要。

典型温度设定为±5℃(±10℉)［这些设置应作为启动条件，可以增加到+10℃(+20℉)］。

项目	材料硬度(邵尔硬度)		
	45～55A	60～65A	70A～45D
进料区	65(150)	65(150)	80(175)
1 区	160(320)	165(330)	170(340)
2 区	165(330)	170(340)	175(350)
3 区	170(340)	175(350)	180(360)
机头	175(350)	18(360)	190(370)
口模	175(350)	170(360)	190(370)
熔体	175(350)	170(360)	185(365)

注：摘自 TPEPS-07-70060C，PolyOne Corporation，Avon Lake（OH）。

4.1.2 SBS（苯乙烯-丁二烯-苯乙烯嵌段共聚物）的注塑

螺杆类型：通用聚烯烃螺杆，L/D 为 24∶1；压缩比为（2.5∶1)～(3.5∶1)。

干燥：一般不需要。

典型温度设定为±5℃（±10℉）［这些设置应作为启动条件，可以增加到最高温度+10℃（+20℉）］。

项目	材料硬度(邵尔硬度)				
	0～25A	30～45A	50～55A	60～65A	70A～45D
后	65(150)	65(150)	80(175)	80(175)	80(175)

续表

项目	材料硬度(邵尔硬度)				
	0～25A	30～45A	50～55A	60～65A	70A～45D
中	165(330)	170(340)	170(340)	175(350)	180(360)
前	170(340)	175(350)	175(350)	180(360)	190(370)
注嘴	175(350)	180(360)	180(360)	190(370)	195(380)

注：摘自 TPEPS-08-70060A，PolyOne Corporation，Avon Lake（OH）。

模具温度：15～40℃（60～100℉）。

螺杆转速：30～50r/min。

背压：3～5bar（50～75psi）。

4.1.3 SEBS/SEPS（苯乙烯-乙烯/丁烯-苯乙烯和苯乙烯-乙烯/丙烯-苯乙烯嵌段共聚物）的挤出

螺杆类型：通用聚烯烃螺杆，L/D 为 24∶1；压缩比为（2.5∶1)～(3.0∶1)。

干燥：不需要。

典型温度设定为±5℃（±10℉）［这些设置应作为启动条件，可以增加到最高温度+10℃（+ 20℉）］。

项目	材料硬度(邵尔硬度)					
	0～40A	45～55A	60～65A	70～75A	80～85A	45D
进料区	100(210)	100(210)	110(230)	110(230)	120(250)	130(265)
1 区	190(375)	195(385)	200(395)	205(405)	215(415)	220(425)
2 区	200(395)	200(395)	205(405)	215(415)	220(445)	225(435)
3 区	200(395)	205(405)	215(415)	220(425)	225(435)	230(445)
机头	205(405)	215(415)	220(425)	225(435)	230(445)	235(455)
口模	205(405)	215(415)	220(425)	225(435)	230(445)	235(455)
熔体	200(395)	210(410)	215(420)	220(430)	225(435)	230(445)

注：摘自 TPEPS-08-70060C，PolyOne Corporation，Avon Lake（OH）。

4.1.4 SEBS/SEPS（苯乙烯-乙烯/丁烯-苯乙烯和苯乙烯-乙烯/丙烯-苯乙烯嵌段共聚物）的注塑

螺杆类型：通用聚烯烃螺杆，L/D 为 24∶1；压缩比为（2.5∶1)～(3.5∶1)。

干燥：一般不需要。

典型温度设定为±5℃（±10℉）［这些设置应作为启动条件，可以增加到最高温度+10℃（+ 20℉）］。

项目	材料硬度(邵尔硬度)						
	0～25A	30～45A	50～55A	60～65A	70～75A	80～90A	35～45D
后	165(330)	170(340)	170(340)	170(340)	175(350)	180(360)	180(360)
中	195(380)	200(390)	200(390)	205(400)	210(410)	215(420)	220(430)
前	200(390)	205(400)	205(400)	210(410)	215(420)	220(430)	225(440)
注嘴	205(400)	210(410)	210(410)	215(420)	220(430)	225(440)	230(450)

注：摘自 TPEPS-08-70060A，PolyOne Corporation，Avon Lake（OH）。

模具温度：15～40℃（60～100℉）。

螺杆转速：30～50r/min。

背压：3～5bar（50～75psi）。

4.1.5 SEBS（Thermolast K）的注塑

标准注塑机。

压缩比：至少 2∶1。

L/D：至少 20∶1。

指导工艺参数如下。

熔融温度：180～220℃（355～425℉），最高 250℃（480℉）。

模具温度：25～40℃（75～105℉）。

注射速率：高。

保压压力：如果可能，没有。

模具

平衡浇口系统：

浇口端：直径 0.4～0.6mm（0.016～0.024in），最大 1.0mm（0.039in）。

浇口类型：针尖形浇口、沉陷式浇口、膜状浇口。

排气口：排气通道 0.01～0.02mm（0.0004～0.001in）。

模具表面：有蚀痕。

顶杆：大面积顶杆。

注意：

① 软材料可能被压缩，导致填胶过量。

② THERMOLASTK 混合料的优异流动特性可能会导致排气口的阻塞，因此空气滞留。

Kraiburg 热塑性弹性体

4.1.6 SBC（苯乙烯类嵌段共聚物）的包覆成型

螺杆类型：通用聚烯烃螺杆，L/D 为 24∶1；压缩比为（2.5∶1）～(3.5∶1)。

干燥：一般不需要。

典型温度设置为±5℃（±10℉）［这些设置应作为启动条件，可以增加到最高温度+10℃（+ 20℉）］。

项目	基体材料		
	PP、GFPP	ABS、SAN、PC、HIPS	PA6、PA66、GFPA
	SBC 材料硬度（邵尔硬度）		
	5～90A	20～70A	20～70A
后	65(150)	65(150)	80(175)
中	165(330)	170(340)	170(340)
前	170(340)	175(350)	175(350)
注嘴	175(350)	180(360)	180(360)

注：摘自 TPEPS-098-70060B，PolyOne Corporation，Avon Lake（OH）。

模具温度：15～40℃（60～100℉）。

螺杆转速：30～50r/min。

背压：3～5bar（50～75psi）。

4.2 聚烯烃类热塑性弹性体（TPO）的加工

4.2.1 TPO 的挤出

干燥：不需要。

典型温度设置为±5℃（±10℉）［这些设置应作为启动条件，可以增加到＋ 10℃（＋ 20℉）］。

项目	材料硬度(邵尔硬度)		
	65～72A	77～82A	90A
进料段	150(300)	150(300)	150(300)
1 区	150(300)	180(360)	190(370)
2 区	180(360)	190(370)	195(380)
3 区	190(370)	200(390)	200(390)
机头	195(380)	200(390)	205(400)
口模	195(380)	180(360)	205(400)
熔体	195(380)	195(380)	200(390)

注：摘自 TPEPS-01-70059A，PolyOne Corporation，Avon Lake（OH）。

4.2.2 TPO 的注塑

螺杆类型：通用聚烯烃螺杆，L/D 为 24∶1；压缩比为（2.5∶1)～(3.5∶1)。

干燥：一般不需要。

典型温度设置为±5℃（±10℉）［这些设置应作为启动条件，可以增加到最高温度＋10℃（＋ 20℉）］。

项目	材料硬度(邵尔硬度)		
	65～72A	77～82A	90A
后	150(300)	150(300)	150(300)
中	175(350)	180(360)	190(370)
前	180(360)	190(370)	195(380)
注嘴	190(370)	195(380)	200(390)

注：摘自 TPEPS-02-70059B，PolyOne Corporation，Avon Lake（OH）。

模具温度：15～40℃（60～100℉）。

螺杆转速：30～50r/min。

背压：3～5bar（50～75psi）。

4.3 热塑性硫化橡胶（TPV）的加工

4.3.1 热塑性硫化橡胶的挤出

干燥：180℉（82℃），3h。

温度设置：

进料段	70～120℉(21～49℃)
后机筒	350～410℉(182～204℃)
中机筒	370～410℉(188～210℃)
前机筒	370～410℉(188～210℃)
口模	380～420℉(193～216℃)
熔融温度	380～420℉(193～216℃)

4.3.2 热塑性硫化橡胶的注塑

干燥：180℉（82℃），3h。

温度设置：

后机筒	350～420℉(177～216℃)
中机筒	350～420℉(177～216℃)
前机筒	350～420℉(177～216℃)
注嘴	370～420℉(188～221℃)
熔融温度	360～430℉(182～221℃)
模具温度	50～120℉(21～49℃)
注塑压力	10～150psi (0.07～1.03MPa)
螺杆速度	100～200r/min

4.3.3 硅橡胶热塑性硫化橡胶的注塑

温度设置/℉	硅橡胶热塑性硫化橡胶(TPSiV)产品牌号				
	1180-50D	3010-50A 3010-60A	3011-50A 3011-60A 3011-70A	3011-85A	3040-55A
后	446	356	356	401	338
中	454	374	374	410	356
前	482	392	392	419	374
注嘴	500	401	401	428	383
模具	57～86	20～86	50～86	50～86	50～86
注射速率	快速	快速	快速	快速	中速至快速

温度设置/℉	硅橡胶热塑性硫化橡胶(TPSiV)产品牌号			
	3040-60A 3040-65A 3040-70A	3040-85A	3111-70A	3340-55A 3340-60A 3340-65A
后	356	392	356	338
中	374	410	374	356
前	482	419	392	374
注嘴	401	428	401	383
模具	50～86	50～86	50～86	50～86
注射速率	中速至快速	中速至快速	中速至快速	中速至快速

注：摘自 Multibase，Inc。

干燥：176°F（80℃），2～4h。

4.4 熔融加工橡胶（MPR）的加工

熔融加工橡胶（MPR）（Alcryn®）是一种中等性能的热塑性弹性体，具有以下特性。

① 对于大多数工艺，不需要预干燥，除非装材料的袋子已经打开一段时间。

② 可以直接使用，不必配合。

③ 可以注塑、挤出、吹塑、压延和真空成型。

④ 可以共挤出、共注塑，也可以与 PVC 压延成层压板而不需采用黏合剂。

⑤ 可以包覆成型并在选定的刚性基材上共注塑。

4.4.1 熔融加工橡胶的挤出

推荐螺杆：L/D>20∶1（优选 24∶1），耐腐蚀。

机筒温度设置：

进料段	300°F(150℃)
过渡段	320～340°F(160～171℃)
计量段	320～340°F(160～171℃)
口模接套	325°F(163℃)
口模	325°F(163℃)
熔融温度	356～365°F(180～185℃)
螺杆速度	20～60r/min

4.4.2 熔融加工橡胶的注塑

推荐螺杆设计：L/D 为 20∶1 的通用螺杆，逐渐过渡，压缩比在 2.5～3.5 之间，采用耐腐蚀材料（如 Hastalloy C-276）。

机筒温度设置：

后段	340～350°F(171～177℃)
前段	340～350°F(171～177℃)
注嘴	340～350°F(171～177℃)
模具	70～120°F(21～49℃)
熔融温度	340～375°F(171～191℃)
注射速率	1～3cu in/s(1cu in=16.32cm^3)
注塑压力	700～1200psi
螺杆速度	50～100r/min
背压	30～80psi

4.4.3 熔融加工橡胶的压延

压延用于生产没有支承的板材，如果需要还可以压花。

典型的温度设置：

上辊	320～360℉(160～182℃)
下辊	设置的温度要足够高以保持胶料与辊筒的接触，但又要足够低以防止胶料与辊筒黏附(低至285℉或140℃)
辊速	推荐相邻辊之间的速度比为1.05∶1以防止气泡。在辊筒间必须保持小量均匀的堆积胶
熔融温度	加入料必须保持在320～360℉(160～182℃)

4.4.4 熔融加工橡胶的挤出吹塑

可熔融加工的橡胶可以在一系列吹塑机上加工，生产各种具有复杂形状的中空橡胶制品，而且成本低廉。基本上有三种吹塑方法：连续挤出吹塑、间歇挤出吹塑和注射吹塑。

可熔融加工的橡胶优先采用连续挤出法。以下是通过该方法制造中空部件的示例。

在连续吹塑中，熔体连续熔融（塑化），并通过型坯模头向下挤出。型坯形成后，模具关闭并自动移动到另一个吹塑型坯的工位，然后将成品件冷却并顶出。同时，空模移动到型坯头下方的位置，挤出一个新型坯，重复该循环。

螺杆设计：优选带混合装置的几种螺杆，压缩比在2.0～3.0之间。用于螺杆的材料必须具有耐腐蚀性。

典型的温度设置：

1区(进料段)	320～340℉(160～171℃)
2区(过渡段)	310～330℉(154～166℃)
3区(计量段)	300～320℉(140～160℃)
储料缸式机头	280～330℉(138～166℃)
口模	300～350℉(138～166℃)
熔融温度	320～360℉(160～182℃)
螺杆速度	20～60r/min

注：摘自Advanced Polymer Alloys。

4.5 热塑性聚氨酯（TPU）的加工

4.5.1 热塑性聚氨酯的挤出

大多数热塑性聚氨酯（TPU）的挤出温度在320～450℉（160～230℃）之间。大多数TPU牌号的最佳熔融温度范围通常为390～420℉（200～220℃），具体值可在产品信息表中找到。

聚酯型热塑性聚氨酯的典型挤出机温度设置：

进料段	70～105℉(20～40℃)
1区	邵尔A硬度为70～92的产品牌号温度在320～355℉(160～180℃) 硬度为邵尔A93至邵尔D53的产品牌号温度在355～390℉(180～200℃)
2区	邵尔A硬度为70～92的产品牌号温度在340～375℉(170～190℃) 硬度为邵尔A93至邵尔D53的产品牌号温度在355～390℉(180～200℃)
3区	邵尔A硬度为70～92的产品牌号温度在340～390℉(170～200℃) 硬度为邵尔A93至邵尔D53的产品牌号温度在355～410℉(180～210℃)
4区	邵尔A硬度为70～92的产品牌号温度在320～350℉(170～210℃) 硬度为邵尔A93在邵尔D53的产品牌号温度在355～430℉(180～220℃)

续表

进料段	70～105℉(20～40℃)
机头	邵尔A硬度为70～92的产品牌号温度在340～390℉(170～200℃) 硬度为邵尔A93至邵尔D53的产品牌号温度在355～410℉(180～210℃)
口模	邵尔A硬度为70～92的产品牌号温度在340～410℉(170～210℃) 硬度为邵尔A93至邵尔D53的产品牌号温度在355～430℉(180～220℃)
螺杆速度	根据聚合物等级、挤出物的类型和尺寸，螺杆速度可能在15～50r/min范围

4.5.2 聚酯型热塑性聚氨酯的注塑

通用螺杆对于热塑性聚氨酯（TPU）树脂的使用是令人满意的。推荐的螺杆长度与直径比（L/D）为20∶1，压缩比为（2.5∶1）～（3∶1）。应避免螺杆的压缩比大于4∶1。

机筒温度：

后	360～390℉(180～200℃)
中	360～400℉(180～205℃)
前	360～410℉(180～210℃)
注嘴	370～415℉(185～215℃)
理想熔融温度	400℉(205℃)

模具温度：

固定部分	60～110℉(15～45℃)
移动部分	60～110℉(15～45℃)

注塑压力：

第一阶段	6000～14000psi(413～965bar)
第二阶段	5000～10000psi(345～690bar)
合模压力	投影面积3～5 ton/in^2
注射量	额定机筒容量的40%～80%

计时器（每0.125in截面）：

增压	5～10s
第二阶段	10～20s
冷却	20～30s

要考虑的模具收缩率的典型值如下（对于诸如后固化的处理，应加入额外的1～1.5mils/in，1mils=0.0254mm）。

横截面	模具收缩
少于1/8in	7～10 mils/in
1/8～1/4in	10～15 mils/in
超过1/4in	15～20 mils/in

注：摘自Bayer Material Science。

4.6 共聚酯热塑性弹性体（COPE）的加工

4.6.1 共聚酯热塑性弹性体的注塑

螺杆设计：L/D 为（17：1）～(23：1)。压缩比为（2.5：1)～(3.0：1)。

干燥：除非装材料的袋子已经长时间打开，否则不需要干燥。

典型的温度设置：

后机筒	380～450℉(195～235℃)
中机筒	385～420℉(195～215℃)
前机筒	375～425℉(190～219℃)
注嘴	370～420℉(188～221℃)
熔融温度	375～480℉(190～250℃)
模具温度	95～120℉(35～50℃)
注塑压力	7500～10000psi (52～70MPa)
背压	45～90psi(3～6bar)
螺杆速度	30～100r/min

4.6.2 共聚酯热塑性弹性体（COPE）的挤出

螺杆设计：L/D 为 24：1 或更高的三段螺杆，逐渐过渡。压缩比为（2.4：1)～(3.2：1)。

典型温度设定：

后机筒	320～425℉(160～220℃)
中机筒	340～435℉(170～225℃)
前机筒	340～435℉(170～225℃)
口模接套和口模	320～465℉(320～465℃)
熔融温度①	330～500℉(165～260℃)

① 根据产品牌号。

4.7 聚酰胺热塑性弹性体（COPA）的加工

干燥温度：175～212℉（80～100℃）。

干燥时间：2～4h。

4.7.1 聚酰胺热塑性弹性体的挤出

螺杆设计：L/D 为 24：1 或更高的三区螺杆。压缩比为（2.5：1)～(3.5：1)。

典型温度设置：

后机筒	340～475℉(170～245℃)
中机筒	340～475℉(170～245℃)
前机筒	360～490℉(180～255℃)
口模	370～500℉(190～260℃)
熔融温度①	372～509℉(190～265℃)

① 根据产品牌号。

4.7.2 聚酰胺热塑性弹性体的注塑

螺杆设计：L/D 为 (18∶1)～(22∶1)，三区。压缩比为 2.0∶1 或更高。

典型温度设置：

后机筒	320～425℉(160～220℃)
中机筒	340～445℉(170～230℃)
前机筒	355～460℉(180～240℃)
注嘴	355～465℉(180～240℃)
熔融温度	355～465℉(180～240℃)
模具温度	60～105℉(15～40℃)
合模力	2900～8700psi (200～600bar)

① 根据产品牌号。

注：摘自 Arkema，Inc。

附录 5 热塑性弹性体及其混合料的商业技术数据表

注：由于商品总数非常大，产品不断开发，变化频繁，或因为公司所有权的终止或变换，表中的数据永远不可能完整。但是，这些表说明了用于各类热塑性弹性体的基本性能。提供的格式因各个供应商而异，因此不可能有一个完全统一的格式。通过删除不再使用的材料，增加后来开发的材料，进行了大量工作更新了以前版本中提供的数据。有关详细信息，可与供应商联系。

5.1 SBC 数据表

见表 1～表 16。

表 1 Elastamax 苯乙烯嵌段共聚物的一般性能①

性能	测试方法	单位	HTE1101	HTE1102	HTE1104	HTE1105	HTE1106
拉伸强度	ASTM D412	MPa	5.5	3.8～4.1	9.1	8.9	4.07
伸长率	ASTM D412	%	550	900	1000	1060	190
100%定伸应力	ASTM D412	MPa	—		1.72	1.59	3.51
300%定伸应力	ASTM D412	MPa	—	—	3.1	2.3	—
压缩永久变形	ASTM D395②	%	—	—	16	—	—
硬度(邵尔 A)	ASTM D2240	—	41	50③	45③	43③	65③
相对密度	ASTM D792	—	1.00	0.92	0.93	0.94	1.03
撕裂强度/(C 型试片,20in/min)	ASTM D624	kN/m	33.7	52.7	29.8	29.8	20
应用			GP	GP	GP	GP	GP

① 与食物接触，可以联系公司了解详情。

② 采用方法 B，在 73℉下，22 h。

③ 瞬时硬度读数。

注：1. GP—通用。

2. 摘自 Technical Data Sheet，PolyOne Corporation，2013。

表 2 HYBRAR 三嵌段共聚物的典型性能

性能	方法	单位	非氢化		氢化	
			5127	5125	7125	7311
苯乙烯含量	—	质量分数%	20	20	20	12
相对密度	ISO 1183	—	0.94	0.94	0.90	0.89
玻璃化转变温度	DSC	℃	8	−13	−15	−32
熔体流动速率(230℃)		g/10min	—	—	4	5.7
熔体流动速率(190℃)		g/10min	—	—	0.7	1.1
硬度		邵尔 A	84	60	64	41
100%定伸应力	ISO 37	MPa	2.8	1.6	1.7	0.6
300%定伸应力	ISO 37	MPa	4.7	2.5	2.7	0.9
拉伸强度	ISO 37	MPa	12.4	8.8	7.1	6.3
拉断伸长率	ISO 37	%	730	730	680	1050

注：摘自 Hybrar，High Performance Thermoplastic Rubber，Typical Properties，Kuraray Co.，Ltd.，2013。

表 3 SEPTON K 苯乙烯嵌段共聚物的典型性能

性能	测试方法(ISO)	单位	KM125	KM088	KM079
硬度(邵尔 A)	7619	—	0.92	0.92	0.91
相对密度	1183	—	83	72	50
100%定伸应力(TD)	37	MPa	3.1	1.7	1.1
拉伸强度(TD)	37	MPa	18	5.7	7.8
拉断伸长率(TD)	37	%	700	670	830
熔体流动速率(280℃,2.16kg)	1133	g/10min	4.6	11	0.7

注：摘自 TPE Magazine International 2/2013，p. 113。

表 4 Kraton D (IR) 聚合物产品牌号的典型性能

性能	IR305 (线型)	IR307 (线型)	IR309①,② (线型)	IR310①,③ (线型)	IR401④ (线型)
相对密度	0.91	0.91	0.91	0.91	—
特性黏度/$dL \cdot g^{-1}$	7.8	7.8	8.0	8.0	7.8
门尼黏度(212℉)	—	—	45	45	—
含油量(质量分数)/%	3.6	0	3.6	0	—
苯乙烯/橡胶比	0/100	0/100	0/100	0/100	0/100
注	—	FDA⑤	双峰分子量分布	FDA⑤	FDA⑤

① 低黏度。
② IR305 易于加工的种类。
③ IR307 易于加工的种类。
④ 胶乳中固含量为 63%（水性分散体）。
⑤ 联系供应商了解详情。
注：摘自 Kraton Data Document，Kraton Polymers LLC，2013。

表 5　Kraton D 油充聚合物产品牌号的典型性能

性能	D4141K(SBS) 线型	D4150K(SBS) 线型	D4158K(SBS) 星形	D4433P(SIS) 线型
拉伸强度①/psi	2750③	2800③	1330③	900②
300%定伸应力/psi	250	160	230	150
伸长率①/%	1300	1400	1110	1450
拉断永久变形①/%	20	25	10	24
硬度(邵尔 A,10s)	50	45	41	29
相对密度	0.93	0.92	0.92	0.92
Brookfield 黏度(77℉)④/P	1000	850	4800	350
熔体流动速率 (200℃,5kg)/(g/10min)	11	10	<1	29
油含量(质量分数)/%	28.5	33	33	23
苯乙烯/橡胶比	31/69	31/69	31/69	22/78
二嵌段/%	17	17	16	20
注	FDA⑤	FDA⑤	FDA⑤	FDA⑤

① ASTM D412 拉力试验机夹具分离速度 10in/min。
② 从甲苯溶液中浇注的薄膜的典型性能。
③ 聚合物在 350℉下模压的典型值。
④ 油充聚合物在甲苯中的浓度为质量分数 20%。
⑤ 联系供应商了解详情。
注：1. 摘自 Kraton Data Document，Kraton Polymers LLC，2013。
2. 1cp=1mPa·s，余同。

表 6　Kraton D (SBS) 星形聚合物产品牌号的典型性能

性能	D1403P 星形	D1493P 星形
拉伸强度①/psi	4000	4000
伸长率①,②/%	200	200
弯曲模量①,②/psi	270000	270000
HDT②(66psi)/℃	80	80
邵尔 D③硬度/(ASTM D2240)	65	65
相对密度	1.01	1.01
Brookfield 黏度(77℉)④/cP	220	220
熔体流动速率(200℃,5kg)/(g/10min)	11	11
油含量(质量分数)/%	0	0
苯乙烯/橡胶比	75/25	75/25
注	FDA⑤	FDA⑤

① ASTM D638 拉力试验机夹具分离速度 10in/min。
② 聚合物在 350℉下模压的典型值。
③ 注塑样条。
④ 纯聚合物浓度，在甲苯中的质量分数为 20%。
⑤ 联系供应商了解详情。
注：摘自 Kraton Data Document，Kraton Polymers LLC，2013。

表 7　Kraton D (SIS) 聚合物产品牌号的典型性能 1

性能	D1111K (SIS)线型	D1113P (SIS)线型	D1114P (SIS)线型	D1117P (SIS)线型	D1119P (SIS)线型
拉伸强度①,②/psi	2900	600	4600	1200	350
300%定伸应力①,②/psi	200	50	275	60	160
伸长率①,②/%	1200	1500	1300	1300	1000
拉断永久变形①,②/%	10	20	—	15	20
邵尔 A③硬度/(10s)	45	23	42	33	30
相对密度	0.93	0.92	0.92	0.92	0.93
黏度④(77℉)/cP	1100	600	900	500	340
熔体流动速率(200℃,5kg)/(g/10min)	3	24	9	33	25
油含量(质量分数)/%	0	0	0	0	0
苯乙烯/橡胶比	22/78	16/84	19/81	17/83	22/78
二嵌段/%	18	56	<1	33	66
注	FDA⑤	FDA⑤	FDA⑤		FDA⑤

① ASTM D412 拉力试验机夹具分离速度 10in/min。
② 从甲苯溶液中浇注的薄膜的典型性能。
③ 聚合物在 350℉下模压的典型值。
④ 纯聚合物在甲苯中的浓度为质量分数 20%。
⑤ 联系供应商了解详情。
注：摘自 Kraton Data Document，Kraton Polymers LLC，2013。

表 8　Kraton D (SIS) 聚合物产品牌号的典型性能 2

性能	D1124K (SI)*n* 星形	D1126P (SI)*n* 星形	D1161P (SIS) 线型	D1162BT (SIS) 线型	D1163P (SIS) 线型	D1164P (SIS) 线型
拉伸强度①,②/psi	2100	1120	3100	4000	1500	4000
300%定伸应力①,②/psi	430	360	130	—	70	445
伸长率①,②/%	1100	1400	1300	—	1400	1000
拉断永久变形①,②/%	26	—	—	—	—	—
硬度(邵尔 A③,10s)	54	44	32	—	25	53
相对密度	0.94	0.92	0.92	0.95	0.92	0.94
Brookfield 黏度(77℉)④/cP	340	500	1200	120	900	300
熔体流动速率 (200℃,5kg)/(g/10min)	4	15	12	35	23	12
油含量(质量分数)/%	0	0	0	0		0
苯乙烯/橡胶比	30/70	19/81	15/85	44/56	15/85	29/71
二嵌段/%	30	30	19	<1	38	<1
注	FDA⑤	FDA⑤	FDA⑤	FDA⑤	FDA⑤	FDA⑤

① ASTM D412 拉力试验机夹具分离速度 10in/min。
② 从甲苯溶液中浇注的薄膜的典型性能。
③ 聚合物在 350℉下模压的典型值。
④ 纯聚合物在甲苯中的浓度为质量分数 20%。
⑤ 联系供应商了解详情。
注：摘自 Kraton Data Document，Kraton Polymers LLC，2013。

表 9　Kraton G 聚合物产品牌号的典型性能 1

性能	G1641H[⑤] (SEBS)线型	G1650M (SEBS)线型	G1651H (SEBS)线型	G1652M (SEBS)线型	G1654H (SEBS)线型	G1567M (SEBS)线型
拉伸强度[①,②]/psi	>2500	>4000	>4000	4500	<4000	3400
300%定伸应力[①,②]/psi	630	800	—	700	—	350
伸长率[①,②]/%	>800	500	>800	500	>800	750
硬度(邵尔 A[③],10s)	52	72	61	70	63	47
相对密度	0.92	0.91	0.91	0.91	0.91	0.89
Brookfield 黏度[④](77℉)/cP						
质量分数 25%	>50000	8000	>50000	1800	>50000	4200[⑤]
质量分数 10%	80	50	1800	30	410	65
熔体流动速率(5kg)/(g/10min)						
200℃	<1	<1	<1	<1	<1	8
100℃	<1	<1	<1	5	<1	22
油含量(质量分数)/%	0	0	0	0	0	0
苯乙烯/橡胶比	34/66	30/70	33/67	30/70	31/69	13/87
二嵌段/%	<1	<1	<1	<1	<1	29
注	FDA[⑥]	FDA[⑥]	FDA[⑥]	FDA[⑥]	FDA[⑥]	FDA[⑥]

① ASTM D412 拉力试验机夹具分离速度 10in/min。
② 从甲苯溶液中浇注的薄膜的典型性能。
③ 聚合物在 350℉下模压的典型值。
④ 纯聚合物在甲苯中的浓度。
⑤ 增大橡胶链段（黏度较低、硬度较低、与聚丙烯的相容性更好）。
⑥ 联系供应商了解详情。
注：摘自 Kraton Data Document，Kraton Polymers LLC，2013。

表 10　Kraton G 聚合物产品牌号的典型性能 2

性能	G1701M (SEP) 二嵌段	G1702M (SEP) 二嵌段	G1726M (SEBS) 线型	G1730M (SEPS) 线型	G1750M (EP)*n* 星形	G1765M (EP)*n* 星形
拉伸强度[①,②]/psi	300	300	350	—	<50	<50
拉断伸长率[①,②]/%	<100	<100	<200	—	—	—
硬度(邵尔 A[③],10s)	64	41	70	61	11	12
相对密度	0.92	0.91	0.91	0.90	0.86	0.86
黏度(甲苯溶液,77℉)/cP						
质量分数 25%[④]	>50000	50000	200	1980	8700	12800[⑤]
质量分数 10%[④]	—	280	10	35	140	1805[⑤]
熔体流动速率(5kg)/(g/10min)						
200℃	<1	<1	65	3	8	4
100℃	<1	<1	<100	13	—	—
油含量(质量分数)/%	0	0	0	0	0	12
苯乙烯/橡胶比	37/63	28/72	30/70	20/80	0/100	0/100
二嵌段/质量分数%	100	100	70	<1	—	—
注	FDA[⑥]	FDA[⑥]	FDA[⑥]	FDA[⑥]	FDA[⑥]	FDA[⑥]

① ASTM D412 拉力试验机夹具分离速度 10in/min。
② 从甲苯溶液中浇注的薄膜的典型性能。
③ 聚合物在 350℉下模压的典型值。
④ 纯聚合物在甲苯中的浓度。
⑤ 油充聚合物
⑥ 联系供应商了解详情。
注：摘自 Kraton Data Document，Kraton Polymers LLC，2013。

表 11 Kraton FG 聚合物产品牌号的典型性能

性能	测试方法	单位	FG1901SEBS 三嵌段	FG1924SEBS 三嵌段
三嵌段的相对分子量			低	中
结合马来酸酐	BAM 1026	质量分数%	1.4～2.0	0.7～1.3
苯乙烯/橡胶比			28/72	13/87
橡胶嵌段的玻璃化转变温度	DSC	℃	−42	−40
熔体流动速率(230℃,5kg)	ASTM D1238	g/10 min	22	40
相对密度	ASTM D792	g/cm^3	0.91	0.90
拉伸强度①	ASTM D412	psi	5000	3400
拉断伸长率①	ASTM D412	%	500	750
硬度	ASTM D2240	邵尔 A	71	49
FDA			是	是

① 从甲苯溶液中浇注的薄膜的典型性能。

② 聚合物在 300℉下模压的典型值。

注：摘自 Kraton Data Document，K127DDgO12U，Kraton Polymers LLC，2013。

表 12 VECTOR 苯乙烯类嵌段共聚物产品牌号的典型性能 1

性能	测试方法	单位	2411 (SB)*n* 星形②	2518 SBS 线型	4113A SIS/SI② 线性	4114A SIS/SI② 线型	4211A SIS 线型	4215A SIS/SI② 线型
拉伸强度①/psi	ASTM D412	psi	4000	4500	2900	1700	3500	2600
300%定伸应力①/psi	ASTM D412	psi	650	550	—	—	275	500
伸长率①/%	ASTM D412	%	725	725	1300	1500	900	1000
硬度①(邵尔 A)	ASTM D2240		71	78	32	24	62	58
相对密度	ASTM D792		0.94	0.94	0.92	0.92	0.94	0.94
黏度(5%甲苯溶液)	ASTM D2196	cP	21	—	—	—	—	—
熔体流动速率(200℃,5kg)		g/10min	<1	6	10	25	13	9
苯乙烯含量	Dexco	质量分数%	30	31	15	15	30	30
二嵌段/%	Dexco		30	<1	18	42	<1	18

① 在压板上的典型数值。

② 三嵌段与二嵌段共聚物的共混物。

注：摘自 Product Sheets，Dexco Polymers，LLC，Houston，TX，2013。

表 13 VECTOR 苯乙烯类嵌段共聚物产品牌号的典型性能 2

性能	测试方法	单位	4230 (SI)*n* 星形②	4411A SIS 线型	4461 SBS 线型	6241 SBS 线型	6507 SBS 线型	7400 SBS 线型③
拉伸强度①	ASTM D412	psi	1940	300	4500	4500	4500	2900
300%定伸应力①	ASTM D412	psi	—	1300	1200	1275	1275	380
伸长率①	ASTM D412	%	1075	750	700	800	700	1220
硬度③(邵尔 A)③	ASTM D2240		45	87	87	87	88	47
相对密度	ASTM D792		0.94	0.96	0.96	0.96	0.96	0.90

续表

性能	测试方法	单位	4230 (SI)n 星形②	4411A SIS 线型	4461 SBS 线型	6241 SBS 线型	6507 SBS 线型	7400 SBS 线型③
黏度(5%甲苯溶液)	ASTM D2196	cP	—	—	—	—	—	—
熔体流动速率(200℃,5kg)		g/10min	14	40	23	23	23	18
苯乙烯含量	Dexco	质量分数%	20	44	43	43	43	31
二嵌段/%	Dexco		30	<1	<1	<1	<1	<1
矿物油	Dexco	质量分数%	—	—	—	—	—	33
注			—	—	FDA④	FDA④	—	—

① 在压板上的典型数值。
② 四臂星形。
③ 油充聚合物。
④ 联系公司了解详情。
注：摘自 Product Sheets，Dexco Polymers，LLC，Houston，TX，2013。

表 14　K-树脂 SBC 的典型性能

性能	测试方法	单位	KR01	KR03	KR05	BK10	XK40
密度	D2240	g/cm³	1.01	1.01	1.01	1.01	1.02
硬度(邵尔 A/D)	D1238		75	65	65	67	65
熔体流动速率(200℃,5kg)	D3340	g/10 min	8.0	7.5	7.5	15	10
拉断强度	D638	MPa	39.0	26.0	26.0	21.4	15.2
拉断伸长率	D638	%	20	160	160	200	330
弯曲模量	D1697	GPa	1.482	34.0	1.413	1.482	0.696
悬臂梁缺口冲击强度	D256	J/cm	—	0.412	0.410	不断	不断
1.86MPa(264psi) 负荷下挠曲温度	D648	℃(℉)	77.0(171)	73.0(163)	73.0(163)	62.0(144)	39.0(102)
透过率(可见的)	D1003	%	90～95	90	90	90	91
熔融温度	D2196	℃(℉)	—	—	—	—	—
加工温度		℃(℉)	≤232(450)	≤232(450)	≤218(424)	≤193～232 (379～450)	≤218(424)
可燃性	UL94		HB	HB	HB	HB	—

注：摘自 MatWeb/Chevron Phillips Chemical Company，LP，retrieved from Internet，December 2013。

表 15　Kraiburg TPE Thermolast K 混合料的典型性能

性能	ISO	单位	TC0GPN	TC0GPZ
颜色			天然	黑色
密度	1183	g/cm³	1.10	1.10
邵尔 A 硬度	868		95	95
拉断强度	37	MPa	13.0	13.0
拉断伸长率	37	%	500	500
格瑞夫斯撕裂强度	34-1,方法 B	kN/m	41.0	41.0

续表

性能	ISO	单位	TC0GPN	TC0GPZ
压缩永久变形 72h×23℃ 22h×70℃ 22h×100℃	815	%	46 72 85	46 72 85
可燃性(UL94)			HB	HB
加工温度		℃	180～250	180～250

注：摘自 Property Data Sheets，Kraiburg TPE，2013。

表 16 Kraiburg TPE Thermolast K 混合料（低密度、黑色）的典型性能

性能	ISO	单位	TC0COZ
颜色			黑色
密度	1183	g/cm³	0.986
邵尔 A 硬度	868		40
拉断强度	37	MPa	18.0
拉断伸长率	37	%	580
格瑞夫斯撕裂强度	34-1，方法 B	kN/m	455
压缩永久变形 72h×23℃ 22h×70℃ 22h×100℃	815	%	45 65 85
加工温度		℃	180～250

注：摘自 Property Data Sheets，Kraiburg TPE，2013。

5.2 热塑性聚烯烃（TPO）数据表

具体数据见表 17～表 26。

表 17 ENGAGE™ POE 乙烯辛烯产品牌号的典型性能 1

性能	ASTM	单位	8842	8180	8130	8150	8107
密度	D792	g/cm³	0.857	0.864	0.868	0.870	0.870
熔体流动速率(2.16kg,190℃)	D1238	g/10 min	1	0.5	13	0.5	1
门尼黏度[ML(1+4)121℃]	D1646	MU	25	37	4	33	24
总结晶度		%	13	18	13	16	18
邵尔 A 硬度	D2240		54	63	63	70	73
邵尔 D 硬度	D2240		11	16	13	20	22
DSC 熔融峰值	DSC	℃	38	47	56	55	60
玻璃化转变温度	DSC	℃	−58	−55	−55	−52	−52
雾度	D1003	%	N. D.	2	3	4	9
2%正割弯曲模量	D790	MPa	4.0	7.7	7.3	14.4	13.1
拉伸强度	D638	MPa	3.0	6.3	2.4	9.5	9.76
拉断伸长率	D638	%	>600	>600	>600	>600	>600

注：N. D. 表示无数据。

表 18　ENGAGE™ POE 乙烯辛烯产品牌号的典型性能 2

性能	ASTM	单位	8207	8407	8452	8411	8003
密度	D792	g/cm³	0.870	0.870	0.875	0.880	0.885
熔体流动速率(2.16kg,190℃)	D1238	g/10min	5	30	3	18	1
门尼黏度[ML(1+4)121℃]	D1646	MU	8	2	11	3	23
总结晶度		%	19	21	20	24	25
邵尔 A 硬度	D2240		66	72	74	81	84
邵尔 D 硬度	D2240		17	20	24	27	31
DSC 熔融峰值	DSC	℃	59	65	66	76	77
玻璃化转变温度	DSC	℃	−53	−54	−51	−50	−46
雾度	D1003	%	2	5	2	8	10
2%正割弯曲模量	D790	MPa	10.8	10.5	16.8	20.5	32.6
拉伸强度	D638	MPa	5.7	2.8	11.2	7.3	18.2
拉断伸长率	D638	%	>600	>600	>600	>600	>600

注：摘自 Technical Information，Dow Chemical Company，2013。

表 19　ENGAGE™ POE 乙烯丁烯产品牌号的典型性能

性能	ASTM	单位	7467	7447	7387	7270	ENR7487
密度	D792	g/cm³	0.862	0.865	0.870	0.880	0.860
熔体流动速率(2.16kg,190℃)	D1238	g/10min	1.2	5	<0.5	0.8	<0.5
门尼黏度[ML(1+4)121℃]	D1646	MU	19	7	54	24	47
总结晶度		%	12	13	16	19	13
邵尔 A 硬度	D2240		52	54	66	80	58
邵尔 D 硬度	D2240		12	12	22	26	14
DSC 熔融峰值	DSC	℃	34	35	50	84	37
玻璃化转变温度	DSC	℃	−58	−53	−52	−44	−57
2%正割弯曲模量	D790	MPa	4	7.5	11.5	22.1	1.2
拉伸强度	D638	MPa	2.0	2.4	9.1	13.9	2.4
拉断伸长率	D638	%	>600	>600	>600	>600	>600

注：摘自 Technical Information，Dow Chemical Company，2013。

表 20　ENGAGE™ POE 高熔体强度（HM）产品牌号的典型性能

性能	ASTM	单位	HM7487	HM7387	HM7280	HM7289
密度	D792	g/cm³	0.860	0.870	0.884	0.891
熔体流动速率(2.16kg,190℃)	D1238	g/10 min	<0.5	<0.5	<0.5	<0.5
门尼黏度[ML(1+4)121℃]	D1646	MU	47	54	42①	74①
总结晶度		%	13	16	24.7	27.5
邵尔 A 硬度	D2240		58	66	84	88
邵尔 D 硬度	D2240		14	22	29	31

续表

性能	ASTM	单位	HM7487	HM7387	HM7280	HM7289
DSC熔融峰值	DSC	℃	37	50	99	99
玻璃化转变温度	DSC	℃	−57	−52	−46	−52
雾度	D1003	%	N. D.	56	N. D.	N. D.
2%正割弯曲模量	D790	MPa	1.2	11.5	25.3	43.5
拉伸强度	D638	MPa	2.4	9.1	3.7	3.0
拉断伸长率	D638	%	>600	>600	310	200

① 150℃下测试。

注：摘自 Technical Information，Dow Chemical Company，2013。

表 21　DOW™ ENGAGE™ POE XLT 产品牌号的典型性能

性能	ASTM	单位	数据
密度	D792	g/cm^3	0.870
熔体流动速率(2.16kg,190℃)	D1238	g/10 min	0.5
门尼黏度[ML(1+4)121℃]	D1646	MU	45
总结晶度		%	13
邵尔 A 硬度	D2240		51
邵尔 D 硬度	D2240		11
DSC熔融峰值	DSC	℃	118
玻璃化转变温度	DSC	℃	−65
雾度	D1003	%	N. D.
2%正割弯曲模量	D790	MPa	6.3
拉伸强度	D638	MPa	3.0
拉断伸长率	D638	%	>1000

注：1. N. D. =没有数据。

2. 摘自 Technical Information，Dow Chemical Company，2011。

表 22　INFUSE 烯烃嵌段共聚物产品牌号的典型性能 1

性能	ASTM	单位	9000	9007	9010	9100	9107
密度	792	g/cm^3	0.877	0.866	0.877	0.877	0.866
熔体流动速率(16kg,190℃)	1238	g/10 min	0.50	0.50	0.50	1.0	1.0
100%定伸应力	638	MPa	3.29	1.78	3.40	2.79	1.61
拉伸强度	412	MPa	15.0	9.70	14.5	13.0	11.0
拉断伸长率	412	%	1200	1300	770	1300	1600
撕裂强度	624	kN/m	42.0	29.0	47.8	40.0	27.0
压缩永久变形							
23℃	395	%	23	18	24	19	16
70℃			42	57	67	47	49
邵尔硬度	2240	邵尔 A	71	64	77	75	60
熔融温度	DSC	℃	120	119	122	120	121

注：摘自 Technical Information，Dow Chemical Company，2011。

表 23 INFUSE 烯烃嵌段共聚物产品牌号的典型性能 2

性能	ASTM	单位	9500	9507	9530	9807	9817
密度	792	g/cm^3	0.877	0.866	0.887	0.866	0.877
熔体流动速率(16kg,190℃)	1238	g/10 min	5.0	5.0	5.0	15	15
100%定伸应力	638	MPa	2.28	1.49	3.82	1.30	2.31
拉伸强度	412	MPa	9.50	7.00	17.0	3.00	7.00
拉断伸长率	412	%	1600	1900	1300	2200	1700
撕裂强度	624	kN/m	35.0	22.0	52.0	17.0	31.0
压缩永久变形	395	%					
23℃			22	22	20	16	15
70℃			88	70	45	76	58
邵尔硬度	2240	邵尔 A	69	60	83	55	71
熔融温度	DSC	℃	122	119	119	118	120

注：摘自 Technical Information，Dow Chemical Company，2011。

表 24 AFFINITY GA 1000 R 功能聚烯烃的典型性能

性能	测试方法	单位	标称值
伽德纳密度	ASTM D3417		<5.00
MAH 接枝程度	DOW 公司的方法		高
挥发物	ASTM D3030	%	<0.15
拉伸强度	ASTM D683	MPa	1.87
拉断伸长率	ASTM D683	%	170
玻璃化转变温度	DSC	℃	−58.0
熔融温度	DSC	℃	68.0
Brookfield 黏度(177℃)	ASTM D1084	Pa·s	13.0

表 25 Elastamax EG 系列产品牌号的典型性能 1

性能	ASTM D	单位	EG9065	EG9072	EG9077	EG9082	EG9090
邵尔 A 硬度	2240						
即时		—	66	71	76	82	88
15s 后测定		—	64	69	74	80	86
相对密度	792	—	0.88	0.88	0.88	0.88	0.88
拉伸强度	412	psi	430	520	570	650	960
拉断伸长率	412	%	420	450	460	440	430
100%定伸应力	412	psi	325	380	430	475	790
300%定伸应力	412	psi	450	510	580	620	1020
撕裂强度(C 型试样)	624	pli	135	150	—	—	—
熔体流动速率(程序 A,374℉)	1238	g/10min	35	26	20	15	6

注：摘自 PolyOne Corporation，Technical Data Sheet，2013。

表 26 Elastamax EG 系列产品牌号的典型性能 2

性能	ASTM D	单位	EG9165	EG9172	EG9177	EG9182	EG9190
邵尔 A 硬度							
即时	2240	—	58	65	72	78	85
15s 后测定		—	64	71	77	83	88
相对密度	792	—	0.878	0.878	0.878	0.878	0.878
拉伸强度	412	MPa	4.24	5.31	5.86	6.55	9.85
拉断伸长率	412	%	460	540	510	510	430
100%定伸应力	412	MPa	3.00	3.59	4.21	4.76	8.48
300%定伸应力	412	MPa	4.03	4.48	5.17	5.65	11.00
撕裂强度(C 型试样)	624	kN/m	35	35	38.5	45.5	85.8
熔体流动速率(程序 A,374℉)	1238	g/10min	11	7.3	3.5	2.7	0.73

注：摘自 PolyOne Corporation，Technical Data Sheet，2013。

5.3 TPV 数据表

见表 27～表 37。

表 27 Geolast 热塑性硫化胶的典型性能

性能	ASTM	单位	牌号			
			701-70	701-80W183	701-87W183	703-45
邵尔硬度	D2240	—	70A	80A	84A	45D
相对密度	D792	—	1.04	1.02	1.01	0.97
100%定伸应力	D412	psi	551	680	730	1640
拉伸强度	D412	psi	841	1200	1310	2470
拉断伸长率	D412	%	220	300	330	370
撕裂强度(C 型试样)	D624	pli	114	154	194	497
压缩永久变形(22h,158℉)	D395	%	29	30	39	—
压缩永久变形(22h,257℉)	D395	%	36	37	50	—
脆性温度	D746	℉	−26	−31	−31	−17
热空气老化(168h,302℉)						
邵尔硬度变化率	D573		0	+5	−2	+1
拉伸强度变化率		%	+5	+1	+15	+3
拉断伸长率变化率		%	−23	−29	−26	−18

注：1. 摘自 Technical Data Sheets，ExxonMobil Chemical，2013。
2. 1pli=175N/m。

表 28　Santoprene 热塑性硫化胶（TPV）的典型性能 1

性能	ASTM	单位	TPV 牌号					
			101-45 W255	101-55	101-64	101-73	101-80	101-87
邵尔 A 硬度	D2240	—	48	59	69	78	86	93
相对密度	D792	—	0.980	0.970	0.970	0.970	0.960	0.960
100%定伸应力	D412	psi	203	305	377	522	682	1030
拉伸强度	D412	psi	508	754	1020	1280	1610	2550
拉断伸长率	D412	%	400	400	450	490	540	580
撕裂强度(C 型试样)	D624	lbf/in	—2	91	131	154	200	297
压缩永久变形(22h×158℉)	D395	%	—	22	18	28	41	36
压缩永久变形(22h×257℉)	D395	%	—	38	44	37	47	44
脆性温度	D746	℉	—	—76	—76	—76	—60	—54
介电常数	D150	—	—	2.40	2.50	2.50	2.60	2.60
绝缘强度(73℉)	D149	V/mil	—	690	680	680	750	750
热空气老化(168h,302℉)	D573							
邵尔硬度变化率				+3	+2	7	+5	+2
拉伸强度变化率		%		—7	—12	—1	—5	—15
拉断伸长率变化率		%		13	6	—3	—12	—16
连续耐高温(1008h)	SAE J2236	℉	—	275	275	275	275	275

注：1. 摘自 Technical Data Sheets，ExxonMobil Chemical，2013。
2. 1mil=0.0254mm；1lbf/in=175N/mm。

表 29　Santoprene 热塑性硫化胶（TPV）的典型性能 2

性能	ASTM	单位	TPV 牌号	
			103-40	103-50
邵尔 A 硬度	D2240	—	41	50
相对密度	D792	—	0.950	0.950
100%定伸应力	D412	psi	1310	—
拉伸强度(100%伸长率)	D412	psi	3000	—
拉断伸长率	D412	%	610	—
撕裂强度(C 型试样)	D624	pli	383	497
屈服拉伸强度	D638	psi	—	1740
屈服拉伸伸长率	D638	%	—	30
压缩永久变形(22h×158℉)	D395	%	54	59
压缩永久变形(22h×257℉)	D395	%	61	74
脆性温度	D746	℉	—62	—28
介电常数	D150	—	2.60	2.40
绝缘强度(73℉)	D149	kV/mil①	800	780

续表

性能	ASTM	单位	TPV 牌号	
			103-40	103-50
热空气老化(168h×302℉)				
邵尔硬度变化率	D573	%	+4	+5
拉伸强度变化率		%	−11	−32
拉断伸长率变化率		%	−15	−27

①1mil=0.0254mm。

注：摘自 Technical Data Sheets，ExxonMobil Chemical，2013。

表 30 Santoprene 热塑性硫化胶（TPV）111 系列的典型性能

性能	ASTM	单位	TPV 牌号		
			111-35	111-45	111-55
邵尔 A 硬度	D2240	—	35	49	55
相对密度	D792	—	0.950	0.960	0.970
100%定伸应力	D412	psi	150	200	270
拉伸强度	D412	psi	420	510	670
拉断伸长率	D412	%	330	340	400
撕裂强度(C 型试样)	D624	lbf/in	—	63	—
压缩永久变形(22h×158℉)	D395	%	10	11	12
压缩永久变形(22h×257℉)	D395	%	31	35	34
脆性温度	D746	℉	−81	−80	−76
介电常数	D150	—	—	2.40	2.60
绝缘强度(73℉)	D149	kV/mil		690	790
连续耐高温(1008h)	SAE J2236	℉	—	—	275

注：摘自 Technical Data Sheets，ExxonMobil Chemical，2013。

表 31 Santoprene 热塑性硫化胶（TPV）121 系列的典型性能

性能	ASTM	单位	TPV 牌号		
			121-50E500	121-60M200	121-65M300
邵尔 A 硬度	D2240	—	56	61	65
密度	D792	—	0.910	0.950	0.920
100%定伸应力	D412	psi	247	290	334
拉伸强度	D412	psi	580	510	957
拉断伸长率	D412	%	410	360	490
撕裂强度(C 型试样)	D624	lbf/in	—	63	—
压缩永久变形(22h×158℉)	D395	%	23	11	12
压缩永久变形(22h×257℉)	D395	%	41	35	34
脆性温度	D746	℉	−61	—	−62

续表

性能	ASTM	单位	TPV 牌号		
			121-50E500	121-60M200	121-65M300
热空气老化(168h×302℉)					
邵尔硬度变化率	D573	%	−1	—	−2
拉伸强度变化率		%	−5	—	−3
拉断伸长率变化率		%	−5	—	−10

注：摘自 Technical Data Sheets，ExxonMobil Chemical，2013。

表 32　Teknor Apex Sarlink 3100 系列的典型性能

性能	ASTM	单位	Sarlink 牌号						
			3135	3140	3150	3160	3170	3180	3190
密度	D792	g/cm³	0.930	0.930	0.940	0.950	0.940	0.950	0.940
硬度	D2240	邵尔 A	37	40	54	62	71	80	90
拉断强度(C 型试样)									
流动方向	D412	MPa	2.10	2.60	3.30	4.20	5.20	7.10	11.50
断面方向			3.10	3.80	4.70	5.20	7.70	9.30	13.50
拉断伸长率(C 型试样)									
流动方向	D412	%	263	328	316	353	378	430	570
断面方向			474	552	581	654	683	676	746
100%定伸应力									
流动方向	D412	MPa	100	102	180	240	310	450	710
断面方向			130	130	220	290	350	510	790
撕裂强度(C 型试样，断面方向)	D624	kN/m	16.0	13.0	24.0	32.0	42.0	51.0	64.0
压缩永久变形									
23℃×22h	D395B	%	31	32	20	23	25	32	37
100℃×22h			41	42	41	41	47	52	62

注：1. 通用级，用于注塑和挤出。
2. 摘自 Sarlink Data，Teknor Apex Company，2011。

表 33　Thermolast V 型的典型性能

牌号	颜色	硬度	密度/(g/cm³)	拉伸强度/MPa	拉断伸长率/%	撕裂强度/(kN/m)	压缩永久变形/%			
							72h/23℃	22h/70℃	22h/100℃	22h/120℃
TV5 LVZ	黑色	50	1.05	4.7	520	12.4	12	33	43	55
TV6 LVZ	黑色	60	1.05	6.0	470	15.0	13	35	38	47
TV7 LVZ	黑色	70	1.05	8.0	470	15.4	14	36	37	44
TV8 LVZ	黑色	80	1.05	11.0	480	23	19	37	41	48
TV9 LVZ	黑色	90	1.05	14.3	460	32	26	51	52	63

续表

牌号	颜色	硬度	密度/(g/cm³)	拉伸强度/MPa	拉断伸长率/%	撕裂强度/(kN/m)	压缩永久变形/%			
							72h/23℃	22h/70℃	22h/100℃	22h/120℃
TV5 LVN	彩色	50	1.05	4.7	520	12.4	12	33	43	55
TV6 LVN	彩色	60	1.05	6.0	470	15.0	13	35	38	47
TV7 LVN	彩色	70	1.05	8.0	470	15.4	14	36	37	44
TV8 LVN	彩色	80	1.05	11.0	480	23	19	37	41	48
TV9 LVN	彩色	90	1.05	14.3	460	32	26	51	52	63

注：摘自 Technical Sheets，Kraburg TPE，2013。

表 34　Kraiburg TPE HIPEX 高性能热塑性硫化胶的典型性能 1

性能	ISO	单位	HX6IMB	HX6IMN	HX7IMB
密度	1183-1	g/cm³	1.13	1.13	1.13
颜色			黑色	彩色	黑色
邵尔 A 硬度	868	—	60	60	70
拉伸强度	37	MPa	3.00	3.00	3.00
拉断伸长率	37	%	200	200	200
格瑞夫斯撕裂强度	34-1(方法 B)	kN/m	13.0	13.0	14
压缩永久变形					
72h×23℃	815	%	31	31	28
22h×100℃			46	46	40
22h×120℃			47	47	42
22h×120℃			56	56	—
最高使用温度					
长期	D746	℃	150	150	150
短期			170	170	170

注：1. 与 PA、POM、PBT 有良好的黏合性能，耐油、耐润滑脂和汽油。

2. 摘自 Typical properties，Kraiburg TPE，2013。

表 35　Kraiburg TPE HIPEX 高性能热塑性弹性体的典型性能 2

性能	ISO	单位	HX7IMN	HX8IMB	HX8IMN
密度	1183-1	g/cm³	1.13	1.15	
颜色			彩色	黑色	彩色
邵尔 A 硬度	868		70	80	80
拉伸强度	37	MPa	3.00	7.00	7.00
拉断伸长率	37	%	200	210	210
格瑞夫斯撕裂强度	34.1①	kN/m	14.0	18.0	18.0

续表

性能	ISO	单位	HX7IMN	HX8IMB	HX8IMN
压缩永久变形	815	%			
72h×23℃			28	38	38
22h×100℃			40	43	43
22h×120℃			42	47	47
22h×150℃			54	59	59
最高使用温度		℃			
长期			150	150	
短期			170	170	

注：1. 粘接 PA、POM、PBT。

2. 方法 B。

表 36 Zeotherm® 100 系统的典型性能

性能	ASTM 方法	单位	100-60B	100-70B	100-80B③	110-70B
颜色			黑色	黑色	黑色	黑色
熔融指数		g/10min	—	—	4.0～8.0	
密度	D792	g/cm^3	1.10	1.15	1.09～1.15	1.15
邵尔 A 硬度	D2240		60	75	85	75
拉伸强度	D412	MPa	3.4	8	8～9	6.5
拉断伸长率	D412	%	165	200	150～190	200
100%定伸应力	D412	MPa	2.5	5	—	5
压缩永久变形	D395①	%	68	60	—	75
脆性温度	D2137	℃	−54	—	—	48
低温性能					—	
格曼 T10	D1053	℃	—	35		
格曼 T100			—	50		
熔融温度	—	℃	220	220		220
使用温度		℃			—	
持续			150	120		140
瞬时			175	175		150
热空气老化(150℃×168h)					—	
拉伸强度变化率		%	−30	−10		+5
拉断伸长率变化		%	0	−20		−25
硬度变化		度	−2	+3		+5
(150℃在油中 168h②)						
拉伸强度变化率		%	−22	+10		+10
拉断伸长率变化		%	−34	−30		−25
硬度变化		度	−4	+3		+3
体积变化率		%	+12	−4		+12

①方法 B，125℃×70h。

②SF105 油。

③仅作说明。

表 37 Zeotherm® 130 和 150 系列典型性能

性能	ASTM 方法	单位	131-90D④	150-50D④	151-40D③
颜色			黑色	黑色	黑色
熔融指数		g/10min	2.0～8.0	10～25.0	—

续表

性能	ASTM 方法	单位	131-90D④	150-50D④	151-40D③
密度	D792	g/cm²	1.0～1.15	1.0～1.15	1.12
邵尔硬度	D2240		A87～97	D50～60	D40
拉伸强度	D412	MPa	11.0～13.0	20.0～25.0	19
拉断伸长率	D412	%	175～225	200～250	275
100%定伸应力	D412	MPa	—	—	—
压缩永久变形	D395①	%	—	—	—
脆性温度	D2137	℃			
低温 格曼 T10 格曼 T100	D1053	℃	—	—	 −45 −44
熔融温度		℃			220
使用温度 持续 瞬时		℃	—	—	 150 175
热空气老化(150℃×168h) 拉伸强度变化率 扯断伸长率变化 硬度变化② (150℃在油中 168h) 拉伸强度变化率 拉断伸长率变化 硬度变化 体积变化率		 % % 度 % % 度 %	—	—	 −10 −30 −5 资料不详 资料不详 资料不详 资料不详

① 方法 B（125℃×70h）。
② SF105 油。
③ 试行产品数据表。
④ 仅作说明。
注：资料来源 Zeon Chemicals LP 产品数据表。

5.4 MPR 数据表

见表 38～表 40。

表 38 Alcryn® 通用级

性能①	测试方法 ASTM	ISO	DIN	单位	1000 系列 1060BK	1070BK	1080BK	3000 系列 3055NC	3065NC	3075NC
力学性能										
密度	D471	2781	53479		1.19	1.23	1.25	1.18	1.26	1.35
邵尔 A 硬度	D2240	48	53505	邵尔	62	72	78	57	67	76
拉伸性能										
100%定伸应力	D412	37	53504	MPa	3.9	5.3	7.9	2.8	4.1	5.9
拉伸强度	D412	37	53504	MPa	9.6	12.4	13.1	8.2	8.9	9.8
拉断伸长率	D412	37	53504	%	300	270	210	440	400	360

续表

性能①	测试方法			1000系列				3000系列		
	ASTM	ISO	DIN	单位	1060BK	1070BK	1080BK	3055NC	3065NC	3075NC
扭力模量										
24℃	D1043	—	—	MPa	1.9	2.2	2.9	1.3	2.1	3.4
-20℃	—	—	—	MPa	7.5	14.3	19.9	17.2	45.5	127.5
撕裂强度②										
格瑞夫斯撕裂强度	D624	—	5507	kN/m	26.3	28.0	24.5	28.9	35.9	49.0
永久变形	D412	—	—	%	8	10	8	6	9	11
压缩永久变形,方法B②										
24℃×22h后	D396	815	53517	%	15	15	15	17	17	23
100℃×22h后				%	55	55	55	65	69	67
耐热老化性能										
125℃×7d后拉伸性能										
100%定伸应力	D673	168	53508	MPa	3.9	5.3	9.4	2.5	4.5	6.6
拉伸强度				MPa	10.6	13.1	14.0	8.7	8.9	10.5
拉断伸长率					325	235	190	450	370	350
邵尔A硬度				邵尔A	67	70	77	56	65	74
低温性能										
脆性温度	D746	812	—	C	-51	-53	-44	-54	-45	-30
克拉希·伯格刚性温度,10000psi(69MPa)	D1043	—	—	C	-38	-34	-30	-28	-23	-17
泰伯磨耗(Cs-17轮,负载1000g)	D3389		53516	mg/1000转	7	7	5	<1	<1	<1
耐化学品性										
耐油、耐溶剂性体积变化										
100℃在水中7d后	D471	1817	—	%	12	8	10	15	14	13
100℃在ASTM 1号油中7d后			—	%	-10	-9	-8	-12	-9	-6
100℃在IRM903 3号油中7d后			—	%	27	25	23	25	30	20
24℃在ASTM B号参考油中7d后			—	%	30	30	29	30	32	36
流变性能										
在190℃,$300s^{-1}$下黏度	D3835	—	—	Pa·s	545	740	800	465	580	840
常用加工温度	—	—	—	℃	177	177	177	177	177	177

① 1.9mm板上直径为12.7mm(0.5in)的颗粒。

② 在1.9mm(75mil)模压板中切割试样进行所有性能的测试。

表 39 Alcryn® 注塑级

性能[①]	测试方法				2000 系列							
	ASTM	ISO	DIN	单位	2060 NC	2070 NC	2080 NC	2060 BK	2070 BK	2080 BK	2250 UT	2265 UT
力学性能												
密度	D471	2781	53479		1.12	1.20	1.26	1.10	1.14	1.17	1.06	1.08
邵尔 A 硬度	D2240	48	53505	邵尔 A	59	68	76	59	68	78	47	62
拉伸性能												
100%定伸应力	D412	37	50504	MPa	3.0	4.0	5.3	2.9	4.2	6.2	1.9	3.5
拉伸强度				MPa	7.9	8.6	9.9	8.0	8.7	12.1	6.8	9.7
拉断伸长率				%	420	400	400	410	320	320	420	470
扭力模量												
24℃	D1043	—	—	MPa	2.3	2.2	2.9	2.2	2.3	3.2	1.9	2.5
−20℃	—	—	—	MPa	4.8	8.5	14.3	5.9	10.2	27.5	2.6	5.5
撕裂强度												
格瑞夫斯撕裂强度(C 型试样) 24℃	D624	—	56607	kN/m	28.0	29.7	33.3	27.1	28.0	35.0	19.2	26.3
永久变形	D412	—	—	—	8	9	11	9	9	10	7	6
压缩永久变形,方法 B[②]												
24℃,22h 后	D395	815	53517	%	13	16	17	13	14	14	15	12
100℃,22h 后	—	—	—	%	62	64	61	62	64	62	56	54
耐热老化性能												
125℃,7 天后拉伸性能												
100%定伸应力	D573	188	53508	MPa	2.7	3.5	4.4	2.7	4.4	5.2	1.6	4.4
拉伸强度				MPa	6.5	5.5	5.5	7.6	8.4	11.0	6.4	11.6
拉断伸长率				%	340	220	135	390	280	235	450	405
邵尔 A 硬度	—	—	—	邵尔 A	60	65	71	63	70	76	45	66
低温性能												
脆性温度	D746	812	—	℃	−85	−85	−76	−87	−79	−86	−91	−91
克拉希、伯格刚性温度,10000psi(69MPa)	D1043	—	—	℃	−42	−40	−32	−40	−40	−17	−26	−50
泰伯磨耗,Cs-17 轮,负载 1000g	D3389	—	53516	mg/1000 转	5	9	10	5	5	3	5	7
耐化学品性												
耐油耐溶剂性——体积变化												
100℃在水中 d 天后	D471	1817	—	%	8	7	8	8	6	5	7	6
100℃在 ASTM 1 号油中 7d 后			—	%	−21	−16	−14	−10	−17	−6	−39	−21
100℃在 IRM903 3 号油中 7d 后			—	—	17	18	23	16	19	31	32	23
40℃在 ASTM B 号参考油中 7d 后			—	%	17	22	29	25	25	32	24	19

续表

性能[①]	测试方法				2000 系列							
	ASTM	ISO	DIN	单位	2060 NC	2070 NC	2080 NC	2060 BK	2070 BK	2080 BK	2250 UT	2265 UT
流变性能												
190℃，$300s^{-1}$下的黏度	D3835	—	—	Pa・s	350	465	640	365	410	700	115	390
常用加工温度	—	—	—	℃	177	177	177	177	177	177	166	166

① 在 1.9mm（75mil）模压板中切割试样进行所有性能的测试。
② 从 1.9mm（75mil）板上堆叠直径为 12.7mm（0.5in）的颗粒。

表 40　Alcryn® 通用级

性能[①]	测试方法				4000 系列					
	ASTM	ISO	DIN	单位	4060NC	4070NC	4080NC	4060BK	4070BK	4080BK
力学性能										
相对密对	D471	2781	53479		1.17	1.25	1.27	1.17	1.25	1.27
邵尔 A 硬度	D2240	48	53505	邵尔 A	57	70	78	57	70	79
拉伸性能										
100%定伸应力	D413	37	53504	MPa	2.6	3.9	5.1	2.9	3.9	5.9
拉伸强度				MPa	8.4	8.8	11.0	7.7	9.0	10.8
拉断伸长率				%	440	440	360	390	420	380
扭力模量										
24℃	D1043	—	—	MPa	1.7	2.4	4.1	1.7	2.4	4.1
-20℃	—	—	—	MPa	6.8	27.5	68.9	6.8	27.5	68.9
撕裂强度										
格瑞天斯撕裂强度(C 型试样，24℃)	D624	—	53507	KN	29.7	38.5	54.3	33.3	38.5	52.5
永久变形	D412	—	—	7	9	12	7	9	12	
压缩永久变形，方法 B[②]										
24℃，22h 后	D395	815	53517	—	16	21	25	16	20	24
100℃，22h 后				—	72	74	74	72	75	75
耐热老化性能										
125℃，7d 后拉伸性能										
100%定伸应力	D573	188	53508	MPa	2.5	5.0	8.6	2.7	4.8	7.5
拉伸强度				MPa	8.2	9.5	11.5	8.3	9.1	11.0
拉断伸长率				%	400	380	350	460	420	380
邵尔 A 硬度				邵尔 A	54	64	71	55	64	76
低温性能										
脆性温度	D746	812	—	℃	-69	-60	-54	-74	-62	-58
克拉希・伯格刚性，10000psi(69MPa)	D1043	—	—	℃	-40	-20	-4	-35	-20	1
泰伯磨耗，Cs-17 轮，负载 1000g	D3389	—	53516	mg/1000 转	4	4	9	1	2	6

续表

性能①	测试方法				4000 系列					
	ASTM	ISO	DIN	单位	4060NC	4070NC	4080NC	4060BK	4070BK	4080BK
耐化学品性										
耐油耐溶剂性——体积变化										
100℃在水中7d后			—	%	9	11	11	10	12	10
100℃在 ASTM 1 号油中 7d 后			—	%	−19	−17	−10	−19	−15	−9
100℃在 IRM903 3 号油中 7d 后	D471	1817	—	%	14	17	26	12	17	24
24℃在 ASTTV1 B 号参考燃料油中 7d 后			—	%	13	16	26	11	14	22
流变性能										
在 190℃,300s⁻¹下的黏度	D3835	—	—	Pa·s	400	500	870	370	510	780
	—	—	—	℃	166	166	166	166	166	166

① 在 1.9mm（75mil）模压板中切割试样进行所有性能的测试。

② 在 1.9mm 板上堆放直径为 12.7mm（0.5in）的颗粒。

5.5 TPU 数据表

见表 41～表 53。

表 41 DESMOPAN® 445

性能	测试条件	单位	标准	值
密度			ASTM D792	1.22
邵尔 D 硬度			ASTM D2240	45
挠曲模量	73℉	lb/in^2	ASTM D790	8400
挠曲模量	158℉	lb/in^2	ASTM D790	5450
挠曲模量	22℉	lb/in^2	ASTM D790	37200
拉伸强度		lb/in^2	ASTM D412	4500
极限伸长率		%	ASTM D412	500
50%定伸应力		lb/in^2	ASTM D412	1250
100%定伸应力		lb/in^2	ASTM D412	1400
300%定伸应力		lb/in^2	ASTM D412	2500
压缩变形(模塑后)	73℉,22h	%	ASTM D395-B	16
压缩变形(模塑后)	158℉,22h	%	ASTM D395-B	65
压缩变形(二次硫化后)	73℉,22h;二次硫化(230℉,16h)	%	ASTMD 395-B	12
压缩变形(二次硫化后)	73℉,22h;二次硫化(230℉,16h)	%	ASTMD 395-B	30
压缩负载	5%挠曲	lb/in^2	ASTM D575	275
压缩负载	10%挠曲	lb/in^2	ASTM D575	500
压缩负载	15%挠曲	lb/in^2	ASTM D575	750
压缩负载	20%挠曲	lb/in^2	ASTM D575	975
压缩负载	25%挠曲	lb/in^2	ASTM D575	1250

续表

性能	测试条件	单位	标准	值
压缩负载	50%挠曲	lb/in^2	ASTM D575	3625
撕裂强度(C型试样)		1bl/in	ASTM D624	700

注：摘自PA2013匹兹堡，拜耳材料科学公司Dspmosan数据表。

表42 DESMOPAN® 453性能

性能	测试条件	单位	标准	值
相对密度			ASTM D792	1.22
邵尔D硬度			ASTM D2240	53
挠曲模量	73℉	lb/in^2	ASTM D790	15000
挠曲模量	158℉	lb/in^2	ASTM D790	7390
挠曲模量	−22℉	lb/in^2	ASTM D790	110000
拉伸强度		lb/in^2	ASTM D412	5000
极限伸长率		%	ASTM D412	500
50%定伸应力		lb/in^2	ASTM D412	1800
100%定伸应力		lb/in^2	ASTM D412	2000
300%定伸强度		lb/in^2	ASTM D412	3100
压缩变形(模塑后)	73℉,22h		ASTM D395-B	17
压缩变形(模塑后)	158℉,22h	%	ASTM D395-B	62
压缩永久变形(二次硫化后)	75℉,22h;二次硫化在230℉,16h	%	ASTM D395-B	15
压缩永久变形(二次硫化后)	158℉,22h;二次硫化在230℉,16h	%	ASTM D395-B	35
压缩负载	5%挠曲	lb/in^2	ASTM D575	350
压缩负载	10%挠曲	lb/in^2	ASTM D575	650
压缩负载	15%挠曲	lb/in^2	ASTM D575	950
压缩负载	20%挠曲	lb/in^2	ASTM D575	1250
压缩负载	25%挠曲	lb/in^2	ASTM D575	1550
压缩负载	50%挠曲	lb/in^2	ASTM D575	4550
撕裂强度(C型试样)		1bl/in	ASTM D624	900

注：摘自PA匹兹堡，拜耳材料科学公司Desmopan数据表。

表43 ESTANE®聚酯型产品的典型性能1

性能	ASTM方法	Unit	5703	58680	58213	58224	58238	5719
邵尔硬度	D2240	—	70A	74A	75A	75A	75A	80A
相对密度	D412/D638	—	1.19	1.21	1.18	1.18	1.17	1.19
拉伸强度	D412/D638	psi	4500	6300	5600	3600	7000	7300
拉断伸长率	D412/D638	%	630	660	780	800	680	430
永久变形	D412/D638	%	—	5	12	18	3	—
压缩变形	D395	%	—	21	34	37	21	—
T_g(DSC测定)		℉	−24	—	−15	−18	−49	66

注：摘自2013年Lubnzol公司ESTANE产品选择指南。

表 44 ESTANE® 聚酯型产品典型性能 2

性能	ASTM 方法	单位	5713	5701	5708	58206	58271	58132
邵尔硬度	D2240	—	40D	85A	85A	85A	85A	88A
相对密度	D412/D638	—	1.20	1.21	1.20	1.20	1.21	1.21
拉伸强度	D412/D638	psi	5500	7100	6100	6500	6000	5100
拉断伸长率	D412/D638	%	600	460	490	550	550	645
永久变形	D412/D638	%	—	11	—	10	11	
压缩变形	D395	%	—	23	—	20	23	16
T_g(DSC)测定		℉	−45	−18	−27	−26	−25	−56

表 45 ESTANE® 聚酯型产品典型性能 3

性能	ASTM 方法	单位	58226	5707	58092	58277	58134
邵尔硬度	D2240	—	92A	93A/45D	93A/45D	93A/45D	94A/45D
相对密度	D412/D638	—	1.22	1.22	1.22	1.21	1.21
拉伸强度	D412/D638	psi	7900	7100	4600	8000	5500
拉断伸长率	D412/D638	%	500	460	450	450	575
永久变形	D412/D638	%	16	11	17	17	—
压缩变形	D395	%	—	23	28	18	16
T_g(DSC 测定)	—	℉	—	−18	1	27	−44

注：摘自 2013 年 Lubrizol ESTANE 产品选择指南。

表 46 ESTANE® 聚醚型产品典型性能 1

性能	ASTM 方法	单位	75AT3	58245	58370	58881	5714
邵尔硬度	D2240	—	74A	80A/31D	80A	80A	82A
相对密度	D412/D638	—	1.08	1.21	1.18	1.10	1.11
拉伸强度	D412/D638	psi	3800	4000	4300	3400	4500
拉断伸长率	D412/D638	%	660	800	690	710	530
永久变形	D412/D638	%	6	10	15	10	15
压缩变形	D395	%	24	17	33	18	24
T_g(DSC 测定)		℉	−89	—	−58	−61	−36

表 47 ESTANE® 聚醚型产品黄型性能 2

性能	ASTM 方法	单位	58300	58630	58202	58284
邵尔硬度	D2240	—	82A	82A	85A	85A
相对密度	D412/D638	—	1.13	1.14	1.25	1.10
拉伸强度	D412/D838	psi	4600	8000	4000	7000
拉断伸长率	D412/D638	%	700	670	650	550
永久变形	D412/D638	%	15	14	17	8
压缩变形	D395	%	24	24	25	19
T_g(DSC 测定)		℉	−58	−56	−49	−47

注：摘自 2013 年 Lubrizol 公司 ESTANE 产品选择指南。

表 48　PELLETHANE® TPU 2102 系列的典型性能

性能	ASTM 方法	单位	2102-55D	2102-65D	2102-75A	2102-85A	2102-90AR	2102-90AE
邵尔硬度	D2240	—	58D	65D	77A	86A	94A	94A/58D
相对密度	792	—	1.21	1.22	1.17	1.18	1.2	1.2
熔体流动速率(224℃)	1238	g/10min	14	49	25	35	15	29
100%定伸应力	D412	psi	2350	2900	680	1050	1600	1450
300%定伸应力	D412	psi	5200	4500	1400	2200	4000	3000
拉伸强度	D412	psi	7180	6400	5400	5850	7100	6100
拉断伸长率	D412	%	415	390	535	525	440	540
拉断永久变形	D412	%	30	110	30	50	30	60
撕裂强度(C 型试样)	D624	pli	1020	1500	500	520	810	750

注：摘自 2006 年 Lubrizd 公司技术资料。

表 49　PELLETHANE® TPU 2103 系列的典型性能

性能	ASTM 方法	单位	2103-55D	2103-65D	2103-70A	2103-80PF	2103-80AEN	2103-90A
邵尔 D 硬度	D2240	—	96A/55D	64D	72A	84A	83A	92A
相对密度	792	—	1.15	1.17	1.06	1.1	1.13	1.14
熔体流动速率(224℃)	1238	g/10min	15	35	11	39	20	23
100%定伸应力	D412	psi	2400	2800	440	750	870	1630
300%定伸应力	D412	psi	4600	4800	750	1150	1600	3600
拉伸强度	D412	psi	6400	5750	3580	3800	4200	6500
拉断永久变形	D412	%	30	360	730	660	650	450
拉断伸长率	D412	%	425	80	50	50	40	30
撕裂强度(C 型试样)	D624	pli	900	1100	380	450	500	760

注：摘自 2006 年 Dow Chemical 公司技术资料。

表 50　PELLETHANE® TPU 2363 系列的典型性能 1（聚醚型）

性能	ASTM 方法	单位	2363-55D	2363-55DE	2363-65D	2363-75D
邵尔 D 硬度	D2240	—	51～59	53	62	76
相对密度	792	—	1.15	1.15	1.17	1.21
熔体流动速率(224℃,5kg)	1238	g/10min	8～18	30	40	28
100%定伸应力	D412	psi	2490	2310	2900	900
300%定伸应力	D412	psi	4280	4290	5000	2200
拉伸强度	D412	psi	6890	6500	6450	5800
拉断伸长率	D412	%	390	450	450	380
压缩变形	D395	%				
	77℉		25	30	30	—
	158℉		30	75	35	—
永久变形	D412①	%	—	30	50	50
撕裂强度(C 型试样)	D624	pli	650	599	1100	1470
泰伯磨耗(mg/1000 转)	D1044②	mg	80	70	105	55

①拉断永久变形。

②H22 轮，1000g。

注：摘自 2013 年 Lubrizol 公司资料。

表 51 PELLETHANE® TPU 2363 系列的典型性能 2（聚醚型）

性能	ASTM 方法	单位	2363-80A	2363-80AE	2363-90A	2363-90AE
邵尔 A 硬度	2240	—	81	81～89	90	90
相对密度	792	—	1.13	1.12	1.14	1.21
熔体流动速率(224℃,5kg)	1238	g/10min	23	10	30	32
100%定伸应力	D412	psi	885	885	1700	1480
300%定伸应力	D412	psi	1750	1490	3000	2760
拉伸强度	D412	psi	5190	4190	5850	5990
拉断伸长率	D412	%	550	550	500	380
压缩变形	395,方法 B 77℉ 158℉	%	 25 30	 30 80	 25 30	 25 40
永久变形	D412①		30	70	30	60
撕裂强度(C 型试样)	D624	pli	470	420	571	540
泰伯磨耗(mg/1000 转)	D1044②	mg	20	30	10	50

① 拉断永变形。
②H22 轮 mg/1000 转。
注：摘自 2013 年 Lubrizol 公司资料。

表 52 TEXIN® TPU 200 系列（聚酯型）的典型性能

性能	ASTM 方法	单位	Texin245	Texin250	Texin255	Texin260	Texin270	Texin285
邵尔硬度	D2240	—	45D	52D	55D	60D	70D	85A
相对密度	D792	—	1.21	1.22	1.21	1.22	1.24	1.2
100%定伸应力	D412	psi	1300	1600	2000	3000	4300	775
300%定伸应力	D412	psi	2800	3500	4000	4300	5700	1700
拉伸强度	D412	psi	6000	6000	7000	6000	6000	5000
拉断伸长率	D412	%	500	450	500	400	250	500
撕裂强度(C 型试样)	D624	pli	700	775	900	1000	1300	500
玻璃化转变温度	DMA	℉	−51	−4.0	−15	5.0	32	−44

注：摘自 2013 年 PA，Pittsburgh 拜耳材料科学公司数据表。

表 53 TEXIN® TPU 1200 系列（聚醚型）的典型性能

性能	ASTM 方法	单位	1208	1209	1210	1212
密度	D792/ISO 1143	g/cm³	1.11	1.07	1.22	1.23
邵尔硬度	D2240/ISO 868	A 或 D	90A	70A	92A	60D
泰伯磨耗	D3489/ISO4649	mg/1000 转	46	70	27	60
300%定伸应力	D412/ISO37	MPa	7.6	3.45	9.70	17.9
100%定伸应力	D412/ISO37	MPa	1.24	5.17	20.0	32.4
拉伸强度	D412/ISO37	MPa	20.7	25.5	40.0	44.8
拉断伸长率	D412/ISO37	%	550	720	510	450
撕裂强度	624/ISO34.1	kN/m	87.6	60.4	129	200
Bayshore 回弹力	D2932	%	52	68		

续表

性能	ASTM 方法	单位	1208	1209	1210	1212
压缩变形 23℃×22h 70℃×22h	D395/ISO815	%	 23 48	 11 30	 16 43	 16 43
T_g		℃	−58.9	−52.2	−14	−7.2

注：摘自2013年美国宾夕法尼亚州匹茨堡拜耳材料科学公司 Texin 数据表。

5.6 COPE 数据表

见表54～表57。

表54 HYTREL® TPC-ET 典型性能1

性能	测试方法	单位	3078	4056	4068	4069	4556	5526
邵尔D硬度	ISO868	—	30	40	40	40	45	55
密度	ISO1183	g/cm³	1.07	1.15	1.10	1.11	1.14	1.19
熔体流动速率(190℃)	ISO1133	g/10min	5.0	5.6	8.5	8.5	8.5	18
拉伸强度	ISO527	MPa	24	30	22	31	34	44
拉断伸长率	ISO527	%	740	424	620	612	550	500
撕裂强度(C型试样)	ISO34-1 方法B/a	kN/m	80	98	95	98	122	133
玻璃化转变温度	ISO11357-1/-2	℃	−60	−50	—	−50	−45	−20

注：摘自2013年美国德拉瓦州维明顿 Dupont 公司 Hytrel 产品资料。

表55 HYTREL® TPC-ET 典型性能2

性能	测试方法	单位	5556	6356	6358	7246	8238
邵尔D硬度	ISO868		55	63	63	72	82
密度	ISO1183	g/cm³	1.19	1.22	1.22	1.26	1.28
熔体流动速率(190℃)	ISO1133	g/10min	8.1	9	9	12.5	12.5
拉伸强度	ISO527	MPa	42	46	46	53	50
拉断强度	ISO527	%	500	490	490	450	400
撕裂强度(C型试样)	ISO34-1,方法B	kN/m	137	158	158	200	228
玻璃化转变温度	ISO11357-1/-2	℃	−20	0	0	25	50

注：摘自2013美国德拉瓦州维明顿 DuPont 公司 Dupont Hytrel 产品资料。

表56 HYTREL® RS 系列（原始数据）

性能		测试方法	单位	40F3 NC010	40F5 NC010	R4275 BK316
熔体流动速率(200℃,2.16kg)		ISO1133	g/10min	20	9	—
熔体流动速率(230℃,10kg)		ISO1133	g/10min	—	—	6
拉伸模量		ISO527-1/-2	MPa	45	45	150
拉断应力		ISO527-1/-2	MPa	26	25	21
拉断应变		ISO527-1/-2	%	>300	>300	>300
撕裂强度	平行 正常	ISO34-1	kN/m	97 99	101 103	140 —

续表

性能	测试方法	单位	40F3 NC010	40F5 NC010	R4275 BK316
耐磨	ISO 4649	mm^3	200	—	—
邵尔 D 硬度	ISO868		37	37	50
挠曲模量	ISO178	MPa	50	—	—
可回收资源	ISO899-1	MPa	— —	— —	140 90

注：摘自 2013 年美国德拉瓦州维明顿 Dopont 公司 Dupont Hytrel 产品资料。

表 57 KOPEL® KP 聚酯弹性体的典型性能

性能	ASTM 测试方法	单位	KP3340	KP3355	KP3363	KP3372	KP3755
相对密度	D792	—	1.15	1.19	1.23	1.27	1.18
邵尔 D 硬度	D2240	—	40	55	65	72	55
熔体流动速率(230℃)	D1238	g/10min	12	18	20	17	12
熔点	DSC	℃	170	200	210	218	199
拉伸强度(23℃)	D638	MPa	25	35	37	39	36
拉断伸长度	D638	%	850	650	550	400	650
磨耗(Cs-17 轮)	D1044	mg/1000 转	3.0	5.0	7.0	10	5.0
回弹性	—	%	67	50	43	—	56

注：摘自 2013 年 Kolon Industries 性能资料。

5.7 COPE 数据表

见表 58～表 62。

表 58 PEBAX® 典型性能

性能/等级	4033	6333	7033	7233	M1205	MV1074	MH1657
邵尔 D 硬度	42	63	69	72	42	40	42
挠曲模量/MPa	75	290	390	730	78	90	80
拉伸强度/MPa	—	17	24	34	—	—	—
密度	1.01	1.01	1.02	1.02	1.01	1.01	1.14
熔点/℃	168	169	172	174	147	158	195
常用领域	机械部件	机械部件	机械部件	机械部件	中击改性剂	透气薄膜	抗静电添加剂

注：摘自 2013 年巴黎 Arkema Technical Polymers 技术数据表。

表 59 UBE PAE 典型性能

性能	ASTM 测试方法	单位	品级	
			PAE 1200U	PAE 1201U
熔点	D3418	℃	154	165
密度	D792	g/cm^3	1.00	1.00
屈服拉伸强度	D638	N/mm^2	9	19
拉断伸长率	D638	%	>300	>300

续表

性能	ASTM 测试方法	单位	品级	
			PAE 1200U	PAE 1201U
挠曲强度	D790	N/mm^2	7	16
挠曲模量	D790	N/mm^2	150	360
邵尔 D 硬度	D2240	—	58	65
悬臂梁冲击强度(切口)	D256	J/m	No break	170
热挠曲温度	D648	℃	82	110
熔体流动速率(235℃,2160g)	D1238R	g/10min	14	8.6

注：1. 所有数据在 23℃，相对湿度 65%的条件下测试。
2. 摘自 2013 年 UBE Industries Ltd 技术数据。

表 60　UBESTA XPA 9044 X2 的典型性能

性能		测试方法	单位	值
熔点		ISO11357-3	℃	150
密度		ISO 11 83-3	g/cm^3	1.01
屈服拉伸强度		ISO 527-1,2	MPa	8
屈服拉伸应变		ISO 527-1,2	%	44
断裂拉伸应变		ISO 527-1,2	%	>400
挠曲强度		ISO 178	MPa	5
挠曲模量		ISO 178	MPa	80
邵尔 D 硬度		ISO 868	—	44
热挠曲温度	0.45MPa 1.80MPa	ISO 75-2	℃	51 —
模塑收缩	流动方向 横向	ISO 294-4	%	0.2 0.8
磨耗(Cs-17 轮,1000 转)		ISO 9352	mg	9
线膨胀系数		ISO 11 359-2	$10^{-4}/K$	2.3
附湿量(23℃在水中 24h)		ISO 62	%	2.5
熔体流动速率(190℃,2160g)		ISO 1133	g/10min	13

注：摘自 2013 年 UBE Industries Ltd 技术数据。

表 61　UBESTA XPA 9055 X1 的典型性能

性能	ASTM 测试方法	单位	值
熔点	ISO 3146	℃	154
密度	ISO 11 83	g/cm^3	1.02
屈服拉伸强度	ISO 527-1,2	MPa	11.0
屈服拉伸应变	ISO 527-1,2	%	27
断裂拉伸应变	ISO 527-1,2	%	400

续表

性能		ASTM 测试方法	单位	值
挠曲强度		ISO 178	MPa	9.00
挠曲模量		ISO 178	MPa	150
悬臂梁缺口冲击强度(23℃)		ISO 179/1eA	kJ/m^2	64
邵尔 D 硬度		ISO 868	—	54
热挠曲温度	0.45MPa 1.80MPa	ISO 75-2	℃	53.0
模塑收缩	流动方向 横向	ISO 294-4	%	0.70 0.40
体积电阻率		IEC 60093	Ω·m	10^{13}
线膨胀系数		ISO 11 359-2	$10^{-4}/K$	2.0
附湿量(23℃在水中 24h)		ISO 6262	%	2.4
熔体流动速率(190℃,2160g)		ISO 1133	g/10min	10
磨耗(Cs-17 轮,1000 转)		ISO 9352	mg	5

注：摘自 2013 年 UBE Industries Ltd 技术数据。

表 62 UBESTA XPA 9055 X2 的典型性能

性能		测试方法	单位	值
熔点		ISO 3146	℃	162
密度		ISO 11 83	g/cm^3	1.01
屈服拉伸强度		ISO 527-1,2	MPa	13.0
屈服拉伸应变		ISO 527-1,2	%	32
断裂拉伸应变		ISO 527-1,2	%	400
挠曲强度		ISO 178	MPa	10.0
挠曲模量		ISO 178	MPa	180
悬臂梁缺口冲击强度(23℃)		ISO 179/1eA	kJ/m^2	67
邵尔 D 硬度		ISO 868	—	56
热挠曲温度	0.45MPa 1.80MPa	ISO 75-2/B	℃	57.0
模塑收缩	流动方向 横向	ISO 294-4	%	0.90 0.70
体积电阻率		IEC 60093	Ω·m	10^{13}
线膨胀系数		ISO 11 359-2	$10^{-4}/K$	2.0
附湿量(23℃在水中 24h)		ISO 6262	%	2.4
熔体流动速率(190℃,2160g)		ISO 1133	g/10min	10
磨耗(Cs-17 轮)		ISO 9352	mg	8

注：摘自 2013 年 UBE Industries Ltd 的技术资料。

5.8 有机硅热塑性弹性体数据表

见表63～表72。

表63 Geniomer的典型性能

性能	测试方法	单位	品级			
			60	80	140	200
定压比热容(25℃)	DSC	J/(g·K)	1.5～1.6	1.5～1.6	1.5～1.6	1.5～1.6
定压比热容(200℃)	DSC	J/(g·K)	2.0～2.4	2.0～2.4	2.0～2.4	2.0～2.4
压缩变形(−18℃)	ISO 815	%	22	20	20	10
压缩变形(5℃)	ISO 815	%	52	52	51	23
压缩变形(23℃)	ISO 815	%	75	75	75	44
压缩变形(40℃)	ISO 815	%	96	95	94	66
拉伸强度	DIN 53504 S2	N/mm^2	4.0～5.5	4.0～6.0	4.5～6.0	3.0～5.0
拉断伸长率	DIN 53504 S2	%	>400	>400	>400	>400
50%定伸应力	DIN 53504 S2	N/mm^2	0.6～1.0	0.6～1.0	0.6～1.0	1.2～1.4
100%定伸应力	DIN 53504 S2	N/mm^2	1.5～2.0	0.9～1.5	0.9～1.5	1.5～1.7
邵尔A硬度	DIN 53505	—	40～55	45～55	45～60	55～65
回缩指数	—	—	1.42	1.42	1.42～1.425	—
撕裂强度	ASTM624 B	N/mm^2	20～30	20～30	25～30	20～30
含水率	热重分析法	%	<0.3	<0.3	<0.3	<0.3

注：摘自2013年Wacker Silicones数据表。

表64 TPSiV™ 3010系列典型性能

性能	测试方法	单位	品级	
			3010-50A	3010-60A
热塑性基体			聚氨酯	聚氨酯
相对密度(23℃/23℃)	ASTM D792	—	1.12	1.20
泰伯磨耗	ASTM D1044	mg	21.0	21.0
拉伸强度	ASTM D412	psi	1030	2320
拉断伸长率	ASTM D412	%	470	500
永久变形	ASTM D412	%		
拉断永久变形			24	24
拉伸100%后永久变形			6	6
拉伸300%后永久变形			20	20
压缩变形	ASTM D412	%		
73℉×22h			14	12
158℉×22h			49	—
248℉×22h			74	70
撕裂强度	ASTM D624	lbf/in	140	170
邵尔A硬度(10s)	ASTM D2240	—	52	65

续表

性能	测试方法	单位	品级	
			3010-50A	3010-60A
介电强度	ASTM D149	V/mil	483	457
介电强度(100Hz)	ASTM D149	kV/mm	19	18
介电常数	ASTM D150	—	4.34	4.13

注：低压缩变形、低拉伸变形以及良好的介电强度，应用于粘接 PC，ABS，PU 和 PVC。

表 65 TPSiV™ 3011 系列典型性能

性能	测试方法	单位	品级			
			3011-50A	3011-60A	3011-70A	3011-85A
热塑性基体			聚氨酯	聚氨酯	聚氨酯	聚氨酯
相对密度(23℃/23℃)	ASTM D792	—	1.14	1.20	1.20	1.15
泰伯耐磨耗	ASTM D1044	mg	60.0	37.0	38.0	—
拉伸强度	ASTM D412	psi	1600	1740	2320	2320
扯断伸长率	ASTM D412	%	680	720	600	600
永久变形 扯断永久变形 拉伸 100%后永久变形 拉伸 300%后永久变形	ASTM D412	%	 60 10 34	 68 10 37	 24 6 20	 — —
压缩变形 73℉×22h 248℉×22h	ASTM D412	%	 18 84	 21 95	 23 95	 — —
撕裂强度	ASTM D624	lbf/in	230	260	260	260
邵尔 A 硬度(10s)	ASTM D2240	—	58	65	71	82
阻燃等级	UL 94	—	—	—	— HB	

注：1. 通用级。
2. 摘自 2013 年 Multibase Inc 的技术资料。

表 66 TPSiV™ 3040 系列的典型性能

性能	测试方法	单位	品级				
			3040-55A	3040-60A	3040-65A	3040-70A	3040-85A
热塑性基体			聚氨酯	聚氨酯	聚氨酯	聚氨酯	聚氨酯
相对密度(23℃/23℃)	ASTM D792	—	1.15	1.15	1.15	1.15	1.15
拉伸强度	ASTM D412	psi	725	1020	1600	1700	1730
拉断伸长率	ASTM D412	%	450	450	600	600	280
撕裂强度	ASTM D624	lbf/in	140	170	260	260	290
邵尔 A 硬度(10s)	ASTM D2240	—	58A	61A	65A	68A	84A
阻燃等级	UL 94	—	HB	HB	HB	HB	FB

注：1. 具有良好的流动性和独特的“丝滑”的感觉。用于 PC 和 ABS 的包覆。
2. 摘自 2013 年 Multibase Inc 技术数据。

表 67 TPSiV™ 3340 系列典型性能

性能	测试方法	单位	品级		
			3340-55A	3340-60A	3340-65A
热塑性基体	—	—	聚氨酯	聚氨酯	聚氨酯
相对密度(23℃/23℃)	ASTM D792	—	1.15	1.15	1.15
拉伸强度	ASTM D412	psi	435	435	580
拉断伸长率	ASTM D412	%	400	400	360
撕裂强度	ASTM D624	lbf/in	88	86	110
邵尔 A 硬度(10s)	ASTM D2240	—	55	60	63
阻燃等级	UL 94	—	HB	HB	HB

注：1. UV 稳定性好，用于 PC 和 ABS 的包覆。
2. 摘自 2013 年 Multibase Inc 的技术数据表。

表 68 TPSiV™ 1180-50D 的典型性能

性能	测试方法	单位	标称值
热塑性基体——聚氨酯			
相对密度(23℃/23℃)	ASTM D792	—	1.09
拉伸强度	ASTM D412	psi	3480
拉断伸长率	ASTM D412	%	200
撕裂强度	ASTM D624	lbf/in	140
邵尔 D 硬度(10s)	ASTM D2240	—	52
介电强度	ASTM D149	V/mil	569
介电强度(100Hz)	ASTM D149	kV/mm	22.4
介电常数	ASTM D150	—	4.04
阻燃等级	UL 94	—	HB

注：摘自 2013 年 Multibase Inc 的技术数据表。

表 69 TPSiV™ 3111-70A 的典型性能

性能	测试方法	单位	3111 60A	3111 70A
热塑性基材——聚氨酯				
相对密度(23℃/23℃)	ASTM D792	—	1.15	1.15
泰伯磨耗	ASTM D1044	mg	—	35.0
拉伸强度	ASTM D412	psi	827	2180
拉断伸长率	ASTM D412	%	475	600
撕裂强度	ASTM D624	pli	144	260
压缩变形(73℉,22h)	ASTM D395	%	13	20
邵尔 A 硬度(10s)	ASTM D2240	—	63	70

注：1. 在水中稳定性良好。
2. 摘自 2013 年 Multibase Inc 的数据。

表 70 TPSiV™ 4000 系列的性能

性能	测试方法	单位	品级			
			4000-50A	4000-60A	4000-70A	4000-80A
相对密度(23℃℃)	ISO1183	—	1.13	1.09	1.09	1.11
泰伯磨耗	ASTM D3389	mg/1000 转	60.0	89.0	134	64
拉伸强度	ISO 37	psi	638	740	812	1280
拉断伸长率	ISO 37	%	710	567	478	426
压缩变形	ISO 815	%				
73℉×22h			25	33	33	26
248℉×22h			77	87	83	73
撕裂强度	ISO 34	pli	115	176	162	244
邵尔 A 硬度	ISO 868	—	48	62	67	76

注：1. 具有软和丝滑般感觉、优异的耐磨耗和耐抓刮。与 PC、ABS 的粘接优良，UV 稳定性好。
2. 摘自 2013 年 Multibase Inc 技术数据。

表 71 TPSiV™ 4100 系列性能

性能	测试方法	单位	品级	
			4100-60A	4100-70A
相对密度(23℃/23℃)	ISO1183	—	1.18	1.19
泰伯磨耗	ASTM D3389	mg/1000 转	51	64
拉伸强度	ISO 37	psi	1290	1650
拉断伸长率	ISO 37	%	830	689
压缩变形	ISO 815	%		
73℉×22h			15	9.0
248℉×22h			45	43
撕裂强度	ISO 34	pli	254	291
邵尔 A 硬度	ISO 868	—	48	72

注：1. 具有柔软丝滑般感觉、优异的耐磨耗和耐抓刮。与 PC、ABS 粘接性优良，压缩变形低。
2. 摘自 2013 年 Multibase Inc 的技术数据。

表 72 TPSiV™ 4200 系列的性能

性能	测试方法	单位	品级			
			4200-50A	4200-60A	4200-70A	4200-80A
相对密度(23℃/23℃)	ISO1183	—	1.19	1.18	1.18	1.19
泰伯耐磨耗	ASTM D3389	mg/1000 转	86	95	65	56
拉伸强度	ISO 37	psi	1020	914	2100	2230
拉断伸长率	ISO 37	%	600	480	554	330
压缩变形	ISO 815	%				
73℉×22h			16	20	22	28
248℉×22h			65	72	75	84
撕裂强度	ISO 34	pli	149	159	277	244
邵尔 A 硬度	ISO 868	—	54	63	67	76

注：1. 具有柔软丝滑般感觉、优异的耐磨耗和耐抓刮性能。优异、耐化学品性优良与 PC、ABC 的粘接性。
2. 摘自 2013 年 Multibase Inc 的技术数据表。

5.9 其他特种热塑性弹性体数据表

见表73～表76。

表73 Kraiburg TPE COPEC® 的典型性能1

性能	ISO	单位	CC60CN	CC70CN	CC80CN
密度	1183-1	g/cm³	1.27	1.29	1.33
颜色			彩色	彩色	彩色
邵尔A硬度	868	—	60	70	80
拉伸强度	37	MPa	5.0	6.5	7.0
拉断伸长率	37	%	900	950	850
格瑞夫斯撕裂强度	34-1①	kN/m	22.0	28.0	30.0
压缩变形	ISO 815	%			
23℃×72h			18	15	17
70℃×72h			51	51	57
106℃×72h			72	70	69

①方法B。

注：1. 表面丝般光滑，耐表皮油脂、防晒油、橄榄油，而且耐候性优良。

2. 与ABS、PC和ABS/PC共混物的粘接性优异。

表74 Kraiburg TPE COPEC® 的典型性能2

性能	ISO	单位	CC60CZ	CC70CZ	CC80CZ
密度	1183-1	g/cm³	1.27	1.28	1.33
颜色	—	—	黑色	黑色	黑色
邵尔A硬度	868		60	70	80
拉伸强度	37	MPa	5.0	6.5	7.0
拉断伸长率	37	%	950	950	850
格瑞夫斯撕裂强度	34-1	kN/m	22.0	25.0	30.0
压缩变形	ISO 815	%			
23℃×72h			18	16	18
70℃×22h			52	52	57
100℃×22h			72	70	69

注：1. 表面丝般光滑，耐表皮油脂、防晒油、橄榄油，而且耐候性优良。

2. 与ABS、PC和ABS/PC共混物粘接优异。

3. 摘自2013年Kraiburg TPE典型性能数据。

表75 Kraiburg TPE COPEC 典型性能3

性能	ISO	Unit	OC60AZ	OC70AZ	CC80AZ
密度	1183-1	g/cm³	1.12	1.11	1.10
颜色	—	—	黑色	黑色	黑色
邵尔A硬度	868		60	70	80
拉伸强度	37	MPa	5.0	6.0	7.0
拉断伸长率	37	%	900	900	900
格瑞夫斯撕裂强度	34-1①	kN/m	22.0	25.0	30.0

续表

性能	ISO	Unit	OC60AZ	OC70AZ	CC80AZ
压缩变形	ISO 815	%			
23℃×72h			26	29	33
70℃×22h			56	60	55
100℃×22h			74	73	64

①方法 B。

注：1. 表面丝般光滑，耐表皮油脂、防晒油、橄榄油，而且耐候性优良。

2. 与 ABS、PC 和 ABS/PC 共混物粘接优异。

3. 摘自 2013 年 Kraiburg TPE 典型性能数据。

表 76 Kraiburg TPE For-Tec E 的典型性能

性能	ISO	单位	OC60AN	OC70AN	OC80AN
密度	1183-1	g/cm³	1.12	1.11	1.10
颜色	—	—	彩色	彩色	彩色
邵尔 A 硬度	868	—	60	70	80
拉伸强度	37	MPa	5.0	6.0	7.0
拉断伸长率	37	%	900	900	900
格瑞夫斯撕裂强度	34-1①	kN/m	22.0	25.0	30.0
压缩变形	ISO 815	%			
23℃×72h			24	30	33
70℃×22h			56	60	56
100℃×22h			73	73	64

①方法 B。

注：1. 表面丝般光滑，耐表皮油脂、防晒油、橄榄油，而且耐候性优良。

2. 与 ABS、PC 和 ABS/PC 共混物粘接优异。

附录 6 有关 TPE 专利

[1] Williams MG. US Patent 8，609，772；December17，2013 to ExxonMobil Chemical Patents，Inc."Elastic films having mechanical and elasticproperties and methods for making the same".

[2] Cristiano B. US Patent 8，609，766；December 17，2013 to DowGlobal Technologies LLC. "Polymercomponents".

[3] Merino-Lopez et al. US Patent 8，609，758；December 17，2013 to Compagnie General desEstablishment Michelin. "Pneumatic articleprovided with a self-sealing composition".

[4] Flick RE. US Patent 8，607，387；December 17，2013 to Stryker Corporation，"Multi-walledgelastic mattress system".

[5] Thomas GP. US Patent 8，604，129；December 17，2013 to Kimberly-Clark Worldwide，Inc. "Sheetmaterials containing S-B-S and S-T/B-Scopolymers".

[6] Young RE. US Patent 8，604，105；December 10，2013 to Eastman Chemical Company. "Flameretardant copolyester composition".

[7] Simpson RS. US Patent 8，603，629；December 17，2013 to MFM Building Products Corporation. "Flashing and waterproofing membrane".

[8] Bui HS. US Patent 8，603，444；December 10，2013to L'Oreal. "Cosmetic compositions containinga block copolymer，a tackifier and a high viscosityester".

[9] Mansfield TL. US Patent 8，603，059；December 10，2013 to Procter and Gamble Company，"Stretchlaminate，method ofmaking and absorbent article".

[10] Sperl MD. US Patent 8，603，058；December 10，2013 to Kimberly-Clark Worldwide，Inc."Absorbent article having one absorbent structureconfigured for improved donning and lateralstretch".

[11] Albert L et al. US Patent 8, 602, 075; December 10, 2013 to Michelin Recherche et Technique SA. "Self-sealing composition for a pneumaticobject".

[12] Chen GJ et al. US Patent 8, 598, 298; December 3, 2013 to Dow Global Technologies, LLC. "Flameretardant thermoplastic elastomer compositionwith resistance to scratch-whitening".

[13] Tutmark BC. US Patent 8, 598, 275; December 3, 2013 to Nike, Inc. "Hydrophobic thermoplasticpolyurethane as a compatibilizer for polymerblends for golf balls".

[14] Mori MH. US Patent 8, 596, 319; December 3, 2013 to The Yokohama Rubber Co. Ltd., "Pneumatic tire and method of manufacturing thesame".

[15] Py Det al.USPatent 8, 596, 314; December 3, 2013to Medical Instill Technologies, Inc. "Ready tofeed container with climbing dispenser and sealingmember, and related method".

[16] Burz JS et al., Patent 8, 596, 273; December 3, 2013to ResMed Limited. "Respiratory masks andmethod for manufacturing a respiratory mask".

[17] Lahnala DW. US Patent 8, 595, 981; December 3, 2013 to AGC Automotive Americas Company. "Sliding window assembly".

[18] Hoya H. US Patent 8, 592, 674;November 26, 2013to Mitsui Chemicals. "Propylene based resincomposition and use thereof".

[19] Ouhadi, T., US Patent 8, 592, 524 (Nov. 26, 2013)to ExxonMobil Chemical Patents, Inc. "Thermoplasticelastomer compositions".

[20] FujiwaraMet al. US Patent 8, 592, 513; November26, 2013 to Asahi Kasei Chemicals Corporation. "Elastomer composition and storage cover forairbag devices".

[21] Phan TTet al. US Patent 8, 592, 501; November 26, 2013 to Mannington Mills. "Floor coveringcomposition containing renewable polymer".

[22] Sakuraji A et al. US Patent 8, 592, 035; November26, 2013 to 3M Innovative Properties Company. "Adhesive composition, adhesive tape and adhesivestructure".

[23] Schosseler L et al. US Patent 8, 592, 028;November 26, 2013 to DuPont Teijin Films U.S. Limited Partnership. "Biaxially stretched breathablefilm, process of making the same and usethereof".

[24] Rule JD et al. US Patent 8,592,034; November 26,2013 to 3M Innovative Properties Company. "Debondable adhesive article".

[25] Uehara Y et al. US Patent 8,592,018; November26, 2013 to Kuvaray Co., Ltd., "Tube and medical device using same".

[26] SchmalMDet al. US Patent 8,592,016; November26, 2013 toM&QIP Leasing, Inc. "Thermoplasticelastomer films".

[27] Kainz B et al. US Patent 8,592,013; November 26,2013 to Dow Global Technologies, LLC. "Coatedcontainer device, method of making the same".

[28] Ariel B et al. US Patent 8,591,798; November 26,2013 to Energy Automotive Systems Research(Societie Anonyme). "Method for fastening anaccessory in a plastic fuel tank".

[29] McGuire Jr JE. US Patent 8,591,493; November26, 2013 to Entrotech, Inc. "Wound compressivedressing".

[30] Berdichevski A et al. US Patent 8,590,903;November 26, 2013 to Freudenberg—NOK GeneralPartnership. "Lip seal with inversion prevention feature".

[31] Tavares M. US Patent 8,590,869; November 26,2013 to Pennsy Corporation. "Polymer spring".

[32] Froissard L. US Patent 8, 590, 539; November 26, 2013 to 3M Innovative Technologies Properties Company. "Headgear-earwear assembly and a method to assemble one".

[33] Aoi T. US Patent 8,586,869; November 19, 2013to Furukawa Electric Co., Ltd. "Insulated wire".

[34] Hirata SS et al. US Patent 8,586,675; November19, 2013 to Basell Poliolefine Italia S.r.L. "Polyolefin compositions having a low seal temperature and improved hot tack".

[35] Mercier J-C et al. US Patent 8,586,661; November19, 2013 to American Biltrite (Canada). "Surface covering materials and products".

[36] SuzukiTet al.USPatent 8,586,162;November 19,2013 to Bridgestone Corporation. "Electroconductive endless belt".

[37] Sankey SWet al. US Patent 8,586,159; November19, 2013 to DuPont Teijin Films U.S. Limited Partnership. "Self-venting polymeric film".
[38] Weber J et al. US Patent 8,586,072; November 19,2013 to Boston Scientific Scimed, Inc. "Medicaldevices having coatings for therapeutic agent delivery".
[39] Atis B et al. US Patent 8,586,016; November 19,2013 to L'Oreal. "Hydrocarbon complexmascara".
[40] Ingimurdarson AT. US Patent 6,585,623;November 19, 2013 to Ossur, HF. "Orthopedicdevice".

附录 7 绿色化学的十二条原则

1. 防止浪费比成型后再处理或清理更好。

2. 合成方法应该设计为最大限度地把过程中加入的所有材料进入最终产品。

3. 只要切实可行，合成方法应该设计为使用和产生对人类健康和环境几乎没有或完全没有毒性的物质。

4. 化工产品应该设计成在减少毒性的同时保持其功能的有效性。

5. 只要有可能，应该不使用辅助物质（例如溶剂、分离剂等），如果要使用应是无害的。

6. 应该意识到能源需要对环境和经济的影响，应该尽量减少能源的使用。合成方法应该在环境温度和环境压力下进行。

7. 当技术上有可能，而且经济实用时，原材料应该是可回收的，而不是耗尽的。

8. 应尽可能避免不必要的衍生（嵌段基团、保护和脱保护、物理和化学过程的暂时改性）。

9. 催化剂（尽可能是选择性）优于化学计量的试剂。

10. 化工产品的设计应该是这样：当化工产品的作用结束后，不应继续存在于环境，而是分解成无害的降解产物。

11. 分析方法学需要进一步研究开发，使得能在有害物质形成之前，实时监测和控制。

12. 在化学过程中选择的物质和物质的形态应该尽量减少潜在的化学事故，包括释放、爆炸和火灾。

摘自：Anastas PT，Warner JC. Green chemistry theory and practice. New York：Oxford University Press；1998. p. 30.（经许可重印）

缩写与首字母缩略词

ABS：丙烯腈/丁二烯/苯乙烯树脂
Ac：交流电
ACM：丙烯酸橡胶
ACS：美国化学学会
ANTEC：塑料工程师学会年度技术大会
ASTM：美国测试和材料学会
BR：聚丁二烯橡胶
CED：内聚能量密度
COPA：聚酰胺热塑性弹性体
COPE：共聚酯热塑性弹性体
CPE：氯化聚乙烯
CTE：热膨胀系数
dc：直流电
DKG：德国橡胶社会
DKT：德国橡胶会议
DOE：实验设计
DOP：邻苯二甲酸二辛酯
DSC：差示扫描量热法
DTA：差热分析
E：弹性模量
EB：电子束
ECTFE：乙烯和三氟氯乙烯的共聚物
EOL：使用寿命结束
EPDM：乙烯-丙烯-二烯单体橡胶
EPR：乙丙橡胶
ETFE：乙烯和四氟乙烯的共聚物
EVA：乙烯和乙酸乙烯酯的共聚物
FCM：Farrel 连续混合器
FEA：有限元分析
FEP：四氟乙烯（TFE）和六氟乙烯（HFP）的共聚物，也被称为氟化乙烯-丙烯
FTIR：傅里叶变换红外光谱
G：吉布斯自由能
GFPA：玻璃纤维增强聚酰胺
GFPP：玻璃纤维增强聚丙烯
Gy：格雷（辐射剂量单位）
H：焓
HDPE：高密度聚乙烯
HFP：六氟丙烯
HIPS：高抗冲聚苯乙烯
IEEE：电气和电子工程师学会
IR：1. 红外（辐射）
IR：2. 聚异戊二烯橡胶
ISO：国际标准协会
JIS：日本工业标准
LCP：液晶聚合物
LDPE：低密度聚乙烯
LED：发光二极管
LLDPE：发光二极管
M：聚合物的摩尔质量
MA：马来酸酐
MDO：纵向取向
MEK：甲基乙基酮
MFI：熔体流动指数
MFR：熔体流动速率
MPa：兆（应力或压力单位）
MPR：可熔融加工的橡胶
MWD：分子质量分布
NBR：丁腈橡胶
NR：天然橡胶
OBC：烯烃嵌段共聚物
ODP：臭氧消耗潜力
P：泊（黏度单位）
Pa：帕斯卡（压力单位或压力）
PA：聚酰胺
PAE：聚芳醚

PAEK：聚芳醚酮
PAI：聚酰胺-酰亚胺
PAN：聚丙烯腈
PC：聚碳酸酯
PEBA：聚醚嵌段酰胺
PEEK：聚醚醚酮
PEI：聚醚酰亚胺
PEM：聚合物电解质膜
PSA：压敏胶
PV：光伏
PBT：聚对苯二甲酸丁二醇酯
PCTFE：聚三氟氯乙烯
PE：聚乙烯
PET：聚对苯二甲酸
PFOA：全氟辛酸
PI：聚酰亚胺
PLED：聚合物发光二极管
PMMA：聚甲基丙烯酸甲酯
POE：聚烯烃弹性体
PP：聚丙烯
PPS：聚苯硫醚
PS：聚苯乙烯
PSA：压敏胶
PTFE：聚四氟乙烯
PVC：聚氯乙烯
PVDC：聚偏二氯乙烯
PVDF：聚偏二氟乙烯
PVF：聚氟乙烯
RF：无线电频率
RIM：反应注射成型
RoHS：限制有害物质
RRIM：增强反应注射成型
rTPO：反应器热塑性弹性体
S：熵
SAN：苯乙烯-丙烯腈（树脂）
SBC：苯乙烯嵌段共聚物
SBS：苯乙烯-丁二烯-苯乙烯嵌段共聚物
SEBS：苯乙烯（乙烯-丁烯-苯乙烯嵌段共聚物共聚物
SEPS：苯乙烯-（乙烯-丙烯）-苯乙烯嵌段共聚物
SI units：国际单位制
SiBS：苯乙烯-异丁烯-苯乙烯嵌段共聚物
SIBS：苯乙烯-（异戊二烯/丁二烯）嵌段共聚物
SIS：苯乙烯-异戊二烯-苯乙烯嵌段共聚物
SME：比机械能（在聚合物混合中）
SPE：美国塑料工程师协会
T_g：玻璃化转变温度
T_m：结晶熔融温度
TAC：氰尿酸三烯丙酯
TAI：三烯丙基异氰脲酸酯
TDO：横向方向
TFE：四氟乙烯
TPA：聚酰胺热塑性弹性体（ISO 命名法）
TPC：共聚酯热塑性弹性体（ISO 命名法）
TPE：热塑性弹性体
TPO：聚烯烃共混物热塑性弹性体
TPS：苯乙烯类热塑性弹性体（ISO 命名法）
TPZ：未分类的热塑性弹性体（ISO 命名法）
TPU：热塑性聚氨酯（弹性体）
TPV：热塑性硫化橡胶
UHF：超高频率
UHMWPE：超高分子量聚乙烯
UL：美国保险商实验室公司
UV：紫外线
VDI：德国工程师协会
VOC：挥发性有机化合物
XLPE：交联聚乙烯